Anonymus

Bericht der Direktion der Pfälzischen Eisenbahnen über die Verwaltung der unter ihrer Leitung stehenden Bahnen in dem Jahre 1868

Anonymus

Bericht der Direktion der Pfälzischen Eisenbahnen über die Verwaltung der unter ihrer Leitung stehenden Bahnen in dem Jahre 1868

ISBN/EAN: 9783741166686

Hergestellt in Europa, USA, Kanada, Australien, Japan

Cover: Foto ©berggeist007 / pixelio.de

Manufactured and distributed by brebook publishing software (www.brebook.com)

Anonymus

Bericht der Direktion der Pfälzischen Eisenbahnen über die Verwaltung der unter ihrer Leitung stehenden Bahnen in dem Jahre 1868

Bericht der Direction

der

Pfälzischen Eisenbahnen

über

die Verwaltung der unter ihrer Leitung stehenden Bahnen

in dem Jahre

1868.

Inhalts-Verzeichniß.

Beilage II. Statistische Beilagen.

a. Ludwigsbahn.

Nr. 1. Monatweise Uebersicht der Frequenz und Einnahme.
" 2. Stationsweise Uebersicht der Frequenz und Einnahme.
" 3. Uebersicht des Personenverkehrs nach Abgangs- und Ankunfts-Stationen.
" 4. Gesammtergebniß des Güterverkehrs.
" 5. Monatweise Uebersicht des internen Güterverkehrs.
" 6. Stationsweise Uebersicht desgleichen.
" 7. Monatweise Uebersicht des Saarbrücken-Hessen-Pfälzischen Güterverkehrs.
" 8. Stationsweise desgleichen.
" 9. Monatweise Uebersicht des Hessisch-Pfälzischen Güterverkehrs.
" 10. Stationsweise desgleichen.
" 11. Monatweise Uebersicht des Baden-Pfalz-Saarbrücker Güterverkehrs.
" 12. Stationsweise desgleichen.
" 13. Monat- und Stationsweise Uebersicht des Süddeutschen Verband-Güterverkehrs.
" 14. Tabellen des internationalen Güterverkehrs via Forbach mit der französischen Ost- und Westbahn.
" 15. Tabellen via Weißenburg mit der französischen Ost- und Westbahn.
" 16. Uebersicht des directen Güterverkehrs via Weißenburg zwischen Ludwigshafen und Basel, sowie den Stationen der Schweizer Centralbahn, Nordostbahn und den vereinigten Schweizerbahnen.
" 17. Monat- und Stationsweise Uebersicht des Rheinischen Verband-Güterverkehrs.
" 18. Monat- und Stationsweise Uebersicht des directen Güterverkehrs mit Rotterdam und Amsterdam, Stationen der Niederländischen Rhein-Eisenbahn.
" 19. Tabellen des internationalen Güterverkehrs im Belgisch-Rheinischen Eisenbahnverbande via Herbesthal.
" 20. Tabellen des internationalen Belgisch-Deutschen Güterverkehrs via Luxemburg.
" 21. Monatweise Uebersicht des directen Güterverkehrs mit der kgl. Sächsischen Staatseisenbahn, der Niederschlesisch-Märkischen Eisenbahn, der Leipzig-Dresdener Eisenbahn-Compagnie und Berlin, Station der Berlin-Anhalt'schen Bahn via Mainz-Hof.
" 22. Stationsweise desgleichen.
" 23. Uebersicht des directen Güterverkehrs mit Stationen des Westdeutschen Eisenbahnverbandes.
" 24. Monat- und Stationsweise Uebersicht des directen Güterverkehrs mit Stationen des Mitteldeutschen Eisenbahnverbandes.
" 25. Tabellen des Main-Neckar-Pfalz-Güterverkehrs.
" 26. Uebersicht des Güterverkehrs nach Abgangs- und Ankunfts-Stationen.
" 27. Tabellen nach Waarengattungen.
a. Interner Güterverkehr.
b. Directer Güterverkehr.
c. Gesammtübersicht des Güterverkehrs.
" 28. Monatweises Betriebsergebniß des Transportdienstes.
" 29. Stationsweises desgleichen.
" 30. Uebersicht der Verkehrsapparate.
" 31. Ergebniß des Kohlen- und Coaksbezugs nach Grubenstationen.
" 32. Monatweise Uebersicht der Kohlen- und Coaksbezugspreise.
" 33. Stationsweise Uebersicht der Kohlen- und Coaksbezugspreise.
" 34. Uebersicht der durch die Locomotiven zurückgelegten Wegstrecken und des Materialverbrauchs.

b. Maximiliansbahn.

Nr. 35. Monatweise Uebersicht der Frequenz und Einnahme.
" 36. Stationsweise desgleichen.
" 37. Gesammtergebniß des Güterverkehrs.
" 38. Monatweise Uebersicht des internen Güterverkehrs.
" 39. Stationsweise desgleichen.
" 40. Monat- und Stationsweise Uebersicht des Saarbrücken-Hessen-Pfälzischen Güterverkehrs.
" 41. Tabellen des Hessisch-Pfälzischen Güterverkehrs.
" 42. Tabellen des Baden-Pfalz-Saarbrücker Güterverkehrs.
" 43. Tabellen des Süddeutschen Verband-Güterverkehrs.
" 44. Tabellen des internationalen Güterverkehrs via Weißenburg mit der französischen Ost- und Westbahn.
" 45. Tabellen des directen Güterverkehrs via Weißenburg zwischen Ludwigshafen und Basel, sowie den Stationen der Schweizer Centralbahn, Nordostbahn und den vereinigten Schweizerbahnen.
" 46. Monat- und Stationsweise Uebersicht des Rheinischen Verband-Güterverkehrs.
" 47. Tabellen des directen Güterverkehrs mit Rotterdam und Amsterdam, Stationen der Niederländischen Rhein-Eisenbahn.
" 48. Tabellen des directen Güterverkehrs mit der königl. sächsischen Staats-Eisenbahn, der Niederschlesisch-Märkischen Eisenbahn, der Leipzig-Dresdener Eisenbahncompagnie und Berlin, Station der Berlin-Anhalt'schen Bahn via Mainz-Hof.
" 49. Monat- und Stationsweise Uebersicht des directen Güterverkehrs mit Stationen des Westdeutschen Eisenbahn-Verbandes.
" 50. Tabellen des directen Güterverkehrs mit Stationen des Mitteldeutschen Eisenbahn-Verbandes.
" 51. Tabellen des Main-Neckar-Pfalz Güterverkehrs.
" 52. Uebersicht der Verkehrsapparate.

c. Neustadt-Dürkheimer Bahn.

d. Nordbahn (Landstuhl-Kusel).

Bemerkung. Die Tabellen Nr. 3, 24, 27 und 34 der Ludwigsbahn sind gemeinschaftlich mit der Maximilians-, Neustadt-Dürkheimer und Landstuhl-Kuseler Bahn.

I. Einleitung

über die allgemeine Geschäftslage und die Hauptergebnisse des Betriebes der Pfälzischen Bahnen.

Die Verwaltungsperiode, über deren Ergebnisse wir in Gemäßheit des § 65 Ziff. 6 der Satzungen den gegenwärtigen Geschäftsbericht zu erstatten die Ehre haben, umfaßt den Zeitraum vom 1. Januar bis zum 31. December 1868.

Ueber die Hauptresultate des Betriebes, das finanzielle Ergebniß und die allgemeine Geschäftslage der pfälzischen Bahnunternehmungen in dem abgelaufenen Rechnungsjahre geben wir nachstehend die übliche, zusammenfassende Darstellung, aus welcher sich die fortschreitende Entwickelung des Bahnverkehrs und der stets wachsende Umfang unserer Betriebs- und Bau-Thätigkeit in übersichtlicher Weise erkennen läßt.

Obschon ein zuversichtliches Vertrauen auf die Dauerhaftigkeit des Friedens bei der Unfertigkeit unserer politischen Zustände bis jetzt nirgends Wurzel fassen konnte, und demzufolge der auf Handel und Industrie lastende Druck sich aller Orten noch fühlbar macht, so sind wir gleichwohl in der angenehmen Lage, die Thatsache constatiren zu können, daß der Personen-, Güter- und Kohlenverkehr im Jahre 1868 sehr beträchtlich stärker gewesen ist, als in irgend einem der vorangegangenen Jahre.

Diese Thatsache muß um so erfreulicher erscheinen, als die Steigerung des Verkehrs nicht durch zufällige und vorübergehende Verhältnisse, — wie beispielsweise durch die im vorigen Jahre eingetretene Frachtconjunctur oder die in 1865/66 durch den Brückenbau bedingten massenhaften Steintransporte, — veranlaßt, sondern lediglich in der stetigen Fortentwickelung des inneren Verkehrs, sowie in der Verbesserung und Erweiterung unserer Verbindungen mit fremden Bahnen und Verbänden und der dadurch erzielten größeren Betheiligung am directen und Transit-Verkehre zu suchen ist.

Die Meilenlänge der Pfälzischen Bahnen hat sich auch im Jahre 1868 wieder ansehnlich vermehrt, indem die erste Linie der Pfälzischen Nordbahnen, von Landstuhl nach Kusel, am 22. September v. J. dem Betriebe übergeben werden konnte. Wir haben daher die dem Geschäftsberichte beigegebene Situationskarte auf der Rückseite des Titelumschlages, sowie das Verzeichniß der im Betriebe stehenden einzelnen Bahnen mit ihren Zweiglinien entsprechend ergänzt und lassen das letztere hier folgen:

Meilenlänge der Pfälzischen Bahnen im Jahre 1868.

A. Ludwigsbahn.

		Meilen	Meilen
Hauptlinie:	Preußische Grenze bei Neunkirchen bis Wormser Grenze		16.[illegible] Meilen.
Zweiglinien:		Meilen.	
	1. Schifferstadt — Speyer	1.23	
	2. Speyer — Germersheim	1.33	
	3. Homburg — Zweibrücken	1.46	
	4. Schwarzenacker — St. Ingbert	2.78	
	5. Brückenbahn Ludwigshafen	0.[illegible]	
	Summa		7.34 "
	Summa der Ludwigsbahn		24.[illegible] Meilen.

Uebertragene Summe der Ludwigsbahn	24.[illegible]	Meilen.

B. Maximiliansbahn.

	Meilen.		
Hauptlinie: Neustadt — Weißenburg	6,[illegible]		
Zweiglinie: Winden — Maximiliansau	2,[illegible]		
Summe der Maximiliansbahn		8.[illegible]	„

C. Neustadt-Dürkheimer Bahn.

Neustadt — Dürkheim	2,[illegible]	„

D. Nordbahnen.

Landstuhl — Kusel	3,[illegible]	„
Gesammtlänge der Pfälzischen Bahnen	38.[illegible]	Meilen.

Diese Uebersicht und die Situationskarte geben Zeugniß davon, wie der Bahnbau während der letzten Jahre in der Pfalz rüstig vorangeschritten ist, so daß wir nunmehr nach Eröffnung von Landstuhl-Kusel nahezu 78 geometrische Bahnstunden mit einem Kostenaufwande von 30 Millionen Gulden erbaut und im vollem Betriebe stehen haben.

Der Betriebsübergabe der letztgenannten Linie ging eine Eröffnungsfeier voraus, welcher Seine Excellenz der k. b. Staatsminister des Handels und der öffentlichen Arbeiten, Herr v. Schlör, auf desfalls an ihn ergangene ehrerbietigste Einladung beizuwohnen die Geneigtheit gehabt hat. Der Herr Staatsminister hat bei diesem Anlasse sämmtliche pfälzischen Bahnlinien, sowie die neuen Eisenbahnbrücken in Ludwigshafen und in Maximiliansau besichtigt und der Bau-Ausführung, sowie dem Betriebe ehrende Anerkennung gezollt. Derselbe hat ferner die zahlreichen Wünsche der Bevölkerung in Betreff des Baues neuer Eisenbahnlinien mit Wohlwollen entgegengenommen und die feste Absicht der kgl. Staatsregierung kundgegeben, den Ausbau des pfälzischen Eisenbahnnetzes unter allen Umständen zur Ausführung zu bringen.

In der That wird auch, abgesehen von dieser jeden Zweifel ausschließenden Erklärung, mit aller Zuversicht angenommen werden können, daß die von der pfälzischen Bevölkerung in allen Theilen der Provinz angestrebten neuen Linien, mit ausgiebiger Zinsgarantie des Staates versehen, um so gewisser zur Ausführung gelangen werden, als auch für die sieben Provinzen des jenseitigen Bayern eine ganz bedeutende Erweiterung des Bahnnetzes, von den Kammern des Landtags bereits genehmigt, zur Ausführung kommt, und man der Pfalz gewiß nicht vorenthalten wird, was man den übrigen Provinzen in so reichem Maße gewährt hat.

Bei dieser Sachlage und bei dem Umstande, daß unter den pfälzischen Bahnprojecten sich viele Linien befinden, welche den älteren Linien nach allen Richtungen Concurrenzwege eröffnen werden, mußte die Frage an uns herantreten, ob die Ausführung dieser neuen Linien und der Ausbau des pfälzischen Bahnnetzes überhaupt am zweckmäßigsten durch die bestehenden Bahngesellschaften zu geschehen habe **oder** fremden, ad hoc zu bildenden Gesellschaften zu überlassen sei.

Die gewissenhafteste Prüfung dieser Frage, bei welcher wir in erster Linie das Interesse der unserer Leitung anvertrauten Bahnen pflichtgemäß im Auge behielten, hat uns zu der Ueberzeugung geführt, daß es einestheils mit Rücksicht auf die Verkehrszuflüsse, welche die neuen Bahnen den älteren Linien immerhin zuführen, und auf die übrigen Vortheile eines gemeinsamen und einheitlichen Baues und Betriebes, anderentheils aber zur Vermeidung von fremden Concurrenzbahnen im eigenen Bahngebiete, für die Verwaltung der Pfälzischen Bahnen eine unvermeidliche Nothwendigkeit sei, den Ausbau des pfälzischen Bahnnetzes gegen gewisse Zugeständnisse der Staatsregierung selbst in die Hand zu nehmen.

Alle gut verwalteten, lebenskräftigen Eisenbahnen haben sich in neuerer Zeit thatsächlich zu dem Principe bekannt, daß sie in der Entwickelung vorwärts schreiten müssen, wenn sie lebensfähig bleiben und nicht von Dritten überflügelt werden wollen. Allenthalben sehen wir daher von solchen Bahnen große Verkehrsnetze ausgehen; die Hessische Ludwigsbahn, die Rheinische, Cöln-Mindener und Bergisch-Märkische Eisenbahn, sodann die sehr rentabelen mitteldeutschen Bahnen, insbesondere Leipzig-Dresden und Magdeburg-Halberstadt ꝛc., haben ihre Verkehrsgebiete mächtig ausgedehnt und die bayerischen Ostbahnen stehen im Begriffe, eine mehr als 40 Millionen Gulden importirende Erweiterung ihres Bahnnetzes endgiltig zu beschließen.

Die Pfälzischen Bahnen werden sich den Forderungen dieses, mit der Kraft eines Naturgesetzes wirkenden Princips nicht verschließen können; sie werden vielmehr auch ihrerseits den Entschluß fassen müssen, muthig voranzugehen. Der Ausbau des pfälzischen Bahnnetzes würde sich unaufhaltsam vollziehen ohne uns und trotz uns, aber in diesem Falle ganz gewiß auch gegen uns. Vollzieht er sich dagegen durch uns, so werden die schweren Nachtheile und Mißstände, welche Concurrenz und Tarifkampf im eigenen Bahngebiete nebst vielen Unzuträglichkeiten für Verwaltung, Betrieb und Verkehr stets mit sich bringen, uns erspart bleiben, und der muthige Entschluß, den Landes-Interessen und den Wünschen der Bevölkerung so viel als möglich bereitwillig entgegenzukommen, wird ohne Zweifel reichere Früchte tragen, als das Verharren in Regalien und Passivität gegenüber von unabweislichen Forderungen der Zeit.

Nachdem überdies bei der k. b. Staatsregierung keine Geneigtheit vorhanden ist, das in der Pfalz bestehende System der besonderen Bahngesellschaften mit zwar einheitlicher Verwaltung, aber getrennter Rechnungsführung und separater Zinsgarantie noch weiter in Anwendung zu bringen, und dieses System in der That bei schwierigen Concurrenzverhältnissen, welche durch die neuen Linien unfehlbar geschaffen werden, unhaltbar erscheint und daher als ein Hinderniß der weiteren Entwickelung des Bahnnetzes sich darstellt, so war der Gedanke nahe gelegt, durch eine Fusion, oder doch wenigstens durch eine Vereinigung der pfälzischen Bahngesellschaften zum Zwecke des gemeinschaftlichen Betriebes und des Ausbaues des pfälzischen Bahnnetzes jene Hindernisse und Nachtheile aus dem Wege zu räumen und, unbeschadet des rechtlichen Fortbestandes der drei größeren pfälzischen Bahngesellschaften und der Conservirung ihrer separaten Baucont[i] und Inventarien, unter Vereinfachung der geschäftlichen Verhältnisse eine Gemeinsamkeit und Solidarität der Interessen in der Art zu begründen, daß durch eine gesetzlich festgestellte Garantie des Staates für bestimmte Zinsbezüge auf eine gewisse Zeit zwischen den älteren und jüngeren Bahnen ein entsprechender Ausgleich gefunden werden soll.

Die mit dem k. b. Staatsministerium des Handels schon seit Längerem deshalb gepflogenen Verhandlungen führten erst kürzlich zu einer Verständigung über die Modalitäten einer solchen Fusion, welche unseres Erachtens eben so sehr die Interessen des Staates, wie jene der Actionäre der pfälzischen Bahngesellschaften befriedigen und daher, wie zu hoffen steht, demnächst von den Kammern des Landtages auf Antrag der k. Staatsregierung genehmigt und von den Actionären der pfälzischen Bahngesellschaften in, zu diesem Zwecke berufenen außerordentlichen Generalversammlungen annehmbar befunden werden dürften.

Soviel glauben wir heute schon über die in Aussicht stehende Fusion der pfälzischen Bahngesellschaften im Allgemeinen mittheilen zu sollen. Die hierauf bezüglichen Anträge der Verwaltung werden indeß nebst eingehender Erläuterung und Begründung in einem besonderen Berichte s. Z. veröffentlicht und vor den Generalversammlungen an die Actionäre vertheilt werden.

Die Ludwigsbahn ist im Jahre 1868 mit ihrer oben entzifferten Gesammtlänge von 24,[illegible] Meilen in vollem Betriebe gestanden; ebenso die Maximiliansbahn und die Neustadt-Dürkheimer Bahn mit ihren Längen von 8,[illegible] resp. 2,10 Meilen. Von den Nordbahnen ist die 3,[illegible] Meilen lange Strecke Landstuhl-Kusel vom 22. September bis 31. December, somit nur 101 Tage im Betriebe gewesen, was auf's ganze Jahr eine durchschnittliche Betriebslänge von 1,[illegible] Meilen ergiebt. Zuzüglich dieser Durchschnittslänge von Landstuhl-Kusel beträgt sonach pro 1868 das Total der Betriebslänge aller Pfälzischen Bahnen 36,[illegible] Meilen.

Das Gesammtergebniß des Verkehrs auf sämmtlichen Pfälzischen Bahnen pro 1868 und im Vergleiche mit den bezüglichen Ergebnissen des Vorjahres stellt sich wie folgt:

Personenverkehr.

	1868. Personen.	1867. Personen.	Mehr pro 1868. Personen.
Ludwigsbahn	1,851,274.	1,670,554.	180,720.
Maximiliansbahn . . .	515,018.	487,866.	27,152.
Neustadt-Dürkheimer Bahn .	202,928.	173,720.	29,208.
Landstuhl-Kuseler Bahn . .	45,303.	—	45,303.
Summa . .	2,614,523.	2,332,140.	282,383.

Die Steigerung der Frequenz um 292,387 Personen gegen das Vorjahr beträgt sonach 12.59 pCt.

Die obige Totalfrequenz pro 1868 ad	. . .	2,614,523 Personen,
verglichen mit jener pro 1866 ad	. . .	2,160,995 „
ergibt eine Zunahme gegen 1866 von	. . .	453,528 Personen

oder 20.99 pCt.

Güter- und Kohlenverkehr.

	Ctr. Güter.	Ctr. Kohlen.	Sa. d. Güter u. Kohlen.
Ludwigsbahn . .	15,763,500.	15,935,262.	31,698,762.
Maximiliansbahn . .	4,416,144.	8,481,649.	12,897,793.
Neustadt-Dürkheimer Bahn	668,588.	283,770.	952,358.
Landstuhl-Kuseler Bahn .	232,209.	55,540.	287,749.
Total 1868	21,080,441	24,756,221	45,836,662
verglichen mit Total 1867	18,880,764	23,066,967	41,947,731
ergibt ein Plus pro 1868	2,199,677.	1,689,254.	3,888,931

oder im Ganzen von 9.27 pCt.

Das obige Totalquantum ad	. . . .	45,836,662 Ctr.,
verglichen mit jenem pro 1866 ad	. . .	36,549,204 „
ergibt eine Zunahme von	. . . . . .	9,287,458 Ctr.

oder von 25.41 pCt.

Die bis jetzt noch nie erreichte Gesammt-Beförderungsmasse an Gütern und Kohlen von nahezu

46 Millionen Centnern

ergibt sich, wie man sieht, aus der Addition der auf den verschiedenen Bahnen transportirten Centnerzahl und liefert, weil derselbe Centner, insbesondere bei den Kohlen, öfters zwei Bahnen berührt, keineswegs den richtigen Zahlenausdruck der im Ganzen beförderten Centner. Wohl aber gibt sie die effective Ziffer der auf den verschiedenen Bahnen pro 1868 zu bewältigenden Transportmassen und den allein richtigen Maßstab für die Wagengestellung; sie ergibt bei Annahme von 300 Fahrtagen pro anno ein täglich abzuführendes Transportquantum von circa 153,000 Centnern und erfordert, volle Ladung vorausgesetzt, die Bereithaltung von 1530 Wagen à 100 Centner pro Tag.

Nachdem man aber erfahrungsgemäß im besten Falle nur halbe Beladung eines jeden im Laufe befindlichen Wagens durchschnittlich annehmen kann und mit Rücksicht auf die Manipulationen des Ein- und Ausladens, sowie den Hin- und Rücklauf der Wagen, außerdem mindestens die dreifache Zahl der in Ladung begriffenen Wagen nothwendig ist, so liegt es auf der Hand, daß die zur Zeit vorhandenen Transportmittel der Pfälzischen Bahnen, bestehend aus 2039 Güter- und Kohlenwagen à 100 Centner Tragkraft, zur Bewältigung der vorhandenen Transportmassen weitaus nicht zureichen konnten und daß wir vielmehr genöthigt waren, ungeachtet der im vorigen Jahre effectuirten Nachschaffung von 100 Güterwagen à 200 Ctr. Tragkraft à conto der Maximiliansbahn, immer noch eine große Anzahl fremder Wagen gegen Entrichtung der üblichen Meilengelder zur Verwendung gelangen zu lassen.

Bereits in unserem letztjährigen Geschäftsberichte haben wir darauf hingewiesen, daß diese Nothwendigkeit uns beträchtliche Herauszahlungen der ziemlich hoch bemessenen Meilengelder an unsere Nachbarbahnen auferlege und daß es angezeigt erscheine, bei dem stets wachsenden Verkehre dem Uebelstande des permanenten Wagenmangels durch eine Nachschaffung von Transportmaterial in größerem Maßstabe abzuhelfen. Die Erfahrungen des jüngst abgelaufenen Jahres mußten uns die Mahnung geben, dieser Erwägung eine praktische Folge nicht länger vorzuenthalten, und hat die Verwaltung demgemäß beschlossen, einen Antrag auf entsprechende Vermehrung des Fahrmaterials auf die Tagesordnung der diesjährigen Generalversammlung der Ludwigsbahn zu setzen, welchen wir zur geneigten Genehmigung um so dringender empfehlen, als es sich hier einerseits um die Effectuirung einer productiven Capitalanlage, andererseits aber um die Befriedigung eines wirklichen Bedürfnisses des öffentlichen Verkehrs handelt. Die nähere Begründung des bezüglichen Antrages müssen wir uns indeß für die Generalversammlung selbst vorbehalten.

Wir gestatten uns nunmehr, zu der nach den vier Bahnen getrennt gehaltenen Darstellung der

Haupt-Ergebnisse
des
Verkehrs, der Einnahmen, der Ausgaben und des Reinertrags

überzugehen.

A. Ludwigsbahn.

Gesammt-Einnahme pro 1868	. . . .	fl. 3,238,730. 50 kr.
„ „ 1867	. . . .	„ 2,877,331. 13 „
Mehr-Einnahme „ 1868	. . . .	fl. 361,399. 37 kr.

Die Gesammt-Einnahme pro 1868 hat daher im Vergleiche zu der Gesammt-Einnahme des Vorjahres um 12.[illegible] pCt. zugenommen.

Verkehr und Ertrag
in sämmtlichen Transportgattungen

ergibt ohne Ausnahme Erhöhungen gegen die bezüglichen Ergebnisse des Vorjahres, wie die nachstehende Detail-Uebersicht des Näheren nachweist.

		Verkehr.		Ertrag.
Personen	1868:	1,851,274.		fl. 675,345. 6 kr.
	Vorjahr:	1,670,554.		„ 618,949. — „
	mehr:	180,720 = 10.[illegible] pCt.	mehr:	fl. 56,396 = 9.11 pCt.
Gepäck	1868:	59,299.[illegible] Ctr.		fl. 27,697. 6 kr.
	Vorjahr:	54,788.[illegible] „		„ 23,791. — „
	mehr:	4,511 Ctr. = 8.[illegible] pCt.	mehr:	fl. 3,906 = 16.[illegible] pCt.
Vieh	1868:	189,474 Stück.		fl. 34,129. 53 kr.
	Vorjahr:	133,878 „		„ 25,328. — „
	mehr:	55,596 Stück = 41.[illegible] pCt.	mehr:	fl. 8,801 = 34.[illegible] pCt.
Güter	1868:	15,763,500 Ctr.		fl. 1,155,172. 3 kr.
	Vorjahr:	13,980,341 „		„ 1,002,702. — „
	mehr:	1,783,159 Ctr. = 12.[illegible] pCt.	mehr:	fl. 152,470 = 15.[illegible] pCt.
Kohlen	1868:	15,935,262 Ctr.		fl. 1,132,108. 35 kr.
	Vorjahr:	14,645,970 „		„ 1,026,185. — „
	mehr:	1,289,292 Ctr. = 8.[illegible] pCt.	mehr:	fl. 105,963 = 10.[illegible] pCt.
Andere Quellen		. . . .	1868:	fl. 214,288. 7 kr.
			Vorjahr:	„ 180,425. — „
			mehr:	fl. 33,863 = 18.77 pCt.

Summa der im Jahre 1868 beförderten Quantitäten an

Gütern	. . . . . .	15,763,500 Ctr.
Kohlen	. . . . . .	15,935,262 „
Total in 1868	. .	31,698,762 Ctr.
„ „ 1867	. .	28,626,311 „
mehr in 1868	. . .	3,072,451 Ctr. oder 10.[illegible] pCt.

Gegen die Totalsumme der Ctr. Güter und Kohlen im Jahre 1866 ad . . . . . 25,831,778 Ctr.

ergibt sich ein Mehr von . . . . . 5,864,354 Ctr. oder 22.[illegible] pCt.

Recapitulation

der im Jahre 1868 erzielten Mehrerträge:

von Personen	fl. 58,886.
„ Gepäck	„ 3,906.
„ Vieh	„ 8,401.
„ Gütern	„ 152,470.
„ Kohlen	„ 105,063.
„ anderen Quellen	„ 33,863.
Summa der Mehrerträge wie oben	fl. 361,398,

welche die oben berechnete Erhöhung der Gesammt-Einnahme um 12.[illegible] pCt. bilden.

Der Personenverkehr, welcher nach obiger Uebersicht eine Mehrung der Frequenz von 10.[illegible] pCt. und des Ertrages von 9.[illegible] pCt. ausweist, entziffert den Durchschnittsertrag für eine Person von 21.[illegible] kr. gegen 21.[illegible] kr. des Vorjahres, somit ein Minus des Durchschnittsertrages pro 1 Person von 0.[illegible] kr., dagegen einen Durchschnittsertrag von 8.[illegible] kr. für eine Personenmeile gegen 8.[illegible] kr. des Vorjahrs, somit ein Plus des Durchschnittsertrages pro 1 Personenmeile von 0.[illegible] kr.

Diese Ziffern beweisen, daß die erhöhte Frequenz im Durchschnitt etwas kürzere Strecken befahren, sich aber im Ganzen etwas mehr der höheren Wagenclassen bedient hat. Auch ist der stärkere Gebrauch der Returbillets und der Abonnementsbillets nicht ohne Einfluß auf die Durchschnittsergebnisse, indem die hierdurch eingetretene Vermehrung der Frequenz nothwendiger Weise eine Verminderung des Durchschnittsertrages herbeiführen muß, so daß es nur als ein günstiges Ergebniß bezeichnet werden kann, wenn wir im Durchschnittsertrage einer Person noch über der normalen Grundtaxe der dritten Wagenclasse (8 kr. pro Meile) geblieben sind.

Die im Jahre 1868 zur Einführung gebrachten Abonnementsbillets mit 25 pCt. Ermäßigung für zweite und dritte Wagenclasse hatten einen äußerst geringen Absatz; ungleich besser war der Erfolg der Abonnementsbillets für Schüler, Lehrlinge und Arbeiter &c. mit 75 pCt. Ermäßigung, deren Abnahme besonders in der zweiten Hälfte des Jahres sich in dem Maße gesteigert hat, daß wir für die Folge eine Jahreseinnahme von fl. 10—12000 daraus erzielen werden. Das Hauptcontingent für diese Abonnements liefern die Bergleute, die in St. Ingbert und zum Theil auch auf den preußischen Gruben bei Neunkirchen arbeiten.

Der Gepäcktransport hat, dem Aufschwunge des Personenverkehrs folgend, eine Besserung von 16.[illegible] pCt. im Ertrage aufzuweisen, während

der Viehtransport wiederum einen ganz bedeutenden Fortschritt von 41.[illegible] pCt. in der Stückzahl und von 34.[illegible] pCt. im Ertrage ergeben hat.

Der Güterverkehr hat die progressive Bewegung, die er seit einer Reihe von Jahren einhält, auch pro 1868 in erfreulicher Weise fortgesetzt und hat in der Beförderungsmasse die Höhe des Kohlenverkehrs nahezu erreicht, im Ertrage dagegen namhaft überstiegen. Die Zunahme gegen das Vorjahr beträgt in der Centnerzahl 12.[illegible] pCt., im Ertrage sogar 15.[illegible] pCt.; demgemäß berechnen sich auch die Durchschnittssätze des Ertrages pro 1 Ctr. auf 4.[illegible] kr., somit um 0.[illegible] kr. höher als in 1867, und ein Centner hat um 0.[illegible] Meilen mehr durchlaufen als im Vorjahre.

Der Kohlentransport, welcher einige Jahre lang auf der Höhe von circa 14½ Millionen Centnern stehen geblieben war, hat pro 1868 die enorme Höhe von 16 Millionen Centnern nahezu erreicht und zeigt gegen das Vorjahr eine Zunahme im Quantum von 8.[illegible] pCt. und im Ertrage von 10.[illegible] pCt. Der Durchschnittsertrag pro 1 Ctr., welcher im Vorjahre etwas zurückgegangen war, hat sich wiederum auf die Höhe von 4.[illegible] kr. erhoben. Auch

die übrigen Einnahmsquellen betheiligten sich an der Gesammt-Mehreinnahme mit einem Plus von fl. 33,863 gegen das Vorjahr, — herrührend von der Veräußerung größerer Quantitäten abgenützter Schienen, Achsen, Bandagen &c., welche sich durch einen ungewöhnlich starken Verschleiß in diesem Jahre ergeben hatten; Activzinsen sind in diesem Jahre wegen der Absorbirung der Baucapitalien schwächer vertreten und Activa an Meilengeldern sind wegen des bereits oben berührten Wagenmangels ganz abfällig geworden.

Die nachfolgende Uebersicht der Wagenbewegung auf der Ludwigsbahn und der Benützung ihres Materials auf fremden und eigenen Linien gibt den ziffermäßigen Nachweis von der Unzulänglichkeit des eigenen Materials bei möglichst starker Ausnützung desselben.

I. Der Dienst der Ludwigsbahn erforderte:
im Jahre 1868 . . . . 8,772,915.[illegible] Achsmeilen.

Davon sind gefahren:
mit eigenen Wagen . . . . . 4,385,982.[illegible]
mit fremden Wagen . . . . . 4,386,933.[illegible]

Summa wie oben . 8,772,915.[illegible] Achsmeilen.
" pro 1867 nur 8,219,915.[illegible] "

Der Dienst der Ludwigsbahn hat sich daher pro 1868 gesteigert um 552,970.[illegible] Achsmeilen.

II. Gesammtleistung der Ludwigsbahn-Wagen:
auf eigener Bahn . . 4,385,982.[illegible] Achsmeilen,
auf fremder Bahn . . 3,228,200.[illegible] "

Total pro 1868 7,614,183.[illegible] Achsmeilen,
" " 1867 7,419,218.[illegible] "

Mehrleistung pro 1868 . . . . 194,964.[illegible] Achsmeilen.

Der Dienst der Ludwigsbahn hat nach Ziffer I erfordert . . 8,772,915.[illegible] Achsmeilen,
die Gesammtleistung der Ludwigsbahn-Wagen betrug aber nur . 7,614,183.[illegible] "

ergibt sich ein Deficit an Leistung des eigenen Materials von . 1,158,732.[illegible] Achsmeilen,
welches durch die Verwendung von fremden Wagen gedeckt worden ist, wie dies die Abgleichung der
fremden Wagen-Achsmeilen auf der Ludwigsbahn ad . . . . 4,386,933.[illegible]
mit den Wagen-Achsmeilen der Ludwigsbahn-Wagen auf fremden Bahnen ad 3,228,200.[illegible]

gleichmäßig ergibt mit einem Ueberschuß der fremden Wagen-Achsmeilen ad . 1,158,732.[illegible]

III. Leistung der Ludwigsbahn-Wagen auf fremden Bahnen:
pro 1868 . . . . 3,228,200 Achsmeilen,
" 1867 . . . . 3,073,557 "

Mehrleistung pro 1868 . . . . 154,643 Achsmeilen.

IV. Leistung der Ludwigsbahn-Wagen auf eigener Bahn:
pro 1868 . . . . 4,385,982 Achsmeilen,
" 1867 . . . . 4,345,660 "

Mehrleistung pro 1868 . . . . 40,322 Achsmeilen.
Hierzu die Mehrleistung auf fremden Bahnen Ziffer III ad . . 154,643 "

Summa der Mehrleistung der Ludwigsbahn-Wagen . . . . 194,965 Achsmeilen,
wie sub Ziff. II bereits berechnet.

V. Leistung fremder Wagen auf der Ludwigsbahn:
pro 1868 . . . . 4,386,933 Achsmeilen,
" 1867 . . . . 3,874,284 "

Mehrleistung pro 1868 . . . . 512,649 Achsmeilen.
Hierzu die Mehrleistung der eigenen Wagen auf der Ludwigsbahn ad 40,322 "

Summa der Mehrleistung . . . . 552,971 Achsmeilen,
welche der sub I entzifferten Summe des erhöhten Dienstes der Ludwigsbahn entspricht.

Von der Mehrleistung der fremden Wagen ad . . . . 512,649 Achsmeilen
die Mehrleistung der Ludwigsbahn-Wagen auf fremden Bahnen abgezogen mit . . . . 154,643 "

verbleibt eine Mehrleistung der fremden Wagen auf der Ludwigsbahn von . . . . 358,006 Achsmeilen,
für welche eine beträchtliche Hinauszahlung von Meilengeldern stattgefunden und die Betriebs-Ausgaben belastet hat.

Diese Ziffern liefern den schlagendsten Beweis von der Nothwendigkeit und Nützlichkeit einer Wagennachschaffung für die Ludwigsbahn in größerem Maßstabe.

Die Betriebsausgaben belaufen sich pro 1868 auf die Summe von fl. 1,406,902. 26 kr. und überschreiten die Ausgaben des Vorjahres um fl. 146,996. 55 kr. oder um 11,67 pCt.

Diese Mehrausgabe ist in der Hauptsache veranlaßt theils durch die oben nachgewiesene Zunahme des Verkehrs in allen Transportgattungen und die hierdurch bedingte Vermehrung des Fahrdienstes, theils durch die stärkere Abnützung der Bahn und des Materials, beziehungsweise die höheren Erneuerungskosten für den Oberbau und das Fahrmaterial. Die Mehrausgabe rechtfertigt sich hierdurch vollkommen, wie wir im speciellen Theile dieses Berichtes näher nachweisen werden, und wollen wir hier nur noch im Allgemeinen hervorheben, daß sich das Verhältniß der Ausgabe zur Brutto-Einnahme gegen das Vorjahr sogar noch etwas günstiger gestaltet hat.

Die Ausgaben für Verzinsung des Actien- und Prioritäts-Capitals, sowie für die Amortisation des letzteren sind auch pro 1868 ganz normal gewesen und beliefen sich einschließlich des reglementmäßigen Beitrags an die Pensions- und Unterstützungskasse des Personals auf die Gesammtsumme von fl. 861,478. 31 kr.

Der verfügbare Ueberschuß berechnet sich, wie unter Abth. IV Ziff. 4 „Finanzergebniß" Lit. A näher nachgewiesen ist, pro 1868 auf fl. 971,349. 52 kr. oder 8,33 pCt. vom Actiencapital und gestattet, nach Rücklage von 1 pCt. = fl. 110,590 an den Reservefond, den Actionären außer den bereits im Laufe des Jahres bezahlten Actienzinsen von 4 pCt. noch eine **Dividende** von 7,2 pCt. oder fl. 36 pro Actie zu überweisen.

Das Actiencapital der Ludwigsbahn mit fl. 11,659,000 hat daher pro 1868 einschließlich der Actienzinsen und der dem Reservefond überwiesenen Quote einen Reinertrag von 12,33 pCt. ergeben.

II. Maximiliansbahn

Gesammt-Einnahme pro 1868	. . . . . .	fl. 816,651. 48 kr.
„ „ 1867	. . . . . .	„ 788,597. 31 „
Mehr-Einnahme „ 1868	. . . . . .	fl. 28,054. 17 kr. = 3,56 pCt.

Die Steigerung der Einnahme gegen 1866 beträgt 19 pCt. und gegen 1865 sogar 47 pCt., so daß seit dem letztgenannten Jahre sich der Ertrag der Maximiliansbahn nahezu verdoppelt hat.

Die Mehr-Einnahme entfällt vorzugsweise auf den Güter- und Kohlen-Transport, während die übrigen Einnahmsquellen sich so ziemlich gleich geblieben sind. Das Nähere ergibt sich aus der nachfolgenden Uebersicht von

Verkehr und Ertrag

nach den einzelnen Transportgattungen im Vergleiche mit dem Vorjahre.

		Verkehr.		Ertrag.
Personen	1868:	515,018.		fl. 165,627. 40 kr.
	Vorjahr:	487,866.		„ 160,469. — „
	mehr:	27,152 = 5,56 pCt.	weniger:	fl. 841 = 0,[illegible] pCt.
Gepäck	1868:	16,078 Ctr.		fl. 7,535. 8 kr.
	Vorjahr:	18,475 „		„ 7,182. — „
	weniger:	397 Ctr. = 2,[illegible] pCt.	mehr:	fl. 353 = 4,[illegible] pCt.
Vieh	1868:	29,440 Stück		fl. 5,225. 13 kr.
	Vorjahr:	36,541 „		„ 6,459. — „
	weniger:	7,101 Stück = 19,[illegible] pCt.	weniger:	fl. 1,234 = 19,[illegible] pCt.
Güter	1868:	4,416,144,9 Ctr.		fl. 274,009. 15 kr.
	Vorjahr:	4,239,413,0 „		„ 255,478. — „
	mehr:	176,731 Ctr. = 4,[illegible] pCt.	mehr:	fl. 18,531 = 7,[illegible] pCt.

		Verkehr.		Ertrag.
Kohlen	1868:	8,481,649 Ctr.		fl. 330,968. 10 kr.
	Vorjahr:	8,149,027 „		„ 320,574. — „
	mehr:	332,622 Ctr. = 4.[illegible] pCt.	mehr:	fl. 10,394 = 3.[illegible] pCt.
Andere Quellen			1868:	fl. 33,286. 27 kr.
			Vorjahr:	„ 32,435. — „
			mehr:	fl. 851 = 2.[illegible] pCt.

Summa der auf der Maximiliansbahn pro 1868 beförderten Quantitäten an

Gütern	4,416,144 Centner,	
Kohlen	8,481,649 „	
Total pro 1868		12,897,793 Centner.
„ „ 1867		12,388,440 „
Mehr „ 1868		509,353 Centner = 4.11 pCt.

Gegen das Jahr 1866 berechnet sich ein Mehrtransport von 3,119,335 Centner oder 31.[illegible] pCt.

Recapitulation
der Mehr- oder Mindererträge pro 1868.

	mehr.	weniger.
Personen	—	fl. 841.
Gepäck	fl. 353.	—
Vieh	—	fl. 1,234.
Güter	fl. 18,531.	—
Kohlen	„ 10,394.	—
Andere Quellen	„ 851.	—
Summa . .	+ fl. 30,129.	— fl. 2,075.
ab Summa .	— „ 2,075.	
bleibt Summa .	+ fl. 28,054,	

welche bereits oben berechnet worden sind.

Der Personenverkehr ergab in der Frequenz die nicht unerhebliche Zunahme von 5.[illegible] pCt., im Ertrage dagegen einen kleinen Rückgang von 0.[illegible] pCt. Dies rührt daher, daß die erhöhte Frequenz sich in erhöhtem Maße der dritten Wagenclasse und der Retourbillete mit 25 pCt. Taxermäßigung bedient hat, indem pro 1868 von der Gesammt-Frequenz der Maximiliansbahn 83 pCt. auf die dritte Classe und hiervon 39 pCt. auf Retourbillete entfallen; daraus erklärt es sich auch, daß der Durchschnittsertrag einer Person von 20.[illegible] kr. des Vorjahres auf 18.[illegible] kr. herabgesunken ist.

Der Güterverkehr hat die seit dem Jahre 1855 begonnene steigende Bewegung auch pro 1868, wenn auch in etwas bescheidenerem Maße, fortgesetzt.

Die Steigerung belief sich nämlich:

pro 1868	im Quantum auf	4.1[illegible] pCt.,	im Ertrag auf 7.[illegible] pCt.,
„ 1867	„ „ „	29.[illegible] pCt.,	„ „ „ 18.[illegible] pCt.,
„ 1866	„ „ „	30.[illegible] pCt.,	„ „ „ 38.[illegible] pCt.

Aehnlich verhält es sich mit dem Kohlentransport, welcher

pro 1868	im Quantum um	4.[illegible] pCt.,	im Ertrag um 3.[illegible] pCt.,
„ 1867	„ „ „	25.1[illegible] pCt.,	„ „ „ 32.[illegible] pCt.,
„ 1866	„ „ „	36.[illegible] pCt.,	„ „ „ 37.[illegible] pCt.

zugenommen hat.

Die übrigen Einnahmsquellen haben sich pro 1868 auf der Höhe des Vorjahres gehalten, obwohl auch pro 1868 noch keine Activa an Meilengeldern zu vereinnahmen waren.

Immerhin hat aber die im vorigen Jahre stattgehabte Vermehrung des Fahrmaterials, welche freilich nur circa sechs Monate wirksam war, die gute Folge gehabt, daß die Ausgabe für Meilengelder von fl. 24,060 des Vorjahres auf fl. 2000 sich vermindert hat.

Welch günstigen Einfluß diese Wagennachschaffung in der That gehabt hat, zeigt sich auf's deutlichste aus der nachfolgenden Uebersicht der Wagenbewegung auf der Maximiliansbahn und der Benützung ihres Materials auf eigenen und fremden Linien:

I. Der Dienst der Maximiliansbahn erforderte:
im Jahre 1868 . . . . 2,247,181.[illegible] Achsmeilen.

Davon sind gefahren:
mit eigenen Wagen . . . 405,018.14
mit fremden Wagen . . 1,842,162.[illegible]

Summa wie oben . 2,247,181.[illegible] Achsmeilen.
„ pro 1867 . 2,219,302.[illegible] „

Der Dienst der Maximiliansbahn hat sich daher pro 1868 gesteigert um 27,878.[illegible] Achsmeilen.

II. Gesammtleistung der Maximiliansbahn-Wagen:
auf eigener Bahn . 405,018.11 Achsmeilen.
auf fremder Bahn . . 1,745,556.[illegible] „

Total pro 1868 2,150,574.[illegible] Achsmeilen.
„ „ 1867 1,939,880.[illegible] „

Mehrleistung pro 1868 . . 210,694.[illegible] Achsmeilen
oder 10.[illegible] pCt.

Der Dienst der Maximiliansbahn hat nach Ziffer I erfordert . 2,247,181.[illegible] Achsmeilen.
Die Gesammtleistung der Maximiliansbahn-Wagen hat betragen 2,150,574.[illegible] „

Deficit an Leistung der eigenen Wagen . . . 96,606.[illegible] Achsmeilen,
welches durch die Verwendung von fremden Wagen gedeckt worden ist, wie dies die Abgleichung der fremden Wagen-Achsmeilen auf der Maximiliansbahn mit . . 1,842,162.[illegible]
mit den Wagen-Achsmeilen der Maximiliansbahn-Wagen auf fremden Bahnen mit 1,745,556.[illegible]

gleichmäßig ergibt mit einem Ueberschuß der fremden Wagen-Achsmeilen mit . 96,606.[illegible]

III. Leistung der Maximiliansbahn-Wagen auf fremden Bahnen:
pro 1868 . . . . 174,556.[illegible] Achsmeilen.
„ 1867 . . . . 1,546,230.70 „

Mehrleistung pro 1868 . . . . 199,325.[illegible] Achsmeilen.

IV. Leistung der Maximiliansbahn-Wagen auf eigener Bahn:
pro 1868 . . . . 405,018.11 Achsmeilen.
„ 1867 . . . . 393,649.[illegible] „

Mehrleistung pro 1868 . . . . 11,368.[illegible] Achsmeilen.
Hiezu die Mehrleistung der Maximiliansbahn-Wagen auf fremder Bahn (Ziffer III) . . . . 199,325.[illegible] „

Summa der Mehrleistung der Maximiliansbahn-Wagen . . 210,694.[illegible] Achsmeilen,
wie sub Ziffer II bereits berechnet.

V. Leistung fremder Wagen auf der Maximiliansbahn:
pro 1868 . . . . 1,842,162.[illegible] Achsmeilen.
„ 1867 . . . . 1,825,653.[illegible] „

Mehrleistung pro 1868 . . . . 16,509.[illegible] Achsmeilen.

Uebertrag . .	16,309.[illegible] Achsmeilen.
Hierzu die Mehrleistung der eigenen Wagen auf der Maximiliansbahn ad	11,268.[illegible] „
Summa der Mehrleistung	27,878.[illegible] Achsmeilen,

welche der sub I entzifferten Summa des erhöhten Dienstes der Maximiliansbahn entspricht.

Von der Mehrleistung der Maximiliansbahn-Wagen auf fremder Bahn ad	199,325.[illegible] Achsmeilen
abgezogen die Mehrleistung der fremden Wagen auf der Maximiliansbahn ad	16,309.[illegible] „
verbleibt Mehrleistung der Maximiliansbahn-Wagen auf fremder Bahn mit	182,815.[illegible] Achsmeilen.

Die sub Ziffer IV und V hieroben constatirte beträchtliche Mehrleistung des Maximiliansbahn-Materials auf der eigenen, wie auf fremder Bahn ist nur durch die bereits erwähnte Anschaffung von Wagen à conto der Maximiliansbahn möglich geworden und hat ihr gegen das Vorjahr eine Ersparniß an Passivmeilengeldern von circa fl. 22,000 eingetragen. Ohne Zweifel wäre ein Activum an Meilengeldern erzielt worden, wenn die neuen Wagen nicht blos circa sechs Monate zur Verfügung gestanden wären; das Jahr 1869 wird deshalb jedenfalls noch ein günstigeres Ergebniß liefern.

Die Betriebs-Ausgabe des Jahres 1868 beläuft sich auf fl. 381,297 und zeigt gegen die Ausgabe des Vorjahres eine Abminderung von fl. 16,839. 41 kr. oder 4.[illegible] pCt. Diese Minderausgabe rührt von der oben erwähnten Ersparniß von Passivmeilengeldern her.

Im Vorjahre wurden hiefür verausgabt . . .	fl. 23,792.
pro 1868 dagegen nur	„ 2,069.
Minderausgabe sonach	fl. 21,723,

welche indeß durch andere Mehrausgaben auf die obige Ersparniß von fl. 16,839 gegen die Ausgabe pro 1867 reducirt worden ist.

Der Durchschnittssatz der Ausgabe pro Nutzmeile, sowie das Verhältniß zwischen Ausgabe und Einnahme hat sich daher in diesem Jahre auch wesentlich gebessert, wie dies im speciellen Theile dieses Berichtes nähere Erörterung finden wird.

Die Ausgaben für die Verzinsung des Actiencapitals sind normal und belaufen sich einschließlich des regulativmäßigen Beitrages an die Pensions- und Unterstützungskasse des Personals auf die Gesammtsumme von fl. 295,813. 18 kr.

Der verfügbare Ueberschuß berechnet sich, wie unter Abtheilung IV Ziffer 4 „Finanzergebniß" Lit. B näher nachgewiesen ist, pro 1868 auf fl. 130,053. 24 kr. oder 2 pCt. vom Actiencapitale und gestattet, nach Rücklage von 1 pCt. oder fl. 65,000 an den Reservefond, den Actionären außer den bereits im Laufe des Jahres bezahlten Actienzinsen von 4½ pCt. noch eine **Dividende** von 1 pCt. oder fl. 5 pro Actie zu überweisen.

Das Actiencapital der Maximiliansbahn zu fl. 6,500,000 hat daher pro 1868, einschließlich der Actienzinsen und der dem Reservefond überwiesenen Quote einen **Reinertrag** von 6.[illegible] pCt. ergeben.

C. Neustadt-Dürkheimer Bahn.

Gesammt-Einnahme pro 1868	fl. 76,707. 34 kr.
„ „ 1867	„ 72,687. 54 „
Mehr-Einnahme „ 1868	fl. 4,019. 40 kr. = 5.[illegible] pCt.

Diese Mehr-Einnahme vertheilt sich auf die verschiedenen Ertragsquellen wie folgt:

	1868.	1867.	Differenz.
Personen . . .	fl. 43,087. 51 kr.	fl. 40,532. 23 kr.	mehr fl. 4,555. 28 kr.
Güter . . .	„ 19,809. 46 „	„ 19,495. 9 „	mehr „ 314. 37 „
Kohlen . . .	„ 6,592. 23 „	„ 6,307. 1 „	mehr „ 285. 22 „
		Summa der Mehrerträge	fl. 5,155. 27 kr.
Andere Quellen			weniger „ 1,135. 47 „
Summa .	fl. 76,707. 34 kr.	fl. 72,687. 54 kr.	mehr fl. 4,019. 40 kr.

Man sieht, daß die Einnahmen überall etwas zugenommen haben, am meisten bei dem Personenverkehre, während Güter- und Kohlen-Verkehr nur ein unbedeutendes Plus, die „übrigen Quellen" sogar ein kleines Minus ergeben haben.

Indem wir wegen des Details von Verkehr und Einnahme auf den speciellen Theil dieses Berichtes verweisen, können wir hier nur constatiren, daß auch im Jahre 1868 das Ergebniß des Personenverkehrs ein sehr befriedigendes genannt zu werden verdient, während die Resultate des Güter- und insbesondere des Kohlenverkehrs durchaus ungenügend erscheinen.

Die Einnahmsquellen stehen deßhalb noch in einem großen Mißverhältnisse, wie die nachfolgende vergleichende Uebersicht ergibt:

	Neustadt-Dürkheimer Bahn. pCt.	Ludwigsbahn. pCt.	Maximiliansbahn. pCt.
Personen	58.[illegible]	22.[illegible]	21.[illegible]
Güter	25.[illegible]	35.[illegible]	33.[illegible]
Kohlen	8.[illegible]	31.[illegible]	40.[illegible]
Andere Quellen	6.[illegible]	6.[illegible]	4.[illegible]
Summa	100.00	100.00	100.00

Würden die Güter und die Kohlen auf der Neustadt-Dürkheimer Bahn nur den gleichen Ertrag abwerfen, wie die Personen, während sie bei den zwei anderen Bahnen dieselben beträchtlich übertragen, — so würde sich die Neustadt-Dürkheimer Bahn glänzend rentiren. Das ungünstige Verhalten dieser beiden Hauptzweige des Verkehres hat, wie wir dieß bereits im letzten Geschäftsberichte ausführlicher hervorgehoben haben, seinen Grund theils in dem Umstande, daß die Neustadt-Dürkheimer Bahn zur Zeit noch eine reine Local- und Sackbahn ist, theils aber auch darin, daß das reiche, durch eine treffliche Weincultur ganz besonders ausgezeichnete Bahngebiet der größeren, Kohlen und andere Rohstoffe consumirenden Industrie gänzlich ermangelt.

Die bevorstehende Fortsetzung der Bahn von Dürkheim über Grünstadt nach Monsheim und deren Weiterführung über Alzey nach Bingen wird ohne allen Zweifel diesem Mangel durch eine größere Belebung des Güter- und Kohlenverkehrs in einem Maße abhelfen, daß diese Linie sich sehr wahrscheinlich in Kurzem der Maximiliansbahn im Ertrage gleichstellen wird.

Die Betriebsausgaben betragen im Ganzen fl. 70,827. 24 kr. und ergeben gegen die Ausgaben des Vorjahres eine Mehrung von fl. 3,816. 29 kr., welche veranlaßt war durch etwas stärkere Passivzinsen, größere Kosten für die Bahnunterhaltung und den Fahrdienst, der um 451 Nutzmeilen stärker gewesen ist.

Der Activrest betrug pro 1868 fl. 5,880 und hat somach den Activrest des Vorjahres nur um fl. 203. 11 kr. oder 3.34 pCt. überstiegen.

An Zinsen des Actien-Capitals sind einschließlich des regulativmäßigen Beitrages zum Pensionsfond bezahlt worden . . . . fl. 58,441. 55 kr.

Hievon sind gedeckt durch den oben erwähnten Activrest mit . . . fl. 5,880. — kr.

Verbleibt ein Passivrest von . . . . fl. 52,561. 55 kr.,

welcher in Gemäßheit des Gesetzes vom 10. November 1861 über die Zinsengewährschaft Art. 4., sowie der Concessions-Urkunde vom 28. August 1862 § 4 von Seite der kgl. Staatsregierung durch einen Zinszuschuß zu decken ist.

Die Zinszuschüsse des Staates stellen sich daher, wie folgt:

Zuschuß pro 1865/66	fl. 65,276. 33 kr.
„ „ 1867	fl. 54,126. 12 kr.
„ „ 1868	fl. 52,561. 55 kr.
Summa der Staatszuschüsse per 1. Januar 1869	fl. 161,964. 40 kr.

Diese mißlichen Verhältnisse der Neustadt-Dürkheimer Bahn werden sich, wie bereits erwähnt, mit dem Fortbau der Bahn hoffentlich baldigst zum Besseren wenden.

D. Landstuhl-Kuseler Bahn.

Die Landstuhl-Kuseler Bahn ist, wie bereits im Eingange bemerkt, am 22. September 1868 dem öffentlichen Verkehre übergeben worden und stand somach in diesem Jahre nur 101 Tage im Betriebe. Der Gütertransport konnte jedoch erst im Monat November und der Kohlentransport erst im December in regelmäßigen Gang gesetzt werden, da die Einrichtungen für diese Transporte, insbesondere die Zufahrtstraßen und Absturzfächer erst gegen Ende des Jahres gänzlich fertig gestellt waren.

Obwohl daher die Betriebsergebnisse dieser 101 Tage in keiner Weise einen Maßstab abgeben können für die künftige Entwickelung des Verkehrs der neuen Linie, — obwohl insbesondere der Transport der Basaltsteine erst jetzt größere Dimensionen anzunehmen scheint und auch die Stadt Paris ihre längere Zeit eingestellten Bezüge der Pflastersteine wieder aufgenommen hat, so müssen die erzielten Resultate dennoch im Ganzen als befriedigend anerkannt werden im weiteren Betrachte, daß auf allen neuen Linien die Entwickelung des Verkehrs einige Zeit erfordert.

Die Gesammt-Einnahmen beliefen sich auf den Betrag von	fl. 54,403. 47 kr.
Die Betriebs-Ausgaben betragen	fl. 20,671. 4 kr.
Der Activrest	fl. 33,732. 43 kr.

Dieses auffallend günstige Ergebniß erklärt sich indeß durch den Umstand, daß unter den Einnahmen ein beträchtlicher Posten Actien-Zinsen vom Bau-Capitale, d. i. die treffende Rate für die Zeit vom 21. September bis ultimo December 1868 mit fl. 25,162. 30 kr. sich befindet, während die treffende Rate der Passiv-Zinsen erst mit dem pro 1. Januar 1869 fälligen Actiencoupon zur Zahlung gelangen und daher auch erst in nächstjähriger Rechnung in Ausgabe kommen kann.

Der Ueberschuß der Landstuhl-Kuseler Bahn pro 1868 mit fl. 33,732. 43 kr. wird daher als Activum auf die nächstjährige Rechnung übertragen und ein Zinsenzuschuß ist sonach pro 1868 nicht zu liquidiren.

Vorstehender Darstellung der allgemeinen Geschäftslage und der Hauptergebnisse des Betriebes der Pfälzischen Bahnen erlauben wir uns eine gedrängte Uebersicht der uns berührenden wichtigeren Ereignisse des Jahres 1868 und der die pfälzischen Bahninteressen betreffenden bedeutenderen Angelegenheiten, insoferne sie nicht bereits in der Einleitung besprochen worden sind, hier anzureihen.

1. Vor Allem haben wir mit Bedauern des Verlustes zu gedenken, den der Verwaltungsrath durch das am 22. December 1868 erfolgte Hinscheiden des durch kgl. Regierung ernannten Mitgliedes, Herrn Oberzollinspector v. Soyer, erfahren hat. Eine Wiederbesetzung der hierdurch eröffneten Stelle ist bis heute noch nicht erfolgt. Nachdem in den letzten Jahren mehrfache Veränderungen in dem Collegium des Verwaltungsrathes sich vollzogen haben, so wird es zweckmäßig sein, ein Verzeichniß der Mitglieder des Verwaltungsrathes hier folgen zu lassen, aus welchem sodann auch der nach dem Dienstesalter erfolgende Austritt eines Dritttheiles, behufs der jährlichen Erneuerungswahl gemäß § 52 der Satzungen, entnommen werden kann.

Verzeichniß der Mitglieder des Verwaltungsrathes der Pfälzischen Bahnen.

I. Durch die kgl. bayerische Staatsregierung ernannt:

die Herren:

1. Friedrich Norbert Mahla, kgl. Rath, Vorstand des Verwaltungsrathes, von Landau.
2. Friedrich Wilhelm v. Oettinger, kgl. Regierungs-Vicepräsident, Mitglied, von Speyer.
3. Christian Ebeling, kgl. Regierungsrath und Bezirksamtmann, Mitglied, von Homburg.
4. Johann Lucas Jäger, Dr., Redacteur der Pfälzer Zeitung, Mitglied, von Speyer.
5. Georg Friedrich Kolb, Privatmann, Mitglied, von Speyer.
6. August Manz, kgl. Finanzrath, Mitglied, von Nürnberg.
7. Ludwig Roemmich, kgl. Regierungsrath und Bezirksamtmann, Mitglied, von Speyer.
8. August Roos, kgl. Ministerialrath, Mitglied, von München.
9. Adolph Schwinn, Fabrikbesitzer, Mitglied, von Zweibrücken.
10. Ferdinand v. Soyer, kgl. Oberzollinspector, Mitglied, von Ludwigshafen † verst.
11. Philipp Umbscheiden, kgl. Appellationsgerichtsrath, Mitglied, von Zweibrücken.
12. Carl Weigel, kgl. Regierungsrath, Mitglied, von Speyer.

II. Durch die Generalversammlungen nach §§ 47 und 53 der Satzungen gewählt und zwar

a. Durch die Ludwigsbahn

die Herren

13. Ferdinand Boeding, kgl. Advocat-Anwalt, Mitglied, von Landau. 14. Gottlieb Loew, Gutsbesitzer, Mitglied, von Landstuhl. 15. Heinrich Waud, kgl. Regierungsrath, Mitglied, von Speyer.	Diese 3 Mitglieder sind im Jahre 1867 ausgetreten und wurden wieder gewählt.
16. Friedrich Engelhorn, Fabrikdirector, Mitglied, von Ludwigshafen. 17. Ludwig Andreas Jordan, Gutsbesitzer, Mitglied, von Deidesheim. 18. Gustav Krämer, Hüttenwerksbesitzer, Mitglied, von St. Ingbert.	Diese 3 Mitglieder sind im Jahre 1868 ausgetreten und wurden wieder gewählt.
19. Achille Andreae, Banquier, Mitglied, von Frankfurt a. M. 20. Carl Ludwig Golsen, k. Advocat-Anwalt, Mitglied, von Frankenthal. 21. Seligmann Ladenburg, Banquier, Mitglied, von Mannheim.	Diese 3 Mitglieder haben im Jahre 1869 auszutreten.

b. Durch die Maximiliansbahn.

Die Herren

22. Carl Baron v. Rothschild, Banquier, kgl. bayerischer General-Consul, Mitglied, von Frankfurt a. M.	Ausgetreten im Jahre 1867 und wieder gewählt.
23. Georg Eduard Lang, kgl. Oberstaats-Anwalt, Mitglied, z. Z. in Zweibrücken a. d. Haardt.	Ausgetreten im Jahre 1868 und wieder gewählt.
24. Joseph Benzino, Rentner, Mitglied, von Landstuhl.	Hat im Jahre 1869 auszutreten.

Der nach § 60 der Satzungen gebildete Verwaltungs-Ausschuß besteht aus den Herren:

1. Friedrich Norbert Mahla, kgl. Rath, Vorstand des Verwaltungsrathes. 2. Albert Jaeger, kgl. Regierungsrath, Director.	
3. Seligmann Ladenburg, Banquier. 4. Ferdinand Boeding, kgl. Advocat-Anwalt.	Vom Verwaltungsrath gewählte Mitglieder.
5. Friedrich Wilhelm v. Bettinger, kgl. Regierungs-Vicepräsident. 6. Georg Friedrich Kolb, Privatmann.	Von kgl. Regierung ernannte Mitglieder.

Als königlicher Commissär bei den Pfälzischen Bahnen ist Herr Regierungs-Finanz-Director Franz v. Meyer von der kgl. Staatsregierung bestellt.

2. Die feste Rheinbrücke zwischen Ludwigshafen und Mannheim

betreffend, haben wir unseren bezüglichen Relationen in den Geschäftsberichten pro 1866 und 1867 noch nachzutragen, daß im Laufe des Sommers 1868 nunmehr auch die beiderseitigen Portal-Bauten vollendet wurden und auf bayerischer Seite die zur Krönung des Portalbaues bestimmte Figurengruppe — eine Germania und Palatia darstellend — zur Aufstellung gelangen konnte.

Ueber diese Figurengruppe, deren Anfertigung dem Bildhauer Renn aus Speyer anvertraut worden war, gab der weithin als Autorität anerkannte Kunstkritiker, Herr Professor Dr. Lübke von Stuttgart, das nachstehende Urtheil ab:

„Die Aufgabe, welche dem Bildhauer gestellt wird, wenn es sich, wie im hier zu besprechenden Falle, darum handelt, ein monumentales Werk der Architektur mit einem plastischen Schmuck angemessen und bedeutsam auszustatten, enthält gewisse Grundbedingungen, von deren Erfüllung die glückliche Lösung derselben abhängt. In erster Linie wird verlangt werden müssen, daß das plastische Werk in formvoller und zugleich klar verständlicher Weise den in der betreffenden architektonischen Schöpfung zur Verwirklichung gekommenen Gedanken ausspreche. Eine hieraus unmittelbar fließende zweite Forderung wird dahin lauten, daß der plastische Schmuck in stylistischer Uebereinstimmung mit den Formen der Architektur stehe, daß also z. B. einem in mittelalterlichem Styl ausgeführten Bauwerke kein in antikem Formgefühl entworfenes Bildwerk aufgeheftet werde, oder umgekehrt. Endlich wird der Zusammenhang mit der Architektur den Bildhauer nöthigen, seine Schöpfung nicht blos im Allgemeinen in ein angemessenes Maßenverhältniß zu dem Bau selbst zu setzen, sondern in derselben auch die Grundgesetze aller architektonischen Composition durch lebendige, wohl abgewogene Führung des Gesammt-Umrisses, namentlich aber durch rhythmische Uebereinstimmung und symmetrischen Aufbau anklingen zu lassen, so jedoch, daß das Werk der Bildnerei diese architektonische Nothwendigkeit mit jener hohen Freiheit erfüllt, welche selbst den Schein eines Zwanges vermeidet und die Strenge des Gesetzes unter der Anmuth natürlichen Lebens spielend verhüllt.

Wenn man unter diesen Gesichtspunkten die in Rede stehende plastische Gruppe betrachtet, so kann zunächst nicht blos die Idee selbst als eine glückliche bezeichnet werden, sondern man wird gestehen müssen, daß selten in modernen Schöpfungen ähnlicher Art ein sinniger Gedanke so allgemein verständlich zum Ausdruck gekommen ist. Es galt den Eckstein einer Brücke, die für immer den festen Zusammenhang der bayerischen Pfalz mit dem deutschen Vaterlande herstellen und besiegeln soll. Es galt sodann, gerade an der pfälzischen Seite das Verhältniß künstlerisch auszusprechen. Wer wird nicht bei aufmerksamer Betrachtung sogleich in der jungfräulichen Gestalt, die mit holder Vertraulichkeit der mütterlichen Freundin die Hand darreicht und von dieser mit liebevollem Gruße festgehalten wird, die Pfalz erkennen, eine der blühendsten Töchter der großen deutschen Mutter, die zu treuem, unzerreißbarem Bunde der Germania die Rechte bietet!

Aber dieser Gedanke ist nicht blos klar, er ist auch schön zum Ausdruck gelangt, und zwar in einer Formbehandlung, welche dem edlen architektonischen Style des Portalbaues würdig entspricht. Da letzterer in einer feinen Renaissance gehalten ist, deren Details die durch das Studium hellenischer Kunst geläuterte Auffassung unserer Zeit verrathen, so mußte in der Charakteristik der Gestalten, namentlich im Stil der Gewänder ein verwandtes Formgefühl zur Geltung kommen. Dies ist in der That geschehen, ohne daß den Figuren jene abstracte Allgemeinheit mitgetheilt worden wäre, die solchen Idealgestalten gar zu leicht den Stempel einer kühlen Leere verleiht. Vielmehr weht in ihnen ein warmer Hauch von Empfindung, ein Zug individuellen Lebens, der den Beschauer wohlthuend berührt und fesselt.

Nicht minder ist sodann das Verhältniß zum Ganzen als ein gelungenes zu bezeichnen, da die Gruppe den zierlich feinen Unterbau keineswegs durch zu große Masse drückt, und doch zugleich durch angemessene Entfaltung sich mächtig genug gegen die Architektur zur Geltung bringt. Endlich ist die Schönheit des Werkes zu loben, da sie architektonische Symmetrie mit rhythmischer Lebendigkeit und freier Natürlichkeit der Motive verbindet. Was sodann die Ausführung betrifft, so geht dieselbe über die oberflächlichen Anforderungen, die man an ein rein decoratives Werk zu stellen pflegt, weit hinaus und entspricht in der liebevollen Sorgfalt der Behandlung, in der Beseelung der Köpfe und der künstlerisch empfundenen Durchbildung der Gewänder dem edlen Style des Portalbaues in harmonischer Weise.

Vom Standpunkte der Kunstwissenschaft, welche ich zu vertreten die Ehre habe, begrüße ich daher mit Befriedigung in diesem wohlgelungenen Werke ein neues Zeugniß von dem schönen Bunde, der bei uns immer mehr die großartigen Schöpfungen der Technik mit den Leistungen der Kunst verknüpft und das Produkt des Bedürfnisses mit dem Hauch der Schönheit adelt."

Die Brücken-Abtheilung für den Straßenverkehr ist sodann am 20. August 1868 definitiv eröffnet worden und steht seitdem ununterbrochen im Betriebe, während die Brückenabtheilung für den Eisenbahndienst bereits seit dem 10. August 1867 dem Verkehre der Personen- und Güterzüge übergeben ist.

Das Ergebniß des Brückenbetriebes wird unter Abtheilung IV. Ziffer 1. dieses Geschäftsberichtes im Detail zum Vortrage gebracht; im Allgemeinen wollen wir an dieser Stelle nur hervorheben, daß der Güterverkehr über die Eisenbahnbrücke, wie erwartet, große Dimensionen angenommen, daß dagegen der Personen-Verkehr mit den Brückenzügen, wie wir mit Recht befürchtet, ein sehr unbefriedigendes Resultat ergeben hat, indem pro 1868 im Ganzen nur 125,308 Personen befördert wurden, wonach auf einen Tag 343 Personen und auf einen Brückenzug durchschnittlich nur circa 14 Personen entfallen.

Der Grund dieses geringen Ergebnisses liegt offenbar in der ungünstigen Situirung des provisorischen Bahnhofes Mannheim für den Localverkehr der Pfalz mit dieser Stadt. Die im letztjährigen Geschäftsberichte ausgesprochene Hoffnung, daß die allgemein gewünschte Näherlegung des Personenbahnhofes der Stadt Mannheim im Laufe des Jahres zur Ausführung gelange, hat sich leider nicht bewährt, und haben wir, — da die definitive Entscheidung über diese Bahnhoffrage leider noch sehr ferne zu liegen scheint, — Anlaß genommen, die bereits früher von uns befürwortete Errichtung einer provisorischen Haltestelle, gegenüber dem Schlosse, bei den großh. badischen Behörden wiederholt in Anregung zu bringen.

Nachdem nun das ganze Bauwerk der festen Rheinbrücke nebst der Verbindungsbahn mit dem Bahnhof Ludwigshafen, sowie der an der Verbindungsbahn gelegene Rangirbahnhof gänzlich fertiggestellt sind, so konnte die definitive Abrechnung über sämmtliche Herstellungskosten dieser Bauobjecte in Abtheilung III. gegenwärtigen Berichtes vollzogen werden und beschränken wir uns hier lediglich auf die Bemerkung, daß das Schlußergebniß dieser Abrechnung ein äußerst befriedigendes genannt zu werden verdient, indem von der für unseren hälftigen Antheil an der Brücke, sodann für die Verbindungsbahn und den Rangirbahnhof vorgesehenen Kosten-Anschlags-Summe von fl. 1,500,000 noch eine Summe von circa fl. 60,000 erübrigt worden ist, welche für verschiedene Verbesserungen und Einrichtungen in den Bahnhöfen passende Verwendung finden kann.

3. Die Landstuhl-Kuseler Bahn

hat zur baulichen Vollendung etwas mehr Zeit erfordert, als wir erwartet hatten; insbesondere war dieß in der zweiten Section auf der Strecke Glan-Münchweiler-Kusel der Fall, wo die Herbeiziehung der erforderlichen Arbeitskräfte selbst zu hohen Löhnen ganz ungewöhnliche Schwierigkeiten verursacht hat.

Nicht ohne besondere Anstrengungen ist es gelungen, die Bahn wenigstens für den Personen-Verkehr auf den 22. September vorigen Jahres betriebsfähig herzustellen, während die Arbeiten zur gänzlichen Vollendung der Bahn und der Bahnhöfe noch das ganze Jahr in Anspruch nahmen und selbst im gegenwärtigen Augenblicke noch einige Nacharbeiten erfordern. Gleichwohl sind wir in der Lage, die definitive Abrechnung über sämmtliche Baukosten der Landstuhl-Kuseler Bahn noch in den gegenwärtigen Geschäftsbericht aufnehmen (vergl. Abtheilung III.) und die beruhigende Zusicherung geben zu können, daß wir mit den knapp bemessenen Baumitteln nicht nur ausgereicht, sondern sogar noch eine kleine Ersparniß erzielt haben.

4. Die Alsenz-Bahn,

welche in Gemäßheit des Beschlusses der außerordentlichen Generalversammlung der Pfälzischen Nordbahnen vom 3. Februar vorigen Jahres auf Grund der Concession Seiner Majestät des Königs von Bayern vom 23. November 1867, sowie der unterm 12. Februar 1868 erfolgten Concession Seiner Majestät des Königs von Preußen für die in das preußische Gebiet fallende kurze Strecke vom Nahefluß bis nach Münster am Stein, — als zweite Linie der Pfälzischen Nordbahnen in Ausführung zu bringen war, ist sofort nach Erledigung der Geldbeschaffung, sowie nach Feststellung und staatlicher Genehmigung des durch unsere Techniker ausgearbeiteten Detailprojectes noch im Herbste 1868 in Angriff genommen worden, indem zunächst die Erwerbung des zum Bahnbau erforderlichen Grundeigenthums nach Maßgabe des Expropriationsgesetzes vom 17. November 1837 eingeleitet und in wenigen Wochen unter thätigster Mitwirkung der kgl. Bezirksämter Kaiserslautern und Kirchheimbolanden auf der ganzen Linie von Hochspeyer bis Ebernburg einschließlich mit gutem Erfolge durchgeführt worden ist. Demgemäß konnten die Bauarbeiten überall begonnen werden mit Ausnahme einer kurzen Strecke bei dem Orte Alsenz wegen eines von der kgl. Staatsregierung gestellten Vorbehaltes in Betreff der Situirung des Bahnhofes bei diesem Orte, und der preußischen Anschlußstrecke vom Naheufer bis nach Münster am Stein wegen noch nicht erfolgter Genehmigung des bezüglichen Bauprojectes von Seite der kgl. preußischen Behörde. Beide Anstände werden indeß, wie wir zu hoffen Grund haben, in Kürze ihre befriedigende Erledigung finden.

Auch haben wir nicht unterlassen, über die durch die Ausführung der Alsenzbahn veranlaßte Erweiterung des Unternehmens der Pfälzischen Nordbahnen nach Maßgabe des Art. 214 des allgemeinen deutschen Handelsgesetzbuches die notarielle Beurkundung und den Eintrag in das Handelsregister zu bewirken und die hierauf bezüglichen Actenstücke, nämlich die beiden Concessionsurkunden, die Ausführungsmodalitäten und die betreffenden Generalversammlungsbeschlüsse, als ersten Nachtrag zu den Satzungen der Pfälzischen Nordbahnen zu publiciren.

Wenn der Bauausführung, welche durch die vier Bausectionen Hochspeyer, Winnweiler, Alsenz und Ebernburg auf's eifrigste gefördert wird, keine unerwarteten Schwierigkeiten in den Weg treten, dürfen wir wohl hoffen, die ganze circa vierzehn geometrische Stunden lange Bahnlinie in zwei Jahren vollenden und dem Betriebe übergeben zu können.

5. Die Bahn von Winden nach Bergzabern

sollte, wie wir in unserem vorjährigen Geschäftsberichte zu bemerken die Ehre hatten, als ein selbstständiges Unternehmen zur Ausführung kommen, nachdem die Gesellschaft der Pfälzischen Maximiliansbahn in Gemäßheit Beschlusses der Generalversammlung vom 13. April 1867 für den Fall, daß die im Landtags-Abschiede vom 10. Juli 1866, § 28, in Aussicht gestellte Zinsgarantie die königliche Sanction erhalten würde, sich bereit erklärt hatte,

a. die Bildung einer besonderen Actien-Gesellschaft zum Zwecke der Erbauung dieser Bahn zu veranlassen,

b. den Anschluß derselben an die Pfälzische Maximiliansbahn im Bahnhofe Winden zu gestatten und

c. den Bau und Betrieb dieser Bahn, sowie die allgemeine Geschäftsleitung nach Maßgabe der mit der Ludwigsbahn bestehenden Verwaltungs-Organisation zu übernehmen.

Da nun auch die Concession zum Baue und Betriebe der Winden-Bergzaberner Bahn auf obiger Grundlage unterm 26. November 1867 durch die kgl. bayerische Staatsregierung ertheilt worden war, ist die Verwaltung der Pfälzischen Bahnen eifrig bemüht gewesen, das erforderliche Baucapital aufzubringen und in Gemäßheit der ertheilten Concession eine besondere Actien-Gesellschaft für die Winden-Bergzaberner Bahn zu gründen.

Die deshalb eingeleiteten Verhandlungen haben uns indeß alsbald zur Ueberzeugung geführt, daß das Capital mit allzukleinen Bahnen, als selbstständigen Unternehmungen, — ganz abgesehen von deren Bauwürdigkeit, — sich nicht gerne besteht und daß bei dem geringen Interesse des Geldmarktes für solche wenig umfängliche Unternehmungen die Durchführung des in der Concession vom 26. November 1867 aufgestellten Planes der Bildung einer besonderen Actiengesellschaft mit separater Zinsgarantie auf Erschwerungen bei der Geldbeschaffung gestoßen wäre, welche die Rentabilität der nur 1,₂₀ Meilen langen Bahn hätten beeinträchtigen können.

Der aufrichtige Wunsch, die Winden-Bergzaberner Bahn als erstes Beispiel einer pfälzischen Vicinalbahn und mit Rücksicht auf das Interesse der Bevölkerung dennoch zur Ausführung zu bringen, hat die Verwaltung bestimmt, anderweitige Modalitäten in's Auge zu fassen und der kgl. Staatsregierung den Vorschlag zu machen, daß die Pfälzische Maximiliansbahn-Gesellschaft den Bau und Betrieb der Winden-Bergzaberner Zweigbahn als integrirenden Bestandtheil der Pfälzischen Maximiliansbahn zu übernehmen habe, insoferne die kgl. Staatsregierung

a. die durch § 28 des Landtagsabschiedes vom 10. Juli 1865 gewährte Zinsengarantie vom 4 auf 4½ pCt. erhöhe, beziehungsweise die Zinsengarantie der Maximiliansbahn auf die durch den Bau der Winden-Bergzaberner Bahn erforderliche Capitals-Vermehrung ausdehne, und

b. einen unverzinslichen Zuschuß zu den Baukosten der Winden-Bergzaberner Bahn von circa fl. 100,000 zu leisten geneigt wäre.

Die deßfalls eingeleiteten Verhandlungen führten zunächst zu dem Gesammtbeschlusse beider Kammern des bayerischen Landtages, welcher in das Finanz-Gesetz vom 16. Mai 1868 aufgenommen ist und in § 21 also lautet:

„Die Staatsregierung ist ermächtigt, der Pfälzischen Maximiliansbahn-Gesellschaft den für die „garantirten Zinsen geleisteten, zur Zeit noch bestehenden Vorschuß von fl. 91,670. 21 kr. unter noch „zu vereinbarenden Modalitäten als einen unverzinslichen Zuschuß zuzuwenden, wenn die Gesellschaft „die Bahn von Winden nach Bergzabern als einen integrirenden Bestandtheil ihrer Bahn baut und „betreibt.

„Unter dieser Voraussetzung wird die für die Bahn von Winden nach Bergzabern durch § 28 „des Landtagsabschiedes vom 10. Juli 1865 gewährte Zinsgarantie von 4 auf 4½ pCt. erhöht."

Im weiteren Verfolge der Sache ist demnächst die frühere Concessions-Urkunde vom 26. November 1867 außer Wirksamkeit gesetzt und der Actiengesellschaft der Pfälzischen Maximiliansbahn-Gesellschaft auf Grund der obigen Gesetzesbestimmungen die Allerhöchste Concessions-Urkunde vom 21. September 1868 ertheilt worden, welche wir der auf den 1. December desselben Jahres ad hoc berufenen außerordentlichen General-Versammlung der Pfälzischen Maximiliansbahn mit dem Antrage

a. auf Anerkennung und Annahme der ertheilten Concession durch die Actien-Gesellschaft der Pfälzischen Maximiliansbahn,

b. auf Genehmigung der deßfalls erforderlichen Erhöhung des Bau- und Einrichtungs-Capitals um den Maximal-Betrag von fl. 275,000 unter, mit den kgl. Staatsministerien der Finanzen und des Handels zu vereinbarenden Modalitäten,

c. auf Ermächtigung zur sofortigen Ausführung der Zweigbahn Winden-Bergzabern,

in Vorlage gebracht haben.

Die General-Versammlung hat, in Betracht, daß die Vorschläge der Verwaltung im wesentlichen von der kgl. Staatsregierung genehmigt worden sind und in Erwägung, daß dieser Zweiglinie mit Rücksicht auf ihre billigen Herstellungskosten und ihre Ertragsfähigkeit eine gedeihliche Zukunft, jedenfalls aber ein belebender Einfluß auf den Verkehr der Hauptlinie zugemessen werden muß, — die Anträge der Verwaltung einstimmig angenommen.

Da wir das Detailproject für diese Bahn bereits im Sommer vorigen Jahres vorsorglich haben ausarbeiten lassen, so konnten wir dasselbe nach einigen Ergänzungen unverweilt der kgl. Regierung in Vorlage bringen, welche ihrerseits die Genehmigung auch bereits ertheilt und uns ermächtigt hat, mit dem Grunderwerb im Expropriationswege vorzugehen.

Alle Einleitungen sind getroffen, daß die Verhandlungen noch im Monat April zur Durchführung gelangen und hoffen wir sonach, schon im Anfange des Monats Mai mit den Bauarbeiten beginnen und dieselben, — treten keine unerwarteten Hindernisse ein, — jedenfalls noch im Laufe dieses Jahres zu Ende führen zu können. Ueber die durch Erbauung der Bergzaberner Zweigbahn veranlaßte Erweiterung des Unternehmens der Pfälzischen Maximiliansbahn haben wir nach Maßgabe des Art. 214 des allgemeinen deutschen Handelsgesetzbuches die notarielle Beurkundung und den Eintrag in das Handelsregister bewirkt und die hierauf bezüglichen Actenstücke als dritten Nachtrag zu den Satzungen der Pfälzischen Maximiliansbahn im Drucke veröffentlichen lassen.

6. Was die

Donnersberger Bahn

von Kaiserslautern über Kirchheimbolanden an die Landesgrenze bei Alzey und die

Dürkheim-Grünstadt-Monsheimer Bahn

betrifft, so hat der zwischen der kgl. bayerischen und der großh. hessischen Regierung am 26. September 1867 abgeschlossene Staatsvertrag, mit welchem die Fortsetzung der ersteren auf hessischem Gebiete über Alzey nach Mainz und der letzteren über Alzey nach Bingen nebst den bezüglichen Anschlußpunkten vereinbart wurde, bis jetzt die beiderseitige Ratification nicht erlangen können. Es hat zwar am 11. Juni vorigen Jahres eine Verhandlung zwischen den Commissären der hohen Regierungen und den Vertretern der betheiligten Bahnverwaltungen stattgefunden, bei welcher die bislang bestandene Schwierigkeit hinsichtlich der Verkehrseinrichtung nach der letzteren Route zwar glücklich beseitigt worden, dagegen eine neue Schwierigkeit entstanden ist, indem die hessische Regierung in Betreff der Richtungsfrage der Dürkheim-Monsheimer Bahn auf die Offsteiner Linie zurückkommen zu müssen glaubte, während die bayerische Regierung die in dem Staatsvertrag vom 26. September 1867 vereinbarte Linie über Bockenheim aus Gründen des pfälzischen Landesinteresses unbedingt festhält. Die beiderseitigen Bahnverwaltungen haben zu dieser Frage zwar eine neutrale Stellung eingenommen; eine andere Lösung derselben scheint uns aber bei den gegebenen Verhältnissen kaum möglich zu sein, als die, daß die hessische Regierung die Bockenheimer Linie, welche sie bei den früheren Verhandlungen bereits zugestanden hatte, auch schließlich wieder acceptirt und damit der natürlichsten und kürzesten Richtungslinie wieder zu ihrem Rechte verhilft. Eine dem Vernehmen nach von hessischer Seite empfohlene vermittelnde Linie zwischen Bockenheim und Offstein hätte nicht die geringste Aussicht, von der diesseitigen Verwaltung acceptirt zu werden, da sie den pfälzischen Interessen in keiner Hinsicht entspricht, und würde daher auch ohne Zweifel von der bayerischen Regierung abgelehnt werden. Jedenfalls dürfte eine baldige Verständigung durch die beiderseitigen Interessen dringend geboten erscheinen.

Hinsichtlich der mit den vorerwähnten Bahnen zusammenhängenden Linie durch das Zeller Thal von Marnheim nach Monsheim haben wir zu bemerken, daß diese nur 1,[illegible] Meilen lange Verbindungslinie in dem vorerwähnten Staatsvertrage berücksichtigt und der Anschluß an die hessische Bahn gesichert ist, und daß von der bayerischen Staatsregierung auf Antrag der Kammern zugestanden wurde, die zur Erbauung der Zeller Thalbahn erforderliche Bausumme von fl. 550,000 aus der bereits mit 4 pCt. Zinsen garantirten Gesammtsumme von fl. 13,250,000 für die Alsenz- und Donnersberger Bahn zu entnehmen und eventuell die deßfalls bestehende Zinsengarantie für den Betrag von fl. 550,000 zur Erbauung der Zeller Thalbahn zu erhöhen.

Nachdem die Generalversammlungen der einschlägigen pfälzischen Bahngesellschaften ihre Bereitwilligkeit zur Erbauung der vorgenannten Bahnen in der Voraussetzung der Ertheilung einer Zinsengarantie und der Erfüllung der übrigen gesetzlichen Vorbedingungen bereits ausgesprochen haben, so wird die diesseitige Verwaltung nach erfolgter Ratification des Staatsvertrages vom 26. September 1867 und Ausfertigung der betreffenden Concessionsurkunden sofort die nöthigen Einleitungen zur Ausführung dieser Bahnen treffen.

7. Die übrigen pfälzischen Bahnprojecte,

für welche bereits die technischen Aufnahmen durch unsere Ingenieure auf Grund der von der kgl. Regierung ertheilten Projectirungs-Concessionen ausgeführt wurden, sind:

a. die Fortsetzung der Rheinlinie des linken Ufers von Germersheim über Rülzheim nach Wörth;
b. die Bahn von Landau über Pirmasens nach Zweibrücken;
c. die Bahn von Kaiserslautern über Schopp nach Pirmasens;
d. die Bliesthalbahn von Lautzkirchen nach Saargemünd zum Anschluß an die französische Ostbahn, sodann
e. eine Verbindungslinie von Frankenthal nach Freinsheim zum Anschluß an die Dürkheim-Monsheimer Bahn.

Ohne Zweifel wird der den Kammern des Landtages demnächst zur Vorlage kommende Gesetzentwurf der kgl. Staatsregierung über die Vereinigung der Pfälzischen Bahnen zum Zwecke des Ausbaues des pfälzischen Bahnnetzes der successiven Ausführung dieser Linien die Wege ebnen.

Von weiteren Eisenbahnlinien in der Pfalz, welche von den betreffenden Interessenten auf's eifrigste angestrebt werden, sind zu nennen:

f. die Glanthalbahn von Altenglan (Station der Landstuhl-Kuseler Bahn) über Meisenheim nach Staudernheim (Station der Rhein-Nahebahn);

g. die Lauterthalbahn von Kaiserslautern über Wolfstein nach Lauterecken zum Anschluß an die vorgenannte Glanbahn;

h. die Fortsetzung der St. Ingberter Bahn in der Richtung nach Saarbrücken, wobei indeß das pfälzische Gebiet nur mit circa einer halben Meile betheiligt ist;

i. die Fortsetzung der Kuseler Bahn in der Richtung nach Trier, ebenfalls nur mit einer halben Meile das pfälzische Gebiet treffend;

k. eine Bahn von Grünstadt durch das Eisthal nach Enkenbach;

endlich in neuester Zeit:

l. eine Bahn von Landstuhl über die Sickinger Höhe nach Pirmasens, und

m. die Fortsetzung der Winden-Bergzaberner Bahn in der Richtung über Dahn zum Anschluß an die Pirmasenser Bahn bei Kaltenbach.

Von allen diesen Linien liegen indeß bis heute keine Projektirungsarbeiten vor, so daß sich über deren Bauwürdigkeit in technischer, finanzieller und wirthschaftlicher Beziehung zur Zeit ein verläßliches Urtheil nicht abgeben läßt.

8. Zur Ergänzung der im vorigjährigen Geschäftsberichte

pag. 19 Ziff. 11 gegebenen Notiz über die **Prämiirung** des durch die Verwaltung der Pfälzischen Bahnen zur Kunst- und Industrie-Ausstellung vom Jahre 1867 nach Paris gesendeten **Modells der Maxauer Eisenbahn-Schiffbrücke** durch die **goldene Medaille** und des **Telegraphen-Translators** durch die **bronzene Medaille** haben wir nachzutragen, daß Se. Excellenz der Herr Handelsminister v. **Schlör** die Direction der Pfälzischen Bahnen zu der feierlichen Vertheilung der bei dieser Ausstellung zu Paris den bayerischen Theilnehmern zuerkannten Preise und Diplome auf den 2. Mal nach München einzuladen die Güte gehabt und daß der Unterzeichnete die vorerwähnten Prämien bei dieser Feier Namens der pfälzischen Bahnverwaltung in Empfang genommen hat.

9. Die Hauptcasse der Pfälzischen Bahnen

hatte pro 1868 für den Bau und Betrieb sämmtlicher Linien zehn getrennte Hauptrechnungen mit 23 Nebenrechnungen und 31,142 Belegen zu erstellen und hat inhaltlich einer Zusammenstellung sämmtlicher Rechnungsabschlüsse

eine Gesammt-Einnahme von	fl.	11,825,804. 7 kr.
eine Gesammt-Ausgabe von	fl.	7,355,262. 55 kr.
ein Gesammt-Saldo von	fl.	4,470,541. 12 kr.

nachgewiesen.

Ungeachtet der beträchtlichen Erweiterung des Geschäftsbetriebes und der dadurch veranlaßten Vermehrung des Rechnungsmaterials sind sämmtliche Rechnungen der Hauptcasse, sowie die Material- und Werkstätte-Rechnungen sechs Wochen nach Jahresschluß erstellt gewesen und konnten den am 15. Februar eingetroffenen **zwei** Revisoren der kgl. Rechnungskammer in München zur primitiven Revision übergeben werden. Nachdem dieses Prüfungsgeschäft durch die Beigabe eines **zweiten** Revisors ohne Zweifel in diesem Jahre rechtzeitig beendigt sein wird, so werden wir die betreffenden Rechnungen demnächst gemäß § 61 Ziff. 1 und § 55 Ziff. 3 der Satzungen dem Ausschusse und Verwaltungsrathe zur Prüfung und Bescheidung und den betreffenden Generalversammlungen zur Anerkennung in Vorlage bringen.

Die Verbescheidungen der Jahresrechnungen durch die Generalversammlungen gemäß § 45 Ziff. 2 der Satzungen wird sich jedoch in diesem Jahre auch noch auf mehrere Rechnungen früherer Jahrgänge erstrecken müssen, welche wegen Mangel an Zeit **vor** den Generalversammlungen der betreffenden Jahre nicht mehr vollständig revidirt werden konnten. Zur vollständigen Aufklärung des Sachverhaltes halten wir deßhalb die nachstehende Erläuterung für geboten:

I. Ludwigsbahn.

a. Die Baurechnungen pro 1865/66 waren zur Zeit der Generalversammlungen vom 12. und 13. April 1867 noch nicht revisorisch festgestellt und konnten daher dieser Generalversammlung nicht mehr vorgelegt werden, weshalb das Revisionsprotokoll pro 1865/66 die Vorlage sämmtlicher Baurechnungen vom Jahre 1865/66 an die im Jahre 1868 abzuhaltende Generalversammlung vorbehalten hat. Diese Vorlage hat nun zwar stattgefunden; — es ist jedoch übersehen worden, die definitive Verbescheidung der Baurechnungen pro 1865/66 in den betreffenden Protokollen der Generalversammlungen vom 30. und 31. März 1868 speciell zu constatiren.

Da nun das Revisions-Protokoll pro 1867 beziehungsweise die dazu gehörigen Definitiv-Beschlüsse die ausdrückliche Anerkennung dieser Rechnungen durch die Generalversammlungen verlangen, so wird die definitive Verbescheidung der Baurechnungen pro 1865/66 in den diesjährigen Generalversammlungen nachträglich zu constatiren sein.

Ferner sind zur definitiven Verbescheidung durch die Generalversammlung zu beantragen:

b. die bei der Generalversammlung vom 30. März 1868 noch nicht vollständig revidirt gewesenen Betriebs- und Baurechnungen pro 1867 nebst den Special-Baurechnungen der St. Ingberter und der Rheinbrücken Bahn; sodann

c. die erstmalig durch *zwei* Revisionsbeamte der kgl. bayerischen Rechnungskammer in München geprüften Betriebs- und Baurechnungen pro 1868.

II. Neustadt-Dürkheimer Bahn.

Aus gleichen Gründen sind zur definitiven Verbescheidung zu beantragen:

a. die Baurechnung pro 1865/66;
b. die Betriebs- und Baurechnung pro 1867;
c. die Betriebs- und Baurechnung pro 1868.

III. Maximiliansbahn.

Deßgleichen:

a. die Baurechnung pro 1865/66;
b. die Betriebs- und Baurechnung pro 1867;
c. die Betriebs- und Baurechnung pro 1868.

IV. Nordbahnen.

Deßgleichen:

a. die Baurechnungen der Landstuhl-Kuseler Bahn pro 1865/66 und 1867;
b. die Betriebs- und Baurechnungen pro 1868.

Die *Superrevision* der Rechnungen vom Jahre 1867 ist, wie alljährlich, durch den nach der Pfalz abgeordneten kgl. Abrechnungs-Commissär des obersten Rechnungshofes in München im Laufe des verflossenen Sommers vollzogen worden und hat sich hierbei eine wesentliche Beanstandung nicht ergeben, so daß die Rechnungsziffern durch die hierauf erfolgten Definitivbeschlüsse überall als richtig anerkannt worden sind.

II. Stand des Actien- und Prioritäts-Capitals.

A. Ludwigsbahn.

Das Actien-Capital hat in der Rechnungsperiode 1868 keine Vermehrung erfahren und besteht sonach, wie im Vorjahre, aus 23,318 Stück Actien à fl. 500 im Betrage von fl. 11,659,000.

Das Prioritäts-Capital ist ebenfalls im Laufe dieser Periode nicht erhöht worden.

Die obligationsmäßige Rückzahlung vom I., II., III. und IV. Prioritätsanlehen ist auch pro 1868 durch notarielle Verloosung vollzogen und in seither üblicher Weise in den gelesensten Zeitungen publicirt worden.

Es sind nunmehr im Ganzen 693 Stück Partial-Obligationen mit einem Capitalbetrage von fl. 335,000 amortisirt, wonach sich der Stand der auf 4 pCt. convertirten Prioritätsschuld des I., II. und III. Anlehens auf 5812 Stück zu fl. 2,875,000, der Stand des IV. Anlehens zu 4½ pCt. auf 1065 Stück zu fl. 790,000 herabgemindert hat.

Mit dem laufenden Jahre 1869 beginnen auch die obligationsmäßigen Rückzahlungen von dem V., VI. und VII. Prioritätsanlehen und erhöht sich nunmehr die zur Amortisation sämmtlicher Prioritätsanlehen für die nächsten fünf Jahre in Verwendung kommende Summe auf fl. 61,000 pro anno.

Zur Evidenthaltung der Finanzlage fügen wir die Tabelle über den Stand und die successive Rückzahlung der Prioritätsanlehen der Ludwigsbahn auch dem gegenwärtigen Geschäftsberichte wieder bei; ebenso das Verzeichniß der verloosten Partialen, welche bis heute zur Rückzahlung noch nicht angemeldet sind.

Tabelle

über den Stand und die successive Amortisation der Prioritäts-Anlehen der Pfälz. Ludwigsbahn.

Perioden der Rückzahlung.	I. Anlehen ad 2,000,000 fl. vom Jahr 1849, ursprünglich zu 5% im Jahre 18.. zu convertirt auf 4%		II. Anlehen ad 500,000 fl. vom Jahr 1853, ursprünglich zu 5% im Jahre 18.. convertirt auf 4%		III. Anlehen ad 700,000 fl. vom Jahr 1856, ursprünglich zu 5% im Jahre 18.. convertirt auf 4%		IV. Anlehen ad 800,000 fl. vom Jahr 1858 zu 4½%		V. Anlehen ad 900,000 fl. vom Jahr 1861 zu 4%		VI. Anlehen ad 3,420,000 fl. vom Jahr 1862 zu 4%		VII. Anlehen ad 700,000 fl. vom Jahr 1865 zu 4%		Total der Rückzahlung.			Verminderung der Zinslast von 5 zu 5 Jahren
	per Jahr	per 5 Jahre	per Jahr	per 5 Jahre	per Jahr	per 5 Jahre	per Jahr	per 5 Jahre	per Jahr	per 5 Jahre	per Jahr	per 5 Jahre	per Jahr	per 5 Jahre	per Jahr	per 5 Jahre	[illegible]	
1854 bis 1858	11,000	55,000	2,750	13,750	—	—	—	—	—	—	—	—	—	—	13,750	68,750	68,750	2,750
1859 „ 1863	14,000	70,000	3,500	17,500	4,900	24,500	—	—	—	—	—	—	—	—	22,400	112,000	180,750	7,250
1864 „ 1868	18,000	90,000	4,500	22,500	6,300	31,500	2,000	10,000	—	—	—	—	—	—	30,800	154,000	334,750	13,440
1869 „ 1873	23,000	115,000	5,750	28,750	8,050	40,250	2,000	10,000	4,500	22,500	17,100	85,500	4,000	20,000	64,400	322,000	656,750	26,850
1874 „ 1878	29,000	145,000	7,250	36,250	10,150	50,750	8,000	40,000	6,300	31,500	21,700	108,500	5,000	25,000	86,200	431,000	1,087,750	43,910
1879 „ 1883	37,000	185,000	9,250	46,250	12,950	64,750	10,400	52,000	9,000	45,000	27,400	137,000	6,500	32,500	112,500	562,500	1,650,250	66,570
1884 „ 1888	48,000	240,000	12,000	60,000	17,150	85,750	12,000	60,000	12,600	63,000	34,200	171,000	8,000	40,000	143,950	719,750	2,370,000	97,880
1889 „ 1893	61,000	305,000	15,250	76,250	22,050	110,250	14,400	72,000	18,300	91,500	44,500	222,500	10,000	50,000	183,400	917,000	3,287,000	132,700
1894 „ 1898	78,000	390,000	19,500	97,500	28,350	141,750	17,600	88,000	20,700	103,500	54,700	273,500	12,500	62,500	231,350	1,156,750	4,443,750	179,410
1899 „ 1903	81,000	405,000	20,250	101,250	30,100	150,500	21,600	108,000	26,100	130,500	68,400	342,000	16,500	82,500	263,950	1,319,750	5,763,500	222,740
1904 „ 1908	—	—	—	—	—	—	32,000	160,000	32,900	164,500	92,300	461,500	24,500	122,500	185,700	928,500	6,692,000	270,690
1909 „ 1913	—	—	—	—	—	—	40,000	200,000	47,700	238,500	133,400	667,000	35,000	175,000	256,100	1,290,500	7,972,000	322,910
1914 „ 1918	—	—	—	—	—	—	—	—	—	—	191,500	957,500	45,000	*) 90,000	236,500	1,017,500	9,080,000	384,400
		2,000,000		500,000		700,000		800,000		900,000		3,420,000		700,000		9,050,000		

*) Diese Rückzahlungen treffen nur die Jahre 1914 und 1915.

Verzeichniß

der verloosten Partialen, welche bis heute zur Rückzahlung noch nicht angemeldet sind.

A. Von den auf 4 Procent convertirten Anlehen.

Lit.	№	Rückzahlungs-Termin der Obligationen.	Lit.	№	Rückzahlungs-Termin der Obligationen.	Lit.	№	Rückzahlungs-Termin der Obligationen.
A.	85	1. October 1866	C.	482	1. October 1868	H.	277	1. October 1868
"	169	do. 1865	D.	46	do. 1865	"	280	do. do.
"	429	do. 1868	"	55	do. 1868	J.	76	do. 1863
"	638	do. do.	"	227	do. 1864	K.	104	do. 1868
"	701	do. do.	"	240	do. 1867	L.	1	do. 1864
B.	95	do. 1867	E.	52	do. 1863	"	97	do. 1868
"	164	do. do.	"	76	do. 1868	M.	321	do. 1866
"	252	do. 1868	"	391	do. 1867	"	343	do. 1865
"	654	do do.	F.	19	do. 1866	"	356	do. 1867
"	662	do. do.	"	117	do. 1864	"	369	do. 1866
"	685	do. 1865	"	145	do. 1867	"	396	do. 1865
"	717	do. 1868	"	183	do. 1863	"	482	do. 1866
"	720	do. 1866	"	185	do. 1868	"	495	do. 1865
C.	104	do. 1867	"	214	do. 1867	"	718	do. 1868
"	125	do. 1866	"	358	do. 1863	"	787	do. 1864
"	179	do. 1867	H.	107	do. 1868	"	821	do. 1868
"	183	do. do.	"	110	do. 1865	"	825	do. 1867
"	365	do. 1868	"	159	do. 1864	"	922	do. do.
"	448	do. 1866	"	224	do. 1867			

B. Vom Anlehen à 4½ Procent.

Lit.	№	Rückzahlungs-Termin der Obligationen.
C.	426	1. October 1868
"	554	do. do.
"	674	do. 1866

B. Maximiliansbahn.

Das Actien-Capital hat im Rechnungsjahre 1868 keine Vermehrung erfahren und besteht daher, wie im vorigen Jahre, aus

	8,800 Stück à fl. 500 erster Emission	= fl. 4,400,000,
	3,000 „ „ „ „ zweiter „	= „ 1,500,000,
	1,200 „ „ „ „ dritter „	= „ 600,000,
in Summa	13,000 Stück à fl. 500	= fl. 6,500,000.

Das gesammte Actiencapital ist mit einer vier und ein halb procentigen Zinsgarantie des Staates versehen und ist daher mit dem Betrage von fl. 292,500 pro Jahr an die Actionäre zu verzinsen.

Ohne Zweifel wird das für die Erbauung der Winden-Bergzaberner Zweigbahn erforderliche Anlags-Capital von fl. 275,000 (vergl. Abth. I. Ziff. 5 des gegenwärtigen Berichtes) noch im Laufe dieses Jahres durch Begebung weiterer Stammactien à 4½ pCt. beschafft werden.

Prioritäts-Obligationen sind bis jetzt für die Maximiliansbahn nicht ausgegeben worden.

C. Neustadt-Dürkheimer Bahn.

Das Actiencapital besteht aus 2900 Stück Actien à fl. 500 zu fl. 1,450,000 und ist mit einer vierprocentigen Zinsengarantie des Staates versehen.

Eine Erhöhung dieses Actiencapitals wird einzutreten haben, sobald die in der Generalversammlung vom 27. Februar 1866 bereits beschlossene Fortsetzung der Bahn von Dürkheim über Grünstadt nach Monsheim von der kgl. Staatsregierung concessionirt sein wird.

D. Nordbahnen.

Das Actiencapital der Pfälzischen Nordbahnen besteht:

1) für die Landstuhl-Kuseler Bahn aus	3,480 Stück Actien à fl. 500 mit . .	fl. 1,740,000,
2) für die Alsenzbahn aus	15,400 Stück Actien à fl. 500 mit . .	fl. 7,700,000,
im Ganzen sonach aus	18,880 Stück Actien à fl. 500 mit .	fl. 9,440,000,

welches gesammte Actiencapital mit einer vierprocentigen Zinsengarantie des Staates versehen ist.

Von dem Actiencapital der Landstuhl-Kuseler Bahn ist bei Jahresschluß noch die letzte Einzahlung von 20 pCt. rückständig gewesen; sie ist indeß pro 15. Februar 1869 ausgeschrieben worden und wird somit im nächsten Jahre das gesammte Baucapital verzinslich sein.

Auf das Actiencapital der Alsenzbahn ist sogleich bei der Zeichnung eine Einzahlung von 40 pCt. des Nominalbetrages, jedoch unter Anrechnung des Differential-Curses der Emission, geleistet worden. Da inzwischen Vollzahlung freigestellt war und vielfach geleistet worden ist, so wird im Laufe dieses Jahres wohl schwerlich eine weitere Ratenzahlung nothwendig werden.

III. Bau.

A. Ludwigsbahn.

1. Bauausführung à Conto des Anlage-Capitals.

A. Aeltere Linien.

Die Hauptrechnung des Anlage-Capitals (Beilage A Ziff. 1.) weist folgenden Abschluß nach:

Einnahmen.

Einnahmen der Vorjahre		fl. 19,929,849. 1 kr.
„ pro 1868		„ 7,617. 48 „
Uebertrag aus der Specialbaurechnung der St. Ingberter Bahn .		„ 984,387. 47 „
Summa aller Einnahmen		fl. 20,921,854. 36 kr.

Ausgaben.

Ausgaben der Vorjahre:			
a. Allgemeine Baukosten		fl. 1,894,479. 32 kr.	
b. Eigentliche „		„ 13,879,463. 55 „	
c. Einrichtungskosten		„ 4,080,621. 14 „	
Summa der Ausgaben der Vorjahre			fl. 19,854,564. 41 kr.
Ausgaben pro 1868 mit den Ueberträgen aus der Specialbaurechnung der St. Ingberter Bahn:			
a. Allgemeine Baukosten pro 1868	fl. 175. — kr.		
St. Ingbert . . .	„ 35,996. 38 „		
Summa		fl. 36,171. 38 kr.	
b. Eigentliche Baukosten pro 1868	fl. 131,480. 58 kr.		
St. Ingbert . . .	„ 1,011,664. 43 „		
Summa		„ 1,143,145. 41 „	
c. Einrichtungskosten pro 1868	fl. 23,514. 54 kr.		
St. Ingbert . . .	„ 57,495. 57 „		
Summa		„ 81,010. 51 „	
Summa der Ausgaben pro 1868			„ 1,260,328. 10 „
Summa aller Ausgaben . . .			fl. 21,114,892. 51 kr.

Abgleichung.

Summa aller Einnahmen	fl. 20,921,854. 36 kr.
Summa aller Ausgaben	„ 21,114,892. 51 „
Passivrest	fl. 193,038. 15 kr.

Dieser Passivrest ist hauptsächlich durch den Uebertrag der Specialbaurechnung der St. Ingberter Bahn auf den Baucouto der Hauptbahn entstanden, welcher Uebertrag beschlossen worden ist, nachdem die Abrechnung über sämmtliche Baukosten der St. Ingberter Bahn bereits im vorigen Jahre gepflogen war, und die kgl. Staatsregierung den geliefeten Nachweis über die Nothwendigkeit des concessionsmäßig zugestandenen Staatszuschusses von fl. 180,000 als richtig anerkannt hat. (Vergl. hierüber Geschäftsbericht pro 1867, pag. 29 bis 39.)

Die **Einnahmen** pro 1868 rühren von der Veräußerung von entbehrlichen Mobilien und Immobilien her.

Die **Ausgaben** pro 1868 werden durch die nachstehende übersichtliche Zusammenstellung näher nachgewiesen, wie folgt:

A. Allgemeine Baukosten.

Cap. III. Directorium			fl. 175. — kr.
Summa der Ausgaben A .			fl. 175. — kr.

B. Eigentliche Bau- und Einrichtungskosten.

Cap. I. Technische Direction.			
Rest für technische Leitung an der St. Ingberter Bahn			fl. 480. 20 kr.
Cap. II. Grunderwerbung . .			„ 9,215. 50 „
Dafür wurden erworben:			
In der Gemarkung Kaiserslautern 121 Decimalen zur Erweiterung des Bahnhofes Kaiserslautern, 253,1 Decimalen zur Erweiterung des Bahnhofes in Ludwigshafen; endlich sind hier verrechnet Proceßkosten wegen eines Grundstückes neben dem Bahnhofe Zweibrücken.			
Cap. III. Erbauungskosten der eigentlichen Bahn.			
§ 1. **Erdarbeiten** .		fl. 10,012. 9 kr.	
Davon			
a. auf die Ausfüllung der Traject-Schachtel im Bahnhofe Ludwigshafen zur Gewinnung an Platz für eine Getreidehalle und neue Geleise im Jahre 1868 .	fl. 4,725. 22 kr.		
Daselbst im Jahre 1867 .	„ 1,377. 23 „		
Zusammen	fl. 6,102. 45 kr.		
b. auf Vollendung der Erdarbeiten an der St. Ingberter Bahn	fl. 5,880. 47 kr.		
Zu übertragen . .		fl. 10,612. 9 kr.	fl. 9,696. 10 kr.

	Uebertrag . .	fl. 10,632. 9 kr.	fl. 9,696. 10 kr.
§ 2. Tunnels		„ 2,582. 21 „	
Vollendung der Tunnels bei Hassel an der St. Ingberter Bahn.			
§ 3. Brücken, Viaducte, Durchlässe, Stützmauern ꝛc.		„ 536. 12 „	
Vollendung und Ergänzung derselben an der St. Ingberter Bahn.			
§ 4. Unterbau		„ 1,259. 7 „	
Schotter für Schwellenbett zur Ergänzung auf den höheren Dämmen der St. Ingberter Bahn.			
§ 5. Oberbau		„ 3,760. 13 „	
Dafür wurden für die Geleiserweiterung im Bahnhofe Bexbach 752 Centner und für Geleisergänzungen an der St. Ingberter Bahn 330 Centner Schienen beschafft.			
§ 6. Straßen- und Wegübergänge .		„ 225. 18 „	
Vollendungsarbeiten an der St. Ingberter Bahn.			
§ 7. Bahnwartswohnungen und Wächterhäuschen		„ 588. 47 „	
Restzahlungen an Unternehmer von der St. Ingberter Bahn.			
§ 8. Einfriedigungen		„ 222. 51 „	
Ergänzungen an der St. Ingberter Bahn			
Summa des Cap. III. . .			„ 19,806. 58 „
Cap. IV. Anlegungskosten der Bahnhöfe.			
§ 1. Pflasterungsarbeiten und Weganlagen		fl. 277. 49 kr.	
Ergänzungen an der St. Ingberter Bahn.			
§ 2. Abzugscanäle und Senkgruben .		„ 600. 22 „	
Theils Ergänzungen an der St. Ingberter Bahn, theils neue Canalanlagen in Zweibrücken und Homburg.			
	Zu übertragen . .	fl. 878. 11 kr.	fl. 29,503. 8 kr.

	Uebertrag	fl. 887. 11 kr.	fl. 29,503. 6 kr.
§ 3. Drehscheiben und Ausweichvorrichtungen		„ 1,393. 30 „	
Davon kleine Restzahlungen auf Arbeiten an der St. Ingberter Bahn geleistet und hauptsächlich eine neue Drehscheibe von 5.10 Meter Durchmesser auf das Kohlenlager im Bahnhofe Frankenthal beschafft.			
§ 4. Pumpwerke		„ 4,303. 29 „	
Dafür wurden 2 stehende Dampfmaschinen sammt Kessel zum Wasserpumpen für den Locomotivdienst in den Bahnhöfen Ludwigshafen und Homburg, nebst den nöthigen Wasserleitungen zu den Reservoirs beschafft.			
§ 5. Dienstgebäude .		„ 24,083. 36 „	
Damit wurden bezahlt: 1) Die Restguthaben auf die im vorjährigen Berichte näher angegebenen Gebäude in den Bahnhöfen Herxheim, Kaiserslautern, Bühl, Ludwigshafen und Bodenheim. 2) Ferner wurden neu gebaut: a. Im Bahnhofe Homburg ein Gebäudchen für eine Dampfmaschine sammt Kessel zum Wasserpumpen für den Locomotivdienst. b. Im Bahnhofe Frankenstein ein neuer Güterschuppen von 67 Quadratmeter Grundfläche. c. Im Bahnhofe Lambrecht ein neues Magazingebäudchen mit Bureau für den Bahnmeister, 30 Quadratmeter Grundfläche. d. In dem neu angelegten Güterbahnhofe Schönthal oberhalb Neustadt ein Güterschoppen von 106 Quadratmeter Grundfläche. 3) Endlich wurden an der St. Ingberter Bahn folgende Bauobjecte theilweise vollendet, theilweise ganz neu geschaffen: a. Im Bahnhofe Schwarzenacker ein Stationshaus mit Sommerhalle, ersteres mit			
	Zu übertragen . .	fl. 30,667. 46 kr.	fl. 29,503. 6 kr.

Uebertrag . . . fl. 30,667. 46 kr. fl. 29,303. 8 kr.

126 Quadratmeter, letztere mit 76.14 Quadratmeter Grundfläche. Ersteres enthält Parterre: Zwei Wartsäle und ein Expeditions-Bureau; im zweiten Stock: eine Wohnung für den Verwalter.

b. Im Bahnhofe Niederwürzbach und in St. Ingbert wurde eine Vergrößerung der Wartsäle wegen der Benützung der Bahn durch die Bergleute (in der Arbeitsmontur) nöthig.

Zu dem Ende wurde in Würzbach das Stationshaus verlängert und ein größerer Wartsaal und oben noch zwei Zimmer für den Verwalter gewonnen. (Vergrößerung 41 Quadratmeter Grundfläche.)

In St. Ingbert dagegen baute man ein kleines Häuschen aus Holz, speciell einen Wartsaal für Bergleute enthaltend. (Grundriß 96 Quadratmeter.)

Im Uebrigen sind in obiger Summe noch die Restzahlungen an die Uebernehmer der Arbeiten an den verschiedenen Gebäuden der St. Ingberter Bahn enthalten.

§ 6. Einfriedigungen . . . „ 335. 44 „

Vollendungsarbeiten in allen Bahnhöfen der St. Ingberter Bahn.

§ 7. Verschiedenartige Ausgaben . „ 5,393. 11 „

Enthält Summen:

Für die Vollendung des neuen artesischen Brunnens in Homburg.

Deßgleichen des Verladeplatzes auf der Südseite des Bahnhofes Weidenthal.

Für die neue Anlage des Güterbahnhofes in Schönthal oberhalb Neustadt, zunächst Fundation einer Drehscheibe von 5.10 Meter Durchmesser, von sieben Kohlenabsturzfächern, Herstellung der Zufuhrstraßen und Legen von 200 laufenden Meter Geleis sammt Beischaffung des Unterbaumaterials.

Zu übertragen . fl. 36,396. 01 kr. fl. 29,303. 8 kr.

Uebertrag . .		fl. 56,596. 41 kr.	fl. 29,503. 8 kr.
Für Vollendungsarbeiten in sämmtlichen Bahnhöfen der St. Ingberter Bahn, als: an Brunnen, Freitreppen, Wasserleitung und Gartenanlagen.			
Summa des Cap. IV. . .			„ 56,596. 41 „

Cap. V. Einrichtung der Werkstätte.

§ 2. Aufstellung von Werkzeugen .		fl. 101. 30 „	
Summa des Cap. V. . .			„ 101. 30 „

Cap. VI. Fahrapparate.

§ 1. Locomotive.

Tit. 1. Die im Vorjahre aus den Ersparnissen bei dem Rheinbrückenbau angeschaffte Tenderlocomotive wurde im April geliefert und ist darauf das zweite und dritte Dritttheil mit Ausnahme von fl. 1000 Rückhalt ausbezahlt worden mit		fl. 14,866. 20 kr.	
Tit. 2. Abnahme der Kesselprobe in der Fabrik		„ 8. — „	
Summa des § 1 . .		fl. 14,874. 20 kr.	

§ 2. Personenwagen.

Verzierungsgegenstände	fl. 60. 48 kr.		
Puffer- und Zughaken-Aenderung nach dem Vereinsmaaß	„ 400. 8 „		
Summa des § 2 . .		„ 460. 56 „	

§ 3. Güterwagen.

Restzahlung auf 25 gedeckte Güterwagen .	fl. 4,742. 80 kr.		
Puffer- und Zughaken-Aenderung nach dem Vereinsmaaß	„ 3,282. 40 „		
Summa des § 3 . . .		„ 8,025. 20 „	
Summa des Cap. VI .			„ 23,360. 36 „

Cap. IX. Electrische Telegraphen.

§ 1. Telegraphen-Einrichtung.

Tit. 1. Verschiedene Erneuerungen . .	fl. 684. 2 kr.		
Zu übertragen . .	fl. 684. 2 kr.		fl. 69,581. 55 kr.

Uebertrag . . .	fl. 684. 2 kr.		fl. 89,561. 55 kr.
Tit. 2. Signallaternen	„ 37. 47 „		
Summa des § 1 . . .		fl. 721. 49 kr.	
Summa des Cap. IX.			„ 721. 49 „

Cap. XIX. Betriebseinrichtungen.

§ 1. Anfertigung verschiedener kleiner Mobilien	fl. 77. 7 kr.		
Summa des § 1 . . .		fl. 77. 7 kr.	
§ 3. Von der St. Ingberter Bahn übertragen	fl. 23. 51 kr.		
Summa des § 3 . . .		„ 23. 51 „	
§ 8. Von der St. Ingberter Bahn übertragen	fl. 28. — kr.		
Summa des § 8 . . .		„ 28. — „	
§ 9. Von der St. Ingberter Bahn übertragen	fl. 25. — kr.		
Summa des § 9 . .		„ 25. — „	
Summa des Cap. XIX .			„ 153. 58 „

Cap. XX. Einrichtung der Gasbeleuchtung.

§ 1. Verschiedene Einrichtungsgegenstände	fl. 806. 6 kr.		
Summa des § 1 . . .		fl. 806. 6 kr.	
Summa des Cap. XX . .			„ 806. 6 „

Cap. XXVIII. Directorial-Gebäude . .			„ 33,290. 33 „
Im Jahre 1867 ausgegeben . . .	fl. 22,625. 36 kr.		
Dazu von 1868	„ 33,290. 35 „		
Summa	fl. 55,916. 11 kr.		
Im Kostenanschlag waren vorgesehen .	„ 63,000. — „		

Dafür wurde ein Hauptkassen-Gebäude mit Dienstwohnungen fertig hergestellt.

Dasselbe, an der zweiten Straße vom Bahnhof nach der Stadt mit der Fronte nach Westen gelegen, ist massiv in Stein erbaut, hat geräumige Keller, darunter solche zur Aufbewahrung der

Zu übertragen . .			fl. 124,554. 23 kr.

Jahresrechnungen und dgl.; Parterre befinden sich die Kassenlocale und Bureaux — fünf Piecen — dann vier Piecen für Revisions-Bureaux und Registratur, und endlich eine Wohnung und ein Wartezimmer für den Hausmeister und Bureaudiener.

Alle Diensträume werden von einem Calorifère vom Keller aus erwärmt.

Im ersten und zweiten Stockwerke befinden sich vier Dienstwohnungen für betreffende Beamte.

Auf dem Speicher ist ein Wasserreservoir aufgestellt, das von der allgemeinen Wasserversorgungs-Maschine im Bahnhofe bedient wird und bei Feuersgefahr gute Dienste leisten würde.

Das Gebäude ist in der Fronte 43 Meter lang, hat 14 Meter Tiefe und eine Grundfläche von 602 Quadratmeter.

In obiger Ausgabesumme sind die Kosten für Wasserleitung, Gasleitung und für ein besonderes Waschküchengebäude nebst Aschengrube inbegriffen.

Summa der Ausgaben B	fl. 124,534. 23 kr.
Hiezu Ausgaben A	„ 175. — „
Totalsumme der Bauausgaben pro 1868	fl. 124,709. 23 kr.

Die obige Zusammenstellung liefert einen detaillirten Nachweis über die Verwendung des Restes von dem im Jahre 1865 aufgenommenen Prioritätsanlehen ad fl. 700,000 und des für den Bau der St. Ingberter Bahn zur Verfügung gestellten Baucapitals; die vorstehenden Bauausgaben beziehen sich daher theils auf die für Fertigstellung der St. Ingberter Bahn noch nöthigen Nacharbeiten und Restzahlungen, theils auf die Vollendung anderer, bereits genehmigter Bauobjecte und Erweiterungen.

Der oben entzifferte Passivrest ad	fl. 193,038. 15 kr.
wird zunächst gedeckt durch den noch ausstehenden Rest des concessionsmäßig zugesicherten, unverzinslichen Staatszuschusses von	„ 120,000. — „
verbleibt noch Passivrest	fl. 73,038. 15 kr.

welcher durch die beim Bau der festen Rheinbrücke in Ludwigshafen erzielten Ersparnisse seine volle Deckung finden wird, wie wir in folgender Abtheilung nachweisen werden.

B. Neue Bauten.

Rheinbrücke zwischen Ludwigshafen und Mannheim.

Die Special-Baurechnung über die Herstellung der Brücke nebst Verbindungsbahnen, Rangirbahnhof und Accessorien weist folgenden Abschluß nach:

Einnahmen.

Einnahmen der Vorjahre			fl. 1,500,397. 11 kr.
Einnahmen pro 1868			„ 459. 23 „
Summa der Einnahmen			fl. 1,500,856. 34 kr.

Ausgaben.

Ausgaben der Vorjahre:			
A. Allgemeine Baukosten		fl. 60,551. 49 kr.	
B. Eigentliche „		„ 581,274. 48 „	
Summa		fl. 641,826. 37 kr.	
Ausgaben pro 1868:			
A. Allgemeine Baukosten	fl. 258. 14 kr.		
B. Eigentliche „	„ 12,502. 18 „		
Summa		„ 12,760. 32 „	
Summa aller Ausgaben			fl. 654,587. 9 kr.
Activrest			fl. 846,269. 25 kr.

Außerdem sind mit der großh. badischen Bauverwaltung gemeinschaftlich zu tragende Ausgaben verrechnet:

pro 1864/65	fl. 126,675. 35 kr.
„ 1865/66	„ 434,860. 34 „
„ 1867	„ 363,527. 46 „
„ 1868	„ 46,838. 21 „
Summa der gemeinschaftlichen Ausgaben	fl. 971,902. 16 kr.,

welche vormerkungsweise gebucht sind und erst nach vollzogener Abrechnung mit der badischen Bauverwaltung mit der, unserem Antheile definitiv zufallenden Summe in Ausgabe gestellt werden können.

Nachdem indeß das ganze Bauwerk mit sämmtlichen Accessorien vollendet, alle Zahlungen bis auf wenige, ganz unbedeutende Posten geleistet und mit der badischen Verwaltung eine vollständige Einigung über die Gemeinschaftsrechnung im gegenwärtigen Augenblick bereits erzielt ist, so können wir, obwohl der definitive Abschluß mit Baden zur Zeit noch nicht formell festgestellt ist, dennoch die Abrechnung über sämmtliche Baukosten der Rheinbrücke nebst Accessorien hier folgen lassen.

Abrechnung über die Baukosten der festen Rheinbrücke zwischen Ludwigshafen und Mannheim,

sowie

der Verbindungsbahn zwischen dem Bahnhof Ludwigshafen und der Rheinbrücke.

Die Länge der Verbindungsbahn von Mitte Stationshaus im Hauptbahnhofe Ludwigshafen bis an das linkseitige Widerlager der Rheinbrücke beträgt 3150 Meter oder 0,42 Meilen; die Länge von dem Abgang aus der Ludwigshafen-Wormser Linie bis an besagtes Widerlager beträgt 2466 Meter oder 0,33 Meilen; die Länge der Abzweigcurve aus dem Rangirbahnhofe in die Ludwigsbahn gegen Neustadt hin beträgt 158 Meter.

Sämmtliche Strecken sind im Unter- und Oberbau für zwei Geleise ausgeführt.

Das Nähere kann aus dem beigefügten Situationsplane und Nivellement ersehen werden, zu dem wir uns nur folgende Erläuterungen beizufügen erlauben.

Nachdem die Stellung der Rheinbrücke auf Antrag der internationalen Commission etwa 400 Meter oberhalb der Schiffbrücke durch den Staatsvertrag zwischen Bayern und Baden einmal bestimmt war, galt es die Verbindungsbahn mit dieser Stelle so anzuordnen, daß sie erstens eine directe Zufahrt der Züge von den beiden Hauptrichtungen der Pfälzischen Bahnen, von Neustadt und Worms, gestatte und zweitens eine passende Communication mit dem Hauptbahnhofe dahier herstelle, drittens endlich die Möglichkeit zur Anlage eines Bahnhofes biete, von dem aus nach den erwähnten drei Richtungen direct ausgefahren werden kann.

Wie die bisherigen Erfahrungen beim Brückenbetrieb zeigen, so entspricht die gewählte Situirung der Verbindungsbahn und des Rangirbahnhofes den oben gestellten Bedingungen vollkommen.

Ausgaben.

A. Ausgaben für Generalversammlungen, Verwaltungsrath und Administration, Kosten der Geldbeschaffung ꝛc. ꝛc.

Dieselben belaufen sich bis 31. December 1868 auf	fl.	60,810. 8 kr.
Summa A. .	fl.	60,810. 8 kr.

B. Bau-Ausgaben.

Cap. I. Technische Administration.

Ausgaben bis 31. December 1868	fl.	10,215. 50 kr.
Weitere Ausgaben	fl.	1,768. — kr.
Gesammtsumme des Cap. I. . .	fl.	11,983. 50 kr.

Verbindungsbahn.

Cap. II. Grunderwerb, Eintregistrirungsgebühren, Protokollkosten, Gebühren der Geometer und Behörden &c.

Ausgaben bis 31. December 1868	fl. 157,641. 39 kr.
Weitere Ausgaben	„ — — „
Gesammtsumme des Cap. II. . . .	fl. 157,641. 39 kr.

Die angekaufte Grundfläche enthält in Allem 30 Tagwerke und 76,5 Decimalen, sonach hat die Decimale (34 Quadratmeter) fl. 51. 14 kr. gekostet.

Zur Wiederveräußerung sind disponibel circa 263 Decimalen im Werthe von circa fl. 8000.

Im Kostenanschlage waren für Grunderwerbung fl. 110,501 vorgesehen.

Cap. III. Erbauungskosten der eigentlichen Bahn.

§ 1. Erd- und Planirarbeiten.

Ausgaben bis 31. December 1868	fl. 90,468. 8 kr.
Weitere Ausgaben	„ — — „
Gesammtsumme des § 1. . . .	fl. 90,468. 8 kr.

Der bewegte Erdkubus beträgt im Ganzen 154,686 Kubikmeter, sonach kostet der Kubikmeter zu graben, auf- und abzuladen, auf eine mittlere Entfernung von 400—500 Meter und theilweise mit Materialzügen auf Entfernungen von 600—700 Meter zu transportiren und in Auffüllung zu verwenden, sammt Planirung der Fußbänke, Gräben und Böschungen durchschnittlich 35 kr.

Das Material zu dem Hauptdamme der Bahn und der Zufahrtstraße (streckenweis 10—12 Meter hoch) wurde von dem Uebernehmer aus Füllgraben und durch Baggerung im Rhein gewonnen.

§ 2. Brücken, Viaducte, Fluthbögen.

Ausgaben bis 31. December 1868	fl. 135,928. 65 kr.
Weitere Ausgaben	„ — — „
Gesammtsumme des § 2 . .	fl. 135,928. 55 kr.

Die ausgeführten Kunstbauten sind:

a. drei an das linkseitige Widerlager der Hauptbrücke sich anschließende Fluthbögen von je 10 Meter Lichtweite mit Halbkreisgewölben auf 8,40 Meter über 0 am Pegel hohen Pfeilern ausgeführt.

Die Mittelpfeiler sind auf Pfahlrost mittelst Senkkasten, das an den Damm sich anschließende Widerlager aber auf Beton fundirt.

Die Bögen sind im Gewölbe der Achse nach gemessen 20,41 Meter lang.

b. Eine Straßenunterführung für die Stadt- und Staatsstraße nach Frankenthal.

Dieselbe ist in schiefer Richtung gemessen zwischen den Widerlagern 15,62 Meter im Lichten weit. Die zwei darüberführenden Geleise sind von je zwei Blechträgern getragen, welche von zwei Säulenreihen, die Straßenfahrbahn von den Trottoirs trennend, unterstützt werden.

Die Eisenconstruction erforderte 292 Centner Walz- und 113,77 Centner Gußeisen.

c. Eine Wegunterführung von 6,70 Meter Lichtweite und 4,50 Meter Lichthöhe ebenfalls mit Eisenconstruction für 2 Geleise, wobei die Hauptträger für je ein Geleis außen liegen und dieses vermittelst Quer- und Längsträger aufnehmen.

Das Gewicht an Walzeisen beträgt 199,44 Centner, an Gußeisen 20,1 Centner.

§ 3. **Unterbau.**

Ausgaben bis 31. December 1868	fl.	7,999. 53 kr.
Weitere Ausgaben	„	— — „
Gesammtsumme des § 3.	fl.	7,999. 53 kr.

Im Ganzen wurden für die zwei Geleise der Verbindungsbahn und die Seitengeleise des Rangirbahnhofes 13,960 Kubikmeter Kies und Schotter verwendet.

Der Kies wurde theilweise aus dem Rhein durch eine Baggermaschine, theilweise aus Kiesgruben gewonnen. Der Kubikmeter Unterbaumaterial stellt sich im Durchschnitt auf 34 kr.

§ 4. **Lieferung der Schwellen.**

Ausgaben bis 31. December 1868	fl.	23,165. 9 kr.
Weitere Ausgaben	„	— — „
Gesammtsumme des § 4.	fl.	23,165. 9 kr.

Dafür wurden angeschafft:

a. 1948 Stück mit Kupfervitriol imprägnirte Buchenschwellen;
b. 6530 „ nicht imprägnirte Eichenschwellen;
c. 1375 „ „ „ eichene Langschwellen.

Summa 9853 Stück und kommt das Stück durchschnittlich auf fl 2. 21 kr. zu stehen.

§ 5. **Oberbau**, d. i. Schienen, Unterlagplatten, Laschen, Bolzen, Befestigungskloben, Legen und Adjustiren der Fahrgeleise.

Ausgaben bis 31. December 1868	fl.	89,591. 38 kr.
Weitere Ausgaben	„	— — „
Gesammtsumme des § 5.	fl.	89,591. 38 kr.

Dafür wurden angeschafft:

a. 19,120 laufende Meter gewöhnliche Vignolschienen von circa 65 Pfund pro laufenden Meter, zusammen 12,428 Centner à fl. 5. 50 kr.	fl.	72,496. 40 kr.
b. 3,911 Paar Laschen und 2600 Stück Unterlagplatten, zusammen 663 Centner à fl. 6.	„	3,978. — „
c. 19,000 Stück Laschenbolzen zusammen 204 Centner à fl. 12. 48 kr.	„	2,611. 12 „
d. 60,000 Stück Kloben, zusammen 312 Centner à fl. 8. 10 kr.	„	2,549. — „
e. Nebenkosten für Uebernahme und Transport	„	920. 22 „
Zu übertragen	fl.	82,554. 14 kr.

Uebertrag . . .	fl.	82,554. 14	kr.
f. Legen und Adjustiren der Geleise . . . . oder bei 8548 laufenden Meter Geleis incl. der vielen Ausweichen im Rangirbahnhof rc., pro laufenden Meter 47 kr.	„	6,686. 89	„
g. Verschiedenes Geschirr und Werkzeug zum Legen der Geleise	„	350. 45	„
Summa wie oben . .	fl.	89,591. 38	kr.

§ 6 Straßen- und Wegübergänge.

Ausgaben bis 31. December 1868	fl.	6,231. 4	kr.
Weitere Ausgaben	„	— —	„
Gesammtsumme des § 6. . . .	fl.	6,231. 4	kr.

Die Bahn überschreitet in demselben Niveau sechs verschiedene Straßen und Wege.
Zu deren Verschluß waren erforderlich:

a. 1 Stück große Kettenbarriere, bestehend aus vier Steinsäulen und zwei Ketten mit Haspelvorrichtung nebst Scheiben.

b. 3 Stück kleine Kettenbarrieren. An zwei anderen Wegen waren nur die bestehenden Barrieren zu versetzen.

§ 7. Bahnwartswohnungen und Wächterhäuschen.

Ausgaben bis 31. December 1868	fl.	3,257. 1	kr.
Weitere Ausgaben	„	— —	„
Gesammtsumme des § 7. . .	fl.	3,257. 1	kr.

Dafür wurde hergestellt:

a. Eine Wärterwohnung mit einer Grundfläche von 46.9 Quadratmeter.

b. Zwei Wärterhäuschen von je 29 Quadratmeter Grundfläche und eines von 13.9 Quadratmeter Grundfläche.

c. Ein älteres steinernes Wärterhäuschen versetzt und ein deßgleichen abgeschnitten und verändert.

§ 8. Einfriedigung der Bahn.

Ausgaben bis 31. December 1868	fl.	2,687. 2	kr.
Weitere Ausgaben	„	— —	„
Gesammtsumme des § 8 . . .	fl.	2,687. 2	kr.

§ 9. Eintheilung und Absteinung des Bahnterrains.

Ausgaben bis 31. December 1868	fl.	168. 45	kr.
Weitere Ausgaben	„	— —	„
Gesammtsumme des § 9. .	fl.	168. 45	kr.

§ 10. Verschiedenartige gemeinsame Bahnbaukosten.

Ausgaben bis 31. December 1868	fl.	5,084. 59	kr.
Weitere Ausgaben	„	— —	„
Gesammtsumme des § 10. . .	fl.	6,084. 59	kr.

Darin sind enthalten die Kosten für die ersten provisorischen Aufnahmen des Terrains; für die Bewachung der Straßen- und Wegübergänge während des Dienstbahnbetriebes; für Kohlen, Fett- und andere Waaren zu diesem Betriebe; Remunerationen und Unterstützungen, sowie ein Beitrag an die Gemeinde Ludwigshafen zur Ordnung der Wasserlaufsverhältnisse zwischen den beiden Auffahrtsdämmen zur Brücke.

Zusammenstellung

sämmtlicher Erbauungskosten der eigentlichen Bahn.

Ord.-Nr.	Vortrag.	Ausgaben bis 31. Dezember 1866.		Weitere Ausgaben zur Vollendung.		Gesammt-Kostenbetrag.	
		fl.	kr.	fl.	kr.	fl.	kr.
1	Erd- und Planirarbeiten	90,468	9	—	—	90,468	9
2	Kunstarbeiten, Brücken incl. Fluthbögen	135,928	55	—	—	135,928	55
3	Unterbau	7,999	53	—	-	7,999	53
4	Lieferung der Schwellen	23,185	9	—	—	23,185	9
5	Oberbau	89,591	38	—	—	89,591	38
6	Straßen- und Wegübergänge	6,231	4	—	—	6,231	4
7	Bahnwartswohnungen und Wächterhäuschen	3,257	1	—	—	3,257	1
8	Einfriedigung der Bahn	2,687	2	—	—	2,687	2
9	Eintheilung und Absteinung des Bahnterrains	168	45	—	—	168	45
10	Verschiedenartige gemeinsame Bahnbaukosten	5,084	59	—	—	5,084	59
	Gesammtsumme des Cap. III.	364,602	35	—	—	364,602	35

Im primitiven Kostenanschlag waren hierfür vorgesehen:

1) Erd- und Planirarbeiten . . . fl. 101,300. — kr.
2) Brücken &c. &c. ohne Fluthbögen, die erst später angeordnet wurden . . . „ 20,750. — „
3) Unterbau . . . „ 12,200. — „
4) Lieferung der Schwellen . . . „ 30,000. — „
5) Oberbau . . . „ 100,000. — „
6) Straßen- und Wegübergänge, Bahnwartswohnungen und Wächterhäuschen, Einfriedigung der Bahn &c. &c. . . . fl. 7,220. — kr.

Summa . fl. 271,470. — kr.

addiren wir dazu die Kosten der Fluthbögen mit . . . „ 115,262. — „

so ergibt sich eine Summe von . . . fl. 386,732. — kr.

gegen welche obige Gesammtkosten des Cap. III. mit . . . „ 364,602. — „

eine Ersparung zeigen von . . . fl. 22,130. — kr.

Cap. IV. Erweiterungskosten des Bahnhofes Ludwigshafen und Anlage des Rangirbahnhofes an der Verbindungsbahn.

§ 2. Abzugscanäle, Senkgruben ꝛc.

Ausgaben bis 31. December 1868	fl.	— — kr.
Weitere Ausgaben	„	— — „
Gesammtsumme des § 2	fl.	— — kr.

§ 3. Drehscheiben, Ausweich-Vorrichtungen, Kreuzungen ꝛc.

Ausgaben bis 31. December 1868	fl.	22,043. 20 kr.
Weitere Ausgaben	„	— — „
Gesammtsumme des § 3	fl.	22,043. 20 kr.

Dafür wurde angeschafft:

a. Eine Drehscheibe von 11.38 Meter zum Drehen auch der größeren (badischen) Maschinen sammt Tender.
b. 3 Doppelweichen aus Stahlschienen;
c. 33 einfache Weichen desgleichen;
d. 68 Herzspitzen und Durchkreuzungen von Hartguß zumeist von Ganz in Ofen.

§ 4. Wasserreservoir, Pumpwerke, hydraulische Krahnen.

Ausgaben bis 31. December 1868	fl.	751. 27 kr.
Weitere Ausgaben	„	28. 45 „
Gesammtsumme des § 4	fl.	780. 12 kr.

Dafür wurde angeschafft:

Ein Reservoir von Eisenblech 3.00 Meter lang, 1.3 Meter breit, 1.6 Meter hoch, 25 Centner wiegend; eine Handpumpe und ein gußeiserner Füllkrahnen.

§ 5. Dienstgebäude aller Art.

Ausgaben bis 31. December 1868	fl.	9,346. 31 kr.
Weitere Ausgaben	„	— — „
Gesammtsumme des § 5	fl.	9,346. 31 kr.

An Hochbauten wurden im Rangirbahnhofe ausgeführt:

1. Ein provisorisches Verwaltungsgebäude aus Riegelwerk von 95.70 Quadratmeter Grundfläche, das Parterre Bureau für den Verwalter und Expedienten, sowie Aufenthaltszimmer für das Bahnhof-Personal, im zweiten Stock eine Wohnung für den Bahnhofverwalter enthält.

2. Eine Locomotivremise aus Riegelwerk und äußerer Verschaalung für zwei Locomotive sammt Tender nebst Pumpenraum, Wärter- und Führerzimmer; Grundfläche 206 Quadratmeter.

§ 6. Einfriedigungen.

§ 7. **Verschiedenartige Ausgaben und Einrichtungen, als: Trottoirs, Drehscheib-Fundationen, Brunnen, Gartenanlagen.**

Ausgaben bis 31. December 1868	fl.	16,838.	3 kr.
Weitere Ausgaben	„	—	— „
Gesammtsumme des § 7	fl.	16,838.	3 kr.

Diese Position begreift hauptsächlich die Kosten in sich für die Veränderungen im Hauptbahnhofe incl. Materialien, d. i. die Verrückung der Geleise der Wormser Linie und Anlegung separirter Brückenbahngeleise bis in den eigentlichen Bahnhof (circa 360 Meter lang) und endlich für ein neues Geleise und Trottoir neben der Einsteighalle.

Zusammenstellung

sämmtlicher Anlegungskosten der Bahnhöfe.

Ord.-Nr.	Vortrag.	Ausgaben bis 31. December 1868.		Weitere Ausgaben zur Vollendung.		Gesammt-Kostenbetrag.	
		fl.	kr.	fl.	kr.	fl.	kr.
1	Pflästerungsarbeiten	—	—	—	—	—	—
2	Abzugscanäle, Senkgruben	—	—	—	—	—	—
3	Drehscheiben, Ausweichen 2c.	22,043	20	—	—	22,043	20
4	Wasserreservoir, Pumpwerke	751	27	28	45	780	12
5	Dienstgebäude aller Art	9,346	31	—	—	9,346	31
6	Einfriedigungen	175	2	—	—	175	2
7	Verschiedenartige Ausgaben	16,838	3	—	—	16,838	3
	Summa	49,154	23	28	45	49,183	8
	Im Kostenanschlag waren hierfür vorgesehen					46,500	—
	Die Mehrkosten von					2,683	8

dürften sich rechtfertigen durch die Einführung der Verbindungsbahn mit zwei getrennten Geleisen bis in den eigentlichen Hauptbahnhof.

Cap. V. **Elektrischer Telegraph, Signalvorrichtungen etc.**

Ausgaben bis 31. December 1868	fl.	1,331.	58 kr.
Weitere Ausgaben	„	—	— „
Gesammtsumme des Cap. V . .	fl.	1,331.	58 kr.

Dafür wurden beschafft:

Zwei Morse'sche Schreibapparate nebst Batterien, Pulten und Kasten; die Drahtleitung vom Hauptbahnhof auf den Rangirbahnhof und an das Kabel im Rhein neben der Schiffbrücke, zusammen 2250 Meter lang; ferner vier Signalschreibvorrichtungen an der Durchkreuzung der Ludwigsbahngeleise und eine desgleichen vor dem Rangirbahnhof gegen die Rheinbrücke.

Cap VI. Provisorische Einrichtungen.

Ausgaben bis 31. December 1868	. fl.	142. 35 kr.
Weitere Ausgaben	. „	— — „
Gesammtsumme des Cap. VI	. fl.	142. 35 kr.

Ist die Hälfte der Kosten für die provisorische Brückeneinnehmerei-Einrichtung, die gemeinschaftlich mit Baden zu treffen war.

Cap. VII. Betriebseinrichtung.

Ausgaben bis 31. December 1868	. fl.	10,685. 6 kr.
Weitere Ausgaben	. „	150. — „
Gesammtsumme des Cap. VII	. fl.	10,835. 6 kr.

Diese Summe begreift in sich die Kosten:

Für die Möblirung der Dienstlocale im Rangirbahnhofe, für Kassa- und Billetschränke, für Zugsausrüstungen, für Drucksachen, Uniformirung des Personals und vorzüglich für die Herstellung der Gasleitung vom Hauptbahnhofe in den Rangirbahnhof und über die Brücke. Länge der Leitung 4140 laufende Meter mit 97 Flammen.

Hauptzusammenstellung

aller Ausgaben B für die Verbindungsbahn incl. Fluthbögen.

Ord.-Nr.	Betrag.	Ausgaben bis 31. December 1868. fl.	kr.	Weitere Ausgaben zur Vollendung. fl.	kr.	Gesammt-Kostenbetrag. fl.	kr.
1	Grunderwerbung Cap. II	157,641	39	—	—	157,641	39
2	Erbauungskosten der eigentlichen Bahn Cap. III	364,602	35	—	—	364,602	35
3	Anlegungskosten der Bahnhöfe Cap. IV	49,154	23	28	45	49,183	8
4	Elektrischer Telegraph Cap. V	1,334	58	—	-	1,334	58
5	Provisorische Einrichtungen Cap. VI	142	35	—	—	142	35
6	Betriebseinrichtungen Cap. VII	10,685	6	150	—	10,835	6
	Summa	583,561	16	178	45	583,740	1
	Hierzu die Ausgaben A mit	. .	.	. .	.	60,810	3
	„ „ „ B Cap. I	10,215	50	1,768	—	11,983	50
	Total-Summa	. .	.	. .	.	656,533	54

Wir fügen die beiden letzten Summen schon hier bei, obschon sie sich auch auf die folgenden Capitel — den eigentlichen Rheinbrückenbau — beziehen, da wir nur für diesen ersten Theil jetzt schon definitive Rechnung abzulegen im Stande sind.

Wie bekannt, ist der eigentliche Rheinbrückenbau ein gemeinschaftlich mit der großh. badischen Bauverwaltung ausgeführtes Object, und wird die definitive Abrechnung, wie wir gegründete Hoffnung haben dürfen, sich anstandslos in den nächsten Monaten vollziehen.

Was wir in der folgenden Tabelle über die Kosten der eigentlichen Brücke geben, entnehmen wir theils aus unseren eigenen Büchern, theils aus den mit Baden vertragsmäßig vierteljährlich abgeschlossenen provisorischen Abrechnungen.

Große Abweichungen dürfte der im nächstjährigen Geschäftsberichte zu erstellende definitive Rechnungsnachweis über die Brückenkosten nicht bringen.

Zu der hier angefügten Planskizze über die Rheinbrücke erlauben wir uns folgendes erläuternd beizufügen.

Die Aufgabe der Brücke ist, sowohl den beiden Eisenbahngleisen, als einer Straßenfahrbahn, den Uebergang über den Rhein zu vermitteln.

Die Richtung der Brücke ist gerade und senkrecht zu den Normaluferlinien des Rheins. Ihre lichte Weite beträgt zwischen den Hauptwiderlagern 270 Meter, welche Weite, durch zwei Pfeiler von 4 Meter oberer Breite unterbrochen, in drei gleiche Oeffnungen von je 87.[illegible] Meter Weite getheilt wird.

Jede Oeffnung ist für sich mittelst vier Hauptträgern, die in leichtem Fachwerk mit horizontalen Gurtungen aus Walzeisen construirt sind, kühn überspannt, wobei die Unterkante der Hauptträger 14.[illegible] Meter über Niederwasser oder 9.10 Meter über Hochwasser und die Fahrbahntafel 0.[illegible] Meter über jener Unterkante liegt.

Die Hauptträger, wovon zwei der Eisenbahn und zwei leichtere der Straße dienen, sind 10 Meter hoch und nehmen mittelst Quer- und Langsträgern die Fahrbahntafel für beide Verkehrswege auf. Die lichte Weite zwischen jenen Trägern beträgt für die Eisenbahn 7.[illegible] Meter, für die Straße 6.[illegible] Meter. Zwei außen auf Consolen ruhende 1.[illegible] Meter breite Trottoirs gewähren dem Fußgänger-Verkehr durch die freundliche Aussicht auf die beiden Uferstädte und den schönen Mannheimer Schloßpark große Annehmlichkeiten.

Auf den Hauptwiderlagern errichtet, schließen sich beiderseitig Portale in feinem Renaissancestyle, aus gelblichem Sandsteine, an die eisernen Träger an.

Die Portale selbst krönen Figurengruppen aus demselben Materiale von bewährten Meistern geschaffen.

Dies, was das äußere Bild der Brücke betrifft, und es bliebe uns nur noch übrig, Einiges über die Fundation und die Baugeschichte hinzuzufügen.

Die Fundation der beiden Hauptwiderlager und Strompfeiler geschah auf Pfähle von 8 bis 10 Meter Länge und 0.[illegible] Meter bis 0.[illegible] Meter Dicke aus Kiefernholz, an den Spitzen mit Eisen beschuht. Solcher Pfähle wurden, nachdem die Sohle bis 4 Meter unter 0 am Pegel ausgebaggert war, unter jedem Widerlager 554 und unter jedem Strompfeiler 300 Stück mittelst vier Dampframmen eingetrieben, diese dann 3 Meter unter 0 Pegel horizontal abgeschnitten, die noch 1.[illegible] Meter freistehenden Pfahlköpfe mit Beton umgossen und auf die so gebildete Ebene der mit den ersten Mauerschichten belastete Senkkasten, dessen Boden den Schwellenrost bildet, niedergelassen.

Innerhalb der wasserdichten Senkkastenwände wurde nun bis über Mittelwasser fortgemauert und dann die blos am Schwellenrost verschraubten Holzwände weggenommen.

Sowohl Strompfeiler als Widerlager wurden schließlich mit mächtigen Steindämmen umgeben und ist zu erwarten, daß, wie bisher, auch in aller Zukunft die Wellen der Hochwasser sich kraftlos an den fest gegründeten Pfeilern brechen.

Zur Geschichte des Baues übergehend, erwähnen wir in Kürze, daß, nachdem die gemäß des Staatsvertrags zwischen Bayern und Baden vom 27. Januar 1862 gemeinschaftlich von der bayerischen und badischen Bauverwaltung, und zwar von der Ersteren für den Oberbau und der Letzteren für den Unterbau, bearbeiteten Baupläne nach mannichfachen Verzögerungen wegen der Stellung der Brücke zur Stadt Mannheim im November 1864 die Genehmigung von den beiderseitigen hohen Staatsregierungen gefunden hatten, man sofort zur Vergebung der Arbeiten schritt.

Der Unterbau wurde an die Unternehmer Kronberger von Erlangen und Maurer von Augsburg, der Oberbau an Gebrüder Benckiser in Pforzheim vergeben.

Das gesammte Steinmaterial (6160 Kubikmeter Hausteine und 9500 Kubikmeter Mauersteine) lieferte die pfälzische Bahnverwaltung aus rothen Sandsteinbrüchen theils im Neustadter Thal, theils bei Kaiserslautern und Schopp, theils bei Landstuhl und endlich die gelblichen Steine zu den Portalen aus Brüchen bei Deidesheim und Dürkheim und zwar in Bahnwagen auf die Baustelle.

Das Eisen zum Oberbau wurde bezogen theils von St. Ingbert, theils von Neunkirchen, theils von der Quint bei Trier und einiges von Burbach.

Die Bleche lieferte das Dillinger Werk und nur ein kleinerer Theil derselben mußte zum rascheren Fortkommen von Couillet in Belgien bezogen werden. Das Nieteisen bezog der Unternehmer von „Rothe Erde" bei Dortmund und die schmiedeisernen Auflagerstühle von Rive de Gier bei St. Etienne.

Das **Gesammteisengewicht** beträgt 62,848 Centner.

Die Fundationsarbeiten wurden im Frühjahre 1865 begonnen, der Steinbau unter günstigen Wasser- und Witterungsverhältnissen bis Ende desselben Jahres noch über Mittelwasser gebracht und im Sommer 1866 (trotz Krieg) soweit in die Höhe gefördert, daß am 15. Juli mit dem Aufbringen der Eisentheile zur Eisenbahnbrücke in der linkseitigen Oeffnung konnte begonnen werden, nachdem zuvor die Holzgerüste, in einem unteren und einem oberen Boden bestehend, durch drei Zwischenjoche getragen, fertig gestellt waren. Die Aufstellung nahm so günstigen Verlauf, daß im Jahre 1867 die Eisenbahnbrücke in allen drei Oeffnungen den offiziellen Proben unterworfen werden konnte und nachdem dieselben in jeder Beziehung befriedigend ausgefallen waren, die Brücke im Februar dem Betriebe übergeben wurde. Im Frühjahr 1867 setzte der Unternehmer die Aufstellung der Straßenbrücke fort und kam damit Anfangs August zu Ende.

Inzwischen gelangte auch ein auf dem Wege der öffentlichen Concurrenz gewonnener Plan für die beiderseitigen Portale zur Annahme, so daß noch im Spätjahre 1867 Vorbereitungen zu dem beiderseits in Regie zu betreibenden Portalbau getroffen werden konnten.

Im Verlauf des Sommers 1868 gelang es, auch diese Bauten sammt Aufstellung der Figurengruppe — wenigstens bayerischer Seits — zu Ende zu führen und auch den Straßenverkehr mit dem 20. August 1868 auf der Brücke definitiv zu eröffnen.

Zusammenstellung

der Kosten für die eigentliche Brücke, soweit sie die Gemeinschaft berühren, und diejenigen bayerischer Seits in's Gesammt.

Cap.	§	Tit.	Vortrag.	Ausgaben bis 31. December 1868. Von der bayer. Verwaltung. fl.	kr.	Von der bad. Verwaltung. fl.	kr.	Weitere Ausgaben zur Vollendung. Von der bayer. Verwalt. fl.	kr.	Von der badisch. Verwalt. fl.	kr.	Gesammtkostenbetrag der Gemeinschaft. fl.	kr.	Bayerisch. Antheil an der Gemeinschaft. fl.	kr.	Speciell bayerisch. Theil. fl.	kr.	Gesammtkostenbetrag für die bayer. Verwaltung. fl.	kr.
VIII.			Technische Administration	10497	29	14583	37	—	—	—	—	25081	6	12540	33	—	—	12540	33
IX.	1		Unterbau (von Baden geleitet und ausbezahlt)	—	—	482440	55	—	—	500	1	482940	56	241470	28	—	—	241470	28
	2		Strombauten (von Baden und Bayern ausgeführt und bezahlt)	8773	34	22778	34	—	—	—	—	31552	8	15776	4	—	—	15776	4
			Speciell bayerischer Theil	7745	24	—	—	—	—	—	—	—	—	—	—	7745	24	7745	24
	3		Portalbauten (von Baden und Bayern ausgeführt und bezahlt)																
			a die Steinlieferung für beide Portale	20166	31	—	—												
			b der Bau selbst	16893	54	20418	44	—	—	—	—	57478	6	28739	3	—	—	28739	3
			c speciell bayer. Theil (Figurengruppe)	9413	50	—	—	—	—	—	—	—	—	—	—	9413	50	9413	50
	4		Der Oberbau.																
		1	Kosten für die Eisenconstruction in's Gesammt (von Bayern geleitet und ausbezahlt)	849257	44	—	—	1500	1										
		2	Bedielung der beiden Fahrbahnen	21188	4	—	—	—	—	—	—	882838	28	441419	14	—	—	441419	14
		3	Schwellen für die zwei Geleise	4030	26	—	—	—	—										
		4	Schienen und Befestigungsmittel	6862	13	—	—	—	—										
	5		Diverse Ausgaben (hauptsächlich für das Schleppenlassen der Schiffe am Bauplatz vorüber und Entschädigungen an Schiffseigenthümer für Einrichtung zum Umlegen der Masten)	16365	36		—	—	—	—	—	16365	36	8182	48	—	—	8182	48
			Speciell bayerischer Theil	397	34	—	—	—	—	—	—	—	—	—	—	397	34	397	34
			Summa	971902	16	540221	50	1500	1	500	1	1496256	20	748128	10	17556	48	765684	58
			Die Einnahmen betragen laut Rechnung pro 1868	1500856	34			Hierzu obige Summe für die Brückenbahn mit										656683	54
			Hierzu muthmaßliche Einnahmen für disponibeles Land pro 1869	3000	—			Totalsumme sämmtlicher Baukosten										1422368	52
			Total der Einnahmen	1503856	34														
			Hievon ab das obige Total der Ausgabe mit	1422368	52														
			Wird sich sonach eine Ersparniß ergeben von	81487	42														

2. Bauausführung à Conto des Betriebes.

Die Regiearbeiten der Geleise kosteten in diesem Jahre

an Taglohn incl. Antheil am Bahnhof Neustadt	fl. 42,878. —
d. i. bei 24.11 Bahnmeilen pro Bahnmeile	„ 1,778. —
oder bei 50.[illegible] Geleismeilen pro Geleismeile	„ 849. —

Darin ist inbegriffen das Auswechseln von 23,130 Stück Schwellen und 7,535 Stück Schienen.

Außer diesen und sonstigen Unterhaltungsarbeiten wurden nachstehende außergewöhnliche Bauten und Erweiterungen auf Kosten des Betriebes ausgeführt.

1) Im Bahnhof Bobenheim wurde ein Geleise um 60 Meter verlängert und ein Platz zum Stammholz-Verladen hergerichtet.

2) Im Bahnhofe Ludwigshafen wurde eine Geleisausmündung nach der mechanischen Werkstätte der Gebrüder Benckiser von Pforzheim und

3) daselbst eine desgleichen nach der chemischen Fabrik von Dr. Reimann hergestellt.

4) Daselbst auf dem Kohlenlager 430 Quadratmeter neues Pflaster angelegt.

5) Daselbst ein Durchgangsplatz neben dem Einsteigperron mit sogenannten Pariser Steinen (Melaphyre aus dem Kuselbachthal) gepflastert.

6) Im Bahnhofe Lingenfeld der Perron vor dem Stationshause gepflastert.

7) Neben dem Bahnhofe Kaiserslautern ein Wasserabzugskanal von 74 Meter Länge neu aufgeführt.

8) Daselbst eine Grenzstützmauer von 47 Meter Länge zur Platzgewinnung angelegt.

9) In dem Einschnitt hinter Kaiserslautern die steilen Felsböschungen flacher gelegt.

10) Im Bahnhofe Zweibrücken ein erhöhter neuer Verladeplatz für Holz- und Maschinentheile etc. von 50 Meter Länge ausgeführt.

11) Dazu neues Geleise mit Durchschneidung eines bestehenden angelegt.

12) Daselbst fünf neue Kohlenabladefächer mit steinernen Pfeilern und eisernen Trägern ausgeführt.

13) Mit Einrichtung von Haspelbarrièren für minder frequente Uebergänge wurde fortgefahren.

14) Die Geleisvermehrung in den verschiedenen Bahnhöfen der Ludwigsbahn beträgt 468 Meter.

15) Zur ausgleichlichen Verrechnung kam dieses Jahr das zweite Drittel der Anlagekosten für das Fabrikgeleis vom Bahnhof Kaiserslautern aus.

Außer den gewöhnlichen Unterhaltungen an Dienstgebäuden kam noch zur Ausführung:

1) Im Bahnhofe Oggersheim eine Vergrößerung der Portierwohnung im Güterschoppen.

2) Im Bahnhofe Ludwigshafen die Aufstellung eines Caloriféres im Souterrain des Stationshauses für den Wartesaal erster und zweiter Classe.

3) Daselbst die Herstellung eines besonderen Zollabfertigungs-Bureau's mit Lagerraum im Güterschoppen.

4) Im Bahnhofe Germersheim die äußere Verschaalung an der Verwalterswohnung (aus Riegelwänden).

5) Die Aufstellung von drei hölzernen Futterschoppen bei Bahnwartswohnungen.

6) Zwei neue Stallgebäudchen bei Bahnwartswohnungen in der Bahnmeisterei Hochspeyer.

7) Versetzung von drei steinernen Wärterhäuschen auf andere Posten.

Ferner wurden im Bahnhofe Neustadt auf gemeinschaftliche Kosten der drei einmündenden Bahnen hergestellt:

1) Eine Verbreiterung des Platzes an der unteren Locomotivremise für Reservegeleise.

2) Daselbst 150 Meter Geleise.

3) An dem äußeren Verladeplatz vor dem Güterschoppen ein neues Geleise von 140 Meter Länge.

4) Ein Keller für die Restauration in dem Berghang, zugleich als Eiskeller.

5) Fünf Aschenfallgruben in der unteren Locomotivremise.

6) Ein Abtrittgebäudchen neben der unteren Locomotivremise.

7) Fünf Stück blecherne Kaminaufsätze auf das Stationsgebäude.

II. Maximiliansbahn.

1. Bauausführung à Conto des Anlage-Capitals.

Die Hauptrechnung des Anlage-Capitals (Beilage A Nr. 2) weist folgenden Abschluß nach:

Einnahmen.

Einnahme der Vorjahre		fl. 6,788,153. 44 kr.
Einnahme pro 1868		„ 20,984. 15 „
Summa aller Einnahmen		fl. 6,768,137. 59 kr.

Ausgaben.

Ausgaben der Vorjahre:		
A. Allgemeine Baukosten	fl. 494,181. 46 kr.	
B. Eigentliche Baukosten	„ 5,953,808. 6 „	
Summa der Ausgaben der Vorjahre		fl. 6,447,990. 52 kr.
Ausgaben pro 1868.		
A. Allgemeine Baukosten	fl. — — kr.	
B. Eigentliche Baukosten	„ 254,575. 37 „	
Summa der Ausgaben pro 1868		fl. 254,575. 37 kr.
Summa aller Ausgaben		fl. 6,702,566. 29 kr.

Abgleichung.

Summa aller Einnahmen	fl. 6,768,137. 69 kr.	
Summa aller Ausgaben	„ 6,702,566. 29 „	
Activrest		fl. 65,571. 30 kr.

Die Einnahmen pro 1868 rühren her: von einem, von der Stadt Carlsruhe bezahlten Betrage von fl. 27,205. 7 kr., welcher als Ergänzung ihres Kostenantheils an der Maxauer Schiffbrücke wegen ihres Eintritts in das hälftige Eigenthum derselben zu entrichten war; sodann von dem Erlöse veräußerter Grundparcellen mit fl. 2779. 8 kr.

Die Ausgaben pro 1868 werden durch die nachfolgende übersichtliche Zusammenstellung ausgewiesen:

Lit. A.	**Allgemeine Baukosten**	fl. — — kr.
Lit. B.	**Eigentliche Baukosten der Bahn.**	
Cap. I.	Technische Direction	„ 37. 30 „
	Diäten wegen Locomotivbeschaffung.	„
Cap. II.	Grunderwerbung	„ 4. 12 „
	Nachträgliche Proceßkosten.	
	Zu übertragen	fl. 41. 42 kr.

Uebertrag . .		fl. 41. 42 kr.
Cap. III. Erbauungskosten der eigentlichen Bahn.		
§ 1. Erdarbeiten	fl. 28. 11 kr.	
§ 3. Unterbau	„ 323. 19 „	
§ 4. Schwellenlieferung . . .	„ 6. 15 „	
§ 5. Oberbau	„ 1199. 24 „	
§ 6. Straßen- und Wegübergänge .	„ 207. 50 „	
§ 7. Bahnwartswohnungen rc. . .	„ 5. 36 „	
Summa des Cap. III. .		fl. 1770. 35 kr.

Diese Ausgaben beziehen sich auf die Anlage neuer Seitengeleise für den neu eingerichteten Güterdienst in den Bahnhöfen Maikammer, Edesheim und Insheim.

Cap. IV. Anlegungskosten der Bahnhöfe.		
§ 1. Chaussirungsarbeiten . .	fl. 36. 20 kr.	
§ 3. Drehscheiben, Ausweichen rc. .	„ 5603. 17 „	

Dafür wurden 16 Ausweichen sammt Kreuzungen incl. Gußstahlschienen dazu für die genannten neuen Güterstationen geliefert.

§ 4. Wasser-Reservoir, Pumpwerke .	„ 2963. 38 „	

Dafür wurde im Bahnhof Landau eine Dampfmaschine sammt Kessel zum Wasserpumpen für den Locomotivdienst, sowie ein freistehender Füllkrahnen mit der Wasserleitung zum Reservoir geliefert und aufgestellt.

§ 5. Dienstgebäude	„ 359. 50 „	

Die bauliche Einrichtung des Wasserhauses in Landau für die Dampfmaschine.

§ 7. Verschiedenartige Ausgaben und Einrichtungen	„ 2869. 21 „	

Dafür die Anlage von Zufuhrstraßen zu den Güterschoppen und Kohlenplätzen in den Stationen Maikammer, Edesheim und Insheim, der Kohlenabsturzlöcher mit steinernen Pfeilern und eisernen Trägern daselbst.

Dann die Vergrößerung des Verladeplatzes in Kandel für Stammholz-Verladungen; deßgleichen in Maximiliansau eine ganz neue Anlage zu diesem Zwecke.

Summa des Cap. IV.		fl. 11,724. 26 kr.
Zu übertragen		fl. 13,536. 43 kr.

	Uebertrag		fl. 13,536. 43 kr.
Cap. V. Einrichtung der Werkstätte. Keine Ausgaben.			
Cap. VI. Anschaffung von Fahrapparaten.			
§ 1. Locomotive.			
Tit. 1. Auf die Tenderlocomotive, welche diesen Sommer geliefert wurden und zusammen 71,400 fl. kosten, sind ausgegeben worden		fl. 30,733. 20 kr.	
Tit. 2. Zu obigen Maschinen wurden Reservestücke geliefert zu	fl. 5,185. — kr.		
Ebenso die Bestandtheile zu zwei Repressions-Bremsen mit	„ 750. — „		
Uebernahme der Maschinen	„ 24. — „		
Summa des Tit. 2 . .		fl. 5,959. — kr.	
Summa des § 1 .		fl. 36,692. 20 kr.	
§ 2. Personen- und Gepäckwagen.			
Es wurden sechs Personenwagen erster und zweiter Classe angeschafft und zwar fünf Stück zu dem Preise von fl. 4,580 pro Stück und ein Stück zu fl. 5,400, ohne die Achsen.			
Auf diese sechs Wagen wurden abschläglich bezahlt	fl. 25,146. — kr.		
Weiter wurden geliefert:			
Sechs Wagen dritter Classe à fl. 2,588 pro Stück, worauf abschläglich bezahlt wurden .	„ 13,975. 12 „		
Dann vier Gepäckwagen à fl. 1,920 pro Stück; hierauf wurden abschläglich bezahlt .	„ 6,912. — „		
Zu diesen Wagen wurden 32 Achsen mit Rädern geliefert zu dem Preise von . .	„ 6,910. 3 „		
Summa des § 2. . .		fl. 52,943. 15 kr.	
§ 3. Güterwagen.			
An solchen wurden angeschafft:			
50 offene Güterwagen, zum Kohlen- und Gütertransport geeignet, nämlich:			
30 Stück ohne Räder und ohne Bremsen, à fl. 1,103 pro Stück,			
20 Stück ohne Räder mit Bremsen, à fl. 1,297 pro Stück,			
worauf abschläglich bezahlt wurden . .	fl. 49,949. 55 kr.		
Zu übertragen . .	fl. 49,949. 55 kr.	fl. 89,635. 35 kr.	fl. 13,536. 43 kr.

Uebertrag . . .	fl. 49,949. 55 kr.	fl. 89,635. 35 kr.	fl. 13,536. 43 kr.
50 gedeckte Güterwagen ohne Räder, nämlich: 30 Stück ohne Bremsen à fl. 1,067 pro Stück, 20 Stück mit Bremsen à fl. 1,227 pro Stück.			
Hierauf wurden abschläglich bezahlt . . .	„ 53,043. 55 „		
Hierzu 200 Achsen mit Rädern zu . . .	„ 42,363. 9 „		
50 Wagendecken von Leinwand, mit wasserdichter Masse getränkt, zu	„ 4,038. 50 „		
Summa des § 8. . .		„ 149,395. 49 „	
Summa des Cap. VI . .			fl. 239,031. 24 kr.

Cap. VII bis incl. XXII. Keine Ausgaben.

Cap. XXIII. Anlegung des zweiten Schienengeleises.

§ 1. Erd- und Planirarbeiten . .	„ 2,007. 30 „
Summa aller Ausgaben pro 1868	fl. 254,575. 37 kr.

wie oben beim Hauptabschlusse der Baurechnung der Maximiliansbahn bereits constatirt wurde.

2. Bauausführung à Conto des Betriebes.

Auf Rechnung des Betriebes sind pro 1868 verwendet:

a. Für bauliche Unterhaltung der Bahn nebst Zubehör	fl. 11,420. 12 kr.
b. Für Erneuerung des Oberbaues	„ 12,772. 24 „
c. Für sonstige Erweiterungsbauten	„ 1,471. 36 „
Im Ganzen incl. Antheil am Bahnhof Neustadt	fl. 25,664. 12 kr.

Für gewöhnliche Regulirungsarbeiten sind an Taglöhnen, einschließlich der bezüglichen Kostenrate am Bahnhof Neustadt ausgegeben . . . . fl. 4,884. 59 kr.
d. i. pro Bahnmeile fl. 584 oder pro Geleismeile fl. 339.

Die Ausgaben auf Erweiterungsarbeiten beziehen sich auf Vollendung der im vorigen Jahre angefangenen Haspelbarrièren und auf Errichtung eines Magazingebäudchens im Bahnhofe Edenkoben für die Bahnmeisterei. (Bahnhof Neustadt siehe Ludwigsbahn.)

C. Neustadt-Dürkheimer Bahn.

1. Bauausführung à Conto des Anlage-Capitals.

Die Hauptrechnung des Anlage-Capitals, Beilage A Ziffer 3, weist folgenden Abschluß nach:

Einnahmen.

Einnahme der Vorjahre		fl. 1,555,304. 28 kr.
„ pro 1868		„ 565. — „
Summa aller Einnahmen		fl. 1,555,869. 28 kr.

Ausgaben.

Ausgabe der Vorjahre:		
A. Allgemeine Baukosten	fl. 252,327. 50 kr.	
B. Eigentliche „	„ 1,453,114. 36 „	
Summa der Ausgaben der Vorjahre		fl. 1,705,442. 26 kr.
Ausgabe pro 1868.		
A. Allgemeine Baukosten	fl. — — kr.	
B. Eigentliche „	„ 1,321. 38 „	
Summa der Ausgaben pro 1868		fl. 1,321. 38 kr.
Summa aller Ausgaben		fl. 1,706,764. 4 kr.
Hievon ab		
Summa aller Einnahmen		fl. 1,555,869. 28 kr.
ergibt sich ein Passivrest von		fl. 150,894. 36 kr.

Die Einnahme pro 1868 rührt von der Wiederveräußerung einer disponiblen Grundparcelle her.

Die Ausgabe pro 1868 besteht aus einem nachträglich zur Auszahlung gelangten Grundentschädigungsbetrag.

Ueber die Veranlassung dieses Passivrestes haben wir bereits in unserem Geschäftsberichte pro 1864/65 pag. 17 die eingehendsten Aufschlüsse ertheilt, so wie wir in den folgenden Berichten und insbesondere in jenem pro 1867 pag. 48 den Weg zu bezeichnen uns erlaubten, auf welchem die Deckung des fraglichen Passivrestes am zweckmäßigsten würde erfolgen können.

2. Bauausführung à Conto des Betriebes.

Für gewöhnliche Regiearbeiten sind an Taglöhnen ausgegeben incl. Antheil am Bahnhof Neustadt	fl. 1,350. 16 kr.
d. i. bei 1.85 Bahnmeilen pro Bahnmeile	„ 730. — „
oder bei 4.31 Geleismeilen pro Geleismeile	„ 313. — „

Im Allgemeinen veranlaßten die häufigen wolkenbruchartigen Gewitter des vorigen Sommers am unteren Haardtgebirge durch Ueberschwemmungen wie in den Ortschaften, so auch auf der Bahn mancherlei ausnahmsweise Ausgaben, wie z. B. für Forttransportiren der in die Einschnitte geflößten Sand- und Steinmassen, für Wiederherstellung abgerutschter Böschungen, unterspülten Pflasters und angegriffener Durchlässe. Desgleichen erforderten die außerordentlichen Stürme auf den frei gelegenen Bahnhofgebäuden vermehrte Dachreparaturen.

Endlich kommen auf Erweiterungsarbeiten:

Die Anlage von drei neuen Durchlässen in einem Parallelweg, von drei hölzernen Futterschuppen bei Bahnwartswohnungen und die Vergrößerung der Portierwohnung im Güterschuppen zu Mußbach.

D. Nordbahnen.

I. Landstuhl-Kusel.

Die Baurechnung der Landstuhl-Kuseler Bahn weist folgenden Abschluß nach:

Einnahmen.

Einnahme der Vorjahre		fl. 1,055,300. 21 kr.
Einnahme pro 1868		„ 614,581. 10 „
Summa aller Einnahmen		fl. 1,669,881. 31 kr.

Ausgaben.

Ausgabe der Vorjahre:		
A. Allgemeine Baukosten	fl. 214,127. 51 kr.	
B. Eigentliche „	„ 873,571. 44 kr.	
Summa der Ausgaben der Vorjahre		fl. 1,087,699. 33 kr.
Ausgabe pro 1868:		
A. Allgemeine Baukosten	fl. 73,041. 6 kr.	
B. Eigentliche „	„ 516,892. 46 „	
Summa der Ausgaben pro 1868		fl. 589,933. 52 kr.
Summa aller Ausgaben		fl. 1,677,633. 27 kr.
hiervon ab die		
Summa aller Einnahmen mit		„ 1,669,881. 31 „
bleibt Passivrest		fl. 7,751. 96 kr.

Dieser Passivrest hat bereits seine Deckung gefunden durch die per 15. Februar d. J. ausgeschriebene letzte Einzahlung von 20 pCt. auf die Interimsscheine der Landstuhl-Kuseler Bahn.

Nachdem die Bauarbeiten dieser Bahn, wie wir schon in der Einleitung des gegenwärtigen Berichtes mitgetheilt haben, nunmehr gänzlich vollendet sind, so können wir die definitive Abrechnung über sämmtliche Baukosten nachstehend folgen lassen.

Abrechnung
über die Baukosten der Landstuhl-Kuseler Bahn.

Die Landstuhl-Kuseler Bahn besitzt eine Baulänge vom östlichen Anfang des Bahnhofs Landstuhl bis zum westlichen Ende des Bahnhofes Kusel von 29,498 Meter oder 3,[illegible] Meilen und ist nur für ein Geleise in Unterbau und Oberbau hergerichtet.

Ausgaben.

A. Die Ausgaben für Generalversammlungen, Verwaltungsrath und Administration, die Erhebungskosten für Einzahlungen, Steuern und Umlagen, die Kosten der Auszahlungen, der Coursverluste bei der Geldbeschaffung und die Verzinsung des Baucapitales während der Bauzeit ꝛc. ꝛc. belaufen sich bis 31. December 1868 auf die Summe von

	fl. 287,168. 57 kr.
Weitere Ausgaben	„ 600. — „
Gesammtsumme A.	fl. 287,768. 57 kr.

B. Ausgaben.

Cap. I. Technische Direction, Ingenieurs, Aufsichtspersonal, Bureaukosten aller Art etc.

Ausgaben bis 31. December 1868	fl. 34,133. 2 kr.
Weitere Ausgaben	„ — — „
Gesammtsumme des Cap. I.	fl. 34,133. 2 kr.

Cap. II. Grunderwerb, Einregistrirungsgebühren, Proceßkosten, Gebühren der Geometer und Behörden etc.

Ausgaben bis 31. December 1868	fl. 270,530. 17 kr.
Weitere Ausgaben	„ 1,949. — „
Gesammtsumme des Cap. II.	fl. 272,479. 17 kr.

Die angekaufte Grundfläche enthält im Ganzen 208 Tagwerke 83 Decimalen und hat sonach die Decimale gekostet fl. 13. 2 kr.

Zur Wiederveräußerung sind noch verschiedene Grundstücke, circa 16 Tagwerke, disponibel im Werthe von etwa fl. 6,000.

Im Kostenanschlag waren fl. 280,000 vorgesehen.

Cap. III. Erbauungskosten der eigentlichen Bahn.

§ 1. Erd- und Planirarbeiten.

Ausgaben bis 31. December 1868	fl. 216,158. 31 kr.
Weitere Ausgaben	„ 3,548. 10 kr.
Gesammtsumme des § 1.	fl. 219,701. 41 kr.

Die zu bewegende Erd- und Felsmasse beträgt 625,360 Kubikmeter; sonach kostet der Kubikmeter zu graben oder zu sprengen, auf- und abzuladen, auf eine mittlere Entfernung von 400—500 Meter und theilweise mit Materialzügen auf 3000 bis 4000 Meter zu transportiren und in Auffüllung zu verwenden, sammt Planirung der Fußbänke, Gräben und Böschungen, letztere theilweise mit Steinpackungen gedeckt, durchschnittlich 31 kr.

§ 2. Tunnel.

Ausgaben bis 31. December 1868	fl. 27,735. 6 kr.
Weitere Ausgaben	„ — — „
Gesammtsumme des § 2.	fl. 27,735. 6 kr.

Der Tunnel durch den Bergvorsprung zwischen dem Glan- und Kuselbachthal ist 143 Meter lang und theilweise durch Melaphyr, zum großen Theil aber durch Kohlensandstein getrieben und bedurfte fast durchgängig der Auswölbung.

Der laufende Meter Tunnel stellt sich incl. Façade und Canalisirung auf 194 fl.

Im Kostenanschlag waren nur 114 laufende Meter Tunnel vorgesehen, daher die kleine Ueberschreitung.

Die Arbeit wurde in Regie mittelst kleiner Accorde ausgeführt.

§ 3. Brücken, Viaducte, Durchlässe &c.

Ausgaben bis 31. December 1868	fl. 92,253. 36 kr.
Weitere Ausgaben	„ 2,641. — „
Gesammtsumme des § 3.	fl. 94,894. 36 kr.

Es wurden im Ganzen 137 verschiedene Kunstbauten ausgeführt, darunter sind zu nennen:

1) Ein Viaduct in dem Einschnitte bei Ramstein von 6.00 Meter Weite, 5.00 Meter Höhe und 4.0 Meter Breite mit Halbkreisgewölb.
2) Zwei gewölbte Mohrbachbrücken von 5.00 Meter Länge und 2.4 bis 4.0 Meter Weite.
3) Eine Mohrbachbrücke mit eisernem Oberbau von 6.0 Meter Weite.
4) Eine gewölbte Mohrbachbrücke mit zwei Oeffnungen von zusammen 7.0 Meter Weite.
5) Eine Mohrbachbrücke mit eisernem Oberbau von 9 Meter Lichtweite in zwei Oeffnungen.
6) Eine Glanbrücke mit eisernem Oberbau von 9 Meter Lichtweite in zwei Oeffnungen.
7) Zwei Glanbrücken mit eisernem Oberbau in zwei und drei Oeffnungen, zusammen 16 Meter Weite.
8) Brückchen über den Bach in Nehweiler 26.00 Meter lang, 2.0 Meter weit, gewölbt.
9) Eine Durchfahrt von 3.0 Meter Weite, 5.00 Meter Breite und 3.00 Meter hoch mit Eisenconstruction.
10) Eine gewölbte Wegbrücke über den Kuselbach mit zwei Oeffnungen von je 5 Meter Weite.
11) Längere Stützmauern längs des verlegten Kuselbachs und Staatsstraße. In vier Abtheilungen zusammen 970 laufende Meter Stütz- und Futtermauern von 3 bis 4 Meter Höhe.

Die Eisenconstructionen an den genannten Brücken erforderten 520.15 Centner Walz- und 102 Centner Gußeisen.

§ 4. Unterbau.

1) Lieferung und Verwendung des Stein- oder Kiesmaterials zum Schwellenbett.

Ausgaben bis 31. December 1868	fl.	37,398. 27 kr.
Weitere Ausgaben	„	8,612. — „
Gesammtsumme des § 4. Tit. 1.	fl.	46,010. 27 kr.

Das Schwellenbett, oben 3.0 Meter breit und circa 0.00 Meter hoch, liegt zur besseren Entwässerung zu beiden Seiten mit einfüßiger Böschung frei.

Das Gesammtquantum an Schotter- oder Kiesmaterial wird betragen 50,370 Kubikmeter; sonach kommt der Kubikmeter für Förderung, Transport, zumeist mit Materialzügen aus dem Rammelsbacher Einschnitt, und Verwendung auf durchschnittlich 55 kr. zu stehen.

2) Lieferung der Schwellen.

Ausgaben bis 31. December 1868	fl.	95,218. 45 kr.
Weitere Ausgaben	„	— — „
Gesammtsumme des § 4. Tit. 2.	fl.	95,218. 45 kr.

Dafür wurden angeschafft:

a. 35,000 Stück mit Quecksilber-Sublimat imprägnirte kieferne gewöhnliche Schwellen.
b. 4,400 „ mit Kupfervitriol imprägnirte buchene gewöhnliche Schwellen.
c. 1,300 „ nicht imprägnirte gewöhnliche Schwellen.
d. 1,200 „ nicht imprägnirte eichene Langschwellen.

zusammen 41,900 Stück.

Es beträgt sonach der Durchschnittspreis incl. Transport pro Stück fl. 2. 16 kr.

Nur die kiefernen Schwellen sind von Lieferanten, die übrigen wurden aus der Regiefabrikation in Kaiserslautern bezogen.

§ 5. **Oberbau**, d. i. Schienen, Unterlagsplatten, Laschen, Bolzen, Befestigungskloben, Legen und Adjustiren des Geleises sammt Geschirr dazu.

Ausgaben bis 31. December 1868	fl. 307,371. 33 kr.
Weitere Ausgaben	„ 1,325. 40 „
Gesammtsumme des § 5. . . .	fl. 308,697. 13 kr.

Die angeschafften Oberbaugegenstände sind die nachbezeichneten:

a. 64,909 laufende Meter gewöhnliche Vignolschienen von circa 65 Pfund pro laufenden Meter, zusammen 42,191 Centner, pro Centner fl. 5. 50 kr.	fl. 246,114. — kr.
b. 1,840 laufende Meter deßgleichen alte Schienen, zusammen 1,200 Centner à 3 fl. . .	„ 3,600. — „
c. 2,670 laufende Meter leichtere alte Schienen, zusammen 1121 Centner à 3 fl. . . .	„ 3,363. — „
d. 12,000 Paar Laschen und 6,390 Stück Unterlegplatten, zusammen 1911 Centner à fl. 6	„ 11,466. — „
e. 50,000 Stück Laschenbolzen, zusammen 530 Centner à fl. 12. 30 kr.	„ 6,625. — „
f. 188,000 Kloben, zusammen 967 Centner à fl. 8. 27 kr.	„ 8,171. — „
g. Nebenkosten für Uebernahme, Bahn- und Landtransport rc. zusammen	„ 4,518. 13 „
h. Legen und Adjustiren des Geleises . . . . oder bei 34,700 Meter Geleislängen pro laufenden Meter 42 kr.	„ 24,244. — „
i. Verschiedenes Geschirr und Werkzeug zum Legen der Geleise . . .	„ 596. — „
Zusammen wie oben .	fl. 308,697. 13 kr.

§ 6. **Straßen- und Wegübergänge.**

Ausgaben bis 31. December 1868	fl. 15,251. 7 kr.
Weitere Ausgaben	„ 1,476. — „
Gesammtsumme des § 6. . . .	fl. 16,727. 7 kr.

Die Bahn überschreitet in der gleichen Höhe 67 Mal Straßen und Wege und erforderte die Bahnanlage außerdem größere Verlegungen der Districts- und Staatsstraße.

Zum Verschluß der Wegübergänge waren erforderlich:

a. 13 Stück große Kettenbarrieren;
b. 36 „ kleine „
c. 18 „ Haspelbarrieren mit Steinsäulen und versenkbaren Ketten nach eigenem System.

§ 7. **Bahnwartswohnungen und Wächterhäuschen.**

Ausgaben bis 31. December 1868	fl. 15,515. 36 kr.
Weitere Ausgaben	„ 4,828. — „
Gesammtsumme des § 7. . .	fl. 20,343. 36 kr.

Massiv in Stein mit Falzziegeldeckung wurden erbaut:
24 Wächterhäuschen;
5 Bahnwartswohnungen mit Stallanbau.

§ 8. **Einfriedigung der Bahn.**

Ausgaben bis 31. December 1868	fl. 4,585. 4 kr.
Weitere Ausgaben	„ 2,784. — „
Gesammtsumme des § 8.	fl. 7,369. 4 kr.

Das im Glanthal übliche Viehweiden auf den angrenzenden Wiesen bedingte lange Strecken Einfriedigung, ebenso die verlegten Straßenstrecken.

§ 9. Eintheilung und Absteinung des Bahnterrains.

Ausgaben bis 31. December 1868 . .	fl. 1615. 39 kr.
Weitere Ausgaben	„ — — „
Gesammtsumme des § 9	fl. 1,815. 39 kr.

Die Grenzen des zur Bahn und zu den Bahnhöfen gehörigen Terrains sind überall durch Marksteine mit den Buchstaben L. K. B. bezeichnet.

Zur Eintheilung der Bahn in bezeichenbare Längenabschnitte ist auf der Kante der Dammkrone alle 1000 Meter ein Nro.-Stein gesetzt.

§ 10. Verschiedenartige gemeinsame Baukosten der Bahn.

Ausgaben bis 31. December 1868	fl. 6,995. 47 kr.
Weitere Ausgaben	„ — — „
Gesammtsumme des § 10 .	fl. 6995. 47 kr.

Dahin wurden verrechnet:

Die Kosten der Bewachung der fertigen Strecken und der Materialien durch beeidigte Bahnschützen, die Frachten für verschiedenerlei Baumaterialien, die Lieferungen aus dem Hauptmagazin an Kohlen, Schmieröl &c. zu den Materialzügen, Remuneration an die bei letzteren betheiligten Betriebsbeamten und Bediensteten und verschiedenes Andere.

Zusammenstellung

sämmtlicher Erbauungskosten der eigentlichen Bahn.

Lit.-N.	Vortrag	Ausgaben bis 31. December 1868. fl.	kr.	Weitere Ausgaben zur Vollendung. fl.	kr.	Gesammt-Kostenbetrag. fl.	kr.
1	Erd- und Planirarbeiten . .	216,153	31	3,548	10	219,701	41
2	Tunnel	27,735	6	—	—	27,735	6
3	Brücken, Viaducte, Durchlässe &c. .	92,253	36	2,641	—	94,894	36
4	a. Unterbau	37,398	27	8,612	—	46,010	27
„	b. Lieferungen der Schwellen .	95,218	45	—	—	95,218	45
5	Oberbau	307,371	33	1,325	40	308,697	13
6	Straßen- und Wegübergänge	15,251	7	1,476	—	16,727	7
7	Bahnwartswohnungen und Wächterhäuschen .	15,315	36	4,928	—	20,243	36
8	Einfriedigung der Bahn	4,585	4	2,784	—	7,369	4
9	Absteinung des Bahnterrains . .	1,815	39	—	—	1,815	39
10	Verschiedenartige gemeinsame Ausgaben	6,995	47	—	—	6,995	47
	Gesammtsumme des Cap. III	820,294	11	23,214	50	845,509	1

Im Kostenanschlag war hierfür vorgesehen:

1) Erd- und Planirarbeiten	fl. 219,960. — kr.
2) Tunnel	„ 24,000. — „
3) Brücken, Viaducte, Durchlässe &c.	„ 95,101. 41 „
4) a. Unterbau	„ 54,000. — „
Zu übertragen .	fl. 393,061. 41 kr.

	Uebertrag	fl.	393,061. 41 kr.
4) b. Schwellen		„	93,100. — „
5) Oberbau		„	301,400. — „
6) Straßen- und Wegübergänge		„	16,619. 36 „
7) Bahnwärterwohnungen und Wächterhäuschen		„	25,864. — „
8) Einfriedigung der Bahn		„	5,129. 42 „
9) Absteinung des Bahnterrains		„	3,026. 48 „
	Summa	fl.	841,202. 7 kr.

Das Mehr der Ausführung von circa fl. [illegible] rührt theils von Mehrkosten des länger gewordenen Tunnels, theils von Mehrung der Geleise, theils im Bahnhof Landstuhl, theils in den Steinbrüchen bei Rammelsbach her.

Cap. IV. Anlegungskosten der Bahnhöfe.

Und zwar: 1. In Landstuhl (Erweiterung); 2. Ramstein; 3. Steinwenden; 4. Niedermohr; 5. Glan-Münchweiler; 6. Rehweiler; 7. Eisenbach; 8. Theisbergstegen; 9. Altenglan; 10. Kusel.

§ 1. Planierungsarbeiten und Weganlagen.

Ausgaben bis 31. December 1868	fl.	9,328. 13 kr.
Weitere Ausgaben	„	45. — „
Gesammtsumme des § 1.	fl.	9,373. 13 kr.

§ 2. Abzugscanäle, Senkgruben.

Ausgaben bis 31. December 1868	fl.	1,405. 54 kr.
Weitere Ausgaben	„	6. 6 „
Gesammtsumme des § 2.	fl.	1,412. — kr.

§ 3. Drehscheiben, Ausweichvorrichtungen &c.

Ausgaben bis 31. December 1868	fl.	18,538. 41 kr.
Weitere Ausgaben	„	12. 35 „
Gesammtsumme des § 3.	fl.	18,571. 16 kr.

Im Ganzen wurden angeschafft:

- 2 große Drehscheiben von 10,[illegible] Meter Durchmesser zum Wenden der Locomotive sammt Tender.
- 2 Drehscheiben von 5,10 Meter Durchmesser.
- 3 Doppelweichen.
- 52 einfache Weichen.
- 67 Kreuzungen von Schienen.

§ 4. Wasserreservoirs, Pumpwerke.

Ausgaben bis 31. December 1868	fl.	809. 6 kr.
Weitere Ausgaben	„	350. — „
Gesammtsumme des § 4.	fl.	1,159. 6 kr.

Im Bahnhof zu Kusel wurde in der Locomotivremise ein Reservoir und Pumpwerk mit Füllkrahnen aufgestellt. Da der gegrabene Brunnen jedoch nicht genügend Wasser lieferte, so mußte solches durch eine Röhrenleitung auf 145 Meter Entfernung aus dem Kuselbach bezogen werden.

§ 5. Dienstgebäude aller Art.

Ausgaben bis 31. December 1869	fl. 91,833. 36 kr.
Weitere Ausgaben . . .	fl. 12,174. 6 kr.
Gesammtsumme des § 5 .	fl. 104,007. 42 kr.

1. Im Bahnhof Landstuhl.

Die Herstellung eines zweiten Stockwerks im Güterschoppen als Verwalters- und Portierwohnung (197 Quadratmeter Grundfläche), wodurch die kleinere Wohnung im Stationshaus für den Einnehmer gewonnen wurde. Zugleich wurden an dem Güterschoppen vier Ausladethore mit Vordächern und eine innere Verbreiterung der Ladebrücke hergestellt.

Ferner eine neue Locomotivremise für eine Locomotive mit Tender und Putzgrube, zugleich Wagen- und Führerzimmer enthaltend. Grundfläche 108 Quadratmeter. Endlich ein neues Abtrittgebäudchen von 23 Quadratmeter Grundfläche.

2. In den Bahnhöfen Ramstein, Steinwenden, Niedermohr und Theisbergstegen.

In jedem dieser Bahnhöfe ist ein Stationshaus mit einem Wartesaal, Büreau und Güterzimmer Parterre und einer Wohnung für den Verwalter und Portier im zweiten beziehungsweise Kniestock. Die Grundfläche des Gebäudes beträgt 105 Quadratmeter. Ferner das Abtrittgebäudchen mit 7 Quadratmeter Grundfläche.

3. Für die Haltestellen Rehweiler und Elschbach

ist ein Stationshaus mit Wartesaal und Expeditionsbüreau Parterre und einer Wohnung für den Expeditor im zweiten Stock errichtet. Grundfläche 72 Quadratmeter.

4. In den Bahnhöfen Glan-Münchweiler, Altenglan und Kusel.

In diesen Bahnhöfen hat man nach einem eigenen System das Stationshaus und den Güterschoppen in zusammenhängenden Räumen zu vereinigen gesucht, was sich auch in der Praxis als empfehlenswerth gezeigt hat.

Das eigentliche Stationsgebäude mit 163 Quadratmeter Grundfläche enthält zwei Wartesäle (zweiter und dritter Classe) und ein geräumiges Büreau; daran stößt der Güterschoppen, vom Expeditionsbüreau direct überwachbar.

Die Grundfläche des letzteren beträgt 145 Quadratmeter.

In den zwei Stockwerken und beziehungsweise im Kniestock befinden sich Wohnungen für den Verwalter, Einnehmer, Bahnmeister, Portier und einen Weichenwärter. Der Güterschoppen hat vier Ladethore mit Vordächern.

Vor den Wartesälen ist eine offene Sommerhalle, mit Schiefer gedeckt, für ausnahmsweisen Personenverkehr angelegt, deren Grundfläche 52 Quadratmeter; ferner befindet sich am Ende jeden Perrons ein Abtrittgebäudchen von 28 Quadratmeter Grundfläche.

Endlich ist in Kusel eine Locomotivremise und ein Kohlenmagazin erbaut. Erstere mit 117 Quadratmeter und letzteres mit 25 Quadratmeter Grundfläche.

Alle Stationsgebäude sind massiv aus Stein erbaut und mit Falzziegeln gedeckt. Nur die Vordächer sind auf Bretterschalung mit Schiefer gedeckt.

Alle Arbeiten wurden nach Bewerben auf Grund von Kostenanschlägen an Meister der Umgegend vergeben.

§ 6. Einfriedigung der Bahnhöfe.

Ausgaben bis 31. December 1868 . . fl. 176. 59 kr.

Weitere Ausgaben . . . . . „ 1,200. — „

Gesammtsumme des § 6 . fl. 1,376. 59 kr.

§ 7. Verschiedenartige Ausgaben und Einrichtungen.

Ausgaben bis 31. December 1868 . . fl. 13,849. 24 kr.

Weitere Ausgaben . . . . . . „ 2,499. 27 „

Gesammtsumme des § 7 . . fl. 16,348. 51 kr.

Dahin gehören:

Die Fundamente der zwei großen und zwei kleinen Drehscheiben, die Anlage der Trottoirs und Verladeplätze, der Kohlenabwurfsfächer, der Brunnen und der Gartenanlagen auf den zehn Bahnhöfen.

Zusammenstellung

sämmtlicher Anlagekosten der Bahnhöfe.

Ord.-Nr.	Vortrag.	Ausgaben bis 31. December 1868		Weitere Ausgaben zur Vollendung		Gesammt-Kostenbetrag	
		fl.	kr.	fl.	kr.	fl.	kr.
1	Pflaster- und Chaussirarbeiten	9,328	13	45	—	9,373	13
2	Abzugscanäle, Senkgruben	1,405	54	6	6	1,412	—
3	Drehscheiben, Ausweichvorrichtungen	18,558	41	12	35	18,571	16
4	Wasserreservoirs, Pumpwerke	809	6	350	—	1,159	6
5	Dienstgebäude aller Art	91,833	36	12,174	6	104,007	42
6	Einfriedigungen	176	59	1,200	—	1,376	59
7	Verschiedenartige Bahnhofseinrichtungen	13,849	24	2,499	27	16,348	51
	Summa . .	135,961	53	16,287	14	152,249	7
	Im Kostenanschlag war hierfür vorgesehen					157,169	32

Cap. VI. Anschaffung der Fahrapparate.

Ausgaben bis 31. December 1868 . . . fl. 108,636. 29 kr.

Weitere Ausgaben (Restzahlungen) . . . „ 53,340. — „

Gesammtsumme des Cap. VI . . fl. 161,976. 29 kr.

Hiefür wurden angeschafft:

4 Güterlocomotive sammt Tender.

10 Personenwagen dritter Classe.

6 Personenwagen erster und zweiter Classe.

3 Gepäckwagen.

Cap. VII. Allgemeiner Reservefond für unvorhergesehene Bauausgaben.

Ausgaben bis 31. December 1868	fl.	1,931. 52 kr.
Weitere Ausgaben	„	150. — „
Gesammtsumme des Cap. VII	fl.	2,081. 52 kr.

Diese Summe begreift in sich: Unterstützungen an beim Bau beschädigte Arbeiter, dann die Kosten für die Eröffnungsfeier.

Cap. IX. Elektrischer Telegraph, Signallaternen etc.

Ausgaben bis 31. December 1868	fl.	4,080. 45 kr.
Weitere Ausgaben	„	25. — „
Gesammtsumme des Cap. IX . . .	fl.	4,105. 45 kr.

Für diese Summe wurde beschafft:

a. Die Telegraphenleitung von Landstuhl bis Kusel mit circa 29 Kilometer Drahtleitung und sechs Sprechapparaten sammt Batterien, Kasten und Pulten.
b. Die Signallaternen vor den Bahnhöfen und auf den Weichenständern.
c. Die Signalglocken mit Trägern in die neuen Bahnhöfe.

Cap. X. Provisorische Einrichtungen.

Ausgaben bis 31. December 1868	fl.	175. 49 kr.
Weitere Ausgaben	„	30. — „
Gesammtsumme des Cap. X	fl.	205. 49 kr.,

für verschiedene provisorische Einrichtungen im Steinbruch Rammelsbach verausgabt.

Cap. XIX. Betriebseinrichtungen.

Ausgaben bis 31. December 1868	fl.	14,720. 12 kr.
Weitere Ausgaben	„	150. — „
Gesammtsumme des Cap. XIX	fl.	14,870. 12 kr.

Dafür wurden folgende Anschaffungen gemacht:

a. Möbel zur Ausstattung der Dienstlocale, bestehend in Tischen, Bänken, Stühlen, Schränken, Waschtischen, Billetschränken, Geldcassetten, Geldschränken etc.
b. Werkzeuge für den Bahnwärterdienst, als: Signallaternen und Flaggen, Lampen, Oelkannen, Spurlehren, Krampen, Rechen, Schraubenschlüssel, Materialtransportwägelchen etc.
c. Verschiedenes Geräthe für den Transportdienst und die Bahnhöfe, als: kleine Brückenwaagen, Plombirzangen, Schaffnertaschen, Signalhörner, Flaggen etc.
d. Datumpressen.
e. Drucksachen aller Art.
f. Uniformirung der Betriebsbediensteten.

Hauptzusammenstellung
aller Ausgaben.

Ord.-Nr.	Vortrag		Ausgaben bis 31. December 1868		Weitere Ausgaben.		Gesammt-Kostenbetrag.	
			fl.	kr.	fl.	kr.	fl.	kr.
1	Ausgabe A. für Generalversammlungen, Verwaltungsrath, Kosten der Geldbeschaffung ꝛc.		287,168	57	600	--	287,768	57
2	Ausgaben B. auf den Bau:							
	a. Technische Direction	Cap. I.	34,133	2	—		34,133	2
	b. Grunderwerbung	Cap. II.	270,530	17	1,949	—	272,479	17
	c. Erbauungskosten der eigentlichen Bahn	Cap. III.	790,294	11	25,214	50	815,509	1
	d. Anlegungskosten der Bahnhöfe	Cap. IV.	135,061	53	10,287	14	152,249	7
	e. Anschaffung der Fahrapparate	Cap. VI.	108,636	29	53,340	--	161,970	39
	f. Unvorhergesehene Ausgaben	Cap. VII.	1,931	52	150	—	2,081	52
	g. Elektrischer Telegraph	Cap. IX.	4,080	45	25	—	4,105	45
	h. Provisorische Einrichtungen	Cap. X.	175	49	30	—	205	49
	i. Verschiedenartige Betriebseinrichtungen	Cap. XIX.	14,720	12	150	—	14,870	12
	Summa		1,677,633	27	97,746	4	1,775,379	31

Hiernach wird sich nachstehende Schlußabrechnung ergeben:

Einnahmen bis 31. December 1868 laut Rechnung . . . fl. 1,669,881 31 kr.

Weitere Einnahmen und zwar:

a. Rest vom Baucapital . . . . fl. 111,600. — kr.

b. Erlös aus der Veräußerung disponibeler Grundstücke . . „ 8,000. — „

Zusammen . . . . fl. 119,600. — kr.

Summa aller Einnahmen . fl. 1,789,481. 31 kr.

Hievon ab:

Summa aller Ausgaben nach obiger Hauptzusammenstellung . „ 1,775,379. 31 „

Verbleibt ein Activrest von . . . . . . fl. 14,102. — kr.,

ein Finalabschluß, der mit Rücksicht auf das ohnehin ziemlich knapp gegriffene Baucapital, wonach auf die Bahnstunde nur circa fl. 218,000 Herstellungskosten entfallen, als sehr befriedigend bezeichnet werden muß.

II. Alsenz-Bahn.

Die Baurechnung der Alsenzbahn weist folgenden erstmaligen Abschluß nach:

Einnahmen pro 1868 . . . . fl. 4,936,446. 51 kr.

Ausgaben pro 1868:

a. Allgemeine Baukosten . fl. 1,762,123. 33 kr.

b. Eigentliche „ . . . „ 354,895. 15 kr.

Summa aller Ausgaben . . . . . . fl. 2,117,018. 48 kr.

Activrest . . . . . fl. 2,819,428. 3 kr.

Das Detail der Einnahmen und Ausgaben enthält die aufgestellte Baurechnung der Alsenzbahn pro 1868. Ueber den Stand der Bauarbeiten ist in der Einleitung nähere Mittheilung gemacht.

IV. Betrieb.

1. Allgemeines.

Die Betriebsergebnisse der Pfälzischen Bahnen pro 1868 sind in jeder Beziehung erfreulicher Art. Allenthalben begegnen wir einem theilweise sehr beträchtlichen Aufschwunge des Verkehrs und einer entsprechenden Zunahme der bezüglichen Erträgnisse. Die Hauptergebnisse und die allgemeinen Verhältnisse des Betriebs haben bereits in der Abtheilung I. des gegenwärtigen Berichtes ausführliche Erörterung gefunden; die näheren Nachweisungen über die speciellen Ergebnisse der verschiedenen Transportzweige im internen, wie im directen und Transitverkehre, sodann die erforderlichen Mittheilungen über Einnahme, Ausgabe und Reinertrag, endlich über Fahrdienst, Betriebsmittel und Personal bilden den Inhalt der gegenwärtigen Abtheilung.

Der Erhaltung der Bahn und des Materials in stets betriebsfähigem Stande mußte selbstverständlich unsere erste Sorge gewidmet sein, was in diesem **Jahre um** so nothwendiger gewesen ist, als der Transport von 2,600,000 Reisenden und von 46 Millionen Centnern Güter und Kohlen an unseren Schienen, Bandagen, Achsen etc. begreiflicherweise nicht spurlos vorübergegangen ist. Der durch den gesteigerten Fahrdienst und die schwereren Lastzüge vermehrten Abnützung mußte die nöthige Reparatur, Ergänzung und Auswechslung sofort auf dem Fuße folgen, **damit vor Allem** für **den** sicheren und ungestörten Gang des Dienstes die erforderliche Garantie jederzeit geboten ist.

Nebstdem haben wir die seit mehreren Jahren schon begonnene Thätigkeit, den stets wachsenden Forderungen des Verkehrs durch Stationserweiterungen, neue Geleisanlagen und verbesserte Betriebseinrichtungen nach Möglichkeit zu entsprechen, mit Eifer fortgesetzt und gibt der „Baubericht" in Abtheilung III. hierüber näheren Aufschluß.

Auch ist eine sehr beträchtliche Vermehrung des Fahrmaterials, sowie die abermalige Erweiterung mehrerer Bahnhöfe mit einem Kostenaufwande von 2 Millionen Gulden à conto der Ludwigsbahn in Aussicht genommen und ein entsprechender Antrag in die Tagesordnung der am 14. April stattfindenden Generalversammlung aufgenommen, worüber wir bereits in der Einleitung das Erforderliche anzudeuten uns erlaubten.

Endlich waren wir fortwährend bemüht, sowohl die Elemente des inneren Verkehrs nach Thunlichkeit zur Entwickelung zu bringen, als auch unsere directen Verkehrsbeziehungen nach allen Richtungen hin dem Bedürfnisse des Handels entsprechend zu erweitern und zu verbessern. Dabei hat die fast ununterbrochen erfolgende Eröffnung neuer Linien, welche Abkürzungen bestehender Routen herbeiführen und neue Concurrenzwege schaffen, einen beständigen Wechsel in den Tarifen hervorgerufen, dem man so viel als möglich zu folgen gezwungen ist, wenn man den Bestrebungen der Concurrenz die Spitze zu bieten und sich im Besitze des directen und Transitverkehrs zu halten die Absicht hat.

Was in dieser Beziehung in dem abgelaufenen Geschäftsjahre geschehen ist, erhellt aus der nachfolgenden Zusammenstellung.

I. Neue Tarife gelangten zur Einführung:

		1868.
1.	Special-Tarif für die Beförderung von Salz im internen Verkehr .	1. Januar.
2.	Einrichtung der Monats-Abonnements-Karten im internen Verkehr . . .	1. Januar.
3.	Tarif für die Beförderung von Steinkohlen und Coaks aus den Saar- und pfälzischen Gruben nach Stationen der französischen Ostbahn via Forbach . . .	1. Januar.

		1868.
4.	Specialtarif für Beförderung von Salz mit der Hessischen Ludwigsbahn	15. Januar.
5.	Nachtrag zum Tarif für den Transport von Rohproducten im Westdeutschen Verbandsverkehre	1. März.
6.	Erster Nachtrag zum Kohlentarif mit der Bergisch-Märkischen Bahn	15. März.
7.	Tarif für den directen Personenverkehr mit der Station Monsheim	1. April.
8.	Erster Nachtrag zum Gütertarif für Saarbrücken-Nordbayern	1. April.
9.	Erster Nachtrag zum Belgisch-Rheinischen Gütertarif via Herbesthal	1. April.
10.	Erster Nachtrag zum Ausnahmetarif für den Transport von Steinkohlen und Coaks im Rheinischen Verbande	10. April.
11.	Holz-Specialtarif aus der Ostschweiz mit Ludwigshafen und Rheinischen Stationen via Mannheim und via Weißenburg	15. April bez. 10. Mai.
12.	Directer Güter-Tarif für den Verkehr der Bahnstrecke Schwarzenacker-St. Ingbert mit Stationen der kgl. Saarbrücker Bahn	20. April.
13.	Rheinisch-Belgisch-Englischer Gütertarif	1. Mai.
14.	Holz-Specialtarif im Süddeutschen Eisenbahnverbande	1. Juni.
15.	Specialtarif für die Beförderung von Salz im Mitteldeutschen Verbandsverkehre	1. Juni.
16.	Süddeutsch-französischer Gütertarif	1. Juli.
17.	Erster Nachtrag zum Personen-Tarife des Rheinischen Verbandes	15. Juli.
18.	Dritter und vierter Nachtrag zum Tarif für den Süddeutschen Verbandsverkehr	1. Aug. bez. 1. Sept.
19.	Nachtrag zum Tarif mit der Main-Neckar-Bahn	1. August.
20.	Abonnementskarten für den Straßenverkehr über die feste Rheinbrücke bei Ludwigshafen	9. August.
21.	Specialtarif für die Beförderung von Salz im Main-Neckar-Pfalz-Verkehre	15. August.
22.	Interner Personen- und Gütertarif für die neue Bahnstrecke Landstuhl-Kusel (datirt 24. September 1868)	22. September.
23.	Nachtrag zu dem Tarif für die Beförderung von Personen mit Retourbilleten im internen Verkehre	24. September.
24.	Directer Gütertarif mit den Stationen der Grand Central belge Bahn	1. November.
25.	Erster Nachtrag zu Kohlentarif Nr. 4 für die Stationen der Landstuhl-Kuseler Bahnstrecke	18. November.
26.	Niederländisch-Saarbrücken-Pfalz Gütertarif via Neunkirchen	1. December.
27.	Niederländisch-Badisch-Württembergischer Gütertarif via Ludwigshafen-Mannheim	20. December.

II. Bestehende directe Tarife sind geändert und neu eingeführt worden:

		1868.
1.	Tarif für die Beförderung von Steinkohlen und Coaks nach Stationen der kgl. Württembergischen Bahn	1. Januar.
2.	Holländisch-Schweizer Gütertarif	20. Januar.
3.	Tarif für die Beförderung von Gütern zwischen der kgl. Saarbrücker Bahn und Stationen der südlichen Linien der kgl. Bayer. Staatsbahn	1. Februar.
4.	Directer Tarif für den Transport von Erzen rc. mit der Nassauischen Bahn via Neunkirchen und via Worms	25. März.
5.	Reglement und Tarif für Personen und Gepäck im Rheinischen Verbande	1. April.
6.	Niederländisch-Mittelrheinischer Gütertarif	10. December.

III. Beim Schluß des Jahres befanden sich folgende Tarife in Verhandlung beziehungsweise Umarbeitung:

1869.

1. Einführung einer directen Güter- ꝛc. Beförderung in Wagenladungen mit der Station Eisenbach . . . . 1. Januar.
2. Zweiter Nachtrag zum Kohlentarif Nr. 4 mit der Station Eisenbach . . . 1. Januar.
3. Directer Güterverkehr zwischen der kgl. Saarbrücker Bahn und der Landstuhl-Kuseler Bahnstrecke . . . . 1. Januar.
4. Einführung des Nordwestdeutschen Verbandsverkehrs . . . . . 1. Januar.
5. Mitteldeutscher Güterverkehr . . . . 1. Januar.
6. Kohlentarif nach Frankreich via Forbach . . . . 1. Januar.
7. Erster Nachtrag zum Tarif für Saarbrücken-Südbayern . . . . . 1. Januar.
8. Zweiter Nachtrag zum Tarif für Saarbrücken-Nordbayern . . . . . 1. Januar.
9. Directer Personentarif mit der kgl. Saarbrücker Bahn und der Landstuhl-Kuseler Bahnstrecke . . . . 15. Januar.
10. Directer Personen- und Gütertarif mit der Hessischen Ludwigsbahn und der Landstuhl-Kuseler Bahnstrecke . . . . 1. Februar.
11. Directe Güter- und Steinkohlen-Beförderung in Wagenladungen mit den Stationen Andringen, Edesheim und Maikammer und den Pfälzischen Stationen . . . . 1. Februar.
12. Desgleichen mit vorgenannten drei Stationen und der kgl. Saarbrücker Bahn . 1. Februar.
13. Desgleichen mit vorgenannten drei Stationen im Güterverkehr mit der Hessischen Ludwigsbahn . . . . 1. Februar.
14. Directer Gütertarif mit sächsischen Stationen via Mosbach-Hof . . . . . 1. Februar.
15. Directer Gütertarif mit den Stationen der Niederländischen Rhein-Eisenbahn Amsterdam und Rotterdam . . . . 6. Februar.
16. Tarif für die directe Beförderung von Pferden und Hornvieh im Süddeutschen Verbande . . . . 10. Februar.
17. Tarif für die directe Beförderung von Gütern zwischen Stationen der kgl. Saarbrücker und jenen der kgl. Württembergischen Eisenbahn.
18. Getreidetarif mit Frankreich.
19. Militärtarif für den inneren Verkehr.
20. Tarif zwischen Ludwigshafen-Basel und den Bodensee-Uferplätzen via Weißenburg 1. März.
21. Zweiter Nachtrag zum Kohlentarif mit der Bergisch-Märkischen Bahn . . . 15. März.
22. Directer Gütertarif des Saarbrücken-Hessen-Pfalz-Verkehrs.
23. " " " Baden-Pfalz-Saarbrücker Verkehrs.
24. " " " Saarbrücken-Südbayern-Verkehrs.
25. " " " Saarbrücken-Nordbayern-Verkehrs.
26. Directer Tarif für den Güterverkehr zwischen Nord- und Ostseeplätzen und der Schweiz via Weißenburg.

Die Bedeutung der Personen- und Güterbeförderung nach Frequenz und Ertrag in dem internen, sowie in den verschiedenen directen Verkehren, erhellt aus den nachfolgenden General-Uebersichten.

I. General-Uebersicht

der Personenbeförderung nach den verschiedenen Verkehren auf den Pfälzischen Bahnen pro 1868.

	Ludwigsbahn.			Maximiliansbahn.			Neustadt-Dürkheimer Bahn.			Landstuhl-Kuseler Bahn.		
	Personen.	Geldertrag.		Personen.	Geldertrag.		Personen.	Geldertrag.		Personen.	Geldertrag.	
		fl.	kr.		fl.	kr.		fl.	kr.		fl.	kr.
1. Interner Verkehr .	1,300,283	[illegible]	16	439,832	126,[illegible]	31	103,646	41,480	31	45,[illegible]	9,346	39
2. Directe Verkehre:												
a) Preußisch-Pfälzischer Verkehr .	147,404	91,453	17	1,115	1,275	4	705	204	15	—	—	—
b) Hessisch-Pfälzischer Verkehr .	275,224	110,300	9	11,385	6,190	17	3,6[illegible]7	1,251	2[illegible]	—	—	—
c) Rheinischer Verbands-Verkehr	43,178	21,490	47	730	1,240	17	96	72	1	—	—	—
d) Französisch-Pfälzischer Verkehr	5,8[illegible]4	7,630	25	7,254	10,001	7	1[illegible]	73	18	—	—	—
e) Badisch-Pfälzischer Verkehr .	89,306	16,700	46	58,391	29,2[illegible]1	12	4,5[illegible]2	1,280	53	—	—	—
Summe 2 .	550,291	[illegible]	54	79,178	48,017	56	9,362	2,9[illegible]8	20	—	—	—
Total .	1,851,274	731,083	10	515,01[illegible]	174,900	36	112,0[illegible]8	44,457	51	45,303	9,346	39

II. General-Uebersicht

der Güterbeförderung nach den verschiedenen Verkehren auf den Pfälzischen Bahnen pro 1868.

	Ludwigsbahn.				Maximiliansbahn.				Neustadt-Dürkheimer Bahn.				Landstuhl-Kuseler Bahn.			
	Transport-Gewicht.		Geldertrag.		Transport-Gewicht.		Geldertrag.		Transport-Gewicht.		Geldertrag.		Transport-Gewicht.		Geldertrag.	
	Ctr.	Pf.	fl.	kr.	Ctr.	Pf.	fl.	kr.	Ctr.	Pf.	fl.	kr.	Ctr.	Pf.	fl.	kr.
1. Interner Verkehr .	3,545,141	3	363,653	39	1,4[illegible],[illegible]00	7	79,680	59	611,540	—	10,258	46	252,200	9	10,641	1
2. Directe Verkehre:																
a) Saarbrücken-Hessen-Pfälzischer Verkehr .	3,114,8[illegible]8	3	246,554	13	118,423	5	5,315	23	—	—	—	—	—	—	—	—
b) Hess.-Pfälz. Verkehr .	1,217,550	4	80,651	19	130,744	4	9,855	11	44,975	1	1,831	16	—		—	—
c) Rhein. Verb.-Verkehr	1,88[illegible],401	1	73,711	5	52,010	9	8,300	6	8,540	0	349	14	—		—	—
d) Bad.-Pfälz.-Saarbr. V.	2,450,440	5	273,150	13	790,378	8	57,640	52	42,436		1,645	8	—		—	
e) Südd. Verb.-Verkehr	1,021,701	7	34,730	11	156,938	6	18,440	7	33,1[illegible]7	8	1,031	43	—		—	
f) Main-Neckar-Pfälzischer Verkehr . .	64,392	6	5,457	10	7,704	4	483	12	6,250	—	253	17	—		—	—
g) Franz. Verk. via Forb.	113,066	9	18,373	38			—	—	—		—	—	—		—	—
h) „ „ v. Weißenb.	771,793	7	11,723	39	867,065	8	61,661	21	[illegible]	0	24	15	—	—	—	—
i) Basel-Schweizer Verk.	[illegible]	3	14,7[illegible]	57	501,006	3	23,147	24	—	—	—	—	—	—	—	—
k) Holländischer Verkehr	234,027	6	11,911	15	105,676	7	6,288	8	—	—	—	—	—	—	—	—
l) Belgisch-Rhein. Verk.	155,714	—	6,582	12	—	—	—	—	—	—	—	—	—	—	—	—
m) Belg. Verk. via Konz	157,451	2	11,579	17	—	—	—	—	—		—	—	—	—	—	
n) Württ. Verb.-Verkehr	159,315	5	20,930	35	233,760	—	10,318	26	8,562	9	180	15	—		—	—
o) Mitteld. Verb.-Verk.	126,322	8	12,511	7	5,544	9	580	41	6,963		321	28	—	—	—	—
p) Sächsischer Verkehr .	25,948	3	2,457	30	1,907	9	190	22	1,757	6	77	54	—		—	
Summe 2 .	12,21[illegible]	4	891,819	21	3,011,341	2	194,318	16	151,066	5	6,451	—	—		—	—
Total . .	15,763,5[illegible]	7	1,155,472	3	4,416,141	9	271,000	15	[illegible]	5	19,[illegible]	16	252,200	9	10,641	1

Die Bedeutung und Rangordnung der einzelnen pfälzischen Stationen in den drei Hauptverkehrszweigen ist durch die nachstehenden Uebersichten des Personen-, Güter- und Kohlenverkehrs nach Ankunft und Abgang, beziehungsweise Empfang und Versandt ausgewiesen.

A. Uebersicht

der Personenfrequenz der Pfälzischen Stationen nach Abgang und Ankunft, sowie nach der Höhe des Frequenzergebnisses pro 1868.

Ord.-Nro.	Stationen.	Anzahl der Personen.		
		Abgegangen.	Angekommen.	Summa.
1	Ludwigshafen	204,431	260,520	464,951
2	Neustadt	161,733	158,268	320,001
3	Speyer	103,373	117,159	220,532
4	Frankenthal	104,967	73,595	178,562
5	Landau	80,673	82,092	162,765
6	Kaiserslautern	62,615	66,430	129,045
7	Zweibrücken	51,777	70,053	121,830
8	Homburg	57,032	48,922	105,954
9	Oggersheim	43,772	42,494	86,266
10	Edenkoben	42,526	38,533	81,059
11	Dürkheim	40,268	40,275	80,543
12	Landstuhl	35,344	33,156	68,500
13	Germersheim	33,629	29,505	63,134
14	Blieskastel-Lautzkirchen	29,805	32,495	62,300
15	St. Ingbert	33,783	26,869	60,652
16	Schifferstadt	36,174	21,643	57,817
17	Deidesheim	28,496	24,277	52,773
18	Lambrecht	25,104	24,902	50,006
19	Maikammer	20,214	20,259	40,473
20	Haßloch	23,224	16,881	40,105
21	Winden	20,170	17,876	38,046
22	Edesheim	19,649	17,293	36,942
23	Langenkandel	18,565	16,179	34,744
24	Niederwürzbach	17,117	16,668	33,785
25	Andringen	17,208	15,789	32,997
26	Weißenburg	15,503	16,795	32,298
27	Mußbach	15,375	15,140	30,515
28	Rohrbach	14,275	15,343	29,618
29	Bexbach	16,988	12,225	29,213
30	Mutterstadt	14,429	12,344	26,773
31	Maximiliansau	11,722	13,404	25,126
32	Bruchmühlbach	12,608	11,941	24,549
33	Wachenheim	12,276	11,632	23,908
34	Rheingönheim	12,529	11,359	23,888
35	Lingenfeld	12,411	10,641	23,052
36	Hochspeyer	11,819	10,876	22,695
37	Böhl	12,114	9,674	21,788
38	Schwarzenacker	10,908	9,243	20,151
39	Bobenheim	9,212	9,579	18,791
40	Frankenstein	9,319	7,704	17,023
41	Schaidt	8,583	7,352	15,935

Ord.-Nro.	Stationen.	Anzahl der Personen.		
		Abgegangen.	Angekommen.	Summa.
42	Weidenthal	7,429	7,592	15,021
43	Bierbach	7,020	7,206	14,226
44	Heiligenstein	6,441	7,102	13,543
45	Hauptstuhl	6,856	6,407	13,263
46	Kusel	7,149	6,089	13,238
47	Wörth	6,560	5,703	12,263
48	Hassel	6,440	4,640	11,080
49	Altenglan	4,256	5,470	9,726
50	Glan-Münchweiler	4,172	4,791	8,963
51	Einöd	4,555	4,225	8,780
52	Berghausen	2,872	3,313	6,185
53	Ramstein	2,220	2,490	4,710
54	Steinwenden	2,077	2,429	4,506
55	Theisbergstegen	1,803	2,035	3,838
56	Eisenbach-Matzenbach	1,989	1,768	3,757
57	Rehweiler	1,762	1,547	3,309
58	Niedermohr	1,602	1,364	2,966

B. Uebersicht

des Güterverkehrs der Pfälzischen Stationen nach Empfang und Versandt, sowie nach der Höhe des Transportergebnisses im Jahre 1868.

Ord.-Nro.	Stationen.	Transportirtes Gewicht.					
		Empfang.		Versandt.		Summa.	
		Ctr.	Pf.	Ctr.	Pf.	Ctr.	Pf.
1	Ludwigshafen*)	2,716,671	8	6,760,424	7	9,477,096	5
2	Neustadt	924,841	8	876,623	3	1,801,465	1
3	Kaiserslautern	645,754	—	872,296	9	1,518,050	9
4	Weißenburg**)	942,874	4	284,301	—	1,227,175	4
5	St. Ingbert	920,197	9	200,935	1	1,121,133	—
6	Zweibrücken	400,763	9	275,208	7	675,972	6
7	Landstuhl	297,405	2	358,744	2	656,149	4
8	Landau	216,771	1	398,001	2	614,772	3
9	Weidenthal	15,071	4	581,203	3	596,274	7
10	Maximiliansau***)	210,806	6	673,635	1	884,441	7
11	Frankenthal	236,164	4	200,164	—	436,328	4
12	Homburg	158,224	4	203,017	3	361,241	7
13	Speyer	227,197	2	158,412	7	385,609	9

*) Bei Ludwigshafen sind im Versandt: 2,761,334,[illegible] Ctr.
**) Bei Weißenburg sind im Versandt: 182,479,[illegible] Ctr.
***) Bei Maximiliansau sind im Versandt: 191,619,[illegible] Ctr. Transitgüter enthalten.

Ord.-Nro.	Stationen.	Transportirtes Gewicht. Empfang. Ctr.	K.	Versandt. Ctr.	K.	Summa. Ctr.	K.
14	Dürkheim	99,930	6	278,248	1	378,178	7
15	Frankenstein	36,509	6	293,555	—	330,064	6
16	Edenkoben	141,448	1	126,623	1	268,071	2
17	Bliescastel	87,212	9	93,853	9	181,066	8
18	Deidesheim	106,651	1	64,962	4	171,613	5
19	Germersheim	76,216	9	58,881	8	135,098	7
20	Lambrecht	83,362	—	50,139	8	133,501	8
21	Mutterstadt	97,376	4	22,974	—	120,350	4
22	Langenkandel	67,168	3	35,936	7	103,105	—
23	Bexbach	55,770	9	40,134	9	95,905	8
24	Hochspeyer	17,381	9	72,964	9	90,346	8
25	Rohrbach	43,513	2	45,864	5	89,377	7
26	Mußbach	49,745	6	34,186	4	83,932	—
27	Schifferstadt	24,816	6	56,173	—	80,989	6
28	Altenglan	25,334	9	51,281	2	76,616	1
29	Haßloch	28,469	7	45,711	7	74,181	4
30	Bruchmühlbach	29,562	—	42,838	4	72,400	4
31	Winden	41,659	6	27,007	9	68,667	5
32	Rammelsbach	—	—	68,418	4	68,418	4
33	Oggersheim	37,280	8	26,569	7	63,850	5
34	Rheingönheim	33,358	8	21,484	2	54,843	—
35	Kusel	29,738		10,076	6	39,814	6
36	Wachenheim	22,351	6	14,493	4	36,845	—
37	Schwarzenacker	29,289	8	5,519	9	34,809	7
38	Schaidt	20,990	5	13,014	3	34,004	8
39	Lingenfeld	17,360	8	10,592	7	27,953	5
40	Maikammer	7,831	9	15,019		22,850	9
41	Theisbergstegen	1,203	4	21,598	7	22,802	1
42	Würzbach	13,428	1	6,733	3	20,161	4
43	Knöringen	6,092	6	9,817	4	15,910	
44	Berghausen	3,186	9	12,088	1	15,275	—
45	Bobenheim	6,651	9	6,732	2	13,384	1
46	Glan-Münchweiler	7,989	3	4,412	2	12,401	5
47	Edesheim	4,497	7	4,935	1	9,432	8
48	Königsgarten	—	—	6,140	—	6,140	
49	Ramstein	5,170	1	904	1	6,074	2
50	Steinwenden	4,572	—	1,450		6,022	—
51	Böhl	3,075	7	1,946	4	5,022	1
52	Hassel	2,653	2	1,706	8	4,360	
53	Wörth	2,358	1	769	7	3,127	8
54	Hauptstuhl	1,638	8	1,092	2	2,731	—
55	Einöd	1,293	1	469	—	1,762	1
56	Eisenbach-Matzenbach	562	2	778	5	1,340	7
57	Heiligenstein	560	9	508	1	1,069	3
58	Bierbach	436	3	573	4	1,009	7
59	Niedermohr	675	3	268	8	943	1
60	Rehweiler	284	9	150	—	434	9

C. Uebersicht

des Kohlenverkehrs der Pfälzischen Stationen nach Empfang, sowie nach der Höhe des Transport-Ergebnisses im Jahre 1868.

Ord.-Nro.	Stationen.	Gewicht.	Ord.-Nro.	Stationen.	Gewicht.
		Centner.			Centner.
1	Maximiliansau*)	4,629,417		Uebertrag	15,338,485
2	Weißenburg**)	3,233,702	25	Deidesheim	35,800
3	Ludwigshafen***)	3,084,979	26	Altenglan	25,920
4	Kaiserslautern	812,815	27	Wachenheim	23,280
5	Zweibrücken	708,255	28	Berghausen	20,460
6	Speyer	642,495	29	Kusel	19,100
7	Frankenthal	327,820	30	Mußbach	17,960
8	Neustadt	252,750	31	Bobenheim	17,720
9	Dürkheim	206,670	32	Mutterstadt	17,660
10	Landau	206,345	33	Schaidt	15,140
11	Oggersheim	171,230	34	Schifferstadt	15,020
12	Landstuhl	148,550	35	Schwarzenacker	14,700
13	Edenkoben	132,930	36	Frankenstein	12,320
14	Lambrecht	128,780	37	Würzbach	8,162
15	St. Ingbert	83,565	38	Hochspeyer	5,220
16	Germersheim	82,150	39	Weidenthal	4,620
17	Rohrbach	73,850	40	Glan-Münchweiler	3,920
18	Bruchmühlbach	67,335	41	Ramstein	3,300
19	Lingenfeld	64,730	42	Langenkandel	2,200
20	Homburg	64,067	43	Niedermohr	2,280
21	Blieskastel-Lautzkirchen	62,270	44	Steinwenden	1,080
22	Haßloch	59,610	45	Hassel	500
23	Bexbach****)	55,120	46	Rheingönheim	200
24	Winden	41,270	47	Theisbergstegen	100
	Zu übertragen	15,338,485		Total	15,605,217

*) Bei Maximiliansau sind in Empfang 4,244,897 Centner Transitkohlen, welche per Eisenbahn-Schiffbrücke nach Baden etc. gingen.
**) Bei Weißenburg sind in Empfang 3,042,154 Centner Transitkohlen für Elsaß und Schweiz.
***) Bei Ludwigshafen sind in Empfang 1,580,971 Centner Transitkohlen, wovon:
1,017,231 Centner per feste Rheinbrücke nach Baden etc. und
563,740 Centner nach hessischen Stationen gingen.
****) Bei Bexbach 21,900 Centner für Frankreich.

Aus diesen Uebersichten erhellt, daß wir nunmehr

im Personenverkehr . . .	. 58 Stationen,
im Güterverkehr	. 60 „
im Kohlenverkehr für Empfang .	. 47 „

im Betriebe stehen haben.

Was das Rangverhältniß der verschiedenen Stationen anbelangt, so haben wir zunächst zu constatiren, daß die Stationen der St. Ingberter Bahn sich sehr in die Höhe gearbeitet haben, und daß insbesondere die im vorigen Geschäftsberichte ausgesprochene Erwartung, St. Ingbert werde sich den wichtigeren Stationen anreihen und Blieskastel an die Spitze der Mittelstationen stellen, — wie man sieht, in Erfüllung gegangen ist; St. Ingbert nimmt sogar im Güterverkehre mit 1,125,133 Centner Empfang und Versandt (ohne die Kohlen) die fünfte Stelle ein. Die Rangirung der Stationen der Landstuhl-Kuseler Bahn kann in diesem Jahre in keiner Weise als maßgebend betrachtet werden, da dieselben nur drei Monate im Betriebe standen und der Güter- und Kohlenverkehr in dieser kurzen Zeit nicht zur Entwickelung gelangen konnte; diese Stationen werden insgesammt und insbesondere Kusel und Altenglan im nächsten Jahre unter wesentlich höheren Ordnungsnummern erscheinen. Außerdem hat sich in dem Rangverhältniß der wichtigeren Stationen keine beachtenswerthe Aenderung gegen das Vorjahr ergeben.

Hinsichtlich der Zusammensetzung der beförderten Gütermengen nach Waarengattungen und Transportrichtungen, können wir füglich auf die in Beilage Nr. 27 A.–C. enthaltene ausführliche Waarenstatistik verweisen, welche in dieser Beziehung alle wünschenswerthen Aufschlüsse bietet. Zur Erzielung eines rascheren Ueberblickes, sowie zur Erleichterung des Vergleichs mit den Resultaten des Vorjahrs lassen wir jedoch auch pro 1868 eine specielle Darstellung folgen, welche die Fluctuationen der Güterbewegung, namentlich der Haupt-Transportgattungen, zur Anschauung bringen soll.

I. Interner Verkehr.

Das Gesammtgewicht der im internen Verkehre beförderten Gütermengen beziffert sich für das Jahr 1868 auf 4,331,963 Centner gegen 4,489,506 Centner im Vorjahre und ergibt sich demnach pro 1868 ein Ausfall von 157,543 Centnern. Da das Transportgewicht des directen Güterverkehrs 12,736,005 Centner und das Totalgewicht 17,067,968 Centner beträgt, so hat sich der Procentsatz von 30,[illegible], mit welchem der interne Verkehr im Jahre 1867 am Gesammtverkehre Theil nahm, demnach im Jahre 1868 auf 25,38 pCt. herabgemindert. Die näheren Einzelheiten hierüber wollen aus nachstehender Uebersicht entnommen werden:

	1868.	1867.	+	—
	Ctr.	Ctr.	Ctr.	Ctr.
a. Landesproducte	977,210.	898,721.	78,489.	—
b. Rohstoffe	2,066,832.	2,465,182.	—	398,350.
c. Halbfabrikate	585,319.	568,945.	16,374.	—
d. Fabrikate	702,602.	556,658.	145,944	—
	4,331,963.	4,489,506.	240,807.	398,350.

ad a. An obigem Mehr participiren zumeist: Zuckerrüben mit 26,400 Centner, Wein 16,500 Centner, Feldfrüchte 16,200 Centner, Getreide 7,400 Centner, Hopfen 2,250 Centner, Wolle 2,000 Centner u. s. w.

ad b. Das Weniger bezieht sich hauptsächlich auf Steine (Bau-, Mauer-, Quader-). Das Transportquantum derselben betrug nämlich 1867 . . . . . 1,309,098 Centner,
pro 1868 nur . . . . . 784,319 „
Demnach pro 1868 weniger . . . . . 524,779 Centner.

Die Ursache dieses ungünstigen Ergebnisses dürfte wohl in der geminderten Bauthätigkeit innerhalb unseres Absatzgebietes, namentlich in Bezug auf größere Bauwerke, erblickt werden. Das Gewicht der beförderten Steine (Porphyr, Granit und Thonit) hingegen beläuft sich
pro 1868 auf . . . . . 279,203 Centner,
pro 1867 auf . . . . . 59,368 „
pro 1868 mehr . . . . . 219,835 „
so daß sich aus dem Steinverkehr im Ganzen ein Mindergewicht ergibt von . . . . . 304,944 Centner.

Der Rest des sub b. nachgewiesenen Ausfalls von 398,350 Centner entfällt hauptsächlich auf: Steinkohlen mit 41,800 Centner, Sand 11,000 Centner, Erze 16,000 Centner, Werkholz 40,000 Centner, Kalksteine 7000 Centner rc. Eine Steigerung hingegen haben folgende Artikel erfahren: Salz 10,000 Centner, Erde 7000 Centner u. s. w.

ad c. An der nicht sehr erheblichen Frequenzmehrung von 16,374 Centner hat eine größere Anzahl Waarengattungen mit entsprechenden kleineren Quantitäten Theil genommen.

ad d. Von dem immerhin sehr bemerkenswerthen Plus der Fabrikate ad 145,944 Centner entfallen auf Holzwaaren 38,000 Centner, Düngerfabrikate 53,000 Centner, Draht und Drahtstifte 18,000 Centner, Cichorien und Kaffee-Surrogate 5,000 Centner, Cigarren 4,000 Centner, Manufacturwaaren 4,000 Centner, Eisen- und Stahlwaaren 3,000 Ctr., Maschinen 3,300 Centner, Baumwollwaaren 1,600 Ctr. u. s. f.

Uebrigens kommt in Betracht, daß der constatirte Ausfall von 4.75 pCt. im internen Verkehre zum größten Theile nur scheinbar ist, indem durch die Ausdehnung der directen Tarife eine beträchtliche Menge von Transporten in den directen Verkehr übergegangen, die im Vorjahre noch auf dem internen Verkehre gestanden sind. Die Abnahme des internen Verkehrs hat daher auf die Zunahme des directen „eigenen" Verkehrs, welche 20.67 pCt. beträgt, jedenfalls einigen Einfluß gehabt.

II. Directer Verkehr.

A. Eigener Verkehr.

1. Empfang von Stationen im Zollverein.

	1868.	1867.	+	—
	Ctr.	Ctr.	Ctr.	Ctr.
a. Landesproducte .	1,032,573.	1,116,968.	—	84,395.
b. Rohstoffe .	1,783,888.8	1,093,509.6	690,379.2	—
c. Halbfabrikate .	779,427.	640,361.	178,866.	—
d. Fabrikate .	662,745.	537,743.	125,002.	—
Summa 1 .	4,258,633.8	3,348,780.6	994,247.2	84,395.

2. Versandt nach Stationen im Zollverein.

a. Landesproducte	873,741.	796,363.	77,378.	—
b. Rohstoffe . . .	1,539,943.9	1,441,937.4	98,006.5	—
c. Halbfabrikate	802,878.	659,165.	143,713.	—
d. Fabrikate	700,525.	528,801.	171,724.	—
Summa 2 . . .	3,917,087.9	3,426,269.4	490,818.5	
Total des eigenen Verkehrs von u. nach Stationen des Zollvereins	8,175,721.7	6,775,050.0	1,485,066.7	84,395.

Im Vergleich mit den Ergebnissen des Vorjahrs hat unser eigener Verkehr mit Stationen innerhalb des Zollvereins demnach insgesammt eine Steigerung von 20.67 pCt. gegen das Jahr 1867 erfahren und zwar hat der Empfang eine solche von 27.17 pCt., der Versandt dagegen nur ein Mehrverhältniß von 14.31 pCt. aufzuweisen.

Die Frequenzmehrung bei dem Empfang erstreckt sich hauptsächlich auf folgende Waarengattungen mit den beigesetzten Quantitäten: Erze 793,000 Centner, Roheisen 120,000 Centner, Bleche 36,000 Centner, Baumwolle 31,000 Centner, Maschinen und Maschinentheile 30,000 Centner, Erden 25,000 Centner, Schienen 24,000 Centner, Salz 21,000 Centner, Eisen- und Stahlwaaren 14,000 Centner, Düngemittel 13,000 Centner, Baumwollwaaren 8,000 Centner, Farben 5000 Centner x. Das Weniger mit 84,395 Centner entfällt auf Steine und Rohtabak. Die Steigerung des Versandts hat bei nachverzeichneten Artikeln in dem beigefügten Gewichte stattgefunden: Schienen und Schienenbefestigungsmittel 80,000 Centner, Holz 80,000 Centner, Kalksteine 70,000 Centner, Salz 45,000 Centner, Kartoffeln 43,000 Centner, Ziegelwaaren 43,000 Centner, Mineralsäuren 28,000 Centner, fabricirtes Eisen 21,000 Centner, rohe Baumwolle 20,000 Centner, Porphyr 20,000 Centner, Draht und Drahtstifte 18,000 Centner, Schwefel 18,000 Centner, Holzwaaren 12,000 Centner, Erden 10,000 Centner, Manufacturwaaren 8000 Centner u. s. w.

3. Empfang von Stationen des Auslandes.

	1868. Ctr.	1867. Ctr.	+ Ctr.	— Ctr.
a. Landesproducte	21,601.	94,651.	—	73,050.
b. Rohstoffe	400,663,9	270,925,4	129,738,5	—
c. Halbfabrikate	94,338.	42,066.	52,272.	—
d. Fabrikate	29,968.	42,807.	—	12,839.
Summa 3	545,970,5	449,649,4	182,010,1	85,889.

4. Versandt nach Stationen des Auslandes.

	1868. Ctr.	1867. Ctr.	+ Ctr.	— Ctr.
a. Landesproducte	309,897.	346,193.	—	36,296.
b. Rohstoffe	472,390,4	284,511,8	187,878,6	—
c. Halbfabrikate	197,878.	138,350.	59,528.	—
d. Fabrikate	148,215.	113,969.	34,246.	—
Summa 4	1,128,380,1	883,023,4	281,652,5	36,296.
Total des Auslandsverkehrs	1,674,350,6	1,332,673.	463,662,6	121,985.

Im Vergleich mit den bezüglichen Ergebnissen des Vorjahres hat demnach der Empfang vom Auslande eine Steigerung von 21,44 pCt., der Versandt nach dem Auslande eine solche von 27,74 pCt. und der gesammte directe Verkehr mit Stationen des Zollvereinsauslandes eine Mehrung von 25,64 pCt. erfahren.

Das Mehr im Empfang entfällt hauptsächlich auf: rohe Baumwolle 74,000 Centner, Salz 48,000 Centner und Erze mit 27,000 Centner.

Das Weniger auf: Getreide mit 43,000 Centner, Wein 7,000 Centner, Oel 7,000 Centner, Mehl 8,000 Centner u. s. w.

Von dem Mehr des Versandes ad 281,652,5 Centner heben sich namentlich: rohe Baumwolle 93,000 Centner, Steinkohlen 78,000 Centner, Roheisen 31,000 Centner, fabricirtes Eisen 16,000 Centner, Bier 13,000 Centner, Mehl 11,000 Centner ꝛc.; das Weniger entfällt auf Getreide.

III. Transitverkehr.

	1868. Ctr.	1867. Ctr.	+ Ctr.	— Ctr.
a. Landesproducte	449,975.	487,567.	—	37,592.
b. Rohstoffe	848,274,7	466,163,3	382,110,4	—
c. Halbfabrikate	657,864.	611,822.	46,042.	—
d. Fabrikate	929,820.	716,527.	213,293.	—
Summa	2,885,933,8	2,282,079,3	641,445,4	37,592.
Hiervon treffen auf den Transit von:				
1) Zollvereins- nach französischen Stationen	81,619.	172,360.	—	90,741.
2) Französischen Stationen nach Zollvereinsstationen	63,811.	112,689.	—	48,875.
3) Holländischen Stationen nach Zollvereinsstationen	74,638.	166,611,1	—	91,973,1
4) Zollvereinsstationen nach holländischen Stationen	12,730,5	37,827.	—	25,096,4
Zu übertragen	232,801,5	489,487,7	—	256,686,2

	1868. Ctr.	1867. Ctr.	+ Ctr.	— Ctr.
Uebertrag	232,801.6	489,487.7	—	256,686.1
5) Holländischen Stationen nach französischen Stationen	97,403.1	58,239.0	39,164.1	—
6) Französischen Stationen nach holländischen Stationen	8,275.	5,843.	2,432.	—
7) Zollvereinsbinnentransit	2,547,453.	1,728,509.6	818,944.1	—
Summa gleich oben	2,885,933.2	2,282,079.3	860,539.4	256,686.1

ad 1. Der Ausfall bezieht sich lediglich auf Getreide.

ad 2. Das Minus von 48,875 Centner betrifft die Artikel: Krapp, Erze, Getreide, Harz, Lumpen und Mehl.

ad 3. Wenigertransport entfällt auf Kaffee, Baumwolle und Tabak.

ad 4. Desgleichen auf Baumwollwaaren, Butter und Käse.

ad 5. Die Frequenzsteigerung vertheilt sich auf die Artikel: Kaffee, **Oele, Zucker, Terpentin und Tabak.**

ad 6. Das Plus erscheint bei Baumwollwaaren.

ad 7. An dem sehr erheblichen Mehrgewicht des Zollvereinsbinnentransits haben sich hauptsächlich betheiligt: Steinkohlen 290,000 Centner, Getreide 100,000 Centner, Schienen und Schienenbefestigungsmittel 152,000 Centner, Erze 72,000 Centner, Holz- und Sägewaaren 56,000 Centner, Düngemittel 40,000 Centner, Eisen- und Stahlwaaren 34,000 Centner, Steine 30,000 Centner ꝛc.

Recapitulation.

	1868. Ctr.	1867. Ctr.	+ Ctr.	— Ctr.
I. Interner Verkehr	4,331,962.8	4,489,506.	240,806.8	398,350.
II. Directer mit Zollverein	8,175,721.6	6,775,050.2	1,485,066.1	84,395.
„ Ausland	1,674,150.6	1,332,673.	461,662.6	121,985.
Summa des eigenen Verkehrs	14,182,034.9	12,597,229.8	2,189,535.7	604,730.
Hierzu				
III. Transitverkehr	2,885,933.9	2,282,079.3	860,539.4	256,686.1
Total	17,067,968.1	14,879,309.	3,050,075.3	861,416.1
	14,879,309.		861,416.1	
Mehr	2,188,659.1		2,188,659.1	

Nach den vier Hauptkategorien der Waarenclassification genommen, bestand die gesammte Gütertransportmasse aus:

	1868. Ctr.	1867. Ctr.	+ Ctr.	— Ctr.
a. Landesproducten	3,664,997.	3,740,463.	—	75,466.
b. Rohstoffen	7,111,992.1	6,022,228.7	1,089,763.4	—
c. Halbfabrikaten	3,117,704.	2,620,909.	496,795.	—
d. Fabrikaten	3,173,275.	2,495,708.	677,567.	—
Summa	17,067,968.1	14,879,308.2	2,264,125.1	75,466.

Im Vergleich mit den Resultaten des Gesammtgüterverkehrs pro 1867 haben demnach:

a. Landesproducte	eine Minderung	erfahren von	.	2,02 pCt.
b. Rohstoffe	„ Mehrung	„ „	.	18,09 „
c. Halbfabrikate	„ „	„ „	.	18,95 „
d. Fabrikate	„ „	„ „	.	27,16 „
Der gesammte Güterverkehr	„ „	„ „		14,71 „

Schließlich sei noch erwähnt, daß folgende Waarengattungen bezüglich des transportirten Gewichts sich als die hauptsächlichsten Bestandtheile darstellen, aus welchen der Güterverkehr im Jahre 1868 zusammengesetzt war.

1. Getreide und Hülsenfrüchte	2,213,383	Centner,
2. Steinkohlen und Briquets	969,649	"
3. Steine (Hau-, Mauer-, Quader-)	963,312	"
4. Erze	954,866	"
5. Holz (Bau- und Nutz-)	886,918	"
6. Eisen (fabricirtes)	837,398	"
7. Holz (Sägewaaren)	719,016	"
8. Schienen und Schienenbefestigungsmittel	601,079	"
9. Erden	555,824	"
10. Eisen, rohes	503,942	"
11. Steine (Porphyr, Granit rc.)	461,957	"
12. Mehl und Mühlenfabrikate	416,334	"
13. Wein	414,489	"
14. Kalk und Kalksteine	334,883	"
15. Eisen- und Stahlwaaren	329,936	"
16. Bleche	230,090	"
Im Ganzen	11,893,656	Centner
oder	66,75	pCt.

des gesammten beförderten Gütergewichts.

Der Rest von 5,874,312 Centner oder . . . 33,25 pCt.
entfällt auf 73 Waarengattungen mit einer durchschnittlichen Betheiligung an der Gesammtfrequenz von . . . 0,46 pCt.

Die Einzelergebnisse der letztgenannten diversen Waarengattungen sind gleichfalls, nach Empfang und Versandt der Stationen getrennt, in der Beilage Nr. 27 C. des Geschäftsberichts übersichtlich dargestellt und müssen wir dieserhalb, sowie wegen jeden weiteren Details, auf das in dieser Beilage reichlich gebotene Material der Waarenstatistik hinweisen.

Die Eisenbahnbrücke zwischen Ludwigshafen und Mannheim

hat pro 1868 das nachstehende Transport-Ergebniß geliefert:

I. Mit den Personenzügen sind über die Eisenbahnbrücke befördert worden:
125,306 Personen,
1,070,150 Pfund Reisegepäck,
584 Wagen Vieh.

II. Mit den Güterzügen sind im Ganzen über den Rhein befördert worden 79,482 Eisenbahn-Güterwagen mit einer Befrachtung an

Eilgut von	69,342,[illegible]	Centner,
Gut I. und II. Classe	822,210,[illegible]	"
Wagenladungsgut	3,449,450,[illegible]	"
Summa der Güter	4,341,003,[illegible]	Centner,
Summa der Kohlen	1,569,453	"
Total der Güter und Kohlen	5,910,456,[illegible]	Centner,

was die durchschnittliche Befrachtung eines Wagens mit 74,3 Centner ergibt.

Die gesammte Beförderungsmenge des Brückenbetriebes ad 5,910,456,[illegible] Centner vertheilt sich auf die verschiedenen Verkehre in nachstehenden Quantitäten:

Verkehr:	Güter:	Kohlen:
1. Badischer	2,121,578.[illegible] Centner,	824,290 Centner,
2. Rheinischer	857,244.[illegible] „	306,734 „
3. Süddeutscher	994,463.[illegible] „	271,050 „
4. Main-Neckar-Bahn	81,492.[illegible] „	88,455 „
5. Holländischer	81,368.[illegible] „	— „
6. Westdeutscher	9,810.[illegible] „	— „
7. Mitteldeutscher	14,239.[illegible] „	— „
8. Bayerischer	77,806.[illegible] „	278,924 „
Summa	4,341,003.[illegible] Centner,	1,569,453 Centner.
Summa der Kohlen	1,569,453.[illegible] „	
Total der Güter und Kohlen wie oben	5,910,456.[illegible] Centner.	

III. Für den Straßenverkehr sind während der Zeit, als die Straßenbrücke dem Verkehre eröffnet war, d. i. vom 1. Januar bis 1. März, sodann vom 20. August bis 31. December 1868

an gewöhnlichen Uebergangskarten	293,758 Stück,
„ Abonnementskarten	1,349 „

verausgabt worden.

Die Eisenbahn-Schiffbrücke in Maximiliansau

hat pro 1868 das nachstehende Transport-Ergebniß geliefert.

I. Mit den Personenzügen sind befördert worden:

48,779 Reisende,
300,000 Pfund Reisegepäck,
204 Wagen Vieh,
78 Eisenbahn-Fahrzeuge.

II. Mit den Güterzügen wurden gefahren:

Eilgut	12,572.[illegible] Centner,
Gut I. und II. Classe	148,594.[illegible] „
Wagenladungsgut	564,633.[illegible] „
Summa der Güter	725,800.[illegible] Centner,
Summa der Kohlen	4,404,432.[illegible] „
Total der Güter und Kohlen	5,130,232.[illegible] Centner.

Dieses Gesammtquantum ist in 57,061 Güterwagen über die Brücke befördert worden, was die durchschnittliche Befrachtung eines Wagens mit 89.[illegible] Centner ergibt.

Der Güter- und Kohlen-Transport über die Brücke in Maximiliansau vertheilt sich:

Verkehr:	Güter:	Kohlen:
1. Badischer	587,041.[illegible] Centner,	1,977,050 Centner,
2. Süddeutscher	138,758.[illegible] „	2,427,382 „
Summa	725,800.[illegible] Centner,	4,404,432 Centner.
Summa der Kohlen	4,404,432 „	
Total der Güter und Kohlen	5,130,232.[illegible] Centner wie oben.	

III. Für den Straßenverkehr sind 149,080 Uebergangskarten ausgegeben worden.

An Gütern und Kohlen sind im Ganzen über den Rhein befördert:

1) über die Eisenbahnbrücke Mannheim-Ludwigshafen	5,910,456	Centner,
2) über die Eisenbahnschiffbrücke Maximiliansau	5,130,232	„
Total der über den Rhein beförderten Güter und Kohlen	11,040,688	Centner.
Im Vorjahre	9,423,531	„
Mehr in 1868	1,617,157	Centner

oder 17,16 pCt.

Die Zunahme des Brückenverkehrs hatte schon im vorigen Jahre 27 pCt. betragen und liefert die abermalige Steigerung pro 1868 den Beweis, daß unsere Verkehrsbeziehungen mit Mittel- und Norddeutschland, so wie nicht minder mit Süddeutschland, in einem sehr lebhaften Aufschwunge begriffen sind.

Die chronologischen Uebersichten der Längen, Anlagekosten, Transportmittel und Betriebsergebnisse der Ludwigsbahn und der Maximiliansbahn sind dem gegenwärtigen Berichte als Beilagen Ziffer 81 und 82 beigefügt.

2. Einnahme und Verkehr.

A. Ludwigsbahn.

Die Brutto-Einnahme betrug an:

I. Frachten und Fahrtaxen:		
a. Personen, Gepäck ꝛc.	fl. 737,172. 5 kr.	
b. Güter, Equipagen ꝛc.	„ 1,155,172. 8 „	
c. Kohlen	„ 1,132,098. 35 „	
Zusammen		fl. 3,024,442. 48 kr.
II. Andere Quellen		„ 214,288. 7 „
Gesammteinnahme		fl. 3,238,730. 55 kr.

B. Maximiliansbahn.

Die Brutto-Einnahme betrug an:

I. Frachten und Fahrtaxen:		
a. Personen, Gepäck ꝛc.	fl. 178,388. 1 kr.	
b. Güter ꝛc.	„ 274,009. 15 „	
c. Kohlen	„ 330,968. 10 „	
Zusammen		fl. 783,365. 26 kr.
II. Andere Quellen		„ 33,286. 22 „
Gesammteinnahme		fl. 816,651. 48 kr.

C. Neustadt-Dürkheimer Bahn.

Die Brutto-Einnahme betrug an:

I. Frachten und Fahrtaxen:		
a. Personen, Gepäck ꝛc.	fl. 45,087. 51 kr.	
b. Güter ꝛc.	„ 19,809. 46 „	
c. Kohlen	„ 6,592. 23 „	
Zusammen		fl. 71,490. — kr.
II. Andere Quellen		„ 5,217. 34 „
Gesammteinnahme		fl. 76,707. 34 kr.

D. Landstuhl-Kuseler Bahn.

(vom 22. September bis 31. December 1868.)

Die Brutto-Einnahme betrug an:

I. Frachten und Fahrtaxen:

a. Personen, Gepäck etc.	fl. 9,646. 45 kr.		
b. Güter etc.	„ 10,841. 1 „		
c. Kohlen	„ 2,087. 19 „		
Zusammen		fl. 22,575.	5 kr.
II. Andere Quellen		„ 31,828.	42 „
Gesammteinnahme		fl. 54,403.	47 kr.

Nachdem die Hauptergebnisse in Einnahme und Verkehr bereits im allgemeinen Theile dieses Berichtes mit den bezüglichen Ergebnissen des Vorjahres verglichen und das Mehr oder Minder der verschiedenen Positionen in eingehender Weise erläutert, auch die Uebersicht des Procentverhältnisses, mit welchem die vier Hauptquellen der Einnahmen an dem Gesammterträgnisse Theil nehmen, in der Einleitung bereits gegeben worden ist, so können wir nunmehr zur näheren Analysirung der einzelnen Verkehrszweige übergehen.

a. Personenverkehr.

	Ludwigsbahn.	Maximiliansbahn.	Neustadt-Dürkheimer Bahn.	Landstuhl-Kuseler Bahn. (3 Monate.)
Es sind pro 1868 befördert	1,851,274.	515,018.	202,928.	45,303 Personen.
Diese haben ertragen	fl. 668,849. 1 kr.	fl. 162,051. 55 kr.	fl. 41,737. 26 kr.	fl. 8,665. 26 kr.
Auf einen Tag kommen	5,072	1,411	555	448 Personen.
Ein Tag hat ertragen	fl. 1,832. 28 kr.	fl. 443. 56 kr.	fl. 114. 21 kr.	fl. 85. 47 kr.
Eine Person hat ertragen	21,[illegible] kr.	18,[illegible] kr.	12,[illegible] kr.	11,[illegible] kr.
Auf jede Person kommen Meilen	2,[illegible]	2,[illegible]	1,[illegible]	1,[illegible]
Anzahl der Personenmeilen	4,802,758	1,254,253	331,077	—

Das Verhältniß, in welchem Frequenz und Erträgniß des Personenverkehrs auf die drei Wagenclassen und innerhalb derselben auf einfache und Retourbillete, sowie auf Schnellzüge und gewöhnliche Personenzüge entfallen, ist aus der Zusammenstellung der Betriebsergebnisse, Beilage A Nr. 5 zu ersehen.

b. Güterverkehr.

	Ludwigsbahn.	Maximiliansbahn.	Neustadt-Dürkheimer Bahn.	Landstuhl-Kuseler Bahn. (3 Monate.)
Es sind pro 1868 befördert	15,763,500,[illegible]	4,416,144,[illegible]	868,688,[illegible]	232,209,[illegible] Centner.
Diese haben ertragen	fl. 1,155,172. 3 kr.	fl. 274,009. 15 kr.	fl. 19,809. 46 kr.	fl. 10,841. 1 kr.
Jeder Centner hat ertragen	4,[illegible] kr.	3,[illegible] kr.	1,[illegible] kr.	2,[illegible] kr.
Jeder Centner hat Meilen durchfahren	6,[illegible]	5,[illegible]	1,[illegible]	2,[illegible]
Anzahl der Güter-Centner-Meilen	102,387,381	24,637,834	896,140	—

Das Verhältniß, in welchem sich der Güterverkehr auf Eilgut I. und II. Classe, sowie auf Wagenladungsgüter vertheilt, wolle aus der Zusammenstellung der Betriebsergebnisse Beilage A Nr. 5 entnommen werden.

Der Antheil, welchen der interne, directe oder Transit-Verkehr, sodann die verschiedenen Waarengattungen an der Bewegung der vorstehenden Gütermassen genommen haben, findet sich in der Unterabtheilung 1 der gegenwärtigen Hauptabtheilung IV. genauestens nachgewiesen.

Nur hinsichtlich des Steinbruchbetriebes erlauben wir uns an dieser Stelle noch eine Uebersicht der Ergebnisse einzuschalten:

1. Steinbruchbetrieb der Ludwigsbahn.

Nach den verschiedenen Stationen sind befördert pro 1868:

a. Bausteine	1,179.[illegible]	Kubikmeter,
b. Wölbsteine	67.[illegible]	„
c. Platten	164.[illegible]	„
d. Richtsteine	838.[illegible]	„
e. große Mauersteine	825.[illegible]	„
f. gewöhnliche Mauersteine	16,064.[illegible]	„
g. Schroten	3,834.[illegible]	„
Zusammen	22,974.[illegible]	Kubikmeter.
Im Jahr 1867 sind befördert worden	37,520.[illegible]	„
Weniger pro 1868	14,545.[illegible]	Kubikmeter.

Der Steinbruchbetrieb lieferte eine Bruttoeinnahme von	fl.	70,156.	51	kr.
Die Bruchkosten belaufen sich auf	„	60,636.	41	„
Ueberschuß	fl.	9,520.	10	kr.
Hierzu die Steinfrachten mit	„	17,865.	1	„
Gesammtertrag	fl.	27,385.	11	kr.,

welcher auf Cap. 1 § 9 der Betriebsrechnung der Ludwigsbahn in Einnahme erscheint.

Der abermalige Rückgang des Steinbruchbetriebes der Ludwigsbahn findet seine Erklärung in der Thatsache, daß, — wohl wegen der Zeitverhältnisse, — im Allgemeinen weniger gebaut worden ist, dann aber auch in dem Umstande, daß unser eigener Bedarf an Bausteinen im Jahre 1868 wesentlich geringer gewesen ist.

Daß aber der Ausfall von 14,515 Kubikmeter oder von 581,800 Centner Steine sich in dem Gesammtergebnisse des Gütertransportes nicht nur nicht fühlbar gemacht hat, sondern trotzdem noch eine Zunahme von 1,793,159 Centner oder von 12,[illegible] pCt. gegen das Vorjahr constatirt werden konnte, ist ein sprechender Beweis von der lebenskräftigen Entwicklung unseres Güterverkehrs.

2. Steinbruchbetrieb der Landstuhl-Kuseler Bahn.

Aus dem in Regie betriebenen Melaphir-Bruche bei Rammelsbach sind geliefert und in den drei Monaten October bis December 1868 nach verschiedenen Stationen befördert worden:

a. Pflastersteine	287.[illegible]	Kubikmeter.
b. Straßendeckmaterial	2,264.[illegible]	„
Zusammen	2,551.[illegible]	„

Die Bruttoeinnahme betrug	fl.	8,713.	46	kr.
Hierzu der Werth der auf den Depots vorräthigen Steine	„	6,440.	—	„
Gesammtbetrag	fl.	15,153.	46	kr.
Die Bruchkosten belaufen sich auf	„	11,823.	57	„
Ueberschuß	fl.	3,329.	49	kr.
Hierzu die Steinfrachten der Landstuhl-Kuseler Bahn mit	„	1,385.	16	„
Gesammtertrag	fl.	4,715.	5	kr.,

welcher auf Cap. 1 § 9 der Landstuhl-Kuseler Betriebsrechnung in Einnahme erscheint.

Die Vortrefflichkeit dieses Steinmaterials zu Straßenpflaster und Chausseebauten, dessen Bezug durch billige Frachtsätze überallhin so sehr erleichtert wurde, berechtigt zu der Erwartung, daß dieser Steinbruchbetrieb nach wenigen Jahren eine große Ausdehnung und Wichtigkeit erlangen werde.

Wir haben nicht unterlassen, die bezüglichen Tarife nach allen Richtungen hin zu verbreiten und die Wege des Absatzes in der Pfalz und weiterhin aufzusuchen.

c. Kohlenverkehr.

	Ludwigsbahn.	Maximiliansbahn.	Neustadt-Dürkheimer Bahn.	Landstuhl-Kuseler Bahn. (5 Monate)
Es sind pro 1868 befördert .	15,935,262	8,481,849	283,770	55,540 Centner.
Diese haben ertragen . .	fl. 1,132,098. 36 kr.	fl. 530,968. 10 kr.	fl. 6,592. 29 kr.	fl. 2,067. 19 kr.
Jeder Centner hat ertragen .	4,[illegible] kr.	2,[illegible] kr.	1,[illegible] kr.	2,[illegible] kr.
Jeder Centner hat Meilen durchfahren	9,[illegible]	5,[illegible]	1,[illegible]	—
Anzahl der Kohlen-Centner-Meilen	144,373,473	44,103,638	527,812	—

Das Verhältniß, in welchem die oben angeführten Kohlenquantitäten auf den internen oder directen Verkehr entfallen, zeigt die der Unterabtheilung 1 beigefügte Uebersicht des Kohlenverkehrs Lit. C.

d. Gepäcktransport.

	Ludwigsbahn.	Maximiliansbahn.	Neustadt-Dürkheimer Bahn.	Landstuhl-Kuseler Bahn (5 Monate.)
Es sind pro 1868 befördert	5,929,970	1,507,830	644,270	67,070 Pfund.
Diese haben ertragen	fl. 27,668. 11 kr.	fl. 7,509. 2 kr.	fl. 1,701. 30 kr.	fl. 171. 16 kr.
Jeder Centner hat ertragen	28,[illegible] kr.	24,[illegible] kr.	15,[illegible] kr.	15,[illegible] kr.
Jeder Centner hat Meilen durchfahren .	5,[illegible]	4,[illegible]	1,[illegible]	1,[illegible] Meilen.
Anzahl der Gepäck-Centner-Meilen .	332,671	90,029	10,179	—

Der Gepäcktransport hat im Ganzen mit der Zunahme des Personenverkehrs, besonders bei der Ludwigsbahn, gleichen Schritt gehalten.

Ueber den Equipagentransport geben wir auch in diesem Jahre wegen seiner immer mehr zunehmenden Unbedeutendheit keine besondere Auseinandersetzung und verweisen deßfalls auf die Zusammenstellung der Hauptergebnisse, Beilage A Nr. 5.

e. Viehtransport.

Es sind pro 1868 befördert:	Ludwigsbahn.	Maximiliansbahn.	Neustadt-Dürkheimer Bahn.	Landstuhl-Kuseler Bahn (5 Monate).
a. Pferde	2,289	350	134	8
b. Ochsen und Stiere . . .	8,631	677	78	140
c. Kühe und Rinder . . .	17,183	8,235	2,226	1,274
d. Schweine (fette) . . .	4,602	643	166	519
e. Schweine (kleine), Kälber . .	155,585	18,265	7,542	539
f. Hunde	6,084	1,270	562	175
Zusammen . . .	189,471	29,440	10,708	2,655 Stück.
Diese haben ertragen	fl. 31,129. 53 kr.	fl. 4,235. 13 kr.	fl. 1,018. 7 kr.	fl. 509. 57 kr.
Jedes Stück hat ertragen . . .	10,[illegible] kr.	10,[illegible] kr.	5,[illegible] kr.	11,[illegible] kr.

Der Viehtransport, welcher insbesondere bei der Ludwigsbahn einen ganz erheblichen Aufschwung genommen hat, wird ohne Zweifel durch die Landstuhl-Kuseler Bahn, deren Gebiet durch eine vortreffliche Viehzucht weithin berühmt ist, starke Alimentirung zu erwarten haben.

3. Ausgaben.

A. Ludwigsbahn.

Die Betriebs-Ausgaben pro 1868 stellen sich, wie folgt:

		1868.	1867.	Differenz.
Cap. I.	Allgemeine Verwaltung	fl. 66,942. 44 kr.	fl. 62,792. 54 kr.	+ fl. 4,149. 50 kr.
Cap. II.	Bahnverwaltung . . .	„ 516,244. 12 „	„ 426,850. 39 „	+ „ 89,393. 33 „
Cap. III.	Transportverwaltung . .	„ 822,715. 30 „	„ 767,261. 58 „	+ „ 55,453. 32 „
	Summa aller Betriebs-Ausgaben .	fl. 1,405,902. 26 kr.	fl. 1,256,905. 31 kr.	+ fl. 148,996. 55 kr.
	Summa aller Ausgaben pro 1867	fl. 1,256,905. 31 kr.		
	Mehrausgabe pro 1868	fl. 148,996. 55 kr. wie oben.		

Diese Mehrausgabe gegen das Vorjahr beträgt 11,85 pCt. und steht einer Mehreinnahme gegen 1867 von 12,[illegible] pCt. gegenüber. Schon diese Mehreinnahme, sodann die 0,[illegible] Meilen größere Betriebslänge der Ludwigsbahn, wodurch eine Steigerung des Fahrdienstes um 23,336 Nutzmeilen oder um 10,[illegible] pCt. gegen das Vorjahr veranlaßt worden ist, rechtfertigt die constatirte Mehrausgabe vollkommen.

Sie entfällt größtentheils auf Erneuerungskosten des Oberbaues, insbesondere der Schienen, sodann des Fahrmaterials, auf größere Ausgaben für das Personal der Transportverwaltung, namentlich für Fahrdiäten und Meilengelder, endlich für Werkstättelöhne, Brennmaterial, Metall- und Holzwaaren.

Trotzdem hat sich die Betriebs-Ausgabe im Verhältniß zur Brutto-Einnahme günstiger gestaltet; sie beträgt nämlich:

pro 1868 nur	42,[illegible] pCt. von der Brutto-Einnahme,
pro 1867 dagegen . . .	43,[illegible] „ „ „ „ „
weniger pro 1868 .	00,[illegible] pCt.

Ebenso muß es als ein günstiges Ergebniß bezeichnet werden, daß sich der durchschnittliche Ausgabesatz pro Nutzmeile auf fl. 5. 40 kr. stellt und — ungeachtet der bedeutenden Mehrausgaben — nur um 4 kr. höher berechnet, als im Vorjahre.

B. Maximiliansbahn.

Die Betriebs-Ausgaben pro 1868 stellen sich, wie folgt:

		1868.	1867.	Differenz.
Cap. I.	Allgemeine Verwaltung .	fl. 25,586. 25 kr.	fl. 27,141. 15 kr.	— fl. 1,554. 50 kr.
Cap. II.	Bahnverwaltung . . .	„ 94,009. 18 „	„ 93,029. 3 „	+ „ 980. 15 „
Cap. III.	Transportverwaltung . .	„ 271,701. 17 „	„ 287,966. 23 „	— „ 16,265. 6 „
	Summa aller Betriebs-Ausgaben .	fl. 391,297. — kr.	fl. 408,136. 41 kr.	— fl. 16,839. 41 kr.
	Summa aller Ausgaben pro 1867 .	fl. 408,136. 41 kr.		
	Minder-Ausgabe pro 1868 .	fl. 16,839. 41 kr. wie oben.		

Diese Minder-Ausgabe gegen das Vorjahr beträgt 4,13 pCt. und ist um so erfreulicher, als ihr eine Mehreinnahme von 3,[illegible] pCt. gegenübersteht; sie hat ihren Grund in den weit geringeren Kosten für Meilengelder fremder Wagen,

welche im Vorjahre eine Ausgabe von	fl. 24,000. — kr.
veranlaßt haben, während pro 1868 nur eine Ausgabe hierfür von	„ 2,069. — „
erscheint, somit eine Minderausgabe von	fl. 21,931. — kr.

sich ergeben hat; diese Minderausgabe für Meilengelder ist indeß durch andere Mehrausgaben auf die obige Gesammtminderausgabe von fl. 16,839. 41 kr. reducirt worden.

Die Steigerung des Fahrdienstes um 3199,[illegible] Nutzmeilen gegen das Vorjahr hat sich in den Ausgaben nicht fühlbar gemacht, und konnte es daher nicht fehlen, daß auch das Verhältniß der Betriebskosten zu der Brutto-Einnahme sich wesentlich günstiger gestaltet hat.

Die Ausgaben betragen nämlich:

pro 1868	47.[illegible] pCt. an der Brutto-Einnahme,	
pro 1867 dagegen . . .	51.[illegible] „ „ „ „ „	
somit weniger pro 1868	3.[illegible] pCt.	

Aber auch der Ausgabesatz pro Nutzmeile berechnet sich pro 1868 nur auf fl. 5. 20 kr., somit um 20 kr. niedriger als im Vorjahre, — ein extrem günstiges Durchschnittsergebniß der Ausgaben, wie es wohl wenige Bahnen aufzuweisen haben werden.

C. Neustadt-Dürkheimer Bahn.

Die Betriebs-Ausgaben pro 1868 stellen sich, wie folgt:

		1868.	1867.	Differenz.
Cap. I.	Allgemeine Verwaltung	fl. 14,927. 3 kr.	fl. 13,909. 24 kr.	+ fl. 1,017. 39 kr.
Cap. II.	Bahnverwaltung	„ 27,405. 13 „	„ 25,786. 24 „	+ „ 1,618. 49 „
Cap. III.	Transportverwaltung	„ 28,495. 18 „	„ 27,315. 17 „	+ „ 1,180. 1 „
	Summa aller Betriebs-Ausgaben . .	fl. 70,827. 34 kr.	fl. 67,011. 5 kr.	+ fl. 3,816. 29 kr.

Die Mehrausgaben bestehen theils in etwas stärkeren Passiv-Zinsen, theils größeren Unterhaltungskosten der Bahn und einem Mehraufwand für den Fahrdienst, der sich um 451.[illegible] Nutzmeilen gesteigert hat.

Die Ausgabe pro Nutzmeile stellt sich auf fl. 6. 31 kr. wie im Vorjahre.

D. Landstuhl-Kuseler Bahn.

Die Betriebs-Ausgaben für die Zeit vom 22. September bis 31. December 1868 stellen sich, wie folgt:

Cap. I.	Allgemeine Verwaltung	fl. 4,790. 20 kr.
Cap. II.	Bahnverwaltung	„ 5,803. 23 „
Cap. III.	Transportverwaltung	„ 9,492. 12 „
	Summa aller Betriebs-Ausgaben	fl. 20,085. 55 kr.

Die Ausgabe pro Nutzmeile stellt sich auf fl. 6. 24 kr.

4. Finanz-Ergebniß.

A. Ludwigsbahn.

Die Betriebsrechnung pro 1868 weist folgenden Hauptabschluß nach:

Einnahme	fl. 3,238,730. 50 kr.
Ausgabe	„ 1,405,902. 26 „
Reinertrag	fl. 1,832,828. 24 kr.

Zur Erzielung dieses Ergebnisses sind auf der Ludwigsbahn mit Personen-, Güter- und Kohlenzügen im Ganzen

247,837.[illegible] Nutzmeilen

zurückgelegt und stellt sich sonach das Durchschnittsergebniß

auf eine Nutzmeile:

	1868.	1867.	Differenz.
Einnahme	fl. 13. 4 kr.	fl. 12. 49 kr.	+ fl. —. 15 kr.
Ausgabe	„ 5. 40 „	„ 5. 36 „	+ „ —. 4 „
Reinertrag	fl. 7. 24 kr.	fl. 7. 13 kr.	+ fl. —. 11 kr.

Wie unscheinbar diese Mehrbeträge pro Nutzmeile sich auch ausnehmen, so stellen sie gleichwohl in den bezüglichen Hauptergebnissen beträchtliche Summen dar; es beträgt nämlich pro 1868

die Mehr-Einnahme . . .	fl. 361,399. 87 kr.
die Mehr-Ausgabe	„ 146,996. 55 „
der Mehr-Reinertrag	fl. 214,402. 42 kr.

Die Vergleichung der Reinerträge der beiden Jahre 1868 und 1867 gibt, wie man sieht, ein übereinstimmendes Resultat:

Reinertrag pro 1868 . . .	fl. 1,832,828. 24 kr.
„ „ 1867 . . .	„ 1,618,426. 42 „
Mehr pro 1868 wie oben . .	fl. 214,402. 42 kr.

Von dem Reinertrage pro 1868 zu		fl. 1,832,828. 24 kr.
sind nach Cap. V § 1 und 2 und Cap. VI der Jahresrechnung verwendet für:		
I. Zinsen:		
a) des Actien-Capitals à 4 pCt.	fl. 465,100. — kr.	
b) des Prioritäts-Capitals à 4½ pCt. . . .	„ 35,275. 30 „	
c) „ „ à 4 pCt. . . .	„ 316,582. — „	
Summa der Zinsen . . .	fl. 816,957. 30 kr.	
II. Amortisation	„ 31,700. — „	
III. Pensionsfond	„ 12,821. 2 „	
Gesammtsumme des Cap. V und VI		fl. 861,478. 32 kr.
Verbleibt verfügbarer Ueberschuß		fl. 971,349. 52 kr.

und repräsentirt vom Actiencapital ad fl. 11,659,000 eine Rente von 8.331 pCt.

		Vom Actiencapital.
Von dem Ueberschusse ad		fl. 971,349. 52 kr. = 8.331 pCt.
ist zunächst nach den Bestimmungen der Zinsgarantie vom Jahre 1843 ein pCt. vom Actiencapitale für den Reservefond zur Erstattung eventueller Zinszuschüsse zu verwenden mit	fl. 116,590. — kr.	
Würde nun die Generalversammlung vom 14. April 1869 eine Dividende von fl. 36 pro Actie oder 7.20 pCt. vom Actiencapitale feststellen mit . . .	fl. 839,448. — kr.,	
so ergäbe dies eine Gesammt-Verwendung von		fl. 956,038. — kr. = 8.200 pCt.
und verbliebe alsdann ein Restbruchtheil von		fl. 15,311. 52 kr. = 0.131 pCt.,
welcher dem Erneuerungsfond zu überweisen sein dürfte.		
Der verfügbare Ueberschuß pro 1868 ad		fl. 971,349. 52 kr. = 8.331 pCt.,
verglichen mit dem verfügbaren Ueberschusse pro 1867 ad . .		„ 751,451. 9 „ = 6.445 „
ergibt ein Mehr pro 1868 von		fl. 219,898. 43 kr. = 1.886 pCt.

Die Actie wird an Dividende beziehen:

	Vom Actiencapital.
pro 1868	fl. 36 oder 7.2 pCt.
sie hat bezogen:	
pro 1867	„ 27 „ 5.4 „
Mehr pro 1868 . .	fl. 9 oder 1.8 pCt.

Die Actie hat pro 1868 erhalten:

an Zinsen	fl. 20 oder 4.[illegible] pCt.
sie wird noch erhalten:	
an Dividende	fl. 36 oder 7.[illegible] pCt.
Gesammtbezug	fl. 56 oder 11.[illegible] pCt.

Rechnet man hierzu noch die Rücklage in den Reservefond von fl. 116,590 oder .	1.[illegible] "
sowie die Ueberweisung des Restbruchtheiles von fl. 15,311. 52 kr. oder	0.[illegible] "
an den Erneuerungsfond, so ergibt sich ein Gesammt-Reinertrag vom Actien-Capitale ad fl. 11,659,000 von	12.[illegible] pCt.

B. Maximiliansbahn.

Die Betriebsrechnung pro 1868 weist folgenden Hauptabschluß nach:

Einnahme	fl. 816,651. 48 kr.
Ausgabe	" 391,297. — "
Reinertrag	fl. 425,354. 48 kr.

Zur Erzielung dieses Ergebnisses sind auf der Maximiliansbahn mit Personen-, Güter- und Kohlenzügen im Ganzen

73,266.[illegible] Nutzmeilen

zurückgelegt und stellt sich sonach das Durchschnitts-Ergebniß

auf eine Nutzmeile:

	1868.	1867.	Differenz
Einnahme .	fl. 11. 8 kr.	fl. 11. 15 kr.	— fl. —. 7 kr.
Ausgabe . .	" 5. 20 "	" 5. 49 "	— " —. 29 "
Reinertrag .	fl. 5. 48 kr.	fl. 5. 26 kr.	+ fl. —. 22 kr.

Diese Differenzbeträge pro Nutzmeile bewirken im Hauptergebnisse pro 1868

eine Mehr-Einnahme von . . .	fl. 28,054. 17 kr.
eine Minder-Ausgabe von	" 16,839. 41 "
einen Mehr-Reinertrag von	fl. 44,893. 58 kr.

Uebereinstimmendes Resultat hiermit ergibt die Vergleichung des

Reinertrages pro 1868 ad	fl. 425,354. 48 kr.
mit dem Reinertrag pro 1867 ad . . .	" 380,460. 50 "
Mehr pro 1868	fl. 44,893. 58 kr.

		Vom Actienkapital ad fl. 6,500,000.
Von dem Reinertrage pro 1868 zu		fl. 425,354. 48 kr. = 6.[illegible] pCt.
sind nach Cap. V und VI der Jahresrechnung verwendet für		
a) Zinsen der Actien à 4½ pCt.	fl. 291,836. 15 kr.	
b) Pensionsfond	" 3,977. 3 "	
Summa der Cap. V und VI		fl. 295,813. 18 kr. = 4.[illegible] pCt.
Verbleibt verfügbarer Ueberschuß		fl. 129,541. 30 kr. = 1.[illegible] pCt.
Hierzu der Rechnungsrest von 1867		" 511. 54 " = 0.[illegible] "
Summa des verfügbaren Ueberschusses		fl. 130,053. 24 kr. = 2.[illegible] pCt.

Uebertrag . . . fl. 130,053. 24 kr. = 2.00 pCt.

Nach Ziffer 4 lit. b der Concessionsurkunde vom 8. November 1852 ist zur Erstattung der Zinszuschüsse des Staates, beziehungsweise zur Bildung eines Reservefonds hierfür 1 pCt. vom Actien-Capital ad fl. 6,500,000 in Abzug zu bringen; nachdem indeß die kgl. Staatsregierung auf die Refundirung der noch bestehenden Zinszuschüsse von fl. 91,676. 21 kr. zu Gunsten des Baucapitals der Winden-Bergzaberner Bahn laut Concessionsurkunde vom 21. September 1868 § 2 verzichtet hat, so ist die treffende Rücklage dem Baucouto der Winden-Bergzaberner Bahn gutzubringen mit . . . . fl. 65,000. — kr.

Würde nun die Generalversammlung vom 15. April d. J. eine **Dividende** von fl. 5 pro Actie oder 1,00 pCt. vom Actiencapitale feststellen mit . . . fl. 65,000. — kr.,

so ergäbe dies eine Gesammtverwendung von . . . . fl. 130,000. — kr. = 2,00 pCt.

und verbliebe alsdann ein Rest von . . . . fl. 53. 24 kr. = 0.00 pCt.,
welcher auf die nächstjährige Rechnung zu transferiren wäre.

Nach pag. 71 des vorigjährigen Geschäftsberichtes beliefen sich die Zinszuschüsse des Staates pro 1867 auf . . . . fl. 91,676. 21 kr.
hievon geht ab die Rückerstattung beziehungsweise Ueberweisung an den Baucouto der Winden-Bergzaberner Zweigbahn von 1 pCt. mit . . . . . „ 65,000. — „

verbleibt noch ein Rest der Zinszuschüsse des Staates pro 1868 von . . fl. 26,676. 21 kr.,
welcher Rest pro 1869 aus der Rücklage von 1 pCt. zu decken, d. i. dem Baucouto der Winden-Bergzaberner Bahn gutzubringen ist.

Die Actie wird an Dividende beziehen:

pro 1868	. . fl. 5. — kr. oder	1.00 pCt.
sie hat bezogen		
pro 1867 . . .	. . „ 2. 30 „ „	0.50 „
Mehr pro 1868 .	. . fl. 2. 30 kr. oder	0.50 pCt.

Die Actie hat pro 1868 erhalten

an Zinsen . . .	. „ 22. 30 „ „	4.50 „
sie wird erhalten		
an Dividende	. . „ 5. — „ „	1.00 „
Gesammtbezug	. fl. 27. 30 kr. oder	5.50 pCt.

Rechnet man hierzu noch die Rücklage von fl. 65,000 oder . . . . . 1.00 „

so ergibt sich ein Gesammt-Reinertrag vom Actiencapitale ad fl. 6,500,000 von 6.50 pCt.

C. Neustadt-Dürkheimer Bahn.

Die Betriebsrechnung pro 1868 weist folgenden Hauptabschluß nach:

Einnahme	fl. 76,707. 34 kr.
Ausgabe	„ 70,827. 34 „
Reinertrag	fl. 5,880. — kr.

Zur Erzielung dieses Ergebnisses sind auf der Neustadt-Dürkheimer Bahn mit den Personen-, Güter- und Kohlenzügen im Ganzen

8310,76 Nutzmeilen

zurückgelegt und stellt sich sonach das Durchschnitts-Ergebniß

auf eine Nutzmeile

	1868.	1867.	Differenz.
Einnahme	fl. 9. 13 kr.	fl. 9. 14 kr.	— fl. —. 1 kr.
Ausgabe	„ 8. 31 „	„ 8. 31 „	„ —. — „
Reinertrag . .	fl. —. 42 kr.	fl. —. 43 kr.	— fl. —. 1 kr.

Diese Ergebnisse sind den letztjährigen nahezu gleich und finden in den vorausgehenden Abtheilungen dieses Berichtes bereits ihre nähere Erläuterung.

An Zinsen des Actiencapitales ad . . . . . fl. 1,150,000. — kr.

sind pro 1868 bezahlt worden . . . . fl. 57,740. — kr.
hierzu der ratirliche Zuschuß an den Pensionsfond mit . . . . „ 701. 55 „

Zusammen . . . fl. 58,441. 55 kr.

Hievon wurden gedeckt durch den oben entzifferten Reinertrag . . . . . „ 5,880. — „

verbleibt ein Passivrest von . . . . fl. 52,561. 55 kr.,
welcher auf Grund des Zinsgarantiegesetzes für die Neustadt-Dürkheimer Bahn vom 10. November 1861 sowie in Gemäßheit der Concessionsurkunde vom 28. August 1862, § 4 durch die kgl. Staatsregierung zuzuschießen sein wird.

Die kgl. Staatsregierung hat bereits zugeschossen:

pro 1865/66 . . . . fl. 55,276. 33 kr.
pro 1867 . . . . „ 54,126. 12 „
hierzu der Zuschuß pro 1868 . . . . . „ 52,561. 55 „

Summa der Staatszuschüsse . . . fl. 161,981. 40 kr.

D. Landstuhl-Kuseler Bahn.

Die Betriebsrechnung der Landstuhl-Kuseler Bahn weist für die Zeit vom 22. September bis 31. December 1868 nachfolgenden Hauptabschluß nach:

Einnahme . . . fl. 54,403. 47 kr.
Ausgabe . . . „ 20,671. 4 „

Activrest . fl. 33,732. 43 kr.

Da, wie bereits in Abtheilung I, Lit. D dieses Berichtes näher erläutert, das obige Rechnungsergebniß hauptsächlich durch die Vereinnahmung eines beträchtlichen Postens von Activzinsen des Baucapitals entstanden ist und die treffende Rate der Passivzinsen erst in der nächstjährigen Rechnung in Ausgabe gelangen kann, so muß der constatirte Activrest auf die Rechnung pro 1869 übertragen werden. Ein Zinsenzuschuß ist indeß pro 1868 nicht zu liquidiren.

5. Reservefonds.

I. Der Reservefond der Ludwigsbahn für eventuelle Zinszuschüsse des Staates hat sich im Jahre 1868 in seinem
Bestande von . . . . fl. 923,714. 26 kr.
nicht geändert;
pro 1869 wird derselbe durch die Ueberweisung der Rücklage von 1 pCt. aus dem
Rechnungsergebnisse des Jahres 1868 mit . . . . „ 116,590. — „

auf den Betrag von . . . . fl. 1,040,304. 26 kr.
sich erheben.

II. Der Reservefond der Ludwigsbahn für die Erneuerung des Oberbaues und des Fahrmaterials zeigt folgenden Hauptabschluß:

Einnahmen.

a. Activbestand pro 1. Januar 1868	fl.	37,908. 46 kr.
b. Rest des Betriebsüberschusses vom Jahre 1867	„	5,275. 9 „
c. Rücklage des 1 pCt. vom Actiencapital laut Generalversammlungsprotokoll vom 30. März 1868 mit	„	116,590. — „
Summa der Einnahmen	fl.	159,773. 55 kr.

Ausgaben.

Auf diesen Fond wurden verrechnet:

a. Material für Erneuerung des Oberbaues	fl. 107,814. 26 kr.	
b. Material für Erneuerung der Locomotive und Wagen	„ 50,382. 8 „	
Summa der Ausgaben		fl. 157,906. 31 kr.
Bleibt ein Rest von		fl. 1,777. 21 kr.,

welcher als Activbestand auf das Jahr 1869 überzugehen hat.

Zu bemerken ist hier noch, daß die Rücklage von 1 pCt. des Actien-Capitals in den Erneuerungsfond anstatt in den Reservefond für Zinszuschüsse, gemäß Rescriptes der kgl. Staatsministerien des Handels und der Finanzen vom 22. Februar 1865 für das Jahr 1868 zum letztenmale stattgefunden hat.

6. Fahrdienst und Transportmittel.

Der Fahrdienst der Pfälzischen Bahnen hat durch die Betriebseröffnung der Landstuhl-Kuseler Bahn, sowie durch die bereits mehrfach erwähnte Zunahme des Güter- und Kohlenverkehres die beträchtliche Steigerung um 30,123.[illegible] Nutzmeilen oder 9.[illegible] pCt. gegen den Fahrdienst des Vorjahres erfahren.

Wir waren darauf bedacht, das Personal dem Bedürfniß entsprechend zu vermehren, damit die Kräfte desselben nicht übermäßig in Anspruch genommen und Ordnung und Pünktlichkeit in der Dienstführung verlangt werden kann.

Mit Befriedigung können wir constatiren, daß der Fahr- und Zugdienst im Allgemeinen regelmäßig und ohne wesentliche Störung ausgeführt worden ist.

Die Uebersicht der von allen Personen, Gütern und Kohlen zurückgelegten Meilenzahl, d. i. der sogenannten Personen- und Centnermeilen, welche den sichersten Maßstab für den Umfang und die Bedeutung des Dienstes an die Hand geben, lassen wir auch pro 1868 hier folgen:

	Personenmeilen.	Güter-Centner-Meilen.	Kohlen-Centner-Meilen.	Summa der Centner-Meilen.
Ludwigsbahn	4,602,758	102,337,381	144,373,473	246,710,854
Maximiliansbahn	1,254,253	24,637,834	44,103,638	68,741,472
Neustadt-Dürkheimer Bahn	311,077	896,140	527,812	1,423,952
Total pro 1868	6,168,088	127,871,355	189,004,923	316,876,278
Total pro 1867	5,803,049	112,358,830	174,030,633	286,389,463
Mehr pro 1868	365,039	15,512,525	14,974,290	30,486,815
oder in Procenten	6.29 pCt.	13.81 pCt.	8.60 pCt.	10.64 pCt.

Die auf der Landstuhl-Kuseler Bahn zurückgelegten Personen- und Centner-Meilen haben wir nicht in Rechnung gezogen, da die Betriebszeit zu kurz und die Verkehrsverhältnisse zu abnorm waren, um hieraus verläßige Durchschnittsziffern ableiten zu können; jedenfalls aber steht die in den obigen Personen- und Centner-Meilen ausgedrückte Verkehrssteigerung, welche sich noch um das Ergebniß von Landstuhl-Kusel vermehrt, in einem günstigen Verhältnisse zu der Steigerung des Fahrdienstes.

Die Pfälzischen Bahnen besitzen im Ganzen 73 Locomotive und sind hievon Eigenthum:

der Ludwigsbahn	48 Stück,
der Maximiliansbahn	18 „
der Neustadt-Dürkheimer Bahn	3 „
der Landstuhl-Kuseler Bahn	4 „
Zusammen	73 Stück.

Mit diesen Maschinen wurden im Ganzen gefahren	335,552.47 Locomotivmeilen.
Hievon gehen ab für Materialfahrten	2,992.83 „
Verbleiben sonach dem eigentlichen Betriebe	332,559.64 Locomotivmeilen,

welche als Nutzmeilen zu qualificiren sind.

Davon fallen:

auf die Ludwigsbahn	247,637.88 Locomotivmeilen,
„ „ Maximiliansbahn	73,266.88 „
„ „ Neustadt-Dürkheimer Bahn	8,319.74 „
„ „ Landstuhl-Kuseler Bahn	3,136.60 „
Im Ganzen wie oben	332,559.64 Locomotivmeilen.

Die achtzehn Maschinen der Maximiliansbahn haben im Ganzen 82,308.16 Meilen gefahren, es waren jedoch für Durchführung des Dienstes auf dieser Bahn nur 73,287.20 Meilen nothwendig und sind sonach der Maximiliansbahn für Mehrleistung ihrer Maschinen von 9,020.96 Meilen à 30 kr. = fl. 4,510. 29 kr. durch die Ludwigsbahn vergütet worden.

Die drei Maschinen der Neustadt-Dürkheimer Bahn haben im Ganzen 14,308.40 Meilen gefahren, während auf dieser Bahn nur 8,390.08 Meilen nothwendig waren, so daß ihr für 5,948.32 Meilen Mehrleistung fl. 2,974. 4 kr. Entschädigung bezahlt werden mußte.

Mit den vier Maschinen der Landstuhl-Kuseler Bahn wurden 18,759.30 Meilen gefahren; da für den eigenen Verkehr nur 5,611.27 Meilen incl. den Materialfahrten nothwendig waren, so erhält diese Bahn für Mehrleistung ihrer Maschinen von 13,147.03 Meilen à 30 kr. die Summe fl. 6,574. als Entschädigung vergütet.

Der Ludwigsbahn kam die Mehrleistung der Maschinen der Maximiliansbahn, der Neustadt-Dürkheimer Bahn und der Landstuhl-Kuseler Bahn zu gut und hat dieselbe für 28,117.00 Meilen, welche die Maschinen der anderen Bahnen für sie leisteten, fl. 14,058. 33 kr. bezahlt.

Die Vergütung **von 30 kr.** für Benützung der Maschinen anderer Bahnen pro Meile rechtfertigt sich wie folgt:

Diejenige Bahn, welche die Maschine im Dienst hat, stellt das Fahrpersonal (Führer und Heizer), liefert das Brenn- und Schmiermaterial und übernimmt die Reinigungs- und Reparaturkosten der Maschine, so daß nur Zinsen und Amortisation zusammen mit 10 pCt. für das Anschaffungscapital von durchschnittlich fl. 25,000. mit fl. 2,500. zu decken sind, was sich bei circa 5,000 Meilen im Jahr zu 30 kr. pro Meile berechnet.

Vermittelst dieser 73 Locomotiven, wovon 27 Stück für den Dienst der Personenzüge und 46 Stück für den Dienst der Güter- und Kohlenzüge gebaut sind, wurde obige Anzahl von Locomotivmeilen gefahren.

Auf jede Maschine kommen sonach im Durchschnitt 4597 Meilen.

Diejenige Personenzuglocomotive, welche am meisten Dienst machte, legte **im Jahre 7007 Meilen zurück; die** Güterzugmaschine, welche am meisten im Dienst war, durchlief 6601 Meilen.

Die Leistungen der verschiedenen Maschinen und deren Materialverbrauch sind aus der Tabelle **Beilage Lit. B** Nr. 34 ersichtlich.

Die Leistungen der Maschinen in dem Jahre 1868 vertheilen sich wie folgt:

1 Locomotive machte keine Locomotivmeilen.
2 Locomotive zwischen 1000 und 2000 Locomotivmeilen.
4 „ „ 2000 „ 3000 „
11 „ „ 3000 „ 4000 „
32 „ „ 4000 „ 5000 „

13 Locomotive zwischen 5000 und 6000 Locomotivmeilen,
9 „ „ 6000 „ 7000 „
1 „ über 7000 „

Von den 49 Locomotiven, die vom Jahr 1847 bis 1858 angeschafft wurden, haben bis Ende 1868 durchlaufen:

4 Locomotive zwischen 40 und 50 Tausend Locomotivmeilen,
20 „ „ 50 „ 60 „ „
16 „ „ 60 „ 70 „ „
7 „ „ 70 „ 80 „ „
2 „ über 80 Tausend Locomotivmeilen.

Von den 20 Maschinen, welche vom Jahr 1859 bis 1867 beschafft wurden, haben bis Ende 1868 an Meilen zurückgelegt:

4 Locomotive zwischen 9 und 10 Tausend Locomotivmeilen,
2 „ „ 10 „ 20 „ „
8 „ „ 20 „ 30 „ „
2 „ „ 30 „ 40 „ „
4 „ „ 40 „ 50 „ „

Diese 73 Locomotive haben seit dem Beginne des Betriebes der Ludwigsbahn, dem 11. Juni 1847, bis Ende dieses Jahres 3,551,966 Locomotivmeilen durchlaufen.

Die Ausführung des Transportdienstes erfolgte mittelst 182 Personenwagen mit 5903 Sitzplätzen und 2279 Lastwagen aller Art mit 308,920 Centner Tragfähigkeit. Unter den Lastwagen sind 1586 Stück mit der Ladefähigkeit von 200 Ctr., 7 Stück mit 160 Centner und 686 mit 100 Centner Tragkraft.

Die mit allen Wagen zurückgelegte Achsmeilenzahl beläuft sich auf 9,885,132. Von diesen Achsmeilen kommen auf fremde Bahnen 5,084,059; dagegen haben fremde Wagen auf unseren Bahnen 6,453,929 Achsmeilen zurückgelegt, so daß 1,369,870 Achsmeilen mit fremden Wagen nothwendig waren, um die erforderlichen 11,255,002 Achsmeilen zur Ausführung bringen zu können.

Von diesen Achsmeilen entfallen auf:

Personenwagen	2,368,497 Achsmeilen,
Güter- und Kohlenwagen . . .	8,686,505 „
Zusammen wie oben . .	11,255,002 Achsmeilen.

Diese Achsmeilen vertheilen sich:

Ludwigsbahn.		
Personenzüge	1,863,176 Achsmeilen,	
Güter- und Kohlenzüge . .		6,909,740 Achsmeilen.
Maximiliansbahn		
Personenzüge	537,879 „	
Güter- und Kohlenzüge		1,709,503 „
Neustadt-Dürkheimer Bahn.		
Personenzüge	123,024 „	
Güterzüge		44,765 „
Landstuhl-Kuseler Bahn.		
Personenzüge	42,618 „	
Güterzüge		22,508 „
Zusammen Personenzüge . . .	2,568,197 Achsmeilen.	
„ Güter- und Kohlenzüge .		8,686,505 Achsmeilen.

Im Durchschnitt hat zurückgelegt:

jeder Personenwagen . . .	7,000 Meilen,
„ Güter- und Kohlenwagen .	1,608 „
„ Wagen im Ganzen . .	2,008 „

Eingetragen hat im Durchschnitt jede Achsmeile:

an Personenwagen	24.[illegible]	kr.
„ Güter- und Kohlenwagen	20.[illegible]	„
„ Wagen aller Art	22.[illegible]	„

Eingetragen hat im Durchschnitt jeden Tag:

jeder Personenwagen	fl. 16.	38	kr.
„ Güter- und Kohlenwagen	„ 8.	43	„
„ Wagen im Ganzen	„ 4.	42	„

Die im abgelaufenen Betriebsjahre beförderte Gesammtlast an Personen, Gepäck-, Vieh-, Güter-, Kohlen- und Regie-Transporten beträgt beiläufig 52 Millionen Centner.

Die Kosten der Instandhaltung der Fahrapparate betragen:

für die Locomotiven	fl. 63,039.	37	kr.
„ die Personenwagen	„ 21,945.	47	„
„ die Güter- und Kohlenwagen	„ 99,606.	46	„

Die Reparaturen der Locomotiven kosten für die Locomotivmeile . 11.[illegible] „

Die Reparaturkosten der Wagen betragen auf die Achsmeile . . 0.[illegible] „

In den Werkstätten wurden an den Locomotiven nachstehende bedeutendere Reparaturen vorgenommen:

45 Maschinen waren in großer Reparatur; dieselben waren nämlich von den Rädern. Die Cylinder, Rahmen, Schleifbacken wurden untersucht und nöthigenfalls richtig gestellt; die Achsen und Räder untersucht, letztere nach Bedarf neu bandagirt oder die alten Bandagen abgedreht, die Lager an den Kurbeln und Kuppelstangen, Achsenlagerkasten, Excenterringe rc. ausgegossen und eingepaßt; Kolben und Kolbenstangen, wenn nothwendig, erneuert; Schieberflächen und Lineale abgerichtet; alle Hahnenreiber eingeschliffen und theils erneuert; Kessel und Feuerbüchse vom Kesselstein gereinigt, dann die nöthigen Verdichtungen hergestellt; Kamine, Aschenkasten und Verkleidungen ergänzt rc.

Für eine Maschine wurde ein neuer Kessel angeschafft.

Neue Feuerbüchsen wurden vier eingesetzt und an mehreren größere Reparaturen vorgenommen.

In den Kesseln wurden im Ganzen 212 neue Siederöhren eingezogen; deßgleichen 2,721 Stück, nachdem dieselben vorher angestückt worden sind. Deßgleichen sind 2,116 neue Stehbolzen von Kupfer und 436 von Eisen eingeschraubt worden.

Rauchkammern wurden zwei Stück erneuert und an mehreren einzelne Platten ausgewechselt, ebenso fünf Kamine und zwei Aschenkasten neu gemacht.

An mehreren Cylindern wurden die Schieberflächen egalisirt; sechs neue Dampfkolben wurden angefertigt und 156 Kolbenringe erneuert. Sieben Maschinen erhielten neue Sandstreuapparate. Verschiedene Maschinen wurden mit neuen Federn versehen; außerdem wurde eine große Anzahl Federn neu aufgesprengt; deßgleichen auch die Federn an den Tendern.

An mehreren Tendern wurden die Beschläge ganz erneuert; an mehreren theilweise.

Neu lackirt wurden elf Maschinen mit Tendern.

An 34 Maschinen wurden die vorgeschriebenen Kesselproben vorgenommen.

Neue Achsen wurden zwölf an Maschinen und zwei an Tendern verwendet.

Neue Bandagen von Gußstahl wurden aufgezogen:

auf Maschinenräder 50 Stück;
auf Tenderräder 28 Stück.

Außer den vorgenannten größeren Arbeiten wurden an allen Maschinen und Tendern die laufenden Unterhaltungsarbeiten und Reparaturen als: Abdrehen der Räder, Aufsprengen der Federn, Reinigen der Kessel, Ergänzen der Lager, Bolzen, Reguliren der Schmiervorrichtungen, Verdichten der Röhre, Einschleifen der Dampf- und Wasserhahnen, Ersetzen der Bremsklötze und Roststäbe rc., vorgenommen.

Die bedeutenderen Reparaturen an den Personen-, Güter- und Kohlenwagen waren nachstehende:

An drei Personenwagen dritter Classe, an zwei Postwagen und an sechs Gepäckwagen wurden die alten Doppelpuffer entfernt und durch neue, dem Vereinsmaß entsprechende, ersetzt.

An 21 Personenwagen erster und zweiter Classe wurden die Polsterungen, Garnituren und die Ueberzüge theils erneuert, theils aufgearbeitet und die Ueberzüge gereinigt.

An fünfzehn offenen Wagen dritter Classe wurden die Vorhänge erneuert.

An fünf Personenwagen und Gepäckwagen wurden die Leinwandbedachungen vollständig erneuert und 16 Stück wurden neu mit wasserdichter Masse überzogen.

61 Personen- oder Gepäckwagen wurden neu lackirt.

Vier Postwagen, der bayerischen Staatsbahn gehörig, bedurften einer durchgreifenden Reparatur und mußten die Diagonalverstrebungen verstärkt und die Achsenhalter ausgefüttert werden.

Sechs ältere Viehwagen wurden gänzlich abgeändert und zu Wagen für den Schaftransport umgebaut, die Zwischenboden zum Ausnehmen eingerichtet, so daß diese Wagen, welche gedeckt sind, auch zum Pferdetransport benützt werden können.

Acht offene Viehwagen wurden mit höheren Geländer versehen.

Zehn offene Güterwagen erhielten eiserne Schemel zum Langholztransport; acht weitere Wagen dieser Gattung sind noch nicht ganz vollendet und werden wir nach deren Herstellung 44 Paar solcher Wagen besitzen.

Vierzehn gedeckte Güterwagen erhielten neue Leinwandbedachungen und an 38 solcher Wagen wurden die Dachungen mit wasserdichter Masse gegen das Eindringen der Feuchtigkeit geschützt; 86 Güterwagen wurden neu angestrichen; 35 Kohlentrichterwagen, deren Umbau im Vorjahre begonnen wurde, sind vollendet worden und wurden noch weitere 50 Stück mit eisernen Achsenhalterbalken vollständig umgebaut.

230 Stück Lagerkasten an den älteren Kohlenwagen wurden durch neue, verbesserte ersetzt; deßgleichen die Lagerkasten an 25 Kohlenwagen mit 200 Centner Tragfähigkeit.

Abgenützte Bandagen an den Wagenrädern wurden ersetzt:

An Rädern für Personen- und Güterwagen 200 eiserne Bandagen.

An Kohlenwagenrädern mit 100 Centner Tragkraft 144 eiserne Bandagen.

An Rädern der Kohlenwagen mit 200 Centner Tragkraft 112 Puddelstahlbandagen.

Schadhafte Achsen wurden ersetzt:

An Kohlenwagen 100 Stück von Feinkorneisen.

Sowohl an Personen-, wie an Güter- und Kohlenwagen wurde die Untersuchung der Räder und Achsen, der Lager, Federn, Puffer und Zugapparate, der Bremstheile und Beschläge in einem regelmäßigen Turnus vorgenommen und alle mangelhaften Theile reparirt oder durch neue ersetzt.

Endlich wurden in den Werkstätten Kaiserslautern, Ludwigshafen und Neustadt die laufenden Reparaturen an dem gesammten Fahrmaterial durch Austausch von abgedrehten Rädern, Federn, durch Unterhaltung der Zug- und Stoßvorrichtungen, Auswechslung der schadhaften Eisen- und Holztheile, Auswechseln der Lager, Bremstheile, Schmiervorrichtungen, Verschlußeinrichtungen und innerer Ausstattung in der Art besorgt, daß das Fahrmaterial in stets brauchbarem Zustande erhalten blieb.

Die Material- und Werkstätte-Rechnungen enthalten die näheren Nachweise über alle diese und sonstige in unseren Werkstätten ausgeführten Arbeiten; ebenso genaue Nachweisungen über die Anschaffung und Verwendung der Brennmaterialien, Holz- und Metallwaaren, Fettwaaren und sonstigen Materialien.

An unseren Güter- und Kohlenwagen sind im Ganzen nur zwei Achsbrüche vorgekommen, welche jedoch ohne erheblichen Schaden für Material und Bahn abgelaufen sind.

Unfälle, welche eine Beschädigung von Bahnreisenden oder auch nur eine Störung des Fahrdienstes zur Folge gehabt hätten, sind im Jahre 1864 nicht vorgekommen. Dagegen ist am 15. November einem mit acht Personen besetzten Omnibus auf einem Wegübergange in der Nähe von Oggersheim das Unglück zugestoßen, daß er von dem von Ludwigshofen Abends 8 Uhr kommenden Personenzuge erfaßt und zertrümmert worden ist, wodurch einige von den Insaßen dieses Omnibus schwer verletzt und eine Frau getödtet worden ist.

Obwohl der an diesem Wegübergang stationirte Bahnwart behauptet, denselben vor Eintreffen des fraglichen Zugs richtig abgeschlossen zu haben und diese Behauptung auch durch die Umstände wahrscheinlich gemacht ist, so hat das Gericht dennoch mit Recht das Hauptgewicht auf die momentane Abwesenheit des Bahnwarts gelegt, — er befand sich nämlich zur Zeit des Unglückes in seinem Häuschen, anstatt auf seinem Posten, — und hat demselben die Schuld an dem Unglücke zugemessen und eine Gefängnißstrafe von vier Monaten über ihn verhängt. Dem Personenzuge ist hierdurch irgend welche Schädigung nicht zugegangen.

An schweren Verletzungen des Personals im Dienste sind leider wiederum elf Fälle vorgekommen, von welchen fünf Fälle einen tödtlichen Ausgang für die Betroffenen genommen haben. Zwei dieser Todesfälle (Bahnhofarbeiter Baumann und Wagenwärter Merl) treffen auf den Bahnhof Kaiserslautern, ein Fall (Bauarbeiter Sattel) den Bahnhof Ludwigshafen, ein Fall (Bahnwart Heiser) den Bahnhof Bruchmühlbach und ein Fall (Bahnarbeiter Mannwiller) auf die Festungs-Demolitions-Arbeiten bei Landau.

Die Disciplinaruntersuchung der Direction, sowie die Untersuchung der Gerichtsbehörden hat ergeben, daß in allen diesen Fällen die eigene Schuld der Betroffenen das Unglück herbeigeführt hat.

Wir haben zu beklagen, daß die unausgesetzten Verwarnungen der Aufsichtsbeamten und die strengsten Maßregeln der Direction vielfach nicht ausreichen, das Personal jeweils zur vorsichtigen Handhabung des Dienstes zu bestimmen und den Leichtsinn ganz auszuschließen.

Es wird indeß, wie seither, unsere angelegentlichste Sorge sein, derartige Unglücksfälle, soweit ihnen durch scharfe Beaufsichtigung des Dienstes und Aufrechthaltung der erforderlichen Disciplin nur immer vorgebeugt werden kann, nach Möglichkeit ferne zu halten und sind wir gewiß, in diesem Bestreben von allen einsichtsvollen Beamten und Bediensteten unserer Bahnen kräftigst unterstützt zu werden.

7. Personal.

Die Dienstführung des Personals verdient im Allgemeinen die Anerkennung der Verwaltung.

Die Pensions- und Unterstützungskasse des Personals zeigt folgenden Abschluß:

Bestand am 1. Januar 1868		fl. 350,724. 40 kr.

Einnahmen pro 1868.

a) Budgetmäßiger Zuschuß der Pfälzischen Bahngesellschaften .	fl. 17,500. — kr.	
b) Beiträge der Vereinsmitglieder	„ 24,547. 33 „	
c) Zinsen der Bestände	„ 21,279. 15 „	
d) Strafgelder	„ 617. 53 „	
e) Diverse	„ 29. 57 „	
Summa		fl. 63,974. 38 kr.
Summa aller Einnahmen		fl. 414,699. 18 kr.

Ausgaben pro 1868.

a) Pensionen	fl. 13,990. 23 kr.	
b) Unterstützungen	„ 825. — „	
c) Diverse	„ 79. 30 „	
Summa aller Ausgaben		fl. 14,894. 53 kr.
Activrest		fl. 399,804. 25 kr.

Die Pensions- und Unterstützungskasse zählt zur Zeit 1283 Mitglieder und hat die reglementmäßigen Pensionsbeträge zu entrichten an 19 Pensionäre, 69 Wittwen und 152 Kinder.

Außerdem sind vom Verwaltungsrathe in allen Fällen, wo außerordentliche Beihülfe Noth that, noch besondere Unterstützungen in reichlichem Maße verliehen worden.

Die Lebensversicherungsanstalt des Personals zählt pro 1868 bereits 1,719 Mitglieder mit der obligatorischen Versicherung von fl. 100 im Betrage von fl. 171,900. und 331 Mitglieder mit höherer Versicherung im Gesammtbetrage von fl. 139,600. Es sind im Ganzen 23 Sterbefälle vorgekommen, für welche bezahlt worden an obligatorischer Versicherung fl. 2,300 und an höheren Versicherungen fl. 3000, sonach in Summa fl. 5300.

Ludwigshafen, im März 1869.

Jæger.

Beilage A. № 1.

Bau-Rechnung

der

Pfälzischen Ludwigsbahn

pro 1868.

1867 und retro schon verrechnete Beträge. Gulden.	kr.	Einnahme.
11662200	—	II. Actien-Capital . . . .
438596	8	III. Zinsen von angelegten Capitalien . . .
1185	35	IV. Verzugszinsen vom Actien-Capital . . .
169974	41	V. Erlös aus verkauften Grundstücken . . .
2605	28	VII. Agio auf Wechsel und Geld . . . .
22797	51	VIII. Unvorgesehene Einnahmen . . . . . .
63	—	IX. Umschreibgebühr auf Actien . . . . . .
7762	38	X. Stückzinsen auf volleinbezahlte Interimsscheine . . .
3200000	—	XI. 4 pCt. convert. Prioritäts-Anlehen . . . .
82856	10	XII. Rückvergütung vom Betrieb . . . .
941177	30	XIII. Agio auf Actien . . . .
800000	—	XIV. 4½ pCt. Prioritäts-Anlehen . . . .
2600000	—	XV. 4 pCt. Prioritäts-Anlehen . . . .
—	—	XVI. Zuschuß kgl. bayer. Staatsregierung zum Bau der Homburg-St. Ingberter Bahn
19929819	1	Summa der Einnahmen pro 1868 . .
		" " " der Vorjahre . .
		Homburg-St. Ingberter Bahn . . .
		Summa aller Einnahmen bis 31. December 1868 .

Eingegangene Beträge pro 1868.				Ueberträge aus der Baurechnung der Homburg-St. Ingberter Bahn.				Bemerkungen.	Eingegangene Beträge bis 31. December 1868.	
Partial.		Total.		Partial.		Total.				
Gulden.	kr.	Gulden.	kr.	Gulden.	kr.	Gulden.	kr.		Gulden.	kr.
		—	—			—	—	. . . . .	11662200	—
		—	—			—	—	. . . . . .	438486	8
		—	—			—	—	. . . . .	1185	35
		7647	48			4380	59	. . . . .	182003	28
		—	—			—	—	. . .	2005	26
		—	—			6	48	. . .	22804	39
		—	—			—	—	. . .	63	—
		—	—			—	—	. . .	7762	38
		—	—			—	—	. .	3200000	—
		—	—			—	—	. .	67856	10
		—	—			—	—	. .	941477	30
		—	—			—	—	. .	800000	—
		—	—			920000	—	. .	3520000	—
		—	—			60000	—	. .	60000	—
		7647	48			984387	47		20921854	36
		19929819	1							
		984387	47							
		20921854	36							

A. Ausgaben.

1867 und retro schon verrechnete Beträge. Gulden.	kr.	
47915	27	Ausgaben 1858/64
539	19	Generalversammlung
22195	51	Verwaltungsrath
65749	19	Direction
124441	20	Erhebkosten für Einzahlungen
1350234	39	Verzinsung des Actien-Capitals
3754	24	Steuern und Umlagen
1038	17	Zinsen von Cautionen
9088	36	Remisen für Auszahlungen
2328	9	Kosten beim Wiederverkauf von Grundstücken
82024	30	Disconto auf Wechsel, Verlust auf Obligationen
2170	44	Feuer-Assecuranz auf Häuser und Möbel
198	49	Zinsen des Pensions-Capitals
90487	13	Kosten auf Prioritäts-Anlehen
18315	56	Stückzinsen auf 5 pCt. Prioritäts-Anlehen
17086	4	Zinsen auf 3 pCt. bayer. Obligationen
1999	45	Unvorgesehene Ausgaben der Direction
26250	—	Zinsen von 5 pCt. Prioritäts-Obligationen
29666	40	Zinsen auf fl. 800,000 von königl. Kreiskasse
1894479	32	Summa der Ausgaben A. pro 1868
		" " " A. der Vorjahre
		Homburg-St. Ingberter Bahn
		Summa aller Ausgaben A.

Ausbezahlte Beträge pro 1868.				Uebertråge aus der Baurechnung der Homburg-St. Ingberter Bahn.				Bemerkungen.	Ausgaben bis 31. December 1868.	
Partial.		Total.		Partial.		Total.				
Gulden.	kr.	Gulden.	kr.	Gulden.	kr.	Gulden.	kr.		Gulden.	kr.
		—	—			—	—	. .	47915	27
		—	—			—	—	. .	539	19
		—	—			—	—	. .	22195	31
		175	—			11093	55	. .	77012	14
		—	—			13300	—	.	137741	20
		—	—			—	—	. .	1350234	39
		—	—			325	0	. .	4079	33
		—	—			—	—	. .	1038	17
		—	—			107	—	. .	8195	36
		—	—			39	27	. .	2767	36
		—	—			—	—	. .	82024	34
		—	—			—	—	. .	2170	44
		—	—			—	—	. .	198	49
		—	—			11131	7	. .	101618	50
		—	—			—	—	. .	18315	56
		—	—			—	—	. .	17066	4
		—	—			—	—	. .	1989	45
		—	—			—	—	. .	26250	—
		—	—			—	—	.	29066	40
		175	—			35096	38		1930651	10
		1894479	32							
		35096	38							
		1930651	10							

1867 und retro schon verrechnete Beträge. Gulden.	kr.	Abschnitt I. B. Bau-Ausgaben.
196687	43	Technische Direction . . . .
2274427	7	Grundankauf . . . .
		Erdbaukosten der eigentlichen Bahn:
		1865378 7 Erd- und Planirarbeiten . . . .
		695866 59 Tunnels . . . .
		815572 10 Brücken, Durchlässe, Viaducte rc. . . . . . .
		839091 3 Unterbau . . . .
		2737174 86 Oberbau . . . .
		65329 29 Straßen- und Wegübergänge . . . .
		122279 80 Bahnwärterswohnungen, Wachthäuser . . . . . .
		5863 6 Einfriedigung der Bahn . . . .
		4762 19 Eintheilung und Absteinung des Bahnterrains . . .
		2474 12 Bachcorrectionen . . . .
		27999 6 Verschiedene gemeinsame Baukosten . . . . . .
7181830	57	**Anlage der Bahnhöfe:**
		76115 25 Pflasterungsarbeiten, Weganlagen rc. . . . . . .
		8125 16 Abzugscanäle, Senkgruben . . . .
		162090 2 Ausweichvorrichtungen, Drehscheiben . . . . .
		32815 21 Wasserreservoirs, Pumpen, hydraulische Krahnen . .
		1059363 3 Dienstgebäude und deren Einrichtung . . . . .
		24892 38 Bahnhofs-Einfriedigung . . . .
		166862 51 Verschiedenartige Ausgaben und Einrichtungen . . .
1530264	31	
142210	60	Einrichtung der Werkstätte . . . .
56438	32	Allgemeiner Reservefond für unvorgesehene Bauausgaben . .
25964	7	Elektrischer Telegraph, Signalleitungen u. s. w. . . . . .
10409	20	Thurmuhren und sonstige Vorrichtungen . . . . . .
9574	54	Provisorische Bahneinrichtung . . . .
2581	42	Herstellung einer Zollverbindungsbahn . . . . . .
72444	44	Einrichtung der Gasbeleuchtung . . . .
94	9	Erbauung von Coaksöfen . . . .
11502878	86	. . . Transport

Ausbezahlte Beträge pro 1868.				Ueberträge aus der Baurechnung der Homburg-St. Ingberter Bahn.				Bemerkungen.	Ausgaben bis 31. December 1868.	
Partial		Total		Partial		Total				
Gulden	kr.	Gulden.	kr.	Gulden.	kr.	Gulden.	kr.		Gulden.	kr.
		480	20			23307	14	. .	220475	17
		9215	50			165433	55	. .	2449076	52
10612	9			162141	1			. .	2058131	17
2582	21			170963	11			. .	869432	31
586	12			74391	32			. .	890490	54
1259	7			86539	19			. .	926879	29
8760	13			201763	4			. .	2946717	53
225	18			6490	12			. .	74014	59
588	47			11557	22			. .	134425	59
272	51			1516	58			. .	7602	55
—	—			1162	27			. .	6944	46
—	—			—	—			. .	2474	12
—	—			1310	57			.	29310	3
		19806	58			742828	3			
277	49			2250	13			. .	78643	27
609	22			24	32			. .	6759	10
1393	30			28114	40			.	211596	12
4303	20			813	—			. .	87931	50
24083	36			59143	45			.	1122590	24
335	44			270	30			. .	25498	47
5593	11			12055	45			. .	181611	47
		36596	41			102572	25			
		101	30			—	—	. .	142312	20
		—	—			691	63	. .	57130	25
		721	49			3917	—	. .	30602	56
		—	—			365	7	. .	10774	27
		—	—			263	20	. .	9768	14
		—	—			—	—	. .	2581	42
		1267	15			2187	46	. .	75899	45
		—	—			—	—	. .	94	9
		68190	23			1041664	43	. .	12612733	42

1867 und retro schon verrechnete Beträge. Gulden.	kr.	Abschnitt I. B. Bau-Ausgaben.
11502878	36	. . . . Transport . .
26434	4	Sicherheitsschienen und Stühle . . . .
698	32	Beschützung von Ludwigshafen . . . .
25765	13	Verlust auf bad. 3½ pCt. Industrie-Obligationen . . . .
113446	33	Directorial-Gebäude . . . .
2081321	19	Anlegung des zweiten Schienengeleises . . . .
2144	58	Gemeinschaftliche Rechnung der Bahn und Stadt Speyer . . . .
28896	57	Anlegung einer Trajectanstalt . . . .
97877	43	Baukosten in Neustadt für gemeinschaftliche Rechnung der Pfälzischen Ludwigsbahn, Maximiliansbahn und der Neustadt-Dürkheimer Bahn . . . .
13879463	56	Summa der Ausgaben B. Abschnitt I. pro 1868 .
		„ „ „ B. Abschnitt I. der Vorjahre
		Homburg St. Ingberter Bahn . . . . .
		Summa aller Ausgaben B. Abschnitt I.

Ausbezahlte Beträge pro 1868.				Ueberträge aus der Baurechnung der Homburg-St. Ingberter Bahn.				Bemerkungen.	Ausgaben bis 31. December 1868.	
Partial.		Total.		Partial.		Total.				
Gulden.	kr.	Gulden.	kr.	Gulden.	kr.	Gulden.	kr.		Gulden.	kr.
		68190	23			1041664	43	. . . .	12612733	42
		—	—			—	—	. . . .	26134	4
		—	—			—	—	. . . .	698	32
		—	—			—	—	. . .	25765	13
		33290	35			—	—	. . .	146737	8
		—	—			—	—	. . .	2081321	19
		—	—			—	—	. . .	3144	58
		—	—			—	—	. . .	28896	57
		—	—			—	—	. .	97877	43
		101480	58			1041661	43	. .	15022609	36
		13879463	55							
		1041664	43							
		15022609	36							

1867 und retro schon verrechnete Beträge. Gulden	kr.	Abschnitt II. **B. Bau-Ausgaben.**
3993151	2	Anschaffung der Fahrapparate . . . .
87470	12	Betriebseinrichtung . . .
4080621	14	Summa der Ausgaben B. Abschnitt II. pro 1868 . .
		" " " B. " II. der Vorjahre .
		Homburg-St. Ingberter Bahn . .
		Summa aller Ausgaben B. Abschnitt II.
		Summa der Ausgaben A. . . .
		" " " B. Abschnitt I.
		" " " B. " II.
		Summa aller Ausgaben bis 31. December 1868 .

Ausbezahlte Beträge pro 1868.				Ueberträge aus der Baurechnung der Homburg-St. Ingberter Bahn.				Bemerkungen.	Ausgaben bis 31. December 1868.	
Partial.		Total.		Partial.		Total.				
Gulden	kr.	Gulden.	kr.	Gulden.	kr.	Gulden.	kr.		Gulden.	kr.
		23360	56			50000	—	.	4066511	58
		153	68			7495	57		95120	7
		23514	54			57495	57	. .	4161632	5
		4080621	14							
		57495	57							
		4161632	5							
		1930651	10							
		15022609	36							
		4161632	5							
		21114892	51							
								Abgleichung:		
								Summa aller Einnahmen	20921854	38
								" " Ausgaben	21114892	51
								Passiv-Rest . .	193038	15

Beilage A. № 1 a.

Bau-Rechnung

der

Verbindungsbahn zur festen Rheinbrücke

zwischen

Ludwigshafen und Mannheim

pro 1868.

Einnahme.

1867 und retro schon verrechnete Beträge. Gulden.	kr.	Einnahme.
1500000	—	II. 4 pCt. Prioritäts-Anlehen . . . .
—	—	III. Zinsen von angelegten Capitalien . . . . .
—	—	IV. Stückzinsen auf ausgegebene Prioritäts-Obligationen .
397	11	V. Erlös aus entbehrlichen veräußerten Mobilien und Immobilien
—	—	VI. Unvorgesehene Einnahmen . . . .
—	—	VII. Rückvergütung vom Betrieb . .
1500397	11	Summa der Einnahmen pro 1868 .
		„ „ „ der Vorjahre . .
		Summa aller Einnahmen bis 31. December 1868 .

Eingegangene Beträge pro 1868.				Bemerkungen.	Eingegangene Beträge bis 31. December 1868.	
Partial.		Total.				
Gulden.	kr.	Gulden.	kr.		Gulden.	kr.
		—	—	. . . .	1500000	—
		—	—	. . . .	—	—
		—	—	. . . .	—	—
		459	23	. . . .	856	34
		—	—	. . . .	—	—
		—	—	. . . .	—	—
		459	23	. .	1500856	34
		1500397	11			
		1500856	34			

1867 und retro schon verrechnete Beträge. Gulden.	kr.	A. Ausgaben.
—	—	Generalversammlung
—	—	Verwaltungsrath
12314	6	Direction
30000	—	Erhebungskosten für Einzahlungen
—	—	Verzinsung des Prioritäts-Anlehens
89	6	Steuern und Umlagen
—	—	Remisen für Auszahlungen
—	—	Wiederveräußerungskosten entbehrlicher Grundstücke
18148	37	Kosten auf 4 pCt. Prioritäts-Anlehen
—	—	Zinsen auf 4 pCt. Prioritäts-Anlehen
—	—	Unvorgesehene Directorial-Ausgaben
60551	49	Summa der Ausgaben A. pro 1868
		" " " A. der Vorjahre
		Summa aller Ausgaben A.

Ausbezahlte Beiträge pro 1868. Partial. Gulden	kr.	Total. Gulden	kr.	Bemerkungen.	Ausgaben bis 31. December 1868. Gulden	kr.
		—	—		—	—
		—	—		—	—
		258	14		12572	20
		—	—		30000	—
		—	—		—	—
		—	—		89	6
		—	—		—	—
		—	—		—	—
		—	—		18148	37
		—	—		—	—
		—	—		—	—
		258	14		60810	3
		60551	49			
		60810	3			

18

B. Bau-Ausgaben.

1867 und retro schon verrechnete Beträge. Gulden.	kr.	
9028	19	Technische Direction . . . .
157641	39	Grunderwerb . . . .
		Erbaukosten der Brücken-Bahn:
		89476 34 Erd- und Planirarbeiten . . . .
		135928 55 Brücken, Durchlässe, Viaducte, Fluthbögen ꝛc. . . . . .
		7410 57 Unterbau . . . .
		23185 9 Lieferung von Schwellen . . . .
		69538 11 Oberbau . . . .
		5097 42 Straßen- und Wegübergänge . . . .
		3257 1 Bahnwartswohnungen, Wachthäuser . . .
		750 59 Einfriedigung der Bahn . . . . . .
		168 45 Eintheilung und Absteinung des Bahnterrains
		3208 41 Verschiedenartige gemeinsame Bahnbaukosten
358520	54	
		Erweiterungskosten des Bahnhofes Ludwigshafen:
		— — Pflasterungsarbeiten, Weganlagen ꝛc. . . . .
		— — Abzugscanäle, Senkgruben . . . .
		18495 26 Ausweichvorrichtungen, Drehscheiben . . . . .
		661 49 Wasserreservoirs, Pumpen, hydraulische Krahnen . . .
		8885 47 Dienstgebäude und deren Einrichtung . . . .
		145 4 Bahnhofs-Einfriedigung . . . . . .
		16224 45 Verschiedenartige Ausgaben und Einrichtungen . . .
44782	51	
569973	43	Transport

Ausbezahlte Beträge pro 1868.				Bemerkungen.	Ausgaben bis 31. December 1868.	
Partial.		Total.				
Gulden.	kr.	Gulden.	kr.		Gulden.	kr.
		1167	81		10215	50
		—	—		157641	39
991	35				90468	9
—	—				135928	55
588	58				7990	53
—	—				23165	8
55	27				89591	38
638	22				6231	4
—	—				8257	1
1936	3				2687	2
—	—				168	45
1876	18				6084	59
		6081	41			
—	—				—	—
—	—				—	—
3147	54				22043	20
69	38				751	27
490	44				9848	51
29	58				175	2
613	18				16838	3
		4371	32			
		11640	44		581614	27

1867 und 1868 schon verrechnete Beträge.		B. Bau-Ausgaben.
Gulden.	kr.	
569978	43	. . . . Transport
1204	17	Elektrischer Telegraph, Signalläutewerk, Uhren u. s. w. . .
729	6	Provisorische Einrichtung . . . .
10067	42	Betriebseinrichtung . . . .
581274	48	Summa der Ausgaben B. pro 1868 .
		„ „ „ B. der Vorjahre .
		Summa aller Ausgaben B. .
		„ „ „ A. . .
		Summa aller Ausgaben bis 31. December 1868

Ausbezahlte Beträge pro 1868.				Bemerkungen.	Ausgaben bis 31. December 1868.	
Partial.		Total.				
Gulden.	kr.	Gulden.	kr.		Gulden.	kr.
		11640	44	. . . .	581614	27
		130	41	. . . .	1334	58
		13	29	. . . .	142	35
		717	24	. . .	10685	6
		12502	18	. . .	593777	6
		581274	48			
		593777	6			
		60810	3			
		654587	9			
				Abgleichung:		
				Summa aller Einnahmen . .	1500856	34
				" " Ausgaben . .	654587	9
				Activ-Rest . . .	846269	25

Beilage A. № 1 b.

Betriebs-Rechnung

der

Pfälzischen Ludwigsbahn

pro 1868.

C. Betriebs-Rechnung.	Eingegangene Beträge pro 1868.			
	Partial		Total.	
	Gulden.	kr.	Gulden.	kr.
Betriebs-Einnahmen.				
Fahrtaxen:				
1951274 Personen . . . 668849. —				
59299 Ctr. 70 Pfd. Gepäck . 27668. 11				
Lagergebühren . . 28. 55	696546	6		
65 Stück Equipagen	346	11		
189474 Stück Vieh	34129	53		
15763500 Ctr. 70 Pfd. Frachtgüter . . .	1155172	3		
15935262 Ctr. Steinkohlen und Coaks . . .	1132098	35		
Postwagen	6109	55	3024442	43
Miethertrag von Wohnungen	—	—	7401	2
Pachtertrag von Grundstücken und Lagerplätzen:				
Erlös aus Gräsereien	1104	46		
„ „ verpachteten Ackerstücken . .	175	11		
„ „ verpachteten Lagerplätzen .	18004	27	19284	24
Erlös von veräußerten Mobilien . .	—	—	99890	43
Zufällige Einnahmen:				
Revisions-Nachzahlungen	—	—		
Erlös von verkauften Impressen	—	—		
Rückerstattung für Werkstätte-Arbeiten und Material-Abgabe . .	4884	4		
Vergütung von Eisenbahn-Gesellschaften für die Benutzung von Locomotiven und Wagen	—	—		
Verschiedene Einnahmen	13887	12	18771	16
Zinsen der Bestände . .	—	—	68940	42
Summa der Einnahmen . .	—	—	3238730	50

C. Betriebs-Rechnung.	Ausgaben pro 1868.					
			Partial.		Total.	
	Gulden.	kr.	Gulden.	kr.	Gulden.	kr.
Betriebs-Ausgaben.						
Cap. I. **Allgemeine Verwaltung.**						
§ 1. General-Versammlung, Verwaltungsrath, Ausschuß	—	—	501	36		
§ 2. Direction.						
Tit. 1. Besoldungen und Functionsbezüge	3057	1				
„ 2. Miethzins für Bureaulocale	157	8				
„ 3. Unterhaltung und Ergänzung des Directorial-Inventars	112	9				
„ 4. Bedürfnisse aller Art, als: Porti, Schreib- und Zeichenmaterial, Beheizung, Beleuchtung rc. .	361	8				
„ 5. Druck- und Buchbinderlöhne, Inserate . .	476	34				
„ 6. Zuschuß zur Lebensversicherungs-Anstalt und Honorar für den Bahnarzt	48	33	4210	33		
§ 3. Besondere Ausgaben.						
Tit. 1. Kosten des Geldverkehrs mit Banquiers . .	9960	18				
„ 2. Kosten für das gemeinschaftliche Abrechnungsbureau in Mainz für den rheinischen Verband .	48	4				
„ 3. Zinsen von Cautionen	—	—				
„ 4. Gerichts- und Beeidigungskosten	—	28				
„ 5. Prämien des Personals	21	15				
„ 6. Unvorgesehene Ausgaben	184	49	10214	54		
Cap. II. **Bahn-Verwaltung.**					14927	3
§ 1. Besoldungs- und Functionsbezüge.						
Tit. 1. Ober- und Bezirks-Ingenieure, Telegraph-Beamten, Bahnmeister	1189	33				
„ 2. Bahnhofverwalter, Aufseher und Portiers . .	3049	10				
„ 3. Bahn- und Weichenwärter, Vorarbeiter, Ersatzmänner	9401	18				
„ 4. Nachtwache zum Schutze der Bahnhöfe . .	70	28	13710	29		
§ 2. Uniformirung des Personals . . .	—	—	994	14		
§ 3. Unterhaltung der Bahn und Zubehör.						
Tit. 1. Regulirlöhne	1175	53				
Transport .	1175	53	14704	43	14927	3

C. Betriebs-Rechnung.	Ausgaben vom 22. September bis 31. December 1868.					
			Partial.		Total.	
	Gulden.	kr.	Gulden.	kr.	Gulden.	kr.
Transport . .	—	—	5544	21	4790	20
Tit. 2. Löhne, Materialien und sonstige Ausgaben zur Unterhaltung des Bahnkörpers, von Kunstbauten, Drehscheiben rc.	—	—				
„ 3. Geräthschaften . . .	26	28				
„ 4. Dienstgebäude . . .	—	—				
„ 5. Telegraph .	4	30	30	58		
§ 4. Erneuerung des Oberbaues	—	—	—	—		
§ 5. Außerordentliche Ausgaben für Erweiterung						
Tit. 1. der Bahn	—	—				
„ 2. der Gebäude	—	—				
§ 6. Ergänzung und Unterhaltung des Inventars excl. Werkstätte.			—	—		
Tit. 1. Anschaffungen . .	—	—				
„ 2. Reparaturen .	—	—	—	—		
§ 7. Besondere Ausgaben.						
Tit. 1. Steuern und Umlagen	69	13				
„ 2. Feuerversicherung der Gebäude . . .	124	43				
„ 3. Gasbeleuchtung	—	—				
„ 4. Prämien der Bahnmeister und Bahnwärter .	25	—				
„ 5. Kosten auf Verpachtung von Grundstücken rc. .	—	—				
„ 6. Culturkosten	—	—				
„ 7. Sonstige besondere Ausgaben . .	9	8				
			228	4		
Cap. III. Transport-Verwaltung.					5803	23
§ 1. Besoldungen und Functionsbezüge.						
Tit. 1. Güter- und Personen-Expedition, Material-Verwaltung rc.	2337	11				
„ 2. Werkstätte-Personal	146	31				
„ 3. Locomotivführer	289	33				
„ 4. Locomotivführer-Lehrlinge	26	10				
„ 5. Heizer	159	38				
Transport .	2958	3	—	—	10593	43

C. Betriebs-Rechnung.	Ausgaben vom 22. September bis 31. December 1868.					
			Partial.		Total.	
	Gulden.	kr.	Gulden.	kr.	Gulden.	kr.
Transport . .	2958	3	—	—	10593	43
Tit. 6. Zugführer	160	52				
„ 7. Schaffner	130	35				
„ 8. Wagenaufseher, Wagenwärter, Bremser . .	257	28				
„ 9. Fahrdiäten	572	24				
„ 10. Uebernachtgebühren	251	7				
„ 11. Umzugsgebühren	1	27				
„ 12. Gratification für Locomotivführer und Heizer .	44	13	4376	9		
§ 2. Uniformirung des Personals . . .	—	—	117	5		
§ 3. Löhne der Arbeiter.						
Tit. 1. Für Transportdienst und Bahnhöfe . .	—	—	785	16		
„ 2. Werkstätte	—	—				
§ 4. Kosten für Material und Ersatzstücke.						
Tit. 1. Brennmaterial	2048	15				
„ 2. Metallwaaren	3	23				
„ 3. Holzwaaren	22	20				
„ 4. Fettwaaren	557	54				
„ 5. Sonstige Materialien	354	46				
„ 6. Ersatzstücke für Locomotive . . .	—	—				
„ 7. Nämliche für Transportwagen	—	—				
„ 8. Sonstige Ersatzstücke	—	—	2986	38		
§ 5. Kosten für auswärts gefertigte Reparaturen an Locomotiven und Tendern	—	—	479	44		
§ 6. Kosten für auswärts gefertigte Reparaturen an Transportwagen	—	—	281	25		
§ 7. Ergänzung und Erneuerung des Inventars . .	—	—	8	4		
§ 8. Versicherung des Fahrmaterials, der Bahnzüge, der Waaren in den Güterschuppen, Drehscheiben, Schiebbühnen, Brückenwaagen etc.	—	—	63	33		
§ 9. Besondere Ausgaben.						
Tit. 1. Drucksachen, Inserate, Buchbinderlohn, Schreibmaterialien	211	3				
Tit. 2. Vergütung von Meilengeldern für fremde Locomotiven und Wagen		—				
Transport .	211	3	9097	53	10593	43

C. Betriebs-Rechnung.	Ausgaben vom 22. September bis 31. December 1868.					
			Partial.		Total.	
	Gulden.	kr.	Gulden.	kr.	Gulden.	kr.
Transport .	211	3	9097	55	10593	43
Tit. 3. Vergütung an die pfälzische Ludwigsbahn für Benützung des Bahnhofs Landstuhl . . .	156	58				
„ 7. Schadenersatz und Restitutionen aller Art . .	—	—				
„ 8. Prämien des Personals	8	41				
„ 9. Sonstige unvorgesehene Ausgaben . . .	19	34				
	—	—	394	19	9492	12
					20085	55
Cap. IV. Verzinsung des Actien-Capitals .	—	—	—	—	585	9
Cap. V. Zuschuß zum Pensionsfond .	—	—	—	—	—	—
					20671	4
Abgleichung.						
Summa aller Einnahmen . .			54403	47		
„ „ Ausgaben . .			20671	4		
Activrest . .			33732	43		

Beilage A. № 5.

Zusammenstellung

der

Haupt-Ergebnisse des Betriebes

der Pfälzischen Eisenbahnen

im Rechnungsjahre 1868 vom 1. Januar bis 31. December 1868.

Bemerkung. Obwohl die Landstuhl-Kuseler Bahn nur 101 Tage im Betriebe gestanden ist und die erzielten Resultate in Einnahme, Ausgabe und Activrest in keiner Weise als normal betrachtet werden können, so sind die Durchschnitts-Ergebnisse dennoch in allen Rubriken berechnet worden; sie eignen sich jedoch wegen ihrer theilweisen Abnormität weder zu Vergleichen mit den übrigen Bahnen, noch als Maßstab zur Beurtheilung der künftigen Ertrags- und Verkehrs-Verhältnisse dieser neuen Linie.

	Ludwigsbahn.	Maximiliansbahn.	Neustadt-Dürkheimer Bahn.	Landstuhl-Kuseler Bahn.
I. Allgemeine Ergebnisse.				
1) Bahnlängen.				
a. Ludwigsbahn.				
1) Hauptlinie: von der preußischen Grenze bei Berbach über Ludwigshafen bis zur hessischen Grenze bei Worms	16,[illegible] Meilen.			
2) Zweiglinien:				
a. Schifferstadt-Speyer	1,[illegible] „			
b. Homburg-Zweibrücken . . .	1,[illegible] „			
c. Speyer-Germersheim . . .	1,[illegible] „			
d. Schwarzenacker-St. Ingbert . .	2,[illegible] „			
e. Brückenbahn: Pfälzischer Antheil .	0,[illegible] „			
Total .	21,[illegible] „			
b. Maximiliansbahn.				
1) Hauptlinie von Neustadt-Weißenburg . .	. .	6,[illegible] Meilen		
2) Zweiglinie von Winden-Maximiliansau . .	. .	2,[illegible] „		
Total .	. .	8,[illegible] Meilen.		
c. Neustadt-Dürkheimer Bahn.				
Von Neustadt-Dürkheim . .	. .	. .	2,[illegible] Meilen.	
d. Landstuhl-Kuseler Bahn.				
Von Landstuhl-Kusel . . . 3,[illegible] Meilen Dieselbe wurde am 22. September dem Betriebe übergeben und ergibt sich somit für 101 Tage eine durchschnittliche Betriebslänge von	. .	. .	. .	1,[illegible] Meilen
2) Betriebszeit.				
Vom 1. Januar bis 31. December 1868	365 Tage.	365 Tage.	365 Tage.	
Landstuhl-Kusel vom 22. Sept. bis 31. December 1868	. . .	. . .	. . .	101 Tage.
3) Zurückgelegte Locomotiv- resp. Nutzmeilen.	Meilen.	Meilen.	Meilen.	Meilen.
a. mit Personenzügen	96,383,[illegible]	31,087,[illegible]	2,213,[illegible]	—
b. mit Güter- und Kohlenzügen	112,718,[illegible]	33,798,[illegible]	6,030,[illegible]	3,136,[illegible]
c. mit Rangirdienst	38,735,[illegible]	8,385,[illegible]	75,[illegible]	—
Zusammen .	247,837,[illegible]	73,266,[illegible]	8,319,[illegible]	3,136,[illegible]
Total der 4 Bahnen .	332,559,[illegible] Meilen.			

	Ludwigsbahn.		Maximiliansbahn.		Neustadt-Dürkheimer Bahn.		Landstuhl-Kuseler Bahn.	
	fl.	kr.	fl.	kr.	fl.	kr.	fl.	kr.
4) Brutto-Einnahmen .	3238730	50	816651	48	76707	34	54403	47
5) Brutto-Ausgaben .	1405902	26	391297	—	70827	34	20085	55
6) Rein-Ertrag	1832828	24	425354	48	5880	—	34317	52
a. Der Activrest der Ludwigsbahn von 1867, welcher nach Berichtigung der Actien- und Prioritätszinsen sowie der Amortisationsraten, sodann nach Ueberweisung des 1 pCt. = fl. 118,590 an den Reservefond und Zahlung einer Dividende von 5,4 pCt. oder fl. 27 per Actie mit fl. 829,580 zufolge Beschlusses der Generalversammlung vom 30. März 1868 noch betrug	5276	9						
wurde dem Erneuerungsfond überwiesen, wie sub Ziffer 4. Finanzergebniß der Ludwigsbahn pag. 70 des Geschäftsberichtes pro 1867 beantragt war.								
b. Der Activrest der Maximiliansbahn von 1867, welcher nach Berichtigung der Actienzinsen zu 4½ pCt., nach Erstattung von 1 pCt. vom Actiencapitale mit fl. 65,000 à conto des Zinszuschusses des Staates und nach Zahlung einer Dividende von 0,5 pCt. oder fl. 2. 30 kr. per Actie mit fl. 35,500 gemäß Beschlusses der Generalversammlung vom 31. März 1868 noch betrug	. .	.	511	54				
wurde auf die Rechnung pro 1868 als Activbestand übertragen								
c. Der Passivrest der Dürkheimer Bahn von 1867 betrug laut Rechnung	. .	.	. .	.	54126	12		
und wurde in Gemäßheit des Zinsengarantiegesetzes von dem Staate zugeschossen.								
d. Der Activrest der Landstuhl-Kuseler Bahn pro 1868 beträgt laut Rechnung	. .	.	.	.	. .	.	33732	43
Nachdem indeß noch namhafte Zinszahlungen pro 1868 restiren, welche erst pro 1869 zur Zahlung gelangen können, so ist beantragt, dessen Activrest auf die Rechnung pro 1869 zu transferiren.								
7) Die Betriebs-Ausgaben betragen von der Brutto-Einnahme	43,[illegible] Procent.		47,[illegible] Procent.		92,[illegible] Procent.		38,[illegible] Procent.	
	fl.	kr.	fl.	kr.	fl.	kr.	fl.	kr.
8) Reinertrag per Bahnmeile .	75115	55	50041	45	2900	3	53072	46
9) Reinertrag per Nutzmeile . .	7	24	5	48	—	42	10	56
10) Reinertrag per Tag	5021	27	1165	22	16	7	339	47
10a) Reinertrag per Tag und Bahnmeile .	205	48	137	6	7	40	318	44

	[illegible]		[illegible]		[illegible]		[illegible]	
	fl.	kr.	fl.	kr.	fl.	kr.	fl.	kr.
II. Einnahme.								
11) Die Brutto-Einnahme zerfällt in folgende Posten:								
Cap. I. Fahrtaxen.								
1. Personen	668849	—	162051	55	41737	26	8665	26
2. Reisegepäck	27697	6	7535	8	1701	30	171	16
3. Equipagen	386	11	68	15	—	48	—	.
4. Vieh	34129	53	5225	13	1018	7	509	57
5. Frachtgüter . . . fl. 1127786. 52	1155172	3	274009	15	19809	46	6125	56
6. Steintransport . . . „ 27385. 11					—	—	4715	5
7. Kohlen und Coaks	1132018	35	330868	10	6592	23	2067	19
8. Postsendungen	6109	55	3487	30	630	—	320	6
Zusammen	3024442	43	783365	26	71490	—	22575	5
Cap. II. Pachtertrag von Gebäuden, Wohnungen etc.	7401	2	3782	44	83	20	—	—
Cap. III. Pachtertrag von Gräsereien, Grundstücken und Lagerplätzen	19284	24	5819	9	4365	30	157	—
Cap. IV. Erlös aus veräußerten Mobilien	99890	43	5436	15	—	—	—	—
Cap. V. Zufällige Betriebs-Einnahmen	18771	16	7168	37	768	44	6500	3
Cap. VI. Zinsen der Geldbestände	68940	42	11084	37	—	—	25162	39
Summa aller Betriebs-Einnahmen	3238730	50	810654	48	70707	34	54403	47
Die Brutto-Einnahme ergibt einen Durchschnitt:								
12) per Tag von	8873	14	2237	24	210	9	538	39
13) per Bahnmeile von	132734	52	96076	41	38527	28	50844	39
14) per Tag und Meile von	363	30	263	13	100	4	503	25
15) per Nutzmeile von	13	4	11	8	9	13	17	20
Die Brutto-Einnahme beträgt nach Procenten:								
16) Vom Personen-Transport incl. Gepäck, Vieh etc.	22,[illegible]		21,[illegible]		68,[illegible]		17,[illegible]	
17) Vom Güter-Transport	35,[illegible]		33,[illegible]		25,[illegible]		19,[illegible]	
18) Vom Kohlen- und Coaks-Transport	34,[illegible]		40,[illegible]		6,[illegible]		3,[illegible]	
19) Von anderen Quellen	6,[illegible]		4,[illegible]		6,[illegible]		58,[illegible]	
Zusammen	100,00		100,00		100,00		100,00	
	fl.	kr.	fl.	kr.	fl.	kr.	fl.	kr.
III. Ausgaben.								
20) Die Betriebs-Ausgaben zerfallen in folgende Posten:								
A. Allgemeine Verwaltung	66042	44	25586	25	14927	5	4790	20
B. Bahn-Verwaltung	516244	12	94061	18	27405	13	6803	23
C. Transport-Verwaltung	822715	30	271701	17	28495	16	9492	12
Summa aller Betriebs-Ausgaben	1105902	26	391297	—	70827	34	20085	55

	Ludwigsbahn.		Maximiliansbahn.		Neustadt-Dürkheimer Bahn.		Landstuhl-Kuseler Bahn.	
	fl.	kr.	fl.	kr.	fl.	kr.	fl.	kr.
Die Betriebs-Ausgaben ergeben einen Durchschnitt:								
21) per Tag von	3851	47	1072	2	194	2	198	52
22) per Bahnmeile von	57618	57	46034	56	33727	25	18771	53
23) per Tag und Meile von	157	51	126	7	92	24	185	41
24) per Nutzmeile von	5	40	6	20	8	31	6	24
Die Betriebs-Ausgaben vertheilen sich auf die drei Hauptrubriken nach Procenten berechnet wie folgt:	Procent		Procent		Procent		Procent	
25) A. Allgemeine Verwaltung	4.70		6.54		21.00		23.95	
26) B. Bahn-Verwaltung	36.78		24.02		38.80		28.19	
27) C. Transport-Verwaltung	58.52		69.44		40.20		47.86	
Zusammen . .	100.00		100.00		100.00		100.00	

IV. Transport-Ergebnisse.

A. Personen-Transport.

	Ludwigsbahn.		Maximiliansbahn.		Neustadt-Dürkheimer Bahn.		Landstuhl-Kuseler Bahn.	
28) Es sind transportirt worden:								
mit einfachen Billeten								
in Schnellzügen								
Personen in 1. Classe . .	2820		1551		128		5	
" " 2. " . .	43199		14808		1767		58	
in gewöhnlichen Zügen								
Personen in 1. Classe . .	8383		702		303		8	
" " 2. " . .	95052		25554		14776		1300	
" " 3. " . .	672880		213709		71849		21679	
mit Retourbilleten								
Personen in 1. Classe . . .	3014		742		340		10	
" " 2. " . . .	194853		45840		22362		2380	
" " 3. " . . .	770962		192386		87488		18838	
Militär	65612		19606		3897		965	
Im Ganzen Personen . .	1851274		515018		202028		45303	
29) Ertrag des Personen-Transportes:	fl.	kr.	fl.	kr.	fl.	kr.	fl.	kr.
mit einfachen Billeten								
in Schnellzügen								
in 1. Classe	6700	32	3220	43	89	46	6	21
" 2. " . . .	52595	55	14833	59	782	48	36	48
Zu übertragen .	59296	27	18054	42	872	36	43	12

	Ludwigsbahn.		Maximiliansbahn.		Neustadt-Dürkheimer Bahn.		[illegible]	
	fl.	kr.	fl.	kr.	fl.	kr.	fl.	kr.
Uebertrag	59796	27	18084	42	672	36	43	12
in gewöhnlichen Zügen								
in 1. Classe	4334	6	995	28	170	15	10	24
" 2. "	60626	53	14651	39	3985	56	489	12
" 3. "	213432	1	63095	18	13590	52	3710	42
mit Retourbilleten								
in 1. Classe	2881	48	686	47	149	20	9	45
" 2. "	96787	23	16777	46	5870	45	720	12
" 3. "	207824	42	48155	24	16071	—	3560	6
Militär	23665	42	4634	52	526	33	121	53
Summa des Ertrages	668419	—	162051	55	41737	26	8665	26
30) Die Personenzahl vertheilt sich auf die Wagenclassen nach Procenten:								
bei einfachen Billeten								
in Schnellzügen								
auf 1. Classe	0,[illegible]		0,[illegible]		0,[illegible]		0,[illegible]	
" 2. "	2,[illegible]		2,[illegible]		0,[illegible]		0,[illegible]	
in gewöhnlichen Zügen								
auf 1. Classe	0,[illegible]		0,[illegible]		0,[illegible]		0,[illegible]	
" 2. "	5,[illegible]		4,[illegible]		7,[illegible]		3,[illegible]	
" 3. "	36,[illegible]		41,[illegible]		35,[illegible]		47,[illegible]	
bei Retourbilleten								
auf 1. Classe	0,[illegible]		0,[illegible]		0,[illegible]		0,[illegible]	
" 2 "	10,[illegible]		8,[illegible]		11,[illegible]		5,[illegible]	
" 3. "	41,[illegible]		37,[illegible]		43,[illegible]		41,[illegible]	
Militär	3,[illegible]		3,[illegible]		1,[illegible]		2,[illegible]	
Summa	100,[illegible]		100,[illegible]		100,[illegible]		100,[illegible]	
31) Ohne Berücksichtigung des Militärs:								
bei einfachen Billeten								
in Schnellzügen								
auf 1. Classe	0,[illegible]		0,[illegible]		0,[illegible]		0,[illegible]	
" 2. "	2,[illegible]		2,[illegible]		0,[illegible]		0,[illegible]	
in gewöhnlichen Zügen								
auf 1. Classe	0,[illegible]		0,[illegible]		0,[illegible]		0,[illegible]	
" 2. "	5,[illegible]		5,[illegible]		7,[illegible]		3,[illegible]	
" 3. "	37,[illegible]		43,[illegible]		38,[illegible]		48,[illegible]	
bei Retourbilleten								
auf 1. Classe	0,[illegible]		0,[illegible]		0,[illegible]		0,[illegible]	
" 2. "	10,[illegible]		9,[illegible]		11,[illegible]		5,[illegible]	
" 3. "	43,[illegible]		38,[illegible]		43,[illegible]		42,[illegible]	
Summa	100,[illegible]		100,[illegible]		100,[illegible]		100,[illegible]	

	Ludwigsbahn.	Maximiliansbahn.	Neustadt-Dürkheimer Bahn.	Landstuhl-Kuseler Bahn.
32) Der Ertrag vertheilt sich auf Wagenclassen nach Procenten:				
bei einfachen Billeten				
in Schnellzügen				
auf 1. Classe	1,[illegible]	1,[illegible]	0,[illegible]	0,[illegible]
„ 2. „	7,[illegible]	9,[illegible]	1,[illegible]	0,[illegible]
in gewöhnlichen Zügen				
auf 1. Classe	0,[illegible]	0,[illegible]	0,[illegible]	0,[illegible]
„ 2. „	9,[illegible]	9,[illegible]	9,[illegible]	5,[illegible]
„ 3. „	31,[illegible]	38,[illegible]	32,[illegible]	42,[illegible]
bei Retourbilleten				
auf 1. Classe	0,[illegible]	0,[illegible]	0,[illegible]	0,[illegible]
„ 2. „	14,[illegible]	10,[illegible]	14,[illegible]	8,[illegible]
„ 3. „	31,[illegible]	26,[illegible]	39,[illegible]	41,[illegible]
Militär	3,[illegible]	2,[illegible]	1,[illegible]	1,[illegible]
Summa	100,[illegible]	100,[illegible]	100,[illegible]	100,[illegible]
33) Ohne Berücksichtigung des Militärs:				
bei einfachen Billeten				
in Schnellzügen				
auf 1. Classe	1,[illegible]	2,[illegible]	0,[illegible]	0,[illegible]
„ 2. „	8,[illegible]	9,[illegible]	1,[illegible]	0,[illegible]
in gewöhnlichen Zügen				
auf 1. Classe	0,[illegible]	0,[illegible]	0,[illegible]	0,[illegible]
„ 2. „	9,[illegible]	9,[illegible]	9,[illegible]	5,[illegible]
„ 3. „	33,[illegible]	40,[illegible]	32,[illegible]	43,[illegible]
bei Retourbilleten				
auf 1. Classe	0,[illegible]	0,[illegible]	0,[illegible]	0,[illegible]
„ 2. „	15,[illegible]	10,[illegible]	14,[illegible]	8,[illegible]
„ 3. „	32,[illegible]	27,[illegible]	40,[illegible]	41,[illegible]
Summa	100,[illegible]	100,[illegible]	100,[illegible]	100,[illegible]
34) Auf einen Tag kommen:				
bei einfachen Billeten				
in Schnellzügen				
Personen 1. Classe	8	4	0,[illegible]	0,[illegible]
„ 2. „	118	41	5	0,[illegible]
in gewöhnlichen Zügen				
Personen 1. Classe	9	2	0,[illegible]	0,[illegible]
„ 2. „	260	70	40	13
„ 3. „	1844	586	197	214
Zu übertragen	2239	703	243,[illegible]	227,[illegible]

	Ludwigsbahn.		Maximiliansbahn.		Neustadt-Dürkheimer Bahn.		Landstuhl-Kuseler Bahn.	
Uebertrag	2239		703		243,10		227,70	
bei Retour-Billeten								
Personen 1. Classe	8		2		0,66		0,10	
„ 2. „	533		125		61		23	
„ 3. „	2112		527		239		186	
Militär	180		54		11		10	
Summa	5072		1411		555,40		448,00	
35) Ein Tag hat ertragen:	fl.	kr.	fl.	kr.	fl.	kr.	fl.	kr.
bei einfachen Billeten								
in Schnellzügen								
in 1. Classe	18	22	8	49	—	14,70	—	3,00
„ 2. „	144	6	40	38	2	8,03	—	21,00
in gewöhnlichen Zügen								
in 1. Classe	11	52	2	43	—	27,00	—	6,17
„ 2. „	166	6	40	8	10	55,22	4	50,41
„ 3. „	581	45	172	52	37	14,11	36	44,37
bei Retour-Billeten								
in 1. Classe	7	54	1	53	—	24,47	—	5,75
„ 2. „	265	10	45	59	16	5,00	7	7,54
„ 3. „	569	23	118	14	45	24,05	35	14,91
für Militär	64	50	12	42	1	26,54	1	12,40
Im Ganzen	1832	28	413	58	114	21	65	47,00
36) Eine Person hat ertragen:								
bei einfachen Billeten								
in Schnellzügen								
in 1. Classe	2	22,84	2	04,30	—	42,18	1	16,8
„ 2. „	1	13,76	1	00,70	—	26,83	—	38,00
in gewöhnlichen Zügen								
in 1. Classe	1	16,06	1	18,58	—	32,11	1	18,00
„ 2. „	—	38,91	—	34,60	—	16,16	—	21,34
„ 3. „	—	18,03	—	17,71	—	11,84	—	10,97
bei Retour-Billeten								
in 1. Classe	—	57,90	—	55,04	—	26,00	—	58,4
„ 2. „	—	28,44	—	21,98	—	15,76	—	18,18
„ 3. „	—	16,17	—	13,08	—	11,00	—	11,34
Militär	—	21,64	—	14,10	—	8,10	—	7,54
Im Ganzen	—	21,07	—	18,64	—	12,54	—	11,40

	Ludwigsbahn.		Maximiliansbahn.		Neustadt-Dürkheimer Bahn.		Landstuhl-Kuseler Bahn.	
37) An Meilen haben durchschnittlich durchfahren:								
bei einfachen Billeten								
mit Schnellzügen								
jede Person in 1. Classe	6,[illegible]		5,1[illegible]		1,7[illegible]		5,[illegible]	
„ „ „ 2. „	5,[illegible]		4,17		1,[illegible]		2,04	
mit gewöhnlichen Zügen								
jede Person in 1. Classe	3,[illegible]		3,01		1,[illegible]		3,[illegible]	
„ „ „ 2. „	3,1[illegible]		2,[illegible]		1,[illegible]		1,[illegible]	
„ „ „ 3. „	2,[illegible]		2,[illegible]		1,[illegible]		1,[illegible]	
bei Retourbilleten								
jede Person in 1. Classe	3,[illegible]		3,7[illegible]		1,7[illegible]		3,[illegible]	
„ „ „ 2. „	3,[illegible]		2,41		1,7[illegible]		2,01	
„ „ „ 3. „	2,[illegible]		2,11		1,[illegible]		1,[illegible]	
Jede Person in allen Classen zusammen	2,[illegible]		2,[illegible]		1,[illegible]		1,[illegible]	
38) Im Durchschnitt ist pro Meile eingekommen für jede Person	8,[illegible] kr.		7,[illegible] kr.		7,1[illegible] kr.		7,1[illegible] kr.	
39) Auf die ganze Bahnlänge kommen im Durchschnitt . . . Personen	188613		147550		157655		—	
oder von der ganzen Frequenz . . Procent	10,[illegible]		29,[illegible]		79,01		—	
Personen-Meilen	4602758		1254253		331077		—	
B. Güter-Transport.	Ctr.	Pfd.	Ctr.	Pfd.	Ctr.	Pfd.	Ctr.	Pfd.
40) Es sind transportirt worden:								
Güter 1. Classe	643527	6	157582	9	17486	—	2932	5
„ 2. „	1725834	3	460598	7	109492	6	17847	2
„ in Wagenladungs-Classen	13204357	9	3746510	6	525021	2	210058	7
Eilgüter	189780	9	81452	7	16588	7	1371	5
Zusammen	15763500	7	4446144	9	668588	5	232209	9
41) Diese ertrugen an Fracht:	fl.	kr.	fl.	kr.	fl.	kr.	fl.	kr.
1. Classe	87715	7	18871	23	1277	26	353	36
2. „	179733	59	37643	3	4853	10	1299	34
Wagenladungs-Classen	834518	4	205676	30	11688	44	8851	53
Eilgüter	46603	8	9601	35	1775	40	227	3
Zusammen	1148570	16	271792	31	19595	—	10732	6
42) Gesammtertrag des Gütertransportes:								
a. Fracht	1148570	16	271792	31	19595	—	10732	6
b. Provision für Nachnahme	4227	26	1707	4	175	12	73	36
c. Versicherungstaxen	2374	21	509	40	39	34	35	27
Zusammen	1155172	3	274009	15	19809	46	10841	1

	Ludwigsbahn.	Maximiliansbahn.	Neustadt-Dürkheimer Bahn.	Landstuhl-Kuseler Bahn.
	kr.	kr.	kr.	kr.
43) Eingebracht hat im Durchschnitt jeder Centner Gut:				
in 1. Classe	8,[illegible]	7,[illegible]	4,[illegible]	7,[illegible]
„ 2. „	6,[illegible]	4,[illegible]	2,[illegible]	4,[illegible]
„ Wagenladungs-Classen . .	3,[illegible]	3,[illegible]	1,[illegible]	2,[illegible]
Eilgüter	14,[illegible]	11,[illegible]	6,[illegible]	9,[illegible]
In allen Classen zusammen .	4,[illegible]	3,[illegible]	1,[illegible]	2,[illegible]
44) An Meilen hat durchschnittlich durchfahren jeder Centner Gut:				
in 1. Classe	6,[illegible]	5,[illegible]	1,[illegible]	2,[illegible]
„ 2 „	6,[illegible]	4,[illegible]	1,[illegible]	2,[illegible]
„ Wagenladungs-Classen . .	6,[illegible]	5,[illegible]	1,[illegible]	2,[illegible]
Eilgüter	5,[illegible]	4,[illegible]	1,[illegible]	2,[illegible]
In allen Classen zusammen . .	6,[illegible]	5,[illegible]	1,[illegible]	2,[illegible]
45) Im Durchschnitt ist pro Meile eingekommen für jeden Centner Gut. .	0,[illegible] kr.	0,[illegible] kr.	1,[illegible] kr.	1,11 kr.
46) Auf die ganze Bahnlänge kommen im Durchschnitt:	1094154 Ctr.	2698568 Ctr	426733 Ctr.	—
oder Procent des ganzen Verkehrs . . .	26,[illegible] pCt.	65,64 pCt.	63,[illegible] pCt.	—
Güter-Centner-Meilen	102,337,381	24,637,854	896140	—

C. Kohlen-Transport.

47) Es sind transportirt worden:	Centner.	Centner.	Centner.	Centner.
Kohlen	15616885	8413767	281920	55440
Coaks	268377	67883	1850	100
Zusammen	15935262	8481649	283770	55540
48) Diese haben ertragen	fl. 1182098. 35	fl. 330968. 10	fl. 6502. 23 kr.	fl. 2007. 10 kr.
49) Eingebracht hat im Durchschnitt jeder Centner Kohlen	4,[illegible] kr.	2,34 kr.	1,[illegible] kr.	2,[illegible] kr.
50) An Meilen hat im Durchschnitt durchfahren jeder Centner Kohlen . . .	9,[illegible]	5,[illegible]	1,[illegible]	3,[illegible]
51) Im Durchschnitt ist pro Meile eingekommen für jeden Centner Kohlen .	0,[illegible] kr.	0,[illegible] kr.	0,[illegible] kr.	0,[illegible] kr.
52) Auf die ganze Bahnlänge kommen im Durchschnitt	5916945 Ctr.	5188663 Ctr.	251339 Ctr.	—
oder Procent des ganzen Verkehrs	37,[illegible] pCt.	61,[illegible] pCt.	88,[illegible] pCt.	—
Kohlen-Centner-Meilen	144,373,473	44,103,638	527912	—

	Ludwigsbahn.	Maximilians-bahn.	Neustadt-Dürkheimer Bahn.	Landstuhl-Kuseler Bahn.
D. Gepäck-Transport.				
53) Es sind transportirt worden: Gepäck	59299,70 Ctr.	16678,50 Ctr.	6442,76 Ctr.	670,70 Ctr.
54) Diese haben ertragen	fl. 27668. 11 kr.	fl. 7509. 2 kr.	fl. 1701. 30 kr.	fl. 171. 16 kr.
55) Eingebracht hat im Durchschnitt jeder Centner Gepäck	28,00 kr.	24,00 kr.	15,84 kr.	15,30 kr.
56) Im Durchschnitt ist pro Meile eingekommen für jeden Centner Gepäck	4,00 kr.	5,00 kr.	10,00 kr.	10,00 kr.
57) An Meilen hat durchschnittlich durchfahren jeder Centner Gepäck	5,61	4,00	1,50	1,50
58) Auf die ganze Bahnlänge kommen im Durchschnitt	13634 Ctr.	10591 Ctr.	4847 Ctr.	—
oder Procent des ganzen Verkehrs	22,90 pCt.	58,00 pCt.	75,00 pCt.	—
Gepäck-Centner-Meilen	332,671	90,029	10,179	—
E. Equipagen-Transport.				
59) Es sind transportirt worden: Equipagen	65 Stück.	24 Stück.	1 Stück.	—
60) Diese haben ertragen	fl. 388. 11 kr.	fl. 88. 15 kr.	48 kr.	—
61) Eingebracht hat im Durchschnitt jede Equipage	fl. 5. 58,00 kr.	fl. 3. 40,00 kr.	48 kr.	—
F. Vieh-Transport.				
62) Es sind transportirt worden:				
Pferde	2389	350	134	8
Ochsen und Stiere	8631	677	78	140
Kühe und Rinder	17183	8235	2236	1274
Schweine (fette)	4602	643	166	519
Kleine Schweine, Kälber rc.	155585	18265	7542	539
Hunde	6084	1270	562	175
Zusammen	189474	29440	10708	2655
63) Diese haben ertragen	fl. 34129. 53 kr.	fl. 5226. 13 kr.	fl. 1018. 7 kr.	fl. 509. 57 kr.
64) Eingebracht hat im Durchschnitt jedes Stück Vieh	10,81 kr.	10,65 kr.	5,71 kr.	11,00 kr.

	Oberschlesische Bahn.	Stargard-Posener Eisenbahn	Oppeln-Tarnowitzer Bahn.	Neisse-Brieger Bahn.
V. Transportmittel.				
65) Es sind vorhanden:				
Locomotiven	48	18	3	4
Tender	46	15	3	4
Personenwagen	125	46	3	—
Plätze 1. Classe	195	114	16	—
„ 2. „	1104	442	90	—
„ 3. „	2940	1000	.	—
Summa der Plätze	4239	1556	108	—
Plätze auf die Achse	17	17	18	—
Post- und Gefangenenwagen	8	2	—	—
Gepäckwagen	35	15	3	—
Equipagewagen	10	5	—	—
Viehwagen	44	20	—	—
Güterwagen	949	360	—	15
Kohlenwagen	667	156	—	—
deren Ladungsfähigkeit . Ctr.	229320	76000	600	3000
66) Die Locomotiven haben an Locomotivmeilen durchlaufen, und zwar:				
I. a. mit Personenzügen	96383,[illegible]	31087,[illegible]	2213,[illegible]	—
b. mit Güter- und Kohlenzügen	112718,[illegible]	35793,[illegible]	6030,[illegible]	3136,[illegible]
II. mit Material- und Arbeitszügen und leer:				
a. durch Personenzug-Maschinen	3634,[illegible]	67,[illegible]	—	—
b. durch Güterzug-Maschinen	35101,[illegible]	6317,[illegible]	75,[illegible]	. .
Zusammen	247837,[illegible]	73266,[illegible]	8319,[illegible]	3136,[illegible]

67) Der Verbrauch der Locomotive beträgt:

1) An Kohlen:

	Gesammt-Resultat der vier Bahnen.
a. bei Personenzügen	151441 Centner.
b. bei Güter- und Kohlenzügen	325387 „
Zusammen Centner	476828
2) An Holz	1573,[illegible] Kub.-Meter.
3) An Maschinenöl	57281 Pfund.
4) An Talg	6360,[illegible] „

68) Der Verbrauch dieser Materialien berechnet sich auf die Locomotivmeile:

1) An Kohlen:

	Gesammt-Resultat der vier Bahnen.
a. bei Personenzug-Locomotiven	109,[illegible] Pfund.
b. bei Güter- und Kohlenzug-Locomotiven	165,[illegible] „
2) An Holz	0,[illegible] Kub.-Meter.
3) An Maschinenöl	0,[illegible] Pfund.
4) An Talg	0,[illegible] „

69) Die Kosten des Materialverbrauchs für Locomotiven betragen per Meile:

a. bei Personenzug-Locomotiven für 109,[illegible] Pfd. Kohlen . . . . 22,[illegible] kr.

b. bei Güter- und Kohlenzug-Locomotiven für 163,[illegible] Pfd. Kohlen . . . . . . 34,[illegible] „

c. Zusammen zum Anheizen für 0,[illegible] Kubikmeter Holz . . . . 0,[illegible] „

d. Zusammen zum Schmieren für 0,[illegible] Pfd. Oel . 2,[illegible] „
„ 0,[illegible] „ Talg 0,[illegible] „

70) Die Unterhaltung der Locomotive kostete im Ganzen . . . fl. 63039. 37 kr.

71) Die Unterhaltung der Personenwagen erforderte . . . . „ 21945. 47 „

72) Die Unterhaltung der Güter- und Kohlenwagen erforderte . . . „ 89606. 40 „

73) Die Reparaturkosten der Locomotive betragen durchschnittlich für jede Locomotivmeile . . . . . . 11,[illegible] kr.

(Gesammt-Resultat der vier Bahnen.)

	[illegible]	[illegible]	[illegible]	[illegible]
74) Die Wagen haben Achsmeilen zurückgelegt:				
1) auf eigener Bahn:				
a. Personen- und Gepäckwagen .	1391871,[illegible]	260307,[illegible]	10010,[illegible]	—
b. Güterwagen .	817509,[illegible]	67770,[illegible]	—	27,[illegible]
c. Kohlenwagen .	2176517,[illegible]	76880,[illegible]	—	33,[illegible]
Zusammen .	4385982,[illegible]	405018,[illegible]	10010,[illegible]	60,[illegible]
2) auf fremden Bahnen:				
a. Personen- und Gepäckwagen .	521510,[illegible]	271476,[illegible]	92343,[illegible]	—
b. Güterwagen .	1379046,[illegible]	651120,[illegible]	—	7185,[illegible]
c. Kohlenwagen .	1327643,[illegible]	822958,[illegible]	—	10772,[illegible]
Zusammen .	3228200,[illegible]	1745556,[illegible]	92343,[illegible]	17958,[illegible]
3) Im Ganzen haben Achsmeilen zurückgelegt:				
a. die Personen- und Gepäckwagen .	1913382,[illegible]	531844,[illegible]	102354,[illegible]	—
b. die Güterwagen .	2196639,[illegible]	718890,[illegible]	—	7212,[illegible]
c. die Kohlenwagen .	3504160,[illegible]	899839,[illegible]	-	10806,[illegible]
Zusammen .	7614183,[illegible]	2150574,[illegible]	102354,[illegible]	18019,[illegible]

13

	Ludwigsbahn.	Maximilians-bahn.	Neustadt-Dürkheimer Bahn.	Landstuhl-Kuseler Bahn.
75) Auf der Bahn wurden Achsmeilen zurückgelegt:				
1) Mit eigenen Wagen:				
a. Personen- und Gepäckwagen . . .	1391871,[illegible]	260367,[illegible]	10010,[illegible]	—
b. Güterwagen	817593,[illegible]	67770,[illegible]	—	27,[illegible]
c. Kohlenwagen	2176517,[illegible]	76880,[illegible]	—	33,[illegible]
Zusammen	4385962,[illegible]	405018,[illegible]	10010,[illegible]	60,[illegible]
2) Mit fremden Wagen:				
a. Personen- und Gepäckwagen . .	471303,[illegible]	277311,[illegible]	115012,[illegible]	42617,[illegible]
b. Güterwagen . . .	1646500,[illegible]	541511,[illegible]	29629,[illegible]	17444,[illegible]
c. Kohlenwagen	2269129,[illegible]	1023340,[illegible]	15125,[illegible]	5002,[illegible]
Zusammen . .	4386933,[illegible]	1842162,[illegible]	159767,[illegible]	65063,[illegible]
3) Im Ganzen wurden Achsmeilen zurückgelegt:				
a. mit Personen- und Gepäckwagen . .	1863175,[illegible]	537679,[illegible]	125023,[illegible]	42617,[illegible]
b. mit Güterwagen	2464093,[illegible]	609281,[illegible]	29629,[illegible]	17471,[illegible]
c. mit Kohlenwagen	4445646,[illegible]	1100220,[illegible]	15125,[illegible]	5036,[illegible]
Total .	8772915,[illegible]	2247181,[illegible]	169778,[illegible]	65126,[illegible]
76) Die Reparaturkosten vertheilen sich pro Achsmeile:				
a. auf Personenwagen . . .	0,[illegible] kr.	Gesammt-Resultat der vier Bahnen.		
b. auf Güter- und Kohlenwagen	0,[illegible] "			
Sämmtliche Wagen im Durchschnitt .	0,[illegible] kr.			
77) Eingetragen hat die Nutzmeile:				
a. bei Personenzügen	fl. 7. 54 kr.	fl. 6. — kr	—	—
b. bei Güter- und Kohlenzügen .	" 16. 34 "	" 14. 57 "	—	—
c. im Ganzen bei allen Wagen .	fl. 13. 4 kr.	fl. 11. 9 kr.	fl. 9. 13 kr.	—

Beilagen D № 1—82.

Statistische Beilagen

zum Geschäftsberichte

der

Pfälzischen Eisenbahnen

im Jahre 1868.

Pfälzische Ludwigsbahn.

№ 1 u. 2.

Uebersicht der Frequenz und Einnahme nach Wagenclassen

Monate.	Anzahl der verkauften Billets. Einfache Billets. Gewöhnlicher Zug I.	II.	III.	Schnellzug I.	II.	Retour-Billets I.	II.	III.	Militär.	Summa.	Geld- Einfache Billets. Gewöhnlicher Zug I. fl.	kr.	II. fl.	kr.	III. fl.	kr.	Schnellzug I. fl.	kr.	II. fl.	kr.
I. Monat-																				
Januar 1866	[illegible]	[illegible]	[illegible]	[illegible]	[illegible]	[illegible]	[illegible]	[illegible]	[illegible]	[illegible]	[illegible]	[illegible]	[illegible]	[illegible]	[illegible]	[illegible]	[illegible]	[illegible]	[illegible]	[illegible]
Februar	[illegible]	[illegible]	[illegible]	[illegible]	[illegible]	[illegible]	[illegible]	[illegible]	[illegible]	[illegible]	[illegible]	[illegible]	[illegible]	[illegible]	[illegible]	[illegible]	[illegible]	[illegible]	[illegible]	[illegible]
März	[illegible]	[illegible]	[illegible]	[illegible]	[illegible]	[illegible]	[illegible]	[illegible]	[illegible]	[illegible]	[illegible]	[illegible]	[illegible]	[illegible]	[illegible]	[illegible]	[illegible]	[illegible]	[illegible]	[illegible]
April	[illegible]	[illegible]	[illegible]	[illegible]	[illegible]	[illegible]	[illegible]	[illegible]	[illegible]	[illegible]	[illegible]	[illegible]	[illegible]	[illegible]	[illegible]	[illegible]	[illegible]	[illegible]	[illegible]	[illegible]
Mai	[illegible]	[illegible]	[illegible]	[illegible]	[illegible]	[illegible]	[illegible]	[illegible]	[illegible]	[illegible]	[illegible]	[illegible]	[illegible]	[illegible]	[illegible]	[illegible]	[illegible]	[illegible]	[illegible]	[illegible]
Juni	[illegible]	[illegible]	[illegible]	[illegible]	[illegible]	[illegible]	[illegible]	[illegible]	[illegible]	[illegible]	[illegible]	[illegible]	[illegible]	[illegible]	[illegible]	[illegible]	[illegible]	[illegible]	[illegible]	[illegible]
Juli	[illegible]	[illegible]	[illegible]	[illegible]	[illegible]	[illegible]	[illegible]	[illegible]	[illegible]	[illegible]	[illegible]	[illegible]	[illegible]	[illegible]	[illegible]	[illegible]	[illegible]	[illegible]	[illegible]	[illegible]
August	[illegible]	[illegible]	[illegible]	[illegible]	[illegible]	[illegible]	[illegible]	[illegible]	[illegible]	[illegible]	[illegible]	[illegible]	[illegible]	[illegible]	[illegible]	[illegible]	[illegible]	[illegible]	[illegible]	[illegible]
September	[illegible]	[illegible]	[illegible]	[illegible]	[illegible]	[illegible]	[illegible]	[illegible]	[illegible]	[illegible]	[illegible]	[illegible]	[illegible]	[illegible]	[illegible]	[illegible]	[illegible]	[illegible]	[illegible]	[illegible]
October	[illegible]	[illegible]	[illegible]	[illegible]	[illegible]	[illegible]	[illegible]	[illegible]	[illegible]	[illegible]	[illegible]	[illegible]	[illegible]	[illegible]	[illegible]	[illegible]	[illegible]	[illegible]	[illegible]	[illegible]
November	[illegible]	[illegible]	[illegible]	[illegible]	[illegible]	[illegible]	[illegible]	[illegible]	[illegible]	[illegible]	[illegible]	[illegible]	[illegible]	[illegible]	[illegible]	[illegible]	[illegible]	[illegible]	[illegible]	[illegible]
December	[illegible]	[illegible]	[illegible]	[illegible]	[illegible]	[illegible]	[illegible]	[illegible]	[illegible]	[illegible]	[illegible]	[illegible]	[illegible]	[illegible]	[illegible]	[illegible]	[illegible]	[illegible]	[illegible]	[illegible]
Summe . .	[illegible]	[illegible]	[illegible]	[illegible]	[illegible]	[illegible]	[illegible]	[illegible]	[illegible]	[illegible]	[illegible]	[illegible]	[illegible]	[illegible]	[illegible]	[illegible]	[illegible]	[illegible]	[illegible]	[illegible]
II. Stations-																				
Stationen.																				
[illegible]-Oest.-Pf. Verkehr	319	5718	56521	250	4018	180	15105	67970	185	147881	811	30	4900	51	20107	17	1261	6	8457	27
Bexbach	—	503	5245	—	—	—	142	1006	200	7070	—	—	158	30	1522	51	—	—	—	—
Homburg	—	1840	18674	8	871	—	4568	31610	1482	59225	—		1015	24	5811	42	28	36	1150	—
St. Ingbert	12	1151	21482	8	127	116	2446	18858	510	44570	16	30	782	30	6664	18	37	27	350	51
Hassel	—	180	1814	—	—	—	75	2691	102	7825	—	—	21	54	705	18	—	—	—	—
Würzbach	—	567	12588			—	484	7728	292	21179	—	—	165	21	2021	12	—	—	—	—
Bliescastel-Lautzkirchen	9	1209	19273	3	154	6	1686	18974	671	37287	9	30	504	39	3808	3	13	3	319	—
Bierbach	—	87	6134	—	—	—	29	1578	48	7647	—	—	13	54	548	24	—	—	—	—
Schwarzenacker	—	514	8220	3	6	—	272	3572	176	12789			109	02	1139	27	3	—	9	33
Zweibrücken	40	2979	25514	18	809	62	5780	21064	3185	57431	116	21	2581	48	9698	24	56	48	1922	51
Einöd		276	3725	—		—	69	612	115	4785	—	—	72	6	590	51	—	—	—	—
Bruchmühlbach		208	5818	—	—		140	5758	507	12548	—	—	157	51	2016	31	—	—	—	—
Hauptstuhl		224	4108	—	—		60	2432	213	7013	—	—	94	27	988	24	—	—	—	—
Landstuhl	—	983	13387	17	1253	2	3654	13136	1228	33670	—		842	21	5666	42	35	15	1125	—
Kusel	6	84	438	—	6	4	128	458	31	1155	21	24	107	24	392	6	—	—	11	33
Altenglan	—	14	161		1		82	280	27	570		—	16	18	74	6	—	—	1	36
Theisbergstegen	—	3	57	—	—	—	—	60	8	128		—	3		32	15		—	—	—
Eisenbach	—	4	18	—	—	—	38	110	6	214	—	—	2	21	27	24		—		—
Rehweiler	—	6	81	—	—		11	21	3	71	—	—	4	21	14	12	—	—	—	—
Glan-Münchweiler		24	252	—	21	—	102	358	35	790			22	9	119	27	—	—	18	9
Niedermohr		10	58	—	—	—	28	138	11	215			5	57	24	6	—	—	—	—
Steinwenden		14	140	—	—		66	281	49	566	—		15	33	46	42	—	—	—	—
[illegible]	—	15	368	—			62	378	63	881	—		13	3	154	30	—	—	—	—
Kaiserslautern	44	2807	21086	53	3171	60	7102	29774	2592	68470	114	48	3892	36	13775	5	108	48	3918	45
Hochspeyer	—	242	7013		—		721	6472	472	14821	—	—	112	30	2141	30		—		—
Frankenstein	—	244	5216	4	216		509	5150	358	11724	—	—	128	12	1785	47	3	39	145	48
Weidenthal	—	270	5128	—		—	130	2918	133	8740	—	—	112	33	1106	6	—	—	—	—
Lambrecht		868	10170	17	1437		7292	15642	477	34711	—		515	8	2043	33	7	21	448	18
Neustadt	36	3279	31425	40	5152	54	18110	42108	2114	102840	63	16	2092	57	12285	42	115	36	1484	10
Weißenburg	9	212	943	1	251	212	524	580		2512	12	24	185	54	546	24	1	18	315	44
Edesheim	—	25	175	1	8	—	18	236	200	691	—	—	17	30	92	24	1	15	5	18
Winden		93	676	2	105	—	201	542	214	1821	—	—	77	30	355	12	3	3	64	54
Zu übertragen . .	379	27746	298742	148	18615	700	69962	[illegible]	16545	711870	1175	8	19529	13	96572	51	1647	9	22494	40

und Nebenerträgnissen im Jahre 1868.

Ertrag.																									
[illegible]						[illegible]		[illegible]	Gepäck				[illegible]		[illegible] Taxe		[illegible] Taxe		[illegible] Taxe		[illegible] Taxe		Gewicht		
I.		II.		III.					Gewicht		Ertrag												der Güter	der Kohlen	Summe der Einnahmen
fl.	kr.	fl.	kr.	fl.	kr.	fl.	kr.	kr.	Ctr.	Pf.	fl.	kr.	fl.	kr.	fl.	kr.	fl.	kr.	fl.	kr.	fl.	kr.	Ctr.	Zentner	fl.

...weise.

I. fl. kr.	II. fl. kr.	III. fl. kr.	[illegible] fl. kr.	[illegible] kr.	Gepäck Gewicht	Gepäck Ertrag fl. kr.	[illegible] fl. kr.	[illegible] Taxe fl. kr.	[illegible] Taxe fl. kr.	[illegible] Taxe fl. kr.	[illegible] Taxe fl. kr.	Gewicht der Güter Ctr. Pf.	Gewicht der Kohlen Zentner	Summe fl. kr.
[illegible]	[illegible]	[illegible]	[illegible]	[illegible]	[illegible]	[illegible]	[illegible]	[illegible]	[illegible]	[illegible]	[illegible]	[illegible]	[illegible]	[illegible]
[illegible]	[illegible]	[illegible]	[illegible]	[illegible]	[illegible]	[illegible]	[illegible]	[illegible]	[illegible]	[illegible]	[illegible]	[illegible]	[illegible]	[illegible]
[illegible]	[illegible]	[illegible]	[illegible]	[illegible]	[illegible]	[illegible]	[illegible]	[illegible]	[illegible]	[illegible]	[illegible]	[illegible]	[illegible]	[illegible]
[illegible]	[illegible]	[illegible]	[illegible]	[illegible]	[illegible]	[illegible]	[illegible]	[illegible]	[illegible]	[illegible]	[illegible]	[illegible]	[illegible]	[illegible]
[illegible]	[illegible]	[illegible]	[illegible]	[illegible]	[illegible]	[illegible]	[illegible]	[illegible]	[illegible]	[illegible]	[illegible]	[illegible]	[illegible]	[illegible]
[illegible]	[illegible]	[illegible]	[illegible]	[illegible]	[illegible]	[illegible]	[illegible]	[illegible]	[illegible]	[illegible]	[illegible]	[illegible]	[illegible]	[illegible]
[illegible]	[illegible]	[illegible]	[illegible]	[illegible]	[illegible]	[illegible]	[illegible]	[illegible]	[illegible]	[illegible]	[illegible]	[illegible]	[illegible]	[illegible]
[illegible]	[illegible]	[illegible]	[illegible]	[illegible]	[illegible]	[illegible]	[illegible]	[illegible]	[illegible]	[illegible]	[illegible]	[illegible]	[illegible]	[illegible]
[illegible]	[illegible]	[illegible]	[illegible]	[illegible]	[illegible]	[illegible]	[illegible]	[illegible]	[illegible]	[illegible]	[illegible]	[illegible]	[illegible]	[illegible]
[illegible]	[illegible]	[illegible]	[illegible]	[illegible]	[illegible]	[illegible]	[illegible]	[illegible]	[illegible]	[illegible]	[illegible]	[illegible]	[illegible]	[illegible]
[illegible]	[illegible]	[illegible]	[illegible]	[illegible]	[illegible]	[illegible]	[illegible]	[illegible]	[illegible]	[illegible]	[illegible]	[illegible]	[illegible]	[illegible]
[illegible]	[illegible]	[illegible]	[illegible]	[illegible]	[illegible]	[illegible]	[illegible]	[illegible]	[illegible]	[illegible]	[illegible]	[illegible]	[illegible]	[illegible]
[illegible]	[illegible]	[illegible]	[illegible]	[illegible]	[illegible]	[illegible]	[illegible]	[illegible]	[illegible]	[illegible]	[illegible]	[illegible]	[illegible]	[illegible]
[illegible]	[illegible]	[illegible]	[illegible]	[illegible]	[illegible]	[illegible]	[illegible]	[illegible]	[illegible]	[illegible]	[illegible]	[illegible]	[illegible]	[illegible]

...weise.

I. fl. kr.	II. fl. kr.	III. fl. kr.	[illegible] fl. kr.	[illegible] kr.	Gepäck Gewicht	Gepäck Ertrag fl. kr.	[illegible] fl. kr.	[illegible] Taxe fl. kr.	[illegible] Taxe fl. kr.	[illegible] Taxe fl. kr.	[illegible] Taxe fl. kr.	Gewicht der Güter Ctr. Pf.	Gewicht der Kohlen Zentner	Summe fl. kr.
[illegible]	[illegible]	[illegible]	[illegible]	[illegible]	[illegible]	[illegible]	[illegible]	[illegible]	[illegible]	[illegible]	[illegible]	[illegible]	[illegible]	[illegible]
[illegible]	[illegible]	[illegible]	[illegible]	[illegible]	[illegible]	[illegible]	[illegible]	[illegible]	[illegible]	[illegible]	[illegible]	[illegible]	[illegible]	[illegible]

1*

Personen-Billete			Militär	Summa	Einfache Billets								
					Gewöhnlicher Zug						Schnellzug		
I.	II.	III.			I.		II.		III.		I.		II.
					fl.	kr.	fl.	kr.	fl.	kr.	fl.	kr.	fl.
[illegible]	[illegible]	[illegible]	[illegible]	[illegible]	[illegible]	[illegible]	[illegible]	[illegible]	[illegible]	[illegible]	[illegible]	[illegible]	[illegible]

und Nebenerträgnissen im Jahre 1868. (Schluß.)

[illegible]																													
[illegible]						Militär		Summe		Gepäck				[illegible]		[illegible]		[illegible]		[illegible]		[illegible]		Gewicht				Summe der Einnahmen	
I.		II.		III.						Gewicht		Ertrag												der Güter		der [illegible]			
fl.	kr.	fl.	kr.	fl.	kr.	fl.	kr.	fl.	kr.	[illegible]	[illegible]	fl.	kr.	fl.	kr.	fl.	kr.	fl.	kr.	fl.	kr.	fl.	kr.	[illegible]	[illegible]	[illegible]		fl.	kr.
[illegible]	[illegible]	[illegible]	[illegible]	[illegible]	[illegible]	[illegible]	[illegible]	[illegible]	[illegible]	[illegible]	[illegible]	[illegible]	[illegible]	[illegible]	[illegible]	[illegible]	[illegible]	[illegible]	[illegible]	[illegible]	[illegible]	[illegible]	[illegible]	[illegible]	[illegible]	[illegible]		[illegible]	[illegible]

6982	2341	10782	—	71	10	66
3541	100	572	42	40	7	40
—	65	247	48	1190	610	940
1036	794	1801	2	—	—	—
58	91	73	21	1533	161	213
170	119	126	48	8628	341	1,162
1249	663	201	42	4789	2487	2510
146	74	50	84	200	300	250
205	56	132	18	1710	206	200
14000	5615	30000	3	2026	1250	2176
761	70	191	14	55	14	39
2504	220	200	30	148	72	100
767	—	146	21	96	47	98
2100	925	1500	12	321	111	457
32	7	32	5	9	—	14
—	—	—	—	—	—	—
6	5	11	30	3	—	3
4	2	5	18	6	—	9
8	13	19	54	2	2	6
7	3	4	12	2	—	2
45	17	42	34	5	2	7
8	3	6	27	3	1	6
71	31	51	53	11	6	30
90	60	73	20	8	5	14
15000	2390	30130	20	444	132	772
81	10	153	12	14	6	181
61	70	97	37	15	—	25
56	4	62	20	—	—	—
60	15	129	20	19	5	39
619	164	1320	—	171	38	1561
7	2	21	62	17	—	10
—	—	—	—	—	—	—
—	—	—	—	—	—	—
20	5	20	77	4	1	15
5	—	12	16	—	—	—
8	1	21	3	—	1	3
—	—	—	—	—	—	—
3,157	24	2850	70	97	4	143
—	—	—	—	—	—	—
—	—	—	—	—	—	—
96	4	393	—	19	6	275
—	—	—	—	—	—	—
140	1	103	32	92	8	76
6	—	9	—	—	—	—
11	16	51	—	6	—	11
7	—	36	9	—	2	6
32	1	44	16	5	5	24
16	—	51	—	—	—	—
24	—	47	22	4	3	11
46	6	84	24	16	—	63
4	—	4	45	—	—	—
—	—	—	—	—	—	—
2	—	26	13	—	—	—
216	32	455	—	90	5	1197
14	—	31	30	1	—	3
—	—	—	—	—	—	—
250	40	3575	18	70	14	2345
5	—	24	14	—	—	—
20	21	113	31	12	3	45
14	—	16	24	—	—	—
70	20	302	20	26	3	174

nach Abgangs- und Ankunftsstationen im Jahre 1868.

Nach Niederwürzbach. Personen Einf. Billete	Ret.-Billete	Geld-Ertrag fl.	kr.	Nach Blieskastel-Lautzkirchen. Personen Einf. Billete	Ret.-Billete	Geld-Ertrag fl.	kr.	Nach Bierbach. Personen Einf. Billete	Ret.-Billete	Geld-Ertrag fl.	kr.	Nach Schwarzenacker. Personen Einf. Billete	Ret.-Billete	Geld-Ertrag fl.	kr.	Nach Zweibrücken. Personen Einf. Billete	Ret.-Billete	Geld-Ertrag fl.	kr.
19	1	10	15	201	111	213	35	3	1	1	40	18	18	26	14	2851	2762	2788	[illegible]
28	2	16	6	80	17	42	51	19	1	7	12	9	1	9	24	430	94	144	[illegible]
289	80	146	—	1121	672	663	45	173	112	67	51	619	14	162	54	4696	15067	5944	[illegible]
6702	494	1578	40	2820	6094	3161	39	862	159	211	39	294	149	169	13	2601	3182	3762	[illegible]
1600	56	42	37	2114	265	112	37	149	20	63	30	16	14	12	—	216	548	421	30
—	475	1999	24	2865	403	214	5	171	15	29	53	65	16	34	27	985	2100	1135	[illegible]
2994	273	345	20	—	31	325	18	2651	—	247	9	976	56	108	8	3604	3608	2155	30
186	15	31	40	1254	—	2540	36	—	—	—	—	217	31	201	6	164	136	93	21
98	60	48	50	1511	178	2600	8	2768	18	51	45	—	17	55	5	6621	1104	755	41
567	1020	315	45	2496	2236	4774	35	274	30	101	31	5702	200	615	12	—	—	—	[illegible]
201	13	10	21	234	23	12	57	41	9	5	[illegible]	104	—	30	45	2002	102	201	[illegible]
11	17	20	30	356	26	67	6	49	12	25	48	15	10	10	45	530	1136	160	[illegible]
4	6	6	24	62	74	60	24	1	—	—	27	5	2	3	12	354	294	242	[illegible]
101	37	115	30	301	107	49	—	36	12	24	30	30	85	50	25	1448	1104	1064	[illegible]
—	—	—	—	9	11	30	54	1	—	1	6	—	—	—	—	47	28	140	[illegible]
—	—	—	—	—	—	—	—	—	—	—	—	—	—	—	—	—	—	—	—
—	—	—	—	2	3	3	9	—	—	—	—	—	1	1	30	17	8	20	[illegible]
—	—	—	—	—	—	—	—	—	—	—	—	—	—	—	—	9	2	4	[illegible]
—	—	—	—	6	—	9	9	—	—	—	—	1	1	1	45	5	6	11	[illegible]
—	—	—	—	5	—	1	30	—	—	—	—	—	—	—	—	10	1	10	[illegible]
—	—	—	—	10	—	12	12	—	—	—	—	—	—	—	—	25	22	30	[illegible]
—	—	—	—	3	3	5	53	—	—	—	—	1	1	1	37	8	10	15	[illegible]
—	—	—	—	1	—	—	45	—	—	—	—	2	—	1	18	10	27	32	—
—	—	—	—	17	12	40	13	—	—	—	—	4	—	2	24	48	36	68	[illegible]
60	4	56	35	238	100	64	9	7	2	5	33	26	30	62	3	3081	1440	4685	[illegible]
—	—	—	—	6	8	11	26	—	—	—	—	—	—	—	—	78	19	100	[illegible]
—	—	—	—	20	11	17	48	—	—	—	—	—	—	—	—	114	36	145	[illegible]
—	—	—	—	—	—	—	—	—	—	—	—	—	—	—	—	—	—	—	—
—	—	—	—	4	4	10	12	—	—	—	—	—	—	—	—	50	46	272	[illegible]
51	2	51	22	214	84	408	28	11	—	4	28	22	5	41	21	1349	148	1086	[illegible]
—	—	—	—	4	—	16	44	—	—	—	—	—	—	—	—	89	15	302	[illegible]
—	—	—	—	—	—	—	—	—	—	—	—	—	—	—	—	23	—	43	[illegible]
—	—	—	—	—	—	—	—	—	—	—	—	—	—	—	—	67	—	104	[illegible]
1	—	1	13	4	—	6	47	—	—	—	—	—	—	—	—	39	2	60	[illegible]
—	—	—	—	—	—	—	—	—	—	—	—	—	—	—	—	2	—	5	[illegible]
—	—	—	—	2	—	4	24	—	—	—	—	—	—	—	—	51	5	117	[illegible]
—	—	—	—	—	—	—	—	—	—	—	—	—	—	—	—	—	—	—	—
34	1	59	51	187	3	154	31	8	—	5	24	3	—	4	27	798	134	2294	[illegible]
—	—	—	—	—	—	—	—	—	—	—	—	—	—	—	—	—	—	—	—
—	—	—	—	—	—	—	—	—	—	—	—	—	—	—	—	—	—	—	—
—	—	—	—	19	36	63	30	—	—	—	—	—	—	—	—	152	58	456	[illegible]
—	—	—	—	—	—	—	—	—	—	—	—	—	—	—	—	—	—	—	—
—	—	—	—	35	1	40	53	—	—	—	—	1	—	1	42	336	85	486	[illegible]
—	—	—	—	6	—	9	31	—	—	—	—	—	—	—	—	23	47	130	[illegible]
—	—	—	—	12	—	25	24	—	—	—	—	—	—	—	—	47	33	165	[illegible]
—	—	—	—	1	—	4	48	—	—	—	—	—	—	—	—	27	3	64	[illegible]
—	—	—	—	18	16	64	31	—	—	—	—	—	—	—	—	25	31	66	[illegible]
—	—	—	—	—	—	—	—	—	—	—	—	—	—	—	—	—	—	—	—
—	—	—	—	17	2	86	—	—	—	—	—	—	—	—	—	44	—	98	[illegible]
11	—	13	12	101	—	41	13	5	—	6	34	6	—	6	30	129	6	222	[illegible]
—	—	—	—	—	—	—	—	—	—	—	—	—	—	—	—	12	—	10	5
—	—	—	—	—	—	—	—	—	—	—	—	—	—	—	—	9	—	14	[illegible]
—	—	—	—	—	—	—	—	—	—	—	—	—	—	—	—	11	—	19	[illegible]
26	—	26	51	147	2	221	8	10	—	12	18	12	2	20	30	1212	158	2430	1
—	—	—	—	—	2	6	40	—	—	—	—	—	—	—	—	28	—	60	[illegible]
—	—	—	—	—	—	—	—	—	—	—	—	—	—	—	—	34	—	37	[illegible]
18	2	40	21	118	7	205	40	2	—	3	54	2	—	2	—	1290	22	2429	5
—	—	—	—	—	—	—	—	—	—	—	—	—	—	—	—	21	1	54	[illegible]
—	—	—	—	31	2	36	34	—	—	—	—	—	—	—	—	290	43	1748	3
—	—	—	—	—	—	—	—	—	—	—	—	—	—	—	—	—	—	—	—
—	—	—	—	7	1	30	49	—	—	—	—	—	—	—	—	456	150	1823	3
14471	2107	4988	25	23067	9268	29901	47	6788	436	890	44	8449	724	1400	11	38575	33878	43869	[illegible]

Uebersicht der Frequenz und Einnahme nach

Nach Landstuhl				Nach Kusel				Nach Rammelsbach			
Personen		Geld-Ertrag		Personen		Geld-Ertrag		Personen		Geld-Ertrag	
Einf.-	Ret.- Billete.	fl.	kr.	Einf.-	Ret.- Billete.	fl.	kr.	Einf.-	Ret.- Billete.	fl.	kr.
2845	2772	2697	10	—	—	—	—	—	—	—	—
467	36	257	30	—	7	10	30	—	—	—	—
2320	992	1490	—	—	34	57	6	—	—	—	—
414	139	540	12	9	19	54	37	—	—	—	—
25	10	57	42	—	1	2	—	—	—	—	—
112	36	127	9	4	1	6	57	—	—	—	—
494	123	409	36	11	15	43	12	—	—	—	—
10	3	7	27	—	—	—	—	—	—	—	—
64	23	46	—	—	—	—	—	—	—	—	—
1154	668	1207	3	55	84	147	27	—	—	—	—
80	5	34	—	—	—	—	—	—	—	—	—
1108	149	285	30	3	10	14	12	—	—	—	—
2477	241	292	57	—	—	—	—	—	—	—	—
—	18	64	12	472	402	649	13	—	—	—	—
485	162	402	12	—	—	—	—	—	—	—	—
—	—	—	—	—	—	—	—	—	—	—	—
2289	180	195	41	1340	995	291	3	—	—	—	—
46	49	48	—	309	276	110	34	—	—	—	—
79	90	71	3	67	171	82	54	—	—	—	—
81	40	28	51	194	252	147	46	—	—	—	—
294	284	207	57	240	290	205	3	—	—	—	—
98	141	69	58	37	67	62	12	—	—	—	—
350	269	128	52	51	67	84	6	—	—	—	—
716	232	114	21	20	64	57	6	—	—	—	—
4341	3000	3240	51	162	209	124	27	—	—	—	—
273	90	149	30	3	1	6	33	—	—	—	—
169	51	127	38	3	2	6	42	—	—	—	—
38	21	46	6	—	—	—	—	—	—	—	—
137	121	292	6	—	2	5	21	—	—	—	—
804	499	1727	16	47	32	183	18	—	—	—	—
84	10	99	—	3	—	4	27	—	—	—	—
—	—	—	—	—	—	—	—	—	—	—	—
—	—	—	—	—	—	—	—	—	—	—	—
22	5	46	0	—	—	—	—	—	—	—	—
2	—	3	21	—	—	—	—	—	—	—	—
10	—	16	—	8	—	8	27	—	—	—	—
—	—	—	—	—	—	—	—	—	—	—	—
296	44	569	48	31	7	72	12	—	—	—	—
—	—	—	—	—	—	—	—	—	—	—	—
—	—	—	—	—	—	—	—	—	—	—	—
111	43	207	6	11	8	65	30	—	—	—	—
—	—	—	—	—	—	—	—	—	—	—	—
115	41	225	57	7	8	23	36	—	—	—	—
10	—	12	30	1	2	10	9	—	—	—	—
49	28	115	20	1	—	1	30	—	—	—	—
5	—	6	39	—	—	—	—	—	—	—	—
29	4	82	21	2	1	3	12	—	—	—	—
15	—	16	30	—	—	—	—	—	—	—	—
37	—	38	31	—	—	—	—	—	—	—	—
71	5	82	24	—	—	—	—	—	—	—	—
7	—	10	51	—	—	—	—	—	—	—	—
2	—	2	54	—	—	—	—	—	—	—	—
1	—	1	27	—	—	—	—	—	—	—	—
667	80	790	51	58	6	117	—	—	—	—	—
20	—	25	30	—	—	—	—	—	—	—	—
—	—	—	—	—	—	—	—	—	—	—	—
479	71	925	12	37	9	107	36	—	—	—	—
19	8	34	42	—	—	—	—	—	—	—	—
75	28	200	18	7	5	87	—	—	—	—	—
10	—	17	—	—	—	—	—	—	—	—	—
104	57	807	33	—	—	—	—	—	—	—	—

Abgangs- und Ankunftsstationen im Jahre 1868. (Fortsetzung.)

Nach Altenglan.				Nach Theisbergstegen.				Nach Eisenbach.				Nach Rehweiler.				Nach Glan-Münchweiler.				Nach Niedermohr.			
Personen		Geld-Ertrag.		Personen		Geld-Ertrag.		Personen		Geld-Ertrag.		Personen		Geld-Ertrag.		Personen		Geld-Ertrag.		Personen		Geld-Ertrag.	
Einf. Billete.	Ret.-Billete.	fl.	kr.	Einf. Billete.	Ret.-Billete.	fl.	kr.	Einf. Billete.	Ret.-Billete.	fl.	kr.	Einf. Billete.	Ret.-Billete.	fl.	kr.	Einf. Billete.	Ret.-Billete.	fl.	kr.	Einf. Billete.	Ret.-Billete.	fl.	kr.
—	—	—	—	—	—	—	—	—	—	—	—	—	—	—	—	—	—	—	—	—	—	—	—
—	—	—	—	—	—	—	—	—	—	—	—	—	—	—	—	—	—	—	—	—	—	—	—
—	2	2	30	—	—	—	—	—	—	—	—	—	—	—	—	—	—	—	—	—	—	—	—
7	1	11	36	6	—	7	12	1	—	1	9	—	2	3	24	5	8	20	35	—	1	2	21
—	—	—	—	—	—	—	—	—	—	—	—	—	—	—	—	—	—	—	—	—	—	—	—
—	—	—	—	—	—	—	—	—	—	—	—	—	—	—	—	8	—	8	51	—	—	—	—
2	3	7	3	—	—	—	—	8	—	8	30	4	2	8	24	4	2	6	24	3	—	2	33
—	—	—	—	—	—	—	—	—	—	—	—	—	—	—	—	—	—	—	—	—	—	—	—
—	—	—	—	—	—	—	—	—	—	—	—	—	—	—	—	—	—	—	—	—	—	—	—
14	6	22	34	1	3	6	3	4	1	4	18	3	—	1	51	15	26	47	21	5	3	7	21
—	—	—	—	—	—	—	—	—	—	—	—	—	—	—	—	—	3	6	24	—	—	—	—
8	3	13	27	1	—	—	38	3	8	4	30	1	—	—	30	4	1	2	45	1	—	—	27
—	—	—	—	—	—	—	—	—	—	—	—	—	—	—	—	—	—	—	—	—	—	—	—
271	64	171	44	48	20	31	48	98	27	41	56	51	16	29	30	472	378	815	15	169	64	86	21
2470	1053	420	—	574	280	163	33	85	44	32	21	315	92	108	36	211	290	195	30	64	47	44	55
—	—	—	—	—	—	—	—	—	—	—	—	—	—	—	—	—	—	—	—	—	—	—	—
—	9	24	27	567	—	30	—	31	25	10	54	243	60	53	17	111	86	49	21	24	9	9	27
620	—	31	48	—	5	11	27	171	—	8	30	83	17	10	57	74	34	20	11	17	14	7	36
61	29	16	27	194	—	8	42	—	1	8	8	92	—	4	15	930	—	48	41	28	29	15	18
241	76	58	1	58	20	9	38	128	—	6	42	—	—	—	—	498	—	27	3	67	32	12	12
153	87	57	27	90	54	23	17	977	—	50	6	418	—	22	19	—	—	—	—	368	—	30	40
29	30	15	21	12	7	5	6	44	24	12	42	53	20	9	39	403	—	21	25	—	—	—	—
36	19	20	33	21	23	14	27	38	28	16	30	25	16	8	45	221	88	56	32	140	40	20	8
15	8	10	57	8	6	6	33	11	16	9	9	3	14	4	48	66	57	23	18	32	36	14	15
77	83	87	28	21	10	25	38	28	12	30	28	3	4	6	21	70	167	198	8	16	21	24	21
2	2	4	36	—	—	—	—	—	—	—	—	—	—	—	—	6	4	9	6	—	—	—	—
7	1	8	33	—	—	—	—	—	—	—	—	—	—	—	—	2	2	4	18	—	—	—	—
—	—	—	—	—	—	—	—	—	—	—	—	—	—	—	—	—	—	—	—	—	—	—	—
—	—	—	—	—	—	—	—	—	—	—	—	—	—	—	—	—	—	—	—	—	—	—	—
6	2	12	12	2	1	6	27	1	—	1	15	—	—	—	—	20	49	109	42	2	—	2	10
1	—	2	12	—	—	—	—	—	—	—	—	—	—	—	—	4	—	8	12	—	—	—	—
—	—	—	—	—	—	—	—	—	—	—	—	—	—	—	—	—	—	—	—	—	—	—	—
—	—	—	—	—	—	—	—	—	—	—	—	—	—	—	—	—	—	—	—	—	—	—	—
1	—	2	12	—	—	—	—	—	—	—	—	—	—	—	—	1	—	1	2	—	—	—	—
—	—	—	—	—	—	—	—	—	—	—	—	—	—	—	—	—	—	—	—	—	—	—	—
—	—	—	—	—	—	—	—	—	—	—	—	—	—	—	—	—	—	—	—	—	—	—	—
—	—	—	—	—	—	—	—	—	—	—	—	—	—	—	—	1	—	1	42	—	—	—	—
9	—	11	3	1	—	—	48	1	—	—	46	3	—	3	51	7	—	9	22	1	—	—	43
—	—	—	—	—	—	—	—	—	—	—	—	—	—	—	—	—	—	—	—	—	—	—	—
—	—	—	—	—	—	—	—	—	—	—	—	—	—	—	—	—	—	—	—	—	—	—	—
2	—	3	—	—	—	—	—	—	—	—	—	—	—	—	—	1	25	62	30	—	—	—	—
—	—	—	—	—	—	—	—	—	—	—	—	—	—	—	—	—	—	—	—	—	—	—	—
—	—	—	—	—	—	—	—	1	—	1	33	—	—	—	—	1	7	23	18	—	—	—	—
—	—	—	—	—	—	—	—	—	—	—	—	—	—	—	—	—	1	2	17	—	—	—	—
—	—	—	—	—	—	—	—	—	—	—	—	—	—	—	—	—	—	—	—	—	—	—	—
—	—	—	—	—	—	—	—	—	—	—	—	—	—	—	—	—	—	—	—	—	—	—	—
—	—	—	—	—	—	—	—	—	—	—	—	—	—	—	—	4	1	8	28	—	—	—	—
—	—	—	—	—	—	—	—	—	—	—	—	—	—	—	—	—	—	—	—	—	—	—	—
—	—	—	—	—	—	—	—	—	—	—	—	—	—	—	—	1	—	1	30	—	—	—	—
—	—	—	—	1	—	1	—	—	—	—	—	—	—	—	—	5	—	6	42	1	—	—	55
—	—	—	—	—	—	—	—	—	—	—	—	—	—	—	—	—	—	—	—	—	—	—	—
—	—	—	—	—	—	—	—	—	—	—	—	—	—	—	—	—	—	—	—	—	—	—	—
—	—	—	—	—	—	—	—	—	—	—	—	—	—	—	—	—	—	—	—	—	—	—	—
6	1	12	12	—	—	—	—	—	—	—	—	—	—	—	—	9	6	28	12	1	—	—	47
—	—	—	—	—	—	—	—	—	—	—	—	—	—	—	—	—	—	—	—	—	—	—	—
—	—	—	—	—	—	—	—	—	—	—	—	—	—	—	—	—	—	—	—	—	—	—	—
14	—	14	54	3	—	6	18	1	—	1	45	—	—	—	—	1	5	21	27	—	—	—	—
—	—	—	—	—	—	—	—	—	—	—	—	—	—	—	—	—	—	—	—	—	—	—	—
—	—	—	—	—	—	—	—	—	—	—	—	—	—	—	—	1	—	1	51	—	—	—	—
—	—	—	—	—	—	—	—	—	—	—	—	—	—	—	—	—	—	—	—	—	—	—	—
—	—	—	—	—	—	—	—	—	—	—	—	—	—	—	—	—	—	—	—	—	—	—	—
4051	1419	1060	20	1569	426	357	56	1567	181	218	16	1279	248	267	50	3311	1250	1423	44	1170	294	268	47

Uebersicht der Frequenz und Einnahme nach

Nach Kaiserslautern.				Nach Hochspeyer.				Nach Frankenstein.			
Personen		Geld-Ertrag		Personen		Geld-Ertrag		Personen		Geld-Ertrag	
Einf.	Ret.-Billete	fl.	kr.	Einf.	Ret.-Billete.	fl.	kr.	Einf.	Ret.-Billete.	fl.	kr.
4235	2967	7489	25	—	—	—	—	—	—	—	—
354	167	744	42	13	—	11	42	16	—	15	9
1654	871	2291	—	40	27	65	36	64	20	84	27
411	160	903	21	14	8	45	6	10	1	29	6
15	2	18	33	—	—	—	—	—	—	—	—
40	30	138	6	—	—	—	—	—	—	—	—
246	140	516	54	7	3	12	9	23	3	36	33
8	2	9	21	—	—	—	—	—	—	—	—
51	28	83	42	—	—	—	—	—	—	—	—
2643	762	3450	42	78	20	110	—	85	26	141	51
46	17	76	12	—	—	—	—	—	—	—	—
700	810	804	48	23	—	14	6	89	—	29	36
423	181	171	51	12	—	7	9	16	—	11	6
4195	2961	1080	6	228	117	176	39	200	95	190	21
896	156	601	15	3	—	3	27	4	—	4	24
—	—	—	—	—	—	—	—	—	—	—	—
106	112	245	45	3	—	1	48	7	1	8	33
30	19	61	20	—	—	—	—	—	—	—	—
34	34	61	18	—	—	—	—	—	—	—	—
12	11	21	—	—	—	—	—	—	—	—	—
128	331	391	33	2	3	4	57	6	8	9	—
37	40	84	17	—	—	—	—	—	—	—	—
56	75	84	18	3	2	8	44	2	1	2	30
77	57	72	27	3	4	8	3	3	8	4	57
—	2	15	51	6383	1581	10322	30	1401	1290	1020	54
4275	2257	1344	57	—	11	43	45	420	56	109	3
1117	1601	1109	48	807	47	157	34	[illegible]	8	41	36
580	682	578	18	3100	41	81	18	191	8	30	15
1900	697	1104	12	375	41	151	45	400	92	200	6
3588	2725	7126	51	815	228	608	46	941	400	568	27
181	22	301	9	—	—	—	—	16	5	24	45
41	—	37	21	—	—	—	—	—	—	—	—
108	64	142	18	87	—	30	4	—	—	—	—
120	23	178	51	14	—	16	51	89	—	43	12
20	—	40	36	—	—	—	—	—	—	—	—
110	24	209	36	—	—	—	—	—	—	—	—
103	72	241	15	—	—	—	—	—	—	—	—
1034	141	2101	18	87	7	63	3	61	41	84	45
250	175	451	6	—	—	—	—	—	—	—	—
108	54	158	21	—	—	—	—	—	—	—	—
187	245	711	18	30	8	26	18	18	6	15	—
82	108	177	30	—	—	—	—	—	—	—	—
1100	518	1800	18	121	11	180	30	117	58	133	—
116	70	228	54	22	3	10	3	22	—	14	27
211	201	140	27	5	5	8	15	7	10	13	15
107	73	148	30	17	17	27	15	4	—	1	48
197	218	400	27	18	—	11	42	13	—	6	30
66	68	145	9	14	—	9	48	17	—	9	39
267	111	315	36	17	—	10	15	41	—	25	9
332	30	151	55	13	—	9	36	28	—	18	18
55	12	16	57	—	—	—	—	—	—	—	—
8	2	13	18	—	—	—	—	—	—	—	—
8	—	10	15	—	—	—	—	—	—	—	—
2073	401	2874	27	174	27	164	33	185	34	157	12
151	124	829	—	7	—	7	57	13	—	8	48
94	12	170	48	—	—	—	—	—	—	—	—
2798	943	5138	18	417	40	637	12	304	43	343	30
67	32	221	9	16	—	17	54	3	—	2	51
302	283	1270	27	27	15	57	54	23	10	43	20

Abgangs- und Ankunftsstationen im Jahre 1868. (Fortsetzung.)

Nach Weidenthal.				Nach Lambrecht.				Nach Neustadt.				Nach Weissenburg.				Nach Schaidt.				Nach Winden.			
Personen Einf. Billete	Personen Ret.-Billete	Geld-Ertrag		Personen Einf. Billete	Personen Ret.-Billete	Geld-Ertrag		Personen Einf. Billete	Personen Ret.-Billete	Geld-Ertrag		Personen Einf. Billete	Personen Ret.-Billete	Geld-Ertrag		Personen Einf. Billete	Personen Ret.-Billete	Geld-Ertrag		Personen Einf. Billete	Personen Ret.-Billete	Geld-Ertrag	
		fl.	kr.			fl.	kr.			fl.	kr.			fl.	kr.			fl.	kr.			fl.	kr.
—	—	—	—	74	89	312	34	1290	812	4352	6	89	34	429	67	—	—	—	—	—	—	—	—
6	—	6	36	2	—	2	30	112	45	310	—	—	—	—	—	—	—	—	—	—	—	—	—
20	—	19	30	43	6	89	24	1168	392	1077	21	25	1	60	45	—	—	—	—	—	—	—	—
—	—	—	—	17	5	41	52	191	75	302	13	13	—	38	27	—	—	—	—	—	—	—	—
—	—	—	—	—	—	—	—	2	1	8	48	9	—	5	—	—	—	—	—	—	—	—	—
—	—	—	—	—	—	—	—	24	8	69	34	—	—	—	—	—	—	—	—	—	—	—	—
—	—	—	—	9	2	10	21	165	46	161	12	7	—	14	30	—	—	—	—	—	—	—	—
—	—	—	—	—	—	—	—	1	3	8	3	—	—	—	—	—	—	—	—	—	—	—	—
—	—	—	—	—	—	—	—	15	12	48	51	7	—	16	48	—	—	—	—	—	—	—	—
—	—	—	—	79	25	171	27	1150	371	2806	6	111	9	215	30	16	—	29	6	48	—	67	54
—	—	—	—	—	—	—	—	20	6	58	12	24	—	55	8	—	—	—	—	—	—	—	—
3	—	3	48	18	12	35	33	177	147	427	9	3	—	8	48	—	—	—	—	—	—	—	—
3	—	1	30	28	—	25	48	133	106	291	45	—	—	—	—	—	—	—	—	—	—	—	—
30	8	24	18	87	44	152	24	854	665	1562	21	52	11	131	12	—	—	—	—	—	—	—	—
—	—	—	—	8	2	11	48	49	32	150	54	2	—	4	36	—	—	—	—	3	—	4	6
—	—	—	—	—	—	—	—	—	—	—	—	—	—	—	—	—	—	—	—	—	—	—	—
—	—	—	—	—	—	—	—	9	3	18	54	4	—	10	54	—	—	—	—	—	—	—	—
—	—	—	—	—	—	—	—	4	2	9	6	—	—	—	—	—	—	—	—	—	—	—	—
—	—	—	—	—	—	—	—	1	6	10	45	—	—	—	—	—	—	—	—	—	—	—	—
—	—	—	—	—	—	—	—	2	1	4	12	—	—	—	—	—	—	—	—	—	—	—	—
—	—	—	—	—	3	3	57	18	22	46	47	1	—	3	3	—	—	—	—	—	—	—	—
—	—	—	—	—	—	—	—	4	3	9	51	—	—	—	—	—	—	—	—	—	—	—	—
—	—	—	—	5	3	8	44	7	14	33	9	—	—	—	—	—	—	—	—	—	—	—	—
—	—	—	—	6	—	6	6	18	14	87	18	1	—	1	51	—	—	—	—	—	—	—	—
817	338	810	12	737	511	1146	33	1948	2369	6180	36	261	40	494	54	41	—	51	36	134	25	208	24
806	32	44	54	302	65	148	57	292	336	711	40	—	—	—	—	—	—	—	—	29	2	27	21
108	—	10	18	1017	48	223	33	644	670	677	—	27	11	64	9	—	—	—	—	—	—	—	—
—	—	—	—	1345	181	250	6	2041	641	824	57	—	1	2	30	—	—	—	—	—	—	—	—
1641	124	818	48	—	79	170	39	4825	7101	3018	18	23	5	32	18	—	—	—	—	22	—	18	48
1210	212	921	57	10068	3719	2728	33	—	—	—	—	1024	517	1003	51	130	113	235	—	556	318	656	33
—	—	—	—	24	—	27	8	785	168	1309	42	—	—	—	—	1200	886	604	21	887	177	461	51
—	—	—	—	2	—	1	18	199	206	879	30	1026	1146	760	3	—	—	—	—	1052	30	171	51
—	—	—	—	91	—	15	54	1417	131	1561	21	1018	704	646	12	1107	63	160	30	—	6	19	42
16	—	10	48	6	8	6	30	201	302	578	—	87	81	98	57	74	3	33	6	900	283	199	18
—	—	—	—	—	—	—	—	115	132	366	—	94	10	64	51	81	17	48	—	300	50	148	33
—	—	—	—	34	11	39	39	375	224	644	51	320	373	349	12	700	151	176	18	2407	154	206	9
—	—	—	—	18	—	11	42	567	1217	1255	—	724	743	723	—	473	341	200	45	1090	41	117	24
—	6	8	36	170	134	107	48	5965	6094	5970	18	2067	1570	2046	6	917	477	594	58	2344	1018	1008	30
—	—	—	—	108	—	49	36	1194	2358	1370	6	167	180	272	51	22	—	9	43	156	79	102	27
—	—	—	—	91	—	34	48	2570	470	851	48	84	67	138	51	32	—	26	15	301	14	181	30
—	—	—	—	206	215	227	3	6748	2087	2855	8	369	214	491	54	53	66	79	15	868	49	208	30
—	—	—	—	14	24	47	3	8251	1980	1204	33	96	91	187	27	44	—	28	21	97	15	55	33
—	3	3	54	272	210	242	30	3827	7108	9500	21	290	60	688	57	1	—	—	33	19	24	112	57
—	—	—	—	76	—	30	51	1381	2579	1418	48	17	6	29	39	—	—	—	—	6	—	6	48
—	—	—	—	111	82	87	27	3245	5402	2594	42	44	24	86	54	—	—	—	—	11	16	39	36
—	—	—	—	191	26	61	30	2031	395	807	12	19	10	34	18	—	—	—	—	14	—	10	42
87	—	18	—	324	46	130	15	3220	6115	1612	40	25	12	45	30	13	—	11	30	27	—	30	15
14	—	7	—	148	—	52	12	444	625	627	21	7	11	28	6	14	—	13	—	28	—	22	30
11	—	5	45	73	—	34	15	1104	1086	827	48	67	13	71	—	8	—	7	33	8	—	7	30
12	—	8	—	60	12	61	12	637	158	1183	24	18	5	30	27	8	—	7	42	82	—	80	10
—	—	—	—	11	—	8	48	199	129	271	48	8	—	4	33	—	—	—	—	—	—	—	—
—	—	—	—	3	—	2	6	36	39	61	30	4	—	5	18	—	—	—	—	—	—	—	—
—	—	—	—	1	—	—	42	17	34	45	15	3	—	1	12	—	—	—	—	—	—	—	—
81	61	128	12	284	140	303	—	4983	2324	4079	57	367	87	677	42	177	19	193	27	914	68	651	27
12	—	8	6	19	27	29	30	286	300	546	6	29	26	90	18	9	—	2	48	8	—	8	27
—	—	—	—	—	—	—	—	445	690	626	18	—	—	—	—	—	—	—	—	—	—	—	—
136	45	173	12	812	290	491	48	5487	3958	7131	—	705	85	1349	24	69	6	79	6	161	52	236	18
—	—	—	—	11	—	10	30	112	130	194	51	5	2	11	39	5	—	6	30	3	—	8	36
7	18	32	45	76	64	161	15	740	727	1049	31	81	22	202	33	2	—	2	24	27	16	48	—
1	—	1	3	—	—	—	—	28	35	88	12	—	—	—	—	—	—	—	—	—	—	—	—
10	3	10	47	65	60	114	32	1641	609	3148	5	728	89	1074	12	11	4	31	35	62	7	87	20
6026	671	2231	50	17109	6111	7658	32	[illegible]	67113	74042	21	[illegible]	3900	14164	30	5038	2320	8854	36	11718	3481	5300	9

Uebersicht der Frequenz und Einnahme nach

Nach Jungenkandel.				Nach Rohrbach.				Nach Landau.			
Personen		Geld-Ertrag.		Personen		Geld-Ertrag.		Personen		Geld-Ertrag.	
Einf. Billete.	Ret. Billete.	fl.	kr.	Einf. Billete.	Ret. Billete.	fl.	kr.	Einf. Billete.	Ret. Billete.	fl.	kr.

Abgangs- und Ankunftsstationen im Jahre 1868. (Fortsetzung.)

Nach Knöringen. Personen Einf. Billete	Ret.-Billete	Geld-Ertrag fl.	kr.	Nach Edesheim. Personen Einf. Billete	Ret.-Billete	Geld-Ertrag fl.	kr.	Nach Edenkoben. Personen Einf. Billete	Ret.-Billete	Geld-Ertrag fl.	kr.	Nach Maikammer. Personen Einf. Billete	Ret.-Billete	Geld-Ertrag fl.	kr.	Nach Dürkheim. Personen Einf. Billete	Ret.-Billete	Geld-Ertrag fl.	kr.
—	—	—	—	—	—	—	—	—	—	—	—	—	—	—	—	108	52	440	2
—	—	—	—	—	—	—	—	—	—	—	—	—	—	—	—	8	—	14	1
—	—	—	—	—	—	—	—	80	24	144	54	—	—	—	—	64	—	107	1
—	—	—	—	—	—	—	—	11	6	45	51	—	—	—	—	18	6	61	2
—	—	—	—	—	—	—	—	—	—	—	—	—	—	—	—	1	—	1	6
—	—	—	—	—	—	—	—	—	—	—	—	—	—	—	—	—	—	—	—
—	—	—	—	—	—	—	—	10	8	24	54	—	—	—	—	13	3	54	3
—	—	—	—	—	—	—	—	—	—	—	—	—	—	—	—	—	—	—	—
—	—	—	—	—	—	—	—	—	—	—	—	—	—	—	—	5	1	7	3
—	—	—	—	—	—	—	—	129	10	295	36	—	—	—	—	230	52	548	2
—	—	—	—	—	—	—	—	6	—	7	15	—	—	—	—	—	—	—	—
—	—	—	—	—	—	—	—	24	13	68	21	—	—	—	—	—	—	—	—
—	—	—	—	—	—	—	—	—	—	—	—	—	—	—	—	—	—	—	—
—	—	—	—	—	—	—	—	79	84	234	54	—	—	—	—	135	48	282	4
—	—	—	—	—	—	—	—	5	8	15	31	—	—	—	—	12	5	62	5
—	—	—	—	—	—	—	—	—	—	—	—	—	—	—	—	—	—	—	—
—	—	—	—	—	—	—	—	—	—	—	—	—	—	—	—	—	2	5	—
—	—	—	—	—	—	—	—	—	—	—	—	—	—	—	—	2	—	8	1
—	—	—	—	—	—	—	—	—	—	—	—	—	—	—	—	3	—	5	—
—	—	—	—	—	—	—	—	—	—	—	—	—	—	—	—	—	—	—	—
—	—	—	—	—	—	—	—	6	6	21	18	—	—	—	—	11	3	25	1
—	—	—	—	—	—	—	—	—	—	—	—	—	—	—	—	—	—	—	—
—	—	—	—	—	—	—	—	—	—	—	—	—	—	—	—	1	—	1	2
—	—	—	—	—	—	—	—	6	—	8	2	—	—	—	—	1	—	1	1
131	34	160	6	84	17	90	51	365	344	497	51	78	54	131	6	1012	408	1540	8
—	—	—	—	—	—	—	—	38	27	44	51	—	—	—	—	111	65	161	1
—	—	—	—	—	—	—	—	27	29	52	45	—	—	—	—	83	85	151	5
—	—	—	—	—	—	—	—	—	2	1	12	—	—	—	—	—	19	16	—
91	—	57	45	49	—	17	27	178	361	238	39	128	67	60	21	188	242	375	1
1737	901	617	15	2597	912	653	24	7981	5556	2897	42	11803	617	1363	9	5805	7225	5670	—
112	23	90	—	48	35	97	48	217	119	328	3	70	10	105	—	127	54	312	1
24	—	11	42	56	—	28	33	58	78	101	45	36	—	21	51	—	—	—	—
179	47	91	48	324	11	102	36	549	198	589	57	79	14	51	24	141	24	190	5
49	15	42	45	42	18	49	27	70	78	142	39	35	7	28	16	18	8	35	6
45	5	29	54	27	—	17	31	83	—	36	7	20	—	14	—	—	—	—	—
59	56	85	27	65	8	39	—	108	214	201	21	45	10	35	42	60	25	81	4
345	101	127	51	276	20	93	6	281	200	254	15	110	19	55	24	109	25	122	—
4041	310	728	57	7124	304	1109	18	1168	4914	2057	39	1040	985	637	51	987	633	1314	1
—	16	70	12	2990	—	152	12	1393	103	136	9	631	54	41	36	148	286	276	3
3691	—	184	24	—	16	54	9	1247	—	74	33	847	53	95	15	72	37	61	2
1130	184	349	54	674	—	30	18	—	37	113	42	1679	—	79	27	404	359	643	2
517	45	89	12	823	40	91	15	1640	—	46	36	—	—	—	—	55	77	84	4
108	90	201	30	99	64	90	51	190	511	622	57	76	24	49	6	—	—	—	—
31	—	5	30	11	—	4	57	190	103	181	3	25	11	15	6	2074	225	2701	3
31	13	25	15	72	25	45	57	151	274	230	—	85	67	56	—	7095	1702	1500	5
24	30	19	42	83	12	16	3	98	207	190	6	117	24	33	6	1083	1307	940	2
81	25	67	12	39	—	14	3	254	60	107	18	94	94	37	48	142	120	153	5
10	—	4	18	12	—	6	21	70	—	31	36	49	6	20	27	62	42	71	1
35	—	19	31	27	—	14	6	98	42	80	30	35	31	27	21	105	78	148	—
10	—	9	12	34	—	28	42	101	74	206	57	42	12	42	51	210	59	267	—
—	—	—	—	—	—	—	—	4	—	8	48	—	—	—	—	—	—	—	—
—	—	—	—	—	—	—	—	—	—	—	—	—	—	—	—	—	—	—	—
—	—	—	—	—	—	—	—	3	—	1	30	—	—	—	—	—	—	—	—
159	73	161	48	216	213	308	15	892	574	1175	15	277	232	350	30	1075	511	1170	—
32	3	28	48	11	—	8	54	60	77	102	36	32	—	16		67	70	130	—
—	—	—	—	—	—	—	—	—	—	—	—	—	—	—	—	—	—	—	—
198	143	357	9	196	171	329	51	941	736	1556	27	179	283	333	12	1102	1742	2641	—
—	—	—	—	34	—	27	12	35	78	110	21	21	9	21	27	14	7	21	—
77	34	132	27	24	33	73	45	108	135	191	21	41	60	90	27	80	92	238	—
—	—	—	—	—	—	—	—	—	—	—	—	—	—	—	—	—	—	—	—
11	23	48	30	30	6	36	15	295	193	776	40	35	34	83	36	562	160	1330	—

Uebersicht der Frequenz und Einnahme nach

Von	Nach Deidesheim. Personen Einf. Billete	Ret. Billete	Geld-Ertrag fl.	kr.	Nach Mußbach. Personen Einf. Billete	Ret. Billete	Geld-Ertrag fl.	kr.	Nach Haßloch. Personen Einf. Billete	Ret. Billete	Geld-Ertrag fl.	kr.	Nach Böhl. Personen Einf. Billete	Ret. Billete	Geld-Ertrag fl.	kr.	Nach Schifferstadt. Personen Einf. Billete	Ret. Billete	Geld-Ertrag fl.	kr.
Saarbrücken-[illegible]-Pfalz-Verkehr	15	3	48	4	—	—	—	—	—	—	—	—	—	—	—	—	—	—	—	—
Bexbach	—	—	—	—	—	—	—	—	3	—	4	30	1	—	1	33	1	—	1	20
Homburg	13	—	21	30	3	—	5	6	25	—	26	42	10	—	20	18	13	—	25	45
St. Ingbert	4	3	17	27	—	1	4	—	6	—	11	6	—	—	—	—	2	—	4	—
Hassel	—	—	—	—	—	—	—	—	—	—	—	—	—	—	—	—	—	—	—	—
Würzbach	—	—	—	—	—	—	—	—	—	—	—	—	—	—	—	—	—	—	—	—
Blieskastel-Lautzkirchen	2	1	4	15	—	1	2	24	10	1	19	45	—	—	—	—	12	—	21	30
Bierbach	—	—	—	—	—	—	—	—	—	—	—	—	—	—	—	—	—	—	—	—
Schwarzenacker	—	—	—	—	—	—	—	—	—	—	—	—	—	—	—	—	—	—	—	—
Zweibrücken	34	4	79	42	7	3	20	12	21	1	38	—	—	—	—	—	31	—	56	21
Miesau	—	—	—	—	—	—	—	—	—	—	—	—	—	—	—	—	—	—	—	—
Bruchmühlbach	—	—	—	—	—	—	—	—	5	—	6	—	12	—	16	48	7	—	9	27
Hauptstuhl	—	—	—	—	—	—	—	—	2	—	2	18	—	—	—	—	2	—	2	36
Landstuhl	41	7	70	12	5	—	5	45	24	—	25	30	20	—	22	33	20	—	24	[illegible]
Kusel	2	3	6	39	1	—	1	33	3	—	4	48	—	—	—	—	2	—	2	30
Rammelsbach	—	—	—	—	—	—	—	—	—	—	—	—	—	—	—	—	—	—	—	—
Altenglan	—	—	—	—	—	—	—	—	—	—	—	—	—	—	—	—	—	—	—	—
Theisbergstegen	—	—	—	—	—	—	—	—	—	—	—	—	—	—	—	—	—	—	—	—
Eisenbach	—	—	—	—	—	—	—	—	—	—	—	—	—	—	—	—	—	—	—	—
Rehweiler	—	—	—	—	—	—	—	—	—	—	—	—	—	—	—	—	—	—	—	—
Glan-Münchweiler	—	—	—	—	—	—	—	—	2	—	2	42	—	—	—	—	—	—	—	—
Niedermohr	—	—	—	—	—	—	—	—	—	—	—	—	—	—	—	—	—	—	—	—
Steinwenden	—	—	—	—	—	—	—	—	—	—	—	—	—	—	—	—	—	—	—	—
Ramstein	3	—	5	36	—	—	—	—	—	—	—	—	—	—	—	—	—	—	—	—
Kaiserslautern	170	118	222	6	71	29	80	6	100	46	128	45	84	17	51	30	131	43	183	30
Hochspeyer	3	14	14	57	15	19	31	18	17	—	11	24	10	—	7	—	12	—	9	—
Frankenstein	6	8	8	27	4	—	3	48	16	—	2	—	15	—	7	30	86	—	23	21
Weidenthal	—	—	—	—	—	—	—	—	38	—	15	24	13	—	6	42	12	—	6	54
Lambrecht	90	91	82	15	178	26	51	18	201	60	108	36	140	—	60	3	57	—	38	33
Neustadt	3667	2760	1110	44	6170	1690	719	04	4434	[illegible]	1449	37	761	601	528	6	974	620	622	39
Weißenburg	15	3	29	12	7	3	16	6	15	2	18	45	10	1	14	9	32	6	56	—
Schaidt	—	—	—	—	—	—	—	—	12	—	11	21	11	—	17	54	7	—	7	—
Winden	15	5	19	30	20	—	15	57	24	—	18	—	12	—	10	33	11	—	12	—
Maximiliansau	6	3	8	30	7	—	1	54	18	1	16	26	7	—	7	42	8	—	5	27
Wörth	—	—	—	—	—	—	—	—	—	—	—	—	—	—	—	—	—	—	—	—
Langenkandel	11	5	16	31	5	—	1	—	—	—	—	—	—	—	—	—	8	—	10	15
Rohrbach	16	4	14	30	2	—	1	12	45	8	36	37	7	—	6	33	3	—	2	15
Landau	120	321	415	51	66	28	19	18	245	160	252	42	85	22	66	57	121	35	96	45
Knöringen	22	66	96	34	27	2	13	18	78	38	45	30	15	—	7	30	84	—	30	54
Edesheim	78	19	45	27	33	10	15	42	49	—	15	24	14	—	7	54	14	—	7	—
Edenkoben	142	292	214	36	64	137	40	27	224	53	94	21	68	—	26	12	61	15	45	18
Maikammer	118	62	46	36	93	2	19	29	88	29	31	50	37	2	16	48	41	15	25	12
Dürkheim	7056	872	1274	21	1049	968	640	33	1501	130	156	18	40	45	22	27	59	50	87	51
Wachenheim	1557	296	263	30	1516	194	265	51	291	2	11	44	82	—	11	—	24	—	18	30
Deidesheim	—	40	104	9	3061	287	838	36	90	27	56	20	51	32	41	8	15	6	13	54
Mußbach	2934	253	296	30	—	11	16	45	50	9	34	37	31	6	14	53	9	6	8	—
Haßloch	72	96	41	36	61	3	21	45	—	44	268	21	472	93	51	33	790	36	140	36
Böhl	20	27	30	18	40	3	15	42	514	21	55	42	—	40	230	30	979	113	118	15
Schifferstadt	18	31	34	45	22	8	10	36	996	78	157	22	1296	118	140	31	—	79	422	12
Germersheim	22	21	53	—	11	—	7	45	101	41	87	3	46	3	38	15	851	159	249	24
Lingenfeld	—	—	—	—	—	—	—	—	30	—	14	30	18	—	9	54	199	38	46	24
Heiligenstein	—	—	—	—	—	—	—	—	—	—	—	—	—	—	—	—	—	—	—	—
Berghausen	—	—	—	—	—	—	—	—	—	—	—	—	—	—	—	—	—	—	—	—
Speyer	228	263	461	42	67	32	69	24	1472	720	749	54	1038	590	485	6	8463	3409	2167	42
Mutterstadt	5	6	7	12	6	—	2	30	450	52	156	12	865	—	140	18	615	44	73	12
Rheingönheim	—	—	—	—	—	—	—	—	220	37	84	36	338	60	106	48	737	159	149	30
Ludwigshafen	495	470	1069	57	392	195	362	57	1651	692	820	27	974	755	840	36	1038	1047	724	24
Oggersheim	13	8	51	16	14	—	11	24	58	11	80	21	22	11	16	12	78	17	32	46
Frankenthal	56	80	141	04	35	37	87	45	157	112	191	35	65	100	121	44	155	106	171	30
Bobenheim	—	—	—	—	—	—	—	—	4	—	3	36	2	—	1	12	4	—	2	—
Hessische Ludwigsbahn	148	92	216	24	15	9	36	58	90	52	125	45	23	29	43	8	44	34	67	36
Summa	16593	8844	7676	31	12765	3285	3123	13	11340	5667	6461	35	9314	2764	3606	20	19733	10796	8870	22

Abgangs- und Ankunftsstationen im Jahre 1868. (Fortsetzung.)

Nach Germersheim.				Nach Lingenfeld.				Nach Heiligenstein.				Nach Berghausen.				Nach Speyer.				Nach Mutterstadt.			
Personen Einf. Billete	Personen Ret.-Billete	Geld-Ertrag		Personen Einf. Billete	Personen Ret.-Billete	Geld-Ertrag		Personen Einf. Billete	Personen Ret.-Billete	Geld-Ertrag		Personen Einf. Billete	Personen Ret.-Billete	Geld-Ertrag		Personen Einf. Billete	Personen Ret.-Billete	Geld-Ertrag		Personen Einf. Billete	Personen Ret.-Billete	Geld-Ertrag	
		fl.	kr.			fl.	kr.			fl.	kr.			fl.	kr.			fl.	kr.			fl.	kr.
5	9	54	64	—	—	—	—	—	—	—	—	—	—	—	—	283	67	948	50	—	—	—	—
11	—	15	45	—	—	—	—	—	—	—	—	—	—	—	—	51	6	78	—	5	—	6	18
62	7	101	51	1	—	1	54	—	—	—	—	1	—	1	48	276	103	701	45	16	—	25	45
38	2	65	51	—	—	—	—	—	—	—	—	—	—	—	—	157	37	457	—	1	—	2	3
1	—	4	48	—	—	—	—	—	—	—	—	—	—	—	—	19	6	55	39	—	—	—	—
11	—	13	12	—	—	—	—	—	—	—	—	—	—	—	—	47	12	136	45	—	—	—	—
36	—	52	24	—	—	—	—	—	—	—	—	—	—	—	—	147	16	351	9	1	—	1	51
5	—	5	30	—	—	—	—	—	—	—	—	—	—	—	—	7	1	12	21	—	—	—	—
7	1	14	33	—	—	—	—	—	—	—	—	—	—	—	—	19	3	39	18	—	—	—	—
161	15	264	30	6	—	8	24	2	—	4	—	2	—	4	—	619	182	1040	4	30	—	55	3
4	—	6	18	—	—	—	—	—	—	—	—	—	—	—	—	23	2	30	6	—	—	—	—
29	—	27	54	—	—	—	—	—	—	—	—	—	—	—	—	157	51	267	24	4	—	5	18
9	—	7	30	—	—	—	—	—	—	—	—	—	—	—	—	101	20	107	—	1	—	1	21
92	83	165	36	2	—	3	6	—	—	—	—	1	—	1	27	670	230	1234	18	21	—	25	16
7	4	26	47	—	—	—	—	—	—	—	—	—	—	—	—	45	12	153	—	—	—	—	—
—	—	—	—	—	—	—	—	—	—	—	—	—	—	—	—	—	—	—	—	—	—	—	—
7	—	10	17	—	—	—	—	—	—	—	—	—	—	—	—	10	7	34	12	—	—	—	—
—	—	—	—	—	—	—	—	—	—	—	—	—	—	—	—	1	—	1	15	—	—	—	—
—	—	—	—	—	—	—	—	—	—	—	—	—	—	—	—	—	1	8	51	—	—	—	—
—	—	—	—	—	—	—	—	—	—	—	—	—	—	—	—	—	—	—	—	—	—	—	—
1	—	1	54	—	—	—	—	—	—	—	—	—	—	—	—	12	2	27	10	—	—	—	—
—	—	—	—	—	—	—	—	—	—	—	—	—	—	—	—	1	—	—	47	—	—	—	—
1	—	—	48	—	—	—	—	—	—	—	—	—	—	—	—	5	1	9	18	—	—	—	—
4	—	8	24	—	—	—	—	—	—	—	—	—	—	—	—	6	3	15	32	—	—	—	—
344	60	678	30	26	2	38	12	9	—	10	18	—	—	—	—	2064	709	3549	—	104	33	159	15
27	—	19	15	—	—	—	—	—	—	—	—	—	—	—	—	130	55	215	18	16	—	16	18
38	—	22	54	—	—	—	—	—	—	—	—	—	—	—	—	257	74	244	45	7	—	4	51
21	—	11	30	—	—	—	—	—	—	—	—	—	—	—	—	168	67	124	54	11	—	8	3
64	48	110	21	11	—	11	12	15	—	9	6	1	—	—	42	280	470	111	36	31	106	91	27
716	651	1271	15	100	72	150	36	24	31	60	51	17	38	47	57	4018	1260	6680	51	287	542	420	6
38	6	82	18	4	—	6	12	1	—	1	27	2	—	8	48	182	91	817	—	27	1	39	51
32	—	26	54	—	—	—	—	—	—	—	—	—	—	—	—	181	83	344	18	4	—	3	51
41	—	29	51	—	—	—	—	—	—	—	—	—	—	—	—	617	112	730	37	12	—	12	—
31	5	46	30	—	—	—	—	—	—	—	—	1	—	—	15	169	56	251	57	2	—	1	18
4	—	4	12	—	—	—	—	—	—	—	—	—	—	—	—	64	33	131	3	—	—	—	—
19	1	17	30	—	—	—	—	—	—	—	—	—	—	—	—	105	36	168	16	—	—	—	—
24	—	21		—	—	—	—	—	—	—	—	—	—	—	—	212	185	473	37	35	—	31	30
491	78	446	32	10	13	33	27	21	6	37	51	2	1	3	6	2119	1093	3122	11	97	63	144	6
16	—	11	48	—	—	—	—	—	—	—	—	—	—	—	—	110	263	316	12	38	9	32	15
59	—	48	12	—	—	—	—	—	—	—	—	—	—	—	—	281	325	584	15	11	—	6	6
147	120	295	15	7	—	6	15	3	—	2	15	1	—	—	42	1001	1070	1702	16	64	63	95	12
69	21	70	30	—	—	—	—	—	—	—	—	—	—	—	—	211	357	846	6	37	—	19	30
233	98	354	12	—	—	—	—	—	—	—	—	—	—	—	—	1042	641	1015	18	55	41	59	48
35	—	22	51	—	—	—	—	—	—	—	—	—	—	—	—	130	167	232	27	9	—	6	9
37	30	71	51	—	—	—	—	—	—	—	—	—	—	—	—	268	316	520	6	4	1	6	18
25	2	21	27	—	—	—	—	—	—	—	—	—	—	—	—	110	117	174	15	15	—	7	45
147	106	178	36	21	—	12	30	—	—	—	—	—	—	—	—	1119	2070	1341	3	402	69	127	21
69	11	52	—	27	—	12	9	—	—	—	—	—	—	—	—	655	1918	914	12	903	—	130	9
212	235	396	21	137	27	82	9	—	—	—	—	—	—	—	—	6129	9440	8301	36	375	57	118	48
—	14	73	30	4506	94	157	21	954	112	219	3	161	33	35	21	7096	8079	5641	25	132	2	47	9
2722	985	2779	30	—	87	103	21	805	50	96	37	210	28	33	18	2532	1137	1806	53	—	—	—	—
1002	113	250	30	743	56	42	48	—	10	16	33	12	—	—	36	8761	344	431	45	—	—	—	—
7032	93	132	12	206	24	43	15	61	—	8	—	—	—	—	—	1291	65	170	30	—	—	—	—
7958	6400	6554	45	2525	1510	925	36	4611	240	515	21	2300	60	149	18	—	5	24	9	1137	621	501	18
196	15	53	—	—	—	—	—	—	—	—	—	—	—	—	—	1971	1305	920	51	—	48	202	8
61	11	43	37	—	—	—	—	—	—	—	—	—	—	—	—	401	1170	962	51	304	—	31	24
2623	709	1901	54	170	102	140	36	88	54	44	18	28	53	55	42	11675	8401	9574	44	8964	1559	915	—
53	10	38	—	—	—	—	—	—	—	—	—	—	—	—	—	498	108	367	15	54	10	18	6
201	185	371	12	36	25	78	42	1	5	6	21	15	11	16	36	1774	1556	2577	30	108	70	79	34
20	—	10	54	—	—	—	—	—	—	—	—	—	—	—	—	65	53	98	33	6	—	3	42
1015	95	667	38	—	—	—	—	—	—	—	—	—	—	—	—	2967	1044	3185	19	65	106	105	4
19825	9350	18801	25	8535	1962	2264	15	6619	639	1047	27	6087	281	314	42	58243	42896	60029	—	4894	3553	8625	35

		n.	m.			n.
925	720	4785	44	—	—	—
30	7	32	39	—	—	—
273	218	1198	6	4	—	6
30	42	325	26	—	—	—
6	11	64	41	—	—	—
18	11	39	42	—	—	—
35	28	940	24	—	—	—
11	—	19	39	—	—	—
24	5	47	37	—	—	—
305	329	3457	13	24	2	26
36	13	77	8	—	—	—
146	36	322	48	—	—	—
63	29	117	65	5	—	4
443	258	1234	9	24	—	24
78	42	290	11	—	—	—
—	—	—	—	—	—	—
19	9	59	9	—	—	—
7	1	15	18	—	—	—
1	3	12	16	—	—	—
—	—	—	—	—	—	—
10	1	84	51	—	—	—
5	2	8	18	—	—	—
21	9	41	28	—	—	—
9	9	38	6	—	—	—
364	1776	2050	30	20	26	320
109	160	310	40	17	—	17
229	126	891	67	5	—	4
113	85	236	24	10	—	9
270	417	622	36	—	—	—
548	9148	10042	18	93	201	294
955	271	1700	91	9	1	14
67	73	166	32	5	—	9
841	153	475	6	—	—	—
105	42	252	27	—	—	—
102	59	254	15	—	—	—
189	73	304	15	1	—	1
149	130	671	57	4	—	9
[illegible]	[illegible]	[illegible]	91	54	19	73
214	610	881	9	3	—	7
283	410	472	21	30	—	31
844	1000	2500	9	29	45	104
191	401	470	6	28	3	31
364	1407	2736	42	61	15	51
359	584	913	23	3	1	3
406	746	1423	30	18	35	53
142	478	811	54	15	5	18
963	1308	2400	24	42	4	343
633	2003	1474	—	19	2	13
118	7100	2017	20	67	20	37
319	1065	2722	56	62	8	54
257	287	490	30	—	—	—
49	135	156	18	—	—	—
31	40	34	15	—	—	—
566	11251	11315	30	266	667	423
169	3700	1524	1	42	3	11
832	746	546	36	214	10	48
—	687	1615	1	20006	1365	2500
818	4132	9940	84	—	160	336
1408	36671	12938	—	6716	2002	2120
907	575	586	18	627	56	61
534	18482	14753	[illegible]	965	847	690

Abgangs- und Ankunftsstationen im Jahre 1868. (Fortsetzung.)

Nach den Stationen der heff. Ludwigsbahn. Personen Einfache Billete	Retour-Billete	Geld-Ertrag fl.	kr.	Summa der Personen-Frequenz. Personen Einfache Billete	Retour-Billete	Geld-Ertrag fl.	kr.	Neben- und andere Erträgnisse fl.	kr.	Summa der Einnahmen fl.	kr.
180	—	406	80	27318	26837	38841	21	370219	48	412151	9
31	4	22	30	13462	7119	3626	19	2771	35	6467	32
185	114	795	50	31168	22752	21323	30	10048	9	31566	42
96	40	442	50	23682	16007	14974	47	36752	18	85026	50
—	—	—	—	5225	1946	1049	39	2101	45	1900	24
—	—	—	—	13690	4122	6770	16	1429	40	7416	56
40	26	241	45	31700	6146	9752	5	3905	10	19047	15
—	—	—	—	6342	718	3075	6	47	41	352	46
—	—	—	—	9025	1903	1996	21	1002	51	3671	12
665	242	2960	60	21340	14092	8466	4	13952	40	23080	51
8	—	15	40	1177	378	349	17	151	36	1098	43
31	20	119	36	8221	4014	3010	34	4065	10	9865	44
62	2	61	31	5372	1724	1918	31	1060	55	8314	26
393	119	958	48	39802	11156	20575	56	26083	37	46671	55
—	—	—	—	1483	2041	2800	24	4009	25	7704	57
—	—	—	—	—	—	—	—	—	—	—	—
—	—	—	—	2783	1518	1160	57	3693	30	4953	37
—	—	—	—	1429	374	363	40	69	48	451	28
—	—	—	—	1684	406	470	3	43	40	473	51
—	—	—	—	1360	450	353	52	38	55	398	42
—	—	—	—	3454	1014	1048	44	1557	6	2605	50
—	—	—	—	1695	477	604	29	226	11	830	40
—	—	—	—	1189	733	750	56	341	32	992	6
—	—	—	—	1567	719	709	58	640	52	1350	45
1418	834	4772	12	50226	21197	53406	2	81405	3	134813	5
80	47	192	59	7872	3566	4626	54	1291	37	5898	25
21	7	45	15	10181	2942	4692	59	3247	7	7940	6
19	3	14	19	5920	1477	2400	9	3361	21	6771	30
141	119	682	37	13993	10083	16667	13	16776	8	28095	21
2716	1332	8968	6	90482	60894	81739	24	41606	48	128343	12
348	235	3194	10	8458	4756	14838	22	71311	56	86155	17
28	8	54	18	8135	3391	3606	1	3502	48	7107	51
136	54	862	51	18445	4953	6441	51	10830	35	16779	20
42	10	112	19	3901	2135	8773	57	47656	44	56401	43
—	—	—	—	4381	1281	2100	31	383	46	2544	7
56	33	300	16	9843	4513	6446	13	3110	10	9956	24
106	28	280	51	11106	4613	6477	57	12805	27	19518	28
1000	770	4136	36	40208	20862	41181	43	33146	16	74368	3
160	42	291	48	17078	5147	5640	22	426	11	6066	33
88	44	144	41	10001	2000	4076	26	364	50	5831	16
360	300	1242	40	14000	20017	17384	4	22546	10	35977	14
64	24	90	27	21066	4030	6581	48	798	29	8670	11
192	351	1730	17	23094	14346	22370	54	25273	46	65451	30
118	96	317	40	7703	4400	4761	38	4018	12	8779	20
204	134	648	8	17701	10370	9340	57	9664	7	19664	5
101	80	236	56	11501	8700	4555	58	4463	23	9719	30
304	247	536	34	18601	12003	9676	34	10556	50	17107	28
105	46	173	7	5700	4567	4726	17	190	5	4966	30
218	100	342	54	14578	19211	10545	48	2085	39	18281	47
1156	290	2588	59	31274	11064	10204	17	11858	58	20458	9
—	—	—	—	7136	4218	3406	12	7151	24	10614	36
—	—	—	—	5605	750	1441	21	71	32	1112	53
—	—	—	—	2580	296	544	21	9107	49	2651	9
3072	1549	6047	46	62515	34011	61842	36	62043	9	116990	45
60	60	111	41	7186	4874	4750	52	5028	47	10070	39
318	105	162	—	6286	2714	3642	18	901	55	4534	13
21042	16750	16451	17	101324	72296	89647	35	184130	35	374017	10
1705	1000	1081	29	34072	9104	7240	35	18250	36	28040	—
12072	10758	9635	16	62085	57914	83148	36	32855	17	87074	48
2442	190	345	45	2219	1638	1707	45	1695	13	8402	51
—	—	—	—	35086	31948	40640	49	175218	13	220246	8
56243	42259	62341	3	1040117	586725	771204	37	1425621	39	2197216	12

Uebersicht der Personen-Frequenz und Einnahme nach Abgangs- und Ankunfts-stationen im Jahre 1868. (Schluß.)

	Summe der Personen-Frequenz. Personen Einfache Billete.	Retour-Billete.	Geldertrag. fl.	kr.	Neben- und andere Erträgnisse. fl.	kr.	Summe der Einnahmen. fl.	kr.
Uebertrag .	1040017	593723	771294	37	1423921	35	2197210	12
Rücktour der Retourbillete	—	593723	—	—	—	—	—	—
Rheinischer Verbands-Verkehr	29067	1466	23175	45	82297	15	105473	—
Holländischer Verkehr	—	—	—	—	18340	23	18240	21
Belgisch-Rheinischer Verkehr	—		—	-	6532	12	6332	12
Belgischer Verkehr via Conz	—	—	—	—	14579	47	14579	47
Französischer Verkehr via Forbach .	—	—	—	—	18373	38	18173	38
" " " Weißenburg	5184	2050	16991	25	389007	22	405998	47
Basel-Schweizer Verkehr	—	—	—	—	37936	21	37936	21
Sächsisch-Berliner Verkehr	—	—	—	—	3134	46	3134	46
Westdeutscher Verbands-Verkehr	—	—	—	—	39768	16	39768	18
Mitteldeutscher Verbands-Verkehr . . .	—	—	—	—	13395	16	13395	16
Bahn-Pfalz-Saarbrücker Verkehr . . .	104812	34052	69842	—	596738	8	660580	8
Süddeutscher Verbands-Verkehr	—	—	—	—	352056	11	352056	11
Main-Neckarbahn-Verkehr	—	—	—	—	12040	46	12040	46
Summe . .	1170080	1225034	881303	47	3010021	56	3891325	43

№ 4.

Gesammt-Ergebniß des Güterverkehrs im Jahre 1868.

Monate.	Transportirtes Gewicht.								Gesammt-Gewicht.		Fracht.								Provision für Nachnahme.		Versicherungs-Taxe.		Summa.	
	Eilgut.		Gewöhnliches Gut.								Eilgut.		Gewöhnliches Gut.											
			I. Classe.		II. Classe.		Wagenladungs-Classe.						I. Classe.		II. Classe.		Wagenladungs-Classe.							
	Ctr.	Pf.	Ctr.	Pf.	Ctr.	Pf.	Ctr.	Pf.	Ctr.	Pf.	fl.	kr.	fl.	kr.	fl.	kr.	fl.	kr.	fl.	kr.	fl.	kr.	fl.	kr.
Januar . . 1868	11030	7	48871	5	128724	5	866568	9	1055195	6	2454	36	5907	—	12572	29	54008	18	315	21	117	3	75105	37
Februar . . . „	10818	9	47108	3	131766	6	1001944	9	1191038	7	2531	4	6244	42	13626	57	65083	5	349	20	169	8	85043	18
März . . . . „	12793	8	49178	7	150847	8	1162213	4	1375033	7	3156	10	6853	13	15328	27	74670	41	448	35	217	48	100674	54
April . . . „	12322	7	45536	—	130465	5	1175676	3	1364020	5	3123	40	6092	3	14090	54	73368	1	330	8	178	17	97163	3
Mai . . . . „	14234	6	49010	9	135268	6	1312012	7	1510556	8	3653	9	6703	58	14417	25	83152	51	351	52	155	58	108463	13
Juni . . . . „	14124	9	50606	1	115609	7	1106602	3	1286943	—	3533	21	7023	5	12614	35	73807	58	290	18	161	35	97430	41
Juli . . . . „	14820	1	48451	6	134164	1	1144121	5	1341557	3	3778	12	6907	17	14720	54	69741	53	348	1	166	8	95682	23
August . . . „	17484	5	53801	2	138405	2	1085854	3	1295545	2	4286	1	7578	23	15103	7	61666	47	313	54	227	39	92175	51
September . . „	21072	6	62388	2	172811	—	1112192	7	1368461	5	4978	52	8453	21	17330	24	69361	22	314	31	272	45	100741	15
October . . . „	25497	1	69846	4	182572	—	1119981	1	1397896	6	6345	30	9801	45	18555	7	70188	28	404	51	209	48	105505	27
November . . „	17587	—	63208	8	160149	—	1083873	1	1324817	9	4341	13	8589	13	16341	29	66189	37	436	51	197	25	96076	48
December . . „	17994	—	55502	9	145050	3	1033886	7	1252433	9	4400	16	7591	7	15002	31	70279	3	294	44	230	51	97788	32
Summa . .	189780	9	643527	6	1725834	3	13204357	9	15763500	7	46603	6	87715	7	179733	59	834518	4	4227	26	2374	21	1155172	8

№ 5 u. 6.

Ergebniß des internen

I. Monat-

Monate.	Gewicht der Sendungen. Eilgut Ctr.	Pf.	Gewöhnliches Gut. I. Classe Ctr.	Pf.	II. Classe Ctr.	Pf.	Wagenladungs-Classe A Ctr.	Pf.	B Ctr.	Pf.	C Ctr.	Pf.	Güter mit besonderen Tarifen Ctr.	Pf.	Gesammt-Gewicht Ctr.	Pf.
Januar 1868	1944	3	4806	9	25912	6	5507	7	68285	4	42126	6	64402	—	212989	5
Februar . . . . "	1828	9	5479	5	29781	3	6299	0	71129	9	62498	4	89584	1	276701	7
März . . . . "	2221	4	5731	5	32269	5	12117	7	76279	8	78782	—	116182	—	322604	4
April . . . . "	2521	5	5741	1	29399	9	10620	2	65432	—	65123	9	125600	8	304314	4
Mai . . . . "	2947	6	6097	9	31411	1	9557	8	84249	8	84522	2	139662	2	354778	7
Juni . . . . "	3199	4	4363	7	26027	5	9448	8	56394	1	67417	1	113296	8	280114	9
Juli . . . . "	3663	5	3662	4	33704	5	10402	2	46618	8	67467	4	124988	6	292267	1
August . . . . "	4074	—	7707	4	34115	7	7372	1	71856	8	72148	8	98645	1	270660	1
September . . . . "	4441	9	7633	9	37502	4	8723	5	63604	9	62782	4	103952	—	291041	—
October . . . . "	6476	2	8219	1	41406	2	10220	2	86990	3	59416	1	102517	6	324590	7
November . . . . "	3962	6	8697	—	34735	8	11751	1	81713	8	61675	4	127927	4	329661	3
December . . . . "	3732	1	6924	6	33836	4	6975	5	77446	—	14945	6	129160	3	325629	5
Summa . .	40957	6	77323	—	390144	5	120836	9	868889	5	763294	—	1342198	8	3540444	3

II. Stations-

Stationen.	Eilgut Ctr.	Pf.	I. Classe Ctr.	Pf.	II. Classe Ctr.	Pf.	A Ctr.	Pf.	B Ctr.	Pf.	C Ctr.	Pf.	Güter mit besonderen Tarifen Ctr.	Pf.	Gesammt-Gewicht Ctr.	Pf.
Berbach	330	4	570	4	9019	2	80	—	3361	6	11487	4	14285	6	39134	6
Homburg	1042	6	2466	6	19234	1	646	9	38248	4	48010	6	20281	2	129952	4
St. Ingbert	1905	1	2651	9	22182	2	3422	7	20355	5	41068	3	23313	—	115338	7
Hassel	27	3	89	3	813	—	1160	—	500	6	138	9	14	1	2603	2
Würzbach	142	9	871	3	4396	2	-	—	3473	9	1770	7	2669	1	12738	1
Bliescastel-Lautzkirchen	042	—	1002	8	13148	3	901	5	28761	4	8158	1	5272	—	58089	1
Bierbach	49	5	47	5	278	9	—	—	—	—	—	—	10	—	385	3
Schwarzenacker	112	2	77	—	1962	8	347	2	546	6	8580	—	17012	—	28637	8
Zweibrücken	2688	1	7587	1	29297	7	13836	—	55598	5	55278	—	22962	6	187248	—
Einöd	53	6	59	6	826	1	—	—	—	—	—	—	9	—	948	8
Bruchmühlbach	528	6	1022	6	8313	3	-	—	1561	9	6508	8	6080	4	24016	6
Hauptstuhl	121	5	92	2	1183	—	—	—	—	—	—	—	—	7	1347	4
Landstuhl	1758	9	3485	1	20633	4	1645	5	18967	5	31484	2	27879	5	108962	1
Kusel	375	6	770	4	3319	—	851	8	621	4	2215	—	200	—	7853	2
Altenglan	44	9	190	4	909	9	81	8	2774	2	1530	—	118	—	5649	2
Theisbergstegen	3	2	5	3	117	9	-		201	—	-	-	—	—	327	4
Eisenbach	21	—	2	8	193	7	—	—	—	—	—	—	—	—	216	5
Rehweiler	14	—	2	2	57	—	—	—	—	—	—	—	—	—	73	2
Glan-Münchweiler	119	8	206	4	1250	4	—	—	389	—	800	—	—	—	2765	6
Niedermohr	18	1	39	9	251	6	—	—	1	—	200	—	—	—	510	6
Steinwenden	40	-	126	1	524	9			410	9	200	—	100	—	1131	9
Zu übertragen . .	10127	3	21769	9	137923	—	22476	4	175863	4	229619	—	140239	2	729018	2

Güterverkehrs im Jahre 1868.

Eilgut		Fracht für Gewöhnliches Gut: I. Classe		II. Classe		Wagenladungs-Classe A.		B.		C.		Güter mit besonderen Taxen		Lade- und Waag-Gebühren		Provision für Nachnahme		Die Lieferungs-Taxe		Summa	
fl.	kr.	fl.	kr.	fl.	kr.	fl.	kr.	fl.	kr.	fl.	kr.	fl.	kr.	fl.	kr.	fl.	kr.	fl.	kr.	fl.	kr.
weise.																					
836	58	314	36	3196	53	638	14	5431	36	2531	18	2590	51	73	50	13	40	21	36	15860	12
800	46	964	1	3545	29	774	58	5130	52	4014	3	4096	40	120	44	12	17	24	16	19987	3
616	32	1018	29	3557	16	1004	27	6282	1	4773	21	4096	30	164	47	63	51	30	39	22458	5
781	11	1083	57	6002	8	1145	57	3567	35	4800	38	4524	35	167	55	50	23	33	36	21532	46
962	30	1064	53	4750	57	374	45	5668	18	5646	36	4578	56	114	38	37	19	32	30	21808	02
873	20	784	1	4131	36	968	59	7587	45	3978	31	3665	18	117	42	26	37	26	6	21004	30
278	24	1022	39	4148	16	1015	10	4455	3	4345	31	3267	22	184	23	37	29	32	18	19934	56
1077	7	1725	12	4271	3	423	12	6060	21	5140	27	2416	58	117	1	41	7	41	27	20583	27
1780	31	1348	25	4575	15	314	42	5488	22	4430	6	2849	14	111	37	46	24	56	24	21082	17
1843	29	1595	14	7208	34	2089	14	2074	6	8868	37	3244	15	173	2	41	44	47	38	25468	26
1078	47	1413	49	4729	48	1186	19	7318	37	4441	08	3518	13	222	6	49	28	40	—	22536	24
906	1	1158	37	4734	13	110	52	6129	26	3044	16	12848	17	105	15	36	12	40	30	29616	29
11351	42	**13691**	—	**48122**	38	**13275**	38	**73101**	47	**49735**	11	**51717**	7	**1830**	55	**473**	29	**436**	21	**283553**	39
weise.																					
117	10	130	35	1388	32	14	32	310	17	919	8	351	58	2	30	2	55	1	12	3213	33
307	53	591	52	2034	54	101	7	3141	57	3713	36	579	44	83	39	20	30	11	9	11219	10
830	4	662	49	4235	30	714	18	2721	55	4633	16	2006	29	87	19	16	39	26	27	15900	56
7	2	21	34	71	31	95	4	31	6	11	21	—	12	—	—	—	10	—	18	239	35
63	21	76	22	405	3	—		360	39	141	39	111	45	—	55	2	25	1	36	1353	46
238	26	468	8	8984	14	171	51	3566	37	541	8	183	37	5	7	12	39	11	45	7163	40
10	25	8	50	30	16	—		—		—		—	16	—			59	—		49	46
92	35	14	18	209	4	38	30	44	59	412	06	429	12	—			41		13	1231	56
1225	49	2240	21	5380	43	2956	07	6145	32	5606	39	995	50	61		37	19	42	9	24427	44
21	54	14	45	120	36	—		—		—		—	24	—	48		34	—	32	167	39
161	50	207	51	1004	34	—		162	24	524	49	70	59	16	26	3	51	6	54	2159	47
55	40	19	55	140	36	—		—		—		—	6	—		—	42	—	14	203	33
536	27	730	8	2796	43	253	54	1667	33	2181	35	1285	46	7	54	27	51	26	51	9534	19
90	37	149	7	421	30	49	24	47	42	132	42	15	45	—		2	1	6	18	915	19
10	6	35	9	87	30	13	47	212	45	56	37	8	46	—		—	13	—	43	425	27
1	25	—	47	12	14	—		5	32			—		—			10	—	3	20	28
3	6	—	13	16	37	—				—		—		—			8	—		20	5
2	30	—	13	4	32	—		—		—		—		—			3	—		7	30
20	11	35	24	109	29			13	40	19	30	—		—			27	2	12	210	2
4	18	5	29	31	54	—		—	4	13		—		—		—	17	—		45	32
11	2	20	14	50	40	—		15	1	11	30	7	50	—		—	6	—	43	117	50
3796	22	**5453**	10	**21516**	29	**1409**	37	**19447**	31	**19678**	46	**6049**	34	**265**	57	**130**	48	**140**	12	**78685**	40

Uebertrag

Ramstein . . . .
Kaiserslautern . . . . . .
Hochspeyer . . . .
Frankenstein . . . .
Weidenthal . . . .
Lambrecht . . . .
Neustadt . . . .
Weißenburg . . . .
Schaidt . . . .
Winden . . . .
Maximiliansau . . . . . .
Wörth . . . .
Langenkandel . . . . . .
Rohrbach . . . .
Landau . . . .
Knöringen . . . .
Edesheim . . . .
Edenkoben . . . .
Maikammer . . . .
Türkheim . . . .
Wachenheim . . . .
Teidesheim . . . .
Mußbach . . . .
Haßloch . . . .
Böhl . . . .
Schifferstadt . . . .
Germersheim . . . . . .
Lingenfeld . . . .
Heiligenstein . . . .
Berghausen . . . .
Speyer . . . .
Mutterstadt . . . .
Rheingönheim . . . . . .
Ludwigshafen . . . . . .
Oggersheim . . . . . .
Frankenthal . . . .
Bobenheim . . . .

Summa

Güterverkehrs im Jahre 1868. (Schluß.)

Fracht für:																Lad- und Waag-Gebühren.		Provision für Nachnahme.		Versicherungs-Taxe.		Summa.	
Eilgut		Gewöhnliches Gut																					
		I. Classe.		II. Classe.		Wagenladungs-Classe A.		Wagenladungs-Classe B.		Wagenladungs-Classe C.		Güter mit besonderen Taxen.									
fl.	kr.	fl.	kr.	fl.	kr.	fl.	kr.	fl.	kr.	fl.	kr.	fl.	kr.	fl.	kr.	fl.	kr.	fl.	kr.	fl.	kr.
3796	29	6453	10	21316	29	4409	32	18447	54	18678	48	6049	34	285	57	180	46	140	9	78698	40
15	40	16	19	44	47	—	—	6	—	15	24	—	—	—	—	—	53	—	15	99	16
1488	47	1503	12	5868	19	2348	29	6924	32	7377	9	6185	47	253	27	47	44	43	33	31010	59
61	20	59	8	256	43	—	—	83	34	389	14	79	48	—	—	2	2	1	—	932	49
65	20	43	16	260	11	43	31	440	1	1152	48	4	29	14	5	4	44	2	24	2030	49
76	36	30	10	192	38	11	38	36	56	493	1	21	12	—	—	2	38	1	48	868	12
180	9	207	11	1609	20	686	43	468	50	353	30	121	26	6	38	7	9	17	27	3658	33
682	5	603	30	2592	48	174	55	4024	30	2710	3	1772	4	202	47	29	42	21	54	12814	47
139	56	826	39	450	47	479	45	7239	12	2275	43	8841	10	—	—	12	18	8	18	20274	18
17	11	18	35	181	51	—	—	81	22	67	12	23	1	—	—	—	37	1	6	390	58
54	8	77	48	390	24	5	52	108	39	218	24	402	54	—	—	7	48	9	18	1273	13
16	15	120	55	240	13	814	3	799	11	498	17	712	11	—	—	15	26	14	12	3229	42
19	58	6	8	7	18	—	—	—	—	—	—	—	—	—	—	—	6	—	42	34	7
39	40	44	—	213	55	15	37	18	13	41	26	171	32	—	—	2	8	7	39	554	7
37	52	38	55	186	17	15	56	179	53	126	21	84	52	—	—	2	31	2	33	675	19
433	42	463	1	1633	47	371	15	1236	10	501	2	269	1	—	—	31	29	34	9	4994	5
63	17	21	15	140	36	—	—	—	—	—	—	—	9	—	—	2	11	2	9	229	37
35	28	29	51	75	17	—	—	—		—	—	—	—	—	—	—	54	2	45	144	15
192	21	232	58	545	16	97	59	1043	1	400	24	1070	—	—	—	13	7	9	15	3604	16
53	41	55	3	300	23	—	—	—		—	—	—	5	—	—	1	38	1	39	412	22
174	21	170	10	523	27	73	45	640	19	703	10	224	16	—	—	13	49	14	27	2567	44
70	3	83	51	191	38	—	—	89	41	210	10	31	30	—	—	2	50	2	36	575	19
126	29	128	39	369	13	19	40	106	10	818	20	392	14	—	—	11	40	3	9	2065	34
62	10	29	29	207	36	—	—	339	38	565	57	117	14	—	—	5	10	3	27	1330	41
142	1	45	42	512	52	54	12	142		164	17	211	50	—	—	7	29	4	18	1284	41
68	31	44	31	130	18	—	—	—	—	—	—	9	31	—	—	7	8	1	12	259	11
73	30	39	55	285	5	—	—	34	27	159	53	320	38	—	—	1	57	1	9	916	51
390	19	308	21	1356	29	57	43	484	31	421	8	1022	56	17	10	8	22	15	33	4083	2
43	40	46	42	263	—	17	20	79	16	134	25	867	32	—	—	2	11	2	21	976	29
10	51	8	53	29	31	—	—	—	—	—	—	—	12	—	—	—	10	—	6	49	45
9	54	14	21	34	26	24	40	18	13	—	—	71	20	—	—	—	6	—	—	173	30
846	51	701	53	1055	25	272	55	1671	31	1122	18	2601	19	48	49	31	13	17	42	9269	59
86	48	74	32	293	20	265	20	1115	57	188	22	874	20	2	39	3	43	2	57	2905	58
69	57	21	23	211	39	3	57	29	22	200	24	385	1	—	—	1	51	1	57	925	31
1084	19	1705	48	3709	16	2821	59	25845	26	7907	8	10240	57	752	32	44	—	23	39	63135	4
74	7	58	26	228	13	12	18	432	26	88	48	245	32	7	8	—	57	3	45	1149	40
527	40	377	40	1341	41	176	35	841	19	1646	6	622	6	70	13	13	23	15	36	6841	19
23	24	11	23	59	7	—	—	1	50	58	1	167	24	—	—	1	45	—	12	323	6
11351	42	13691	—	48122	38	13275	39	73101	37	49733	11	51717	7	1650	55	473	29	436	21	288558	39

Bemerkung: Der vom vorigen Jahre verbliebene Vorschuß-Betrag von fl. 2500 für die Stationen wird in gleicher Summe auch auf das Jahr 1869 übertragen.

№ 7.

Uebersicht des Saarbrücken-Hessen-Pfälzischen

Monate.	Gewicht der Sendungen.																					
	Eilgut.		Gewöhnliches Gut.																		Gesammt-Gewicht.	
			Classe				Wagenladungs-Classe						Special-Tarif						Güter mit besonderen Taxen.			
			I.		II.		A.		B.		C.		1.		2.		3.					
	Ctr.	Pf.	Ctr.	Pf.	Ctr.	Pf.	Ctr.	Pf.	Ctr.	Pf.	Ctr.	Pf.	Ctr.	Pf.	Ctr.	Pf.	Ctr.	Pf.	Ctr.	Pf.	Ctr.	Pf.
Januar 1868	1014	4	2562	7	14576	8	9916	8	41420	4	61267	10	—		—		5640	—	31820	9	172040	—
Februar	1608	3	2167	2	10038	4	6730	—	43294	1	19651	10	—	—	—	—	8240	—	57791	1	241520	—
März	962	3	3656	0	21670	3	4636	9	33936	2	122025	5	—	—	344	2	1400	—	43083	10	261405	1
April	914	7	3102	8	21044	2	7338	4	38569	4	127027	7	—	—	145	7	4280	—	47925	8	270663	[illegible]
Mai	1184	1	2438	7	22552	1	12065	6	52004	6	[illegible]	4	175	6	672	4	790	—	31173	6	290227	[illegible]
Juni	1903	1	2173	6	21587	7	11361	1	36194	9	[illegible]	7	100	—	560	—	13580	—	42460	—	268040	[illegible]
Juli	1472	9	3996	1	20672	4	12637	9	36671	1	132967	1	649	2	500	—	10000	—	56730	—	324404	[illegible]
August	1506	6	4641	3	26431	7	10675	1	41513	7	134621	2	—	—	120	—	3900	—	63287	9	284322	
September	1663	2	4184	—	23654	7	10018	5	41606	3	111245	8	201	2	240	—	3100	—	65100	3	266614	
October	2006	1	3904	3	25223	3	11334	8	43441	6	97701	3	624	2	1260	—	4056	—	63320	—	263774	
November	1408	—	2641	8	22996	3	13682	8	51127	3	99610	1	413	4	640	—	3295	—	77440	—	263750	
December	1570	7	3027	1	22008	9	14995	5	57027	6	11601	5	160	—	—	—	2401	—	54093	—	239912	
Summa	17053	6	42358	1	270440	8	130847	6	533081	7	1262173	12	2149	2	4481	1	71189	—	625029	3	3114458	

Güterverkehrs im Jahre 1868. (1. Monatweise.)

Eilgut.		Fracht für Gewöhnliches Gut: Classe I.		Classe II.		Wagenladungs-Classe A.		B.		C.		Special-Tarif 1.		2.		3.		Güter mit besonderen Taxen.		Provision für Nachnahme.		Verschiedene Taxe.		Summe.	
fl.	kr.	fl.	kr.	fl.	kr.	fl.	kr.	fl.	kr.	fl.	kr.	fl.	kr.	fl.	kr.	fl.	kr.	fl.	kr.	fl.	kr.	fl.	kr.	fl.	kr.
[illegible]	[illegible]	604	57	2646	17	1758	[illegible]	3760	16	2377	16	—	—	—	—	109	34	1785	57	23	41	9	30	14832	24
321	59	674	3	2825	55	1652	16	4484	35	8288	51	—	—	—	—	196	16	2336	12	24	30	17	13	20768	9
290	9	504	44	2361	17	1762	32	4478	16	8261	21	—	—	34	11	73	3	1757	—	23	39	16	17	21474	4
283	53	624	44	3032	50	1128	21	3213	12	7732	59	—	—	122	38	385	23	1718	50	22	55	15	54	20303	58
417	48	718	26	3222	43	1975	20	5296	50	10557	26	45	54	90	15	170	3	1210	16	25	43	30	40	23246	12
727	22	525	6	4114	52	1549	57	4825	16	5693	8	77	26	114	41	405	59	1445	2	18	11	34	21	21765	44
473	50	712	24	3574	21	2394	15	4966	40	9218	8	143	33	45	56	257	33	3349	14	32	9	16	33	22853	6
564	51	865	17	3082	23	2161	52	3295	8	8741	12	—	—	62	51	254	30	2328	42	35	36	21	31	22053	11
558	11	886	24	3108	5	2077	20	4270	11	8051	42	33	36	60	30	244	—	2212	15	24	12	21	5	21743	8
721	27	863	3	3479	8	2226	21	4333	37	6429	36	201	51	88	1	261	—	2118	36	25	45	14	45	23040	47
443	50	820	6	3344	30	2450	31	6136	57	6564	18	74	5	75	23	477	18	2008	28	23	9	15	59	23444	15
535	58	893	18	3101	37	2563	8	6448	11	5503	15	84	1	—	—	179	45	1007	11	26	10	40	33	21405	57
5613	30	9057	11	38114	18	24247	12	56037	3	91030	3	581	38	701	34	2679	30	23267	57	299	51	228	17	266238	13

Stationen.	Eilgut.		Gewöhnliches Gut. Classe I.		Classe II.		Wagenladungs-Classe A.		B.		C.		Special-Tarif 1.		2.		3.
	Ctr.	Pf.	Ctr.	Pf.	Ctr.	Pf.	Ctr.	Pf.	Ctr.	Pf.	Ctr.	Pf.	Ctr.	Pf.	Ctr.	Pf.	Ctr.
Bexbach	162	3	193	—	6293	9	100	—	5708	6	35918	1	—	—	—	—	—
Homburg	1053	6	1241	1	11863	4	805	2	46074	7	104640	—	—	—	—	—	—
St. Ingbert	131	8	301	2	2820	6	100	—	13754	—	18876	8	—	—	—	—	—
Hassel	—	—	6	2	24	8	—	—	—	—	—	—	—	—	—	—	—
Niederwürzbach	9	3	15	6	77	7	—	—	2	2	3179	7	—	—	—	—	—
Blieskastel	107	1	407	5	3520	6	—	—	3083	0	16650	—	—	—	—	—	—
Bierbach	218	6	50	9	116	9	—	—	—	—	—	—	—	—	—	—	—
Schwarzenacker	56	5	18	7	1236	8	2204	2	117	3	—	—	—	—	—	—	—
Zweibrücken	2766	3	4080	2	46701	1	11561	9	11523	0	10404	1	—	—	—	—	—
Einöd	199	7	45	4	130	5	—	—	—	—	—	—	—	—	—	—	—
Bruchmühlbach	925	—	143	7	6248	7	—	—	15821	9	12093	—	—	—	—	—	—
Hauptstuhl	61	3	45	9	737	7	—	—	—	—	—	—	—	—	—	—	—
Landstuhl	574	9	906	4	11869	9	6256	2	12767	6	166233	3	—	—	—	—	—
Kaiserslautern	1936	8	10420	0	36188	8	3676	7	81814	3	254356	—	—	—	—	—	—
Hochspeyer	16	2	31	—	451	1	—	—	9	0	37342	—	—	—	—	—	—
Frankenstein	206	6	110	6	738	9	—	—	118	0	64830	—	—	—	—	—	—
Weidenthal	13	3	15	4	336	1	102	2	22	4	11770	—	—	—	—	—	—
Lambrecht	210	9	1446	1	7640	—	2912	2	1804	—	6075	—	—	—	—	—	—
Neustadt	2148	2	5656	0	35774	3	10684	8	66292	5	223129	3	—	—	—	—	—
Weißenburg	58	4	300	2	864	7	1142	2	3172	6	7630	8	—	—	—	—	—
Schaidt	32	3	42	6	145	4	—	—	107	3	—	—	—	—	—	—	—
Maximiliansau	40	3	309	7	784	4	528	2	2562	1	1029	4	—	—	—	—	—
Wörth	2	4	—	—	8	3	—	—	—	—	—	—	—	—	—	—	—
Langenkandel	25	—	15	9	443	4	—	—	263	2	—	—	—	—	—	—	—
Winden	28	7	66	4	452	9	—	—	64	4	—	—	—	—	—	—	—
Rohrbach	56	6	401	3	2728	4	548	4	2654	1	—	—	—	—	—	—	—
Landau	886	—	1234	—	9038	3	700	—	5162	3	42284	3	—	—	—	—	—
Knöringen	35	6	14	6	1814	—	—	—	—	—	—	—	—	—	—	—	—
Edesheim	51	5	31	6	300	—	—	—	—	—	—	—	—	—	—	—	—
Edenkoben	257	5	332	1	2396	8	4289	7	2786	6	3060	—	—	—	—	—	—
Maikammer	33	8	43	4	564	7	—	—	—	—	—	—	—	—	—	—	—
Haßloch	33	3	30	7	1502	6	3614	8	4354	8	3500	—	—	—	—	—	—
Böhl	—	6	2	6	5	7	—	—	—	—	—	—	—	—	—	—	—
Schifferstadt	31	1	7	9	222	—	784	2	75	6	35075	—	—	—	—	—	—
Germersheim	222	6	80	6	7285	3	—	—	25	6	8981	6	—	—	—	—	—
Lingenfeld	5	7	3	0	166	1	—	—	—	9	1669	—	—	—	—	—	—
Heiligenstein	—	—	—	—	51	3	—	—	—	—	—	—	—	—	—	—	—
Berghausen	—	—	—	—	71	6	—	—	42	1	—	—	—	—	—	—	—
Speyer	863	0	1174	4	7561	—	4156	5	36635	4	11195	3	—	—	—	—	—
Mutterstadt	3	—	2	8	198	7	—	—	4226	2	1628	—	—	—	—	—	—
Rheingönheim	5	0	3	1	148	3	—	—	212	5	11005	4	—	—	—	—	—
Ludwigshafen	1348	2	9414	—	36671	1	75874	1	162756	3	290024	5	—	—	—	—	—
Oggersheim	26	7	36	3	103	1	—	—	1	—	—	—	—	—	—	—	—
Frankenthal	628	6	521	1	4997	4	302	4	92216	3	1100	2	—	—	—	—	—
Bobenheim	12	0	3	1	3	8	—	—	—	—	—	—	—	—	—	—	—
Transit von und nach Bexbach rc.	740	3	2448	2	13745	—	6316	5	14504	3	7954	1	2908	[illegible]	24497	1	261189
Summa	17053	0	42352	0	270416	3	136887	8	583944	7	1362133	2	[illegible]		24497		261189

Güterverkehrs im Jahre 1868. (II. Stationsweise.)

Eilgut		Fracht für Gewöhnliches Gut: Classe I.		Classe II.		Wagenladungs-Classe A.		Wagenladungs-Classe B.		Wagenladungs-Classe C.		Special-Tarif 1.		Special-Tarif 2.		Special-Tarif 3.		Güter mit besonderen Taxen.		Provision für Nachnahme.		Versicherungs-Taxen.		Summa.	
fl.	kr.	fl.	kr.	fl.	kr.	fl.	kr.	fl.	kr.	fl.	kr.	fl.	kr.	fl.	kr.	fl.	kr.	fl.	kr.	fl.	kr.	fl.	kr.	fl.	kr.
6	47	6	7	147	8	1	40	64	55	344	54	—	—	—	—	—	—	—	—	2	35	—	4	596	10
80	18	75	10	784	22	16	—	1028	34	1920	39	—	—	—	—	—	—	35	43	14	16	6	4	3965	56
28	56	50	20	212	6	7	50	817	9	951	37	—	—	—	—	—	—	20072	31	—	40	30	28	21172	17
—	—	—	43	2	3	—	—	—	—	—	—	—	—	—	—	—	—	—	—	—	—	—	—	2	46
1	38	2	4	5	56	—	—	—	26	123	26	—	—	—	—	—	—	—	—	—	18	—	—	133	48
18	16	37	32	229	3	—	—	128	38	1864	—	—	—	—	—	—	—	—	—	1	3	—	4	2276	39
29	52	4	31	5	53	—	—	—	—	—	—	—	—	—	—	—	—	—	—	1	17	—	—	41	33
6	32	1	29	65	58	99	16	3	43	—	—	—	—	—	—	—	—	—	—	4	17	—	—	181	15
554	54	429	38	3123	52	615	42	4402	6	2249	24	—	—	—	—	—	—	—	—	57	54	21	11	11514	39
23	35	3	42	7	41	—	—	—	—	—	—	—	—	—	—	—	—	—	—	—	29	—	—	37	27
129	38	12	43	281	42	—	—	589	24	336	17	—	—	—	—	—	—	—	—	5	28	—	22	1355	31
9	43	4	33	50	45	—		—	—	—	—	—	—	—	—	—	—	—	—	—	—	—	—	65	1
111	6	101	10	971	31	88	48	885	28	7927	36	—	—	—	—	—	—	—	—	18	16	1	26	9875	23
566	33	1646	21	5838	49	312	49	6488	47	14711	16	—	—	—	—	—	—	286	37	82	53	18	34	29073	1
5	38	5	34	64	40	—		—	39	4026	51	—	—	—	—	—	—	—	—	—	—	—	—	4103	23
75	1	28	37	103	16	—	—	10	43	4605	6	—	—	—	—	—	—	—	—	1	14	—	32	4824	29
5	42	7	30	57	49	13	58	2	20	1002	34	—	—	—	—	—	—	—	—	—	—	—	44	1090	37
126	14	326	4	1254	—	456	43	149	51	550	5	—	—	—	—	—	—	—	—	6	34	41	30	2911	1
1008	53	1383	16	6865	59	1772	29	7809	53	20835	44	—	—	—	—	—	—	—	—	29	6	8	50	39803	10
20	54	78	53	152	3	218	16	310	42	651	3	—	—	—	—	—	—	626	40	—	—	—	—	2059	1
13	54	9	18	24	17	—	—	12	19	—	—	—	—	—	—	—	—	—	—	—	—	—	—	59	48
21	38	67	21	113	28	78	27	221	13	94	2	—	—	—	—	—	—	—	—	—	—	—	—	596	12
1	4	—	—	—	14	—	—	—	—	—	—	—	—	—	—	—	—	—	—	—	—	—	—	1	18
8	14	3	18	77	11	—	—	23	21	—	—	—	—	—	—	—	—	—	—	—	—	—	—	112	4
15	39	14	10	78	28	—	—	7	57	—	—	—	—	—	—	—	—	—	—	—	—	—	—	116	14
25	36	21	52	404	45	82	10	308	41	—	—	—	—	—	—	—	—	—	—	—	—	—	—	923	4
163	11	238	28	1572	7	106	10	583	31	3861	—	—	—	—	—	—	—	—	—	—	—	—	—	6344	27
15	41	2	36	329	38	—	—	—	—	—	—	—	—	—	—	—	—	—	—	—	—	—	—	347	50
22	15	7	20	51	34	—	—	—	—	—	—	—	—	—	—	—	—	—	—	—	—	—	—	81	9
142	30	71	6	489	26	572	52	238	12	275	—	—	—	—	—	—	—	—	—	—	—	—	—	1789	9
30	10	6	8	96	25	—	—	—	—	—	—	—	—	—	—	—	—	—	—	—	—	—	—	141	43
15	56	8	25	313	14	668	44	655	26	595	50	—	—	—	—	—	—	—	—	1	47	—	4	2259	26
—	20	—	25	1	17	—	—	—	—	—	—	—	—	—	—	—	—	—	—	—	—	—	—	2	2
18	52	2	13	41	48	154	7	5	8	2941	45	—	—	—	—	—	—	—	—	—	—	—	—	3163	54
148	11	16	14	303	37	—	—	9	49	994	4	—	—	—	—	—	—	—	—	—	26	—	26	1472	47
2	20	5	18	25	29	—	—	—	2	659	12	—	—	—	—	—	—	—	—	—	—	—	—	692	21
—	—	—		22	8	—	—	—	—	—	—	—	—	—	—	—	—	—	—	—	—	—	—	22	8
—	—	—	—	18	51	—	—	7	16	—	—	—	—	—	—	—	—	—	—	—	—	—	—	26	7
523	30	238	40	1888	6	901	32	449	8	1413	30	—	—	—	—	—	—	—	—	30	20	25	37	5570	28
5	8	—	17	47	30	—	—	661	30	125	3	—	—	—	—	—	—	—	—	—	4	—	—	843	18
3	19	—	41	28	41	—	—	21	48	1416	48	—	—	—	—	—	—	97	35	1	38	2	17	1569	7
768	6	2928	43	6248	42	16494	15	27099	40	16321	31	—	—	—	—	—	—	3148	31	27	3	62	14	73098	45
7	35	11	14	15	45	—	—	—	6	—	—	—	—	—	—	—	—	—	—	—	53	—	—	35	33
300	19	184	2	1191	48	74	5	3926	8	122	9	—			—	—		—	—	11	14	5	27	5815	12
9	6	2	58	—	29	—	—	—	—	—	—	—	—	—	—	—	—	—	—	—	—	—	—	12	33
525	2	909	21	4404	44	1536	50	2602	41	1049	39	591	38	701	24	2676	36	—	—	—	—	1	3	15058	58
5613	30	9057	11	38114	18	24243	13	59557	3	91890	5	591	38	701	24	2676	36	23267	37	289	51	226	17	256338	43

№ 9.

Ergebniß des Hessisch-Pfälzischen

Monate.	Gewicht der Sendungen.														Gesammt-Gewicht.	
	Eilgut.		Gewöhnliches Gut.													
			Classe				Wagenladungs-Classe						Güter mit besonderen Taxen.			
			I.		II.		A.		B.		C.					
	Ctr.	Pf.	Ctr.	Pf.	Ctr.	Pf.	Ctr.	Pf.	Ctr.	Pf.	Ctr.	Pf.	Ctr.	Pf.	Ctr.	Pf.
Januar . . . 1866	2028	9	5590	—	15201	—	5675	5	22061	1	22008	5	4490	9	77441	3
Februar . . . „	1830	4	7201	7	17041	5	10276	4	24538	1	30602	2	14567	4	106057	7
März . . . . „	2209	4	7204	4	19120	4	7568	2	24560	5	35897	7	11410	1	108360	7
April . . . . „	2161	9	6507	5	16612	—	9575	—	20198	6	25939	—	12010	4	93203	5
Mai . . . . „	2503	3	6039	3	16563	4	8752	9	19132	5	27592	8	12497	8	93101	5
Juni . . . . „	2537	4	5221	—	14818	3	5479	1	15005	4	24944	3	8093	8	80701	3
Juli . . . . „	2366	9	6496	2	14523	5	8841	0	24154	7	24335	8	11775	3	92197	2
August . . . „	2972	3	7834	3	16203	3	5677	9	16825	4	21140	7	15827	2	116484	1
September . . „	4110	3	8111	—	20144	2	10086	4	33912	9	24122	—	17139	—	116025	8
October . . . „	5051	8	13421	2	21431	5	10929	7	37961	3	16740	4	17305	8	122844	7
November . . „	3651	9	7302	7	18449	8	9422	5	31210	3	21273	2	7318	5	98628	3
December . . „	3221	—	6728	6	17957	5	13210	9	34087	1	20249	9	18843	3	111307	8
Summa . .	35037	9	89283	9	208536	4	104508	1	331577	9	298736	—	151270	8	1217550	4

Güterverkehrs im Jahre 1868. (I. Monatweise.)

Fracht für														Provision für Nachnahme.		Versicherungs-Taxe.		Summa.	
Eilgut.		Gewöhnliches Gut																	
		Classe				Wagenladungs-Classe						Güter mit besonderen Tarifen.							
		I.		II.		A.		B.		C.									
fl.	kr.	fl.	kr.	fl.	kr.	fl.	kr.	fl.	kr.	fl.	kr.	fl.	kr.	fl.	kr.	fl.	kr.	fl.	kr.
175	35	853	31	1810	59	529	49	1128	21	923	14	367	42	29	22	21	34	6139	40
495	35	1177	1	1771	18	872	28	1622	28	976	14	862	27	28	39	25	26	7846	4
650	6	1184	33	1959	52	616	12	1425	13	1532	39	676	50	24	19	28	2	8125	46
1	5	1094	19	1691	54	736	4	1184	59	984	22	642	26	10	21	25	52	6901	52
697	23	941	4	1750	13	764	31	1326	18	1290	19	429	15	13	7	14	46	7238	59
673	39	775	31	1514	40	442	32	875	40	1981	17	334	15	11	25	27	50	6733	55
618	39	988	2	1467	1	769	58	1311	10	1130	24	612	27	12	20	32	1	6977	15
774	46	1319	4	1684	9	976	19	1923	24	1094	12	812	11	23	17	35	50	8072	45
902	21	1363	36	2122	52	664	52	1765	18	1134	31	985	10	23	35	33	14	9313	29
1195	48	2121	19	2109	11	831	—	2108	35	812	51	690	36	19	27	24	37	10368	27
996	23	1152	17	1864	58	680	55	1731	16	827	28	470	33	11	16	26	6	7765	13
861	45	1000	13	1728	15	1054	31	1779	37	909	23	896	58	14	41	82	34	8276	51
8996	51	13841	35	21475	22	8369	16	18651	19	13910	27	7322	19	225	19	327	51	93563	19

Bexbach	26	2	31	7	48	3	—	—	10	6	—
Homburg . .	170	—	659	2	1351	6	—	—	1403	4	1557
St. Ingbert .	147	2	729	1	2590	8	180	—	2381	5	10168
Hassel .	—	—	21	3	1	—	—	—	—	—	—
Würzbach	—	5	26	—	48	7	100	—	—	8	—
Blieskastel-Lautzkirchen .	88	3	393	6	697	8	113	4	624	8	204
Schwarzenacker	3	9	5	4	117	1	—	—	—	—	—
Zweibrücken	2068	6	6053	1	7512	1	530	8	15468	—	600
Einöd . . .	3	4	6	8	4	6	—	—	—	—	—
Bruchmühlbach	52	2	271	1	488	4	—	—	211	2	200
Hauptstuhl	4	8	18	4	48	2	—	—	—	—	—
Landstuhl . .	356	4	1351	8	3092	1	—	—	2148	5	6089
Kaiserslautern	2075	5	9606	4	16089	3	3260	8	13494	—	25811
Hochspeyer	32	6	118	3	136	2	—	—	287	2	—
Frankenstein	14	1	64	6	485	2	—	—	3	8	300
Weidenthal	5	7	43	1	149	—	—	—	3	4	814
Lambrecht .	327	3	1140	—	5800	7	3843	—	256	2	980
Neustadt . .	2393	—	6490	6	20156	1	10470	—	14731	7	3400
Weissenburg .	1412	4	5527	8	6834	6	6670	4	22627	1	2744
Schaidt . .	45	3	78	7	79	8	—	—	248	7	—
Winden . .	152	6	701	8	1006	5	114	6	419	6	155
Maximiliansau	239	7	63	1	141	2	80	—	1336	8	400
Wörth . . .	5	1	12	3	2	3	—	—	—	—	—
Langenkandel	67	5	389	4	275	4	—	—	1019	4	512
Rohrbach	164	3	565	7	680	6	718	9	1858	7	—
Landau	2108	8	7873	—	9459	1	2524	2	4303	4	3761
Knöringen	127	3	137	1	1269	3	—	—	—	—	—
Edesheim .	200	3	326	6	354	5	—	—	—	—	—
Edenkoben	1470	6	1887	5	8047	9	16199	—	3854	9	1992
Maikammer	109	8	145	1	876	5	—	—	—	—	—
Dürkheim	1093	—	1746	4	4135	6	6123	7	3061	1	2124
Wachenheim .	280	4	284	1	2043	2	2611	9	417	4	200
Deidesheim	873	1	1053	3	5257	4	4978	9	2366	7	100
Mußbach	361	9	402	3	2642	—	2075	9	720	6	—
Haßloch	196	—	131	2	912	6	—	—	33	9	400
Böhl . .	116	3	81	6	634	6	—	—	—	—	—
Schifferstadt	47	8	213	4	300	8	—	—	19	3	1400
Germersheim	893	3	7744	1	2509	8	660	—	1288	2	4060
Lingenfeld	44	9	102	4	203	3	—	—	2	3	—
Berghausen	6	—	21	5	20	1	—	—	1	5	—
Speyer .	2396	8	4880	5	8428	4	929	2	8440	8	7890
Mutterstadt .	69	1	165	8	977	2	—	—	20624	1	576
Rheingönheim	24	7	39	6	709	1	—	—	313	2	3024
Ludwigshafen	7862	4	16180	7	57881	2	36171	2	139726	6	165068
Oggersheim	499	5	2349	4	3208	9	100	—	2508	4	3044
Frankenthal	6100	4	6847	5	29977	2	3974	3	62924	5	54520
Bobenheim	190	—	63	1	758	1	—	—	1757	4	315
Summa . .	35087	3	88383	9	206536	4	104808	1	331577	0	298536

üterverkehrs im Jahre 1868. (II. Stationsweise.)

Fracht für																Provision für Nachnahme		Versicherungs-Taxe		Summa	
Eilgut		Gewöhnliches Gut																			
		Classe				Wagenladungs-Classe						Güter mit besonderen Taxen									
		I.		II.		A.		B.		C.											
fl.	kr.	fl.	kr.	fl.	kr.	fl.	kr.	fl.	kr.	fl.	kr.	fl.	kr.	fl.	kr.	fl.	kr.	fl.	kr.
19	10	12	6	14	3	—	—	2	6	—	—	—	—	—	—	—	—	47	35
117	26	236	24	371	37	—	—	263	31	223	14	837	59	2	9	3	45	2056	4
119	40	302	43	835	17	52	30	516	17	1781	44	3117	32	1	51	61	37	6619	11
—	—	8	37	—	20	—	—	—	—	—	—	—	—	—	—	—	—	9	17
—	26	10	22	15	17	44	32	—	7	—	—	—	—	—	—	—	—	70	42
29	3	154	20	210	44	30	23	124	1	31	58	—	—	1	6	—	51	582	28
2	50	2	5	33	40	—	—	—	—	—	—	—	—	—	18	—	—	38	53
1554	13	2360	12	2256	10	141	35	3041	51	93	—	—	—	49	43	45	26	9542	40
4	31	2	17	1	22	—	—	—	—	—	—	—	—	—	—	—	—	8	30
33	3	89	28	118	2	—	—	36	31	26	20	—	—	—	3	—	45	304	12
3	2	5	59	11	44	—	—	—	—	—	—	—	—	—	—	—	—	20	45
205	17	379	30	711	23	—	—	325	51	674	42	—	—	4	9	5	27	2306	17
1019	—	2521	46	3136	21	572	17	1734	31	2780	17	48	21	20	33	73	—	11905	39
14	31	26	21	23	54	—	—	91	43	—	—	—	—	—	—	—	—	156	38
5	31	14	12	77	49	—	—	—	28	25	30	—	—	—	12	—	3	124	5
2	13	8	52	22	24	—	—	—	21	73	50	—	—	—	3	—	21	108	13
110	50	172	46	705	39	407	38	22	49	41	34	—	—	1	12	17	39	1600	13
711	13	996	55	2118	59	1152	52	1229	9	211	5	8	7	26	3	23	23	6784	45
381	3	726	52	706	23	633	31	1516	28	155	33	358	48	—	—	—	—	4537	30
12	22	10	53	8	25	—	—	17	2	—	—	—	—	—	—	—	—	48	39
41	15	92	35	104	56	10	54	30	54	8	47	—	—	—	—	—	—	289	21
64	30	11	5	16	1	5	48	92	30	21	50	—	—	—	—	—	—	214	24
1	27	1	43	—	15	—	—	—	—	—	—	—	—	—	—	—	—	3	25
18	24	51	11	28	39	—	—	69	41	29	1	—	—	—	—	—	—	196	58
44	26	75	—	70	31	64	21	129	3	—	—	—	—	—	—	—	—	387	21
550	31	920	56	978	1	234	11	290	36	128	8	4	13	—	—	—	—	3107	8
31	30	17	51	131	21	—	—	—	—	—	—	—	—	—	—	—	—	183	46
51	29	42	3	36	17	—	—	—	—	—	—	—	—	—	—	—	—	133	19
370	14	218	30	830	18	1540	43	263	39	112	53	4	13	—	—	—	—	3371	9
46	2	19	16	90	16	—	—	—	—	—	—	—	—	—	—	—	—	155	34
291	47	230	9	427	25	581	53	211	40	127	14	—	—	—	—	—	—	1670	7
75	53	39	17	211	9	248	12	28	47	11	20	—	—	—	—	—	—	614	38
234	6	140	5	541	43	473	8	163	26	5	40	—	—	—	—	—	—	1558	8
97	49	53	24	272	41	194	14	49	25	—	—	—	—	—	—	—	—	607	53
51	16	18	13	91	21	—	—	2	19	22	—	—	—	—	9	—	8	185	47
24	15	10	48	58	25	—	—	—	—	—	—	—	—	—	3	—	39	94	10
10	2	25	10	25	5	—	—	1	9	63	—	—	—	—	15	—	—	124	49
297	49	1393	7	312	14	79	19	113	47	285	36	—	—	2	30	4	9	2518	52
14	10	17	37	25	11	—	—	—	14	—	—	—	—	—	6	—	6	57	46
1	43	3	21	2	16	—	—	—	9	—	—	—	—	—	—	—	—	7	29
666	41	706	35	657	4	86	45	538	1	434	2	4	24	15	—	30	45	3359	17
12	49	37	37	70	38	—	—	996	57	23	4	—	—	—	31	—	3	1121	41
4	7	3	54	46	17	—	—	13	44	116	57	5	58	—	—	—	—	190	52
1087	49	1272	52	3312	10	1654	18	5222	21	5261	47	3398	39	56	7	27	24	21303	54
56	4	133	29	139	14	8	30	71	12	76	6	2	6	4	23	2	47	488	53
481	1	289	29	959	38	81	8	1375	13	1038	5	7	3	58	10	29	30	4329	57
9	—	2	21	15	21	—	—	26	23	4	1	—	—	—	3	—	—	57	9
8988	51	13881	35	21475	22	8369	16	18664	19	13910	10	7822	19	275	49	327	51	93063	49

			I.		II.		A.		B.		C.		1		2.		3.
	Ctr.	T.	Ctr.	T.	Ctr.	T.	Ctr.	T.	Ctr.	T.	Ctr.	T.	Ctr.	T.	Ctr.	T.	Ctr.
Januar . 1868	1378	5	8024	2	17104	1	6422	1	52811	8	24496	3	11967	8	50935	5	2612
Februar . „	1304	8	5609	8	20109	3	8552	8	68328	6	23320	2	10984	1	48088	3	4111
März . . „	1688	6	7011	6	22701	4	8529	1	82016	7	38444	4	5381	7	58793	8	3754
April . . „	1493	8	6019	6	19418		8701	—	69908	—	20807	7	3454	9	[illegible]	6	3360
Mai „	1727	1	6461	5	19870	5	6682	5	91783	9	30876	1	4508	4	87736	—	4081
Juni . . „	1479	3	4307	6	18717	5	6166	5	78963	2	28604	7	3702	6	48332	8	5169
Juli . . „	1611	6	5941		20518	1	7568	5	84448	2	37328	4	2896	3	25728	8	5965
August . . „	2138	-	6609	—	21905	1	6642	3	68963	7	52140		5280	3	20163	1	3114
September . „	2604	6	8761	3	25806	4	9110	5	86001	[illegible]	46943	6	11031	6	34259	—	9817
October „	2815	3	9692	5	27568	3	11038	9	81408	5	34604	3	8192	9	35162	3	11163
November . „	2172	2	9051	6	23058	8	9883	2	70408	7	21207	6	6377	7	11050	6	2373
December „	2130	8	9331	-	21554	2	13215	8	52149	1	16002		11315	8	26447	7	4232
Summa . .	22744	8	87015	1	259916	3	102813	5	881190	6	384264	9	86023	3	567003	6	60369

Güterverkehrs im Jahre 1868. (I. Monatweise.)

Fracht für																											
Eilgut.		Gewöhnliches Gut																		Provision für Nachnahme		Versicherungs-Taxe		Summa	
		Classe				Wagenladungs-Classe						Special-Tarif													
		I		II.		A.		B.		C.		1.		2.		3.									
fl.	kr.	fl.	kr.	fl.	kr.	fl.	kr.	fl.	kr.	fl.	kr.	fl.	kr.	fl.	kr.	fl.	kr.	fl.	kr.	fl.	kr.	fl.	kr.		
278	59	954	52	1872	13	760	8	8272	48	1788	4	457	39	3551	5	128	27	12	41	37	6	18114	2		
299	26	794	51	2138	41	541	48	10643	49	1631	29	356	33	3124	31	210	4	23	19	40	53	20104	34		
415	56	958	41	2841	42	636	59	12488	27	1980	8	284	46	5624	22	171	34	23	6	50	13	25475	34		
365	13	796	4	2569	28	703	28	9460	57	1822	57	212	34	9778	17	201	42	14	52	46	15	25970	47		
454	40	691	51	2608	29	519	27	13967	9	1870	54	301	11	11188	23	197	49	17	2	41	59	32088	34		
360	35	622	43	2322	47	578	41	12075	22	1801	19	275	59	5714	1	160	40	13	49	41	9	23967	26		
428	24	833	29	2632	47	614	24	12576	16	1795	27	317	16	2649	9	268	49	15	14	38	20	22164	35		
513	44	1015	9	2639	38	768	17	9998	38	3000	27	330	44	1294	46	205	15	17	50	43	29	20047	56		
617	55	1187	47	3081	4	939	5	13284	30	2573	15	632	34	2525	23	302	19	20	20	58	5	25225	26		
698	44	1371	52	3173	30	1273	58	12110	49	1603	31	518	46	2486	55	314	32	22	49	45	45	23681	11		
450	57	1305	6	2733	57	862	34	10176	21	1178	42	345	34	2423	34	106	57	18	11	47	45	19649	38		
500	42	1322	43	2540	44	1271	22	7205	22	1089	21	456	57	2082	2	145	9	17	9	34	51	16668	22		
5380	16	12055	8	31657	–	9520	11	132260	35	22196	4	4467	33	52144	26	2413	17	216	27	525	50	273138	47		

№ 12.

Ergebniß des Baden-Pfalz-Saarbrücker-

Stationen.	Eilgut		Gewicht der Sendungen. Gewöhnliches Gut. Classe I.		II.		Wagenladungs-Classe A.		B.		C.		Special-Tarif 1.		2.		3.		Gesammt-Gewicht.	
	Ctr.	K.	Ctr.	K.	Ctr.	K.	Ctr.	K.	Ctr.	K.	Ctr.	K.	Ctr.	K.	Ctr.	K.	Ctr.	K.	Ctr.	K.
St. Ingbert . .	118	4	577	6	2117	9	200	1	109280	6	931	—	608	9	5810	—	100	—	119664	5
Bliescastel . . .	82	2	548	3	786	3	—	—	210	5	300	—	483	2	23304	2	100	—	25791	7
Bexbach	6	—	163	6	295	1	—	—	570	3	400	—	66	—	702	—	—	—	2205	—
Homburg	146	—	1067	2	3093	2	—	—	4799	—	1128	—	677	2	10051	9	703	5	21666	—
Zweibrücken . . .	1088	4	5501	9	14109	6	589	6	18974	3	4564	7	1993	1	12719	1	499	—	60040	1
Einöd	—	6	73	7	76	3	—	—	—	—	—	—	—	—	—	—	—	—	150	5
Bruchmühlbach . .	69	7	221	6	579	8	—	—	428	6	295	—	275	6	617	6	—	—	2518	1
Hauptstuhl . . .	6	7	42	6	9	2	—	—	—	—	—	—	—	—	—	—	—	—	58	5
Landstuhl	295	1	1893	3	10122	2	390	4	1179	5	25186	7	1389	4	3819	6	695	6	44650	7
Königsgarten . .	—	—	—	—	—	—	—	—	—	—	6140	—	—	—	—	—	—	—	6140	—
Kaiserslautern . .	2129	3	9429	6	19171	6	3910	8	4605	2	24996	2	2930	6	43163	2	4794	5	115153	—
Hochspeyer . . .	39	—	270	9	151	8	—	—	18	4	200	—	114	1	100	—	—	—	894	2
Frankenstein . . .	114	—	430	7	368	4	1366	8	73	8	2106	4	50	1	1088	3	—	—	5598	5
Weidenthal . . .	162	1	189	—	192	3	—	—	22	1	2315	—	13	9	—	—	—	—	2804	4
Lambrecht . . .	375	1	1380	7	1817	9	203	6	231	3	850	—	1878	2	595	1	—	—	7331	9
Neustadt	1660	7	3694	9	15017	3	5187	2	14482	4	17110	4	3408	6	27034	3	1300	—	89023	8
Weissenburg . . .	83	3	460	3	1349	3	106	2	6707	2	—	—	73	—	44160	2	—	—	53359	7
Schaidt	34	6	152	2	203	2	104	9	107	4	—	—	—	—	553	5	—	—	1156	—
Winden	136	1	1255	2	1316	6	—	—	152	2	—	—	581	0	1020	1	—	—	4472	8
Maximiliansau . .	24	5	66	6	141	7	100	—	5	3	160	—	—	—	121	—	—	—	609	1
Wörth	5	3	6	9	5	3	—	—	—	—	—	—	—	—	—	—	—	—	17	5
Langenkandel . .	112	—	422	5	901	8	—	—	60	5	100	—	156	8	1774	5	—	—	3530	6
Rohrbach	137	2	458	—	1615	—	113	4	149	1	—	—	263	4	4924	1	—	—	7690	4
Landau	1429	6	6136	5	9824	5	171	—	1065	6	1742	2	3766	7	21580	2	—	—	44608	2
Knöringen . . .	93	2	264	1	773	8	—	—	—	—	—	—	—	—	—	—	—	—	1131	1
Edesheim	182	3	310	7	212	6	—	—	—	—	—	—	—	—	—	—	—	—	683	6
Edenkoben . . .	742	9	1296	9	7377	3	6511	5	1973	8	1652	3	1720	5	8242	4	728		30245	6
Maikammer . . .	119	5	193	2	802	1	—	—	—	—	—	—	—	—	—	—	—	—	1114	8
Dürkheim . . .	325	9	428	9	2008	1	1372	6	528	—	1400	—	63	4	2671	2	1212	6	10010	7
Wachenheim . . .	144	3	81	6	712	4	200	—	234	7	—	—	35	8	1020	9	—	—	2460	7
Deidesheim . . .	357	4	356	6	1529	3	352	3	396	9	100	—	901	9	924	1	—	—	4914	9
Mußbach	370	2	237	6	1738	5	802	1	310	7	—	—	120	8	2030	4	—	—	5650	8
Haßloch	284	8	325	6	1463	6	524	9	62	8	100	—	148	3	2182	1	—	—	5091	6
Böhl	56	8	186	8	244	2	—	—	—	—	—	—	—	—	—	—	—	—	487	8
Schifferstadt . . .	149	4	150	9	900	6	420	—	47	4	830	—	38	9	182	—	—	—	2128	2
Germersheim . .	917	6	2670	1	4418	5	400	—	661	—	430	—	700	—	8152	6	200	—	19039	8
Lingenfeld . . .	45	8	78	3	363	2	—	—	23	3	300	—	10	9	2705	5	—	—	3610	—
Heiligenstein . .	11	9	12	3	80	5	—	—	—	—	—	—	—	—	—	—	—	—	83	7
Berghausen . . .	12	—	18	1	86	4	100	—	4	1	—	—	24	3	—	—	—	—	241	0
Speyer	1912	9	4391	1	8336	4	1040	4	2310	9	4959	9	666	6	18530	4	117	—	42265	9
Mutterstadt . . .	118	8	149	1	592	—	2123	6	664	8	525	3	3077	8	156	6	100	—	7702	—
Rheingönheim . .	77	6	111	6	709	8	221	9	208	—	500	—	339	8	403	1	2860	—	6431	7
Ludwigshafen . .	3972	4	22366	2	54215	4	37158	9	91373	—	178074	—	54847	6	142185	9	37722	7	556861	1
do. Transit	313	6	1702	2	2694	4	8417	4	—	—	—	—	—	—	—	—	—	—	8558	8
Oggersheim . . .	392	6	766	1	4559	3	549	7	290	3	1364	4	11	6	3144	7	—	—	11378	9
Frankenthal . . .	1385	6	3334	3	11389	6	1624	4	3106	7	10254	8	641	6	18960	6	500	—	51196	6
Bobenheim . . .	27	7	110	7	136	3	—	—	—	—	—	—	—	—	—	—	—	—	274	7
Tr. v. u. n. Preußen via Neunkirchen .	2096	1	10532	7	64173	4	30501	1	675543	5	94994	5	3568	9	140673	7	6285	7	1028389	1
dto. via Worms .	569	7	3262	—	6729	9	2040	2	396	0	5254	1	474	7	10366	3	2560	—	31641	8
Summa .	22744	8	87015	1	259016	5	102813	2	881190	6	384264	9	86023	3	567008	6	60368	5	2450440	5

Güterverkehrs im Jahre 1868. (II. Stationsweise.)

Fracht für: Eilgut		Gewöhnliches Gut: Classe I.		Classe II.		Wagenladungs-Classe A.		Wagenladungs-Classe B.		Wagenladungs-Classe C.		Special-Tarif 1.		Special-Tarif 2.		Special-Tarif 3.		Provision für Nachnahme		Versicherungs-Taxe		Summa	
fl.	kr.	fl.	kr.	fl.	kr.	fl.	kr.	fl.	kr.	fl.	kr.	fl.	kr.	fl.	kr.	fl.	kr.	fl.	kr.	fl.	kr.	fl.	kr.
80	56	219	36	623	10	106	5	20451	31	131	23	120	26	1320	4	16	40	—	39	245	14	23230	43
52	2	188	52	209	17	—	—	38	28	45	30	118	58	4460	33	14	20	1	21	—	21	5129	13
9	49	56	16	79	30	—	—	134	21	57	—	15	43	129	2	—	—	—	4	—	—	173	40
89	44	328	44	743	30	—	—	770	10	156	8	102	18	1568	33	61	20	2	39	—	33	4168	50
661	22	1858	51	3402	6	139	53	3233	26	863	27	484	27	2377	24	60	22	61	32	16	7	13040	6
—	19	25	24	20	39	—	—	—	—	—	—	—	—	—	—	—	—	—	—	—	—	46	27
36	35	63	21	132	36	—	—	59	56	97	22	56	29	100	50	—	—	—	15	1	—	488	24
3	33	12	11	2	9	—	—	—	—	—	—	—	—	—	—	—	—	—	—	—	—	17	47
128	11	478	10	1815	48	65	29	176	52	1806	40	225	9	623	56	39	1	5	56	3	16	5268	30
—	—	—	—	—	—	—	—	—	—	603	46	—	—	—	—	—	—	—	31	—	—	604	17
781	22	1863	2	2999	18	514	30	303	43	2121	37	427	28	5199	38	428	43	31	5	98	36	14981	5
14	4	47	49	26	50	—	—	1	51	16	—	16	7	10	—	—	—	—	—	—	—	131	36
19	26	42	3	37	16	170	52	3	21	141	6	6	8	100	1	—	—	1	24	6	9	526	35
47	3	36	48	24	3	—	—	2	3	166	20	1	37	—	—	—	—	—	6	11	—	272	57
73	8	170	5	168	23	13	16	16	8	47	45	68	48	42	32	—	—	2	46	15	18	638	7
314	56	470	32	1381	15	427	32	621	51	828	37	179	15	1963	41	78	—	13	30	5	29	6266	41
15	27	45	26	109	49	7	5	361	30	—	—	4	56	2771	10	—	—	—	—	—	—	3315	13
6	27	11	50	16	3	7	52	5	44	—	—	—	—	34	8	—	—	—	—	—	—	83	8
25	12	136	2	108	26	—	—	8	25	—	—	42	4	50	52	—	—	—	—	—	—	370	25
4	23	5	34	10	9	7	33	—	26	8	11	—	—	6	27	—	—	—	—	—	—	43	21
—	58	—	49	6	16	—	—	—	—	—	—	—	—	—	—	—	—	—	—	—	—	7	55
21	31	42	24	79	49	—	—	3	16	4	17	11	40	101	48	—	—	—	—	—	—	268	15
25	21	45	30	130	51	8	30	8	21	—	—	19	47	283	37	—	—	—	—	—	—	522	17
265	29	501	40	705	16	12	50	39	50	81	56	282	8	1311	24	—	—	—	—	—	—	3310	31
17	27	26	—	60	54	—	—	—	—	—	—	—	—	—	—	—	—	—	—	—	—	104	22
24	30	30	23	19	21	—	—	—	—	—	—	—	—	—	—	—	—	—	—	—	—	74	16
188	37	126	8	570	34	524	9	118	1	80	22	127	27	503	31	94	11	—	—	—	—	2232	20
22	7	19	8	63	18	—	—	—	—	—	—	—	—	—	—	—	—	—	—	—	—	104	28
60	24	42	20	155	3	93	10	33	33	61	30	4	45	157	59	62	36	—	—	—	—	671	16
23	46	8	24	50	51	13	20	14	14	—	—	2	41	63	12	—	—	—	—	—	—	184	58
66	22	34	39	119	16	24	19	23	22	5	10	67	14	55	58	—	—	—	—	—	—	396	19
60	57	22	42	134	36	57	29	21	37	—	—	9	3	124	4	—	—	—	—	—	—	430	22
42	57	31	27	90	23	26	54	3	6	4	10	10	37	122	50	—	—	5	16	—	30	343	25
8	58	17	58	17	1	—	—	—	—	—	—	—	—	—	—	—	—	—	—	—	—	43	27
18	25	12	43	18	12	19	36	1	54	33	12	2	4	6	50	—	—	1	39	—	3	115	11
231	58	404	21	400	26	40	—	49	26	24	38	66	50	646	3	11	6	6	46	1	48	1883	32
9	3	10	45	36	53	—	—	1	29	16	—	1	1	193	37	—	—	—	3	—	—	268	52
2	23	1	34	6	25	—	—	—	—	—	—	—	—	—	—	—	—	—	—	—	—	9	22
3	13	2	10	7	18	7	18	—	15	—	—	1	55	—	—	—	—	—	13	—	—	21	18
328	14	465	2	646	23	70	32	117	27	216	19	48	27	998	16	4	6	12	32	33	24	2945	32
12	31	11	6	30	1	113	7	22	6	17	54	138	42	6	17	3	30	—	3	—	8	355	20
6	23	8	12	21	22	14	9	5	35	13	—	14	20	14	47	84	58	—	6	—	8	192	51
210	16	672	32	1259	56	772	20	784	58	3137	51	941	9	2513	38	656	13	35	59	59	49	11044	41
69	37	179	11	238	13	268	37	—	—	—	—	—	—	—	—	—	—	—	—	—	—	757	40
32	45	53	22	160	33	18	54	9	34	36	42	—	23	113	47	—	—	—	43	—	13	407	3
161	24	212	28	521	39	63	53	114	54	347	23	26	38	741	8	18	20	30	58	23	53	2265	37
4	8	8	42	8	17	—	—	—	—	—	—	—	—	—	—	—	—	—	—	—	—	21	2
1035	21	2807	32	13621	2	5808	23	104472	18	11083	1	742	54	23214	50	761	22	—	—	—	—	163617	4
72	54	210	36	342	50	82	40	15	28	179	39	21	2	371	—	78	52	—	—	—	—	1375	—
5380	15	12053	8	31667	—	16520	11	139260	35	22156	4	4487	23	52444	26	2413	17	216	23	525	36	273156	48

I. Monat-

Januar 1868	655	8	5001	—	7900	1	7951	4	36765	4	13278	4	71542	1
Februar . . . . . „	701	8	5155	—	10466	3	7090	8	47122	5	6925	—	77481	4
März . . . . . . „	828	4	4614	—	12314	9	10262	—	62463	—	15809	3	106291	8
April . . . . . . „	912	—	4287	9	11159	4	13104	—	65541	9	12530	9	107336	1
Mai . . . . . . „	1073	6	4418	8	9544	3	20577	6	79457	1	13360	3	128451	7
Juni . . . . . . „	925	—	4502	2	7708	2	6747	7	57180	1	11574	3	88636	5
Juli . . . . . . „	1210	5	4988	7	8075	—	4952	8	36382	—	11732	5	67342	5
August . . . . . „	1219	1	5350	6	8417	6	13196	5	21741	9	6434	2	56359	9
September . . . . „	1468	6	5757	4	11327	0	16459	9	9271	—	18904	6	63189	4
October . . . . . „	2220	1	6763	9	14528	1	11974	2	19570	9	19392	8	74448	—
November . . . . „	1279	2	6383	8	13736	—	12195	4	28881	4	25622	1	88697	7
December . . . . „	1435	2	5414	8	10359	6	10780	8	50264	5	13689	9	91944	8
Summa .	13929	3	63238	9	125533	4	135293	1	514631	7	169074	3	1021700	7

Stationen. **II. Stations-**

Homburg	51	5	498	6	2268	6	725	2	948	—	200	—	4089	9
St. Ingbert	61	3	213	2	880	2	100	—	1819	1	800	—	3878	8
Blieskastel-Lautzkirchen . .	26	9	134	8	147	2	100	—	—	—	—	—	408	9
Zweibrücken	1366	1	4076	2	6275	2	—	—	600	6	300	—	12718	1
Kaiserslautern	971	2	7700	—	9383	—	1006	4	16481	4	8127	—	43981	—
Lambrecht	287	7	2928	5	370	9	—	—	302	3	—	—	3889	4
Neustadt	909	7	4055	3	10415	1	13110	1	2615	2	12610	—	52844	4
Weißenburg	14	4	55	—	235	2	253	—	—	—	—	—	557	6
Schaidt	1	—	1	7	5	4	—	—	—	—	—	—	8	1
Landau	452	6	1070	9	1277	2	640	—	106	—	—	—	3546	7
Edenkoben	145	1	199	7	2740	—	4421	6	—	—	620	—	8128	4
Dürkheim	550	9	1051	2	7137	5	3254	1	—	—	700	—	12693	7
Wachenheim	109	—	85	2	2603	6	983	3	—	—	—	—	3783	1
Deidesheim	430	6	550	2	10841	1	5185	2	105	—	—	—	17112	4
Mußbach	109	6	92	7	2311	6	2884	7	—	—	200	—	5598	6
Germersheim	400	8	1683	9	1287	2	1014	7	100	—	120	—	4606	6
Speyer	1651	2	5758	6	5022	4	2215	1	2345	1	1410	—	18600	4
Ludwigshafen	4701	6	28183	5	43894	—	92624	3	477357	—	137272	3	784032	7
dto. Transit . .	315	5	1410	9	2583	8	3079	8	4272	5	400	—	12062	5
Frankenthal	1282	6	8490	8	6773	9	3644	5	7569	5	6015	—	28816	4
Summa .	13929	3	63238	9	125533	4	135293	1	514631	7	169074	3	1021700	7

Verbands-Güterverkehrs im Jahre 1868.

Fracht-Taxe														Provision für Nachnahme		Versicherungs-Taxe		Summa	
Eilgut		Gewöhnliches Gut																	
		Classe				Wagenladungs-Classe													
		I.		II.		A.		B.		C.									
fl.	kr.	fl.	kr.	fl.	kr.	fl.	kr.	fl.	kr.	fl.	kr.			fl.	kr.	fl.	kr.	fl.	kr.

weise.

fl.	kr.	fl.	kr.	fl.	kr.	fl.	kr.	fl.	kr.	fl.	kr.	fl.	kr.	fl.	kr.	fl.	kr.
136	25	320	56	396	44	200	17	1168	9	501	25	20	15	2	37	2954	40
172	34	525	2	814	08	277	14	969	42	139	31	29	41	2	7	2890	24
159	33	491	9	1072	3	373	27	943	5	304	15	27	53	4	51	3415	18
168	45	481	6	971	25	415	40	1250	16	172	30	16	21	2	—	3501	5
185	26	465	54	802	31	616	16	613	11	197	34	15	7	2	8	2896	56
162	54	412	40	845	56	201	10	578	24	318	2	8	46	2	8	2530	8
198	57	566	46	659	16	92	31	465	35	327	1	10	22	2	12	2331	43
229	53	540	19	862	14	354	23	862	26	210	2	13	50	3	48	3356	30
267	15	470	31	921	25	478	41	156	8	288	4	20	10	3	7	2742	43
466	14	632	50	1163	28	435	30	265	11	322	5	12	30	2	45	3292	16
276	13	548	47	1117	47	363	2	309	13	315	11	27	53	3	12	2981	20
279	21	400	9	740	19	407	29	530	32	129	18	17	59	1	12	2610	19
2988	44	6118	9	10180	46	4223	1	7964	55	3274	43	250	49	34	5	31790	11

weise.

fl.	kr.	fl.	kr.	fl.	kr.	fl.	kr.	fl.	kr.	fl.	kr.	fl.	kr.	fl.	kr.	fl.	kr.
31	59	161	53	356	51	163	11	161	20	27	46	—	8	—	—	1135	8
45	9	83	42	250	20	27	10	337	21	133	30	2	6	—	—	870	2
17	56	47	18	42	53	24	40	—	—	—	—	—	6	—	—	191	53
906	18	1423	51	1288	37	—	—	101	25	45	30	36	18	—	—	4318	20
839	30	1721	10	1595	30	130	4	1143	1	716	10	10	3	—	—	5751	34
72	6	415	5	43	25	—	—	21	12	—	—	2	18	—	—	557	8
216	18	505	56	1041	42	1160	32	189	17	806	56	39	40	—	—	4281	11
2	52	5	44	24	35	18	49	—	—	—	—	—	—	—	—	48	20
—	11	—	51	—	41	—	—	—	—	—	—	—	—	—	—	—	43
55	59	112	27	133	1	48	—	6	33	—	—	—	—	—	—	363	50
24	13	20	9	242	12	331	2	—	—	32	2	—	—	—	—	643	38
108	22	105	23	630	49	241	8	—	—	30	10	—	—	—	—	1121	53
21	12	8	20	220	10	73	44	—	—	—	—	—	—	—	—	323	44
83	19	55	21	937	40	380	26	6	20	—	—	—	—	—	—	1492	13
21	20	9	21	202	45	216	24	—	—	10	20	—	—	—	—	480	13
100	11	238	45	150	11	101	20	8	—	8	—	3	50	—	—	610	8
289	30	621	10	415	30	162	31	152	47	70	30	8	21	—	—	1728	21
76	44	230	15	333	50	771	58	5338	2	1140	45	59	7	31	6	8625	58
42	12	107	19	172	20	141	17	178	2	10	40	—	—	—	—	667	41
147	38	232	50	411	59	171	58	315	26	230	33	29	3	—	—	1579	11
2988	44	6118	9	10180	48	4223	1	7964	55	3274	43	250	49	34	5	31790	18

I. Monatweise.

A. Angekommene Güter.

1868	20	6	242	6	160	6	160	8	884	6	8	1	65	51	33	9
"	23	2	294	5	450	4	1090	--	1860	1	12	54	63	57	96	17
"	30	6	217	1	253	—	1725	8	2226	5	11	50	50	5	49	8
"	26	8	301	2	354		979	8	1661	8	11	47	47	19	41	37
"	52	2	292	4	479	2	1154	—	1977	8	33	10	81	50	92	35
"	91	4	225	1	733	7	1149	2	2199	4	13	49	35	9	118	38
"	15	8	1039	--	473	7	905	5	2434	--	7	22	198	18	117	58
"	22	6	325	9	333	4	1151	8	1833	7	10	43	94	16	67	24
"	28	—	235	5	602	4	2024	2	2890	1	12	7	68	33	81	38
"	59	6	307	4	363		1797	6	2527	6	33	57	90	29	63	4
"	32	9	520	—	327	6	1164	7	2045	2	16	28	144	22	113	44
"	83	4	1135	6	363	9	1324	6	2907	5	37	6	201	17	73	29
.	489	1	5136	3	4894	9	14928	—	25448	3	211	14	1176	26	938	37

B. Abgegangene Güter.

Total .	3061	2	22455	3	8316	6	79213	8	113066	9	1428	37	5110	35	1623	6	10126	7	12	11	73	2	18373	88

II. Stationsweise.

A. Angekommene Güter.

Stationen.																								
Zweibrücken	88	6	481	6	1039	7	6354	8	7964	7	11	43	43	36	68	46	274	42		—	—		398	49
Kaiserslautern	61	6	2081	6	830	1	677	—	3650	3	18	46	321	40	97	—	67	27	—	—	—	—	504	58
Neustadt	28	—	461	7	631	4	653	6	1774	7	14	43	118	27	123	6	88	51	—	—	—	—	346	7
Speyer	30		171	7	132	—	25	6	359	3	19	50	52	29	33	20	6	27	—	—	—	—	112	6
Ludwigshafen	35	8	896	6	713	2	3825	4	5471	—	23	25	278	30	183	6	648	27	—	—	—	—	1133	26
Worms ꝛc.	245	1	1043	1	1548	5	3391	6	6228	3	122	47	361	44	433	17	882	7	—	—	—	—	1799	55
Summa .	469	1	5136	3	4891	9	14928	—	25448	3	211	14	1176	26	938	37	1968	1	—	—	—	—	4294	18

B. Abgegangene Güter.

Stationen.																								
Zweibrücken	149	2	1844	—	93	3	22823	4	24909	9	17	29	170	23	6	16	1429	40	2	58	25	28	1680	37
Kaiserslautern	325	8	516	1	521	2	1961	—	3324	1	87	31	80	53	60	48	234	15	1	55	20	3	489	26
Neustadt	20	6	77	7	374	8	437	6	910	7	10	13	20	20	71	31	42	35	2	7	9	90	181	22
Speyer	4	—	5	6	—	—	19	—	28	6	2	42	1	46	—	—	4	48	1	10	1	10	11	36
Ludwigshafen	307	8	1594	3	395	5	22406	1	24703	9	215	28	527	48	102	26	4169	52	4	4	22	51	5052	7
Worms ꝛc.	1784	7	13281	1	2036	9	16638	7	33741	1	884	—	3132	51	443	38	2278	56	—	—	—	—	6714	47
Summa .	2592	1	17319	—	3421	7	61285	8	87618	6	1217	23	3931	9	684	29	8156	6	12	11	73	2	14079	20
Total .	3061	2	22455	3	8316	6	79213	8	113066	9	1428	37	5110	35	1623	6	10126	7	12	11	73	2	18373	88

№ 15.

Ergebniß des internationalen Güterverkehrs via Weißenburg

Monate.	Gewicht der Sendungen.														Gesammt-Gewicht.	
	Eilgut.		Gewöhnliches Gut.													
			Normal-Classen						Wagenladungs-Classe				Ausnahme und Special-Tarife.			
			I.		II.		III.		A.		B.					
	Ctr.	Pf.	Ctr.	Pf.	Ctr.	Pf.	Ctr.	Pf.	Ctr.	Pf.	Ctr.	Pf.	Ctr.	Pf.	Ctr.	Pf.
I. Monat-																
Januar . . . 1868	394	4	1696	—	1666	9	389	1	9156	2	1549	6	40489	1	55381	3
Februar . . . . „	497	1	1881	—	1738	8	407	1	6258	—	3002	4	28330	3	42164	5
März . . . . . „	243	—	1937	2	2091	3	685	3	9069	4	2618	—	52948	—	69512	2
April . . . . . „	314	9	1856	1	2061	—	296	4	21685	8	9322	8	84877	6	120914	6
Mai . . . . . „	617	1	2183	4	1974	8	754	—	22321	4	9170	8	89046	5	126068	—
Juni . . . . . „	197	7	1674	—	1836	9	376	9	20222	8	5981	4	54245	9	84535	6
Juli . . . . . „	97	3	2006	2	1574	1	343	8	6409	6	6376	2	42602	8	59610	—
August . . . . . „	152	6	1508	4	2311	—	431	4	6305	—	4450	8	49679	5	63838	7
September . . . „	120	—	1439	8	1756	9	266	2	4068	4	2941	8	33037	4	43630	5
October . . . . „	104	2	2088	9	6702	—	242	6	5510	6	3952	—	26106	2	44706	5
November . . . „	170	2	1933	9	3428	4	1119	9	2709	8	1694	4	14965	5	26015	1
December . . . „	293	2	2081	3	1654	5	227	4	7804	2	6765	6	17070	3	35416	7
Summa .	3201	7	22286	2	30016	4	5440	1	119914	2	57936	—	532999	1	771793	7
II. Stations-																
Stationen.																
Zweibrücken	18	6	63	6	93	—	30	4	100	8	400	—	—	—	706	4
Kaiserslautern . . .	310	8	1364	5	1898	6	45	1	1262	2	10974	4	—	—	15855	6
Speyer	41	2	250	8	1010	1	21	2	406	—	773	—	1109	8	3611	4
Ludwigshafen . . .	1053	9	7828	1	14063	8	1965	—	89229	4	36857	—	455880	1	606167	3
Ludwigshafen Transit. Sachsen ꝛc. . . .	1777	2	12779	7	12930	9	3368	4	28915	8	9431	6	76209	4	145433	—
Summa .	3201	7	22286	2	30016	4	5440	1	119914	2	57936	—	532999	1	771793	7

mit der französischen Ost- und Westbahn im Jahre 1868.

Eilgut. fl.	Eilgut. kr.	Fracht für Gewöhnliches Gut. Normal-Classen I. fl.	I. kr.	II. fl.	II. kr.	III. fl.	III. kr.	Wagenladungs-Classen A. fl.	A. kr.	B. fl.	B. kr.	Barêmes und Special-Tarife. fl.	kr.	Provision für Nachnahme. fl.	kr.	Versicherungs-Taxe. fl.	kr.	Summa. fl.	kr.
weise.																			
98	34	208	12	159	26	36	30	391	53	81	53	2392	3	82	54	2	39	6482	9
67	2	233	16	160	21	36	32	393	22	144	57	1763	36	50	40	1	43	2877	35
65	14	231	36	253	48	56	35	520	9	148	23	3486	5	96	51	1	46	4860	27
83	10	247	17	232	29	24	6	1144	38	371	50	3726	33	92	40	—	47	5948	30
155	27	270	53	169	7	64	52	1155	35	361	36	4571	44	66	1	1	43	6616	58
46	2	200	48	190	49	37	10	1084	2	266	48	2220	57	64	39	1	51	4113	6
26	41	234	3	150	2	30	5	361	16	269	50	1753	10	43	20	1	14	2869	41
41	20	172	20	189	47	38	48	304	42	210	—	2109	16	40	56	1	34	3118	42
34	9	170	34	164	59	24	26	251	17	137	39	1342	34	45	22	1	55	2172	55
29	47	238	—	551	5	21	15	327	34	213	29	1022	19	46	27	1	9	2451	5
43	49	223	14	271	5	104	21	169	45	83	7	586	8	41	34	1	47	1524	50
82	7	239	18	155	13	17	42	391	47	315	—	478	43	43	4	1	51	1724	40
773	22	2667	26	2684	11	492	22	6496	6	2604	32	25273	7	714	34	19	59	41725	39
weise.																			
11	44	16	18	18	5	5	57	17	38	53	44	—	—	—	48	2	18	125	32
18	15	169	42	177	11	3	45	103	4	681	20	—	—	9	18	1	25	1154	—
7	49	21	20	69	24	1	24	17	34	26	35	44	24	—	10	1	53	190	33
246	34	760	7	1044	25	138	33	4329	38	1306	9	19585	35	3	44	4	50	27419	35
489	—	1699	59	1375	6	342	43	2028	12	537	44	5643	8	700	34	9	33	12815	59
773	22	2667	26	2684	11	492	22	6496	6	2604	32	25273	7	714	34	19	59	41725	39

№ 16. Ergebniß des directen Güterverkehrs via Weißenburg zwischen Ludwigshafen den vereinigten Schweizer-

Monate.	Gewicht der Sendungen.																						Gesammt-Gewicht.	
	Eilgut.		Gewöhnliches Gut.																					
			Normal-Classe						Wagenladungs-Classe															
			I.		II.		III.		A.		B.		C.		D.		E.		F., G., H., J. u. Spec.-Tarif.			
	Ctr.	Pf.	Ctr.	Pf.	Ctr.	Pf.	Ctr.	Pf.	Ctr.	Pf.	Ctr.	Pf.	Ctr.	Pf.	Ctr.	Pf.	Ctr.	Pf.	Ctr.	Pf.	Ctr.	Pf.
I. Monat-																						
Januar . 1868	139	4	497	3	168	4	1423	—	16	7	—	—	341	7	1260	3	3164	7	22403	8	29133	1
Februar . „	145	6	636	1	198	2	1076	5	140	1	—	—	1049	6	1010	8	2973	3	24730	—	31060	2
März . . „	186	8	703	8	305	4	1986	—	16	3	—	—	1852	—	810	6	3828	4	35210	6	44897	9
April . . „	174	2	516	4	190	7	1448	9	111	5	—	—	2356	2	602	1	2034	5	20576	3	28211	1
Mai . . „	223	8	409	7	307	4	2005	3	22	9	540	2	2323	1	251	6	2187	9	35295	3	43827	2
Juni . . „	238	1	535	6	140	4	1901	—	7	5	80	—	935	1	165	8	2345	4	20420	2	26769	1
Juli . . „	197	2	753	7	166	7	1340	9	83	4	201	—	2137	8	284	8	2643	—	62573	1	70381	6
August . „	232	2	1010	2	189	9	2029	8	108	1	—	—	3795	1	220	5	4077	3	46047	5	57710	6
September „	314	8	672	4	303	5	2184	6	740	4	—	—	2171	3	265	1	2774	-	35570	5	44996	6
October . „	236	2	624	9	309	8	1959	1	1466	9	683	—	1006	2	385	2	2810	7	36771	—	46253	—
November „	220	2	612	7	236	8	1631	9	1081	7	127	6	937	9	927	2	3396	9	26378	6	35550	5
December „	163	2	512	3	188	—	1591	7	1273	3	—	—	720	5	502	8	6096	6	33764	—	44612	4
Summa . .	2471	7	7545	1	2724	2	20578	7	5068	8	1631	8	19626	5	6886	8	38331	—	399740	7	504605	3
II. Stations-																						
Station.																						
Ludwigshafen .	2471	7	7545	1	2724	2	20578	7	5068	8	1631	8	19626	5	6886	8	38331	—	399740	7	504605	3

und Basel, sowie den Stationen der Schweizer Centralbahn, Nordostbahn und bahnen im Jahre 1868.

Eilgut.		Frachtsätze – Gewöhnliches Gut – Normal-Classe I.		II.		III.		Wagenladungs-Classe A.		B.		C.		D.		E.		F., G., H., J. u. Exc.-Tarif		Provision für Nachnahme		Versicherungs-Taxe		Summa	
fl.	kr.	fl.	kr.	fl.	kr.	fl.	kr.	fl.	kr.	fl.	kr.	fl.	kr.	fl.	kr.	fl.	kr.	fl.	kr.	fl.	kr.	fl.	kr.	fl.	kr.
weise.																									
20	37	36	40	8	42	69	22	—	45	—	—	13	14	50	55	171	19	438	50	2	55	8	22	815	60
21	38	46	43	9	20	50	47	6	9	—	—	42	32	40	10	109	16	543	16	5	54	6	39	883	—
27	35	53	2	14	9	89	35	—	49	—	—	74	30	33	29	130	23	687	23	8	6	9	58	1332	47
26	9	39	—	8	57	65	56	4	57	—	—	89	54	32	59	74	50	507	26	5	58	6	8	862	14
22	42	41	22	13	49	91	25	1	2	23	57	92	30	10	20	83	39	839	40	7	32	8	24	1231	22
32	20	40	10	6	42	83	19	—	20	3	33	37	32	6	46	88	37	863	47	1	50	4	49	1169	51
29	47	66	47	7	56	60	50	3	41	8	56	79	35	11	48	98	15	1457	26	—	13	8	36	1823	54
35	8	75	31	8	58	99	20	4	48	—	—	142	7	9	2	151	18	1073	29	1	28	6	35	1598	39
46	33	50	40	13	17	97	19	82	50	—	—	62	12	10	57	101	18	869	19	1	13	7	5	1338	41
34	46	46	55	14	15	84	40	65	5	29	28	40	40	15	17	107	13	886	20	3	22	5	40	1333	41
31	7	43	32	11	55	71	10	48	—	5	22	36	32	37	52	132	33	687	42	1	9	4		1113	54
23	1	36	26	9	26	73	42	57	37	—	—	28	15	20	26	239	6	791	8	2	20	4	12	1284	59
351	18	566	48	127	30	930	34	226	17	71	15	764	33	279	55	1496	16	9866	51	37	12	70	28	14788	57
weise.																									
351	18	566	48	127	30	930	34	226	17	71	15	764	33	279	55	1496	16	9866	51	37	12	70	28	14788	57

I. Monat-

Januar . 1868	2720	6	9973	5	15820	9	5796	4	10470	9	15916	8	14953	2	11159	4	15550	6	59600	—	161977	3
Februar . „	2792	6	9400	9	14021	4	5518	4	15062	4	16200	2	9131	9	9966	2	9726	7	27700	—	118610	7
März . . „	3660	8	11131	1	17363	4	6924	9	22548	3	17477	6	10059	4	8952	8	17213	5	33800	—	148131	8
April . . „	2758	7	10096	8	15401	6	6173	5	10387	1	16127	2	8861	8	7532	8	11009	5	37634	—	128178	—
Mai . . „	2821	2	9476	1	14783	7	5935	8	7822	1	23226	0	7369	2	5630	4	12622	5	37200	—	128887	9
Juni . . „	2591	6	8266	4	13507	5	18332	8	11615	2	21092	1	5992	3	6320	1	16324	8	31700	—	138742	8
Juli . . „	2767	3	9585	4	15602	2	13695	9	14973	5	23823	3	7715	9	11445	5	14707	—	36400	—	150716	—
August . „	3527	9	11216	4	17250	7	9602	4	14903	6	19402	6	8608	5	10129	6	17410	1	45800	—	158087	8
September „	4810	4	12809	1	20616	—	10339	8	25683	7	27782	7	11015	1	8700	2	14071	6	52000	—	187778	6
October . „	4755	8	12352	9	19730	1	9114	8	22578	—	26938	3	8326	9	6793	7	11981	4	60200	—	182571	9
November „	3401	6	10337	7	16744	4	4966	5	12414	7	22482	2	8388	7	6148	9	13490	5	66800	—	164775	2
December „	4174	6	8539	2	15861	4	5302	7	9804	8	11735	3	9851	6	5801	2	10875	6	55800	—	137946	1
Summa . .	60792	3	123185	5	196700	3	101303	9	178063	8	248240	2	110274	5	98580	8	165019	8	544234	—	1806404	1

II. Stations-

Homburg . .	91	9	186	8	368	3	—	—	100	—		—	79	1	—	—	—	—	—	—	708	8
Zweibrücken .	202	2	1146	7	1189	8	487	7	—		262		248	3		—	—		—	—	3068	0
Kaiserslautern .	465	2	3092	1	2115	—	190	—	1619	1	1266	—	3506	—	332	5	—		—	—	13898	8
Neustadt . . .	253	2	1100	7	2428	1	3110	3	190	—	2666	—	2000	1	—	—	4025	8	—	—	15685	5
Weißenburg .	619	8	2074	8	1761	9	109		1025	—	6812	5	1006	6	702	—	5796	4	2100	—	21850	0
do. Transit .	57	6	111	2	501	5	294	8	200	—	3550	4	22	1		—			10800	—	24100	6
Maximiliansau .	—	—	—		—	—			—	—		—						—	1200	—	1200	—
Landau .	169	2	960	—	1244	7	922	5		—	408	—	1068	9	100		—	—	—	—	5500	8
Dürkheim	107	3	226	—	887	9	266	5	600		100		50	3		—	—		—	—	2166	3
Wachenheim	14	6	16	2	230	—	138	7		—		—	7	3		—	—		—	—	406	—
Deidesheim	90	—	252	3	1532	3	3361	1		—	—	—	7	3	—	—		—	—	—	5378	2
Mußbach .	9	—	11	7	325	8	—	—	—		—	—	5	8	—	—		—	—	—	359	3
Germersheim	248	4	812	6	194	9	—	—	—	—	1400	—	38	3	301	—		—	—	—	1755	7
Speyer . .	219	1	3088	7	919	0	104	2	1280	8	888	—	117	3	101		102	7		—	4693	8
Ludwigshafen .	2107	1	11626	—	12476	9	4681	6	21872	—	66576	3	15637	1	15032	8	53620	1	148600	—	351034	7
do. Transit .	54873	2	90036	5	167712	2	80341	4	149086	6	171365	—	81139	5	77060	3	66066	7	307534	—	1338466	5
Frankenthal . .	194	8	878	8	1974	4	1614	6	2266	—	675	—	171	4	2240	1	2311	—	4400	—	15886	6
Summa . .	60792	3	123185	5	196700	3	101303	9	178063	8	248240	2	110274	5	98580	8	165019	8	544234	—	1806404	1

Güterverkehrs im Jahre 1868.

Eilgut.		Gewöhnliches Gut — Classe I.		Classe II.		Wagenladungs-Classe A.		B.		C.		Special-Tarif 1.		2.		3.		Steinkohlen und Coaks.		Provision für Nachnahme.		Verladungs-Taxe.		Summa.	
fl.	kr.	fl.	kr.	fl.	kr.	fl.	kr.	fl.	kr.	fl.	kr.	fl.	kr.	fl.	kr.	fl.	kr.	fl.	kr.	fl.	kr.	fl.	kr.	fl.	kr.
weise.																									
464	57	768	12	864	27	309	56	375	39	670	12	1023	9	382	46	369	38	1254	26	7	28	16	46	6594	45
495	6	304	12	812	16	302	17	537	41	510	26	614	35	334	38	351	54	395	16	8	42	28	39	4299	24
649	26	934	4	954	47	332	1	612	9	435	40	617	47	329	31	638	22	764	5	15	4	33	40	6116	40
472	57	801	36	913	17	987	8	437	29	548	28	611	48	451	53	694	1	776	26	9	44	23	30	6047	36
497	15	739	10	897	39	211	30	902	34	734	48	851	10	192	13	196	16	764	38	12	36	29	12	5540	36
476	18	639	—	741	3	872	36	437	52	776	15	249	35	267	10	649	36	615	4	7	35	26	39	3701	38
304	34	771	19	872	16	710	19	834	46	744	34	466	22	297	4	665	22	717	36	6	16	24	36	6414	34
607	7	707	11	967	54	523	12	540	48	819	14	543	48	199	40	774	54	928	14	7	32	26	3	6498	10
836	9	1072	52	1161	52	613	58	912	16	849	—	609	36	328	48	532	39	1034	25	10	14	34	53	8074	41
811	7	901	44	1083	57	550	51	795	15	796	40	543	6	335	37	465	15	1113	56	9	35	28	38	7520	11
607	10	311	34	965	15	470	14	479	—	821	12	382	24	240	16	307	37	1042	36	16	27	32	6	6341	52
706	42	634	3	926	36	363	56	308	5	893	38	312	54	332	37	411	57	1280	48	11	36	31	59	5793	54
7133	24	9759	4	11164	10	6541	56	6488	9	7829	41	6804	21	3350	38	6294	37	10974	30	120	58	325	37	75711	6
weise.																									
13	36	67	41	101	24		—	18	7	—		24	36	—		—		—				—		231	42
200	9	446	8	303	14	130	7	—		14	3	63	36	—		—		—				—		1207	24
236	53	1009	46	412	41	17	54	203	40	134	24	781	20	36	43	—		—				—		2839	23
61	14	182	14	291	32	441	29	7	57	163	20	316	12	—		220	1	—		—		—		1708	26
184	—	274	27	182	42	9	39	60	20	373	31	36	36	58	3	192	46	68	26					1650	44
15	40	14	29	37	20	44	34	12	52	110	26		34	—				713	34	—		—		993	22
—		—		—				—		—		—		—				48	18	—		—		48	18
46	14	100	55	128	40	87	17	—		23	3	283	21	3	17	—		—		—		—		627	57
13	—	13	8	41	18	53	51	64	17	5	30	60	4			—		—		—		—		237	6
4	12	3	32	22	41	13	11			—		—	54			—		—		—		—		43	51
25	43	33	24	169	34	303	28			—		—	53	—		—		—		—		—		553	7
2	35	1	33	31	7	—				—		1		—		—		—		—		—		33	37
67	5	26	26	25	4			—		6	58	95	11	14	3	—		—		—		—		301	52
48	18	114	50	93	54	9	45	34	52	16	26	13	16	8	52	6	59	—				—		530	59
531	28	788	28	650	38	210	26	741	49	1151	43	1022	55	562	54	1842	9	2270	8	—		—		9132	46
4576	43	6902	32	8174	34	4249	46	5241	20	5787	43	4210	12	2437	21	3686	18	7840	12	120	58	325	37	54054	20
19	53	29	17	55	56	35	24	44	17	66	7	5	16	15	3	46	31	66	44	—				351	[illegible]
7133	24	9759	4	11166	10	6541	56	6488	9	7829	41	6801	21	3350	38	6294	37	10978	30	120	58	325	37	75711	6

№ 18. Ergebniß des directen Güterverkehrs mit Amsterdam und Rotterdam, Stationen der Niederländischen Rhein-Eisenbahn im Jahre 1868.

Monate.	Gewicht der Sendungen.												Summa.	
	Eilgut.		Gewöhnliches Gut.											
			Claße				Wagenladungs-Claße.							
			I.		II.		A.		B.		C.			
	Ctr.	Pf.	Ctr.	Pf.	Ctr.	Pf.	Ctr.	Pf.	Ctr.	Pf.	Ctr.	Pf.	Ctr.	Pf.
I. Monatweise.														
Januar 1868	77	9	2289	8	19236	7	419	5	-	--	967	-	22990	7
Februar „	53	9	860	5	11619	—	442	7	201	3	3741		16918	4
März „	34	8	1110		12958	8	1358	4	759	9	891		17112	9
April „	60	9	918		6753	2	449	—	—	—	3404	9	11616	-
Mai „	48	3	877	8	9029	3	4173	2	176	—	3698	1	16002	7
Juni „	76	2	802	4	1583	8	767	1	—	—	2533	2	8762	7
Juli „	76	3	739	9	7427	1	1287	6	96	2	2641	1	12271	3
August „	85	6	967	—	5086	6	1505	7	—	—	5271	4	12016	3
September „	127	7	3951	2	20599	5	1766	8	134	5	9032	7	35612	6
October „	123	4	2277	8	13627	3	1300	4	106	—	3892	8	21527	7
November „	131	6	2176	8	16134	7	3315	4	—	—	7777	—	29565	3
December „	96	8	1409	3	10768	—	11339	4	168	7	5146	6	28930	8
Summa	993	4	16410	5	137824	—	26154	6	1648	—	19002	1	234027	6
II. Stationsweise.														
Stationen.														
Ludwigshafen	654	4	10965	1	27563	5	1797	4	—	—	—	—	40980	4
dto. Transit	208	4	5108	1	61655	1	10676	3	563	6	9168	8	87368	3
Weißenburg „	130	6	2337	3	48606	4	13680	9	1089	2	89835	3	105678	7
Summa	993	4	16410	5	137824	—	26154	6	1643	—	19002	1	234027	6

Monate.	Fracht für												Provision für Nachnahme.		Versicherungs-Taxe.		Summa.	
	Eilgut.		Gewöhnliches Gut.															
			Claße				Wagenladungs-Claße											
			I.		II.		A.		B.		C.							
	fl.	kr.	fl.	kr.	fl.	kr.	fl.	kr.	fl.	kr.	fl.	kr.	fl.	kr.	fl.	kr.	fl.	kr.
I. Monatweise.																		
Januar 1868	12	53	148	24	772	3	60	43			57	31	-	8	--	44	1052	21
Februar „	5	27	60	5	521	26	29	-	12	36	212	59	—	3	-	28	812	4
März „	6	13	80	44	592	26	119	8	69	46	62	3	—	6		10	931	12
April „	15	17	55	10	322	59	33	59	—	-	178	6	—	—	-	32	604	23
Mai „	8	34	58	47	474	16	129	12	15	25	220	7	—	8	—	11	906	35
Juni „	14	1	42	18	340	17	51	48	—	—	87	57	—	10	—	6	540	7
Juli „	12	51	50	36	341	53	93	5	10	21	177	8	-	12	-	10	688	19
August „	12	39	61	48	211	38	94	19	-	-	269	11	—	6	—	5	653	6
September „	21	13	268	41	914	1	86	22	14	14	554	15	—	12	-	15	1639	13
October „	20	6	150	2	659	3	103	41	11	12	212	23	—	—	—	23	1157	
November „	21	18	119	47	754	13	203	29	—	—	128	21	-	15		—	1557	36
December „	13	54	93	48	492	10	262	16	6	24	290	14	-	18	-	2	1159	19
Summa	163	24	1223	30	6398	25	1270	2	140	1	2730	27	1	33	3	53	11931	15
II. Stationsweise.																		
Stationen.																		
Ludwigshafen	109	45	750	26	1055	27	61	9	—	-	—	-	1	33	1	19	1979	30
dto. Transit	27	23	313	16	2390	55	253	47	29	27	401	19	—	-	1	28	3418	5
Weißenburg „	26	16	159	48	2952	3	955	6	110	34	2328	38	—	-	1	6	6533	11
Summa	163	24	1223	30	6398	25	1270	2	140	1	2730	27	1	33	3	53	11931	15

№ 19. Ergebniß des internationalen Güterverkehrs im Belgisch-Rheinischen Eisenbahn-Verbande (via Herbesthal) im Jahre 1868.

Monate.	Gewicht der Sendungen. Eilgut	Gewöhnliches Gut. Section I.	Section II.	Section III.	Section IV.	Special-Tarif.	Gesammt-Gewicht.	Fracht für Eilgut	Gewöhnliches Gut. Section I.	Section II.	Section III.	Section IV.	Special-Tarif.	Provision für Nachnahme.	Verzögerungs-Taxe.	Summa.
	Ctr. Pf.	Ctr. Pf.	Ctr. Pf.	Ctr. Pf.	Ctr. Pf.	Ctr. Pf.	Ctr. Pf.	Thlr. Sgr.	Thlr. Sgr.	Thlr. Sgr.	Thlr. Sgr.	Thlr. Sgr.	Thlr. Sgr.	Thlr. Sgr.	Thlr. Sgr.	Thlr. Sgr.
I. Monatweise.																
Januar 1868	76 2	1873 9	371 9	16967 6	1391 —	620 —	20656 —	8 11	138 [illegible]	19 56	331 [illegible]	98 [illegible]	21 42	7 59	21 11	840 [illegible]
Februar „	59 6	2280 —	525 6	18082 6	380 —	300 —	22177 8	17 3	216 [illegible]	42 46	621 [illegible]	29 30	31 30	6 53	30 38	1063 4
März „	54 6	618 8	343 9	7999 —	1557 —	1114 —	12153 —	6 [illegible]	41 48	22 9	298 30	32 23	66 56	6 24	18 34	453 36
April „	76 8	1141 8	332 —	7889 6	2814 2	1000 —	13672 2	8 [illegible]	27 17	18 [illegible]	126 35	78 36	35 —	2 26	15 21	354 [illegible]
Mai „	57 —	404 8	406 8	5545 —	1700 8	248 —	8334 4	4 19	27 22	21 36	121 50	59 32	8 28	2 16	13 [illegible]	258 36
Juni „	21 —	912 —	313 4	1913 8	1688 —	2428 —	7236 2	2 28	67 7	12 [illegible]	66 58	59 5	94 37	3 6	12 21	322 [illegible]
Juli „	36 6	344 2	499 6	3411 8	1452 2	2040 6	7092 3	4 2	22 17	26 17	115 17	47 28	71 5	2 32	14 48	305 [illegible]
August „	73 —	946 2	277 6	5963 —	411 2	1027 2	8698 2	8 31	64 37	33 2	258 42	34 22	35 57	1 46	24 52	481 49
September „	56 6	800 4	408 6	11567 6	300 —	400 —	13556 2	6 57	40 39	21 56	401 38	21 26	14 —	4 28	20 16	551 20
October „	90 4	887 8	2234 6	11079 —	1324 6	1020 —	16636 4	10 33	69 5	121 —	357 48	55 22	35 42	3 9	20 10	691 47
November „	103 4	2427 —	539 6	7967 —	3145 6	—	14178 8	12 4	164 17	28 28	370 51	110 18	—	2 13	9 20	605 16
December „	47 2	1808 —	1292 4	10794 —	1336 2	—	14469 8	5 [illegible]	106 28	64 31	350 51	46 40	—	1 49	9 26	586 16
Summa .	727 4	14516 4	7684 4	104807 2	17390 8	10587 8	155714 —	94 58	1023 2	443 20	3621 36	654 7	439 12	47 2	209 33	6592 12
II. Stationsweise.																
Station.																
Ludwigshafen .	727 4	14516 4	7684 4	104807 2	17390 8	10587 8	155714 —	94 58	1023 2	443 20	3621 36	654 7	439 12	47 2	209 33	6592 12

I. Monat-

Januar 1868	7	2	1301	6	2099	2	6942	6	—	—	—	—	12360	6
Februar . . . . „	10	6	814	4	1106	2	6343	6	—	—	—	—	8364	8
März . . . . „	4	8	641	—	1226	—	2544	6	—	—	—	—	4416	8
April . . . . „	7	6	1167	—	623	4	2320	2	—	—	—	—	4040	2
Mai . . . . „	8	2	4818	2	984	4	2803	—	—	—	—	—	8613	8
Juni . . . . „	81	2	10166	2	1010	—	4030	—	—	—	—	—	15246	4
Juli . . . . „	35	—	552	4	1194	—	2913	8	—	—	—	—	4695	2
August . . . . „	63	4	356	6	1174	2	11194	—	—	—	—	—	12757	2
September . . . . „	54	4	694	2	2077	2	9091	—	—	—	—	—	12116	8
October . . . . „	56	—	2134	4	1633	2	10273	4	—	—	—	—	14097	—
November . . . . „	39	6	1488	4	1332	4	18952	8	—	—	—	—	21818	4
December . . . . „	31	—	1737	8	1843	8	15326	6	—	—	—	—	16939	2
Summa .	319	2	20091	2	16296	—	94744	8	—	—	—	—	137451	2

II. Stations-

Stationen.														
Zweibrücken	40	—	513	—	2527	4	494	6	—	—	—	—	3575	—
Kaiserslautern	25	6	7621	8	2406	—	1291	6	—	—	—	—	11404	8
Neustadt	253	6	17956	8	11302	6	92958	6	—	—	—	—	122471	4
Summa .	319	2	26091	2	16296	—	94744	8	—	—	—	—	137451	2

Güterverkehrs via Luxemburg im Jahre 1868.

Fracht für												Provision für Nachnahme		Versicherungs-Taxe		Summa	
Eilgut		Gewöhnliches Gut															
		I. Section		II. Section		III. Section		Special-Tarif		Transit-Tarif							
fl.	kr.	fl.	kr.	fl.	kr.	fl.	kr.	fl.	kr.	fl.	kr.	fl.	kr.	fl.	kr.	fl.	kr.
weise.																	
2	21	150	31	217	11	1068	28	—	—	—	—	—	28	1	38	1440	37
3	30	103	55	141	54	769	14	—	—	—	—	1	1	3	30	1023	7
1	47	76	21	115	30	170	34	—	—	—	—	—	42	2	20	367	14
1	46	142	36	56	31	129	19	—	—	—	—	1	21	3	2	334	38
3	58	914	57	98	51	321	20	—	—	—	—	—	—	—	27	1339	34
12	23	1524	59	115	2	476	31	—	—	—	—	6	43	—	42	2006	20
12	35	47	52	42	56	119	55	—	—	—	—	1	52	1	52	267	2
11	48	56	13	116	17	1045	8	—	—	—	—	7	—	1	59	1238	30
19	30	116	15	243	30	564	48	—	—		—	14	14	—	28	950	16
17	25	325	44	200	6	529	54	—	—	—	—	18	40	—	22	1092	11
12	29	219	11	111	28	1981	5	—	—	—	—	11	12	—	27	2368	52
10	25	218	19	211	53	1578	51	—	—	—	—	12	47		23	2052	38
109	57	3917	23	1741	9	8715	2	—		—	—	76	6	17	10	14579	47
weise.																	
6	10	25	55	86	57	16	37	—	—	—	—	13	32	3	20	152	31
6	46	728	59	187	32	83	29		—		—	5	19	1	16	1013	21
97	1	3162	29	1469	40	8611	56	—		—	—	57	15	12	34	13413	55
109	57	3917	23	1744	9	8715	2	—	—		—	76	6	17	10	14579	47

№ 21. Uebersicht des directen Güterverkehrs mit den K. Sächs. Staatseisenbahnen, der und Berlin, Station der Berlin-Anhalt'schen Bahn

Monate.	Gewicht der Sendungen.														Gesammt-Gewicht.	
	Eilgut.		Gewöhnliches Gut.													
			Classe				Wagenladungs-Classe						Güter mit besonderen Taxen.			
			I.		II.		A.		B.		C.					
	Ctr.	Pf.	Ctr.	Pf.	Ctr.	Pf.	Ctr.	Pf.	Ctr.	Pf.	Ctr.	Pf.	Ctr.	Pf.	Ctr.	Pf.
A. Angekommene																
Januar 1868	87	7	693	5	43	4	252	—				—	—	—	1076	6
Februar . . . . „	49	6	611		65	2	128	8			1000	8	—	—	1855	4
März . . . . . „	42	—	456	7	205	2	351	4			—			-	1055	3
April . . . . . „	60	6	692	3	199	1	940	4							1912	7
Mai . . . . . „	42	3	647	6	16	6	140	4				—			876	5
Juni . . . . . „	48	1	597	2	48	3	972	5				—		—	1066	7
Juli . . . . . „	48	—	460	7	89	6	—	—				—			598	3
August . . . . „	94	2	433	2	60	2								—	587	6
September . . . „	82	9	503	1	211	4	412	1							1210	1
October . . . . „	58	9	316	2	214	9	452	8				—			1012	3
November . . . „	78	7	292	1	212	2	400						-		713	-
December . . . „	68		522	6	147						—		—		537	6
Summa . .	781	3	6026	5	1573	7	3150	7			1000	8			12533	
B. Abgegangene																
Januar 1868	24	—	67	8	102	2	106	—	200	—	—	-		...	560	—
Februar . . . . „	42	4	83	1	200	2	337	7	230	—	—	—	—	—	893	1
März . . . . . „	26	4	150	—	333	7	108	1	340	—	—	—	—	—	958	2
April . . . . . „	47	1	111	8	338	3	425	8	430	—	—	—	—	—	1353	—
Mai . . . . . „	31	7	128	1	112	7	564	1	425	—	—	—	—	—	1264	6
Juni . . . . . „	30	5	88	7	87	8	213	—	205	—	—	—	—	—	625	—
Juli . . . . . „	20	2	127	5	162	2	938	6	370	—	—	—	—	—	1024	5
August . . . . „	22	4	129	8	205	3	224	6	255	—	—	—	—	—	828	1
September . . . „	23	8	538	3	585	5	108	9	275	—	—	—	—	—	1531	5
October . . . . „	31	9	306	2	269	7	—	—	130	—	—	—	—	—	740	8
November . . . „	61	5	260	6	282	2	—	—	110	—	—	—	—	—	714	3
December . . . „	45	4	315	2	213	4	227	9	145	—	—	—	—	..	976	9
Summa . .	419	8	2298	1	2923	2	2654	7	3115	—	—	—	—	—	11410	3
Total . .	1200	6	8324	6	4496	0	5805	4	3115	—	1000	8	—	..	23943	3

3	37	18	2
19	55	46	41
4	2	59	15
23	40	85	10
29	54	84	49
7	57	40	18
14	38	73	45
16	33	50	7
4	4	58	9
..	—	27	38
	.	21	37

A. Angekommene

Zweibrücken	30	1	306	1	86	1	107	–	—	—	—	·	—	—	529	3
Kaiserslautern . . .	38	7	299	7	99	6	—		—	—	– –		—	–	438	2
Lambrecht	5	1	8	2	259	6	625	·	—	·	–	–	—	–	892	9
Neustadt	51	5	107	5	198	3	507	7	– –		200	8		·	1060	8
Weißenburg	39	8	54	3	32	2	—	—	—	—	—	—	– –	·	126	3
Landau	82	4	161	9	191	4	—	—	—	·	800	–	—	—	1235	7
Dürkheim	1	2	47	4	118	9		—	—		—		—	—	167	5
Wachenheim	—	—	–	–	32		—	—	—	– –	—	·	—	—	32	—
Deidesheim	—	– –	2	3	101		—	—		—	—	–	—	—	103	3
Mußbach	– –	·	—	—	18	1	–	—	– –	—	—			—	18	1
Germersheim	5	7	61	2	21	–	– –	–	—	—	—		—	—	77	9
Speyer	34	9	471	5	134	7	—		– –	—				—	641	1
Ludwigshafen . . .	459	4	4293	2	187	9	1317	6	—	·	–	—		—	6258	1
Frankenthal	33	5	238	2	97	7	593	4	—	·	–	·	– –	–	961	8
Summa . .	781	3	6026	5	1573	7	3150	7		—	1000	8		—	12533	—

B. Abgegangene

Zweibrücken	153	6	315	9	60	3	—	–	3115	–	—	·	—	–	3644	8
Kaiserslautern . . .	—	5	68	6	24	3	–		—		—		—		93	4
Lambrecht	—	8	13	4	106	–	—		—				–		120	1
Neustadt	32	7	193	6	426	5	253	5	—	–	– –		—		906	3
Weißenburg	54	9	413	7	135	1	—			–	—	–	– –		603	7
Landau	4	1	4	9	3	2			—		—		—		12	2
Dürkheim	1		1		40	6	– –		–		—		—		42	6
Deidesheim	18	1	169	2	974	8	212		—		—		—		1374	1
Germersheim	—		—	6	—		—		—		—		—		[illegible]	6
Speyer	—	5	24	7	34	8	—		—		—		—		60	—
Ludwigshafen . . .	153	4	1099	5	1052	6	2189	2	—		—	—	—		4494	7
Frankenthal	—		2	9	63	1	—				—		—		66	—
Summa . .	419	3	2298	1	2916	2	2654	7	3115	—	—	—	—	—	11410	3
Total . .	1200	6	8324	6	4490	9	5805	4	3115	—	1000	8		—	23943	—

Niederschlesisch-Märkischen Eisenbahn, der Leipzig-Dresdener Eisenbahn-Compagnie via Mainz-Hof im Jahre 1868. (II. Stationsweise.)

Fracht für:														Provision für Nachnahme.		Versicherungs-Taxe.		Summa.	
Eilgut.		Gewöhnliches Gut																	
		Classe				Wagenladungs-Classe						Güter mit besonderen Taxen.							
		I.		II.		A.		B.		C.									
fl.	kr.	fl.	kr.	fl.	kr.	fl.	kr.	fl.	kr.	fl.	kr.	fl.	kr.	fl.	kr.	fl.	kr.	fl.	kr.
Güter.																			
22	20	119	10	25	7	25	25	—	—	—	—	—	—	—	—	—	7	192	39
19	—	76	57	19	15	—	—	—	—	—		—	—	—		—	14	115	26
1	12	—	34	26	31	76	41	—		—	—	—	—	—	—	—	3	105	33
15	53	17	36	22	33	51	35	—	—	16	52	—	—	—	—	—	—	124	29
10	41	7	9	3	20	—	—	—	—	—		—	—	—		—	—	21	13
27	16	20	—	19	49	—	—	—	—	58	52	—	—	—	—	—	—	120	37
—	39	6	44	13	16	—	—	—	—	—	—	—	—	—		—	—	20	49
	—	—		3	19	—	—	—	—	—		—	—	—		—	—	3	19
—		—	18	10	26	—	—	—		—		—		—		—	—	10	41
—	—	—	—	1	52	—	—	—	—	—		—		—	—	—	—	1	52
1	18	8	56	2	46	—	—	—	—	—		—		—		—	—	13	20
8	49	66	—	13	23	—	—	—	—	—	—	—		—	—	—	—	89	12
63	39	287	9	9	11	43	12	—	—	—		—		—	—	—	24	410	28
2	39	9	12	2	54	15	13	—	—	—			—	—	—	—	—	30	28
169	29	620	15	171	35	218	8	—		75	24	—				—	48	1259	9
Güter.																			
116	41	124	37	17	37	—	—	595	31			—		5	7	21	33	880	56
—	15	15	5	4	39	—	—	—	—	—		—		—	1	1	12	21	35
—	10	2	28	11	11	—		—	—					—		—	3	16	52
10	8	31	39	50	2	25	13	—	—	—		—		1	55	—	36	120	—
14	49	54	29	14	37	—	—	—		—		—		—	—	—		83	55
1	6		10	—	20			—		—		—		—		—	—	2	6
	16		8	4	11	—	—		—	—		—		—		—	—	4	15
4	51	22	17	101	37	21	59	—		—				—		—	—	150	44
—	—		6	—	—	—	—	—		—				—				—	6
—	8	3	27	3	27	—	—	—	—						39		15	7	56
20	58	133	38	55	55	84	28	—	—	—				4	57	7	28	397	44
—	—	—	18	1	50	—	—	—		—	—			—	4	—	—	2	12
169	22	388	49	268	26	132	10	595	31	—	—	—	—	12	46	31	17	1598	21
338	51	1009	34	443	1	350	18	595	31	75	24	—	—	12	46	32	5	2857	30

I. Monat-

Januar . . .	1868	63	0	353	0	466	2	686	—	503	1	—	—	16240	—	18313	1
Februar . . .	"	96	6	567	3	700	8	1614	4	255	8	—	—	16460	—	19695	—
März	"	73	5	628	2	678	—	1533	—	939	2	—	—	26268	—	30119	9
April	"	97	9	558	2	1010	4	7682	1	452	8	—	—	24680	—	34681	4
Mai	"	114	4	581	—	1103	—	7044	6	267	6	—	—	25126	—	34236	6
Juni	"	106	1	465	2	891	0	6043	2	225	—	—	—	45424	8	53155	3
Juli	"	87	3	794	4	817	5	8344	8	372	—	—	—	45750	—	51168	—
August	"	147	3	799	8	914	5	12466	7	101	1	—	—	26413	—	40842	4
September . . .	"	268	4	1009	7	1239	4	2900	6	369	—	—	—	29238	—	35031	3
October . . .	"	384	2	768	—	1201	5	5827	9	435	6	—	—	37750	—	46367	4
November . . .	"	204	9	961	3	1088	7	2105	2	—	—	—	—	39010	—	43370	1
December . . .	"	134	7	587	9	1338	8	2110	2	235	—	—	—	47580	4	52007	—
Summa .		1797	2	8093	9	11480	2	53567	0	4166	4	—	—	380139	9	459206	6

II. Stations-

Stationen.																
Zweibrücken	819	6	1360	9	344	8	115	8	945	—	—	—	—	—	3086	1
St. Ingbert	4	—	36	—	21	7	—	—	—	—	—	—	108404	—	108466	7
Bliescastel	—	—	7	8	2	8	—	—	—	—	—	—	—	—	10	6
Homburg	—	8	71	8	60	3	—	—	—	—	—	—	—	—	132	9
Kaiserslautern . . .	92	—	978	5	929	5	1698	6	100	—	—	—	3475	4	7274	—
Neustadt	149	4	1162	6	2212	4	3492	4	202	6	—	—	—	—	7219	4
Weißenburg	36	6	226	—	41	2	210	6	—	—	—	—	257466	5	257980	9
Schaidt	2	6	5	6	5	3	—	—	—	—	—	—	—	—	13	5
Landau	231	6	542	2	1505	7	486	1	—	—	—	—	—	—	2765	6
Dürkheim	238	5	40	7	518	6	492	9	—	—	—	—	—	—	1290	7
Deidesheim	83	6	360	—	1662	8	106	1	—	—	—	—	—	—	2212	5
Speyer	91	5	1119	8	665	8	685	—	—	—	—	—	—	—	2561	6
Ludwigshafen . . .	247	4	1860	5	2836	9	45463	—	2807	7	—	—	10594	—	63810	5
Frankenthal	209	6	813	—	641	4	797	4	101	1	—	—	200	—	2352	5
Summa . .	1797	2	8093	0	11450	2	53567	9	4136	4	—	—	380139	9	459305	5

Westdeutschen Eisenbahnverbandes im Jahre 1868.

Fracht für: Eilgut		Gewöhnliches Gut: Classe I.		Classe II.		Wagenladungs-Classe A.		B.		C.		Güter mit besonderen Taxen.		Provision für Nachnahme.		Versicherungs-Taxe.		Summe.	
fl.	kr.	fl.	kr.	fl.	kr.	fl.	kr.	fl.	kr.	fl.	kr.	fl.	kr.	fl.	kr.	fl.	kr.	fl.	kr.
weise.																			
22	53	58	4	42	3	39	48	17	53	—	—	1045	5		49	1	15	1228	10
41	55	121	—	69	52	105	12	33	46	—	—	1005	53	3	10	1	30	1382	18
27	10	132	23	77	22	118	13	33	21	—	—	1037	46	3	10	—	44	2330	29
31	38	108	3	101	55	477	5	37	33	—	—	1612	19	2	45	1	41	2371	10
39	54	99	53	111	5	327	56	32	22	—	—	1335	22	2	35	1	58	1951	5
81	8	73	50	84	4	211	36	36	15	—	—	2866	59	4	30	1	—	3392	22
27	19	147	56	67	44	167	47	13	11	—	—	3520	49	2	—	—	49	8947	5
34	14	112	25	103	54	502	25	2	12	—	—	1573	27	4	27	—	58	2151	2
42	—	188	36	140	15	123	15	55	31	—		1386	16	4	7	2	15	1942	18
128	25	160	13	127	49	337	37	29	14	—	—	1669	16	3	47	2	15	2158	36
75	14	134	19	111	21	151	31	—	—	—	—	2311	37	2	35	—	54	2688	1
70	22	80	17	146	11	156	2	31	48	—	—	2617	45	3	8	6	25	3114	1
572	12	1442	9	1186	35	2891	47	325	8	—	—	22782	54	37	3	22	47	29260	35
weise.																			
236	38	313	19	99	18	29	5	106	58	—	—	—	—	15	32	9	41	1101	21
3	18	12	56	7	28	—	—	—	—	—	—	11970	23	—	—		17	11991	22
—	—	3	4	—	52		—	—	—	—		—		—		—	—	3	56
—	37	25	37	16	35	—	—		—	—	—	—				—	—	42	45
45	53	257	58	153	52	288	15	12	50	—		246	3	2	7	1	32	1041	40
41	57	193	11	264	41	384	37	15	27	—	—	—	—	8	19	1	4	969	49
9	53	30	7	1	45	20	—	—	—	—	—	10276	53	—	—		—	10341	8
—	42	—	41	—	33	—	—	—	—	—	—	—	—	—	—	—	—	1	58
62	31	69	49	151	50	16	10	—	—	—		—	—	—		—	—	331	20
64	22	6	30	52	27	46	50	—	—	—	—	—		—		—		170	9
18	22	47	40	171	55	10	5	—	—	—	—	—		—	—	—		218	2
23	10	158	35	67	28	70	36	—	—	—	—	—	—	1	38	1	28	322	55
40	53	108	32	141	52	1976	19	97	41	—	—	285	11	6	16	5	22	2663	9
24		13	5	20	29	18	50	2	12	—	—	3	51	3	11	—	23	88	1
572	12	1442	9	1186	35	2891	47	325	8		—	22782	54	37	3	22	47	29260	35

№ 24.

Uebersicht des directen Güterverkehrs mit Stationen des

Monate.	Gewicht der Sendungen.														Gesammt-Gewicht.	
	Eilgut.		Gewöhnliches Gut.													
			Classe				Wagenladungs-Classe						Güter mit besonderen Taxen.			
			I.		II.		A.		B.		C.					
	Ctr.	K.	Ctr.	K.	Ctr.	K.	Ctr.	K.	Ctr.	K.	Ctr.	K.	Ctr.	K.	Ctr.	K.
I. Monat-																
Januar 1868	176	9	2346	5	660	6	785	4	200	—	9384	1		—	13553	5
Februar . . . . . „	215	5	1924	—	975	4	103	—	305	—	12436	3		—	16040	2
März . . . . . „	262	5	2294	3	1363	9	1723	6	415	—	4772	2		—	10831	4
April . . . . . „	486	4	1555	8	1327	6	2599	4	633	6	400	—	—	—	7002	8
Mai . . . . . „	601	4	1731	3	1262	6	1753	5	325	—	19145	3	—	—	24820	9
Juni . . . . . „	154	8	5115	6	531	5	527	9	350	—	12716	4	—	—	19396	8
Juli . . . . . „	156	2	2820	7	692	7	1253	9	485	—	397	—	—	—	5806	6
August . . . . . „	174	8	1492	2	476	3	732	1	692	9	500	—	—	—	4068	3
September . . . . „	220	3	1613	3	1806	8	2257	9	375	—	—	—	—	—	6272	7
October . . . . . „	290	7	1853	7	1767	2	2046	7	743	3		—	100	—	6801	6
November . . . . „	342	1	2120	8	1571	4	1218	8	593	6		—	100	—	5941	7
December . . . . „	307	3	1978	—	1013	8	1532	1	420	—	—	—	300	—	5550	2
Summa	3388	3	27146	5	13468	4	16529	3	5738	4	59551	4	500	—	126322	8
II. Stations-																
Stationen.																
Zweibrücken . . .	245	5	1601	4	219	6	—	—	4721	—		—		—	6787	5
Kaiserslautern . . .	1189	1	11796	8	1612	6	301	—	—	—	980	—	400	—	15559	5
Lambrecht	5	1	2042	9	23	7	—	—	—	—	—	—	—	—	2071	7
Neustadt	280	9	2121	2	3775	1	2136	5		—	1901	—	—	—	10215	7
Dürkheim	140	3	133	1	621	9	718	4	—	—	—	—	100	—	1713	8
Wachenheim	23	1	11	3	700	9	576	—		—	—	—	—	—	1311	3
Deidesheim	54	3	502	7	2057	6	1142	3	—	—	—	—	—	—	3756	7
Winzbach	3	5	12	1	123	1	—	—		—		—	—	—	140	7
Weißenburg	266	6	725	4	252	5	317	7		—	—	—		—	1562	3
Landau	257	1	943	8	1102	2	985	8		—	693	6	—	—	3982	5
Germersheim	17	5	116	7	46	2	—	—		—	800	—		—	980	4
Speyer	515	8	3365	1	799	1	2735	—	—	—	100	—	—	—	7515	7
Ludwigshafen	486	5	3269	2	1580	3	7516	2	669	5	54855	8	—	—	68378	—
Frankenthal	101	3	1054	7	574	—	100	—	407	9	301	—	—	—	2537	6
Summa . .	3388	3	27146	5	13468	4	16529	3	4738	4	59551	4	500	—	120322	3

Mitteldeutschen Eisenbahnverbands im Jahre 1868.

Fracht für														Provision für Nachnahme		Versicherungs-Taxe		Summa	
Eilgut		Gewöhnliches Gut										Güter mit besonderen Taxen							
		Classe				Wagenladungs-Classe													
		I.		II.		A.		B.		C.									
fl.	kr.	fl.	kr.	fl.	kr.	fl.	kr.	fl.	kr.	fl.	kr.	fl.	kr.	fl.	kr.	fl.	kr.	fl.	kr.
weise																			
71	31	461	25	86	11	67	14	40	46	601	14	—	—	1	58	2	35	1332	54
73	6	367	2	97	31	7	33	58	—	342	—	—	—		54	1	—	947	6
114	30	586	31	166	28	91	57	83	—	295	18	—	—	2	57	3	54	1344	35
208	57	328	2	146	21	167	5	107	7	61	20	—	—	1	18	1	12	1024	32
190	3	199	34	143	10	120	30	65	—	479	37	—	—	3	28	2	42	1204	4
56	56	1008	1	48	4	39	35	117	29	373	2	—	—	—	29	2	13	1645	37
55	39	589	32	72	13	113	36	110	58	14	29	—	—	—	37	1	48	968	52
56	22	282	17	49	18	59	24	126	31	28	21	—	—	2	31	3	39	610	23
75	57	288	11	169	11	201	38	75	42	—	—	—		5	19	3	3	639	31
84	51	339	39	201	17	127	33	128	7	—		4	16	1	34	3	—	890	47
112	37	493	—	181	15	61	47	44	3	—	—	7	38	1	8	1	28	902	56
93	6	422	25	111	32	90	36	49	24	—	—	8	3	—	47	4	6	780	—
1193	35	5365	39	1493	29	1148	28	1037	58	2196	21	19	57	23	—	30	40	12511	7
weise.																			
180	35	619	5	65	51		—	1017	3	—	—			3	53	9	1	1895	31
374	19	2963	20	307	28	52	52	—	.	102	38	15	41	2	11	12	12	4080	41
1	42	367	22	3	4		—	—	—	—	.	—	—	—	—		9	372	17
85	29	341	50	458	19	217	8	—	—	159	11			3	39	1	40	1250	46
35	14	17	17	66	55	68	15				—	1	16	—	—			193	27
6	14	1	30	71	2	54	43					—			—	—	—	133	29
14	33	71	40	206	27	112	—	—	—	—		—			—	—	—	407	40
1	29	1	31	12	18	—	—	—				—			—			15	18
60	41	91	38	26	1	30	11		—	—	—							220	31
69	13	121	26	111	11	91	55			45	3	—	—		—		—	441	58
5	39	20	5	5	58		—	—		71	56	—	—		11		21	101	10
75	38	467	11	77	15	237	10			6		—		4	10	4	26	872	41
65	2	228	34	80	36	281	4	10	7	1803	48	—	—	6	35	2	24	2478	10
8	17	44	10	20	1	—		10	18	9	15			2	21		35	95	25
1193	35	5365	39	1493	29	1148	28	1037	58	2196	21	19	57	23	—	30	40	12511	7

Januar . 1862	105	-	186	4	1329	6	511	2	1477	[illegible]
Februar . .	104	6	440	7	1453	1	2228	4	1463	1
März . . .	145	9	579	9	1680	4	1707	—	1516	[illegible]
April . . .	136	2	430	—	1340	1	830	—	1267	[illegible]
Mai . . .	150	7	291	1	1119		962	4	1064	
Juni . . .	109	0	472	5	900	1	867	7	1292	[illegible]
Juli . . .	158	1	520	5	1255	6	857		1419	
August . .	150	8	409	1	1417	9	[illegible]	4	[illegible]	[illegible]
September .	208	4	430		1154	7	861	7	996	[illegible]
October . .	186	7	612	3	1476	5	[illegible]	2	2511	
November . .	221	3	340	0	1412	3	1148	2	2032	[illegible]
December . .	204	4	555	5	1019	2	1021		1623	
Summe . .	2065	3	7258	0	17181	5	13472	2	[illegible]	[illegible]

[illegible] Verkehr			–			
Bexbach	133	[illegible]	59		8081	[illegible]
Homburg	810	[illegible]	611	8	13679	1
St. Ingbert	74	5	175	6	1102	[illegible]
Hassel			–	–	–	
Würzbach	[illegible]	[illegible]	–	5	64	[illegible]
Blieskastel-Lautzkirchen	7[illegible]	[illegible]	73	4	2710	[illegible]
Bierbach	218	[illegible]	21	1	106	[illegible]
Schwarzenacker	41	[illegible]	10	9	795	
Zweibrücken	[illegible]	[illegible]	2511	1	[illegible]	[illegible]
Einöd	1[illegible]	[illegible]	1	[illegible]	40	[illegible]
Bruchmühlbach	[illegible]	4	63		[illegible]	[illegible]
Hauptstuhl	46	[illegible]	70	[illegible]	622	[illegible]
Landstuhl	[illegible]	1	300	2	[illegible]	[illegible]
Kusel						
Rammelsbach						
Altenglan			–			
Theisbergstegen						
Eisenbach						
Rehweiler						
Glan-Münchweiler						
Niedermohr	–					
Steinwenden				–		
Ramstein						
Kaiserslautern	14[illegible]	[illegible]	9116	7	[illegible]	1
Hochspeyer	1[illegible]	[illegible]	14	[illegible]	361	1
Frankenstein	1[illegible]	–	125	6	703	[illegible]
Weidenthal	[illegible]	[illegible]	21	[illegible]	549	[illegible]
Lambrecht	27[illegible]	1	1213	[illegible]	151[illegible]	[illegible]
Neustadt	[illegible]	[illegible]	[illegible]	[illegible]	[illegible]	[illegible]
Weißenburg	[illegible]	[illegible]	[illegible]	[illegible]	[illegible]	
Schaidt	23	[illegible]	41	[illegible]	11[illegible]	[illegible]
Winden	24	[illegible]	60	[illegible]	19[illegible]	[illegible]
Maximiliansau	47	[illegible]	[illegible]	[illegible]	[illegible]	[illegible]
Wörth	–	–				
Langenkandel	16	[illegible]	12	[illegible]	[illegible]17	[illegible]
Rohrbach	[illegible]	[illegible]	[illegible]	1	[illegible]	[illegible]
Landau	[illegible]	[illegible]	[illegible]07	[illegible]	[illegible]	[illegible]
[illegible]	[illegible]	[illegible]	3	[illegible]	1081	[illegible]
Edesheim	[illegible]	[illegible]	[illegible]	[illegible]	[illegible]	[illegible]
Edenkoben	[illegible]	[illegible]	[illegible]	[illegible]	151[illegible]	[illegible]
Maikammer	[illegible]	[illegible]	21	[illegible]	[illegible]	
Deidesheim						
Wachenheim						
[illegible]						[illegible]
Dürkheim						
Haßloch	25	[illegible]	[illegible]	[illegible]	1108	[illegible]
Böhl		[illegible]	[illegible]		[illegible]	
Schifferstadt	[illegible]	[illegible]	[illegible]	[illegible]	[illegible]	[illegible]
[illegible]	127	[illegible]	24	[illegible]	[illegible]	[illegible]
[illegible]	[illegible]	[illegible]	1	[illegible]	61	[illegible]
[illegible]					81	[illegible]
[illegible]					[illegible]	[illegible]
Speyer	721	[illegible]	703	[illegible]	[illegible]	[illegible]
Mutterstadt	1	[illegible]			11[illegible]	[illegible]
Rheingönheim	[illegible]	[illegible]	3	1	[illegible]	[illegible]
Ludwigshafen	[illegible]	[illegible]	[illegible]	[illegible]	[illegible]	[illegible]
Oggersheim	14	[illegible]	23		[illegible]	[illegible]
Frankenthal	553	[illegible]	[illegible]	[illegible]	[illegible]	[illegible]
[illegible]	11	[illegible]	[illegible]	[illegible]	[illegible]	[illegible]
Stationen der hess. Ludwigsbahn	216	[illegible]	[illegible]	[illegible]	[illegible]	[illegible]

und Ankunftsstationen im Jahr 1868.

Nach Homburg.									
Gewicht.									
Eilgut.		I. Classe.		II. Classe.		Wagenladungs-Güter nach Spec.-Tarif.		Summa.	
Ctr.	Kr.	Ctr.	Kr.	Ctr.	Kr.	Ctr.	Kr.	Ctr.	Kr.
[illegible]	[illegible]	[illegible]	[illegible]	[illegible]	[illegible]	[illegible]	[illegible]	[illegible]	[illegible]

Nach St. Ingbert.									
Gewicht.									
Eilgut.		I. Classe.		II. Classe.		Wagenladungs-Güter nach Spec.-Tarif.		Summa.	
Ctr.	Kr.	Ctr.	Kr.	Ctr.	Kr.	Ctr.	Kr.	Ctr.	Kr.
[illegible]	[illegible]	[illegible]	[illegible]	[illegible]	[illegible]	[illegible]	[illegible]	[illegible]	[illegible]

Nach Hassel.									
Gewicht.									
Eilgut.		I. Classe.		II. Classe.		Wagenladungs-Güter nach Spec.-Tarif.		Summa.	
Ctr.	Kr.	Ctr.	Kr.	Ctr.	Kr.	Ctr.	Kr.	Ctr.	Kr.
[illegible]	[illegible]	[illegible]	[illegible]	[illegible]	[illegible]	[illegible]	[illegible]	[illegible]	[illegible]

Nach Bierbach.									
Gewicht.									
Eilgut.		I. Classe.		II. Classe.		Wagenladungs-Classe nach Spec.-Tarif.		Summa.	
Ctr.	Pf.	Ctr.	Pf.	Ctr.	Pf.	Ctr.	Pf.	Ctr.	Pf.
[illegible]	[illegible]	[illegible]	[illegible]	[illegible]	[illegible]	[illegible]	[illegible]	[illegible]	[illegible]

Nach Schwarzenacker.									
Gewicht.									
Eilgut.		I. Classe.		II. Classe.		Wagenladungs-Classe nach Spec.-Tarif.		Summa.	
Ctr.	Pf.	Ctr.	Pf.	Ctr.	Pf.	Ctr.	Pf.	Ctr.	Pf.
[illegible]	[illegible]	[illegible]	[illegible]	[illegible]	[illegible]	[illegible]	[illegible]	[illegible]	[illegible]

Nach Zweibrücken.							
Gewicht.							
Eilgut.		I. Classe.		II. Classe.		Wagenladungs-Classe nach Spec.-Tarif.	
Ctr.	Pf.	Ctr.	Pf.	Ctr.	Pf.	Ctr.	Pf.
[illegible]	[illegible]	[illegible]	[illegible]	[illegible]	[illegible]	[illegible]	[illegible]

Nach Lindöd. | Nach Bruchmühlbach.

Gewicht.						Gewicht.							
II. Classe		[illegible]		Eilgut.		Eilgut.		I. Classe		II. Classe		[illegible]	
Gr.	kr.	Gr.	kr.	Gr.	kr.	Gr.	kr.	Gr.	kr.	Gr.	kr.	Gr.	kr.

Ankunftsstationen im Jahre 1868. (Fortsetzung.)

Nach Hauptstuhl.										Nach Landstuhl.										Nach Kusel.									
Gewicht.										Gewicht.										Gewicht.									
Eilgut.		I. Klasse.		II. Klasse.		Wagenladungs-Klasse und Spec.-Tarif.		Summa.		Eilgut.		I. Klasse.		II. Klasse.		Wagenladungs-Klasse und Spec.-Tarif.		Summa.		Eilgut.		I. Klasse.		II. Klasse.		Wagenladungs-Klasse und Spec.-Tarif.		Summa.	
Ctr.	Pf.	Ctr.	Pf.	Ctr.	Pf.	Ctr.	Pf.	Ctr.	Pf.	Ctr.	Pf.	Ctr.	Pf.	Ctr.	Pf.	Ctr.	Pf.	Ctr.	Pf.	Ctr.	Pf.	Ctr.	Pf.	Ctr.	Pf.	Ctr.	Pf.	Ctr.	Pf.
[illegible]	[illegible]	[illegible]	[illegible]	[illegible]	[illegible]	[illegible]	[illegible]	[illegible]	[illegible]	[illegible]	[illegible]	[illegible]	[illegible]	[illegible]	[illegible]	[illegible]	[illegible]	[illegible]	[illegible]	[illegible]	[illegible]	[illegible]	[illegible]	[illegible]	[illegible]	[illegible]	[illegible]	[illegible]	[illegible]
[illegible]	[illegible]	[illegible]	[illegible]	[illegible]	[illegible]	—	[illegible]	[illegible]	[illegible]	[illegible]	[illegible]	[illegible]	[illegible]	[illegible]	[illegible]	[illegible]	[illegible]	[illegible]	[illegible]	[illegible]	[illegible]	[illegible]	[illegible]	[illegible]	[illegible]	[illegible]	[illegible]	[illegible]	[illegible]

Uebersicht des Güterverkehrs nach Abgangs- und

Von	Nach Rammelsbach.										Nach Altenglan.									
	Gewicht.										Gewicht.									
	Eilgut.		I. Klasse.		II. Klasse.		Wagenladungs-Klasse und Spec.-Tarif.		Summa.		Eilgut.		I. Klasse.		II. Klasse.		Wagenladungs-Klasse und Spec.-Tarif.		Summa.	
	Ctr.	Pf.	Ctr.	Pf.	Ctr.	Pf.	Ctr.	Pf.	Ctr.	Pf.	Ctr.	Pf.	Ctr.	Pf.	Ctr.	Pf.	Ctr.	Pf.	Ctr.	Pf.
[illegible]	[illegible]	[illegible]	[illegible]	[illegible]	[illegible]	[illegible]	[illegible]	[illegible]	[illegible]	[illegible]	[illegible]	[illegible]	[illegible]	[illegible]	[illegible]	[illegible]	[illegible]	[illegible]	[illegible]	[illegible]

Ankunftsstationen im Jahre 1868. (Fortsetzung.)

Nach Theisbergstegen. Gewicht.										Nach Eisenbach. Gewicht.										Nach Rehweiler. Gewicht.									
Eilgut.		I. Classe.		II. Classe.		Wagenladungs-Classe und Spec.-Tarif.		Summa.		Eilgut.		I. Classe.		II. Classe.		Wagenladungs-Classe und Spec.-Tarif.		Summa.		Eilgut.		I. Classe.		II. Classe.		Wagenladungs-Classe und Spec.-Tarif.		Summa.	
Ctr.	Pf.	Ctr.	Pf.	Ctr.	Pf.	Ctr.	Pf.	Ctr.	Pf.	Ctr.	Pf.	Ctr.	Pf.	Ctr.	Pf.	Ctr.	Pf.	Ctr.	Pf.	Ctr.	Pf.	Ctr.	Pf.	Ctr.	Pf.	Ctr.	Pf.	Ctr.	Pf.
[illegible]	[illegible]	[illegible]	[illegible]	[illegible]	[illegible]	[illegible]	[illegible]	[illegible]	[illegible]	[illegible]	[illegible]	[illegible]	[illegible]	[illegible]	[illegible]	[illegible]	[illegible]	[illegible]	[illegible]	[illegible]	[illegible]	[illegible]	[illegible]	[illegible]	[illegible]	[illegible]	[illegible]	[illegible]	[illegible]
11	[illegible]	64	5	371	[illegible]	866	5	1,265	4	32	[illegible]		5	365	[illegible]			501	2	18	[illegible]	18	[illegible]	198	2	12	[illegible]	244	[illegible]

—	—	—	—	—	—
—	—	—	—	—	—
7	2	31	2	—	—
—	—	—	—	—	—
1	8	17	8	607	7
—	—	1	3	—	—
132	—	303	8	6804	7
14	8	100	6	2	4
—	—	—	—	—	—
10	9	29	7	1	—
—	—	—	—	—	5
—	—	4	8	—	—
1	—	1	2	—	—
—	—	—	—	—	—
—	—	8	2	—	—
—	5	8	—	—	—
—	—	2	3	—	—
63	9	676	3	685	8
7	1	—	—	3	5
—	—	—	—	100	—
6	2	—	—	1	3
13	8	237	7	—	—
—	—	—	—	—	—
—	—	—	—	—	—
4	6		—	—	—
—	—		—	—	—
—	—		—	—	—
4	8	11	7	—	—
—	—	4	8	—	—
—	—	—	—	—	—
—	—	111	8	—	—
1	6	19	8	—	—
—	2	11	8	—	—
—	—	—	—	1	7
—	—	—	—	—	—
1	3	—	—	—	—
—	—	—	—	—	—
—	—	—	—	—	—
—	—	—	—	—	—
—	—	—	—	—	—
—	—	—	—	—	—
1	8	—	—	—	—
—	3	8	2	—	—
20	7	102	4	800	—
4	7	—	2	—	—
—	—	—	—	—	—
2065	—	1702	3	5697	6

Ankunftsstationen im Jahre 1868. (Fortsetzung.)

Nach Theisbergstegen.										Nach Elsenbach.							
Gewicht.										Gewicht.							
Eilgut.		I. Classe.		II. Classe.		Wagenladungsclasse und Spec.-Tarif.		Summa.		Eilgut.		I. Classe.		II. Classe.		Wagenladungsclasse und Spec.-Tarif.	
Ctr.	Pf.	Ctr.	Pf.	Ctr.	Pf.	Ctr.	Pf.	Ctr.	Pf.	Ctr.	Pf.	Ctr.	Pf.	Ctr.	Pf.	Ctr.	Pf.
—	—	—	—	—	—	—	—	—	—	—	—	—	—	—	—	—	—
—	—	—	—	—	—	—	—	—	—	—	—	—	—	—	—	—	—
—	—	—	—	—	—	—	—	—	—	—	—	—	—	[illegible]	[illegible]	—	—
—	—	—	—	—	—	—	—	—	—	—	—	—	—	[illegible]	[illegible]	—	—
—	—	—	—	—	—	—	—	—	—	—	—	—	—	—	—	—	—
—	—	—	—	—	—	—	—	—	—	—	—	—	—	—	—	—	—
—	—	—	—	—	—	—	—	—	—	—	—	—	—	—	—	—	—
—	—	—	—	—	—	—	—	—	—	—	—	—	—	—	—	—	—
—	—	—	—	[illegible]	—	—	—	[illegible]	[illegible]	—	—	—	—	[illegible]	[illegible]	—	—
—	—	—	[illegible]	—	—	—	—	—	[illegible]	—	—	—	—	—	—	—	—
—	—	—	—	—	—	—	—	—	—	—	—	—	—	—	—	—	—
—	—	—	—	—	—	[illegible]	—	[illegible]	—	—	—	—	—	—	[illegible]	—	—
—	—	—	—	—	—	—	—	—	—	—	—	—	—	—	—	—	—
—	[illegible]	[illegible]	[illegible]	[illegible]	[illegible]	[illegible]	[illegible]	[illegible]	[illegible]	—	[illegible]	—	—	[illegible]	[illegible]	—	—
[illegible]	[illegible]	[illegible]	[illegible]	[illegible]	—	—	—	[illegible]	[illegible]	[illegible]	—	—	—	[illegible]	[illegible]	—	—
—	—	—	—	—	—	—	—	—	—	—	—	—	—	—	—	—	—
—	—	—	—	[illegible]	[illegible]	—	—	[illegible]	[illegible]	—	—	—	—	—	—	—	—
—	—	—	—	—	—	—	—	—	—	—	—	—	—	—	—	—	—
—	—	—	—	[illegible]	[illegible]	—	—	[illegible]	[illegible]	—	—	—	—	—	—	—	—
—	—	—	—	[illegible]	[illegible]	—	—	[illegible]	[illegible]	—	—	—	—	—	—	—	—
—	—	—	—	[illegible]	—	—	—	[illegible]	—	—	—	—	[illegible]	[illegible]	[illegible]	—	—
—	—	—	—	—	—	—	—	—	—	—	—	—	—	—	—	—	—
—	—	—	—	—	—	—	—	—	—	—	—	—	[illegible]	[illegible]	—	—	—
—	—	—	—	—	—	—	—	—	[illegible]	—	—	—	—	—	—	—	—
—	—	[illegible]	[illegible]	[illegible]	[illegible]	[illegible]	—	[illegible]	[illegible]	[illegible]	[illegible]	[illegible]	[illegible]	[illegible]	[illegible]	—	—
—	—	—	—	—	—	—	—	—	—	—	—	—	—	—	—	—	—
—	—	—	—	[illegible]	[illegible]	—	—	[illegible]	[illegible]	—	—	—	—	—	—	—	—
—	—	—	—	—	—	—	—	—	—	—	—	—	—	—	—	—	—
—	—	—	—	—	—	—	—	—	—	—	—	—	—	—	—	—	—
—	—	—	—	—	—	—	—	—	—	[illegible]	[illegible]	—	—	[illegible]	[illegible]	—	—
—	—	—	—	—	—	—	—	—	—	—	—	—	—	—	—	—	—
—	—	—	—	—	—	—	—	—	—	—	—	—	—	—	—	—	—
—	—	—	—	—	—	—	—	—	—	—	—	—	—	—	—	—	—
—	—	—	—	—	—	—	—	—	—	—	—	—	—	—	—	—	—
—	—	—	—	—	—	—	—	—	—	—	—	—	—	—	—	—	—
—	—	—	—	—	—	—	—	—	—	—	—	—	—	—	—	—	—
—	—	—	—	[illegible]	[illegible]	—	—	[illegible]	[illegible]	—	—	—	—	—	—	—	—
—	—	—	—	—	—	—	—	—	—	—	—	—	—	—	—	—	—
—	—	—	—	—	—	—	—	—	—	—	—	—	—	—	—	—	—
—	—	—	—	—	—	—	—	—	—	—	—	—	—	—	—	—	—
—	—	—	—	[illegible]	[illegible]	—	—	[illegible]	[illegible]	—	—	—	—	—	—	—	—
—	—	—	—	[illegible]	—	—	—	[illegible]	[illegible]	—	—	—	—	[illegible]	[illegible]	—	—
—	—	—	[illegible]	—	—	—	—	—	[illegible]	—	—	—	—	—	—	—	—
—	—	—	—	—	—	—	—	—	—	[illegible]	[illegible]	—	—	—	—	—	—
—	—	—	—	—	—	—	—	—	—	—	—	—	—	—	—	—	—
—	—	—	—	—	—	—	—	—	—	—	—	—	—	—	—	—	—
—	—	—	—	—	—	—	—	—	—	—	—	—	—	—	—	—	—
—	—	—	—	—	—	—	—	—	—	—	—	—	—	—	—	—	—
—	—	—	—	—	—	—	—	—	—	—	—	—	—	—	—	—	—
—	—	—	—	—	—	—	—	—	—	—	—	—	—	—	—	—	—
—	—	—	—	—	—	—	—	—	—	—	—	—	—	—	—	—	—
—	—	—	—	—	—	—	—	—	—	—	—	—	—	—	—	—	—
[illegible]	[illegible]	—	—	—	[illegible]	—	—	[illegible]	[illegible]	—	—	—	—	—	—	—	—
—	—	—	—	—	—	—	—	—	—	—	—	—	—	—	—	—	—
[illegible]	[illegible]	—	—	—	—	—	—	[illegible]	[illegible]	—	—	—	—	—	—	—	—
[illegible]	[illegible]	[illegible]	—	—	—	—	—	[illegible]	[illegible]	—	—	—	—	[illegible]	[illegible]	—	—
—	—	—	—	—	—	—	—	—	—	—	—	—	—	—	—	—	—
—	—	—	—	—	—	—	—	—	—	—	—	—	—	—	—	—	—
—	—	—	—	—	—	—	—	—	—	—	—	—	—	—	—	—	—
—	—	—	—	—	—	—	—	—	—	—	—	—	—	—	—	—	—

Nach Glan-Münchweiler.

Von	Eilgut.		I. Classe.		II. Classe.		Wagenladungsklasse nach Spec.-Tarif.		Summa
	Ctr.	℔	Ctr.	℔	Ctr.	℔	Ctr.	℔	Ctr.
[illegible]	—	—	—	—	—	—	—	—	—
[illegible]	—	—	—	—	—	—	—	—	—
[illegible]	6	—	5	[illegible]	17	[illegible]	—	[illegible]	[illegible]
St. Ingbert	[illegible]	[illegible]	—	[illegible]	—	—	14	[illegible]	17
[illegible]	—	—	—	—	—	—	—	—	—
[illegible]	—	—	—	—	—	—	—	—	—
[illegible]	1	1	—	[illegible]	6	—	—	—	[illegible]
[illegible]	—	—	—	—	—	—	—	—	—
[illegible]	—	—	—	—	—	—	—	—	—
[illegible]	1	—	7	[illegible]	41	[illegible]	—	—	[illegible]
[illegible]	—	—	—	—	—	—	—	—	—
[illegible]	—	—	1	[illegible]	17	[illegible]	[illegible]	7	[illegible]
[illegible]	—	—	—	—	[illegible]	[illegible]	—	—	[illegible]
[illegible]	[illegible]	[illegible]	[illegible]	[illegible]	[illegible]	[illegible]	[illegible]	7	[illegible]
[illegible]	[illegible]	[illegible]	14	[illegible]	[illegible]	[illegible]	[illegible]	[illegible]	[illegible]
[illegible]	—	—	—	—	—	—	—	—	—
[illegible]	—	[illegible]	[illegible]	[illegible]	[illegible]	[illegible]	1	—	[illegible]
[illegible]	[illegible]	[illegible]	[illegible]	[illegible]	[illegible]	[illegible]	[illegible]	[illegible]	[illegible]
[illegible]	[illegible]	[illegible]	[illegible]	[illegible]	[illegible]	[illegible]	[illegible]	[illegible]	[illegible]

Ankunftsstationen im Jahre 1868. (Fortsetzung.)

Nach Steinwenden. — Gewicht.

Eilgut Ctr.	Kr.	I. Classe Ctr.	Kr.	II. Classe Ctr.	Kr.	Wagenladungs-Classe und Spec.-Tarif Ctr.	Kr.	Summa Ctr.	Kr.
—	—	—	—	—	—	—	—	—	—
—	—	—	—	—	—	—	—	—	—
2	1	1	5	—	—	—	5	4	5
—	—	1	6	1	2	—	—	2	8
—	—	—	—	—	—	—	—	—	—
1	1	—	—	—	—	—	—	1	1
—	—	—	—	—	—	—	—	—	—
—	—	—	—	—	—	—	—	—	—
—	—	—	—	1	6	—	—	1	6
—	8	3	5	3	—	—	—	7	—
—	—	—	—	—	—	—	—	—	—
—	—	—	5	—	—	100	—	101	5
—	—	—	—	—	—	—	—	—	—
1	2	68	7	94	6	2377	5	2720	—
—	5	1	5	21	[illegible]	—	—	23	1
—	—	—	—	—	—	—	—	—	—
—	8	—	5	4	[illegible]	—	6	4	—
—	—	—	—	—	—	—	—	—	7
—	—	—	—	6	[illegible]	—	—	6	—
—	—	1	—	7	[illegible]	—	—	8	8
—	—	—	5	1	7	—	—	2	2
—	—	—	—	—	—	3	—	3	—
—	—	—	—	—	—	—	—	—	—
—	—	—	—	—	—	—	—	—	—
8	2	15	—	215	6	237	8	472	1
—	—	—	—	—	—	—	—	—	—
4	1	29	8	29	7	—	—	63	6
—	—	—	—	—	—	—	—	—	—
1	6	17	4	—	—	2	9	21	8
8	7	18	6	119	9	—	—	158	2
—	5	—	—	—	—	—	—	—	—
—	—	—	—	—	—	—	—	—	—
—	—	—	—	—	—	—	—	—	—
—	—	1	1	—	—	—	—	1	1
—	—	—	—	—	—	—	—	—	—
—	—	—	—	—	—	—	—	—	—
—	—	—	—	—	—	—	—	—	—
—	—	8	2	8	2	—	—	5	1
—	—	8	—	2	—	—	—	4	—
2	6	—	—	—	—	—	—	2	6
—	5	—	—	—	—	—	—	1	4
9	8	—	5	79	[illegible]	—	—	41	2
—	5	—	5	95	4	4	2	35	6
1	1	—	—	—	—	—	—	1	1
—	—	—	—	—	—	—	4	—	—
—	—	—	—	—	—	—	5	—	—
—	—	—	—	—	—	—	—	—	—
—	—	—	—	—	—	—	—	—	—
—	—	—	—	—	—	—	—	—	—
—	—	—	—	—	—	—	—	—	—
—	—	—	—	—	—	—	—	—	—
—	—	—	—	—	—	—	—	—	—
—	—	—	—	—	—	—	—	—	—
1	3	6	1	—	—	—	—	7	4
—	—	—	—	—	—	—	—	—	—
—	—	—	—	—	—	—	—	—	—
7	2	20	2	34	1	389	5	471	—
—	—	—	—	—	—	—	—	—	—
—	—	9	6	3	—	—	—	6	4
—	—	—	—	—	—	—	—	—	—
—	—	—	—	—	—	—	—	—	—
45	2	185	5	861	3	3673	—	4574	—

Nach Ramstein. — Gewicht.

Eilgut Ctr.	Kr.	I. Classe Ctr.	Kr.	II. Classe Ctr.	Kr.	Wagenladungs-Classe und Spec.-Tarif Ctr.	Kr.	Summa Ctr.	Kr.
—	—	—	—	—	—	—	—	—	—
—	—	—	—	—	[illegible]	—	—	—	6
1	8	—	6	15	8	—	—	17	8
2	7	3	—	1	—	4	5	11	9
—	—	—	—	—	—	—	—	—	—
—	—	—	—	—	—	—	—	—	—
—	—	—	5	—	—	—	—	—	6
—	—	—	—	—	—	—	—	—	—
—	—	—	—	—	—	—	—	—	6
2	[illegible]	5	8	10	[illegible]	—	—	17	7
—	—	—	—	—	—	—	—	—	—
1	—	—	—	—	—	—	—	1	—
—	—	—	—	—	—	—	—	—	6
3	[illegible]	33	5	111	[illegible]	4022	—	4150	5
3	[illegible]	—	—	21	[illegible]	—	—	24	7
—	—	—	—	—	—	—	—	—	—
—	—	—	—	6	[illegible]	—	—	6	8
—	—	—	—	1	[illegible]	—	—	1	7
—	—	—	—	16	[illegible]	—	—	16	9
—	—	—	—	14	[illegible]	—	—	14	8
—	—	—	—	2	[illegible]	—	—	2	6
—	—	—	—	3	[illegible]	—	—	3	1
—	—	—	—	—	—	—	—	—	—
—	—	—	—	—	—	—	—	—	—
31	[illegible]	10	9	158	[illegible]	161	—	350	8
—	—	—	—	—	—	—	—	—	9
4	6	1	[illegible]	71	[illegible]	—	—	83	6
—	—	—	—	1	[illegible]	—	—	1	7
—	—	7	[illegible]	—	—	—	—	7	8
9	7	35	3	104	[illegible]	—	—	149	5
—	—	—	—	—	—	—	—	—	—
—	—	—	—	—	—	—	—	—	—
—	—	—	—	—	—	—	—	—	—
—	—	—	—	—	—	—	—	—	—
2	5	—	—	—	—	—	—	2	9
—	—	—	—	—	—	—	—	—	—
—	—	—	—	2	—	—	—	2	—
—	—	7	8	84	[illegible]	—	—	44	5
—	—	—	—	1	[illegible]	—	—	1	8
1	[illegible]	—	—	1	[illegible]	—	—	2	—
4	[illegible]	—	6	24	[illegible]	—	—	37	1
—	—	—	—	19	1	—	—	19	6
1	[illegible]	1	6	—	—	—	—	2	9
—	—	—	—	—	—	—	—	—	—
—	—	—	—	—	—	—	—	—	5
—	—	—	—	—	—	—	—	—	5
—	—	—	—	—	—	—	—	—	—
—	—	—	—	—	—	—	—	—	—
—	—	—	—	8	[illegible]	—	—	3	—
—	—	—	—	4	[illegible]	—	—	4	1
—	—	—	—	—	—	—	—	—	—
—	—	—	—	—	—	—	—	—	—
—	—	—	—	—	—	—	—	—	—
2	—	1	1	—	—	—	—	4	—
—	—	—	—	—	—	—	—	—	—
—	—	—	—	—	—	—	—	—	5
4	5	17	6	11	—	160	—	173	1
—	—	—	—	—	—	—	—	—	—
—	—	1	[illegible]	—	—	—	—	9	5
—	—	—	—	—	—	—	—	—	—
—	—	—	—	—	—	—	—	—	—
74	5	126	1	660	—	4307	5	5170	1

Nach Kaiserslautern. — Gewicht.

Eilgut Ctr.	Kr.	I. Classe Ctr.	Kr.	II. Classe Ctr.	Kr.	Wagenladungs-Classe und Spec.-Tarif Ctr.	Kr.	Summa Ctr.	Kr.
487	9	1508	4	8670	7	61728	9	[illegible]	3
14	1	27	7	91	7	1527	8	[illegible]	8
77	7	97	7	1521	7	15516	6	17[illegible]	6
89	5	49	4	1003	7	6525	—	[illegible]	6
—	5	1	7	4	1	42	9	49	2
2	[illegible]	4	8	6	9	781	1	777	9
44	6	64	1	481	4	[illegible]	7	[illegible]	6
1	[illegible]	6	[illegible]	11	[illegible]	—	—	18	—
1	[illegible]	1	[illegible]	280	[illegible]	61	6	810	8
838	1	835	[illegible]	2418	7	[illegible]	8	10[illegible]	8
2	1	—	—	78	—	—	—	78	6
87	1	26	[illegible]	358	6	1100	8	1510	8
8	3	2	7	131	[illegible]	—	—	112	6
65	4	116	[illegible]	1017	[illegible]	1654	2	[illegible]	1
19	6	88	[illegible]	544	4	1158	7	1750	9
—	—	—	—	—	—	3211	—	[illegible]	—
15	9	3	[illegible]	35	6	234	7	280	0
—	[illegible]	1	[illegible]	—	[illegible]	101	—	102	5
—	[illegible]	1	[illegible]	251	[illegible]	84	—	341	7
—	[illegible]	—	[illegible]	14	[illegible]	—	[illegible]	16	8
9	[illegible]	6	[illegible]	315	[illegible]	925	8	12[illegible]	8
—	[illegible]	—	[illegible]	105	[illegible]	11	6	118	—
1	[illegible]	3	[illegible]	166	[illegible]	109	5	[illegible]	6
4	[illegible]	1	[illegible]	—	[illegible]	13	—	19	5
—	—	—	—	—	—	—	—	—	—
9	[illegible]	13	[illegible]	37	[illegible]	2144	3	2304	—
21	[illegible]	163	[illegible]	149	[illegible]	[illegible]	4	29[illegible]	—
16	1	15	[illegible]	54	[illegible]	122[illegible]	9	12577	1
4	[illegible]	160	[illegible]	1530	[illegible]	1911	5	8081	1
731	[illegible]	1150	[illegible]	6417	[illegible]	6141	4	14670	1
30	[illegible]	102	[illegible]	129	[illegible]	12776	3	[illegible]	6
21	[illegible]	46	[illegible]	38	[illegible]	195	8	285	5
77	[illegible]	54	[illegible]	835	[illegible]	311	9	911	3
85	[illegible]	224	[illegible]	343	[illegible]	7435	2	8370	8
6	[illegible]	1	[illegible]	7	[illegible]	—	—	15	3
24	[illegible]	32	[illegible]	215	[illegible]	3533	5	[illegible]	8
4	[illegible]	27	[illegible]	595	[illegible]	525	8	1216	1
381	[illegible]	885	[illegible]	1401	[illegible]	7567	8	10[illegible]	9
167	[illegible]	65	[illegible]	1735	[illegible]	—	—	1950	5
61	[illegible]	23	[illegible]	131	[illegible]	—	—	219	7
225	[illegible]	69	[illegible]	1733	[illegible]	6144	4	[illegible]	4
97	[illegible]	8	[illegible]	720	[illegible]	—	—	[illegible]	7
394	[illegible]	117	[illegible]	1434	[illegible]	2851	9	6115	3
84	[illegible]	6	[illegible]	102	[illegible]	54	—	281	7
124	[illegible]	81	[illegible]	501	[illegible]	[illegible]	4	112[illegible]	1
135	[illegible]	19	[illegible]	331	[illegible]	2452	4	[illegible]	5
22	[illegible]	13	[illegible]	475	[illegible]	7673	—	[illegible]	8
5	[illegible]	21	[illegible]	14	[illegible]	—	—	30	[illegible]
2	[illegible]	54	[illegible]	917	[illegible]	1124	4	2180	9
131	[illegible]	116	4	[illegible]	[illegible]	[illegible]	8	[illegible]	8
6	[illegible]	8	[illegible]	41	[illegible]	108	5	183	9
1	[illegible]	—	—	—	—	—	—	1	6
31	[illegible]	5	[illegible]	164	[illegible]	1	—	195	5
407	[illegible]	155	[illegible]	1280	[illegible]	1013	8	3171	8
32	[illegible]	21	[illegible]	101	1	4005	9	4258	5
—	[illegible]	1	[illegible]	33	[illegible]	1	1	36	1
424	[illegible]	2361	[illegible]	[illegible]	[illegible]	131361	7	147[illegible]	2
10	[illegible]	14	[illegible]	212	[illegible]	354	9	580	8
249	[illegible]	[illegible]	[illegible]	1717	[illegible]	4251	6	[illegible]	2
73	[illegible]	17	[illegible]	765	[illegible]	101	6	[illegible]	7
1367	[illegible]	5717	7	[illegible]	[illegible]	[illegible]	—	[illegible]	2
[illegible]	3	14997	4	[illegible]	8	[illegible]	6	474134	5

1	8	—		—		—	
96	7	8	2			2	6
—		—		—		—	
12	3					20	4
115	2	2	6	1	8	20	
—				1		15	7
1	6	—		1	7	—	
8	1	—					8
791	8	—		—		52	9
7	2	—		—	7	—	
—							
56	6	—		—		—	
—	6	—		—		—	
—	8					9	
—		1		5		18	8
—	—	—		—		1	
1074	8	91	3	36	5	850	2
—		1		1		23	8
3300	6					—	
158							
119	8	2	6	9		317	8
850	5	50	2	46	2	618	2
100	—			—		20	4
1	5	3	7	—		—	
19	—			—		2	9
27	8	8	2	3	6	—	7
—		1	2	—		1	6
18	1	—		2		5	6
87	8					1	3
667	8	5	7	6	9	59	1
18	—	1	—		5	173	9
16	2	1	4	—		—	8
108	5	7		8	9	27	
12	2	8	6	—		27	7
148	2	7	5	1	14	37	7
26	7	7	—	—	8	—	
1708	8	—				3	6
68	4	8	5			1	2
2488	8	1				63	7
12	2		—			23	8
2005	3					12	
10	2		—		8	—	
1	9			—		—	
—			5			1	1
184	4	8	1	23	1	41	2
483	8	17	8	108	6	424	1
108	4					20	1
49	6	3	8	2	1	48	
6		—		—		2	
289	8	5	5	46	6	121	8

Ankunftsstationen im Jahre 1868. (Fortsetzung.)

Nach Weidenthal. Gewicht.										Nach Lambrecht. Gewicht.										Nach Neustadt. Gewicht.									
Eilgut.		I. Classe.		II. Classe.		Wagenladungs-Classe und Spec.-Tarif.		Summa.		Eilgut.		I. Classe.		II. Classe.		Wagenladungs-Classe und Spec.-Tarif.		Summa.		Eilgut.		I. Classe.		II. Classe.		Wagenladungs-Classe und Spec.-Tarif.		Summa.	
Ctr.	Pf.	Ctr.	Pf.	Ctr.	Pf.	Ctr.	Pf.	Ctr.	Pf.	Ctr.	Pf.	Ctr.	Pf.	Ctr.	Pf.	Ctr.	Pf.	Ctr.	Pf.	Ctr.	Pf.	Ctr.	Pf.	Ctr.	Pf.	Ctr.	Pf.	Ctr.	Pf.
[illegible]	[illegible]	[illegible]	[illegible]	[illegible]	[illegible]	[illegible]	[illegible]	[illegible]	[illegible]	[illegible]	[illegible]	[illegible]	[illegible]	[illegible]	[illegible]	[illegible]	[illegible]	[illegible]	[illegible]	[illegible]	[illegible]	[illegible]	[illegible]	[illegible]	[illegible]	[illegible]	[illegible]	[illegible]	[illegible]

—	9	—	—	—	—	1600	—	1600
2	8	—	—	—	—	—	—	2
—	—	—	—	—	—	—	—	—
23	2	—	5	62	7	619	3	704
21	[illegible]	—	—	—	—	—	—	21
1	9	—	—	—	—	1455	—	1456
—	—	1	9	—	—	—	—	1
5	—	3	6	1	2	9254	8	[illegible]
—	—	—	—	—	—	—	—	—
—	—	—	—	—	—	—	—	—
—	—	—	—	—	—	—	—	—
—	—	—	—	—	—	—	—	—
—	—	—	—	—	—	—	—	—
—	—	—	—	—	—	—	—	—
—	—	—	—	—	—	—	—	—
—	—	—	—	—	—	—	—	—
—	—	—	—	—	—	—	—	—
—	—	—	—	—	—	—	—	—
—	—	—	—	—	—	—	—	—
175	7	72	9	[illegible]	4	[illegible]	6	[illegible]
2	7	—	—	—	—	1769	—	1511
3	5	6	2	1	2	745	—	756
6	[illegible]	5	6	—	—	[illegible]	—	[illegible]
1	9	1	—	129	5	[illegible]	5	[illegible]
87	2	265	6	[illegible]	—	[illegible]	1	[illegible]
—	—	—	—	—	—	—	—	—
41	3	64	7	353	7	1267	7	1727
8	9	39	4	178	6	[illegible]	4	[illegible]
31	2	36	6	115	9	3519	4	[illegible]
1	8	—	—	5	8	—	—	10
[illegible]	[illegible]	12	—	70	4	[illegible]	7	5544
112	2	[illegible]	5	812	8	8249	6	[illegible]
[illegible]	—	986	9	[illegible]	2	[illegible]	—	[illegible]
34	6	79	8	162	8	—	—	281
6	1	15	7	16	1	—	—	87
92	4	92	3	[illegible]	9	1022	2	[illegible]
16	8	19	7	19	4	—	—	55
147	8	35	8	10	—	[illegible]	2	12172
8	8	—	—	—	—	—	—	8
39	5	54	7	21	2	190	5	304
3	6	1	8	—	—	—	—	5
41	—	199	—	—	—	—	—	[illegible]
—	7	—	—	1	4	—	—	2
19	1	26	7	16	3	1156	—	1221
[illegible]	4	3	6	5	6	4275	2	[illegible]
	[illegible]	—		—		100		100
—	2	—	—	—	—	—	—	
—	7	—	—	—	—		—	—
28	14	644	6	224	—	311	1	[illegible]
—	—	—	—	7	1	—	—	7
			7	—	—	—	—	—
119	9	6120	7	4162	3	[illegible]	—	[illegible]
1	7	—	—	—	—	—	—	1
[illegible]	3	157	6	9	1	[illegible]	2	[illegible]
—	—	1	7	—	—	120	—	121
478	2	4183	1	[illegible]	8	[illegible]	1	[illegible]

Ankunftsstationen im Jahre 1868. (Fortsetzung.)

Nach Winden.										Nach Maximiliansau.										Nach Wörth.									
Gewicht.										Gewicht.										Gewicht.									
Eilgut.		I. Classe.		II. Classe.		Wagenladungsgüter nach Spec.-Tarif.		Summa.		Eilgut.		I. Classe.		II. Classe.		Wagenladungsgüter nach Spec.-Tarif.		Summa.		Eilgut.		I. Classe.		II. Classe.		Wagenladungsgüter nach Spec.-Tarif.		Summa.	
Ctr.	Pf.	Ctr.	Pf.	Ctr.	Pf.	Ctr.	Pf.	Ctr.	Pf.	Ctr.	Pf.	Ctr.	Pf.	Ctr.	Pf.	Ctr.	Pf.	Ctr.	Pf.	Ctr.	Pf.	Ctr.	Pf.	Ctr.	Pf.	Ctr.	Pf.	Ctr.	Pf.
[illegible]	[illegible]	[illegible]	[illegible]	[illegible]	[illegible]	[illegible]	[illegible]	[illegible]	[illegible]	[illegible]	[illegible]	[illegible]	[illegible]	[illegible]	[illegible]	[illegible]	[illegible]	[illegible]	[illegible]	[illegible]	[illegible]	[illegible]	[illegible]	[illegible]	[illegible]	[illegible]	[illegible]	[illegible]	[illegible]
882	1	1052	—	1685	2	24660	5	28376	8	235	6	1340	3	3422	4	139005	5	173249	3	114	8	250	3	1716	3	41	1	2304	3

Uebersicht des Güterverkehrs nach Abgangs- und

Von	Nach Langenkandel.										Nach Rohrbach.									
	Gewicht.										Gewicht.									
	Eilgut.		I. Klasse.		II. Klasse.		Wagenladungs-Güter aus dem Tarif.		Summa.		Eilgut.		I. Klasse.		II. Klasse.		Wagenladungs-Güter aus dem Tarif.		Summa.	
	Ctr.	Pf.	Ctr.	Pf.	Ctr.	Pf.	Ctr.	Pf.	Ctr.	Pf.	Ctr.	Pf.	Ctr.	Pf.	Ctr.	Pf.	Ctr.	Pf.	Ctr.	Pf.
[illegible]	[illegible]																			

Ankunftsstationen im Jahre 1868. (Fortsetzung.)

Nach Landau.										Nach [illegible]ringen.							
Gewicht.										Gewicht.							
Eilgut.		I. Classe.		II. Classe.		Wagenladungsklasse [illegible]		Zusammen.		Eilgut.		I. Classe.		II. Classe.		Wagenladungsklasse [illegible]	
Ctr.	Pfd.	Ctr.	Pfd.	Ctr.	Pfd.	Ctr.	Pfd.	Ctr.	Pfd.	Ctr.	Pfd.	Ctr.	Pfd.	Ctr.	Pfd.	Ctr.	Pfd.
[illegible]	[illegible]	[illegible]	[illegible]	[illegible]	[illegible]	[illegible]	[illegible]	[illegible]	[illegible]	[illegible]	[illegible]	[illegible]	[illegible]	[illegible]	[illegible]	[illegible]	[illegible]

Uebersicht des Güterverkehrs nach Abgangs- und

Nach Edenkoben.								Nach Maikammer.									
Gewicht.								Gewicht.									
I. Classe.		II. Classe.		Wagenladungs-Classe und Spec.-Tarif		Summa.		Eilgut.		I. Classe.		II. Classe.		Wagenladungs-Classe und Spec.-Tarif.		Summa.	
Ctr.	Pf.	Ctr.	Pf.	Ctr.	Pf.	Ctr.	Pf.	Ctr.	Pf.	Ctr.	Pf.	Ctr.	Pf.	Ctr.	Pf.	Ctr.	Pf.
[illegible]	[illegible]	[illegible]	[illegible]	[illegible]	[illegible]	[illegible]	[illegible]	[illegible]	[illegible]	[illegible]	[illegible]	[illegible]	[illegible]	[illegible]	[illegible]	[illegible]	[illegible]
[illegible]	[illegible]	[illegible]	[illegible]	[illegible]	[illegible]	[illegible]	[illegible]	[illegible]	[illegible]	[illegible]	[illegible]	[illegible]	[illegible]	[illegible]	[illegible]	[illegible]	[illegible]

Ankunftsstationen im Jahre 1868. (Fortsetzung.)

Nach Dürkheim.										Nach Wachenheim.										Nach Deidesheim.									
Gewicht.										Gewicht.										Gewicht.									
Eilgut.		I. Klasse.		II. Klasse.		Wagenladungs-Klasse und Spez.-Tarif.		Summa.		Eilgut.		I. Klasse.		II. Klasse.		Wagenladungs-Klasse und Spez.-Tarif.		Summa.		Eilgut.		I. Klasse.		II. Klasse.		Wagenladungs-Klasse und Spez.-Tarif.		Summa.	
Ctr.	Pf.	Ctr.	Pf.	Ctr.	Pf.	Ctr.	Pf.	Ctr.	Pf.	Ctr.	Pf.	Ctr.	Pf.	Ctr.	Pf.	Ctr.	Pf.	Ctr.	Pf.	Ctr.	Pf.	Ctr.	Pf.	Ctr.	Pf.	Ctr.	Pf.	Ctr.	Pf.
[illegible]	[illegible]	[illegible]	[illegible]	[illegible]	[illegible]	[illegible]	[illegible]	[illegible]	[illegible]	[illegible]	[illegible]	[illegible]	[illegible]	[illegible]	[illegible]	[illegible]	[illegible]	[illegible]	[illegible]	[illegible]	[illegible]	[illegible]	[illegible]	[illegible]	[illegible]	[illegible]	[illegible]	[illegible]	[illegible]

[illegible]

Ankunftsstationen im Jahre 1868. (Fortsetzung.)

Nach Böhl. — Gewicht.

Eilgut Ctr.	Pf.	I. Classe Ctr.	Pf.	II. Classe Ctr.	Pf.	Wagenladungs-Classe und Spec.-Tarif Ctr.	Pf.	Summa Ctr.	Pf.
—	—	—	8	2	7	—	—	3	2
—	—	—	—	—	—	—	—	—	—
—	—	—	—	—	—	—	—	—	—
1	6	—	—	—	—	—	—	1	6
—	—	—	—	—	5	—	—	—	6
—	—	—	—	—	—	—	—	—	—
—	—	2	9	—	—	—	—	2	9
—	—	—	—	—	—	—	—	—	—
1	—	—	—	—	—	—	—	1	—
1	5	—	8	11	—	—	—	13	3
—	—	—	—	—	—	—	—	—	—
—	8	4	—	—	5	—	—	5	—
—	—	—	—	—	—	—	—	—	—
—	—	—	—	—	—	—	—	—	—
—	—	—	—	—	—	—	—	—	—
—	—	—	—	—	—	—	—	—	—
—	—	—	—	—	—	—	—	—	—
—	—	—	—	—	—	—	—	—	—
—	—	—	—	—	—	—	—	—	—
—	—	—	—	—	—	—	—	—	—
—	—	—	—	—	—	—	—	—	—
—	—	—	—	—	—	—	—	—	—
—	—	—	—	—	—	—	—	—	—
—	—	—	—	—	—	—	—	—	—
6	—	38	4	98	4	—	—	140	8
4	—	1	—	14	4	—	—	23	8
—	6	38	—	4	—	—	—	42	8
—	6	—	—	—	5	—	—	1	1
8	2	26	4	2	1	—	—	31	7
61	—	31	2	221	4	8	1	123	4
1	—	—	—	22	3	—	—	21	5
—	4	—	—	1	4	—	—	1	9
2	4	—	—	2	9	—	—	5	—
7	2	12	3	64	2	—	—	87	—
—	—	—	—	—	—	—	—	—	—
—	—	1	8	2	7	—	—	4	3
5	7	—	—	30	—	—	—	35	8
37	9	31	5	53	1	—	—	122	5
—	—	2	5	26	2	—	—	28	7
—	—	1	8	18	2	—	—	21	1
1	8	—	—	12	2	—	—	13	8
14	1	—	—	32	6	—	—	46	7
13	8	1	9	84	4	4	—	52	6
5	—	—	6	—	—	—	—	5	6
1	—	—	—	—	6	—	—	7	—
11	6	2	2	26	9	—	—	40	7
1	5	5	6	8	8	2	—	13	7
—	—	—	—	—	—	—	—	—	—
6	1	8	1	19	6	—	—	34	6
—	—	8	7	16	1	—	—	24	8
—	—	—	—	1	—	—	—	1	5
—	—	—	—	—	—	—	—	—	—
—	—	—	—	—	—	—	—	—	—
48	8	31	4	234	6	1	—	312	3
—	—	1	5	4	8	2	—	8	3
2	7	6	7	45	8	—	—	55	3
96	6	53	—	349	3	101	3	600	9
1	6	1	9	15	5	—	—	19	1
34	—	23	5	111	2	—	—	169	—
3	5	—	—	12	—	—	—	15	5
68	3	33	7	172	4	—	—	272	1
184	2	373	2	1699	3	122	—	2520	9

Nach Schifferstadt. — Gewicht.

Eilgut Ctr.	Pf.	I. Classe Ctr.	Pf.	II. Classe Ctr.	Pf.	Wagenladungs-Classe und Spec.-Tarif Ctr.	Pf.	Summa Ctr.	Pf.
—	—	—	—	206	8	401	6	607	4
—	—	4	8	—	—	—	—	4	8
1	9	—	5	80	8	—	—	35	2
—	—	—	—	—	—	—	—	—	—
—	—	—	—	—	—	—	—	—	—
—	—	—	—	—	—	—	—	—	—
—	5	—	—	1	6	—	—	2	—
—	—	—	—	—	—	—	—	—	—
—	—	—	—	—	—	—	—	—	—
3	8	7	—	20	8	—	—	25	6
—	—	—	—	—	—	—	—	—	—
—	—	—	—	—	—	—	—	—	—
—	—	—	—	—	—	—	—	—	—
1	—	1	12	—	—	—	—	2	9
—	—	7	—	—	—	—	—	2	—
—	—	—	—	—	—	—	—	—	—
—	—	—	—	—	—	—	—	—	—
—	—	—	—	—	6	—	—	—	6
—	—	—	—	—	—	—	—	—	—
—	—	—	—	—	—	—	—	—	—
—	—	—	—	—	—	—	—	—	—
—	—	—	—	—	—	—	—	—	—
—	—	—	—	—	—	—	—	—	—
—	—	—	—	—	—	—	—	—	—
11	5	31	2	125	1	1508	1	1679	2
—	—	—	—	—	6	—	—	—	6
—	—	2	5	61	7	8300	—	8366	—
—	—	—	—	1	7	1915	—	1916	7
3	—	11	7	1	8	10	—	25	5
119	6	27	1	1024	9	7	8	1183	3
1	5	6	1	—	—	—	5	8	1
2	—	—	—	—	—	—	—	2	—
2	8	—	2	4	2	—	—	7	5
—	—	10	3	9	3	—	—	19	6
—	—	—	—	—	—	—	—	—	—
—	—	1	—	—	—	101	—	101	—
—	—	—	—	105	4	180	—	291	4
2	5	11	8	245	4	40	—	301	2
3	4	3	5	52	8	—	—	59	4
—	4	—	5	5	2	—	—	7	2
52	3	8	1	10	7	—	5	75	6
1	—	—	—	241	—	—	—	243	—
13	4	5	10	12	—	—	5	61	5
6	—	—	—	4	—	—	—	10	8
—	5	—	—	11	5	13	4	24	1
5	2	—	5	31	5	5	9	41	1
9	—	—	3	21	2	14	1	44	1
1	3	—	—	9	4	—	—	19	7
—	—	—	—	—	—	—	—	—	—
4	5	5	8	11	8	600	2	615	5
—	5	—	5	90	—	80	—	117	—
2	2	—	—	3	5	—	—	5	1
—	—	—	5	42	5	—	—	42	7
72	8	21	—	1179	6	333	2	1070	5
—	—	1	7	6	8	100	—	108	8
—	5	1	1	17	1	—	—	21	—
99	3	143	8	247	3	3997	9	4508	5
3	1	6	3	11	7	—	—	20	—
16	2	14	7	117	—	—	6	148	5
3	—	—	—	—	—	—	—	3	—
8	1	149	8	140	3	108	9	412	1
457	2	436	4	4214	3	17641	5	22865	4

Nach Germersheim. — Gewicht.

Eilgut Ctr.	Pf.	I. Classe Ctr.	Pf.	II. Classe Ctr.	Pf.	Wagenladungs-Classe und Spec.-Tarif Ctr.	Pf.	Summa Ctr.	Pf.
27	9	25	4	590	3	28	4	620	8
1	[illegible]	—	[illegible]	—	[illegible]	—	5	2	5
5	[illegible]	10	[illegible]	9	—	4	4	29	1
12	[illegible]	2	—	127	8	32	4	164	7
—	—	—	—	—	—	—	—	—	—
—	—	2	6	—	—	—	—	3	6
2	—	9	9	9	[illegible]	6	0	29	6
—	—	1	—	—	—	—	—	1	6
—	6	—	—	3	—	—	—	4	—
22	8	69	2	98	7	104	1	275	7
—	—	—	—	—	—	—	—	—	—
1	8	1	7	9	—	—	6	12	8
—	—	—	—	2	3	—	—	2	2
9	6	8	1	82	7	1273	8	1367	8
1	—	1	—	24	5	—	—	25	3
—	—	—	—	—	—	—	—	—	—
—	—	—	—	—	—	—	—	—	—
—	—	—	—	—	—	—	—	—	—
—	—	—	—	—	—	—	—	—	—
—	—	—	—	—	—	—	—	—	—
—	—	—	—	—	—	—	—	—	—
—	—	—	—	—	—	—	—	1	—
—	—	—	—	—	—	—	—	—	—
—	—	—	—	—	—	—	—	—	—
93	[illegible]	146	2	1081	—	585	5	1907	3
—	[illegible]	—	—	—	—	—	—	—	5
—	[illegible]	9	1	—	—	1900	—	1909	6
—	[illegible]	—	5	40	—	13698	6	13738	8
21	[illegible]	39	5	36	[illegible]	200	—	296	5
169	[illegible]	104	5	1165	[illegible]	1143	6	2582	8
7	[illegible]	5	2	25	[illegible]	416	—	454	5
1	[illegible]	—	—	3	[illegible]	1	—	11	—
5	[illegible]	5	2	17	[illegible]	2	1	30	1
—	6	8	[illegible]	1	[illegible]	—	—	10	2
9	[illegible]	6	2	—	—	—	—	11	6
4	1	1	2	19	[illegible]	—	—	25	8
3	1	21	2	135	[illegible]	—	—	112	8
28	9	233	9	29	—	220	6	506	1
6	0	—	5	4	[illegible]	—	—	10	8
39	2	2	8	36	1	—	—	78	8
40	9	10	1	91	[illegible]	6	—	167	5
16	9	3	—	321	[illegible]	—	—	344	4
201	5	20	7	124	[illegible]	505	7	752	9
17	7	1	[illegible]	45	[illegible]	—	8	106	—
20	7	1	—	111	[illegible]	—	5	135	6
31	1	1	9	37	[illegible]	—	5	71	1
4	8	4	8	7	[illegible]	1	3	18	3
—	5	1	—	3	[illegible]	—	—	4	8
13	7	13	9	219	—	183	1	459	—
—	—	—	—	—	—	—	—	—	—
—	—	5	4	3	8	—	6	9	4
1	5	—	[illegible]	31	[illegible]	—	—	33	—
—	5	1	7	64	6	—	—	66	6
341	6	666	—	3333	[illegible]	2044	3	6181	6
6	2	5	2	40	1	101	8	152	3
—	6	—	—	—	—	—	8	1	1
215	6	439	2	3183	—	9476	8	13746	8
2	5	1	—	21	[illegible]	—	6	27	9
91	1	967	1	1025	[illegible]	822	5	3035	6
2	5	—	—	—	—	—	—	2	5
905	9	6341	4	1729	5	1244	9	9882	7
1838	—	5157	1	13987	7	37298	2	61273	—

Uebersicht des Güterverkehrs nach Abgangs- und

Von	Nach Lingenfeld. Gewicht. Eilgut		I. Classe		II. Classe		Wagenladungs-Classe und Spec.-Tarif		Summa		Nach Heiligenstein. Gewicht. Eilgut		I. Classe		II. Classe		Wagenladungs-Classe und Spec.-Tarif		Summa	
	Ctr.	Kr.	Ctr.	Kr.	Ctr.	Kr.	Ctr.	Kr.	Ctr.	Kr.	Ctr.	Kr.	Ctr.	Kr.	Ctr.	Kr.	Ctr.	Kr.	Ctr.	Kr.
Preußisch-Pfälzischer Verkehr	1	—	2	4	41	5	—	—	49	7	—	—	—	—	—	—	—	—	—	—
Bexbach	—	—	—	—	—	—	—	—	—	—	—	—	—	—	—	—	—	—	—	—
Homburg	—	5	—	—	13	6	—	—	15	—	—	—	—	—	—	—	—	—	—	—
St. Ingbert	—	—	—	—	—	—	—	—	—	—	—	—	—	—	—	[illegible]	—	—	—	5
Hassel	—	—	—	—	—	—	—	—	—	—	—	—	—	—	—	—	—	—	—	—
Würzbach	—	—	—	—	—	—	—	—	—	—	—	—	—	—	—	—	—	—	—	—
Blieskastel-Lautzkirchen	—	—	—	—	—	—	—	—	—	—	—	—	—	—	—	—	—	—	—	—
Bierbach	—	—	—	—	—	—	—	—	—	—	—	—	—	—	—	—	—	—	—	—
Schwarzenacker	—	5	—	—	—	—	—	—	—	6	—	—	—	—	—	—	—	—	—	—
Zweibrücken	1	—	7	[illegible]	—	—	—	—	8	[illegible]	—	—	—	—	—	—	—	—	—	—
Einöd	—	—	—	—	—	—	—	—	—	—	—	—	—	—	—	—	—	—	—	—
Bruchmühlbach	—	5	40	—	—	6	80	—	121	—	—	—	—	—	—	—	—	—	—	—
Hauptstuhl	—	—	—	—	—	—	—	—	—	—	—	—	—	—	—	—	—	—	—	—
Landstuhl	—	5	1	—	3	3	—	—	4	[illegible]	—	—	—	—	—	—	—	—	—	—
Kusel	—	5	—	—	—	—	—	—	—	3	—	—	—	—	—	—	—	—	—	—
Rammelsbach	—	—	—	—	—	—	—	—	—	—	—	—	—	—	—	—	—	—	—	—
Altenglan	—	—	—	—	—	—	—	—	—	—	—	—	—	—	—	—	—	—	—	—
Theisbergstegen	—	—	—	—	—	—	—	—	—	—	—	—	—	—	—	—	—	—	—	—
Eisenbach	—	—	—	—	—	—	—	—	—	—	—	—	—	—	—	—	—	—	—	—
Rehweiler	—	—	—	—	—	—	—	—	—	—	—	—	—	—	—	—	—	—	—	—
Glan-Münchweiler	—	—	—	—	—	—	—	—	—	—	—	—	—	—	—	—	—	—	—	—
Niedermohr	—	—	—	—	—	—	—	—	—	—	—	—	—	—	—	—	—	—	—	—
Steinwenden	—	—	—	—	—	—	—	—	—	—	—	—	—	—	—	—	—	—	—	—
Ramstein	—	—	—	—	—	—	—	—	—	—	—	—	—	—	—	—	—	—	—	—
Kaiserslautern	3	7	6	—	510	1	635	[illegible]	1155	[illegible]	—	1	7	1	—	—	—	—	7	6
Hochspeyer	—	—	—	—	—	—	—	—	—	—	—	—	—	—	—	—	—	—	—	—
Frankenstein	—	—	1	7	—	6	7577	3	7579	6	—	—	8	1	—	—	—	—	9	0
Weidenthal	—	5	—	—	—	—	1040	—	1041	5	—	—	—	—	—	—	—	—	—	—
Lambrecht	5	—	7	1	3	5	—	6	14	8	7	7	—	—	—	—	—	—	7	7
Neustadt	11	4	12	8	125	—	—	—	148	7	2	7	7	1	26	—	—	—	35	6
Weißenburg	—	6	—	—	1	7	—	—	2	2	—	—	—	—	—	—	—	—	—	—
Schaidt	1	1	—	—	—	—	—	—	1	1	1	[illegible]	—	—	—	—	—	—	1	8
Winden	—	—	—	1	4	7	—	—	5	3	—	—	—	—	—	—	—	—	—	—
Maximiliansau	1	—	8	1	16	6	—	—	25	5	—	—	—	[illegible]	—	—	—	—	—	5
Wörth	—	—	—	—	—	—	—	—	—	—	—	—	—	—	—	—	—	—	—	—
Langenkandel	—	—	—	—	—	—	—	—	—	—	—	—	8	1	—	4	—	—	8	9
Rohrbach	1	2	1	5	5	1	—	—	11	[illegible]	1	1	1	1	1	1	—	—	4	8
Landau	2	9	17	4	39	7	100	—	160	2	5	4	11	4	25	7	—	—	40	9
Knöringen	—	—	—	7	5	—	—	—	5	5	—	—	4	8	5	1	—	—	9	9
Edesheim	—	—	—	—	1	8	—	—	1	8	1	7	—	—	—	—	—	—	1	8
Edenkoben	8	—	10	4	83	9	—	—	102	2	—	—	—	—	2	1	—	—	2	6
Maikammer	2	—	—	—	132	5	—	—	134	8	11	—	—	—	17	9	—	—	29	9
Dürkheim	4	3	—	6	47	7	—	—	52	5	—	—	—	—	—	—	—	—	—	—
Wachenheim	—	—	—	—	—	—	—	—	—	—	—	—	—	—	—	—	—	—	—	—
Deidesheim	1	—	—	—	4	4	—	—	5	4	—	—	—	—	—	7	—	—	—	6
Mußbach	5	1	—	—	8	—	—	—	13	1	—	—	—	—	—	—	—	—	—	—
Haßloch	1	8	—	—	6	7	—	—	8	[illegible]	—	—	—	—	—	—	—	—	—	—
Böhl	—	—	—	—	—	—	—	—	—	8	—	—	—	—	—	—	—	—	—	—
Schifferstadt	—	—	5	2	—	5	—	5	9	2	—	—	1	4	3	8	—	—	5	2
Germersheim	12	2	12	4	38	2	83	—	145	1	1	1	—	6	98	7	—	—	101	1
Lingenfeld	—	—	—	—	—	—	—	—	—	—	—	—	—	4	—	—	—	—	—	6
Heiligenstein	—	—	1	—	—	—	—	—	1	[illegible]	—	—	—	—	—	—	—	—	—	—
Berghausen	—	—	—	6	4	—	—	—	4	[illegible]	—	—	—	—	4	8	—	—	4	8
Speyer	60	—	40	6	474	4	6	6	580	8	11	7	6	6	96	5	3	3	117	—
Mutterstadt	7	5	—	6	1	4	—	—	9	5	—	—	—	—	—	8	—	—	—	8
Rheingönheim	3	7	3	—	1	—	—	—	7	7	—	—	1	—	2	1	—	—	3	—
Ludwigshafen	83	5	33	4	791	7	5209	—	6116	7	3	1	4	6	21	4	—	—	28	8
Oggersheim	—	5	2	6	1	6	—	—	4	8	—	—	—	—	—	—	—	—	—	—
Frankenthal	16	1	3	18	548	1	—	—	572	8	—	—	1	9	22	—	—	—	23	8
Bobenheim	1	—	—	5	—	—	—	—	1	5	—	—	—	—	—	—	—	—	—	—
Stationen der hess. Ludwigsbahn	50	—	18	5	162	8	—	—	229	3	—	—	—	—	—	—	—	—	—	—
Summa	214	1	321	—	2286	4	13091	—	16116	8	50	7	28	9	209	[illegible]	2	1	303	6

Ankunftsstationen im Jahre 1868. (Fortsetzung.)

Nach Berghausen. Gewicht.					Nach Speyer. Gewicht.					Nach Mutterstadt. Gewicht.				
Eilgut.	I. Classe.	II. Classe.	Wagenladungsklasse und Spec. Tarif	Summe.	Eilgut.	I. Classe.	II. Classe.	Wagenladungsklasse und Spec. Tarif	Summe.	Eilgut.	I. Classe.	II. Classe.	Wagenladungsklasse und Spec. Tarif	Summe.
Ctr. Pf.	Ctr. Pf.	Ctr. Pf.	Ctr. Pf.	Ctr. Pf.	Ctr. Pf.	Ctr. Pf.	Ctr. Pf.	Ctr. Pf.	Ctr. Pf.	Ctr. Pf.	Ctr. Pf.	Ctr. Pf.	Ctr. Pf.	Ctr. Pf.
[illegible]	[illegible]	[illegible]	[illegible]	[illegible]	[illegible]	[illegible]	[illegible]	[illegible]	[illegible]	[illegible]	[illegible]	[illegible]	[illegible]	[illegible]

Uebersicht des Güterverkehrs nach Abgangs- und

Nach Rheingönheim.								Nach Ludwigshafen.									
Gewicht.								Gewicht.									
I. Classe.		II. Classe.		Ermäßigte bedingte Tarife nach Spec.-Tarif.		Zusammen.		Eilgut.		I. Classe.		II. Classe.		Ermäßigte bedingte Classe nach Spec.-Tarif.		Zusammen.	
Ctr.	Pf.	Ctr.	Pf.	Ctr.	Pf.	Ctr.	Pf.	Ctr.	Pf.	Ctr.	Pf.	Ctr.	Pf.	Ctr.	Pf.	Ctr.	Pf.
[illegible]	[illegible]	[illegible]	[illegible]	[illegible]	[illegible]	[illegible]	[illegible]	[illegible]	[illegible]	[illegible]	[illegible]	[illegible]	[illegible]	[illegible]	[illegible]	[illegible]	[illegible]

Ankunftsstationen im Jahre 1868. (Fortsetzung.)

Nach Oggersheim.										Nach Frankenthal.										Nach Bobenheim.									
Gewicht.										Gewicht.										Gewicht.									
Eilgut.		I. Klasse.		II. Klasse.		Ermäßigte Tarifsätze [illegible]		Summa.		Eilgut.		I. Klasse.		II. Klasse.		Ermäßigte Tarifsätze [illegible]		Summa.		Eilgut.		I. Klasse.		II. Klasse.		Ermäßigte Tarifsätze [illegible]		Summa.	
Ctr.	Pf.	Ctr.	Pf.	Ctr.	Pf.	Ctr.	Pf.	Ctr.	Pf.	Ctr.	Pf.	Ctr.	Pf.	Ctr.	Pf.	Ctr.	Pf.	Ctr.	Pf.	Ctr.	Pf.	Ctr.	Pf.	Ctr.	Pf.	Ctr.	Pf.	Ctr.	Pf.
[illegible]	[illegible]	[illegible]	[illegible]	[illegible]	[illegible]	[illegible]	[illegible]	[illegible]	[illegible]	[illegible]	[illegible]	[illegible]	[illegible]	[illegible]	[illegible]	[illegible]	[illegible]	[illegible]	[illegible]	[illegible]	[illegible]	[illegible]	[illegible]	[illegible]	[illegible]	[illegible]	[illegible]	[illegible]	[illegible]

Uebersicht des Güterverkehrs nach Abgangs- und

Von	Nach Stationen der Hessischen Ludwigsbahn.									
	Gewicht.									
	Eilgut		I. Classe.		II. Classe.		Wagenladungs-Classe und Special-Tarif.		Summa.	
	Ctr.	Pf.	Ctr.	Pf.	Ctr.	Pf.	Ctr.	Pf.	Ctr.	Pf.
Preußisch-Pfälzischer Verkehr	624	2	1087	2	12136	3	44937	6	58235	8
Bexbach	4	1	1	—	2	5	10	8	18	2
Homburg	24	4	84	5	179	1	7501	3	8179	3
St. Ingbert	16	5	101	—	560	1	20143	2	20720	8
Hassel	—	—	2	2	—	5	—	—	2	7
Würzbach	—	—	2	—	10	8	160	5	173	3
[illegible]	10	—	62	—	17	3	120	1	109	6
Bierbach	—	—	—	—	—	—	—	—	—	—
Schwarzenacker	3	1	—	—	114	7	—	—	118	1
Zweibrücken	1061	1	2407	9	8363	6	14600	9	21331	5
Einöd?	—	—	—	—	—	—	—	—	—	—
Bruchmühlbach	9	6	24	1	28	3	109	2	171	2
Hauptstuhl?	1	—	4	8	21	9	—	—	27	2
Landstuhl	91	8	186	6	1421	8	7432	1	9171	3
[illegible]	—	—	—	—	—	—	—	—	—	—
[illegible]	—	—	—	—	—	—	—	—	—	—
[illegible]	—	—	—	—	—	—	—	—	—	—
[illegible]	—	—	—	—	—	—	—	—	—	—
[illegible]	—	—	—	—	—	—	—	—	—	—
[illegible]	—	—	—	—	—	—	—	—	—	—
Glan-Münchweiler	—	—	—	—	—	—	—	—	—	—
[illegible]	—	—	—	—	—	—	—	—	—	—
[illegible]	—	—	—	—	—	—	—	—	—	—
[illegible]	—	—	—	—	—	—	—	—	—	—
Kaiserslautern	829	6	3664	7	7170	7	26696	9	38015	9
Hochspeyer	4	7	12	5	30	6	786	7	814	5
Frankenstein	8	6	18	—	201	1	300	0	403	9
Weidenthal	2	—	6	1	61	1	917	1	1002	9
Lambrecht	218	—	410	4	2651	—	1841	4	5126	8
Neustadt	1001	2	2273	7	12386	8	12365	6	28867	6
Weißenburg	537	2	1411	7	4431	8	15410	9	21294	6
Schaidt	27	7	30	4	15	1	248	2	320	4
Winden	72	8	119	7	435	1	580	1	1215	2
Maximiliansau	236	1	14	9	68	3	314	3	632	—
Wörth	—	—	1	—	—	—	—	—	1	—
Langenkandel	27	—	111	4	125	7	1530	0	1794	—
Rohrbach	112	5	311	8	381	6	1854		2675	9
Landau	1061	7	2420	1	4125	9	5122	1	12296	8
[illegible]	87	—	16	7	1072	7	—	—	1196	6
[illegible]	101	8	184	3	35	1	—	—	321	—
Edenkoben?	814	7	710	8	6555	8	17831	5	25930	2
[illegible]	112	3	80	7	413	3	—	—	618	3
[illegible]	298	—	135	8	2052	3	6192	2	8817	8
Wachenheim	156	5	89	7	1921	3	2745	7	4913	2
[illegible]	393		470	9	4530	7	10558	1	16013	—
Mußbach	130	8	102	8	2214	2	2165	—	4613	8
Haßloch	67		20	9	600	4	24	3	723	6
Böhl	60		27	9	462	3	—	—	560	1
Schifferstadt	20	7	61	6	120	5	1315	4	1519	2
[illegible]	527		1422	7	740	1	4785	3	7483	1
[illegible]	14	9	5	9	100	5	2	5	123	8
Heiligenstein	—	—	—	—	—	—	—	—	—	—
Berghausen	2	2	19	—	16	7	1		38	9
Speyer	1128		1468	8	2679	9	6257		11533	7
Mutterstadt	20	7	17	5	780	1	3577	7	4390	—
Rheingönheim	2	—	10	1	611	2	2055	4	2678	7
Ludwigshafen	4291	1	5672	3	37471	2	169279	1	217570	7
Oggersheim	327	8	2076	7	1712	8	1961	8	6081	—
Frankenthal	2047	7	2712	5	10844	5	56557	1	68160	1
Bobenheim	18	9	27	6	530	3	1756	1	2131	2
Stationen der Hess. Ludwigsbahn	—	—	—	—	—	—	—	—	—	—
Summa	18356	8	31317	9	129028	9	496790	2	674063	8

nkunftsstationen im Jahre 1868. (Fortsetzung)

Von	Summa. Gewicht. Eilgut.		I. Classe.		II. Classe.		Wagenladungs-Classe und Special-Tarif.		Summa.	
	Ctr.	Kr.	Ctr.	Kr.	Ctr.	Kr.	Ctr.	Kr.	Ctr.	Kr.
Preußisch-Pfälzischer Verkehr	3647	7	10032	4	78132	—	1166682	3	1259061	4
Bexbach	192	6	340	6	4574	6	94374	—	41490	—
Homburg	1401	6	1795	—	25294	2	173010	8	196065	8
St. Ingbert	497	4	101	3	8127	5	176013	3	185349	7
Hassel	3	3	21	3	192	—	1571	2	1796	—
Würzbach	50	7	60	—	295	6	1004	7	1397	—
Blieskastel-Lautzkirchen	437	1	843	8	7079	9	81398	5	90269	1
Bierbach	242	7	60	9	298	4	—	—	541	4
Schwarzenacker	92	2	56	7	2478	2	3973	7	6599	8
Zweibrücken	6061	7	6065	8	57763	9	128170	0	195064	7
Einöd	205	3	60	8	379	9	—	—	674	2
[illegible]	1195	8	1001	—	6344	—	36079	0	44619	3
Hauptstuhl	87	—	59	8	1025	3	—	—	1174	2
Landstuhl	1401	—	2100	2	29131	1	280072	8	312802	8
[illegible]	238	9	401	—	3622	1	5795	1	10078	0
[illegible]	—	—	—	—	—	—	68018	3	68214	4
[illegible]	85	8	84	7	1490	4	50094	7	51281	2
[illegible]	39	7	14	4	39	9	21581	8	21599	7
[illegible]	13	4	3	5	461	9	39	—	578	6
[illegible]	42	1	8	7	91	—	—	8	150	—
[illegible]	18	6	12	8	1258	8	3074	—	4412	2
[illegible]	25	0	2	6	187	8	14	8	196	8
[illegible]	20	7	18	—	296	8	784	6	1120	—
[illegible]	46	4	12	9	272	8	572	3	904	1
Kaiserslautern	7300	8	22516	2	121641	4	636178	9	788235	4
Hochspeyer	147	1	222	1	1457	8	76456	—	78283	5
Frankenstein	408	8	1310	1	12791	4	276623	—	290633	0
Weidenthal	162	6	256	1	1164	7	377193	2	378786	6
[illegible]	1078	—	3140	9	16783	4	27516	3	48518	6
Neustadt	9405	7	10443	8	107427	2	356136	1	483412	9
[illegible]	1081	6	10171	5	10417	5	85002	8	117549	1
[illegible]	306	4	401	6	1231	5	10139	7	12462	9
[illegible]	432	9	8[illegible]	3	3765	2	13092	—	17727	1
[illegible]	712	6	2482	—	5230	1	112861	—	121061	2
[illegible]	182	4	41	—	364	—	—	—	587	2
[illegible]	315	9	516	8	2488	—	28739	—	32058	1
[illegible]	201	—	666	—	2263	3	26718	6	29848	1
Landau	4776	8	11056	7	36173	3	294125	3	347131	7
[illegible]	1289	7	464	4	6173	2	—	—	7926	8
[illegible]	393	6	759	5	3508	7	—	—	4673	—
Edenkoben	3418	1	3639	6	39752	8	48164	4	78948	2
Maikammer	1081	6	249	6	13686	8	—	—	15015	—
Dürkheim	4163	9	3011	5	17621	9	230081	0	255113	9
Wachenheim	415	1	322	3	3701	7	4308	1	8748	8
Deidesheim	1087	5	1287	2	7096	8	24142	—	33613	3
[illegible]	1111	—	391	7	6071	7	15890	0	23469	—
[illegible]	463	5	454	9	6623	3	20350	1	27893	7
Böhl	175	3	590	9	1412	3	—	—	2178	8
Schifferstadt	201	7	856	8	2309	5	38040	3	41407	8
Germersheim	1029	5	2164	6	4125	8	13221	4	19783	1
Lingenfeld	183	4	91	1	902	1	2869	8	4046	—
Heiligenstein	68	7	13	8	464	1	—	—	546	—
[illegible]	63	8	78	5	1042	5	10731	8	11914	4
Speyer	6362	4	7512	3	29050	5	78200	7	121125	1
[illegible]	181	3	173	4	2611	7	17960	7	20936	3
[illegible]	94	8	161	7	1423	3	17501	9	19239	8
Ludwigshafen	10408	7	96415	2	165157	8	1319663	5	1591673	3
Oggersheim	861	2	2461	4	5193	6	12091	4	20606	8
Frankenthal	9302	1	7122	3	28136	—	107503	4	152063	9
[illegible]	287	9	128	5	1639	1	1749	8	3804	3
Stationen der pfälz. Ludwigsbahn	17241	—	56930	7	96182	5	488846	4	659176	6
Summa . .	102748	4	224409	7	923459	0	7408267	6	8662951	6

Uebersicht des Güterverkehrs nach Abgangs- und Ankunftsstationen im Jahre 1868. (Schluß.)

Von	Summa.									
	Gewicht.									
	Eilgut.		I. Classe.		II. Classe.		Wagenladungs-Classen und Special-Tarif.		Summa.	
	Ctr.	K.	Ctr.	K.	Ctr.	K.	Ctr.	K.	Ctr.	K.
Uebertrag . .	102743	4	224469	7	935450	9	7401287	6	8663951	6
Hierzu folgende Verkehre:										
Rheinischer Verbands-Verkehr . . .	40792	3	123185	5	196709	3	1445717	—	1806404	1
Holländischer „	893	4	18410	5	137824	—	76799	7	234027	6
Belgisch-Rheinischer „	727	4	14510	4	7681	4	132785	8	155714	—
Französischer Verkehr via Forbach . . .	3081	2	22155	3	8316	6	79213	8	113066	9
„ „ „ Weißenburg . .	3801	8	23136	6	45183	—	795844	4	867965	8
Baden-Pfalz-Saarbrücker Verkehr . . .	29891	2	100583	1	299914	8	2314344	—	2744735	1
Süddeutscher „ . . .	16650	8	79362	4	147202	7	905966	9	1149182	8
Main-Neckar „ . . .	2085	3	7238	0	17181	5	54866	9	81392	6
Basel-Schweizer „ . . .	2471	7	7545	1	23802	9	471285	6	504605	3
Westdeutscher „ . . .	1797	2	8093	9	11450	2	437864	2	459205	5
Mitteldeutscher „ . .	3388	3	27146	5	13168	4	82519	1	126322	3
Belgischer Verkehr via Conz	319	2	26091	2	16296	—	94744	8	137451	2
Sächsischer „	1200	6	8324	6	4496	9	9021	2	23043	3
Total . .	209943	8	690581	7	1864481	6	14302961	—	17067968	1

№ 27.

Uebersicht

des

Güterverkehrs nach Waarengattungen

im Jahre 1868.

Stationen.	1. Abfälle, nicht besonders genannte. Empfang.	1. Versandt.	2. Asphalt oder Judenpech. Empfang.	2. Versandt.	3. Baumwolle, roh. Empfang.	3. Versandt.	4. Baumwollwaaren. Empfang.	4. Versandt.	5. Bier. Empfang.	5. Versandt.
	Centner.	Centner.	Centner.	Centner.	Centner.	Centner.	Centner.	Centner.	Centner.	Centner.
Bexbach	3	2	—	—	—	—	30	6	3494	10
Homburg	23	37	—	93	15	—	188	110	1350	123
St. Ingbert	2371	124	4	—	—	—	341	50	2003	135
Hassel	—	1	—	—	—	—	1	—	134	—
Würzbach	16	—	—	—	—	—	103	1	1745	—
Bliescastel-Lautzkirchen	121	3	—	—	1	—	164	14	2596	25
Bierbach	1	—	—	—	—	—	—	—	46	—
Schwarzenacker	641	30	—	—	1	—	—	1	67	—
Zweibrücken	79	86	—	—	—	—	727	60	300	1067
[illegible]	—	—	—	—	—	—	5	12	139	—
Bruchmühlbach	11	4	—	—	—	—	64	15	1301	365
Hauptstuhl	—	—	—	—	2	—	13	2	258	2
Landstuhl	51	167	113	—	—	—	436	107	2154	44
[illegible]	—	41	119	—	—	—	140	30	398	136
[illegible]	—	—	—	—	—	—	—	—	—	—
[illegible]	—	12	—	—	—	—	16	3	163	—
[illegible]	—	—	—	—	—	—	—	—	63	1
[illegible]	—	—	—	—	—	—	—	—	60	—
[illegible]	—	—	—	—	—	—	1	—	92	4
[illegible]	—	—	—	—	—	—	42	3	212	3
[illegible]	—	—	—	—	—	—	—	—	16	—
[illegible]	—	6	—	—	—	—	8	3	13	25
[illegible]	—	—	—	—	—	—	5	1	95	—
Kaiserslautern	95	4785	3	—	1791	2	621	3180	849	16147
Hochspeyer	—	3	—	—	—	—	20	2	39	390
Frankenstein	207	59	6	—	—	—	37	2	43	21690
Weidenthal	3	19	—	—	—	—	4	3	256	4
Lambrecht	61	132	—	—	4	—	60	228	3037	19
Neustadt	694	395	1	2	3	345	980	1131	3478	725
Weißenburg	242	690	1	—	1706	—	515	143	1110	10
[illegible]	2	1	—	—	2	—	61	6	2549	16
[illegible]	12	—	—	—	5	—	242	34	1093	174
[illegible]	—	2	—	—	—	—	161	56	378	12
Wörth	—	—	—	—	—	—	31	3	139	5
[illegible]	1	20	—	—	—	—	130	21	1465	8
[illegible]	101	16	64	—	—	—	65	57	24	71
[illegible]	439	146	1	—	1	—	655	594	230	1057
[illegible]	30	63	—	—	—	—	87	6	637	—
[illegible]	3	—	1	—	—	—	56	18	419	169
[illegible]	30	22	—	—	—	150	175	97	193	114
[illegible]	1	—	—	—	—	—	18	3	127	—
[illegible]	734	26	—	—	—	—	310	60	628	322
[illegible]	17	—	—	—	—	—	41	16	203	—
[illegible]	3	15	—	—	—	—	62	3	1078	4
[illegible]	300	304	2	—	—	—	40	34	92	3
[illegible]	54	101	—	—	—	—	53	1	2371	10
Böhl	13	—	—	—	—	—	37	1	398	8
Schifferstadt	3	1	—	—	—	—	17	3	162	412
[illegible]	82	7	—	—	—	—	195	54	3167	198
[illegible]	—	—	—	—	—	—	35	4	304	—
[illegible]	—	—	—	—	—	—	3	—	90	—
[illegible]	—	—	—	—	—	—	—	—	27	—
Speyer	76	183	—	—	—	—	420	110	173	11083
Mutterstadt	4	7	4	—	—	—	61	9	235	11
[illegible]	—	—	—	—	—	—	31	1	609	17
Ludwigshafen	3249	311	—	343	1317	5081	1154	3517	515	7181
Oggersheim	145	162	—	—	4165	6	167	200	342	159
Frankenthal	20	35	—	—	—	—	371	221	726	601
Bobenheim	—	—	—	—	—	—	3	1	201	2
Summa	9727	9727	346	346	[illegible]	[illegible]	8891	8891	52163	52163

6. Blech, alle Sorten. Empfang.	6. Versandt.	7. Butter und Käse. Empfang.	7. Versandt.	8. Cement, Trass, Gyps. Empfang.	8. Versandt.	9. Cichorien und sonstige Kaffeesurrogate. Empfang.	9. Versandt.	10. Cigarren. Empfang.	10. Versandt.	11. Draht und Drahtstifte. Empfang.	11. Versandt.
Centner.	Centner.	Centner.	Centner.	Centner.	Centner.	Centner.	Centner.	Centner.	Centner.	Centner.	Centner.
1	979	68	2	161	1	76	—	77	1	1	—
22	1874	241	149	206	467	187	28	95	4	11	140
1436	112	664	13	17	—	392	3	100	60	21	13738
—	3	5	—	—	—	11	—	10	1	—	—
5	—	8	22	4	—	33	—	17	2	—	—
91	2	45	43	—	1701	71	3	65	24	25	1
	—	—	—	—	—	1	—	2	1	—	—
—	—	4	1	1	—	—	—	2	—	5	—
422	24	155	86	1115	8980	3215	1617	211	70	64	17126
—	—	8	2	25	—	—	—	7	3	—	—
44	4	80	97	1714	—	104	2	30	6	31	—
14	—	1	6	1	—	6	—	7	—	—	—
850	62	381	194	1977	11	119	21	120	38	12850	4977
105	2	88	13	21	4	74	3	30	16	27	1058
—	—	—	—	—	—	—	—	—	—	—	
17	2	2	30	—	—	46	—	9	1	8217	197
—	—	2	5	—	—	—	—	4	—	2	—
1		—	7	—	—	—	—	1	1	—	—
—	—	—	6	—	—	—	—	5	—	—	—
29	—	18	15	13	—	21	—	11	2	6	—
—	—	1	11	2	—	1	—	2	—	1	2
22	1	8	8	30	—	1	—	3	—	2	—
9	—	9	25	—		10	—	7	2	2	—
619	788	423	708	7043	662	441	67	202	615	205	17
16	3	16	2	112	—	45	—	16	1	3	1
1	—	27	2	41	4	18	—	22	2	29	—
31	6	21	—	11	—	22	—	16	1	4	—
296	25	38	1	175	—	36	3	45	28	10	—
612	141	103	97	1698	235	388	21	231	122	1088	224
2	15	41	15	72	2864	—	—	4480	—	147	—
80	—	29	40	104	—	27	—	41	25	—	—
490	1	38	5	565	8	279	6	50	3	45	
12	38	44	455	334	43	—	180	98	90	780	2
1	3	5	3	—	—	15	—	6	—	1	—
80	2	80	5	118	13	128	4	32	78	132	15
54	20	12	180	65	2	142	—	28	1	91	15
431	40	180	153	1055	32	415	52	140	368	160	7
21	3	83	53	3	—	196	—	3	2	7	1
48	64	13	4	52	—	11	—	81	5	1	—
148	9	173	462	331	4	60	1	32	38	1135	30
67		89	10	30	3	49	—	21	3	112	9
137	6	20	27	220	4	36	—	85	24	625	13
23	—	10	2	82	—	75	1	22	1	7	—
85	11	12	1	181	8	27	1	44	11	140	—
302	85	30	9	75	—	36	—	40	6	364	7
78	6	62	8	36	—	65	1	24	6	22	—
8	—	8	2	9	—	86	—	34	741	1	—
14	—	15	2	8	—	76	—	28	11	—	—
140	1	114	86	263	2	78	1	73	31	30	1
41	1	12	7	105	—	68	—	15	—	3	—
—	—	4	—	—	—	68	—	4	—	—	—
—	—	1	—	—	—	10	—	7	4	—	—
243	40	89	330	2048	135	125	49	128	644	174	10
16	1	8	2	100	—	54	5	13	4	4	—
4	1	11	2	2	5	36	—	6	78	—	—
478	2588	898	708	13	13720	331	820	320	4311	16913	882
22	—	37	1	—	—	30	5	8	53	181	—
279	140	100	54	172	1	37	6005	92	19	122	112
1	—	16	1	—	—	—	—	7	2	—	—
7700	7700	4984	4984	25547	25547	10011	10011	7402	7402	39573	39573

Stationen.	12. Droguerieen und Apothekerwaaren.		13. Drucksachen, Bücher u. sonstige Kunstgegenstände.		14. Eisen, Roh- u. Bruch-.		15. Eisen, fabricirtes und Stahl.		16. Eisenbahnschienen und Schienenbefestigungsmittel.	
	Empfang.	Versandt.	Empfang.	Versandt.	Empfang.	Versandt.	Empfang.	Versandt.	Empfang.	Versandt.
	Centner.	Centner.	Centner.	Centner.	Centner.	Centner.	Centner.	Centner.	Centner.	Centner.
Bexbach	18	1	6	1	158	—	144	31	—	—
Homburg	88	101	47	20	6	3400	3681	330	13389	7450
St. Ingbert	161	13	84	22	12227	120	328	40184	—	71284
Hassel	7	—	1	—	—	—	—	—	—	—
Würzbach	50	2	—	5	—	—	80	1	—	—
Blieskastel-Lautzkirchen	48	3	32	10	—	—	247	1	—	—
Bierbach	—	—	9	—	—	—	—	1	—	—
Schwarzenacker	3	2	—	—	—	—	22	4	—	—
Zweibrücken	279	37	84	62	6880	—	2013	1049	—	—
Einöd	—	8	1	1	—	—	—	1	—	—
Bruchmühlbach	113	—	10	1	—	—	117	16	—	—
Hauptstuhl	20	—	—	1	—	—	27	5	—	—
Landstuhl	274	43	46	32	—	—	2135	523	11644	—
Kusel	31	4	19	2	—	100	1296	63	—	—
Rammelsbach	—	—	—	—	—	—	—	—	—	—
Altenglan	12	1	1	3	—	110	657	8	—	—
Theisbergstegen	—	—	—	1	—	—	—	—	—	—
Erzenbach	—	—	1	1	—	—	6	—	—	—
Rehweiler	1	—	—	—	—	—	—	—	—	—
Glan-Münchweiler	58	2	7	—	—	—	217	40	—	—
Niedermohr	—	1	—	—	—	—	2	—	—	—
Steinwenden	6	1	—	1	—	—	40	—	—	—
Kindsbach	4	—	2	2	—	—	6	—	—	—
Kaiserslautern	196	713	271	89	13744	31	8077	6886	27	640
Hochspeyer	8	1	4	2	2	—	76	7	27	—
Frankenstein	11	63	3	1	—	—	30	21	—	—
Weidenthal	19	1	—	1	—	8	151	3	—	—
Lambrecht	85	8	11	2	504	—	1063	61	—	1
Neustadt	111	142	298	290	92	1171	4138	9094	7	10
Weißenburg	23	3	3	11	61280	146	628	3	788	19
Schaidt	30	1	8	8	—	—	110	1	—	—
Winden	27	1	32	2	2463	—	782	3221	—	—
Maximiliansau	6	150	8	238	6591	92	230	27	—	—
Wörth	11	—	1	1	—	—	20	2	—	—
Langenkandel	35	8	34	12	—	40	625	136	—	—
Rohrbach	21	16	6	1	—	2	400	63	—	6
Landau	246	172	121	76	1085	2947	7841	341	6	—
Knöringen	21	7	1	1	—	—	18	23	—	—
Edesheim	4	—	12	2	—	—	88	3	—	—
Edenkoben	61	10	24	15	2	476	1596	70	—	—
Maikammer	28	3	4	3	—	—	175	16	—	—
Dürkheim	58	11	419	24	195	2	7420	45	6	—
Wachenheim	16	60	6	4	—	14	192	1	—	—
Deidesheim	29	2	10	6	8	—	158	30	—	—
Mußbach	9	14	7	2	4	342	1880	167	—	—
Haßloch	42	24	5	8	—	—	162	14	—	—
Böhl	2	—	3	2	—	—	16	—	—	—
Schifferstadt	12	3	29	4	120	120	34	11	—	—
Germersheim	55	16	21	7	—	800	630	170	16	—
Lingenfeld	7	1	3	2	—	—	129	7	—	—
Heiligenstein	2	2	—	4	—	—	—	—	—	—
Berghausen	2	—	—	—	—	—	—	—	—	—
Speyer	138	71	101	359	286	450	1095	306	4	—
Mutterstadt	13	65	7	2	—	—	14	12	—	—
Rheingönheim	8	1	2	—	—	—	4	—	—	—
Ludwigshafen	62	704	35	131	1065	81431	15632	17350	74645	31475
Oggersheim	4	104	20	18	—	800	115	4	—	—
Frankenthal	31	22	86	20	10018	214	2150	613	7	1
Bobenheim	3	—	1	1	—	3	—	1	—	—
Summa . .	2813	2618	1549	1548	97574	85354	[illegible]	[illegible]	108990	108880

17. Eisen- und Stahlwaaren.		18. Eisenerze.		19. Erdbaulagen.		20. Erden.		21. Erze außer den besonders genannten.		22. Essig.	
Empfang.	Versandt.	Empfang.	Versandt.	Empfang.	Versandt.	Empfang.	Versandt.	Empfang.	Versandt.	Empfang.	Versandt.
Centner.	Centner.	Centner.	Centner.	Centner.	Centner.	Centner.	Centner.	Centner.	Centner.	Centner.	Centner.
76	15	—	—	12	1682	3	—	—	—	218	—
2396	1485	—	—	208	1580	140	157	7	—	404	—
1050	2254	—	—	172	3598	5658	9	—	—	255	3
9	3	—	—	1	91	—	—	—	—	19	—
63	17	—	—	216	996	—	—	—	—	37	—
275	143	—	—	280	1017	28	4	10	—	341	283
5	2	—	—	—	1	—	—	—	—	6	—
311	241	—	—	13	110	210	—	—	—	3	—
2454	5018	—	—	1347	8507	4734	2	35	13	1622	36
4	10	—	—	18	113	—	—	—	—	11	—
255	24	—	—	301	1053	4	—	10	—	84	—
60	14	—	—	17	115	—	—	—	—	8	—
1377	6130	8	—	363	2344	314	300	15	5	840	20
430	708	—	—	108	396	7	—	5	—	93	—
—	—	—	—	—	—	—	—	—	—	—	—
60	8	—	—	157	121	—	—	—	—	19	—
3	2	—	—	4	87	—	—	—	—	—	—
11	6	—	—	33	33	—	—	—	—	—	—
3	1	—	—	3	33	—	—	—	—	—	4
63	14	—	—	130	321	—	—	—	—	14	—
10	8	—	—	4	35	—	—	—	—	—	—
21	8	—	—	36	88	—	—	—	—	15	—
19	2	—	—	5	90	—	—	—	—	22	—
2811	5738	11	—	10635	8414	1626	8153	92	994	819	290
187	22	—	—	303	170	—	—	—	—	30	15
40	23	—	—	3021	93	—	—	—	—	44	—
107	21	—	—	13	462	4	—	—	—	116	—
961	285	—	—	117	1332	1627	—	8	—	38	—
2173	1457	—	—	7250	4852	155441	2104	153	1	842	2227
3614	83	648	—	1631	1376	13402	8584	942	—	48	16
100	25	—	—	78	167	6	—	—	—	104	—
426	311	—	—	296	814	4	—	—	—	290	8
766	83	—	—	24	1568	4410	—	—	—	84	43
23	1	—	—	30	253	—	—	—	—	7	—
615	78	—	—	76	803	—	—	—	3	28	1
292	111	—	—	842	414	2541	9	573	—	11	—
2065	710	—	—	1098	3112	649	1	97	4	449	63
147	18	—	—	343	193	17	—	—	—	49	—
86	9	—	—	1221	229	—	—	—	—	—	9
1593	169	—	—	2751	655	146	—	33	—	102	20
468	742	—	—	2798	107	41	—	—	—	6	139
945	1200	—	—	1983	915	658	170197	30	105	4	1104
190	23	—	—	741	373	8	100	—	—	9	—
290	63	—	—	888	1273	214	—	—	—	4	21
536	251	—	—	1162	334	41	—	—	—	53	187
306	20	—	—	340	1115	4	—	36	—	7	357
88	1	—	—	128	152	—	—	—	—	10	—
28	4	—	—	161	804	—	—	64	—	47	—
667	98	—	—	248	1300	1	—	15	—	51	177
99	65	—	—	12	271	—	—	—	—	79	—
1	3	—	—	10	36	—	—	—	—	36	—
8	—	—	—	100	54	—	—	—	—	5	—
1792	167	—	—	3022	1107	270	1	41	—	319	136
260	62	—	—	77	516	2	—	40	—	68	—
38	0	—	—	31	748	—	—	2200	—	46	—
6808	9328	—	647	5571	8706	1707	1636	5	8370	137	2186
239	14	—	—	314	201	—	—	11	—	18	9
2790	2440	—	—	1328	1408	—	2023	78	—	295	14
14	0	—	—	13	105	—	—	—	—	—	—
39469	39429	667	647	68079	68079	191520	191520	4405	4405	7835	7835

A. Uebersicht des internen

Stationen.	24. Farbhölzer.		25. Farben und Farbwaaren.		26. Feldfrüchte, Garten- u. Feldergzeugnisse, nicht besonders genannte.		28. Fett und Fettwaaren.		27. Fleischwaaren, Fische und sonstige Consumtibilien.	
	Empfang.	Versandt.	Empfang.	Versandt.	Empfang.	Versandt.	Empfang.	Versandt.	Empfang.	Versandt.
	Centner.	Centner.	Centner.	Centner.	Centner.	Centner.	Centner.	Centner.	Centner.	Centner.
Bexbach	—	—	5	1	45	4	149	1	34	1
Homburg	6	—	148	9	479	207	521	42	36	16
St. Ingbert	—	—	58	69	458	18	298	634	127	324
Hassel	—	—	—	—	27	7	30	8	8	1
[illegible]	—	—	—	—	65	11	50	2	12	12
[illegible]	—	—	60	11	123	37	166	200	52	43
[illegible]	—	—	—	—	14	48	—	—	3	3
Schwarzenacker	—	—	4	—	—	8	8	—	2	1
Zweibrücken	13	—	218	11	1160	1006	2290	127	230	285
[illegible]	[illegible]	[illegible]	[illegible]	[illegible]	[illegible]	[illegible]	[illegible]	[illegible]	[illegible]	[illegible]
Summe	1767	1767	3878	3878	[illegible]	[illegible]	8076	8076	3537	3537

28. Flachs, Hanf, Heede und Werg.		29. Garn, Leinen- und Baumwollen-, gefärbt.		30. Garn, Wollen- (Kamm-, Streich- und Strickgarn).		31. Getreide und Hülsenfrüchte.		32. Glas, Tafel- und Spiegel-.		33. Glas, Hohl-, Glaswaaren, Porzellan, Steingut, Töpferwaaren.	
Empfang.	Versandt.	Empfang.	Versandt.	Empfang.	Versandt.	Empfang.	Versandt.	Empfang.	Versandt.	Empfang.	Versandt.
Centner.	Centner.	Centner.	Centner.	Centner.	Centner.	Centner.	Centner.	Centner.	Centner.	Centner.	Centner.
5	—	—	1	1	—	6398	175	—	—	78	11
81	8	22	72	14	7	17745	5081	1	12	583	109
87	2	13	1	12	1	16019	344	8	8	221	121
1	—	—	—	7	—	18	—	—	—	1	5
4	—	—	—	—	—	3520	47	—	—	8	5
14	3	16	1	6	1	30772	1080	8	—	272	13
1	2	—	—	—	—	—	1	—	—	—	1
—	3	—	—	—	—	118	—	3	—	8	—
108	18	29	7	40	6	49502	17617	2	—	731	149
—	1	—	—	—	—	56	7	—	—	1	—
19	2	8	1	1	—	1371	1885	9	—	30	15
14	—	2	—	—	—	12	46	—	—	33	—
75	7	46	24	36	13	4048	6540	3	142	492	119
90	19	15	1	37	35	1140	2957	92	—	167	21
—	—	—	—	—	—		—	—	—	—	—
2	—	—	—	—	—	—	—	25	1	34	4
1	—		—	—	—	—	—	—	—	5	—
—	—	—	—	—	—	—		—	—	—	—
8	2	—	—	—	—	—	17	—	—	—	—
12		1	—	1	19	924	1141	1	1	108	29
8		—		—	—	21	—	—	—	—	—
2		—		—	—	445	120	2	—	9	5
7	1	1	—	1	—	259	81	—	—	—	—
543	153	1005	46	168	471	67286	122990	9	418	912	5128
7	—	13	1	—	—	187	1401	4	—	51	8
11	—	2	—	1	—	2186	61	3		33	20
3	2	78	2	1	12	1114	27	—		54	7
14	2	22	11	84	103	6586	723	6	—	111	21
200	215	55	20	55	87	42811	10085	40	1080	1981	7630
15	1042	21	62	1	—	235546	21188	2	—	290	121
2	10	201	1	6	—	20130	1132	8	—	41	201
6	8	114	5	14	1	1740	1401	27	—	328	24
2	34	3	278	2	19	1661	2464	16	10	160	171
2	3	6	—	2	—	5	15	3	—	25	5
8	127	49	5	11	1	315	4592	44	1	296	20
1072	578	103	10	11	2	4015	9885		19	179	1209
68	625	563	57	78	21	26745	12910	13	10	1187	357
7	14	14	1	1	—	75	254	—	—	14	6
25	13	17	—	7	1	1	22		—	41	8
516	27	41	26	108	52	11362	6173	12	10	520	15
23	—	70	8	11	1	55	10	24	—	61	4
856	27	15	1	14	6	13640	8565	171	1	1247	591
22	1	1	—	8		1586	1271	38	—	65	8
17	1	6	5	5	1	1107	554	91	11	2178	24
11	1	8	—	15	—	4324	3198	1546	251	1984	150
33	3	9	2	14	1	2540	10641	21	—	201	6
72	29	4	—	3	—	18	12		—	85	5
[illegible]	1	10	1	22	—	159	1908	22	1	90	9
186	136	5	7	9	—	1619	11578	1	—	573	41
1	26	6	—	1	—	1195	372	—	—	54	2
—	—	1	—	—	—	—	—	—	—	2	1
—	—	1	—	1	—	—	50	—	—	2	2
336	708	17	8	1	—	15173	5617	29	13	718	214
2	16	7	3	1	—	272	2551	5	—	64	3
—	11	8	4	1	2	791	679	3	—	10	27
484	200	20	1782	271	174	71254	33018	41	25	578	1058
13	—	215	56	—	1	7015	674	4	—	128	3
170	2	46	24	4	2	30055	15528	—	1	613	92
6	[illegible]	1	—		—	—	101	—	1	2	—
4658	4658	2705	2705	1014	1014	632965	632965	2600	2600	16506	16506

Stationen.	34. Guano und sonstige Düngemittel.		35. Harz, Pech, Theer, Schwefel und Leim.		36. Häute, Felle und Rauchwaaren.		37. Heu, Stroh, Grummet.		38. Holz, Bau- und Nutzholz, in- und ausländisches.	
	Empfang.	Versandt.	Empfang.	Versandt.	Empfang.	Versandt.	Empfang.	Versandt.	Empfang.	Versandt.
	Centner.	Centner.	Centner.	Centner.	Centner.	Centner.	Centner.	Centner.	Centner.	Centner.
Bexbach	1090	210	6	—	—	—	19	—	3600	1310
Homburg	8021	577	32	87	60	198	22	248	2865	17867
St. Ingbert	659	293	41	6	447	237	148	5	3376	390
Hassel	178	—	1	—	—	7	130	—	—	—
Würzbach	1837	—	2	—	—	6	25	—	—	530
[illegible]	1663	802	16	—	24	310	118	1	204	1360
[illegible]	—	—	—	—	—	1	—	—	—	—
Schwarzenacker	52	—	—	—	—	—	—	—	160	—
Zweibrücken	9644	390	140	5	684	80	131	25	1276	2300
Einöd	7	—	—	—	—	—	—	—	—	—
Bruchmühlbach	2971	658	21	—	130	5	30	—	540	360
Hauptstuhl	4	—	—	—	—	1	—	—	—	—
Landstuhl	7941	1834	40	81	864	876	84	193	12738	8790
Kusel	205	9	57	—	239	2	19	—	190	—
Rammelsbach	—	—	—	—	—	—	—	—	—	—
Altenglan	—	—	7	2	174	1	—	1	—	—
Theisbergstegen	2	—	—	—	—	1	—	—	—	—
Eisenbach	1	—	—	—	—	—	—	3	—	—
Rehweiler	1	—	—	—	—	2	—	—	—	—
Glan-Münchweiler	100	—	5	—	9	3	1	2	—	—
[illegible]	4	—	—	—	22	—	—	—	—	—
Steinwenden	271	2	16	—	96	8	16	—	—	—
Ramstein	—	302	4	—	31	1	41	2	—	—
Kaiserslautern	10817	54502	2780	205	410	148	50	165	62983	36170
Hochspeyer	10	—	70	2	2	8	4	—	5444	580
Frankenstein	9	900	210	—	—	14	—	—	13155	2999
Weidenthal	—	108	31	—	—	2	—	1	8778	1779
Lambrecht	16	—	17	9	111	19	5	23	1082	7250
Neustadt	5048	718	1566	507	899	335	655	211	30023	6811
Weißenburg	23	3536	1988	2852	600	126	362	352	13676	12674
Schaidt	18	95	18	—	54	78	3	—	610	1680
Winden	226	460	19	—	10	104	27	190	52	1080
Maximiliansau	130	477	150	44	—	8	10	60	179	37020
Wörth	24	—	1	—	—	13	—	9	—	—
Langenkandel	7	—	17	—	5	87	16	13	—	11193
Rohrbach	41	3500	98	214	26	279	86	23	932	2280
Landau	425	16068	656	211	214	231	425	310	381	10159
Knöringen	—	—	24	7	402	402	1	—	—	—
Edesheim	8	—	12	—	—	50	—	—	—	—
Edenkoben	2578	1934	208	1	31	113	12	15	8161	406
Maikammer	6	18	204	4	8	27	6	3	—	—
Dürkheim	3879	—	185	5	798	1309	14	349	1400	—
Wachenheim	6022	810	9	1	—	4	—	—	150	—
[illegible]	27462	353	12	—	1	19	244	1	600	—
Mußbach	12045	—	—	1	—	8	121	120	180	—
Haßloch	575	4	32	—	160	124	5	67	—	11059
Böhl	30	—	7	—	—	1	1	1	—	—
Schifferstadt	812	—	47	—	—	15	—	2	580	17553
Germersheim	93	1700	49	1	179	491	17	30	690	6060
Lingenfeld	24	—	1	—	3	1	3	85	—	300
Heiligenstein	3	—	—	—	—	—	—	—	—	—
Berghausen	14	—	—	—	—	—	130	—	—	—
Speyer	200	2	644	120	522	351	7	45	2164	5610
Mutterstadt	1245	210	7	6	331	166	2	243	27	—
Rheingönheim	1580	298	1	—	—	26	—	3	—	—
Ludwigshafen	8308	22540	1020	8787	208	1007	751	21	65224	88747
Oggersheim	105	—	4	—	—	7	13	140	—	—
Frankenthal	6071	1514	961	180	80	143	17	204	540	—
Bobenheim	1004	—	—	—	—	1	—	9	—	2500
Summa . .	119800	119660	12607	12997	7630	7636	8721	8223	278850	308206

39. Holz, Brennholz. Empfang.	39. Versandt.	40. Holz, Werkholz. Empfang.	40. Versandt.	41. Sägewaaren. Empfang.	41. Versandt.	42. Holzwaaren, ungerichtete Hölzer, Möbel. Empfang.	42. Versandt.	43. Hopfen. Empfang.	43. Versandt.	44. Hörner, Haare, Borsten, Federn, Klauen, Knochen. Empfang.	44. Versandt.
Centner.	Centner.	Centner.	Centner.	Centner.	Centner.	Centner.	Centner.	Centner.	Centner.	Centner.	Centner.
—	—	—	—	3430	—	913	42	11	2	5	1
125	604	12	—	14201	80	985	258	82	9	17	43
—	-	—	—	8155	—	667	297	49	—	8	4
—	340	—	—		—	100	40	—	—	—	—
—	—	—	—	..	—	70	30	—	—	—	4
—	290	—	240	282	100	325	1015	6	—	137	83
—	—	—	—	—	—	68	60	—	—	—	—
—	—	—	—	—	—	32	714	—	—	—	1
90	80	—	100	5641	930	3019	5579	62	2	190	39
—	—	—	—	—	—	9	101	—	—	—	—
—	—	—	—	1125	—	255	214	8	2	8	5
—	—	—	—	—	—	51	101	—	—	—	4
20	8120	—	130	21706	1273	1095	1959	28	50	732	200
240	—	—	—	1115	—	224	288	78	—	30	7
—	—	—	—	—	—	—	—	—	—	—	—
—	—	—	—	230	—	273	14	2	1	1	—
15	—	—	—	—	—	111	9	—	—	1	1
—		—	—	100	—	14	5	3	—	—	—
—	—	—	—	—	—	6	1	—	—	—	—
—	—	—	—	100	140	20	22	8	—	4	—
—	—	—	—	200	—	26	—	—	—	—	—
—	—	—	—	—	—	7	51	15	..	—	2
—	—	—	—	110	—	8	5	4	—	9	3
2693	27607	470	875	20611	56710	3077	21107	38	83	5541	617
..	2414	—	1690	525	7467	125	869	2	4	4	3
—	1070	—	—	957	2701	414	853	32	3	5	11
—	730	—	200	5281	84072	265	10849	—	1	—	10
—	—	80	—	845	2040	710	129	2	2	6	26
6680	160	840	500	11120	5701	6525	10565	2819	8	170	641
1170	—	—	—	82543	3035	9411	1280	111	5104	831	1901
—	280	—	—	—	391	1150	826	4	19	11	74
8550	80	—	80	7	—	421	625	3	5	18	2
8917	5407	—	642	—	22347	1919	1424	—	10	1	124
—	—	—	—	—	—	39	68	—	—	1	8
—	1820	—	—	110	4627	311	608	—	—	5	6
610	—	—	210	3560	1110	1175	2758	6	1	7	12
211	736	—	—	2565	10812	2519	3611	87	65	864	778
—	—	—	—	—	—	117	208	—	54	193	58
—	—	—	—	—	—	241	174	1	1	34	42
7617	24	490	—	1567	80	2770	1525	1	—	1297	2101
—	—	-	—	—		363	85	2	—	3	4
37	—	100	—	1073	312	4603	907	5	2	48	648
120	—	100	—	116	—	858	100	—	—	6	52
518	—	200	—	695	—	2710	675	—	4	5	11
1526	—	617	—	900	100	1717	1017	1	—	10	8
974	—	—	—	140	200	384	122	8	5	6	25
—	—	—	—	—	—	243	291	—	—	8	9
38	200	—	—	3062	3245	219	74	2	7	—	21
1262	200	100	—	300	4558	3894	424	22	32	12	4
—	—	—	—	80	1211	174	49	2	—	3	6
—	—	—	—	—	—	21	21	—	—	—	4
—	—	—	—	—	—	125	25	—	7	—	—
477	—	—	100	3162	4072	5572	2181	101	132	73	435
—	—	—	—	410	—	201	180	3	—	324	9017
—	—	—	—	—	—	151	90	..	—	2256	8
3200	281	2040	440	50550	82070	21283	5891	772	815	264	2730
205	—	—	—	1150	..	487	191	34	5	3	7
913	—	100	—	2603	100	2011	1607	70	9	16	48
—	—	100	—	210	—	24	179	—	—	—	9
43428	43428	4945	4945	214911	214911	81973	81978	4424	4424	13007	13007

Stationen.	45. Kaffee.		46. Kalksteine und Kalk, Kreide in Blöcken.		47. Kartoffeln.		48. Kolonialwaaren, sonstige.		49. Kupfer, Blei, Messing, Zinn, Zink u. andere Metalle oder Metallwaaren.	
	Empfang.	Versandt.	Empfang.	Versandt.	Empfang.	Versandt.	Empfang.	Versandt.	Empfang.	Versandt.
	Centner.	Centner.	Centner.	Centner.	Centner.	Centner.	Centner.	Centner.	Centner.	Centner.
Bexbach	12	—	286	—	16	166	15	—	2	—
Homburg	316	101	1217	—	2679	1042	10	7	12	16
St. Ingbert	130	11	6	1624	1069	187	40	2	49	4
Hassel	2	—	—	—	500	66	2	—	1	—
Würzbach	110	—	—	342	431	416	12	78	15	18
Blieskastel-Lautzkirchen	127	9	2	—	53	3071	16	1	11	1
Bierbach	13	2	—	—	11	72	—	—	—	—
Schwarzenacker	—	—	—	—	4	44	1	—	18	1
Zweibrücken	483	149	72	8	579	666	40	79	410	42
[illegible]	—	—	—	—	3	28	—	—	—	—
Bruchmühlbach	142	2	6	—	12	2607	17	—	21	1
[illegible]	—	—	1	—	—	29	—	—	8	—
Landstuhl	688	435	47	12	1878	13010	28	15	178	28
Kindsbach	130	1	16	—	18	841	5	1	16	6
[illegible]	—	—	—	—	—	—	—	—	—	—
Altenglan	100	2	—	65	1	187	—	—	4	1
Theisbergstegen	2	—	—	190	9	4	—	—	—	—
[illegible]	1	—	—	—	—	5	—	—	—	2
Rehweiler	1	—	—	—	52	—	—	—	—	—
Glan-Münchweiler	63	—	2	—	19	175	—	1	5	1
[illegible]	2	—	—	—	—	13	1	—	—	—
Steinwenden	12	—	—	—	2	166	—	—	3	1
[illegible]	9	—	—	—	—	202	1	—	3	—
Kaiserslautern	1243	231	663	126	936	1621	44	68	362	165
Hochspeyer	24	1	142	—	34	1167	7	1	6	1
Frankenstein	9	—	3	—	9	258	13	—	3	—
Weidenthal	29	—	—	—	62	660	4	—	4	5
Lambrecht	113	4	—	—	680	89	21	—	104	37
Neustadt	360	65	548	76	3674	250	17	101	171	136
Weißenburg	—	—	—	21	11032	6	2	1	14	5
[illegible]	71	1	—	3	21	14	9	—	3	3
Winden	220	3	1	—	62	567	9	2	60	3
Maximiliansau	1024	1	—	—	90	40	3	1	152	48
Wörth	48	1	—	—	22	22	5	—	4	—
Langenkandel	31	3	—	—	39	1071	7	8	8	1
Rohrbach	2	8	74	10	21	364	3	—	12	7
Landau	2161	763	168	101	124	654	29	86	152	62
[illegible]	26	101	8	—	18	127	3	6	15	95
[illegible]	3	2	14	—	7	113	11	—	37	1
Edenkoben	247	2	40	8	90	138	21	—	101	17
Maikammer	29	—	3	—	15	816	5	—	30	1
Dürkheim	30	22	8	—	1673	198	4	8	42	76
Wachenheim	40	2	8	—	7	19	12	—	10	1
Deidesheim	118	3	4	—	628	39	18	4	22	2
Mußbach	37	—	1	3	12	32	12	—	45	5
Haßloch	55	5	3	—	119	147	6	—	9	8
Böhl	44	—	8	—	3	73	4	—	1	—
Schifferstadt	12	—	—	—	49	344	11	—	3	1
Germersheim	634	27	21	—	63	211	15	2	74	84
[illegible]	9	3	—	—	3	51	9	—	3	9
[illegible]	5	—	—	—	4	144	—	—	—	—
[illegible]	3	—	—	—	4	600	—	—	—	—
Speyer	287	50	112	9	677	190	8	49	87	151
[illegible]	43	1	5	—	10	57	2	—	3	2
Rheingönheim	1	—	—	—	66	9	—	—	3	—
Ludwigshafen	45	8825	263	740	6809	24	12	62	3088	1962
[illegible]	3	3	—	2	42	47	1	—	47	3
Frankenthal	54	21	136	69	289	415	—	6	61	103
[illegible]	1	—	—	—	—	20	16	1	—	—
Summa	11017	11017	4169	4168	31765	[illegible]	497	497	2534	2534

50. Krapp, Krappwurzeln und Garancine.		51. Leder u. Lederwaaren.		52. Leinen- und Segeltuch.		53. Lumpen- und Papierabfälle.		54. Manufactur- u. Kurzwaaren.		55. Maschinen und Maschinentheile, Eisenbahnfahrzeuge.	
Empfang.	Versandt.	Empfang.	Versandt.	Empfang.	Versandt.	Empfang.	Versandt.	Empfang.	Versandt.	Empfang.	Versandt.
Centner.	Centner.	Centner.	Centner.	Centner.	Centner.	Centner.	Centner.	Centner.	Centner.	Centner.	Centner.
—	—	21	2	23	3	—	26	194	73	10	—
2	—	69	42	82	105	19	1655	945	425	334	628
—	—	114	10	193	24	3	2117	774	909	191	754
—	—	9	—	—	—	—	3	23	11	—	—
—	—	8	—	19	2	—	—	84	60	5	5
—	20	170	53	60	6	3	2378	641	275	68	6
—	—	—	—	—	—	—	—	12	10	—	—
—	—	1	3	—	2	853	64	54	79	434	8
—	—	609	1098	195	29	85	142	2015	1711	1343	600
—	—	4	4	—	2	—	11	35	50	—	—
—	—	71	9	20	5	—	247	355	122	714	3
1	—	4	1	4	—	—	14	63	17	5	—
—	1	115	218	95	22	311	1	1425	969	425	855
5	—	31	149	27	13	1	23	431	391	19	18
—	—	—	—	—	—	—	—	—	—	—	—
—	—	1	9	2	1	—	72	67	47	4	35
—	—	—	—	—	—	—	2	3	4	—	—
—	—	—	—	—	—	—	13	6	15	—	—
—	—	—	—	—	—	—	1	3	11	—	—
—	—	13	2	5	1	7	104	139	43	—	—
—	—	5	—	—	—	—	3	19	6	30	—
—	—	3	17	5	9	—	127	98	16	5	—
—	—	—	—	—	—	85	—	30	18	2	—
7	196	425	357	210	173	2005	7050	8504	4048	1002	1179
—	—	37	8	4	1			141	205	5	5
—	—	6	—	4	2	768	42	119	1350	11	1
—	—	48	2	2	—	—	3	115	238	41	3
11	—	87	77	21	3	10002	907	1178	2139	544	558
—	—	762	253	271	64	3136	847	1769	2990	140	2002
2830	250	90	71	8	—	—	35	1065	452	228	666
—	—	39	10	4	8	1	—	107	179	1	18
—	—	91	16	30	3	—	3	617	273	10	—
—	—	8	157	22	17	—	3199	404	614	297	84
—	—	2	1	1	1	—	—	141	87	—	—
—	—	107	8	12	8	—	10	461	198	3	45
—	—	71	41	13	10	60	1317	459	200	6	5
—	—	284	291	262	77	273	430	2185	2021	650	1632
—	—	127	82	18	6	70	108	264	247	—	—
—	—	18	3	20	—	—	—	100	201	6	1
—	—	199	74	57	90	780	143	660	801	422	28
—	—	12	2	12	6	—	—	170	160	12	11
—	—	265	118	70	91	651	100	1270	1057	162	142
—	—	4	8	5	—		9	249	115	5	—
—	—	64	13	29	4	1	5	347	221	16	5
—	—	51	8	20	5	—	11	201	236	3	—
—	—	45	55	12	8	—	7	222	210	7	1
—	—	21	2	2	2	—	9	107	77	—	—
—	—	47	12	3	1	—	9	110	117	12	7
—	—	142	111	11	20	—	103	1001	470	66	29
—	—	14	—	2	—	—	—	125	97	9	—
—	—	1	—	2	—	—	—	55	14	—	—
—	—	—	1	—	—	—		25	17	20	—
5695	5	627	1310	170	108	64	71	2041	2001	683	131
—	—	13	9	17	1	—	221	296	118	4	13
—	—	14	—	107	11	12	21	124	60	26	24
250	8130	470	196	88	1565	2921	1405	2128	4311	4055	1040
—	—	20	1	9	—	12	10	241	121	328	270
—	—	105	118	134	87	62	201	1207	1998	307	2001
—	—	1	4	1	1	—	—	40	56	—	—
8801	8801	5648	5648	2351	2351	29023	29023	32779	32779	14304	14304

Stationen.	60. Mehl und sonstige Mühlen- und Mehlfabrikate.		57. Mineralsalze, Pottasche, Soda, Salpeter, Alaun, Bittersalze.		58. Mineralwasser.		59. Mineralsäuren, (Salpeter-, Salz-, Schwefel-) u. sonstige Chemikalien.		61. Obst, frisch und getrocknet, eingemachte Früchte.	
	Empfang.	Versandt.	Empfang.	Versandt.	Empfang.	Versandt.	Empfang.	Versandt.	Empfang.	Versandt.
	Centner.	Centner.	Centner.	Centner.	Centner.	Centner.	Centner.	Centner.	Centner.	Centner.
Bexbach	2768	184	33	8	36	—	—	—	31	8
Homburg	9115	2072	678	40	85	15	195	10	226	56
St. Ingbert	8244	195	390	1	88	11	702	12	517	25
Hassel	130	—	13	—	—	—	—	—	1045	8
Würzbach	200	9	26	—	7	—	6	—	11	42
[illegible]-Neunkirchen	1750	1000	498	—	13	—	15	8	60	170
Bierbach	83	9	—	—	—	—	—	—	2	20
Schwarzenacker	88	135	31	—	—	—	21	—	4	5
Zweibrücken	8600	5853	1855	52	14	130	2505	1500	689	1658
Einöd	52	34	10	12	—	1	12	—	6	9
Bruchmühlbach	3062	336	117	—	12	—	14	—	85	102
Hauptstuhl	250	—	12	—	1	—	—	—	20	6
Landstuhl	4670	916	583	60	80	18	365	191	401	292
Kusel	1036	33	157	—	5	—	11	—	60	59
Rammelsbach	—	—	—	—	—	—	—	—	—	—
Altenglan	137	3	9	—	—	—	165	—	7	91
Theisbergstegen	30	—	—	—	—	—	—	—	4	5
[illegible]	30	330	—	—	—	—	—	—	—	27
[illegible]	26	5	—	—	—	—	—	—	6	6
Glan-Münchweiler	257	114	31	—	6	—	—	—	40	26
[illegible]	35	70	1	—	—	—	—	—	2	9
[illegible]	52	41	18	—	—	—	1	—	6	17
[illegible]	18	26	1	—	2	—	—	—	14	4
Kaiserslautern	19963	8256	8870	672	62	96	2171	116	1516	456
Hochspeyer	500	13	49	3	4	1	7	—	30	101
Frankenstein	296	13	38	—	12	—	36	—	30	47
Weidenthal	319	4420	15	—	4	—	153	—	90	228
Lambrecht	852	5170	1280	9	8	—	1867	30	335	30
Neustadt	7081	10522	1405	107	42	425	676	719	1517	232
Weißenburg	2550	160	196	3	7	20	738	6802	16	407
Schaidt	274	34	102	3	3	5	—	614	47	78
Winden	165	1405	522	75	7	1	23	3	169	765
Maximiliansau	10022	171	60	14	8	1	1	6	242	29
Wörth	121	4	11	—	1	—	—	—	30	7
Langenkandel	469	532	91	—	12	—	1	—	36	30
Rohrbach	484	216	168	216	14	—	169	8	225	304
Landau	2921	6654	1748	322	110	26	575	100	158	2665
Knöringen	134	37	150	15	20	—	3	5	21	785
Edesheim	72	118	42	1	20	—	92	—	20	170
Edenkoben	285	1158	347	72	41	5	700	11	140	1054
Maikammer	180	16	99	19	14	8	61	14	362	284
[illegible]	1404	4200	107	87	107	23	80	24	400	2123
[illegible]	500	330	17	3	9	—	12	—	14	347
[illegible]	780	42	118	242	17	—	23	2	640	806
[illegible]	1914	778	56	—	5	—	14	2	250	525
[illegible]	324	1084	220	14	22	2	13	—	160	406
Böhl	130	8	19	—	5	—	—	—	35	8
Schifferstadt	605	76	14	6	24	—	8	3	152	34
Germersheim	1173	1042	582	—	63	2	37	1	135	45
Lingenfeld	25	84	21	2	12	—	3	—	41	71
Heiligenstein	43	8	—	—	3	—	—	—	7	12
Berghausen	8	3	—	1	7	—	—	—	141	9
Speyer	3027	2190	700	124	60	106	2759	10	688	150
Mutterstadt	352	15	20	5	14	—	1652	—	63	64
[illegible]	101	215	1	—	4	—	—	—	98	13
Ludwigshafen	17078	12560	347	21400	8	863	8814	11874	4160	843
Oggersheim	936	6200	330	—	14	5	134	—	27	70
Frankenthal	3201	5645	1620	116	60	15	54	3	198	291
Bobenheim	10	9	10	—	—	—	—	—	4	61
Summa	113596	113596	23865	23865	1166	1166	18530	18530	14760	14760

61. Erze, nicht besonders genannte.		62. Oelkuchen, Oelkuchenmehl.		63. Papier und Pappe (außer Dachpappe).		64. Petroleum und sonstige Mineralöle.		65. Reis.		66. Rinden, roh und gemahlen. (Lohe, Borke.)	
Empfang.	Versandt.	Empfang.	Versandt.	Empfang.	Versandt.	Empfang.	Versandt.	Empfang.	Versandt.	Empfang.	Versandt.
Centner.	Centner.	Centner.	Centner.	Centner.	Centner.	Centner.	Centner.	Centner.	Centner.	Centner.	Centner.
284	—	110	—	15	—	42	—	5	—	—	—
230	64	1116	54	725	105	235	124	99	—	—	102
1321	85	241	—	167	24	13	—	25	1	102	—
32	—	111	—	—	—	15	3	3	—	—	1060
30	—	66	—	8	—	41	.	5	—	—	—
315	14	4	10	80	4	95	10	63	4	—	—
—	—	—	—	—	—	6	3	—	—	—	—
37	—	—	.	122	1131	9	—	—	—	—	—
190	400	212	201	1197	272	460	69	153	26	1060	—
—	—	—	—	—	—	—	—	—	—	—	—
15	109	284	19	21	—	174	4	45	—	—	—
4	—	—	—	2	—	9	—	—	—	—	—
1326	785	408	144	134	41	169	600	303	134	—	—
39	—	—	90	120	6	425	13	43	—	—	130
—	—	—	—	—	—	—	—	—	—	—	—
23	770	—	200	—	—	116	—	73	2	—	—
—	—	—	—	—	—	6	—	2	—	—	—
—	342	—	94	—	—	—	—	8	—	—	—
8		—	—	—	—	7	—	—	—	—	—
10	570	—	550	6	—	91	7	13	—	—	—
5	80	—	—	1	—	3	—	1	—	—	—
12	291	—	151	—	—	28	—	4	—	—	—
2	—	—	.	1	—	12	—	12	—	—	—
583	318	1727	634	1740	501	480	106	306	70	—	1030
50	3	—	.	31	2	39	—	10	—	—	—
60	10	—	..	100	665	4	—	1	—	..	—
54	—	58	—	7	1	9	3	5	—	—	—
511	5	43	—	255	1023	18	—	31	—	—	—
741	234	592	35	1619	1511	165	620	107	21	—	—
205	340	3	452	13	162	1078	—	—	—	—	—
6	262	110	94	5	—	101	1	10	—	—	—
46	215	—	200	104	17	126	26	52	—	—	—
94	16	—	1100	27	364	367	1	470	—	—	—
18	—	—	—	3	—	80	—	3	—	—	—
69	6	17	—	170	87	96	17	—	—	—	—
213	817	—	—	11	11	106	103	3	—	120	—
327	919	2461	1364	604	540	556	1020	1064	215	—	—
18	5	6	—	34	22	9	51	66	13	—	—
23	—	—	—	21	7	6	6	3	—	—	—
315	84	152	60	70	616	218	11	32	—	140	—
18	—	9	—	20	1	72	7	2	—	—	—
191	551	261	8	265	1134	31	32	14	10	—	—
5	2	765	25	4	1	47	—	7	—	—	—
34	—	573	—	34	8	170	3	23	—	—	—
8	110	—	38	4	—	103	—	5	—	—	—
43	—	1138	—	4	2	91	6	39	—	432	—
50	—	—	—	30	—	34	—	6	—	—	—
12	—	80	—	17	—	79	—	1	—	—	—
30	77	—	—	151	60	292	36	95	5	—	—
15	—	34	.	2	—	27	—	—	3	—	—
—	—	—	—	—	—	3	—	2	—	—	—
1	—	—	—	—	—	9	—	—	—	—	—
185	9	77	81	1180	1362	230	17	140	27	353	—
145	3	421	—	12	35	11	—	2	—	—	—
24	1	—	1	2	..	—	—	—	—	—	—
865	1240	205	4708	2705	212	20	5048	—	2765	—	—
44	11	601	30	103	17	10	6	3	—	—	—
209	3	200	105	305	621	91	19	38	—	65	—
.	—	.	—	1	—	..	..	—	—	—	—
8553	8553	11479	11479	12951	12951	6785	6785	3300	3300	2753	2753

Stationen.	67. Salz, Koch- und Viehsalz, (excl.) Düngsalz. Empfang.	67. Versandt.	68. Saamen aller Art. Empfang.	68. Versandt.	69. Sand und Kies. Empfang.	69. Versandt.	70. Seide, rohe, und Seidenwaaren. Empfang.	70. Versandt.	71. Spiritus, Branntwein und sonstige Spirituosen. Empfang.	71. Versandt.
	Zentner.	Zentner.	Zentner.	Zentner.	Zentner.	Zentner.	Zentner.	Zentner.	Zentner.	Zentner.
Bexbach	101	—	1	8	—	—	—	—	37	—
Homburg	5572	1265	786	736	125	6	—	—	3901	271
St. Ingbert	1232	33	17	20	4	—	—	1	163	11
Hassel	14	—	5	—	—	—	—	—	45	—
Würzbach	31	—	17	—	—	—	—	—	35	1
Bliescastel-Lautzkirchen	1563	2	36	356	2	—	1	—	677	118
Bierbach	17	—	2	—	—	—	—	—	4	—
Schwarzenacker	2	—	—	—	—	—	—	—	4	8
Zweibrücken	4415	40	342	652	35	3	7	4	197	192
Einöd	13	—	2	3	—	—	—	—	—	—
Bruchmühlbach	926	—	14	407	2	—	2	—	33	364
Hauptstuhl	1	—	—	7	9	—	—	—	16	—
Landstuhl	2294	1163	225	900	2100	7	1	—	250	1036
Kusel	1393	—	4	—	6	—	—	—	93	4
Rammelsbach	—	—	—	—	—	—	—	—	—	—
Altenglan	118	—	136	32	—	—	—	—	42	2
Theisbergstegen	118	—	176	—	—	—	—	—	33	2
[illegible]	—	—	33	8	—	—	—	—	—	—
Rehweiler	14	—	—	24	—	—	—	—	—	2
Glan-Münchweiler	167	3	164	165	—	1	—	—	27	25
Niedermohr	18	—	1	2	—	—	—	—	4	—
Steinwenden	160	—	16	34	—	—	—	—	11	13
Ramstein	3	—	—	6	—	—	—	—	5	5
Kaiserslautern	12882	58	1752	1917	32	1430	19	1	986	961
Hochspeyer	724	4	8	1	—	—	—	—	101	1
Frankenstein	35	—	73	34	—	—	—	—	179	10
Weidenthal	1160	—	2	1	—	—	—	—	74	—
Lambrecht	1530	79	318	—	—	—	1	—	169	2
Neustadt	9724	2000	148	411	26347	2	145	1	1235	1047
Weissenburg	—	10743	1327	3007	—	375	2	5	244	33
Schaidt	542	1113	1	446	—	—	—	—	114	8
Winden	1180	—	67	247	—	—	—	—	896	21
Maximiliansau	117	300	1100	289	410	3	3	1	193	6
Wörth	42	—	9	18	—	—	—	—	67	8
Langenkandel	4134	1311	846	41	—	—	1	2	106	39
Rohrbach	352	9	317	137	—	—	3	—	731	303
Landau	10436	347	696	2673	133	8	5	2	840	663
Edenkoben	35	—	131	236	—	14	1	—	56	308
[illegible]	3	3	5	1	—	—	—	—	4	23
[illegible]	4913	4	43	59	7	1	4	2	724	357
[illegible]	3	—	4	—	1	—	—	—	42	430
Dürkheim	8747	516	1746	35	—	26373	—	2	158	1475
Wachenheim	38	—	9	—	—	—	—	—	19	26
Deidesheim	632	—	8	1	—	—	—	—	160	33
Mußbach	545	—	367	20	—	2	—	—	37	191
Haßloch	984	12	41	37	—	—	—	—	130	25
Böhl	144	—	103	10	—	—	—	—	99	1
Schifferstadt	311	—	1	11	2	—	—	—	282	17
Germersheim	6496	2	42	35	3	—	—	—	741	149
Lingenfeld	127	—	11	39	—	—	—	—	141	37
Heiligenstein	5	—	1	3	—	—	—	—	74	7
Berghausen	—	—	—	—	—	—	—	—	26	—
Speyer	6466	42	131	136	342	101	4	—	387	408
Mutterstadt	1166	32	45	7	—	—	—	—	119	66
Rheingönheim	173	—	14	16	—	108	—	—	140	3
Ludwigshafen	114	25007	1521	1304	1665	27	5	174	505	326
Oggersheim	23	—	8	—	—	—	3	—	128	4
Frankenthal	7356	3	623	15	1721	1308	1	3	73	2251
Bobenheim	—	—	—	100	—	—	—	—	—	—
Summa	60845	60845	16279	16279	37033	37033	201	201	13115	13115

72. Steinkohlen, Coaks und Briquets.		73. Steine, Bau-, Quader-, Mauer-.		74. Steine, Porphyr-, Granit-, Marmor-.		75. Steine, Dach-, Ziegel-, feuerfeste.		76. Steinhauer-Arbeiten.		77. Syrup (Melasse), Honig.	
Empfang.	Versandt.	Empfang.	Versandt.	Empfang.	Versandt.	Empfang.	Versandt.	Empfang.	Versandt.	Empfang.	Versandt.
Centner.	Centner.	Centner.	Centner.	Centner.	Centner.	Centner.	Centner.	Centner.	Centner.	Centner.	Centner.
—	—	468	—	15212	—	622	—	2	—	2	—
—	—	10678	1000	27081	48	2463	338	480	119	12	2
—	—	15700	—	13874	—	736	9	443	—	—	—
—	—	—	—	—	—	—	—	—	—	—	—
—	—	2100	320	420	—	—	—	—	—	3	—
160	—	—	1658	10759	114	11	8190	20	3	16	—
—	—	—	—	—	—	—	—	—	—	—	—
100	107	9800	—	11741	—	25	—	325	—	—	—
1720	118	2732	842	37346	4	978	835	158	291	290	—
—	—	—	—	—	—	—	—	—	—	—	—
—	2300	—	9	6241	—	8	—	2	17	7	1
—	—	—	—	—	—	—	—	—	—	—	—
105	57255	317	21306	60747	64049	1373	160	110	867	1	1
17100	—	—	1	1013	4	155	—	18	12	—	—
—	—	—	—	—	19417	—	—	—	—	—	—
18307	984	240	—	—	48307	—	—	103	—	—	—
1307	—	—	—	—	21448	—	—	—	—	—	—
30	—	—	—	—	—	—	—	—	—	—	—
—	—	—	—	—	—	—	—	—	—	—	—
4708	—	—	—	—	500	—	—	—	—	—	—
—	—	—	—	—	—	—	—	21	—	—	—
2908	—	—	—	—	—	—	—	—	—	—	—
6100	—	—	—	—	—	—	—	—	—	—	—
7001	7120	29236	2945	60083	762	240	13371	211	822	39	29
800	—	—	—	3700	—	—	—	—	28	3	—
700	100	1000	217000	4314	—	4	—	—	100	—	—
300	—	—	382679	—	—	—	—	1	—	2	—
900	1755	15698	40	984	2	2135	5	91	—	—	—
4800	5800	128626	1673	2100	457	49610	400	2108	706	77	85
78175	—	—	2	12119	465	13100	5	201	231	—	33
1700	—	3677	—	401	1	322	—	—	1	2	—
6500	—	1386	—	1705	2	100	—	65	—	3	—
2300	36670	64405	—	2700	—	472	—	311	471	—	2
—	—	—	—	—	—	—	—	—	—	—	—
38250	270	2930	—	6767	—	135	92	148	8	17	—
3700	—	7600	—	—	9	78	—	—	180	—	1
6400	1400	12740	80210	678	5800	1400	61387	222	3610	296	29
—	—	—	—	—	1	11	—	—	—	—	—
—	—	—	—	—	—	10	—	10	—	1	—
3800	270	20286	—	1367	16	1031	300	147	24	1	—
—	—	2	—	1	—	15	7	15	—	—	1
6700	300	48054	1401	231	1050	3310	134	158	44	4	6
100	—	3507	—	210	—	1801	—	18	—	—	—
1800	—	40084	—	225	11870	8734	—	—	2	75	27
1000	—	7582	6335	210	—	135	—	155	4	1	—
700	—	10400	—	—	—	—	120	—	—	1	—
	—	[illegible]	—	2	—	—	—	—	—	—	—
300		11347	—	—	—	—	—	21	—	7	—
2500	—	15791	—	5	2	219	—	62	—	19	1
2300	—	9564	—	100	—	—	—	34	—	4	—
—	—	—	—	—	—	—	—	—	—	—	—
—	—	1980	—	—	—	—	7801	300	8	—	—
3700	2100	63093	680	6235	35	4122	6100	212	61	7	38
3800	300	24684	—	—	—	700	1630	82	—	3	1
1400	—	12600	—	—	—	96	340	24	—	—	—
1400	123581	173550	—	8140	177	10270	7440	370	55	18	270
1100	—	46616	—	—	—	—	—	15	—	—	—
5000	—	48132	—	21	3	181	0	75	4	1	446
300	—	32700	—	—	—	310	—	—	—	—	—
254235	254235	784319	784319	279300	279300	95833	95832	6861	6861	915	915

Stationen.	78. Tabak, roh.		79. Tabak, fabricirt.		80. Terpentin und Terpentinöl, Lack, Firniße.		81. Twiste, Baumwollgarn, ungefärbt.		82. Torf.	
	Empfang	Versandt	Empfang.	Versandt.	Empfang.	Versandt.	Empfang.	Versandt.	Empfang.	Versandt.
	Centner.	Centner.	Centner.	Centner.	Centner.	Centner.	Centner.	Centner.	Centner.	Centner.
Bexbach	8	—	56	7	5	—	1	—	—	—
Homburg	578	12	854	205	5	9	10	16	—	—
St. Ingbert	283	10	285	28	3	9	6	—	—	—
Hassel	3	—	9	5	—	—	—	—	—	—
Würzbach	—	—	185	1	1	—	1	—	50	—
Blieskastel-Lautzkirchen	323	—	541	44	11	—	80	1	—	—
Bierbach	—	—	—	—	—	—	—	—	—	—
Schwarzenacker	—	—	—	1	—	—	—	—	—	—
Zweibrücken	195	—	1515	60	27	8	66	2	—	—
Einöd	—	—	5	3	—	—	—	3	—	—
Bruchmühlbach	—	—	142	2	1	—	8	2	—	—
Hauptstuhl	—	—	12	1	—	—	1	—	—	—
Landstuhl	180	—	653	68	8	114	19	83	—	5513
Kusel	74	—	80	3	2	—	16	—	—	—
Rammelsbach	—	—	—	—	—	—	—	—	—	—
Altenglan	—	—	13	—	1	—	8	—	—	—
Theisbergstegen	—	—	3	—	1	—	5	—	—	—
Eisenbach	—	—	1	—	—	—	—	—	—	—
Rehweiler	—	—	1	1	—	—	—	—	—	—
Glan-Münchweiler	—	—	72	2	—	—	11	—	—	—
Steinwenden	—	—	2	—	—	—	—	—	—	—
Ramstein	—	—	21	—	1	—	1	—	—	—
Kindsbach	—	—	10	—	2	—	1	—	—	—
Kaiserslautern	1187	74	440	216	27	30	123	118	—	492
Hochspeyer	5	—	51	1	2	—	—	—	—	—
Frankenstein	3	—	14	1	—	—	1	—	—	—
Weidenthal	—	—	18	—	—	—	—	—	—	—
Lambrecht	8	—	15	2	3	—	8	—	151	—
Neustadt	1783	290	162	1554	11	25	575	13	600	—
Weißenburg	5766	—	10	1	10	—	—	—	—	—
Schaidt	20	12	128	6	—	—	—	—	—	—
Winden	7	—	127	6	4	—	41	3	—	—
Maximiliansau	17	—	60	84	1	1	3	57	—	—
Wörth	—	—	46	1	—	—	—	—	—	—
Langenkandel	105	201	93	97	2	2	11	—	—	—
Rohrbach	3	825	35	1	10	14	2	—	270	—
Landau	1670	471	221	673	16	9	85	1	200	—
Knöringen	—	153	39	8	—	—	1	—	—	—
Edesheim	—	—	14	2	3	—	—	—	—	—
Edenkoben	—	—	7	—	40	1	21	15	—	—
Maikammer	—	128	20	—	4	1	—	—	—	—
Dürkheim	—	5	82	73	3	1	—	—	400	—
Wachenheim	—	—	17	—	1	—	—	—	—	—
Deidesheim	1	—	68	—	8	—	5	—	400	—
Mußbach	—	—	11	2	—	—	8	3	—	—
Haßloch	435	2052	28	3	4	—	1	—	800	—
Böhl	30	—	20	—	2	—	3	—	—	—
Schifferstadt	28	547	31	27	4	—	5	—	—	—
Germersheim	7	—	65	3	41	2	—	—	—	—
Lingenfeld	3	138	101	—	2	—	3	—	—	—
Heiligenstein	—	85	16	—	2	—	—	—	—	—
Berghausen	—	240	9	—	—	—	—	—	—	—
Speyer	273	1145	170	108	21	10	1	4	431	—
Mutterstadt	2	1	81	1	7	—	9	5	108	—
Rheingönheim	6	—	9	—	8	—	—	—	—	—
Ludwigshafen	2212	8066	46	2940	5	101	1347	122	600	—
Oggersheim	10	31	76	1	4	—	48	2125	—	—
Frankenthal	20	1	117	26	19	2	127	34	1500	—
Bobenheim	—	—	—	1	2	—	—	—	—	—
Summe	15830	15830	6110	6110	341	344	2556	2556	6005	6005

63. Ultramarin.		64. Wein.		65. Wolle.		66. Zuckerrüben.		67. Zucker, roh.		68. Zucker, fabricirt.	
Empfang.	Versandt.	Empfang.	Versandt.	Empfang.	Versandt.	Empfang.	Versandt.	Empfang.	Versandt.	Empfang.	Versandt.
Centner.	Centner.	Centner.	Centner.	Centner.	Centner.	Centner.	Centner.	Centner.	Centner.	Centner.	Centner.
—	—	996	10	—	1	—	—	—	[illegible]	5	—
—	—	3155	121	5	6	—	—	—	—	216	84
—	—	3782	72	9	2	—	—	—	—	323	1
—	—	121	5	1	4	—	—	—	—	—	—
—	—	560	121	1	11	—	—	—	—	15	—
2	—	2417	32	—	6	—	—	—	—	274	8
—	—	85	—	—	1	—	—	—	—	—	—
—	—	128	27	—	3	—	—	—	—	—	—
8	—	9723	853	35	144	—	—	1	—	752	20
—	—	236	20	—	—	—	—	—	—	—	21
4	—	2316	38	5	11	—	—	—	8	253	—
1	—	317	2	—	—	—	—	—	—	—	—
6	28	4549	159	122	8	—	—	—	—	805	228
—	—	601	23	112	2	—	—	—	—	172	1
—	—	—	—	—	—	—	—	—	—	—	—
—	—	141	26	3	2	—	—	—	—	21	—
—	—	36	—	1	—	—	—	—	—	25	—
—	—	31	—	—	—	—	—	—	—	—	—
—	—	25	5	—	—	—	—	—	—	—	—
—	—	290	9	—	—	—	—	—	—	30	—
—	—	85	8	—	—	—	—	—	—	7	—
—	—	151	5	1	—	—	—	—	—	6	—
—	—	147	6	—	—	—	—	—	—	3	—
87	5494	8257	2967	5414	291	—	—	8	11	1162	397
2	—	413	68	1	—	—	—	—	—	36	3
—	—	180	8	—	—	—	—	—	—	17	—
—	—	415	7	55	—	—	—	—	—	52	—
2	—	1062	11	1527	229	—	—	—	—	175	—
25	25	3074	83876	54	656	—	—	12	12	917	257
61	—	1789	1292	600	82	—	—	1	1	—	—
62	—	984	57	1	1	—	—	9	—	176	—
5	—	421	392	2	1	—	—	1	—	267	—
—	—	2170	11	—	3598	—	—	—	—	8071	1
—	—	1004	1	—	—	—	—	—	—	112	—
4	—	1159	42	1	1	—	—	7	—	35	8
4	15	276	1158	5	12	—	—	—	—	80	51
62	—	1280	7690	18	31		2	55	1	3258	1514
3	—	62	215	—	—	—	—	—	5	31	24
—	—	70	2971	—	—	—	—	—	—	41	4
3	—	411	17161	3	3	—	—	—	—	271	35
1	—	100	10173	1	2	—	—	—	—	101	3
1	—	621	11278	6	1	—	—	—	—	90	29
—	—	548	1574	2	—	—	—	—	—	50	2
—	—	1173	4615	5	1	—	—	—	—	180	—
—	—	215	3931	—	2	—	—	—	—	91	—
—	—	105	131	1	1	—	—	—	—	48	—
—	—	217	340	—	—	—	—	—	—	27	2
—	—	901	32	—	—	—	—	—	—	25	—
13	—	1092	175	1	—	—	—	—	—	323	14
—	—	296	18	—	—	—	—	—	—	10	—
—	—	16	31	—	—	—	—	—	—	—	—
—	—	110	867	—	—	—	1400	—	—	—	—
8	—	2419	396	10	30	—	22890	—	—	252	905
8	—	815	13	—	8	26422	—	4778	—	13	900
—	—	1592	9	—	—	—	—	—	—	2	—
5400	77	31963	600	43	1767	—	2200	—	4600	107	15110
3	—	404	16	—	1	—	—	—	—	—	7
18	3	807	497	171	190	—	—	1	—	92	10
—	—	191	9	—	—	—	—	—	—	—	—
5841	5841	100182	100182	[illegible]	[illegible]	26422	26422	4817	4817	19790	19790

Stationen.	89. Sonstige Güter.		90. Summe.		91. Total.
	Empfang.	Versandt.	Empfang.	Versandt.	
	Centner.	Centner.	Centner.	Centner.	Centner.
Bexbach	4.6	2.4	[illegible]	[illegible]	[illegible]
Homburg	17.4	22.6	[illegible]	[illegible]	[illegible]
St. Ingbert	522.7	16.7	[illegible]	[illegible]	[illegible]
Hassel	1.3	1.8	[illegible]	[illegible]	[illegible]
Würzbach	1.1	481.4	[illegible]	[illegible]	[illegible]
[illegible]	103.1	8.9	[illegible]	[illegible]	[illegible]
Bierbach	1.8	8.4	[illegible]	[illegible]	[illegible]
Schwarzenacker	99.9	3.8	[illegible]	[illegible]	[illegible]
Zweibrücken	1879	11.1	[illegible]	[illegible]	[illegible]
Einöd	1.3	1.5	[illegible]	[illegible]	[illegible]
Bruchmühlbach	1.4	24	[illegible]	[illegible]	[illegible]
Hauptstuhl	1.4	1.7	[illegible]	[illegible]	[illegible]
Landstuhl	14.1	317.8	[illegible]	[illegible]	[illegible]
Kusel	161	1.6	[illegible]	[illegible]	[illegible]
Rammelsbach	—	1.4	—	[illegible]	[illegible]
Altenglan	14.5	9.2	[illegible]	[illegible]	[illegible]
Theisbergstegen	3.4	4.1	[illegible]	[illegible]	[illegible]
[illegible]	1.2	1.8	[illegible]	[illegible]	[illegible]
Rehweiler	1.6	—	[illegible]	150	[illegible]
Glan-Münchweiler	1.2	8.2	[illegible]	[illegible]	[illegible]
[illegible]	3.3	1.8	[illegible]	[illegible]	[illegible]
Steinwenden	12	—	[illegible]	[illegible]	[illegible]
Ramstein	1.1	1.1	[illegible]	[illegible]	[illegible]
Kaiserslautern	643	661.1	[illegible]	[illegible]	[illegible]
Hochspeyer	[illegible]	16.9	[illegible]	[illegible]	[illegible]
Frankenstein	[illegible]	8	[illegible]	[illegible]	[illegible]
Weidenthal	1.8	1.3	[illegible]	[illegible]	[illegible]
Lambrecht	[illegible]	5.2	[illegible]	[illegible]	[illegible]
Neustadt	[illegible]	[illegible]	[illegible]	[illegible]	[illegible]
Weissenburg	[illegible]	[illegible]	[illegible]	[illegible]	[illegible]
Schaidt	61.6	2.8	[illegible]	[illegible]	[illegible]
Winden	1	[illegible]	[illegible]	[illegible]	[illegible]
Maximiliansau	[illegible]	[illegible]	[illegible]	[illegible]	[illegible]
Wörth	7.4	1.2	[illegible]	[illegible]	[illegible]
Langenkandel	17.1	1.1	[illegible]	[illegible]	[illegible]
Rohrbach	1.4	[illegible]	[illegible]	[illegible]	[illegible]
Landau	[illegible]	[illegible]	[illegible]	[illegible]	[illegible]
Knöringen	1.3	1.4	[illegible]	[illegible]	[illegible]
Edesheim	2	17.4	[illegible]	[illegible]	[illegible]
Edenkoben	6.1	16.5	[illegible]	[illegible]	[illegible]
Maikammer	1.6	12.7	[illegible]	[illegible]	[illegible]
Dürkheim	20.1	[illegible]	[illegible]	[illegible]	[illegible]
Wachenheim	1.6	1.1	[illegible]	[illegible]	[illegible]
Deidesheim	[illegible]	[illegible]	[illegible]	[illegible]	117172
Mußbach	1.6	6.8	[illegible]	[illegible]	[illegible]
Haßloch	3.8	—	[illegible]	[illegible]	[illegible]
Böhl	1.3	3.2	[illegible]	[illegible]	[illegible]
Schifferstadt	1.0	2.7	[illegible]	[illegible]	[illegible]
Germersheim	638	127.6	[illegible]	[illegible]	[illegible]
Lingenfeld	1.4	1.3	[illegible]	[illegible]	[illegible]
Heiligenstein	1.4	1.9	[illegible]	[illegible]	[illegible]
Limburgerhof	1.1	1.9	[illegible]	[illegible]	[illegible]
Speyer	[illegible]	[illegible]	[illegible]	[illegible]	[illegible]
Mutterstadt	—	9.0	[illegible]	[illegible]	[illegible]
Rheingönheim	3.2	1.8	[illegible]	[illegible]	[illegible]
Ludwigshafen	213.6	[illegible]	[illegible]	[illegible]	[illegible]
Oggersheim	3.4	1.6	[illegible]	[illegible]	[illegible]
Frankenthal	86.2	[illegible]	[illegible]	[illegible]	[illegible]
Bobenheim	1.8	1.7	[illegible]	[illegible]	[illegible]
Summe . . .	6134.6	6134.6	[illegible]	[illegible]	[illegible]

Bezeichnung der Verkehre.	1. Abfälle, nicht besonders genannte.		2. Asphalt oder Judenpech.		3. Baumwolle, rohe.	
	Empfang.	Versandt.	Empfang.	Versandt.	Empfang.	Versandt.
	Centner.	Centner.	Centner.	Centner.	Centner.	Centner.
A. Verkehre im Zollverein:						
1. Saarbrücken-Hessen-Pfalz-Verkehr:						
a) Pfälzische Stationen	1582	9088	—	16	—	101
b) Transit von Preußen nach Hessen	—	3031	—	—	—	—
c) „ „ Hessen nach Preußen	—	646	—	—	—	—
2. Hessen-Pfalz-Verkehr	8861	3902	212	—	2	5
3. Rheinischer Verkehr:						
a) Pfälzische Stationen	883	1117	41	100	—	—
b) Transit v. Rh. u. Hess. n. Bad. u. Württ. Stat.	—	5398	—	198	—	3
c) „ „ Bad. u. Württ. n. Rh. u. Hess. Stat.	—	4037	—	301	—	9
d) „ „ Rhein. und Hess. Stationen nach Basel	—	—	—	—	—	—
e) „ „ Basel nach Rhein. und Hess. Stationen	—	19	—	100	—	—
4. Sächsisch-Pfälzischer Verkehr	5	11	—	—	1	—
5. Baden-Pfalz-Saarbrücken-Verkehr via Ludwigshafen:						
a) Pfälzische Stationen	6196	6251	133	—	705	5416
b) Transit von Preußen nach Baden	—	322	—	—	—	—
c) „ „ Baden nach Preußen	—	6253	—	1	—	—
6. Baden-Pfalz-Saarbrücken-Verkehr via Maxau:						
a) Pfälzische Stationen	347	1531	—	5	7	15578
b) Transit von Preußen nach Baden	—	31	—	—	—	—
c) „ „ Baden nach Preußen	—	3178	—	—	—	—
7. Süddeutscher Verkehr:						
a) Pfälzische Stationen	969	1271	176	—	24	14387
b) Transit von Hessen nach südd. Stationen	—	30	—	—	—	—
c) „ „ südd. Stationen nach Hess. Stationen	—	110	—	—	—	—
8. Mitteldeutscher Verkehr	41	4	—	—	102	—
9. Westdeutscher Verkehr	17	—	—	—	32410	1
10. Main-Neckar-Verkehr	645	175	33	—	2	3
Summa	13404	44580	597	611	33254	33277
B. Internationale Verkehre:						
11. Ludwigshafen-Schweiz-Verkehr	—	180	—	184	—	5560
12. Holländischer Verkehr:						
a) Pfälzische Stationen	214	—	—	—	10678	—
b) Transit von holl. nach Zollvereinsstationen	—	—	—	—	—	21388
c) „ „ Zollvereins- nach holl. Stationen	—	—	—	—	—	—
d) „ „ holl. nach franz. Stationen	—	5	—	—	—	1537
e) „ „ franz. nach holl. „	—	—	—	—	—	88
13. Belgischer Verkehr via Herbesthal	100	205	1252	—	8783	—
14. „ „ „ Luxemburg	15	—	—	—	95046	—
15. Französischer Verkehr via Forbach: Pfälzische Stationen incl. Worms u. s. w.	5	66	—	—	947	167
16. Französischer Verkehr via Weißenburg:						
a) Pfälzische Stationen	6208	534	200	—	5734	112218
b) Transit von franz. nach Zollvereinsstationen	—	2685	—	—	—	1500
c) „ „ Zollvereins- nach franz. Stationen	—	3775	—	—	—	—
Summa	6542	7116	1452	134	112231	142945
Total	19945	51796	2049	745	145485	175822

Bezeichnung der Verkehre.	b. Baumwollwaaren.		c. Bier.		d. Blech, alle Sorten.	
	Empfang.	Versandt.	Empfang.	Versandt.	Empfang.	Versandt.
	Centner.	Centner.	Centner.	Centner.	Centner.	Centner.
A. Verkehre im Zollverein:						
1. Saarbrücken-Hessen-Pfalz-Verkehr:						
a) Pfälzische Stationen	694	3104	168	[illegible]	50610	1647
b) Transit von Preußen nach Hessen	—	7	—	—	—	179
c) „ „ Hessen nach Preußen	—	68	—	—	—	1
2. Hessen-Pfalz-Verkehr	8845	7146	4133	3767	6811	1554
3. Rheinischer Verkehr:						
a) Pfälzische Stationen	1073	1378	4	173	22867	104
b) Transit von Rhein. und Hess. nach Bad. und Württ. Stationen	—	7626	—	2015	—	2165
c) „ „ Bad. und Württ. nach Rhein. und Hess. Stationen	—	16427	—	141	—	1651
d) „ „ Rhein. und Hess. Stationen nach Basel	—	17	—	—	—	—
e) „ „ Basel nach Rhein. und Hess. Stationen	—	—	—	—	—	—
4. Sächsisch-Pfälzischer Verkehr	1473	41	21	3	—	—
5. Baden-Pfalz-Saarbrücken-Verkehr via Ludwigshafen:						
a) Pfälzische Stationen	4561	2023	167	356	1969	1623
b) Transit von Preußen nach Baden	—	16	—	85	—	[illegible]
c) „ „ Baden nach Preußen	—	875	—	41	—	64
6. Baden-Pfalz-Saarbrücken-Verkehr via Maxau:						
a) Pfälzische Stationen	1163	1528	18	101	116	3178
b) Transit von Preußen nach Baden	—	26	—	—	—	16740
c) „ „ Baden nach Preußen	—	261	—	—	—	134
7. Süddeutscher Verkehr:						
a) Pfälzische Stationen	7477	2176	4829	91	1728	22001
b) Transit von Hessen nach süddeutschen Stationen	—	5	—	—	—	25
c) „ „ süddeutschen Stationen nach hessischen Stationen	—	25	—	—	—	—
8. Mitteldeutscher Verkehr	794	2069	3	13	4	4
9. Westdeutscher Verkehr	125	332	5	60	6	—
10. Main-Neckar-Verkehr	212	214	16	11	628	257
Summa . . .	25806	45375	9372	37470	83984	131662
B. Internationale Verkehre:						
11. Ludwigshafen-Schweiz-Verkehr	16	427	—	830	—	4016
12. Holländischer Verkehr:						
a) Pfälzische Stationen	499	251	14	—	1	—
b) Transit von holländischen nach Zollvereinsstationen	—	316	—	—	—	—
c) „ „ Zollvereins- nach holländischen Stationen	—	1686	—	—	—	—
d) „ „ holländischen nach französischen Stationen	—	153	—	3	—	3
e) „ „ französischen nach holländischen	—	5800	—	—	—	—
13. Belgischer Verkehr via Herbesthal	212	57	—	13	—	8
14. „ „ „ Luxemburg	16	95	6	2540	213	—
15. Französischer Verkehr via Forbach:						
Pfälzische Stationen incl. Worms u. s. w.	21	676	—	27958	4	30
16. Französischer Verkehr via Weißenburg:						
a) Pfälzische Stationen	182	5149	14	84	—	—
b) Transit von französischen nach Zollvereinsstationen	—	323	—	1	—	6
c) „ „ Zollvereins- nach französischen Stationen	—	44	—	711	—	—
Summa . . .	902	22267	34	31[illegible]	218	[illegible]
Total . . .	24507	68142	9406	68655	[illegible]	136[illegible]

[illegible]	294
—	[illegible]
—	1855
—	—
—	—
4	88
3701	[illegible]
—	174
—	488
855	[illegible]
—	8
—	44
157	888
—	8
—	—
69	1864
478	719
455	16
7100	[illegible]
—	[illegible]
44	16
—	85
—	84
—	982
—	6
16	148
—	105

Bezeichnung der Verkehre.	13. Drucksachen, Bücher u. Kunstgegenstände. Empfang.	13. Versandt.	14. Eisen, Roh- u. Bruch-. Empfang.	14. Versandt.	15. Eisen, fabricirtes und Stahl. Empfang.	15. Versandt.
	Centner.	Centner.	Centner.	Centner.	Centner.	Centner.
A. Verkehre im Zollvereine:						
1. Saarbrücken-Hessen-Pfalz-Verkehr:						
a) Pfälzische Stationen	243	596	29965	6222	160254	6532
b) Transit von Preußen nach Hessen	—	—	—	—	—	10631
c) " " Hessen nach Preußen	—	—	—	—	—	—
2. Hessen-Pfalz-Verkehr	763	249	15558	240	8341	21634
3. Rheinischer Verkehr:						
a) Pfälzische Stationen	205	97	4159	120	57094	11
b) Transit von Rhein. und Hess. nach Bad. und Württ. Stationen	—	1248	—	3503	—	26104
c) " " Bad. und Württ. nach Rhein. und Hess. Stationen	—	1631	—	998	—	914
d) " " Rhein. und Hess. Stationen nach Basel	—	—	—	—	—	—
e) " " Basel nach Rhein. und Hess. Stationen	—	1	—	—	—	—
4. Sächsisch-Pfälzischer Verkehr	885	91	—	—	1	10
5. Baden-Pfalz-Saarbrücken-Verkehr via Ludwigshafen:						
a) Pfälzische Stationen	294	243	7357	12350	4990	60639
b) Transit von Preußen nach Baden	—	32	—	1616.	—	211471
c) " " Baden nach Preußen	—	27	—	14499	—	755
6. Baden-Pfalz-Saarbrücken-Verkehr via Maxau:						
a) Pfälzische Stationen	152	122	243	10193	804	34793
b) Transit von Preußen nach Baden	—	55	—	102	—	77120
c) " " Baden nach Preußen	—	84	—	8095	—	[illegible]
7. [illegible] Verkehr:						
a) Pfälzische Stationen	1459	569	9843	27104	2216	46[illegible]
b) Transit von Hessen nach [illegible] Stationen	—	15	—	—	—	—
c) " " [illegible] Stationen nach hessischen Stationen	—	—	—	—	—	150
8. Mitteldeutscher Verkehr	328	156	—	—	28	32
9. Westdeutscher Verkehr	49	60	128423	—	2026	134
10. Main-Neckar-Verkehr	176	15	9683	1115	6227	830
Summe . . .	4124	5606	168841	83260	216296	580627
B. Internationale Verkehre:						
11. Ludwigshafen-Schweiz-Verkehr	34	70	1800	125878	—	32790
12. Holländischer Verkehr:						
a) Pfälzische Stationen	72	14	—	—	25	—
b) Transit von holländischen nach Zollvereinsstationen	—	3	—	110	—	25
c) " " Zollvereins- nach holländischen Stationen	—	100	—	—	—	—
d) " " holländischen nach französischen Stationen	—	—	—	—	—	5
e) " " französischen nach holländischen Stationen	—	2	—	—	—	—
13. Belgischer Verkehr via Herbesthal	85	22	1304	—	—	—
14. " " " Luxemburg	30	—	100	—	830	—
15. Französischer Verkehr via Forbach: Pfälzische Stationen inkl. Worms u. s. w.	13	117	—	—	1911	663
16. Französischer Verkehr via Weißenburg:						
a) Pfälzische Stationen	60	73	6945	440	270	859
b) Transit von französischen nach Zollvereinsstationen	—	87	—	181	—	294
c) " " Zollvereins- nach französischen Stationen	—	48	—	100	—	623
Summe . . .	234	536	9846	127111	2790	32790
Total . . .	4358	6124	198427	210161	221089	620807

16. Eisenbahnschienen und Schienenbefestigungsmittel.		17. Eisen- und Stahlwaaren.		18. Eisenerz.		19. Emballagen.		20. Erden.		21. Erze außer den besonders genannten.	
Empfang.	Versandt.	Empfang.	Versandt.	Empfang.	Versandt.	Empfang.	Versandt.	Empfang.	Versandt.	Empfang.	Versandt.
Centner.	Centner.	Centner.	Centner.	Centner.	Centner.	Centner.	Centner.	Centner.	Centner.	Centner.	Centner.
10434	30145	15717	18082	672864	313	17098	3731	1604	[illegible]	—	1091
—	—	—	1735	—	—	—	2035	—	—	—	—
—	—	—	95	—	—	—	335	—	—	—	—
1719	3676	80480	11257	285	12	11723	7996	84248	1529	728	473
19106	10	27157	661	100	—	1380	601	4610	1081	2413	712
—	22072	—	58598	—	—	—	5350	—	3840	—	2156
—	68	—	4958	—	—	—	6017	—	313	—	71135
—	—	—	—	—	—	—	—	—	—	—	—
—	—	—	2	—	—	—	—	—	—	—	—
—	—	38	62	—	—	452	117	5	—	—	—
278	37319	5463	24432	23	77731	9857	10113	705	1645	225	577
—	[illegible]	—	20021	—	—	—	3540	—	800	—	—
—	—	—	1077	—	—	—	556	—	60	—	17
—	1751	1711	10531	—	—	6002	1173	—	7311	10	200
—	3118	—	9080	—	—	—	421	—	—	—	—
—	—	—	909	—	—	—	641	—	—	—	—
—	53372	5701	14931	131	—	14737	4000	2148	6405	35	130
—	—	—	210	—	—	—	40	—	—	—	—
—	—	—	170	—	—	—	210	—	—	—	—
—	—	732	205	—	—	982	163	—	228	—	—
—	—	1731	441	223670	—	1108	129	198	1153	18309	19
—	7	2653	1158	—	—	1900	712	3400	4	—	24
31697	403654	91253	180600	796831	77846	65132	64937	47675	293152	21614	80274
3400	1910	—	6510	—	—	20	174	—	4400	1070	50
—	—	60	22	—	—	2	1	—	—	—	—
—	—	—	83	—	—	—	—	—	120	—	—
—	—	—	—	—	—	—	—	—	—	—	—
—	—	—	28	—	—	—	—	—	1000	—	—
—	—	—	—	—	—	—	—	—	—	—	—
—	—	12	7	—	—	44	—	15517	107	—	—
—	—	62	—	—	—	680	155	101	200	—	—
—	—	55	105	—	—	7383	820	18	708	—	—
—	—	540	258	79376	227	984	97	—	682	301	634
—	538	—	458	—	—	—	835	—	—	—	—
—	—	—	167	—	—	—	87	—	115	—	—
3400	3448	749	7486	79376	227	9098	1091	15635	7542	1921	684
35097	405102	92002	188086	876207	78173	74130	66031	63110	300694	23435	81308

Bezeichnung der Verkehre.	22. Essig.		23. Farbhölzer.		24. Farben und Farbwaaren.	
	Empfang.	Versandt.	Empfang.	Versandt.	Empfang.	Versandt.
	Centner.	Centner.	Centner.	Centner.	Centner.	Centner.
A. Verkehre im Zollverein:						
1. Saarbrücken-Hessen-Pfalz-Verkehr:						
a) Pfälzische Stationen	24	9161	46	843	552	680
b) Transit von Preußen nach Hessen	—	—	—	4	—	—
c) „ „ Hessen nach Preußen	—	56	—	—	—	—
2. Hessen-Pfalz-Verkehr	1761	1355	241	803	3428	1659
3. Rheinischer Verkehr:						
a) Pfälzische Stationen	313	34	86	—	1089	135
b) Transit von Rhein. und Hess. nach Bad. und Württ. Stationen	—	99	—	190	—	4787
c) „ „ Bad. und Württ. nach Rhein. und Hess. Stationen	—	818	—	1764	—	[illegible]
d) „ „ Rhein. und Hess. Stationen nach Basel	—	—	—	—	—	—
e) „ „ Basel nach Rhein. und Hess. Stationen	—	—	—	—	—	—
4. Sächsisch-Pfälzischer Verkehr	—	9	1	—	12	57
5. Baden-Pfalz-Saarbrücken-Verkehr via Ludwigshafen:						
a) Pfälzische Stationen	851	701	1827	89	2020	2678
b) Transit von Preußen nach Baden	—	2	—	12	—	1044
c) „ „ Baden nach Preußen	—	49	—	173	—	478
6. Bayern-Pfalz-Saarbrücken-Verkehr via [illegible]:						
a) Pfälzische Stationen	108	214	123	100	73	419
b) Transit von Preußen nach Bayern	—	—	—	—	—	350
c) „ „ Bayern nach Preußen	—	1	—	—	—	38
7. Süddeutscher Verkehr:						
a) Pfälzische Stationen	1300	372	114	1734	2200	6101
b) Transit von Hessen nach süddeutschen Stationen	—	—	—	—	—	9
c) „ „ süddeutschen Stationen nach hessischen Stationen	—	—	—	—	—	—
8. Mitteldeutscher Verkehr	—	33	—	—	250	180
9. Westdeutscher Verkehr	—	1	—	—	8827	27
10. Main-Neckar-Verkehr	18	100	9	—	289	114
Summe . . .	3944	12915	2447	4291	12850	20080
B. Internationale Verkehre:						
11. Ludwigshafen-Schweiz-Verkehr	—	90	—	1118	—	1041
12. Holländischer Verkehr:						
a) Pfälzische Stationen	—	—	54	—	514	143
b) Transit von holländischen nach Zollvereinsstationen	—	—	—	817	—	138
c) „ „ Zollvereins- nach holländischen Stationen	—	—	—	19	—	135
d) „ „ holländischen nach französischen Stationen	—	—	—	—	—	161
e) „ „ französischen nach holländischen Stationen	—	—	—	—	—	8
13. Belgischer Verkehr via Herbesthal	—	—	1104	100	357	14
14. „ „ „ Luxemburg	—	—	—	—	112	13
15. Französischer Verkehr via Forbach:						
Pfälzische Stationen incl. Worms u. s. w.	—	18	—	19	178	807
16. Französischer Verkehr via Weißenburg:						
a) Pfälzische Stationen	4	9	142	10	1520	780
b) Transit von französischen nach Zollvereinsstationen	—	7	—	—	—	2480
c) „ „ Zollvereins- nach französischen Stationen	—	—	—	—	—	167
Summe . . .	4	124	1300	1580	2601	6050
Total . . .	3948	13039	3747	5871	15230	26050

25. Feldfrüchte, Garten- u. Walderzeugnisse, nicht besonders genannte.		26. Fett und Fettwaaren.		27. Fleischwaaren, Fische und sonstige Consumtibilien.		28. Flachs, Hanf, Heede und Werg.		29. Garn, Leinen- und Baumwollen-, gefärbt.		30. Garn, Wollen, (Kamm-, Streich- und Strickgarn).	
Empfang.	Versandt.	Empfang.	Versandt.	Empfang.	Versandt.	Empfang.	Versandt.	Empfang.	Versandt.	Empfang.	Versandt.
Centner.	Centner.	Centner.	Centner.	Centner.	Centner.	Centner.	Centner.	Centner.	Centner.	Centner.	Centner.
703	11769	763	2560	266	7702	648	1156	1475	150	92	106
—	5	—	709	—	8	—	—	—	3	—	—
—	—	—	305	—	40	—	—	—	23	—	—
1930	5756	6318	3183	1500	717	250	2946	2466	132	250	1459
100	40	631	146	530	108	8	9	1757	44	673	3271
—	1150	—	5553	—	1585	—	1019	—	11240	—	1461
—	834	—	1790	—	320	—	2305	—	1311	—	1932
—	—	—	77	—	—	—	—	—	—	—	—
—	—	—	6	—	2	—	—	—	—	—	—
125	842	2	8	—	1	—	—	45	6	7	212
646	990	2091	3813	854	324	1461	661	1103	628	134	429
—	65	—	2437	—	41	—	123	—	1	—	13
—	90	—	563	—	133	—	625	—	98	—	35
886	523	219	867	198	463	446	198	1050	840	58	245
—	22	—	—	—	26	—	—	—	92	—	4
—	38	—	4	—	6	—	848	—	98	—	—
190	1180	1315	6340	167	639	1431	570	962	548	218	1080
—	—	—	3	—	—	—	—	—	10	—	8
—	—	—	—	—	—	—	—	—	—	—	—
52	75	84	43	85	81	107	—	57	2	791	3720
2	155	337	29	41	13	—	—	71	5	185	2
46	485	1178	99	80	6	17	3	181	10	12	7
8907	21053	12886	27625	2857	12016	4304	9641	9701	15187	2348	14308
15	100	—	1909	—	90	140	8	—	91	—	110
134	3	63	36	2557	3	208	—	423	—	278	—
—	19	—	209	—	1096	—	927	—	370	—	43
—	—	—	—	—	1	—	—	—	44	—	—
—	1299	—	712	—	313	—	250	—	169	—	87
—	—	—	97	—	4	—	—	—	75	—	—
29	1	11247	10	138	—	4	213	290	2	248	—
81	1	214	—	13	—	—	5	1118	—	109	—
316	861	3073	278	122	347	116	41	12	58	—	—
1278	128	78	749	67	1284	2834	4	47	1305	—	—
—	1443	—	809	—	97	—	431	—	54	—	2
—	91	—	113	—	16	—	24	—	—	—	—
1833	6099	14673	6549	2977	3223	3180	1707	1930	2158	683	242
5640	26141	27509	61174	5834	15239	7484	11348	11631	17345	3026	14548

Bezeichnung der Verkehre.	31. Getreide und Hülsenfrüchte.		32. Glas, Tafel- und Spiegel-.		33. Glas-, Hohl-, Glaswaaren, Porzellan, Steingut, Töpferwaaren.	
	Empfang.	Versandt.	Empfang.	Versandt.	Empfang.	Versandt.
	Centner.	Centner.	Centner.	Centner.	Centner.	Centner.
A. Verkehre im Zollverein.						
1. Saarbrücken-Hessen-Pfalz-Verkehr:						
a) Pfälzische Stationen	[illegible]	109141	13218	[illegible]	28014	[illegible]
b) Transit von Preußen nach Hessen	—	—	—	1758	—	5777
c) „ „ Hessen nach Preußen	—	414	—	—	—	43
2. Hessen-Pfalz-Verkehr	83436	[illegible]	5	418	2498	6571
3. Rheinischer Verkehr:						
a) Pfälzische Stationen	109	4299	148	14	[illegible]	100
b) Transit von Rhein. und Hess. nach Bad. und Württ. Stationen	—	[illegible]	—	776	—	11819
c) „ „ Bad. und Württ. nach Rhein. und Hess. Stationen	—	49971	—	928	—	4392
d) „ „ Rhein. und Hess. Stationen nach Basel	—	—	—	—	—	1
e) „ „ Basel nach Rhein. und Hess. Stationen	—	—	—	—	—	—
4. Sächsisch-Pfälzischer Verkehr	1301	—	—	—	[illegible]	56
5. Baden-Pfalz-Saarbrücken-Verkehr via Ludwigshafen:						
a) Pfälzische Stationen	814106	32778	5574	277	1501	8218
b) Transit von Preußen nach Baden	—	431	—	7944	—	7019
c) „ „ Baden nach Preußen	—	118767	—	303	—	272
6. Baden-Pfalz-Saarbrücken-Verkehr via Maxau:						
a) Pfälzische Stationen	8427	8444	24	854	1871	3290
b) Transit von Preußen nach Baden	—	—	—	19517	—	11229
c) „ „ Baden nach Preußen	—	815	—	15	—	82
7. Süddeutscher Verkehr:						
a) Pfälzische Stationen	341834	342	156	4017	3796	2542
b) Transit von Hessen nach süddeutschen Stationen	—	—	—	—	—	16
c) „ „ süddeutschen Stationen nach hessischen Stationen	—	7500	—	—	—	—
8. Mitteldeutscher Verkehr	61586	—	—	19	2442	298
9. Westdeutscher Verkehr	815	—	17	6	539	1128
10. Main-Neckar-Verkehr	509	1168	18	179	815	338
Summa . . .	[illegible]	455004	19947	[illegible]	45561	[illegible]
B. Internationale Verkehre						
11. Ludwigshafen-Schweiz-Verkehr	—	9614	—	210	—	[illegible]
12. Holländischer Verkehr:						
a) Pfälzische Stationen	—	—	—	3	20	89
b) Transit von holländischen nach Zollvereinsstationen	—	—	—	—	—	23
c) „ „ Zollvereins- nach holländischen Stationen	—	—	—	—	—	5
d) „ „ holländischen nach französischen Stationen	—	—	—	—	—	—
e) „ „ französischen nach holländischen Stationen	—	—	—	—	—	1
13. Belgischer Verkehr via Herbesthal	—	5534	—	[illegible]	25	[illegible]
14. „ „ „ Luxemburg	—	1812	42	—	8	—
15. Französischer Verkehr via Forbach:						
Pfälzische Stationen incl. Worms u. s. w.	805	19774	—	60	148	1107
16. Französischer Verkehr via Weißenburg:						
a) Pfälzische Stationen	8625	242229	—	—	65	681
b) Transit von französischen nach Zollvereinsstationen	—	882	—	134	—	852
c) „ „ Zollvereins- nach französischen Stationen	—	44458	—	82	—	313
Summa . . .	6330	306161	42	7874	296	8164
Total . . .	819248	761165	19989	43092	45847	[illegible]

34. Guano und sonstige Düngemittel.		35. Harz, Pech, Theer, Schwefel und Leim.		36. Häute, Felle und Rauchwaaren.		37. Heu, Stroh, Grummet.		38. Holz, Bau- und Nutzholz, in- und ausländisches.		39. Holz, Brennholz.	
Empfang.	Versandt.	Empfang.	Versandt.	Empfang.	Versandt.	Empfang.	Versandt.	Empfang.	Versandt.	Empfang.	Versandt.
Centner.	Centner.	Centner.	Centner.	Centner.	Centner.	Centner.	Centner.	Centner.	Centner.	Centner.	Centner.
[illegible]	[illegible]	[illegible]	[illegible]	[illegible]	1801	150	[illegible]	1206	367357	394	7600
—	—	—	—	—	28	—	—	—	[illegible]	—	[illegible]
—	1688	—	15	—	9	—	3	—	—	—	1101
4373	28064	[illegible]	[illegible]	[illegible]	4762	7444	[illegible]	[illegible]	17775	446	[illegible]
[illegible]	[illegible]	1327	109	1164	31	5	5	—	10340	—	-
—	12453	—	4251	—	3380	—	96	—	750	—	121
—	[illegible]	—	2119	—	943	—	2519	—	[illegible]	—	248
—	—	—	17	—	—	—	—	—	—	—	—
—	—	—	—	—	—	—	—	—	376	—	—
7	—	1	—	19	86	—	—	—	—	—	—
14407	[illegible]	3029	1025	809	2230	316	101	41051	4993	898	14092
—	25	—	591	—	92	—	1	—	—	—	—
—	[illegible]	—	[illegible]	—	38	—	453	—	2300	—	—
[illegible]	556	377	479	70	567	1622	700	[illegible]	1888	720	20997
—	221	—	75	—	351	—	—	—	—	—	—
—	3402	—	20	—	[illegible]	—	58	—	16751	—	—
11467	1591	2514	[illegible]	235	15235	212	2867	40046	1506	[illegible]	101
—	—	—	—	—	45	—	—	—	—	—	—
—	200	—	—	—	—	—	—	—	—	—	—
702	—	17	1	204	21	2	1	—	—	—	—
785	8	5	83	31	2	9	3	—	—	—	—
612	748	400	2082	118	161	48	2	1775	200	—	100
[illegible]	140475	15708	62870	[illegible]	[illegible]	9811	11000	[illegible]	473514	5187	67591
—	2710	110	1914	149	190	—	3	—	—	2750	—
102	—	85	—	2312	—	—	—	—	—	—	—
—	—	—	172	—	1068	—	—	—	—	—	—
—	—	—	—	—	145	—	—	—	—	—	—
—	—	—	24	—	8	—	—	—	—	—	—
—	—	—	—	—	—	—	—	—	—	—	—
201	186	574	154	1931	7	—	—	—	—	—	—
100	—	218	2	583	—	—	10	—	—	—	—
8	451	75	227	384	1675	—	40	101	—	—	—
2153	10	1620	3186	1441	893	23	1	740	1323	—	-
—	118	—	[illegible]	—	2451	—	12	—	—	—	—
—	282	—	2115	—	1167	—	356	—		—	1224
2564	3737	7141	14972	[illegible]	8734	23	462	846	1323	2750	1224
[illegible]	144212	21144	77212	10175	[illegible]	[illegible]	11522	[illegible]	474837	7937	[illegible]

Bezeichnung der Verkehre.	40. Holz, Werkholz.		41. Sägwaaren.		42. Holzwaaren, ungeschälte Hölzer, Möbel.	
	Empfang.	Versandt.	Empfang.	Versandt.	Empfang.	Versandt.
	Centner.	Centner.	Centner.	Centner.	Centner.	Centner.
A. Verkehre im Zollverein:						
1. Saarbrücken-Hessen-Pfalz-Verkehr:						
a) Pfälzische Stationen	190	820	2160	1704.9	2582	12593
b) Transit von Preußen nach Hessen	—	—	—	11600	—	176
c) " " Hessen nach Preußen	—	-	—	—	—	77
2. Hessen-Pfalz-Verkehr	—	500	1821	4287	14870	14170
3. Rheinischer Verkehr:						
a) Pfälzische Stationen	—	—	—	3000	2880	[illegible]
b) Transit von Rhein. und Hess. nach Bad. und Württ. Stationen	—	—	—	3110	—	5891
c) " " Bad. und Württ. nach Rhein. und Hess. Stationen	—	—	—	44463	—	10730
d) " " Rhein. und Hess. Stationen nach Basel	—	—	—	—	—	—
e) " " Basel nach Rhein. und Hess. Stationen	—	—	—	1217	—	2
4. Sächsisch-Pfälzischer Verkehr	—	—	—	...	84	131
5. Baden-Pfalz-Saarbrücken-Verkehr via Ludwigshafen:						
a) Pfälzische Stationen	281	170	[illegible]	8432	7400	7751
b) Transit von Preußen nach Baden	—	—	—	280	—	193
c) " " Baden nach Preußen	—	-	—	9471	—	530
6. Baden-Pfalz-Saarbrücken-Verkehr via Maxau:						
a) Pfälzische Stationen	185	—	11220	2030	4130	2619
b) Transit von Preußen nach Baden	—	—	—	--	—	426
c) " " Baden nach Preußen	—	—	—	5673	—	475
7. Süddeutscher Verkehr:						
a) Pfälzische Stationen	1410	801	60260	145	10384	4300
b) Transit von Hessen nach bayerischen Stationen	—	—	--	—	—	90
c) " " bayerischen Stationen nach hessischen Stationen	—	—	—	—	—	64
8. Mitteldeutscher Verkehr	—	—	—	—	[illegible]	801
9. Westdeutscher Verkehr	—	—	—	400	682	1620
10. Main-Neckar-Verkehr	—	—	725	—	1458	207
Summe	2675	2804	161843	[illegible]	62571	[illegible]
B. Internationale Verkehre:						
11. Ludwigshafen-Schweiz-Verkehr	—	—	600	—	134	1259
12. Holländischer Verkehr:						
a) Pfälzische Stationen	—	—	—	—	107	91
b) Transit von holländischen nach Zollvereinsstationen	—	—	—	—	—	4
c) " " Zollvereins- nach holländischen Stationen	—	—	—	200	—	50
d) " " holländischen nach französischen Stationen	—	—	—	—	—	74
e) " " französischen nach holländischen Stationen	—	—	—	113	—	191
13. Belgischer Verkehr via Herbesthal	—	—	—	—	461	125
14. " " " Luxemburg	—	—	—	—	20	20
15. Französischer Verkehr via Forbach: Pfälzische Stationen excl. Worms u. s. w.	200	—	—	—	290	748
16. Französischer Verkehr via Weißenburg:						
a) Pfälzische Stationen	—	—	211	2927	1776	817
b) Transit von französischen nach Zollvereinsstationen	—	—	—	—	—	747
c) " Zollvereins- nach französischen Stationen	—	—	—	—	—	171
Summe	200	—	711	[illegible]	2267	4009
Total	[illegible]	2804	[illegible]	[illegible]	[illegible]	[illegible]

43. Hopfen.		44. Hörner, Haare, Borsten, Federn, Klauen, Knochen.		45. Kaffee.		46. Kalksteine und Kalk, Kreide in Blöcken.		47. Kartoffeln.		48. Kolonialwaaren, sonstige.	
Empfang.	Versandt.	Empfang.	Versandt.	Empfang.	Versandt.	Empfang.	Versandt.	Empfang.	Versandt.	Empfang.	Versandt.
Centner.	Centner.	Centner.	Centner.	Centner.	Centner.	Centner.	Centner.	Centner.	Centner.	Centner.	Centner.
70	1031	[illegible]	1100	628	579	50699	61280	228	[illegible]	58	75
—	—	—	—	—	—	—	—	—	—	—	—
—	—	—	1	—	—	—	—	—	—	—	—
540	1721	2547	1102	2734	1602	[illegible]	2458	1201	45941	302	138
—	1	230	62	41	4	28	—	1	148	60	5
—	18	—	490	—	774	—	225	—	98	—	268
—	2731	—	1318	—	908	—	1042	—	237	—	223
—	1	—	—	—	—	—	—	—	—	—	—
—	—	—	—	—	—	—	—	—	—	—	—
—	5	1	—	—	—	—	—	—	—	2	—
4841	303	[illegible]	1874	6032	5774	2894	13793	32	644	833	66
—	21	—	101	—	23	—	18214	—	16	—	3
—	30	—	221	—	1118	—	208	—	3	—	71
85	83	3900	491	27	306	2	3	1	374	15	8
—	—	—	37	—	—	—	—	—	—	—	9
—	2	—	76	—	—	—	—	—	4	—	—
491	18	7114	140	12	758	0	164	7	153	35	20
—	—	—	15	—	—	—	—	—	—	—	15
—	140	—	—	—	—	—	—	—	—	—	25
9	—	67	7	—	—	15	—	2	1	4	—
13	65	156	221	4	—	—	—	—	—	—	2
9	—	327	11	17	7	[illegible]	537	24	22	14	2
10057	6733	23010	7645	[illegible]	11811	[illegible]	112599	1500	81470	[illegible]	[illegible]
—	90	24	804	—	984	—	140	—	910	—	13
—	2970	200	2	3206	—	—	—	5	—	89	—
—	—	—	—	—	25461	—	—	—	—	—	301
—	—	—	7	—	281	—	—	—	—	—	2
—	—	—	58	—	41520	—	—	—	—	—	251
—	—	—	—	—	—	—	—	—	—	—	—
—	2310	60	3	7703	—	—	—		—	—	—
—	1572	—	20	265	—	—	—	—	300	—	—
—	4	650	512	4	[illegible]	—	—	—	79	—	16
—	—	12947	195	[illegible]	34	15	—	—	616	100	—
—	—	—	1817	—	6	—	—	—	—	—	3
—	1	—	61	—	—	—	—	—	2	—	—
—	6947	13865	8313	11782	6670	33	140	5	1656	189	637
6757	13680	36725	15958	21451	[illegible]	[illegible]	[illegible]	1505	83326	1077	1585

Bezeichnung der Verkehre.	49. Kupfer, Blei, Messing, Zinn, Zink u. andere Metalle oder Metallwaaren.		50. Krapp, Krappwurzeln und Garancine.		51. Leder u. Lederwaaren.	
	Empfang.	Versandt.	Empfang.	Versandt.	Empfang.	Versandt.
	Centner.	Centner.	Centner.	Centner.	Centner.	Centner.
A. Verkehre im Zollverein:						
1. Saarbrücken-Hessen-Pfalz-Verkehr:						
a) Pfälzische Stationen	200	481	—	5	1280	2197
b) Transit von Preußen nach Hessen	—	—	—	—	—	503
c) „ „ Hessen nach Preußen	—	8	—	—	—	126
2. Hessen-Pfalz-Verkehr	9692	674	10	6692	7063	4549
3. Rheinischer Verkehr:						
a) Pfälzische Stationen	4585	26	27	1	610	781
b) Transit von Rhein. und Hess. nach Bad. und Württ. Stationen	—	13206	—	—	—	2603
c) „ „ Bad. und Württ. nach Rhein. und Hess. Stationen	—	1541	—	27	—	2981
d) „ „ Rhein. und Hess. Stationen nach Basel	—	—	—	—	—	21
e) „ „ Basel nach Rhein. und Hess. Stationen	—	—	—	—	—	4
4. Sächsisch-Pfälzischer Verkehr	—	1	—	—	325	3023
5. Baden-Pfalz-Saarbrücken-Verkehr via Ludwigshafen:						
a) Pfälzische Stationen	2341	617	36	—	738	1147
b) Transit von Preußen nach Baden	—	161	—	—	—	10266
c) „ „ Baden nach Preußen	—	477	—	7	—	67
6. Baden-Pfalz-Saarbrücken-Verkehr via Maxau:						
a) Pfälzische Stationen	163	1410	—	106	221	5300
b) Transit von Preußen nach Baden	—	132	—	—	—	686
c) „ „ Baden nach Preußen	—	16	—	—	—	58
7. Süddeutscher Verkehr:						
a) Pfälzische Stationen	1036	1821	6	6142	3290	5056
b) Transit von Hessen nach süddeutschen Stationen	—	410	—	—	—	50
c) „ „ süddeutschen Stationen nach hessischen Stationen	—	60	—	—	—	—
8. Mitteldeutscher Verkehr	171	24	—	1	467	643
9. Westdeutscher Verkehr	98	12	—	—	173	1372
10. Main-Neckar-Verkehr	290	112	—	10	565	489
Summa	36077	23261	101	8461	14365	38600
B. Internationale Verkehre:						
11. Ludwigshafen-[illegible]-Verkehr	—	5646	—	—	—	540
12. Holländischer Verkehr:						
a) Pfälzische Stationen	995	10	165	—	8	8
b) Transit von holländischen nach Zollvereinsstationen	—	487	—	14	—	4
c) „ „ Zollvereins- nach holländischen Stationen	—	—	—	—	—	29
d) „ „ holländischen nach französischen Stationen	—	51	—	30	—	1
e) „ „ französischen nach holländischen Stationen	—	—	—	—	—	—
13. Belgischer Verkehr via Herbesthal	324	13	—	—	74	8
14. „ „ „ Luxemburg	—	—	—	—	18	137
15. Französischer Verkehr via Forbach: Pfälzische Stationen nach Worms u. s. w.	5	137	—	—	211	3646
16. Französischer Verkehr via Weißenburg:						
a) Pfälzische Stationen	1600	165	1302	6982	107	872
b) Transit von französischen nach Zollvereinsstationen	—	858	—	13959	—	172
c) „ Zollvereins- nach französischen Stationen	—	136	—	624	—	1308
Summa	1909	11983	1472	22883	451	8645
Total	38580	35546	1629	31144	14802	38154

52. Leinen- und Segeltuch.		53. Lumpen- und Papierabfälle.		54. Manufaktur- u. Kurzwaaren.		55. Maschinen und Maschinentheile, Eisenbahnfahrzeuge.		56. Mehl und sonstige Mühlen- und Mehlfabrikate.		57. Mineralsalze, Pottasche, Soda, Salpeter, Alaun, Bittersalz.	
Empfang.	Versandt.	Empfang.	Versandt.	Empfang.	Versandt.	Empfang.	Versandt.	Empfang.	Versandt.	Empfang.	Versandt.
Centner.	Centner.	Centner.	Centner.	Centner.	Centner.	Centner.	Centner.	Centner.	Centner.	Centner.	Centner.
[illegible]	123	7150	353	[illegible]	9074	22120	30888	3013	[illegible]	255	13436
—	9	—	961	—	251	—	—	—	46	—	—
—	13	[illegible]	65	[illegible]	104	—	15	—	[illegible]	—	90
1734	474	12830	8441	16459	[illegible]	2951	3728	[illegible]	[illegible]	1936	17032
[illegible]	774	1756	1263	4900	1691	6535	110	182	6134	[illegible]	279
—	2065	—	7230	—	30248	—	8473	—	6540	—	[illegible]
—	705	—	7238	—	17631	—	10078	—	15443	—	1080
—	[illegible]	—	—		11	—	—	—	—	—	—
—	—	—	[illegible]	—	16	—	188	—	—	—	—
291	—	—	[illegible]	2336	276	949	142	3	—	—	1678
689	267	2287	2125	8346	8401	3758	1458	42164	17117	6065	15684
—	44	—	—	—	1598	[illegible]	110	—	162	—	33
—	166	—	68	—	1227	—	1194	—	8410	[illegible]	3838
148	327	1949	1118	3093	6180	1596	2058	407	11014	79	3648
	49	—	53	—	611	—	178	—	2	—	10
—	11	—	69	—	975	—	529	—	70	—	1
775	522	9426	436	10817	6757	32815	1463	19452	3717	494	14891
—	15	[illegible]	—	—	119	—	85	—	250	—	9
[illegible]	34	—	—	—	110	—	—	—	180	—	—
615	19	18	—	4780	1198	404	1079	443	31	14	571
417	31	1557	—	1123	485	64	2137	14	451	11	8665
240	14	6774	6	2961	473	774	858	5421	1178	8	938
6855	6063	41706	27310	60147	94730	71394	65827	87421	130148	9761	63019
—	147	—	30	—	1934	50	3801	—	3415	—	9411
47	1	—	—	[illegible]	308	178	—	29	84	645	—
—	21	—	—	[illegible]	104	—	2709	—	49	—	—
—	8	—	—	—	443	—	30	—	156	—	—
—	1298	—	—	—	314	—	105	—	2	—	221
[illegible]	2	—	28	—	20	—	10	—	21	—	123
39	—	376	—	401	531	445	4	—	2610	115	166
66	—	—	—	109	41	342	—	—	804	390	27
3	7	1058	113	305	1104	680	113	10	982	4	65
4	29	603	—	591	2115	1985	1308	463	18015	8301	2946
—	88	—	1994	[illegible]	1604	—	2583	—	944	—	605
—	47	—	[illegible]	—	473	—	114	—	2701	—	90
159	1606	2937	2133	2320	12312	[illegible]	9438	502	26171	4347	14297
6114	7651	47103	29449	62467	106940	78023	75765	[illegible]	210623	14108	85916

Bezeichnung der Verkehre.	58. Mineralwasser.		59. Mineralsäuren, (Salpeter-, Salz-, Schwefel- u. sonstige Chemikalien.		60. Obst, frisch und getrocknet, eingemachte Früchte.	
	Empfang.	Versandt.	Empfang.	Versandt.	Empfang.	Versandt.
	Centner.	Centner.	Centner.	Centner.	Centner.	Centner.
A. Verkehre im Zollverein.						
1. Saarbrücken-Hessen-Pfalz-Verkehr:						
a) Pfälzische Stationen	206	197	531	29570	114	2917
b) Transit von Preußen nach Hessen	—	..	—	—	—	—
c) „ „ Hessen nach Preußen	—	6	—	207	—	12
2. Hessen-Pfalz-Verkehr	6804	95	2973	14612	5315	4725
3. Rheinischer Verkehr:						
a) Pfälzische Stationen	108	14	412	1081	80	254
b) Transit von Rhein. und Hess. nach Bad. und Württ. Stationen	—	2644	—	2112	—	2829
c) „ „ Bad. und Württ. nach Rhein. und Hess. Stationen	—	116	—	1299	—	516
d) „ „ Rhein. und Hess. Stationen nach Basel	—	100	—	112	—	—
e) „ „ Basel nach Rhein. und Hess. Stationen	—	—	—	—	—	—
4. Sächsisch-Pfälzischer Verkehr	3	—	3	1081	5	218
5. Baden-Pfalz-Saarbrücken-Verkehr via Ludwigshafen:						
a) Pfälzische Stationen	1692	42	1604	6574	708	771
b) Transit von Preußen nach Baden	—	25	—	340	—	9
c) „ „ Baden nach Preußen	—	42	—	400	—	129
6. Baden-Pfalz-Saarbrücken-Verkehr via Maxau:						
a) Pfälzische Stationen	73	35	47	3188	179	2982
b) Transit von Preußen nach Baden	—	2	—	60	—	7
c) „ „ Baden nach Preußen	—	0	—	13	—	21
7. Süddeutscher Verkehr:						
a) Pfälzische Stationen	158	11	148	5681	200	4191
b) Transit von Hessen nach süddeutschen Stationen	—	—	—	14	—	45
c) „ „ süddeutschen Stationen nach hessischen Stationen	—	—	—	—	—	61
8. Mitteldeutscher Verkehr	221	8	96	89	21	797
9. Westrheinischer Verkehr	3	..	3	824	81	1081
10. Main-Neckar-Verkehr	96	1	794	357	84	90
Summa . . .	9142	2542	6520	71958	6778	21541
B. Internationale Verkehre						
11. Ludwigshafen-Schweiz-Verkehr	—	4734	15	1085	—	—
12. Holländischer Verkehr:						
a) Pfälzische Stationen	—	3	361	12	120	54
b) Transit von holländischen nach Zollvereinsstationen	—	—	—	25	—	8
c) „ „ Zollvereins- nach holländischen Stationen	—	—	—	4	—	2
d) „ „ holländischen nach französischen Stationen	—	—	—	13	—	64
e) „ „ französischen nach holländischen Stationen	—	12	—	1	—	415
13. Belgischer Verkehr via Herbesthal	—	—	6413	28	24	78
14. „ „ „ Luxemburg	—	—	70	—	—	10
15. Französischer Verkehr via Forbach:						
Pfälzische Stationen incl. [illegible] u. s. w.	6	1195	104	119	105	61
16. Französischer Verkehr via Weißenburg:						
a) Pfälzische Stationen	39	600	8165	196	588	16
b) Transit von französischen nach Zollvereinsstationen	—	201	—	161	—	1365
c) „ „ Zollvereins- nach französischen Stationen	—	5690	—	103	—	11
Summa . . .	45	12165	15120	1768	1035	2098
Total . . .	9187	16027	15620	73717	7813	23639

61. Oele, nicht besonders genannte.		62. Oelkuchen, Oelkuchenmehl.		63. Papier und Pappe (außer Dachpappe).		64. Petroleum und sonstige Mineralöle.		65. Reis.		66. Rinden, roh und gemahlen. (Lohe, Borke.)	
Empfang.	Versandt.	Empfang.	Versandt.	Empfang.	Versandt.	Empfang.	Versandt.	Empfang.	Versandt.	Empfang.	Versandt.
Centner.	Centner.	Centner.	Centner.	Centner.	Centner.	Centner.	Centner.	Centner.	Centner.	Centner.	Centner.
[illegible]	[illegible]	1400	1372	444	[illegible]	204	[illegible]	71	201	[illegible]	142
—	19	—	—	—	9	—	—	—	—	—	—
—	3267	—	1593	—	—	—	—	—	—	—	—
9414	1414	1011	[illegible]	1545	10274	6081	195	903	[illegible]	13	—
2408	160	—	6956	1109	1003	355	—	1	—	—	—
—	10109	—	1	—	4117	—	1979	—	8	—	—
—	2236	—	44594	—	7409	—	467	—	330	—	6718
—	—	—	—	—	—	—	—	—	—	—	—
—	129	—	—	—	—	—	—	—	—	—	—
3	97	—	—	44	2	—	—	—	—	—	—
4511	1327	4512	236	812	2870	11187	4303	2098	821	—	—
—	11	—	—	—	239	—	616	—	1	—	—
—	1542	—	—	—	184	—	390	—	401	—	180
575	225	190	9	248	8040	15	552	6	—	—	—
—	310	—	—	—	20	—	123	—	—	—	—
—	4	—	—	—	73	—	4	—	—	—	—
358	602	28461	31	2178	1102	3	11075	1	274	—	—
—	15	—	—	—	21	—	—	—	—	—	—
—	—	—	—	—	—	—	—	—	—	—	—
230	31	—	—	41	16	21	10	—	—	—	—
464	20	—	—	67	86	1722	—	100	—	—	—
92	43	188	173	1058	2165	8	80	—	—	100	—
18081	28118	33628	61170	7619	38525	17871	58100	3589	2064	7411	66060
850	4140	—	—	—	190	—	—	—	—	—	—
2651	—	—	—	43	15	1312	—	302	—	—	—
—	1920	—	—	—	—	—	449	—	1588	—	—
—	—	—	—	—	65	—	—	—	—	—	—
—	10000	—	—	—	—	—	—	—	127	—	—
—	—	—	—	—	83	—	—	—	—	—	—
309	—	—	2612	2	148	65778	—	200	—	—	—
—	—	—	—	—	107	5364	—	—	—	—	—
39	279	—	—	49	58	97	22	—	—	—	—
2157	874	—	—	19	218	—	73	—	—	—	—
—	8225	—	—	—	194	—	27	—	—	—	—
—	6694	—	—	—	67	—	—	—	—	—	—
8578	37091	—	3532	112	1135	70451	771	502	1715		—
23059	66010	33628	63702	7731	39390	88322	58871	4091	3779	7411	66060

Bezeichnung der Verkehre.	67. Salz, Koch- und Viehsalz, excl. Düngsalz.		68. Samen aller Art.		69. Sand und Kies.	
	Empfang.	Versandt.	Empfang.	Versandt.	Empfang.	Versandt.
	Centner.	Centner.	Centner.	Centner.	Centner.	Centner.
A. Verkehre im Zollverein:						
1. Saarbrücken-Hessen-Pfalz-Verkehr:						
a) Pfälzische Stationen	20461	6960	1901	8567	210	[illegible]
b) Transit von Preußen nach Hessen	—	—	—	—	—	—
c) " " Hessen nach Preußen	—	—	—		—	1983
2. Hessen-Pfalz-Verkehr	[illegible]	21160	8073	4442	15296	945
3. Rheinischer Verkehr:						
a) Pfälzische Stationen	1	1217	6	339	—	—
b) Transit von Rhein. und Hess. nach Bad. und Württ. Stationen	—	54	—	2178	—	101
c) " " Bad. und Württ. nach Rhein. und Hess. Stationen	—	1101	—	1316	—	26
d) " " Rhein. und Hess. Stationen nach Basel	—	—	—	—	—	—
e) " " Basel nach Rhein. und Hess. Stationen	—	—	—	—	—	—
4. Sächsisch-Pfälzischer Verkehr	—	—	—	8	—	—
5. Baden-Pfalz-Saarbrücken-Verkehr via Ludwigshafen:						
a) Pfälzische Stationen	3714	16839	5061	[illegible]	13	7760
b) Transit von Preußen nach Baden	—	—	—	6014	—	410
c) " " Baden nach Preußen	—	—	—	[illegible]	—	12
6. Baden-Pfalz-Saarbrücken-Verkehr via Maxau:						
a) Pfälzische Stationen	712	—	152	1197	—	206
b) Transit von Preußen nach Baden	—	—	—	2	—	—
c) " " Baden nach Preußen	—	—	—	135	—	—
7. Süddeutscher Verkehr:						
a) Pfälzische Stationen	1550	11	985	890	31	2248
b) Transit von Hessen nach süddeutschen Stationen		—	—	215	—	—
c) " " süddeutschen Stationen nach hessischen Stationen	—	—	—	7	—	—
8. Mitteldeutscher Verkehr	2	—	60	102	—	—
9. Westdeutscher Verkehr	140	—	9	22	—	—
10. Main-Neckar-Verkehr	200	1128	750	156	—	209
Summa . . .	42979	89278	16637	[illegible]	15530	[illegible]
B. Internationale Verkehre:						
11. Ludwigshafen-Schweiz-Verkehr	—	10	—	510	—	910
12. Holländischer Verkehr:						
a) Pfälzische Stationen	—	—	45	34	—	—
b) Transit von holländischen nach Zollvereinsstationen	—	—	—	109	—	—
c) " " Zollvereins- nach holländischen Stationen	—	—	—	100	—	—
d) " " holländischen nach französischen Stationen	—	—	—	17	—	—
e) " " französischen nach holländischen Stationen	—	—	—	—	—	—
13. Belgischer Verkehr via Herbesthal	—	—	65	316	—	—
14. " " " Luxemburg	—	—	—	—	—	—
15. Französischer Verkehr via Forbach:						
Pfälzische Stationen incl. Worms u. s. w.	—		27	5011	—	—
16. Französischer Verkehr via Weißenburg:						
a) Pfälzische Stationen	49772	—	2481	1141	—	—
b) Transit von französischen nach Zollvereinsstationen	—	4	—	2788	—	—
c) " " Zollvereins- nach französischen Stationen	—	2	—	13	—	—
Summa . . .	49772	16	2610	10017	—	910
Total . . .	[illegible]	89294	19246	39122	15530	[illegible]

70. Seide, rohe und Seidenwaaren.		71. Spiritus, Branntwein und sonstige Spirituosen.		72. Steinkohlen, Coaks und Briquets.		73. Steine, Bau-, Quader-, Mauer-.		74. Steine, Porphyr-, Granit-, Syenit-.		75. Steine, Back-, Ziegel-, feuerfeste.	
Empfang.	Versandt.	Empfang.	Versandt.	Empfang.	Versandt.	Empfang.	Versandt.	Empfang.	Versandt.	Empfang.	Versandt.
Centner.	Centner.	Centner.	Centner.	Centner.	Centner.	Centner.	Centner.	Centner.	Centner.	Centner.	Centner.
41	12	143	1063	600	200	3022	75614	21294	86670	31146	14517
—	—	—	1	—	—	—	—	—	—	—	6445
—	—	—	12	—	—	—	—	—	—	—	—
815	64	1570	612	28973	7001	4268	9647	1401	226	9705	1090
947	2175	257	41	127100	659	600	200	1390	5	2775	100
—	863	—	1378	—	248010	—	10057	—	35624	—	5639
—	9299	—	1647	—	—	—	28855	—	2229	—	—
—	32	—	—	—	21300	—	—	—	—	—	200
—	13	—	—	—	—	—	—	—	—	—	—
4	192	2985	21	—	—	—	—	—	—	—	—
27	13	2860	2172	7710	100	1301	1513	613	518	723	4560
—	—	—	6	—	—	—	—	—	3624	—	699
—	3	—	170	—	—	—	—	—	25	—	—
25	82	136	3650	110	—	228	48215	78	2572	100	1992
—	2	—	2	—	—	—	18	—	6010	—	1508
—	20	—	34	—	—	—	—	—	60	—	—
97	192	748	987	—	—	1661	201	471	254	1	101
—	—	—	250	—	—	—	—	—	—	—	—
—	—	—	—	—	—	—	—	—	—	—	—
111	247	3298	45	—	—	10	—	—	42	—	—
27	110	54	42	107	—	—	—	—	—	14	—
2	15	87	74	460	—	1	—	2138	2	330	131
1001	13370	12781	12290	166053	311860	11275	167718	27677	166632	23762	86170
—	540	—	194	—	295570	—	—	—	—	—	1600
175	4	297	8	—	—	—	—	100	—	—	—
—	—	—	28	—	—	—	—	—	12	—	—
—	70	—	50	—	—	—	—	—	7	—	—
—	4	—	130	—	—	—	—	—	—	—	—
—	5	—	22	—	—	—	—	—	—	—	—
4	71	190	148	—	—	—	—	6	3	214	—
4	164	—	38	—	—	—	—	111	7	402	—
21	13	2	567	—	—	—	—	131	2916	—	—
290	27	65	1545	—	67031	—	—	48	405	235	700
—	378	—	301	—	—	—	—	—	1103	—	—
—	15	—	851	—	—	—	—	—	3307	—	
466	1080	404	3746	—	363501		—	396	9000	851	2310
2008	11440	13185	16076	166053	675361	11275	167718	28073	176081	24613	88570

Bezeichnung der Verkehre.	76. Steinhauer-Arbeiten.		77. Syrup (Melasse), Honig.		78. Tabak, roh.	
	Empfang.	Versandt.	Empfang.	Versandt.	Empfang.	Versandt.
	Centner.	Centner.	Centner.	Centner.	Centner.	Centner.
A. Verkehre im Zollverein:						
1. Saarbrücken-Hessen-Pfalz-Verkehr:						
a) Pfälzische Stationen	1598	6709	12	275	23	11913
b) Transit von Preußen nach Hessen	—	449	—	—	—	·
c) „ „ Hessen nach Preußen	—	—	—	—	—	—
2. Hessen-Pfalz-Verkehr	686	799	159	1140	1017	927
3. Rheinischer Verkehr:						
a) Pfälzische Stationen	1440	782	29	33	458	[illegible]
b) Transit von Rhein. und Heß. nach Bad. und Württ. Stationen	—	1400	—	657	—	3646
c) „ „ Bad. und Württ. nach Rhein. und Heß. Stationen	—	1084	—	793	—	[illegible]
d) „ „ Rhein. und Heß. Stationen nach Basel	—	—	—	—	—	105
e) „ „ Basel nach Rhein. und Heß. Stationen	—	—	—	—	—	25
4. Sächsisch-Pfälzischer Verkehr	—	..	—	4	—	[illegible]
5. Baiern-Pfalz-Saarbrücken-Verkehr via Ludwigshafen:						
a) Pfälzische Stationen	[illegible]	800	279	634	5378	[illegible]
b) Transit von Preußen nach Baiern	—	7	—	8	—	86
c) „ „ Baiern nach Preußen	—	86	—	187	—	6340
6. Baiern-Pfalz-Saarbrücken-Verkehr via Maxau:						
a) Pfälzische Stationen	113	1481	10	48	1300	2301
b) Transit von Preußen nach Baiern	—	17	—	1	—	3
c) „ „ Baiern nach Preußen	—	2	—	3	—	147
7. Süddeutscher Verkehr:						
a) Pfälzische Stationen	1201	225	76	65	77	6403
b) Transit von Hessen nach süddeutschen Stationen	—	90	—	—	—	96
c) „ „ süddeutschen Stationen nach hessischen Stationen	—	—	—	—	—	—
8. Mitteldeutscher Verkehr	—	—	15	18	7	2411
9. Westdeutscher Verkehr	—	—	—	81	4280	1194
10. Main-Neckar-Verkehr	—	29		6	185	279
Summa . . .	6635	12549	648	3903	17700	46035
B. Internationale Verkehre:						
11. Ludwigshafen-Schweiz-Verkehr	—	—	—	—	—	1880
12. Holländischer Verkehr:						
a) Pfälzische Stationen	—	—		—	6611	—
b) Transit von holländischen nach Zollvereinsstationen	—	—	—	125	—	7092
c) „ „ Zollvereins- nach holländischen Stationen	—	21	—	—	—	852
d) „ „ holländischen nach französischen Stationen	—	—	—	—	—	4245
e) „ „ französischen nach holländischen Stationen	—	—	—	—	—	—
13. Belgischer Verkehr via Herbesthal	—	3	—	—	6	8226
14. „ „ „ Luxemburg	164	—	—	—	—	982
15. Französischer Verkehr via Forbach: Pfälzische Stationen incl. Worms u. s. w.	2776	1763	—	1	—	—
16. Französischer Verkehr via Weißenburg:						
a) Pfälzische Stationen	53	383	323	[illegible]	480	7321
b) Transit von französischen nach Zollvereinsstationen	—	—	—	1214	...	7
c) „ „ Zollvereins- nach französischen Stationen	—	—	—	—	—	—
Summa . . .	2995	2170	[illegible]	3147	7509	80876
Total . . .	9630	14719	671	6740	25209	[illegible]

79. Taback, fabricirt.		80. Terpentin und Terpentinöl, Lack, Firnisse.		81. Twiste, Baumwollgarn, ungefärbt.		82. Torf.		83. Ultramarin.		84. Wein.	
Empfang.	Versandt.	Empfang.	Versandt.	Empfang.	Versandt.	Empfang.	Versandt.	Empfang.	Versandt.	Empfang.	Versandt.
Centner.	Centner.	Centner.	Centner.	Centner.	Centner.	Centner.	Centner.	Centner.	Centner.	Centner.	Centner.
1291	915	110	85	879	84	—	—	5	558	8823	19412
—	4	—	—	—	4	—	—	—	—	—	85
—	—	—	—	—	24	—	—	—	—	—	116
6581	119	1240	1080	2481	851	—	300	29	198	5741	69956
67	8	159	7	768	1	—	—	73	8	471	9756
—	605	—	2737	—	1928	—	—	—	78	—	8154
—	559	—	275	—	12482	—	—	—	198	—	1929
—	—	—	—	—	—	—	—	—	—	—	—
—	—	—	106	—	—	—	—	—	—	—	—
1	1	—	—	—	—	—	—	155	—	11	2279
913	179	369	231	275	8128	—	600	63	188	1242	85288
—	120	—	4	—	80	—	—	—	—	—	274
—	59	—	82	—	19	—	—	—	6	—	42
720	193	19	108	857	648	—	—	5	68	893	36646
—	280	—	1	—	68	—	—	—	—	—	89
—	74	—	—	—	80	—	—	—	—	—	7
225	214	198	418	2504	749	—	—	132	744	700	81294
—	10	—	15	—	—	—	—	—	—	—	107
—	—	—	—	—	—	—	—	—	25	—	—
10	336	14	1	19	—	—	—	—	644	70	9867
41	1	—	—	7	1	—	—	11	82	29	11638
184	8	215	257	74	2	—	—	181	18	141	3138
9033	3063	2358	5830	7444	19807	—	700	661	2333	15810	268165
—	40	—	210	—	—	—	—		—	—	1110
61	—	946	—	166	—	—	—	—	8	89	84
—	34	—	297	—	—	—	—	—	—	—	38
—	—	.	—	...	—	—	—	—	12	.	61
—	419	—	8171	—	14	—	—	—	—	—	7
—	...	—	2	—	—	—	—	—	—	—	15
4	7	288	—	—	—	—	—	—	—	57	311
—		—	—	489	—	—	—	—	198	—	1988
8	24	—	53	2	—	—	—	—	121	898	850
61	2598	2	31	—	480	—	—	—	52	5081	436
—	—	—	2	—	—	—	—	—	5	—	3765
—	16	—	97	—	—	—	—	—	—	—	120
129	2548	588	3053	647	604	—	—	—	898	6178	[illegible]
9162	5611	2941	8813	8091	20411	—	700	661	3231	[illegible]	[illegible]

Bezeichnung der Verkehre.	85. Wolle.		86. Zuckerrüben.		87. Zucker, roh.	
	Empfang.	Versandt.	Empfang.	Versandt.	Empfang.	Versandt.
	Centner.	Centner.	Centner.	Centner.	Centner.	Centner.
A. Verkehre im Zollverein:						
1. Saarbrücken-Hessen-Pfalz-Verkehr:						
a) Pfälzische Stationen	2085	57	—	—	—	37
b) Transit von Preußen nach Hessen	—	2	—	—	—	—
c) " " Hessen nach Preußen	—	399	—	—	—	11
2. Hessen-Pfalz-Verkehr	1215	1257	17881	—	109	2
3. Rheinischer Verkehr:						
a) Pfälzische Stationen	1381	1744	—	—	100	—
b) Transit von Rhein. und Hess. nach Bad. und Württ. Stationen	—	2347	—	—	—	273
c) " " Bad. und Württ. nach Rhein. und Hess. Stationen	—	1634	—	—	—	19
d) " " Rhein. und Hess. Stationen nach Basel	—	100	—	—	—	—
e) " " Basel nach Rhein. und Hess. Stationen	—	—	—	—	—	—
4. Sächsisch-Pfälzischer Verkehr	12	272	—	—	—	—
5. Baden-Pfalz-Saarbrücken-Verkehr via Ludwigshafen:						
a) Pfälzische Stationen	814	423	—	—	2966	216
b) Transit von Preußen nach Baden	—	—	—	—	—	—
c) " " Baden nach Preußen	—	1	—	—	—	25
6. Baden-Pfalz-Saarbrücken-Verkehr via Maxau:						
a) Pfälzische Stationen	756	1291	—	—	311	111
b) Transit von Preußen nach Baden	—	6	—	—	—	—
c) " " Baden nach Preußen	—	2	—	—	—	45
7. Süddeutscher Verkehr:						
a) Pfälzische Stationen	7289	8913	559	—	—	—
b) Transit von Hessen nach süddeutschen Stationen	—	30	—	—	—	—
c) " " süddeutschen Stationen nach hessischen Stationen	—	—	—	—	—	—
8. Mitteldeutscher Verkehr	4176	56	—	—	3923	—
9. Westdeutscher Verkehr	801	—	—	—	1811	—
10. Main-Neckar-Verkehr	49	—	356	—	—	—
Summe . . .	20411	12573	18446	—	8286	751
B. Internationale Verkehre:						
11. Ludwigshafen-Schweiz-Verkehr	—	780	—	—	—	—
12. Holländischer Verkehr:						
a) Pfälzische Stationen	162	—	—	—	.	—
b) Transit von holländischen nach Zollvereinsstationen	—	—	—	—	—	—
c) " " Zollvereins- nach holländischen Stationen	—	—	—	—	—	—
d) " " holländischen nach französischen Stationen	—	298	—	—	—	—
e) " " französischen nach holländischen Stationen	—	—	—	—	—	—
13. Belgischer Verkehr via Herbesthal	846	—	—	—	—	—
14. " " " Luxemburg	29565	—	—	—	—	—
15. Französischer Verkehr via Forbach:						
Pfälzische Stationen incl. Worms u. s. w.	2301	5010	—	—	—	—
16. Französischer Verkehr via Weißenburg:						
a) Pfälzische Stationen	2978	20779	—	—	88	—
b) Transit von französischen nach Zollvereinsstationen	—	295	—	—	—	—
c) " " Zollvereins- nach französischen Stationen	—	1531	—	—	—	—
Summe . . .	36113	27944	—	—	88	—
Total . . .	56524	40517	18446	—	8374	751

Bezeichnung der Verkehre.	18. Zucker, fabricirt.		19. Sonstige Güter.		Summa.		Total.
	Empfang.	Versandt.	Empfang.	Versandt.	Empfang.	Versandt.	
	Centner.	Centner.	Centner.	Centner.	Centner.	Centner.	Centner.
A. Verkehre im Zollverein:							
1. Saarbrücken-Hessen-Pfalz-Verkehr:							
a) Pfälzische Stationen	456	375	75	587.8	1145145	1853903.8	[illegible]
b) Transit von Preußen nach Hessen	—	—	—	—	—	95944	95944
c) " " Hessen nach Preußen	—	28	—	—	—	[illegible]	[illegible]
2. Hessen-Pfalz-Verkehr	4223	515	5027	929.4	[illegible]	[illegible]	[illegible]
3. Rheinischer Verkehr:							
a) Pfälzische Stationen	[illegible]	2	308.7	649.8	832705.3	[illegible]	[illegible]
b) Transit v. Rh. u. Heß. u. Bad. u. Württ. Stat.	—	[illegible]	—	[illegible]	—	772772.5	[illegible]
c) " " Bad. u. Württ. n. Rh. u. Heß. Stat.	—	677	—	2306	—	[illegible]	[illegible]
d) " " Rhein. und Heß. Stationen nach Basel	—	—	—	1.6	—	22108.8	[illegible]
e) " " Basel nach Rhein. und Heß. Stationen	—	—	—	—	—	2292	2292
4. Sächsisch-Pfälzischer Verkehr	2	—	82	30.8	12533	11610.3	[illegible]
5. Baden-Pfalz-Saarbrücken-Verkehr via Ludwigshafen:							
a) Pfälzische Stationen	[illegible]	2761	[illegible]	[illegible]	[illegible]	[illegible]	[illegible]
b) Transit von Preußen nach Baden	—	1	—	17.4	—	[illegible]	[illegible]
c) " " Baden nach Preußen	—	373	—	13	—	[illegible]	[illegible]
6. Baden-Pfalz-Saarbrücken-Verkehr via [illegible]:							
a) Pfälzische Stationen	79	7688	1017.6	1522.4	161186.9	[illegible]	451210.8
b) Transit von Preußen nach Baden	—	—	—	11.3	—	[illegible]	[illegible]
c) " " Baden nach Preußen	—	—	—	3	—	41519	[illegible]
7. Süddeutscher Verkehr:							
a) Pfälzische Stationen	20	383	670.8	191.7	701119.4	[illegible]	[illegible]
b) Transit von Hessen nach südd. Stationen	—	—	—	41.5	—	[illegible]	2776.5
c) " " südd. Stationen nach Heß. Stationen	—	—	—	—	—	9246	9246
8. Mitteldeutscher Verkehr	[illegible]	—	130.4	111.6	[illegible]	[illegible]	[illegible]
9. Westdeutscher Verkehr	1813	—	17.3	40.4	627916.1	[illegible]	[illegible]
10. Main-Neckar-Verkehr	12	4	455.9	717.7	[illegible]	[illegible]	[illegible]
Summa . . .	[illegible]	51312	[illegible]	[illegible]	[illegible]	[illegible]	10723174.4
B. Internationale Verkehre:							
11. Ludwigshafen-Schweiz-Verkehr	—	16970	33	390.8	10047	[illegible]	[illegible]
12. Holländischer Verkehr:							
a) Pfälzische Stationen	—	—	51.4	—	[illegible]	4131	[illegible]
b) Transit von holl. nach Zollvereinsstationen	—	5216	—	127	—	[illegible]	[illegible]
c) " " Zollvereins- nach holl. Stationen	—	—	—	57.5	—	[illegible]	[illegible]
d) " " holl. nach franz. Stationen	—	[illegible]	—	86.7	—	[illegible]	[illegible]
e) " " franz. nach holl. Stationen	—	6	—	—	—	[illegible]	[illegible]
13. Belgischer Verkehr via Herbesthal	—	1	83	27	[illegible]	[illegible]	155714
14. " " " Luxemburg	—	—	8.6	27.5	[illegible]	[illegible]	137151.3
15. Französischer Verkehr via Forbach: Pfälzische Stationen incl. Worms u. s. w.	—	—	305.3	622.4	[illegible]	[illegible]	[illegible]
16. Französischer Verkehr via Weißenburg:							
a) Pfälzische Stationen	4	—	405.4	209.4	221722.4	[illegible]	[illegible]
b) Transit von franz. nach Zollvereinsstationen	—	278	—	300	—	63814	63814
c) " " Zollvereins- nach franz. Stationen	—	1	—	47	—	81619	81619
Summa . . .	4	[illegible]	[illegible]	1965.3	845070.5	[illegible]	[illegible]
Total . . .	[illegible]	[illegible]	9459	[illegible]	[illegible]	[illegible]	[illegible]

Stationen.	1. Abfälle, nicht besonders genannte. Empfang.	1. Versandt.	2. Asphalt oder Judenpech. Empfang.	2. Versandt.	3. Baumwolle, rohe. Empfang.	3. Versandt.	4. Baumwollenwaaren. Empfang.	4. Versandt.	5. Bier. Empfang.	5. Versandt.
	Centner.	Centner.	Centner.	Centner.	Centner.	Centner.	Centner.	Centner.	Centner.	Centner.
Bexbach	8	19	—	—	—	—	35	12	5491	1633
Homburg	75	130	—	25	15	—	684	108	1477	1985
St. Ingbert	2572	124	4	—	—	—	540	98	7894	129
Hassel	—	1	—	—	—	—	9	—	124	—
Würzbach	16	—	—	—	—	—	111	1	1735	—
Blieskastel-Lautzkirchen	123	3	—	—	1	—	370	55	2808	82
Bierbach	1	—	—	—	—	—	—	—	86	—
Schwarzenacker	692	60	—	—	1	—	—	1	67	—
Zweibrücken	1323	2507	27	—	—	1	2108	862	445	30856
Einöd	—	—	—	—	—	—	18	12	439	—
Bruchmühlbach	11	23	—	—	—	—	198	28	1394	315
Hauptstuhl	—	—	—	—	3	—	44	5	257	3
Landstuhl	31	213	213	—	—	3	850	106	2549	85
Kusel	—	41	119	—	—	—	140	30	196	136
Rammelsbach	—	—	—	—	—	—	—	—	—	—
Altenglan	—	12	—	—	—	—	18	3	183	—
Theisbergstegen	—	—	—	—	—	—	—	—	64	1
Eisenbach-Matzenbach	—	—	—	—	—	—	—	—	80	—
Rehweiler	—	—	—	—	—	—	1	—	98	1
Glan-Münchweiler	—	—	—	—	—	—	42	3	212	2
Niedermohr	—	—	—	—	—	—	—	—	97	—
Steinwenden	—	6	—	—	—	—	8	2	13	25
Ramstein	—	—	—	—	—	—	5	1	96	—
[illegible]	—	—	—	—	—	—	—	—	—	—
Kaiserslautern	2925	7580	182	—	2431	3	2159	9962	718	80116
Hochspeyer	1	3	—	—	—	—	85	13	28	883
Frankenstein	108	64	6	—	—	—	40	55	42	10848
Weidenthal	2	19	—	—	—	—	6	2	474	1
Lambrecht	286	217	19	—	6	—	104	383	7823	28
Neustadt	1029	2018	24	2	94780	75180	2557	4519	3714	899
Weißenburg	412	6077	3	100	1923	—	610	372	2086	19
Schaidt	3	10	—	—	3	—	76	6	2407	8
Winden	16	4	—	—	6	—	519	60	1841	174
Maximiliansau	28	16	—	—	—	120	487	479	3408	35
Wörth	—	—	—	—	—	—	70	3	179	5
Langenkandel	1	29	—	—	—	—	317	19	1674	3
Rohrbach	104	741	100	—	—	—	201	40	23	71
Landau	1401	1073	6	—	3	67	3551	777	650	1120
Knöringen	30	119	—	—	—	—	59	18	625	—
Edesheim	3	3	7	—	—	—	81	17	618	109
Edenkoben	90	177	—	—	—	180	823	75	255	118
Maikammer	1	—	—	—	—	—	18	1	128	—
Dürkheim	1410	92	—	—	—	—	517	124	740	675
Wachenheim	17	—	—	—	—	—	108	7	124	—
Deidesheim	217	16	—	—	3	—	108	16	1087	1
Mußbach	86	387	1	—	—	—	242	55	107	3
Haßloch	35	108	—	—	—	—	98	1	2610	40
Böhl	18	—	—	—	—	—	185	4	419	3
Schifferstadt	32	1	—	—	—	—	201	3	[illegible]	422
Germersheim	82	42	—	—	—	1	480	138	4567	137
Lingenfeld	—	—	—	—	—	—	19	4	344	—
Heiligenstein	—	—	—	—	—	—	3	—	82	—
Berghausen	—	—	—	—	—	—	—	—	27	—
Speyer	364	176	—	—	—	—	1553	815	445	17003
Mutterstadt	4	6	14	—	—	2	85	16	245	11
Rheingönheim	4	2	—	—	—	—	31	1	6-9	17
Ludwigshafen	12290	11455	1898	184	60512	84225	11154	15104	3804	11327
Oggersheim	241	139	—	—	1712	3	183	2787	317	178
Frankenthal	385	86	3		25	—	2755	1172	1010	1017
Bobenheim	—	—	—	—	—	—	9	1	300	2
Worms	5	9	—	—	—	167	4	78	—	2713
Summa	[illegible]	31475	[illegible]	[illegible]	154471	[illegible]	[illegible]	[illegible]	[illegible]	117267
Ab Versandt des internen Verkehrs *)		16727	—	310	—	[illegible]	—	[illegible]		52163
Gesammt-Zugang der pfälzischen Stationen	[illegible]	21749	2285	255	174474	151010	[illegible]	[illegible]	[illegible]	65101
Transit im Zollverein	—	29615	—	460	—	12	—	[illegible]	—	[illegible]
Transit des Auslandes	—	6615	—	—	—	[illegible]	—	[illegible]	—	715
Total	[illegible]	[illegible]	[illegible]	715	154471	[illegible]	[illegible]	[illegible]	[illegible]	[illegible]

–	[illegible]
–	11
–	43
1701	207
–	1
–	–
1448	5518
–	–
–	158
–	17
14	513
4	71
–	–
–	85
–	–
–	–
–	–
–	21
–	1
–	4
–	10
–	–
972	1741
–	15
4	14
–	22
–	108
245	508
2867	3
–	59
6	317
483	953
–	15
13	111
18	85
32	1305
	271
–	59
6	234
3	49
4	291
–	114
3	93
–	95
–	84
–	66
–	74
2	148
–	90
–	18
–	19
143	849
–	97
9	80
27-09	2770
–	127
103	659
–	7

Stationen.	12. Droguerieen und Apothekerwaaren.		13. Druckschriften, Bücher u. Kunstgegenstände.		14. Eisen, Roh- u. Bruch-.		15. Eisen, fabricirtes und Stahl.		16. Eisenbahnschienen und Schienenbefestigungsmittel.	
	Empfang.	Versandt.	Empfang.	Versandt.	Empfang.	Versandt.	Empfang.	Versandt.	Empfang.	Versandt.
	Centner.	Centner.	Centner.	Centner.	Centner.	Centner.	Centner.	Centner.	Centner.	Centner.
Bexbach	36	1	6	3	112	690	547	31	15	—
Homburg	855	480	101	27	4085	[illegible]	[illegible]	[illegible]	13539	32785
St. Ingbert	398	14	82	24	[illegible]	147	578	140750	1700	117265
Hassel	7	—	1	—	—	—	6	—	—	—
Würzbach	45	2	—	5	—	—	42	1	—	—
Blieskastel-Lautzkirchen	175	12	48	16	—	—	487	8	—	—
Bierbach	—	—	2	—	—	—	—	1	—	—
Schwarzenacker	14	30	—	—	—	—	41	1	—	—
Zweibrücken	878	121	655	398	12417	385	87517	3341	—	530
Einöd	4	6	1	1	—	—	—	1	—	—
Bruchmühlbach	170	—	10	1	—	—	449	20	18	—
Hauptstuhl	19	—	—	1	—	—	30	5	—	—
Landstuhl	434	42	75	98	—	—	6458	890	11601	—
Kusel	84	4	19	7	—	100	1204	64	—	—
Rammelsbach	—	—	—	—	—	—	—	—	—	—
Altenglan	12	1	1	3	—	110	857	3	—	—
Theisbergstegen	—	—	—	1	—	—	—	—	—	—
Eisenbach-Matzenbach	—	—	1	1	—	—	6	—	—	—
Rehweiler	1	—	—	—	—	—	—	—	—	—
Glan-Münchweiler	34	2	7	—	—	—	217	48	—	—
Niedermohr	—	1	—	—	—	—	2	—	—	—
Steinwenden	6	1	—	1	—	—	40	—	—	—
Ramstein	4	—	2	3	—	—	6	—	—	—
Königsgarten	—	—	—	—	—	—	—	—	—	—
Kaiserslautern	3005	1021	645	174	22461	63	14067	11298	10217	630
Hochspeyer	60	2	5	3	2	—	114	7	27	—
Frankenstein	13	61	3	1	—	—	57	22	—	—
Weidenthal	20	1	—	1	—	3	128	5	27	—
Lambrecht	103	5	43	5	301	—	1814	135	—	1
Neustadt	4391	384	762	600	191	1171	14970	10587	55	10
Weißenburg	88	91	95	107	114401	135	4439	88	1400	10
Schaidt	38	1	8	12	—	—	110	1	1	—
Winden	190	6	88	18	2300	—	1025	5647	—	604
Maximiliansau	125	104	230	244	6131	9437	733	362	—	575
Wörth	11	—	1	1	—	—	26	2	—	—
Langenkandel	120	17	48	30	20	80	667	151	—	—
Rohrbach	65	47	6	4	—	2	1117	16	—	6
Landau	1051	174	306	178	1404	3215	4723	855	13	64
Knöringen	42	7	1	1	—	—	43	21	—	—
Edesheim	41	—	36	7	—	—	361	12	—	—
Edenkoben	290	107	142	78	241	770	3672	381	—	—
Maikammer	47	3	8	3	—	—	315	91	—	—
Dürkheim	202	323	314	57	213	2	7500	47	45	—
Wachenheim	64	172	20	10	—	26	198	1	—	—
Deidesheim	110	6	98	61	8	—	197	20	—	—
Mußbach	65	14	27	3	5	542	1907	104	—	—
Haßloch	81	35	6	8	—	—	221	97	—	—
Böhl	8	—	3	2	—	—	10	—	—	—
Schifferstadt	45	1	201	8	122	120	58	10	—	—
Germersheim	358	69	105	35	11	620	1073	178	79	—
Lingenfeld	25	1	5	3	—	—	113	7	—	—
Heiligenstein	2	2	—	4	—	—	—	—	—	—
Berghausen	2	—	—	—	—	—	—	—	—	—
Speyer	470	142	902	870	330	876	5400	201	1	—
Mutterstadt	43	30	7	2	—	3	221	12	8	—
Rheingönheim	8	1	2	—	—	—	22	—	—	—
Ludwigshafen	2010	2277	970	1031	20001	257135	130311	111007	97038	76221
Oggersheim	35	157	80	61	—	640	318	1	—	7
Frankenthal	467	20	179	46	11102	401	17175	1145	14	27
Bobenheim	25	1	1	2	—	3	11	1	—	—
Worms	4	70	1	82	—	—	6	361	—	—
Summa	10070	6758	5908	1093	230781	280111	310221	[illegible]	135077	229579
Ab Versandt des internen Verkehrs		2615	—	1548	—	91551	—	[illegible]	—	[illegible]
Gesammt-Frequenz der pfälzischen Stationen	10020	8055	5908	2551	230781	188557	310291	201413	135077	124188
Transit im Zollverein	—	1817		3544		21683	—	521210	—	[illegible]
Transit des Auslandes	—	211	—	210	—	291	—	918	—	530
Total	10020	9073	5908	6124	230781	210461	310291	736547	135077	465102

17. Eisen- und Stahlwaaren.		18. Eisenerze.		19. Emballagen.		20. Erden.		21. Erze außer den besonders genannten.		22. Essig.	
Empfang.	Versandt.	Empfang.	Versandt.	Empfang.	Versandt.	Empfang.	Versandt.	Empfang.	Versandt.	Empfang.	Versandt.
Centner.	Centner.	Centner.	Centner.	Centner.	Centner.	Centner.	Centner.	Centner.	Centner.	Centner.	Centner.
212	30	—	—	784	1916	3	—	—	—	218	2
6965	6341	—	—	1157	2557	140	1190	13	—	604	119
1321	2581	602079	—	191	4214	6058	9	9	—	357	8
9	8	—	—	1	91	—	—	—	—	19	—
118	24	—	—	228	897	—	—	—	—	87	—
624	172	—	—	329	2444	23	104	10	—	841	415
9	11	—	—	—	64	—	—	—	—	6	—
327	390	—	—	17	133	210	—	—	—	3	—
4871	29439	—	—	13957	5294	4841	2	49	13	1626	63
12	10	—	—	29	113	—	—	—	—	11	—
463	541	—	—	659	1146	4	—	10	—	180	—
79	19	—	—	51	118	—	—	—	—	5	—
2290	18502	6	—	1578	8179	514	851	16	29	841	31
430	709	—	—	105	396	7	—	5	—	93	—
—	—	—	—	—	—	—	—	—	—	—	—
60	8	—	—	152	121	—	—	—	—	19	—
2	2	—	—	4	87	—	—	—	—	—	—
11	5	—	—	39	53	—	—	—	—	—	—
8	1	—	—	3	85	—	—	—	—	—	4
63	14	—	—	120	223	—	—	—	—	14	—
10	5	—	—	4	56	—	—	—	—	—	—
21	5	—	—	34	49	—	—	—	—	16	—
19	2	—	—	5	86	—	—	—	—	22	—
—	—	—	—	—	—	—	—	—	—	—	—
9444	11624	4655	—	17456	6554	13596	86832	180	994	399	1405
117	30	—	1	331	193	—	—	—	—	60	15
55	29	—	—	3976	164	—	—	—	—	44	—
120	42	—	—	59	423	4	—	—	—	104	—
1284	978	—	—	248	1878	1927	—	10	—	36	—
4116	2185	—	—	17646	7073	167217	154762	162	1	372	5425
6910	281	179845	—	897	6044	168639	2664	17648	150	77	35
100	31	—	—	134	1047	6	—	—	—	168	—
726	374	—	—	895	1165	4	—	10	—	518	6
2175	8727	124	—	918	1799	4410	6907	22	—	796	875
23	3	—	—	23	316	—	—	—	—	15	—
780	169	—	—	104	1066	—	—	8	3	46	1
661	137	—	—	1708	672	2741	9	590	—	24	11
5121	1769	—	—	4698	8752	614	1	111	4	800	63
112	21	—	—	498	324	17	—	—	—	58	—
211	23	—	—	916	243	—	—	—	—	—	9
2969	490	—	—	9619	1178	166	—	33	—	122	121
1042	1541	—	—	3994	142	11	—	—	—	6	139
1457	1472	55	—	5963	1419	1653	170649	30	105	39	1252
304	32	—	—	1967	187	8	100	—	—	9	—
371	66	—	—	6798	1511	214	2	—	—	6	399
707	225	—	—	3490	433	11	—	—	—	64	664
257	35	—	—	894	1914	6	—	36	—	7	463
67	10	—	—	160	377	—	—	—	—	10	—
37	8	—	—	197	701	—	—	58	—	47	—
1328	172	—	—	579	2496	3	—	23	—	79	396
140	64	—	—	17	294	—	—	—	—	79	—
1	3	—	—	10	47	—	—	—	—	35	—
8	—	—	—	120	42	—	—	—	—	5	—
4794	1630	—	—	6958	8178	434	24	41	—	364	273
267	74	—	—	418	734	9	—	61	—	58	—
49	14	2	—	77	611	1173	—	2290	—	94	—
61814	63572	829605	78627	17898	10250	56718	49609	6624	8594	2857	7179
270	81	—	12	645	361	0	—	11	—	105	3
56719	69894	—	—	2980	8447	7	4449	178	—	299	57
23	12	—	—	35	100	—	—	—	—	—	—
13	101	—	—	23	272	19	7	—	—	—	16
131441	192482	876893	78640	187230	631668	254630	627051	27930	8580	11283	19004
—	59459	—	667	—	87679	—	101580	—	4690	—	7333
131441	98813	876893	78173	187230	39904	254630	295581	27930	8800	11283	11919
—	131116	—	—	—	116684	—	4224	—	77404	—	1633
—	766	—	—	—	430	—	1215	—	—	—	7
131441	190695	876893	78173	187230	60001	254630	301024	27930	81204	11283	13559

Stationen.	23. Farbhölzer.		24. Farben und Farbwaaren.		25. Feldfrüchte, Garten- u. Waldbauerzeugnisse, nicht besonders genannte.		26. Fett und Fettwaaren.		27. Fleischwaaren, Fische und sonstige Consumtibilien.	
	Empfang.	Versandt.	Empfang.	Versandt.	Empfang.	Versandt.	Empfang.	Versandt.	Empfang.	Versandt.
	Centner.	Centner.	Centner.	Centner.	Centner.	Centner.	Centner.	Centner.	Centner.	Centner.
Bexbach	—	—	6	5	52	160	119	5	41	4137
Homburg	30	—	214	37	518	2686	914	216	142	124
St. Ingbert	1	—	171	301	586	44	600	124	198	125
Haßel	—	—	—	—	22	7	19	3	3	3
Würzbach	—	—	7	—	66	18	22	7	22	12
Blieskastel-Lautzkirchen	3	—	142	11	124	52	400	317	42	63
Bierbach	—	—	—	—	15	40	—	—	2	2
Schwarzenacker	—	—	4	—	—	1984	12	—	9	1
Zweibrücken	154	4	482	24	1106	971	1924	140	527	1302
Einöd	—	—	1	—	1	2	14	3	1	4
Bruchmühlbach	6	—	46	30	95	662	359	13	25	704
Hauptstuhl	—	—	3	—	7	18	41	37	—	20
Landstuhl	106	3	924	25	534	5127	917	163	160	175
Kusel	29	—	28	5	95	429	135	16	33	32
Rammelsbach	—	—	—	—	—	—	—	—	—	—
Altenglan	2	—	6	—	328	1	15	1	3	17
Theisbergstegen	—	—	3	—	4	2	3	—	1	17
Eisenbach-Matzenbach	—	—	—	—	116	6	1	—	—	4
Rehweiler	—	—	1	—	27	—	4	—	13	25
Glan-Münchweiler	4	—	8	1	218	1	78	9	5	12
Niedermohr	—	—	2	—	25	—	6	—	8	—
Steinwenden	—	—	1	1	23	9	20	3	4	8
Ramstein	—	—	—	—	79	11	19	—	4	5
Kindsbach	—	—	—	—	—	—	—	—	—	—
Kaiserslautern	612	47	1909	300	6801	2601	2718	1504	747	982
Hochspeyer	—	—	26	5	139	104	128	2	15	83
Frankenstein	—	—	31	1	96	119	92	7	35	97
Weidenthal	—	—	—	—	38	15	109	1	9	7
Lambrecht	1696	112	329	13	254	19	779	40	203	406
Neustadt	763	34	1304	1063	997	674	1084	894	668	365
Weißenburg	13	6	4803	306	517	447	156	114	892	186
Schaidt	7	—	24	15	12	234	76	11	16	30
Winden	19	—	124	4	25	108	221	70	92	75
Maximiliansau	12	141	59	152	160	943	178	195	49	117
Wörth	—	—	8	1	11	46	29	1	26	42
Langenkandel	9	—	41	3	21	380	74	27	38	46
Rohrbach	8	3	263	180	93	391	161	300	41	91
Landau	136	215	829	16	282	612	1213	628	785	947
Knöringen	3	—	18	6	214	3147	192	360	14	98
Edesheim	—	—	8	—	29	39	81	13	36	17
Edenkoben	13	—	222	317	257	175	339	236	165	74
Maikammer	88	—	24	8	24	63	40	24	65	29
Dürkheim	7	—	169	142	920	240	313	396	136	71
Wachenheim	3	—	10	3	56	27	66	—	39	14
Deidesheim	—	—	68	1	627	70	174	6	80	16
Mußbach	—	—	26	—	265	43	60	15	23	42
Haßloch	5	—	26	—	193	245	48	10	25	70
Böhl	—	—	13	3	51	18	74	6	6	52
Schifferstadt	13	—	7	—	129	2294	84	9	31	74
Germersheim	72	2	254	114	63	87	403	246	97	406
Lingenfeld	—	—	3	—	138	162	67	41	3	18
Heiligenstein	—	—	—	—	2	12	11	—	—	7
Berghausen	—	—	—	—	—	6	13	9	2	5
Speyer	31	10	561	92	169	1791	1066	706	314	340
Mutterstadt	—	—	87	31	90	622	258	34	12	6
Rheingönheim	—	—	182	—	30	6	72	55	9	2
Ludwigshafen	1481	3296	5677	8001	3530	1902	15541	13531	8896	2771
Oggersheim	949	—	301	25	118	86	415	296	39	6
Frankenthal	345	—	1348	3190	613	8568	1130	577	165	680
Bobenheim	—	—	11	—	8	1498	19	—	1	40
Worms	—	17	36	714	125	826	2806	31	5	68
Summa	5514	2805	19188	16864	21320	36702	36464	27286	8371	10477
Ab Versandt des internen Verkehrs	—	1707	—	3878	—	15500	—	8028	—	5567
[illegible] der pfälzischen Bahnen	5514	4192	19188	12002	21320	20862	36464	19258	8371	14780
Transit [illegible]	—	3121	—	10603	—	2161	—	11447	—	1404
Transit [illegible]	—	948	—	4141	—	2094	—	1406	—	1443
Total	5514	8171	19188	30052	21320	25131	36464	31174	8371	19238

28. Flachs, Hanf, Heede und Werg.		29. Garn, Leinen- und Baumwollen-, gefärbt.		30. Garn, Wollen, (Kamm-, Streich- und Strickgarn).		31. Getreide und Hülsenfrüchte.		32. Glas, Tafel- und Spiegel-.		33. Glas, Hohl-, Glaswaaren, Porzellan, Steingut, Töpferwaaren.	
Empfang.	Versandt.	Empfang.	Versandt.	Empfang.	Versandt.	Empfang.	Versandt.	Empfang.	Versandt.	Empfang.	Versandt.
Centner.	Centner.	Centner.	Centner.	Centner.	Centner.	Centner.	Centner.	Centner.	Centner.	Centner.	Centner.
5	—	1	1	2	—	4321	338	6	—	117	17
60	20	143	77	81	9	27637	14237	83	34	1054	147
43	2	31	1	84	1	25410	340	5	3	400	230
1	—	—	—	1	—	10	—	—	—	1	3
4	—	—	—	—	—	3500	47	10	—	4	5
14	3	30	30	15	1	50914	2000	18	—	364	16
1	2	—	—	—	—	—	1	—	—	4	1
—	3	—	—	—	—	116	—	3	—	17	—
101	43	402	40	79	30	57229	21169	146	46	2968	1578
—	1	—	—	—	—	56	7	—	—	1	—
19	2	32	1	1	—	1834	4922	32	—	256	21
11	—	2	—	—	—	14	56	—	—	57	—
79	6	189	31	70	16	6922	10870	166	142	233	162
26	15	15	1	57	36	196	3057	33	—	147	22
—	—	—	—	—	—	—	—	—	—	—	—
2	—	—	—	—	—	—	—	38	1	68	4
1	—	—	—	—	—	—	—	—	—	5	—
—	—	—	—	—	—	—	—	—	—	—	—
3	2	—	—	—	—	—	17	—	—	—	—
12	—	1	—	1	10	324	1444	1	1	168	29
3	—	—	—	—	—	35	—	—	—	—	—
2	—	—	—	—	—	435	182	2	—	9	8
7	1	1	—	1	—	256	31	—	—	—	—
—	—	—	—	—	—	—	—	—	—	—	—
1324	407	5499	479	349	4561	90782	177185	1126	151	10656	15759
7	—	17	4	2	—	966	100	18	—	30	3
19	—	7	—	1	—	4126	84	11	—	34	48
3	2	7	3	1	12	1154	27	—	—	56	7
43	2	109	11	92	119	6404	303	97	—	167	128
637	296	1801	542	801	117	160584	57819	6966	1606	12364	7564
10	3479	170	64	2	1879	297726	21982	66	310	2940	416
2	10	99	1	8	—	2852	1628	9	—	48	29
9	9	167	12	22	1	3714	5221	76	—	443	43
96	92	342	401	31	13	2290	4311	16	10	805	367
3	3	9	—	2	—	5	15	4	—	26	4
3	127	256	9	18	1	1602	6945	65	1	312	51
1060	1681	171	17	109	2	7088	14898	179	19	268	1973
671	1582	2291	95	857	45	50484	13212	416	16	3062	566
18	14	52	5	1	—	101	491	—	—	36	6
95	27	26	1	7	1	47	22	30	—	91	32
651	96	251	98	128	108	24548	6678	75	10	744	115
23	—	130	16	11	1	55	10	24	—	67	8
379	62	78	4	44	20	7367	3044	449	1	1512	891
26	1	1	—	6	4	1896	693	41	—	93	64
18	1	6	5	10	1	1364	254	98	11	2588	92
11	1	36	1	22	—	6258	3709	1566	1200	1981	1445
34	6	21	6	14	1	4437	15182	46	—	264	11
24	29	13	1	8	—	18	21	6	—	61	10
—	1	14	1	22	—	183	2383	23	1	219	9
299	261	132	17	34	—	39210	17727	147	18	857	19
1	23	9	1	3	—	2262	2298	—	—	96	2
—	—	8	—	1	—	—	—	—	—	1	1
—	1	1	—	2	—	—	50	—	—	5	2
1404	1201	216	22	66	2	84146	10017	583	114	2616	413
10	16	36	5	1	—	294	5030	12	—	70	6
—	11	6	1	1	3	1291	921	3	—	16	31
4479	1701	2045	4074	1466	1129	372944	287724	6700	11143	11503	6460
17	—	474	59	—	1	9127	[illegible]	31	—	158	38
244	6	206	60	49	11	20556	25440	1701	45	2158	564
6	—	2	—	—	—	8	1451	4	2	8	30
41	13	—	58	—	—	—	861	—	18	8	1072
12142	10654	15436	12860	4069	31613	1452268	1162344	21549	16520	92353	41441
—	4650	—	10093	—	1044	—	[illegible]	—	[illegible]	—	[illegible]
12142	5993	15435	8794	4069	16569	1452268	[illegible]	21549	12270	62353	34606
—	4815	—	12861	—	3847	—	183489	—	31036	—	40648
—	1831	—	701	—	[illegible]	—	[illegible]	—	136	—	[illegible]
12142	11243	15436	17245	4069	14016	1452268	764153	21549	[illegible]	92353	46161

–	—
618	211
[illegible]	1055
134	7
—	6
61	819
—	1
—	—
5602	413
—	—
142	14
—	1
1519	194
229	2
—	—
174	1
—	1
—	—
—	2
9	3
22	—
26	3
31	1
—	—
1896	488
66	6
—	15
—	2
116	19
1090	947
891	1072
67	102
51	109
4	61
—	13
7	89
50	897
543	1081
718	1294
—	50
164	194
8	27
930	1644
—	4
2152	19
..	8
198	120
—	2
—	15
226	643
1	1
—	—
—	—
779	467
846	379

39. Holz, Brennholz.		40. Holz, Werkholz.		41. Sägewaaren.		42. Holzwaaren, zugerichtete Hölzer, Möbel.		43. Hopfen.		44. Hörner, Haare, Borsten, Federn, Klauen, Knochen.	
Empfang.	Versandt.	Empfang.	Versandt.	Empfang.	Versandt.	Empfang.	Versandt.	Empfang.	Versandt.	Empfang.	Versandt.
Centner.	Centner.	Centner.	Centner.	Centner.	Centner.	Centner.	Centner.	Centner.	Centner.	Centner.	Centner.
—	—	—	—	2799	2776	471	225	17	2	4	1
125	1676	12	—	14791	881	1397	764	65	11	138	165
—	—	—	—	9490	—	903	847	77	9	61	64
—	310	—	—	—	—	115	40	—	—	—	—
—	200	—	—	—	—	60	75	—	—	—	4
—	200	—	940	282	100	470	1085	38	3	150	85
—	—	—	—	—	—	111	120	—	—	—	—
—	—	—	—	—	—	130	254	—	—	2	1
280	915	475	420	7107	25400	4725	4713	197	40	1286	132
—	—	—	—	—	—	37	101	1	—	—	—
—	—	—	—	1125	200	419	320	12	10	13	45
—	—	—	—	—	—	74	164	—	—	3	4
20	29183	—	130	27949	5019	1194	1785	38	38	630	294
240	—	—	—	1115	—	221	244	78	—	30	7
—	—	—	—	—	—	—	—	—	—	—	—
—	—	—	—	220	—	233	14	2	1	1	—
15	—	—	—	19	—	—	9	—	—	1	1
—	—	—	—	100	—	14	8	5	—	—	—
—	—	—	—	—	—	8	1	—	—	—	—
—	—	—	—	100	100	28	23	9	—	6	—
—	—	—	—	200	—	28	—	—	—	—	—
—	—	—	—	—	—	7	31	15	—	—	2
—	—	—	—	140	—	9	5	4	—	9	3
—	4140	—	—	—	—	—	—	—	—	—	—
3884	25549	470	1643	24904	79334	6316	31712	182	90	35531	947
—	2848	—	1601	595	26291	167	917	11	8	14	3
—	2670	—	200	957	16423	491	481	32	5	5	12
—	1441	—	200	820	8800	285	11561	—	1	1	10
—	450	80	—	815	6410	925	729	5	4	10	35
4104	481	1320	800	27985	16743	12488	15727	2940	1012	500	717
1170	—	—	—	53719	7273	16634	7729	514	3256	865	3164
—	200	—	—	—	891	253	698	11	56	60	71
8550	3920	—	80	7	—	514	1098	16	252	12	6
8917	6078	—	540	31288	24416	3189	2476	3	163	150	347
—	—	—	—	—	—	44	115	—	—	1	6
—	1980	—	—	1080	6108	547	681	15	15	10	8
610	102	—	240	4588	1110	1334	2805	20	4	7	12
214	1448	—	—	7138	14021	5869	6652	48	374	2127	1273
—	—	—	—	—	—	148	332	—	61	257	115
—	—	—	—	—	—	341	221	1	8	63	48
7767	24	800	—	4011	2177	4139	3415	3	1	4645	2785
—	—	—	—	—	—	331	110	2	—	16	6
87	230	100	—	1941	2012	6856	1192	29	2	131	769
120	—	100	—	116	—	945	132	—	—	6	53
658	—	200	—	795	—	4569	947	—	4	0	13
1568	—	617	—	900	100	1047	366	1	—	19	11
974	—	—	—	140	1400	447	101	8	3	7	28
—	—	—	—	—	—	258	310	—	—	8	9
33	200	—	—	4072	11635	339	105	2	7	8	24
1282	2700	100	—	420	17888	4942	1364	27	40	38	85
—	—	—	—	80	1974	174	49	2	—	3	6
—	—	—	—	—	—	31	24	—	—	—	4
—	—	—	—	—	—	124	51	—	7	—	—
477	690	—	100	5222	7600	8415	3879	212	484	243	879
—	—	—	—	785	—	395	218	4	—	371	2017
—	—	—	—	—	—	191	31	12	—	8027	8
9411	578	2746	1214	140761	179705	39727	20534	6676	6561	6725	6651
205	—	—	—	440	—	904	244	42	12	4	8
943	—	100	—	4905	710	6702	4021	108	19	585	168
—	—	100	—	207	—	829	274	—	—	—	6
—	—	—	—	—	—	75	719	—	—	—	149
51380	96041	7220	7059	370465	496083	136511	132726	10481	15157	49732	19716
—	43425	—	4045	—	214911	—	81973	—	4191	—	18007
51380	61618	7220	3094	370465	271172	136511	50748	10481	10773	49732	6709
—	15873	—	—	—	77006	—	18130	—	2346	—	2281
—	1274	—	—	—	319	—	1279	—	1	—	1168
51380	[illegible]	7220	3094	370465	348561	136511	70201	10481	13120	49732	10158

—	[illegible]
7	146
2	343
—	1
79	15
1	29
—	—
—	33
90	1020
—	—
13	65
2	8
91	856
1	18
—	—
—	6
—	—
—	—
—	—
5	5
—	—
—	1
—	8
—	—
108	1195
1	6
—	5
—	4
—	149
53	965
14	193
—	18
1	106
2	345
—	6
4	34
—	38
99	742
6	77
—	35
4	212
—	116
8	102
—	14
1	65
—	67
—	41
—	—
7	94
7	262
—	3
—	—
—	—
56	513
—	7
—	8
146	10411
—	47
70	519
1	—

Stationen.	50. Krapp, Krappwurzeln und Garancine.		51. Leder u. Lederwaaren.		52. Leinen- und Segeltuch.		53. Lumpen- und Papierabfälle.		54. Manufactur- u. Kurzwaaren.	
	Empfang.	Versandt.	Empfang.	Versandt.	Empfang.	Versandt.	Empfang.	Versandt.	Empfang.	Versandt.
	Zentner.	Zentner.	Zentner.	Zentner.	Zentner.	Zentner.	Zentner.	Zentner.	Zentner.	Zentner.
Bexbach	—	—	25	2	34	10	—	38	387	190
Homburg	2	—	164	287	811	136	211	1869	1689	758
St. Ingbert	—	—	222	36	463	46	9	2144	1228	616
Haßel	—	—	9	—	—	—	—	4	37	11
Würzbach	—	—	8	—	29	2	—	—	125	33
Blieskastel-Lautzkirchen	—	30	348	116	166	48	3	2290	982	373
Bierbach	—	—	—	—	—	—	—	—	12	17
Schwarzenacker	—	—	24	1	—	2	962	53	95	113
Zweibrücken	30	1	2376	10762	473	67	98	249	5865	4012
Einöd	—	—	15	4	1	2	—	13	68	64
Bruchmühlbach	—	—	81	10	56	8	15	379	676	237
Hauptstuhl	1	—	19	2	4	4	—	14	92	60
Landstuhl	—	1	194	838	139	62	311	2	2443	1479
Kusel	9	—	31	149	27	13	1	23	481	304
Rammelsbach	—	—	—	—	—	—	—	—	—	—
Altenglan	—	—	1	9	2	1	—	22	87	47
Theisbergstegen	—	—	—	—	—	—	—	3	8	4
Eisenbach-Matzenbach	—	—	—	—	—	—	—	18	5	15
Rehweiler	—	—	—	—	—	—	—	4	5	14
Glan-Münchweiler	—	—	18	2	5	1	2	104	139	43
Niedermohr	—	—	5	—	—	—	—	3	18	8
Steinwenden	—	—	3	17	5	1	—	117	88	16
Ramstein	—	—	—	—	—	—	35	—	20	13
[illegible]	—	—	—	—	—	—	—	—	—	—
Kaiserslautern	6	127	918	723	1169	1004	4440	6656	9962	9067
Hochspeyer	—	—	83	41	16	3	—	—	238	323
Frankenstein	—	—	6	27	6	4	1635	42	735	1617
Weidenthal	—	—	46	9	2	—	—	3	482	600
Lambrecht	22	—	145	191	61	10	27776	2257	1921	4561
Neustadt	16	—	1498	872	667	207	19040	1402	6966	5536
Weißenburg	2250	6986	2184	307	57	—	—	40	3671	1588
Schaidt	—	—	18	10	4	10	1	—	277	204
Winden	—	—	134	29	72	33	—	3	1116	623
Maximiliansau	1	—	254	170	51	57	3902	3260	1101	939
Wörth	—	—	6	1	1	1	—	—	157	114
Langenkandel	—	—	175	18	30	17	—	16	329	492
Rohrbach	—	—	160	41	25	184	39	1317	730	1104
Landau	5	1	1137	5140	698	1991	1478	2562	7380	9049
Knöringen	—	—	151	24	31	5	104	195	461	318
Edesheim	—	—	16	9	46	—	—	—	389	807
Edenkoben	—	—	352	160	154	121	4151	1130	1962	1584
Maikammer	—	—	15	2	36	27	—	—	212	365
Dürkheim	—	—	199	154	199	114	3327	912	2467	1667
Wachenheim	1	—	6	5	41	7	—	9	372	360
Deidesheim	—	1	110	13	74	4	298	8	740	367
Mußbach	—	—	73	8	97	21	—	12	498	353
Haßloch	—	—	96	68	162	13	—	18	566	304
Böhl	—	—	21	4	13	2	—	9	249	96
Schifferstadt	—	—	70	94	6	1	—	16	196	215
Germersheim	—	20	401	330	123	53	—	128	2137	1418
Lingenfeld	—	—	16	—	4	—	5	—	179	168
Heiligenstein	—	—	1	—	2	—	—	—	41	14
Berghausen	—	—	—	1	—	—	—	—	36	19
Speyer	666	2563	3865	4616	758	171	40	301	7460	6062
Mutterstadt	—	—	43	21	24	16	—	—	498	262
Rheingönheim	—	—	15	—	135	14	12	21	165	115
Ludwigshafen	663	18576	8765	4742	1016	1168	6966	6981	19623	17946
Oggersheim	—	—	66	11	56	—	144	54	476	361
Frankenthal	—	—	238	461	962	325	901	405	1520	4394
Bobenheim	—	—	1	4	1	2	1	—	119	211
Worms	—	—	74	3213	—	2	1008	—	91	3906
Summa	10129	35111	30130	62549	9163	8302	70206	[illegible]	95216	108885
Ab Verkehr des [illegible] nen Verkehrs	—	9601	—	3549	—	2351	—	26622	—	89743
Gesammt-Empfang des pfälzischen Stationen	10129	14910	30130	59035	9163	5951	70206	11367	95216	20057
Transit [illegible]	—	24	—	8421	—	3434	—	14822	—	66247
Transit [illegible]	—	16603	—	1475	—	1001	—	1956	—	366
Total	10129	31146	30130	28154	9163	7851	70126	[illegible]	95216	108850

C. Gesammt-Uebersicht des

55. Maschinen und Maschinentheile, Eisenbahnfahrzeuge.		56. Mehl und sonstige Mühlen- und Mehlfabrikate.		57. Mineralsalze, Pottasche, Soda, Salpeter, Alaun, Bittersalze.		58. Mineralwasser.		59. Mineralsäuren, (Salpeter-, Salz-, Schwefel-) u. sonstige Chemikalien.	
Empfang.	Versandt.	Empfang.	Versandt.	Empfang.	Versandt.	Empfang.	Versandt.	Empfang.	Versandt.
Centner.	Centner.	Centner.	Centner.	Centner.	Centner.	Centner.	Centner.	Centner.	Centner.
10	[illegible]	[illegible]	234	55	9	56	—	—	—
866	600	14814	1985	1064	36	104	17	204	10
257	854	6013	131	446	19	151	9	799	12
1	—	129	—	13	—	—	—	—	—
5	5	306	9	24	—	1	2	5	—
79	7	1801	7287	469	—	43	—	33	3
—	—	82	73	—	—	—	—	—	—
402	9	98	180	51	—	—	—	26	—
2173	2304	19779	17323	2146	122	545	359	3671	1062
—	—	88	14	54	12	—	1	18	—
1069	146	2585	706	146	2	12	—	30	—
5	—	280	—	19	—	1	—	—	—
666	691	7801	1527	1074	111	1036	16	652	109
49	18	1095	48	191	—	8	—	11	—
—	—	—	—	—	—	—	—	—	—
4	85	127	8	6	—	—	—	105	—
—	—	30	—	—	—	—	—	—	—
—	—	56	139	—	—	—	—	—	—
—	—	35	6	—	—	—	—	—	—
—	—	257	118	21	—	5	—	—	—
20	—	35	79	2	—	—	—	—	—
5	—	52	41	18	—	—	—	1	—
2	—	18	26	8	—	2	—	—	—
—	—	—	—	—	—	—	—	—	—
2421	2309	31811	18926	11340	760	724	41	3663	289
5	6	952	52	40	2	5	1	11	—
16	6	465	21	25	—	16	—	68	—
45	8	1241	8063	25	—	3	—	247	—
1794	702	1162	6249	1452	30	8	—	1706	129
4796	4420	9642	56326	1914	388	603	478	696	153
156	944	6463	653	296	120	611	46	828	6506
22	17	205	44	264	1	8	3	9	644
13	—	367	1006	693	111	91	1	41	4
1366	1262	11565	10012	97	405	22	6	11	106
—	—	121	8	18	—	1	—	—	—
29	45	542	1041	147	—	65	—	17	—
14	6	426	1968	213	110	41	—	104	8
1310	1361	5612	26572	2057	418	731	81	786	108
—	—	240	71	190	35	44	—	2	17
8	1	78	131	42	1	58	—	62	—
470	49	525	1085	718	664	2081	5	264	11
17	11	127	102	49	19	21	8	95	10
194	150	9123	4744	164	94	268	74	51	25
10	—	1320	824	39	60	33	1	12	2
56	18	2387	42	136	352	113	—	40	2
2	5	1206	1147	66	—	15	—	14	2
17	8	744	1231	251	14	27	2	21	—
—	—	187	8	24	—	11	—	1	—
36	7	939	76	17	6	28	—	10	3
78	31	1946	1967	997	—	264	9	62	3
9	—	26	96	21	2	27	—	9	—
—	—	54	9	7	—	2	—	—	—
10	—	5	5	—	1	1	—	—	—
647	271	2874	3047	428	134	311	102	2635	10
4	121	469	14	16	10	29	3	1251	15
36	34	240	409	2	—	13	—	130	—
70708	40631	37316	142842	26041	92967	4672	6617	15790	72053
263	256	1336	11548	351	28	25	—	198	—
1682	6175	18232	24129	1496	271	497	48	166	6
17	4	58	42	16	—	5	—	1	—
[illegible]	[illegible]	[illegible]	[illegible]	[illegible]	[illegible]	5	[illegible]	[illegible]	[illegible]

Stationen.	60. Obst, frisch und getrocknet, eingemachte Früchte.		61. Oele, nicht besonders genannte.		62. Oelkuchen, Oelkuchenmehl.		63. Papier und Pappe (außer Dachpappe).		64. Petroleum und sonstige Mineralöle.	
	Empfang.	Versandt.	Empfang.	Versandt.	Empfang.	Versandt.	Empfang.	Versandt.	Empfang.	Versandt.
	Centner.	Centner.	Centner.	Centner.	Centner.	Centner.	Centner.	Centner.	Centner.	Centner.
Bexbach	76	11	302	180	110	—	15	—	56	—
Homburg	263	107	469	176	1664	183	306	969	798	133
St. Ingbert	576	39	1837	46	290	—	224	24	235	—
Hassel	1035	3	34	—	14	—	—	—	15	3
Würzbach	11	30	29	—	38	—	8	—	41	—
Blieskastel-Lautzkirchen	116	236	169	14	4	10	116	4	321	10
Biesbach	3	104	—	—	—	—	—	—	6	3
Schwarzenacker	4	33	27	—	—	—	183	2058	2	—
Zweibrücken	712	1079	846	1044	314	162	1404	662	2267	77
Einöd	8	0	—	—	—	—	9	—	10	—
Bruchmühlbach	31	81	40	100	464	42	24	—	517	4
Hauptstuhl	37	6	4	—	—	—	3	—	15	—
Landstuhl	420	540	1404	4060	888	340	472	81	670	472
Kusel	61	39	82	—	—	98	150	6	135	13
Rammelsbach	—	—	—	—	—	—	—	—	—	—
Altenglan	7	28	38	770	—	300	—	—	116	—
Theisbergstegen	4	5	—	—	—	—	—	—	5	—
Eisenbach-Matzenbach	—	27	—	343	—	98	—	—	—	—
Rehweiler	6	2	3	—	—	—	—	—	7	—
Glan-Münchweiler	40	20	10	520	—	556	5	—	31	7
Niedermohr	2	3	6	90	—	—	1	—	8	—
Steinwenden	8	17	12	261	—	164	—	—	26	—
Ramstein	14	4	3	—	—	—	1	—	12	—
Königsgarten	—	—	—	—	—	—	—	—	—	—
Kaiserslautern	1716	686	2177	806	2185	940	2910	909	8318	290
Hochspeyer	71	644	10	3	—	—	25	3	143	—
Frankenstein	33	129	17	27	—	—	127	6083	33	60
Weidenthal	34	130	60	—	26	—	7	1	69	5
Lambrecht	279	30	761	5	47	—	377	11729	131	—
Neustadt	1470	2373	1415	409	305	68	3665	7977	3696	1269
Weißenburg	74	646	513	504	3	893	167	160	1047	10
Schaidt	27	174	54	253	100	98	6	—	104	1
Winden	62	1049	303	210	—	306	106	11	953	26
Maximiliansau	259	871	590	39	200	1830	314	402	378	428
Wörth	12	7	18	—	—	—	8	—	64	—
Langenkandel	40	99	98	85	14	—	222	198	295	17
Rohrbach	206	394	1400	3475	—	102	11	30	346	101
Landau	331	3611	1112	1010	3067	1488	1977	1366	4051	1676
Knöringen	56	124	94	5	5	—	38	22	143	31
Edesheim	21	149	30	5	—	—	27	7	71	6
Edenkoben	107	1657	460	268	380	96	104	1612	146	11
Maikammer	47	373	82	—	9	—	28	3	138	7
Dürkheim	619	4245	290	164	820	8	415	1772	143	32
Wachenheim	33	294	5	2	705	56	5	49	32	—
Deidesheim	1219	6722	62	—	373	—	75	3	213	3
Mußbach	233	413	24	110	20	36	5	—	187	—
Haßloch	169	79	79	—	1186	—	4	3	179	6
Böhl	60	98	54	—	—	—	90	—	96	—
Schifferstadt	140	66	58	81	40	—	20	—	140	—
Germersheim	820	100	446	137	—	100	361	74	1136	36
Lingenfeld	41	81	15	—	35	—	5	—	30	—
Heiligenstein	7	12	—	—	—	—	—	—	5	—
Berghausen	111	9	1	—	—	—	—	—	12	—
Speyer	1284	546	965	30	477	131	3011	1837	1217	17
Mutterstadt	123	188	112	3	621	—	42	45	21	—
Rheingönheim	18	74	36	1	—	1	3	—	3	—
Ludwigshafen	8649	3727	18080	9911	28165	21062	4092	3224	67758	57281
Oggersheim	114	21	200	11	804	30	250	586	47	6
Frankenthal	187	6625	1940	56	1610	119	1486	2121	544	61
Bobenheim	6	4	15	—	—	—	1	—	27	—
Worms	193	35	30	11	—	—	12	37	—	—
Summa	22302	52960	32222	24790	45307	30792	20962	39261	95116	64072
Ab Verkehr des internen Verkehrs	—	14703	—	8583	—	11473	—	12951	—	6795
Gesammt-Ergebniß des pfälzischen Bahnnetzes	22302	[illegible]	32222	16237	45307	19319	20962	26313	95107	54772
Transit im Zollverein	—	3230	—	17695	—	17309	—	13175	—	3342
Transit aus Zollausland	—	1679	—	2124	—	—	—	415	—	170
Total	22302	52952	32222	46010	45307	30762	20962	39586	95107	52900

Stationen.	65. Kreis.		66. Rinden, roh und gemahlen. (Lohe, Borke.)		67. Salz, Koch- und Viehsalz, excl. Düngsalz.		68. Samen aller Art.		69. Sand und Kies.	
	Empfang.	Versandt.	Empfang.	Versandt.	Empfang.	Versandt.	Empfang.	Versandt.	Empfang.	Versandt.
	Centner.	Centner.	Centner.	Centner.	Centner.	Centner.	Centner.	Centner.	Centner.	Centner.
Bexbach	28	—	—	—	102	—	1	8	8	5460
Homburg	297	—	102	102	12291	2067	672	1833	128	55421
St. Ingbert	172	16	106	—	1283	22	65	20	4	—
Hassel	3	—	—	1090	14	—	5	—	—	—
Würzbach	5	—	—	—	53	—	17	—	—	—
Blieskastel-Lautzkirchen	137	4	—	—	1515	3	104	654	2	—
Bierbach	—	—	—	—	17	—	2	—	—	—
Schwarzenacker	—	—	—	—	2	—	—	—	—	—
Zweibrücken	515	81	8276	114	13626	53	1019	2074	239	3
Einöd	3	—	—	—	15	—	14	2	—	—
Bruchmühlbach	112	—	—	—	561	—	146	2575	2	—
Hauptstuhl	5	—	—	—	5	—	—	7	3	—
Landstuhl	472	150	—	—	6998	1301	872	1931	2103	7
Kusel	43	—	—	130	1280	—	4	—	9	—
Rammelsbach	—	—	—	—	—	—	—	—	—	—
Altenglan	73	3	—	—	118	—	135	52	—	—
Theisbergstegen	2	—	—	—	116	—	115	—	—	—
Eisenbach-Matzenbach	5	—	—	—	—	—	90	8	—	—
Rehweiler	—	—	—	—	14	—	—	24	—	—
Glan-Münchweiler	13	—	—	—	108	2	108	156	—	3
Niedermohr	1	—	—	—	18	—	1	3	—	—
Steinwenden	4	—	—	—	100	—	18	34	—	—
Ramstein	12	—	—	—	8	—	—	6	—	—
Königsgarten	—	—	—	—	—	—	—	—	—	—
Kaiserslautern	619	128	—	1030	27796	101	3120	6383	97	5764
Hochspeyer	15	—	—	—	724	6	8	1	—	—
Frankenstein	1	—	—	—	41	—	76	24	—	—
Weidenthal	6	—	—	—	1040	—	3	1	—	—
Lambrecht	42	—	—	—	1160	78	213	—	—	—
Neustadt	210	25	—	—	8478	2045	408	560	20467	27117
Weißenburg	—	—	—	—	1	10717	1644	3640	—	371
Schaidt	10	—	—	—	542	1000	1	695	—	—
Winden	117	—	—	—	1800	—	78	210	1	—
Maximiliansau	470	—	—	—	617	600	1858	373	410	254
Wörth	5	—	—	—	42	—	9	18	—	—
Langenkandel	6	—	—	—	4790	168	800	948	—	—
Rohrbach	34	—	120	—	852	6	198	1702	—	—
Landau	1712	215	—	28	14842	847	1358	3127	132	14
Knöringen	174	12	—	—	65	—	105	415	—	14
Edesheim	18	—	—	—	2	2	6	1	—	—
Edenkoben	84	—	180	—	5418	8	80	95	7	3
Maikammer	19	—	—	—	5	—	4	8	1	—
Dürkheim	48	19	—	—	7240	316	8574	77	—	28378
Wachenheim	7	—	—	—	25	—	18	—	—	—
Deidesheim	40	—	—	—	629	—	18	1	3	—
Mußbach	56	—	—	—	843	—	548	21	—	2
Haßloch	45	—	553	—	641	12	41	479	—	—
Böhl	20	—	—	—	144	—	32	541	4	—
Schifferstadt	7	—	—	—	861	—	1	34	2	—
Germersheim	175	5	—	—	5458	2	254	842	3	—
Lingenfeld	—	8	—	—	69	—	26	94	—	—
Heiligenstein	2	—	—	—	7	—	1	2	—	—
Berghausen	—	—	—	—	—	—	—	—	—	—
Speyer	407	29	858	—	7177	80	303	210	1138	201
Mutterstadt	3	—	—	—	1100	46	46	251	—	—
Rheingönheim	—	—	—	—	100	1	61	30	—	1061
Ludwigshafen	757	4094	—	—	54356	116874	14672	7879	16162	4696
Oggersheim	17	2	—	—	130	—	25	20	—	300
Frankenthal	153	4	78	—	7819	10	697	153	1629	7024
Bobenheim	6	—	—	—	—	—	3	710	—	—
Worms	—	—	—	—	—	—	—	4841	—	—
Summe	7547	4740	9748	2474	181566	160078	35585	42159	52255	141276
Ab Versandt des internen Verkehrs	—	3306	—	2332	—	46045	—	16,775	—	37033
Gesammt-Frequenz der pfälzischen Stationen	7547	1434	9748	142	181566	47183	85585	26180	52263	104242
Transit im Zollverein	—	630	—	88690	—	1155	—	10156	—	1922
Transit des Auslandes	—	1715	—	—	—	6	—	3847	—	—
Total	7547	3779	9748	88840	181700	48234	85585	40222	52255	106164

Stationen.	70. Seide, rohe und Seidewaaren.		71. Spiritus, Branntwein und sonstige Spirituosen.		72. Steinkohlen, Coaks und Briquets.		73. Steine, Bau-, Quader-, Mauer-.		74. Steine, Porphyr-, Granit-, Syenit-.	
	Empfang.	Versandt.	Empfang.	Versandt.	Empfang.	Versandt.	Empfang.	Versandt.	Empfang.	Versandt.
	Centner.	Centner.	Centner.	Centner.	Centner.	Centner.	Centner.	Centner.	Centner.	Centner.
Bexbach	—	—	56	67	—	—	909	8411	25642	1
Homburg	3	—	421	642	—	—	16879	1380	31392	1003
St. Ingbert	2	1	1015	18	—	342	16088	—	14262	—
Hassel	—	—	41	—	—	—	—	—	—	—
Würzbach	—	—	61	1	—	—	2160	330	450	—
Blieskastel-Lautzkirchen	1	—	1085	180	180	—	—	1058	10350	118
Bierbach	—	—	2	—	—	—	—	—	—	—
Schwarzenacker	—	—	4	8	100	192	3000	—	14976	—
Zweibrücken	296	298	863	486	5830	101	2230	1526	38065	12
Einöd	—	—	8	—	—	—	—	—	—	—
Bruchmühlbach	3	—	59	216	—	2300	—	400	5391	5050
Hauptstuhl	—	—	15	—	—	—	—	—	—	—
Landstuhl	6	—	300	1168	106	67355	817	81912	29464	134606
Kusel	—	—	30	4	17100	—	—	1	1613	6
Rammelsbach	—	—	—	—	—	—	—	—	—	64417
Altenglan	—	—	42	2	16047	296	280	—	—	48307
Theisbergstegen	—	—	10	3	687	—	—	—	—	21461
Eisenbach-Matzenbach	—	—	—	—	30	—	—	—	—	—
Rehweiler	—	—	—	2	—	—	—	—	—	—
Glan-Münchweiler	—	—	22	25	4703	—	—	—	—	500
Niedermohr	—	—	44	—	—	—	—	—	—	—
Steinwenden	—	—	13	18	2890	—	—	—	—	—
Ramstein	—	—	5	5	4881	—	—	—	—	—
Kindsbach	—	—	—	—	—	—	—	—	—	—
Kaiserslautern	29	8	1076	1465	7401	7340	29787	12257	42549	15400
Hochspeyer	—	—	101	1	400	—	—	—	3302	—
Frankenstein	—	—	170	41	710	100	1050	307841	4314	—
Weidenthal	—	—	87	—	300	—	—	502059	—	—
Lambrecht	1	—	223	5	300	1555	15098	70	865	2
Neustadt	161	170	4606	4260	6115	5800	156140	2274	3802	408
Weißenburg	97	1168	300	184	40026	—	—	2	12861	3778
Schaidt	—	1	115	12	1700	—	6077	3	401	1
Winden	—	—	818	80	5500	—	1596	—	1721	2
Maximiliansau	2	8	340	102	3610	29670	88466	2303	3548	1
Wörth	—	—	60	3	—	—	—	—	—	—
Langenkandel	1	2	115	20	32250	237	7910	—	4269	—
Rohrbach	3	—	306	780	3500	—	7040	256	—	9
Landau	27	6	1965	1125	6680	1400	12848	71894	1396	60317
Knöringen	1	—	91	300	—	—	—	—	—	1
Edesheim	—	—	9	20	—	—	—	—	—	—
Edenkoben	8	2	400	810	8460	260	28807	—	7860	30
Maikammer	—	—	42	645	—	—	7	—	1	—
Dürkheim	1	25	234	1825	6900	233	3688	1560	256	1068
Wachenheim	—	—	29	37	400	—	6707	—	210	—
Deidesheim	—	—	217	856	1000	—	40034	—	225	14070
Mußbach	—	—	84	880	1000	—	7532	6888	210	—
Haßloch	2	—	191	86	700	—	9436	—	—	—
Böhl	4	—	49	1	—	—	—	—	2	—
Schifferstadt	—	—	207	10	700	—	11617	—	—	—
Germersheim	4	—	1062	471	2800	—	13791	—	64	3
Lingenfeld	—	—	464	58	2200	—	8044	—	168	—
Heiligenstein	—	—	96	7	—	—	—	—	—	—
Berghausen	—	—	35	—	—	—	1000	—	—	—
Speyer	18	5	902	971	3700	2750	68185	698	6356	38
Mutterstadt	1	—	180	114	3010	248	29075	—	—	—
Rheingönheim	—	—	146	5	1100	161	12909	—	—	—
Ludwigshafen	1600	2204	5407	3617	155620	223983	170934	10664	14152	4551
Oggersheim	3	4	167	7	1100	300	6428	—	305	—
Frankenthal	26	11	1164	3229	6100	—	3888	200	1144	19
Bobenheim	—	—	11	—	300	—	3700	—	3	—
Worms	—	11	1	10	—	—	—	—	11	2116
Summa	2200	3681	23383	23590	304286	505294	793504	913707	307276	381390
Ab Versandt des internen Verkehrs	—	204	—	13115	—	234235	—	761910	—	279205
Gesammt-Erzeugung der pfälzischen Stationen	2200	3746	23383	10445	304286	271062	793504	151566	307276	102185
Transit im Zollverein	—	11240	—	5660	—	302900	—	16239	—	47578
Transit des Auslandes	—	477	—	1171	—	—	—	—	—	4721
Total	2200	14460	23383	10976	304286	573962	793504	167718	307276	156484

18*

75. Steine, Dach-, Ziegel-, feuerfeste.		76. Steinhauer-Arbeiten.		77. Syrup (Melasse), Honig.		78. Tabak, roh.		79. Tabak, fabricirt.	
Empfang.	Versandt.	Empfang.	Versandt.	Empfang.	Versandt.	Empfang.	Versandt.	Empfang.	Versandt.
Centner.	Centner.	Centner.	Centner.	Centner.	Centner.	Centner.	Centner.	Centner.	Centner.
522	—	2	—	2	—	8	—	79	9
2712	1508	1324	123	16	8	800	13	627	204
2598	8	445	—	3	—	375	16	382	28
—	—	—	—	—	—	3	—	9	5
—	—	—	—	2	—	—	—	115	1
11	5560	20	3	20	—	337	—	449	48
—	—	—	—	—	7	—	—	—	—
23	—	325	—	—	—	—	—	—	3
9541	859	646	864	314	81	225	17	2006	70
—	—	—	—	—	—	—	—	8	2
9	—	2	47	7	6	4	—	161	2
—	—	—	—	—	—	—	—	27	8
2583	9651	108	2106	6	1	197	—	795	76
155	—	18	11	—	—	74	—	80	8
—	—	—	—	—	—	—	—	—	—
—	—	108	—	—	—	—	—	63	—
—	—	—	—	—	—	—	—	3	—
—	—	—	—	—	—	—	—	1	—
—	—	—	—	—	—	—	—	1	1
—	—	—	—	—	—	—	—	72	2
—	—	24	—	—	—	—	—	2	—
—	—	—	—	—	—	—	—	21	—
—	—	—	—	—	—	—	—	19	—
—	—	—	—	—	—	—	—	—	—
4946	19255	1401	5252	175	170	3090	160	1717	303
—	—	—	26	5	1	5	—	96	1
4	—	—	106	—	—	3	—	33	1
—	—	1	—	2	—	—	—	47	—
2148	5	111	10	80	—	5	2	91	4
50473	600	5323	549	160	105	1998	1296	540	1016
13871	5	342	241	—	83	6708	—	101	7
582	—	41	1	2	—	38	19	168	6
120	—	85	—	9	—	7	—	131	7
473	1002	654	471	—	2	17	129	189	84
—	—	9	—	—	—	—	—	46	1
135	92	218	19	18	—	159	262	141	190
78	—	—	139	—	1	7	715	58	3
2503	6467	527	3677	371	43	2164	1981	1346	1063
11	—	—	—	—	—	61	169	89	8
19	—	10	—	22	—	—	—	30	2
1029	900	248	25	36	—	2	—	117	5
15	7	55	—	—	1	—	68	66	—
3324	431	283	44	11	10	1	7	841	77
901	—	17	—	—	—	—	—	106	—
3414	—	—	102	82	290	1	—	132	2
135	—	165	4	1	—	—	—	65	2
—	130	56	—	8	—	798	6340	70	8
—	—	—	—	—	—	125	—	80	—
—	—	129	—	7	—	29	1397	26	27
419	—	63	—	81	1	13	8	370	19
—	—	32	—	4	—	3	198	58	—
—	—	—	—	—	—	—	173	16	9
—	7701	200	5	—	—	46	554	10	—
7767	6518	535	157	36	37	1679	13550	626	1214
675	1038	73	—	3	51	2	130	140	3
26	576	158	—	—	—	14	222	29	—
19106	12678	2888	2128	344	2558	17294	36208	2165	4279
—	—	17	—	—	—	244	298	105	4
3557	0	164	18	3	1625	40	34	701	37
310	—	—	—	—	—	3	—	33	1
—	—	761	1761	—	1	—	—	1	[illegible]

Stationen.	80. Terpentin und Terpentinöl, Lack, Firnisse.		81. Twiste, Baumwollgarn, ungefärbt.		82. Torf.		83. Ultramarin.		84. Wein.	
	Empfang.	Versandt.	Empfang.	Versandt.	Empfang.	Versandt.	Empfang.	Versandt.	Empfang.	Versandt.
	Centner.	Centner.	Centner.	Centner.	Centner.	Centner.	Centner.	Centner.	Centner.	Centner.
Bexbach	18	—	1	—	—	—	—	—	595	18
Homburg	57	9	274	24	—	—	6	—	3472	193
St. Ingbert	66	12	13	—	—	—	13	—	2957	92
Hassel	—	—	—	—	—	—	—	—	124	3
Würzbach	1	—	1	—	80	—	—	—	593	125
Blieskastel-Lautzkirchen	39	5	62	1	—	—	2	—	2519	37
Bierbach	—	—	—	—	—	—	—	—	85	—
Schwarzenacker	—	—	—	—	—	—	—	—	142	37
Zweibrücken	198	16	254	6	—	—	5	—	10025	1018
Einöd	—	—	21	3	—	—	8	—	290	39
Bruchmühlbach	12	1	40	2	—	—	4	—	2319	61
Hauptstuhl	—	—	1	—	—	—	1	—	347	2
Landstuhl	40	114	361	83	—	6918	12	29	4498	172
Kusel	3	—	10	—	—	—	—	—	691	22
Rammelsbach	—	—	—	—	—	—	—	—	—	—
Altenglan	1	—	3	—	—	—	—	—	144	26
Theisbergstegen	1	—	3	—	—	—	—	—	91	—
Eisenbach-Matzenbach	—	—	—	—	—	—	—	—	84	—
Rehweiler	—	—	—	—	—	—	—	—	25	8
Glan-Münchweiler	—	—	11	—	—	—	—	—	330	9
[illegible]	—	—	—	—	—	—	—	—	86	3
Einsiedlerhof	1	—	1	—	—	—	—	—	101	5
[illegible]	2	—	1	—	—	—	—	—	187	6
Königsgarten	—	—	—	—	—	—	—	—	—	—
Kaiserslautern	264	66	8412	474	—	492	131	6227	9599	4449
Hochspeyer	5	1	1	—	—	—	3	—	443	79
Frankenstein	—	—	1	—	—	—	—	4	101	31
Weidenthal	—	—	—	—	—	—	—	—	417	7
Lambrecht	10	2	18	—	121	—	11	—	1029	138
Neustadt	179	79	3437	581	800	—	112	36	6615	113168
Weißenburg	97	1324	—	—	—	—	176	—	3119	2208
Schaidt	—	—	10	—	—	—	98	—	691	160
Winden	18	2	135	2	—	—	5	—	438	756
Maximiliansau	3	1	64	57	—	—	—	—	2168	907
Wörth	3	—	—	—	—	—	—	—	1001	14
Langenkandel	47	25	20	—	—	—	5	—	2140	54
Rohrbach	102	31	1	—	200	—	20	23	295	2597
Landau	183	18	403	4	300	—	59	182	1718	17102
Knöringen	—	—	19	—	—	—	5	—	42	908
Edesheim	2	—	22	—	—	—	2	—	79	2131
Edenkoben	102	9	105	16	—	—	3	—	698	67306
Maikammer	9	1	16	—	—	—	1	—	129	11196
Dürkheim	89	4	69	—	400	—	6	—	1014	34004
Wachenheim	12	—	17	—	—	—	—	—	699	11177
Deidesheim	41	—	13	—	400	—	—	—	2105	40959
Mußbach	13	—	49	3	—	—	—	—	254	16129
Haßloch	8	—	37	—	300	—	—	—	105	890
Böhl	2	—	8	—	—	—	—	—	204	379
Schifferstadt	18	1	40	—	—	—	1	—	1040	72
Germersheim	189	15	24	—	—	—	14	—	1691	568
Lingenfeld	2	—	6	—	—	—	—	—	267	19
Heiligenstein	2	—	—	—	—	—	—	—	49	36
Berghausen	—	—	—	—	—	—	—	—	110	715
Speyer	151	31	307	8	684	—	21	2	2916	1954
Mutterstadt	7	—	36	5	100	—	9	—	615	30
Rheingönheim	3	—	—	—	—	—	—	—	1282	9
Ludwigshafen	1318	1509	1787	1890	800	—	5777	325	46427	20176
Oggersheim	6	—	55	5006	—	—	3	—	684	16
Frankenthal	160	14	631	93	1000	—	96	10	1969	4459
Bobenheim	3	—	—	—	—	—	—	—	238	9
Worms	—	51	1	—	—	—	—	25	31	895
Summa	3226	2964	10587	3506	6095	5705	6502	6861	122220	377621
Ab Versandt des internen Verkehrs	—	344	—	2636	—	6023	—	2911	—	100132
Gesammt-Verkehr der pfälzischen Stationen	3226	2624	10587	3052	6095	700	6502	3950	122220	277692
Transit im Zollverein	—	3330	—	14440	—	—	—	264	—	10763
Transit des Auslandes	—	3319	—	14	—	—	—	17	—	2914
Total	3226	9519	10587	20411	6095	700	6502	4231	122220	292269

Stationen.	85. Malz.		86. Zuckerrüben.		87. Zucker, roh.		88. Zucker, fabricirt.	
	Empfang.	Versandt.	Empfang.	Versandt.	Empfang.	Versandt.	Empfang.	Versandt.
	Centner.	Centner.	Centner.	Centner.	Centner.	Centner.	Centner.	Centner.
Bexbach	—	1	—	—	—	—	74	—
Homburg	5	6	—	—	—	—	176	40
St. Ingbert	9	2	—	—	—	—	564	1
Hassel	3	4	—	—	—	—	—	—
Würzbach	1	14	—	—	—	—	56	—
Bliescastel-Lautzkirchen	—	5	—	—	—	—	644	3
Bierbach	—	1	—	—	—	—	—	—
Schwarzenacker	—	1	—	—	—	—	—	—
Zweibrücken	422	107	—	—	6	—	2243	35
Einöd	—	—	—	—	—	—	40	24
Bruchmühlbach	5	11	—	—	—	8	374	30
Hauptstuhl	—	—	—	—	—	—	10	—
Landstuhl	291	19	—	—	—	—	1359	243
Kusel	148	2	—	—	—	—	172	—
Rammelsbach	—	—	—	—	—	—	—	—
Altenglan	5	2	—	—	—	—	91	—
Theisbergstegen	3	—	—	—	—	—	25	—
Eisenbach-Matzenbach	—	—	—	—	—	—	—	—
Rehweiler	—	—	—	—	—	—	—	—
Glan-Münchweiler	—	—	—	—	—	—	36	—
Niedermohr	—	—	—	—	—	—	7	—
Steinwenden	1	—	—	—	—	—	6	—
Ramstein	—	—	—	—	—	—	2	—
[illegible]	—	—	—	—	—	—	—	—
Kaiserslautern	22346	5809	596	—	5	11	2931	502
Hochspeyer	3	—	—	—	—	—	184	5
Frankenstein	—	—	—	—	—	—	19	—
Weidenthal	55	—	—	—	—	—	39	—
Lambrecht	[illegible]	254	—	—	—	—	968	—
Neustadt	23879	14809	—	—	209	209	1772	296
Weißenburg	1960	531	—	—	—	1	—	—
Schaidt	1	30	—	—	6	—	1347	—
Winden	6	1	—	—	1	—	603	—
Maximiliansau	3667	4714	—	—	—	—	6371	6092
Wörth	—	—	—	—	—	—	142	—
Langenkandel	1	4	—	—	7	—	195	6
Rohrbach	6	12	—	—	—	—	254	51
Landau	79	52	—	2	300	3	3025	1556
Knöringen	—	—	—	—	—	5	40	29
Edesheim	—	—	—	—	—	—	78	4
Edenkoben	6	3	—	—	29	—	1440	30
Maikammer	1	2	—	—	—	—	158	3
Dürkheim	11	1	—	—	19	—	264	41
Wachenheim	2	—	—	—	—	—	43	4
Deidesheim	6	4	—	—	47	—	664	—
Mußbach	—	2	—	—	—	—	164	—
Haßloch	5	1	—	—	—	—	141	3
Böhl	—	—	—	—	—	—	46	3
Schifferstadt	—	—	—	—	28	—	35	—
Germersheim	2	2	—	—	—	—	1304	44
Lingenfeld	—	—	—	—	—	—	19	—
Heiligenstein	—	—	—	—	—	—	6	—
Berghausen	—	—	—	1990	—	—	18	—
Speyer	86	39	—	27360	12	—	921	985
Mutterstadt	—	6	44709	—	7600	—	30	4471
Rheingönheim	—	—	—	—	—	—	2	—
Ludwigshafen	2992	17384	3	2300	4060	4006	12900	21463
Oggersheim	1	71	—	—	—	—	29	7
Frankenthal	103	249	—	—	1	—	731	36
Bobenheim	—	2	—	—	—	—	5	—
Worms	—	5708	—	—	—	—	—	—
Summe	45463	47079	45306	29422	13221	6280	59236	46591
Ab Versandt des internen Verkehrs	—	1690	—	29422	—	1647	—	19700
Gesammt-Frequenz der pfälzischen Stationen	45463	45389	45306	—	13221	356	59236	26891
Transit im Zollverein	—	1831	—	—	—	295	—	30032
Transit des Auslandes	—	1295	—	—	—	—	—	23373
Total	45463	48517	45306	—	13221	751	59236	79826

Stationen.	80. Sonstige Güter. Empfang.	Versandt.	Summa. Empfang.	Versandt.	Total.
	Centner.	Centner.	Centner.	Centner.	Centner.
Bexbach	90,[illegible]	7,[illegible]	65770,[illegible]	40134,[illegible]	105903,[illegible]
Homburg	85,[illegible]	129,[illegible]	190094,[illegible]	300117,[illegible]	[illegible]
St. Ingbert	892,[illegible]	23,[illegible]	835197,[illegible]	290938,[illegible]	1126136
Hassel	1,[illegible]	9,[illegible]	3183,[illegible]	1706,[illegible]	4889
Würzbach	8,[illegible]	493,[illegible]	15428,[illegible]	6733,[illegible]	22161,[illegible]
Blieskastel-Lautzkirchen	182,[illegible]	9,[illegible]	8721,[illegible]	98986,[illegible]	101086,[illegible]
Bierbach	1,[illegible]	10,[illegible]	436,[illegible]	573,[illegible]	1009,[illegible]
Schwarzenacker	90,[illegible]	5,[illegible]	29090,[illegible]	5519,[illegible]	34609
Zweibrücken	3154,[illegible]	401,[illegible]	4[illegible]796,[illegible]	273466,[illegible]	[illegible]
Einöd	9,[illegible]	5	1286,[illegible]	489	1768,[illegible]
Bruchmühlbach	6	82,[illegible]	29082	42596,[illegible]	71640,[illegible]
Hauptstuhl	2,[illegible]	9,[illegible]	1[illegible]	1482,[illegible]	2731
Landstuhl	84,[illegible]	839,[illegible]	107460,[illegible]	440547,[illegible]	550152,[illegible]
Kusel	163	1,[illegible]	29738	10076,[illegible]	39814,[illegible]
Rammelsbach	—	1,[illegible]	—	64518,[illegible]	64518,[illegible]
Altenglan	14,[illegible]	9,[illegible]	25351,[illegible]	51281,[illegible]	76616,[illegible]
Theisbergstegen	2,[illegible]	4,[illegible]	1203,[illegible]	31196,[illegible]	32400,[illegible]
Eisenbach-Matzenbach	1,[illegible]	1,[illegible]	688,[illegible]	778,[illegible]	1466,[illegible]
Rehweiler	1,[illegible]	—	204,[illegible]	230	434,[illegible]
Glan-Münchweiler	1,[illegible]	9,[illegible]	7899,[illegible]	4412,[illegible]	12401,[illegible]
Niedermohr	3,[illegible]	1,[illegible]	676,[illegible]	236,[illegible]	913,[illegible]
Steinwenden	12	—	4572	1450	6022
Ramstein	1,[illegible]	1,[illegible]	6170,[illegible]	864,[illegible]	6924,[illegible]
Königsgarten	—	—	—	6140	6140
Kaiserslautern	606	1224,[illegible]	640754	872206,[illegible]	1512960,[illegible]
Hochspeyer	144,[illegible]	35,[illegible]	17064,[illegible]	72404,[illegible]	90468,[illegible]
Frankenstein	9,[illegible]	149	30069,[illegible]	298216	328284,[illegible]
Weidenthal	8,[illegible]	11,[illegible]	15071,[illegible]	581705,[illegible]	596776,[illegible]
Lambrecht	180	11,[illegible]	80862	50169,[illegible]	131031,[illegible]
Neustadt	606,[illegible]	967,[illegible]	954411,[illegible]	676825,[illegible]	1631367,[illegible]
Weißenburg	1052,[illegible]	301,[illegible]	943874,[illegible]	134271,[illegible]	1077146,[illegible]
Schaidt	170,[illegible]	8,[illegible]	20900,[illegible]	13914,[illegible]	34614,[illegible]
Winden	28,[illegible]	16,[illegible]	41690,[illegible]	27407,[illegible]	69097,[illegible]
Maximiliansau	306,[illegible]	720,[illegible]	210040,[illegible]	142275,[illegible]	352316,[illegible]
Wörth	9,[illegible]	8,[illegible]	2350,[illegible]	5062	8127,[illegible]
Langenkandel	22,[illegible]	28,[illegible]	67114,[illegible]	38990,[illegible]	106105
Rohrbach	23,[illegible]	169,[illegible]	85513,[illegible]	45864,[illegible]	131377,[illegible]
Landau	1006,[illegible]	1606,[illegible]	256771,[illegible]	364821,[illegible]	613592,[illegible]
Knöringen	6,[illegible]	41,[illegible]	4082,[illegible]	9817,[illegible]	13940
Kirrweiler	24,[illegible]	51,[illegible]	4497,[illegible]	4935,[illegible]	9432,[illegible]
Edenkoben	227,[illegible]	348,[illegible]	111384,[illegible]	126688,[illegible]	238071,[illegible]
Maikammer	24,[illegible]	28	7855,[illegible]	15049	22950,[illegible]
Dürkheim	42,[illegible]	1106,[illegible]	99966,[illegible]	274188,[illegible]	374176,[illegible]
Wachenheim	8,[illegible]	4,[illegible]	22051,[illegible]	14095,[illegible]	36080
Deidesheim	137,[illegible]	70,[illegible]	109251,[illegible]	64462,[illegible]	170635,[illegible]
Mußbach	11,[illegible]	14,[illegible]	49743,[illegible]	34196,[illegible]	80032
Haßloch	7,[illegible]	34,[illegible]	24400,[illegible]	48711,[illegible]	73141,[illegible]
Böhl	14,[illegible]	46,[illegible]	3077,[illegible]	1948,[illegible]	3022,[illegible]
Schifferstadt	19,[illegible]	2	12916,[illegible]	66775	85596,[illegible]
Germersheim	2073,[illegible]	254,[illegible]	80316,[illegible]	58891,[illegible]	139208,[illegible]
Lingenfeld	3,[illegible]	7,[illegible]	17306,[illegible]	16608,[illegible]	37953,[illegible]
Heiligenstein	8,[illegible]	5,[illegible]	640,[illegible]	568,[illegible]	1008,[illegible]
Berghausen	8,[illegible]	18,[illegible]	3186,[illegible]	12086,[illegible]	15275
Speyer	917,[illegible]	1752,[illegible]	227307,[illegible]	135812,[illegible]	363119,[illegible]
Mutterstadt	6,[illegible]	15	99874,[illegible]	22074	122050,[illegible]
Rheingönheim	7,[illegible]	25,[illegible]	33324,[illegible]	21064,[illegible]	54468
Ludwigshafen	2115,[illegible]	2110,[illegible]	2790472,[illegible]	3201861,[illegible]	5912601
Oggersheim	25,[illegible]	15,[illegible]	37086,[illegible]	26620,[illegible]	63406,[illegible]
Frankenthal	942,[illegible]	132	235164,[illegible]	200342	435380,[illegible]
Bobenheim	8,[illegible]	18,[illegible]	6651,[illegible]	6732,[illegible]	13384,[illegible]
Worms	174,[illegible]	175,[illegible]	6228,[illegible]	33741,[illegible]	39969,[illegible]
Summa . . .	11493,[illegible]	13087,[illegible]	10182521,[illegible]	8377439,[illegible]	18559967,[illegible]
Ab Versandt des internen Verkehrs	—	6181,[illegible]	—	4331902,[illegible]	4331902,[illegible]
Gesammt-Frequenz der pfälzischen Stationen	15203,[illegible]	2913	9182536,[illegible]	5065408	14148944,[illegible]
Transit im Zollverein	—	3020	—	2547453	2547453
Transit des Auslandes	—	308,[illegible]	—	524988,[illegible]	524988,[illegible]
Total . . .	15203,[illegible]	10531,[illegible]	9182536,[illegible]	7911881,[illegible]	**17067968**,[illegible]

№ 28. **Brutto-Ergebniß des Steinbruch-Betriebs**

Monate.	Kaiserslautern. Anzahl der verkauften Kubikmeter. Haus-steine.	Pflaster-steine.	Platten.	Riegel-steine.	Werksteine grobe.	Werksteine gewöhnliche.	Schotter	Summa.	Ertrag. fl.	kr.	Frankenstein. Anzahl der … Haus-steine.	Pflaster-steine.	Platten
Januar . . 1868	5 69	—	—	—	—	87 —	—	92 69	881	2	11 86	—	2 [illegible]
Februar .	47 84	—	—	10 60	—	171 —	—	229 14	1434	9	23 13	—	34 [illegible]
März	46 63	—	—	—	40 —	66 —	—	152 63	1838	69	29 57	12 50	19 [illegible]
April "	48 42	—	—	—	54 —	—	—	102 42	978	40	27 66	12 50	13 [illegible]
Mai . "	69 37	—	—	—	—	—	—	69 37	1457	60	147 50	2 —	— [illegible]
Juni . "	68 12	—	—	—	—	—	—	68 12	1304	29	69 23	—	19 [illegible]
Juli . "	15 48	—	—	—	—	—	—	15 48	393	29	62 90	7 50	17 [illegible]
August .	21 19	—	—	—	—	3	—	24 19	609	55	46 65	15 —	14 [illegible]
September	7 76	—	—	—	—	—	—	7 76	271	56	92 50	10 —	15 [illegible]
October .	— 26	—	—	—	—	—	—	— 26	4	26	71 [illegible]	—	10 [illegible]
November	21 58	—	—	—	—	—	—	21 58	294	18	91 14	—	13 [illegible]
December .	5 23	—	—	—	—	—	—	5 23	87	8	68 [illegible]	7 50	13 [illegible]
Summa . .	337 37	—	—	10 50	191 —	327 —	—	[illegible] 87	8459	8	832 15	67 —	164 —

im Jahre 1868. (1. Monatweise.)

	Weidenthal.							Total.									
	[…]erkauften Kubikmeter.							Anzahl der verkauften Kubikmeter									
	Richtsteine.	Mauersteine große.	Mauersteine gewöhnliche.	Schrotten und Schutt	Summa.	Ertrag fl.	Ertrag kr.	Bausteine	Wölbsteine.	Platten.	Richtsteine.	Mauersteine große.	Mauersteine gewöhnliche.	Schrotten und Schutt	Summa.	Ertrag fl.	Ertrag kr.
1	60.18	—	585	318	930.71	1885	47	17.53	—	2.39	60.18	—	625	318	1023.40	2216	15
2	81.98	120	729	267	1270.98	3808	26	82.77	—	31.87	95.4	120	900	267	1500.12	5242	35
3	29.32	141	1188	132	1543.73	4908	39	72.20	12.50	12.34	29.32	194	1254	132	1706.36	6337	28
4	49.50	30	1314	162	1607.81	4807	37	75.50	12.50	12.73	49.50	84	1314	162	1710.23	5783	17
5	35.33	33	1187	27	1712.43	6517	40	226.87	2	—.60	35.33	33	1487	27	1811.80	5275	30
6	30.37	112	1638.50	30	1911.3	5744	56	157.35		13.93	30.37	112	1638.50	30	1982.15	7046	25
7	81.64	109.50	1577	696	2571.71	5662	44	97.86	7.50	17.69	81.64	109.50	1577	696	2587.19	6031	11
8	186.10	6	1201	315	1783.27	4788	28	61.81	15	16.52	186.10	6	1207	315	1907.06	5398	23
9	63.62	15	2032		2230	6819	8	100.26	10	15.88	63.62	15	2012	—	2216.76	7115	[illegible]
10	74.60	36	1529	—	1721	5656	20	71.33		10.27	74.60	36	1529		1721.26	5660	16
11	94.81	11	1192	885	2287.24	5281	33	112.72		13.29	94.81	11	1192	885	2308.82	5578	51
12	37.2	105	1301	1062	2564.7	5403	29	107.29	7.50	13.49	37.2	105	1301	1062	2560.40	5170	35
	827.63	721.50	15739.50	3831	22175.98	61607	15	1179.52	67	161	838.33	825.50	16006.50	3831	22971.85	70156	51

Brutto-Ergebniß des Steinbruch-Betriebs

Kaiserslautern.												Frankenthal.					
der verkauften Kubikmaßer.										Ertrag.		Anzahl der					
Mühlsteine.		Wetzsteine gröbere.		Wetzsteine gewöhnliche.		[illegible]		Summa.				Bausteine.		Kalksteine.		Platten.	
										fl.	kr.						
—	—	—	—	—	—	—	—	—	—	—	—	7	34	—	—	—	—
—	—	—	—	—	—	—	—	—	—	—	—	8	71	—	—	—	—
19	50	—	—	—	—	—	—	16	50	62	30	—	37	—	—	—	—
—	—	—	—	9	—	—	—	297	46	6123	36	272	02	—	—	71	67
—	—	—	—	23	—	—	—	46	—	112	30	2	89	—	—	—	—
—	—	—	—	86	—	—	—	40	20	124	20	—	03	—	—	—	—
—	—	—	—	130	—	—	—	153	35	703	37	130	40	—	—	24	33
—	—	—	—	—	—	—	—	—	—	—	—	6	72	—	—	—	—
—	—	—	—	3	—	—	—	16	—	24	47	—	44	—	—	—	—
—	—	—	—	—	—	—	—	—	—	—	—	7	33	—	—	3	09
—	—	—	—	42	—	—	—	42	—	103	—	4	10	—	—	—	—
—	—	—	—	—	—	—	—	—	—	—	—	3	70	—	—	—	—
—	—	—	—	—	—	—	—	—	—	—	—	6	27	2	00	—	—
—	—	—	—	—	—	—	—	17	44	304	42	—	—	—	—	—	—
—	—	—	—	—	—	—	—	—	—	—	—	1	39	—	—	—	—
—	—	—	—	—	—	—	—	—	—	—	—	12	21	—	—	3	36
—	—	—	—	3	—	—	—	3	—	5	12	2	59	—	—	—	86
—	—	—	—	—	—	—	—	—	—	—	—	16	11	15	—	—	—
—	—	—	—	—	—	—	—	—	—	—	—	—	—	—	—	16	16
—	—	—	—	24	—	—	—	24	—	163	—	8	64	—	—	1	13
—	—	—	—	—	—	—	—	—	—	—	—	51	04	27	—	3	30
—	—	—	—	—	—	—	—	—	—	—	—	4	18	—	—	—	—
—	—	—	—	—	—	—	—	—	—	—	—	4	74	—	—	—	—
—	—	—	—	—	—	—	—	—	—	—	—	—	—	—	—	—	—
—	—	—	—	—	—	—	—	34	44	319	21	126	52	10	—	31	43
—	—	—	—	—	—	—	—	—	—	—	—	21	11	12	50	8	33
—	—	—	—	—	—	—	—	—	—	—	—	6	54	—	—	—	—
—	—	—	—	—	—	—	—	—	—	—	—	4	43	—	—	5	44
—	—	—	—	—	—	—	—	—	—	—	—	2	40	—	—	—	—
—	—	53	—	—	—	—	—	53	33	46	25	78	82	—	—	8	12
—	—	34	—	26	—	—	—	60	—	218	10	2	76	—	—	—	—

im Jahre 1868. (II. Stationsweise.)

Weidenthal.

Anzahl der verkauften Kubikmeter: Richtsteine	Mauersteine: große	Mauersteine: gewöhnliche	Schrotten und Schutt	Summa	Ertrag fl.	Ertrag kr.
60 89	—	21 —	—	88 73	630	25
176 01	—	36 —	—	221 73	1325	4
153 42	36 —	18 —	—	208 89	1099	49
33 84	39 —	4834 —	1800 —	7050 13	19037	53
—	—	321 —	12	331 99	875	6
—	—	813 —		813 09	2035	24
1 26	210 —	1180 —	—	1604 27	7751	21
15 42	9 —	15 —	—	46 14	321	36
1 68	18 —	240 —	—	256 82	727	22
—	—	586	—	596 12	1827	11
—	—	297 —	—	301 10	821	13
—	—	276	—	281 70	675	12
5 04	75	129 —	—	217 81	605	48
10	81 —	789	204 —	1177	1967	8
—	—	12 —	156	169 39	117	34
3 74	9	9	—	37 31	461	13
5 —	3 —	471 —	183	664 93	1068	33
32 50	—	265 —	—	348 61	1179	26
—	—	132 —	—	148 93	556	5
—	—	64	30	86 71	232	48
84 50	84	432	225	840 92	3086	38
—		6	—	11 18	123	—
—	—	—	—	4 74	81	36
—	6 —	—	—	6	22	12
186 27	96 —	2597 50	1107	4143 77	8660	7
32 31	—	365 —	—	439 30	1345	53
10 56		73		90 40	216	19
40 38	25	551 —	—	626 77	1207	57
22 89	—	15	27	97	325	31
2 74	18	1152 —	—	1255 82	3240	16
—	9 50	—	—	6 26	52	1
827 83	721 56	15739 50	3831	23175 98	61697	43

Total.

Anzahl der verkauften Kubikmeter: Hausteine	Wolbsteine	Platten	Richtsteine	Mauersteine: große	Mauersteine: gewöhnliche	Schrotten und Schutt	Summa	Ertrag fl.	Ertrag kr.
7 41	—	—	60 89	—	21 —	—	88 73	630	25
9 71	—	—	176 01	—	36 —	—	221 73	1325	01
— 97	—	—	163 92	36 —	18 —	—	218 89	1162	19
563 06	—	71 27	33 84	39	4840 —	1800 —	7347 17	25160	19
1 99	—	—	—	—	366 —	12 —	379 99	987	36
— 35	—	—	—	—	861 —	—	861 35	2159	30
102 41	—	24 01	1 26	210 —	1300 —	—	1737 62	8477	—
6 72	—	—	15 42	9 —	15 —	—	46 14	821	36
— 14	—	—	1 68	15 —	240 —	—	265 62	752	07
7 09	—	3 03	—	—	586	—	596 12	1827	11
4 10	—	—	—	—	339 —	—	343 10	926	13
5 70	—	—	—	—	276 —	—	281 70	675	12
6 27	2 50	—	5 04	75 —	129 —	—	217 81	605	48
17 64	—	—	10 —	84 —	789	294 —	1194 81	2355	54
1 39	—	—	—	—	12 —	156 —	169 39	117	34
12 21	—	3 36	3 74	9 —	9	—	37 31	461	13
2 59	—	— 34	5 —	3 —	474 —	183	667 93	1074	15
16 01	15	—	32 50	—	265 —	—	348 61	1179	26
—	—	16 93	—	—	132 —	—	148 93	556	05
1 61	—	1 10	—	—	78 —	30 —	110 71	292	48
31 92	27	6 50	84 50	84 —	432 —	225 —	840 92	3086	38
5 18	—	—	—	—	6	—	11 18	129	—
4 74	—	—	—	—	—	—	4 74	81	36
—	—	—	—	—	—	—	6 —	22	12
160 96	10 —	20 18	186 27	96 —	2597 50	1107 —	4178 21	9109	28
21 11	12 50	8 38	32 31	—	365	—	430 30	1345	53
0 84	—	—	10 56	—	73 —	—	90 40	216	19
4 93	—	5 14	40 38	25 —	551	—	626 77	1207	57
2 20	—	—	22 89	—	45 —	27 —	97 —	325	31
60 36	—	3 16	2 74	72	1152 —	—	1310 26	3296	41
2 76	—	—	—	53 50	30 —	—	86 26	293	11
1179 52	67 —	164 —	838 33	835 50	16066 50	3834 —	22974 85	70136	51

Transport im Jahre 1868.

April: Pferde	Ochsen	Kühe	Schweine	Kälber x.	Geld-Betrag fl.	kr.	Mai: Pferde	Ochsen	Kühe	Schweine	Kälber x.	Geld-Betrag fl.	kr.	Juni: Pferde	Ochsen	Kühe	Schweine	Kälber x.	Geld-Betrag fl.	kr.	Juli: Pferde	Ochsen	Kühe	Schweine	Kälber x.	Geld-Betrag fl.	kr.
Stückzahl					fl.	kr.	Stückzahl					fl.	kr.	Stückzahl					fl.	kr.	Stückzahl					fl.	kr.
100	76	191	161	7029	1048	42	65	93	193	89	6603	935	12	98	145	300	80	7007	1031	35	91	161	276	13	8208	1186	—
1	8	8	9	21	25	8	—	2	11	1	19	11	11	1	3	7	1	16	9	52	6	8	6	—	21	34	6
—	—	1	—	1	1	56	—	—	1	—	1	1	54	—	—	—	—	—	—	—	1	—	1	—	2	7	46
—	—	—	—	—	—	—	—	—	—	—	1	—	11	—	—	—	—	1	—	11	—	—	—	—	—	—	—
—	—	—	4	1	—	45	—	—	—	2	14	1	23	—	—	—	—	21	3	24	—	—	—	—	8	—	38
—	—	2	7	7	2	30	—	—	—	1	3	—	44	—	—	2	2	6	1	01	—	—	—	4	7	2	11
—	—	—	—	—	—	—	—	—	—	—	—	—	—	—	—	—	—	3	—	22	—	—	—	—	—	—	—
—	—	—	—	3	—	12	—	—	—	—	1	—	11	—	—	—	—	—	—	—	—	—	—	1	1	—	27
2	—	54	15	39	45	2	—	2	81	39	94	36	14	—	—	22	—	56	24	7	1	22	28	23	43	19	30
—	—	—	—	1	—	11	—	—	—	—	—	—	—	—	—	—	—	—	—	—	—	—	—	—	1	—	11
—	7	2	53	25	34	13	—	—	1	24	24	21	7	—	14	16	22	10	21	56	—	8	12	15	6	24	55
—	—	—	—	—	—	—	—	—	—	—	1	—	11	—	—	—	3	4	1	40	—	—	—	—	—	—	—
—	8	14	24	1360	187	1	2	11	70	20	2200	205	51	6	20	67	21	1714	217	29	7	30	182	36	1677	310	37
—	—	22	—	4	56	12	11	10	31	—	24	66	40	7	8	10	—	116	62	15	15	18	85	8	89	60	34
—	—	3	—	1	2	8	—	—	4	—	1	2	11	—	—	27	—	2	19	1	—	—	11	—	1	8	31
—	—	6	5	61	10	33	13	—	—	8	—	8	7	—	—	3	—	—	1	27	19	—	3	—	1	7	55
—	—	—	—	35	1	17	—	—	—	—	3	—	43	—	—	—	—	—	—	—	—	—	—	—	1	—	11
—	—	—	—	14	2	27	—	—	1	—	40	1	55	—	—	—	—	75	9	—	—	—	—	—	8	—	22
9	—	100	1	575	41	17	1	—	137	—	1142	155	6	5	3	374	—	518	637	52	2	3	74	1	538	66	—
—	—	—	—	—	—	—	5	—	—	—	—	1	47	—	—	—	—	—	—	—	—	—	—	—	—	—	—
—	—	—	—	—	—	—	—	—	3	—	—	2	41	—	—	—	—	—	—	—	—	2	6	—	—	1	27
—	—	—	—	—	—	—	—	—	—	—	—	—	—	4	—	—	—	—	12	53	—	—	—	—	—	—	—
1	—	65	—	1	45	1	6	1	12	—	—	13	44	3	—	—	—	—	2	21	—	—	—	—	—	—	—
—	—	—	—	—	—	—	6	—	—	—	—	1	43	6	—	—	—	—	15	11	11	—	—	—	—	9	34
—	—	1	—	—	—	30	4	—	—	—	—	4	12	—	—	6	—	—	1	9	—	1	3	—	—	1	24
—	—	—	—	—	—	—	—	—	—	—	—	—	—	4	2	—	—	—	19	56	—	—	—	—	—	—	—
—	—	—	—	—	—	—	—	—	—	—	—	—	—	—	—	2	—	—	—	15	—	—	—	—	—	—	—
—	—	—	—	—	—	—	—	—	—	—	—	—	—	—	—	1	—	—	—	40	—	—	—	—	—	—	—
—	—	—	—	—	—	—	—	—	—	—	—	—	—	—	—	2	—	—	1	24	—	—	—	—	—	—	—
—	4	17	12	191	11	21	4	5	23	8	66	16	6	3	—	51	8	113	15	26	—	—	11	38	3	21	9
—	—	—	1	9	1	11	—	—	—	14	11	8	39	—	—	—	10	2	2	12	—	—	—	5	4	1	30
—	—	6	—	35	0	52	—	—	18	3	36	9	04	—	—	4	3	19	3	19	—	1	8	9	27	7	18
—	—	3	—	—	1	6	2	—	10	—	—	9	15	—	—	6	—	—	3	15	3	—	—	—	—	2	01
—	—	8	11	2	5	18	—	—	5	1	1	4	—	—	3	22	7	6	11	12	—	—	5	8	8	3	44
—	—	—	—	1	—	11	—	—	—	—	—	—	—	—	—	—	—	1	—	11	—	—	—	—	—	—	—
—	—	85	—	6	15	11	—	2	21	1	52	18	11	3	8	49	—	51	31	41	2	—	11	—	2	17	21
—	—	8	—	1	3	24	—	—	7	—	2	7	27	4	—	4	—	1	14	12	—	—	2	—	—	1	41
—	—	—	—	—	—	—	—	—	1	—	—	2	21	—	—	—	—	—	—	—	—	—	2	—	1	1	10
—	2	84	—	134	13	40	10	22	125	—	85	129	1	5	9	105	—	7	67	52	12	10	140	—	1	67	58
—	—	2	—	—	—	27	—	—	—	—	2	—	22	—	—	—	—	1	—	11	—	—	—	—	39	—	24
—	8	—	—	—	5	18	—	—	8	—	5	1	23	—	2	13	—	—	10	2	—	1	2	6	3	5	7
—	—	—	—	2	—	22	—	—	—	—	2	—	22	—	—	—	—	—	—	—	—	—	—	—	4	—	22
25	42	247	109	1027	253	11	109	40	436	275	1080	897	37	11	98	218	202	520	509	12	10	104	444	186	325	330	29
138	147	909	349	10487	1890	34	299	214	1146	440	11470	2949	10	182	318	1149	298	9897	3123	6	210	360	1273	330	7973	2168	18

Stationen.	Pferde.	Ochsen.	Kühe.	Schweine.	Kälber &c.	Geld-Betrag		Pferde.	Ochsen.	Kühe.	Schweine.	Kälber &c.
	Stückzahl					fl.	kr.	Stückzahl				
[illegible]	[illegible]	[illegible]	[illegible]	[illegible]	[illegible]	[illegible]	[illegible]	[illegible]	[illegible]	[illegible]	[illegible]	[illegible]

Transport im Jahre 1868. (Schluß.)

November Pferde	Ochsen	Kühe	Schweine	Kälber ꝛc.	Geld-Betrag fl.	kr.	December Pferde	Ochsen	Kühe	Schweine	Kälber ꝛc.	Geld-Betrag fl.	kr.	Summa Pferde	Ochsen	Kühe	Schweine	Kälber ꝛc.	Geld-Betrag fl.	kr.
Stückzahl					fl.	kr.	Stückzahl					fl.	kr.	Stückzahl					fl.	kr.
115	12	1[illegible]	97	11080	3017	51	1[illegible]	32	177	73	14[illegible]5	2722	36	1345	1096	2794	7[illegible]	10[illegible]	19756	4
14	2	23	8	30	27	51	—	8	18	3	24	20	29	35	36	125	46	501	223	32
—	—	1	1	—	1	11	—	—	—	—	7	—	11	1	—	5	1	8	15	18
—			2	1	—	33	—	—	—	—	5	—	57	—	3	6	17	64	17	55
	—		2	—	—	22	—	—	11	6	7	3	15		—	26	61	55	27	9
			2	—	—	22		—		—	—	—		—	—	—	7	11	2	45
										1	3		44			—	8	13	3	4
4	8	30	5	35	10	56	2		28	21	23	24	50	37	99	424	184	518	483	56
1	2	11	112	27	94	16	—	2	13	81	34	47	45	1	79	130	[illegible]	21[illegible]	506	56
				1		12				2	5	3	9				1	17	4	24
	1	32	31	193	10	10		14	27	17	[illegible]	67	11	[illegible]	27	1108	465	1533[illegible]	2875	10
1			30	5	14	30			4	—	8	3	10	1	—	207	10	35	162	31
		1		1	1	15	—	1		6		1	15	—	1	15	70	112	49	54
	—	—		—	—	—	—	—	—	—	—	—	—	—	—	—	—	—	—	—
—	31	217	[illegible]	185	252	30		27	116	—	55	121	49	—	85	405	311	29[illegible]	432	—
																		1		6
—	—	8	2	6	3	30			—	1		—	9	—	—	3	7	3	5	34
		170	—	12	31	—			74	6	4	34	18	—	7	108	9	85	162	9
3	8	8	30	16	27	35	5		2	2	167	32	50	12[illegible]	108	215	57	17[illegible]	625	29
	—	20	1	8	10	9	—	8	15	—	62	25	12	—	11	101	7	127	115	37
	—			1		11			2		11	1	6	63	—	31	22	37[illegible]	60	10
	—		5	—	—	20			—	—		—	—	—	—	—	9	18	8	8
			12		3	18	—	—	—							2	13	29	22	9
	3	40	—	81	55	37	4	1	104	5	2[illegible]	112	29	101	23	1570	33	514[illegible]	1520	21
				3	—	6	—	—	—	—	—	—	—	5	—	8			14	28
					—							—	—	—	—	—	—	24	4	12
																				6
			—	2	—	40	7				—	10	45	7	2	15	—	2	33	10
														4	—				18	53
				—		—		—	22	—	1	6	13	15	16	[illegible]	80	16	22[illegible]	56
														51	21	16	20	1	81	13
											1		18	—	—	—	—	1	—	18
									1	—	—	8	15	9	1	29		6	36	13
														4	2	—	—	2	20	20
																2	—	2	1	9
											1	—	12		1	1	—	1	3	8
																6	—		2	18
6	2	28	[illegible]	13	25	10	1	12	9	12	—	26	23	60	42	[illegible]	[illegible]	924	210	40
	—		—	—			—		—	2	4	—	56	—	—	—	91	47	29	10
	1	7	11	10	5	52	—	—	10	15	13	12	1	1	3	80	113	265	81	17
														10	5	31		1	34	26
	—	7	70		10	10		3	14	51	—	21	2		3	71	251	21	97	58
—	—					—						—	—	—		—	—	—	—	53
—	3	12	—	57	10	40	3	—	30		—	18	39	31	9	271	63	5[illegible]	257	14
—	—	—	—					—	10	—	8	14	12	6	1	52	3	10[illegible]	50	11
				4	1	58							—		2	0	1	0	15	8
5	11	[illegible]	—		103	51		8	167		143	92	17	[illegible]	238	1649	3	11[illegible]	1156	40
		—	—		—				—			—	11	1	—	8	—	41	3	57
		20	—	5	4	21	—		5			3	22	—	8	58	8	16	35	11
				2	—	[illegible]			—			—		—	—	1	1	[illegible]	[illegible]	54
10	156	[illegible]	110	170	426	41	6	255	615	1	97	511	17	415	1516	6740	919	6113	4519	6
198	266	1910	842	11[illegible]	[illegible]	4	76	798	1566	333	16212	3767	41	2548	[illegible]	171[illegible]	6602	155[illegible]	53311	47

Recapitulation.

	Stückzahl	fl.	kr.
Uebertrag		53311	47
Es wurden demnach befördert:			
Pferde	2548		
Ochsen	[illegible]		
Kühe	171[illegible]		
Schweine	6602		
Kleinvieh	155[illegible]		
Hunde	[illegible]	[illegible]	6
Total	[illegible]	[illegible]	53

№ 31.

Ergebniß des Kohlen- und Coaks-Transportes

Monate.	Griesborn (Kronprinz).		Gerhard (Louisenthal).		von der Heydt.		Dudweiler.		Sulzbach.		Altenwald.		Friedrichsthal.		Reden.	
	Kohlen.	Coaks	Kohlen	Coaks	Kohlen.	Coaks	Kohlen.	Coaks	Kohlen.	Coaks	Kohlen.	Coaks	Kohlen.	Coaks	Kohlen.	Coaks
	Centner.		Centner.		Centner.		Centner.		Centner.		Centner.		Centner.		Centner.	
Januar . . 1868	19800	—	46100	—	18100	—	18529	1725	6700	—	140115	4725	2200	—	242930	—
Februar . . „	27330	—	35000	—	14990	—	13120	1425	7000	—	163230	6225	14090	—	227090	—
März . „	8500	—	20800	—	13900	—	16605	1850	5240	—	92800	7125	6000	—	243350	—
April „	4200	—	20000	—	13400	—	17560	5125	2900	—	111400	6100	12200	—	223190	—
Mai . . . . „	5900	—	19000	—	17100	—	20100	1150	3700	—	92240	7625	13200	—	244300	—
Juni „	6420	—	18300	—	9600	—	14800	325	28100	—	65630	2300	10800	—	247860	—
Juli . . „	4200	—	24800	—	14400	—	17800	825	25300	—	61000	2325	12200	—	300120	—
August . . „	6200	—	20000	—	16300	—	16065	400	16100	—	121700	3950	12900	—	293470	—
September „	8250	—	36700	—	17740	—	29215	400	28400	—	106900	9075	31000	—	263320	—
October . . „	9600	—	45180	—	12500	—	25790	600	50000	—	169250	10040	42100	—	296530	—
November . „	9600	—	32850	—	15700	—	34000	500	40300	—	131700	6480	43200	—	315120	—
December . „	14700	—	36400	—	15470	—	33840	500	38600	—	120750	7035	21200	—	345510	—
Summa .	124790	—	356900	—	179200	—	255824	14825	254640	—	1397385	77005	221390	—	3243600	—

nach Gruben-Stationen im Jahre 1868.

Rußhütte.		Heinitz (Dechen).		Ziehwald-Stollen (Neunkirchen)		Bexbach.		Homburg.		St. Ingbert.		Ludwigshafen.		Summa.		Total.
Kohlen.	Coaks	Kohlen.	Coaks	Kohlen.	Coaks	Kohlen.	Coaks	Kohlen.	Coaks	Kohlen.	Coaks	Kohlen.	Coaks	Kohlen.	Coaks	
Centner.		Centner.		Centner.		Centner.		Centner.		Centner.		Centner.		Centner.		
379530	—	414015	16605	136820	960	23000	100	4200	—	42800	—	28400	1200	1525329	25315	1550644
340520	—	333815	17320	88447	1042	20700	—	500	—	34400	—	16200	100	1339332	26112	1365444
211450	—	338495	19685	36840	1100	12500	—	1870	—	30400	—	17900	600	1055050	30360	1085410
197620	—	321920	14415	43200	2080	10900	100	800	100	20100	—	11360	2000	1017720	31950	1049670
191760	—	285585	14160	43675	1560	11200	200	600	—	29200	—	14470	4500	998330	29215	1027545
193470	—	303565	11000	30480	2500	10700	—	500	—	26500	—	12525	200	1001270	16325	1017595
216580	—	343662	8805	33542	1100	14400	—	1100	—	30500	200	13100	200	1113304	13455	1126759
301600	—	376510	9770	56590	1540	17900	—	500	—	25600	—	17300	—	1299935	15660	1315595
344770	—	447275	8520	69290	1340	15100	—	800	—	24000	—	28200	—	1471560	19335	1490895
409820	—	399695	9735	113070	1745	25600	100	4320	—	28800	—	27400	—	1659925	22220	1682145
392220	—	372465	14985	117460	1300	26820	—	4100	—	43400	—	30100	—	1609035	25265	1634300
387090	—	352085	24025	118550	1605	22300	—	2700	—	39800	—	27600	—	1556095	33165	1589260
3568700	—	4260087	169075	913964	17872	211120	500	22090	100	381600	200	248555	8900	15040885	288377	15935262

№ 32. Uebersicht der Kohlen- und Coaks-Transporte im Jahre 1868.

(1. Monatweise.)

Monate.	Kohlen.	Coaks.	Gesammtzahl der Centner.	Taxe.	
	Centner.			fl.	kr.
Januar 1868	1525329	25315	1550644	116338	55
Februar . . . . „	1339332	20112	1359444	98102	49
März . . . . „	1055050	30360	1085410	75148	43
April . . . . „	1017720	31950	1049670	71771	16
Mai . . . . „	998330	29215	1027545	70088	20
Juni . . . . „	1001270	16325	1017595	70825	47
Juli . . . . „	1113304	13455	1126759	77782	2
August . . . . „	1299935	15660	1315595	92234	32
September . . . . . . „	1471560	19335	1490895	105878	24
October . . . . „	1659925	22220	1682145	119531	25
November . . . . „	1609035	25265	1634300	121600	06
December . . . . „	1556095	33165	1589260	112813	17
Summa . .	15646885	268377	15915262	1132098	35

№ 33. Uebersicht der Kohlen- und Coaks-Transporte im Jahre 1868.

(II. Stationsweise.)

Stationen.	Kohlen.	Coaks.	Gesammtzahl der Centner.	Taxe fl.	Taxe kr.
	Centner.				
Bexbach	29820	400	30220	363	38
Homburg	62742	325	63067	662	28
St. Ingbert	—	83565	83565	4336	10
Hassel	500	—	500	26	25
Niederwürzbach	4587	3575	8162	308	46
Bliescastel-Lautzkirchen	62230	—	62230	1855	19
Schwarzenacker	14600	100	14700	841	5
Zweibrücken	690630	17625	708255	22317	50
Bruchmühlbach	59610	7725	67335	2132	23
Landstuhl	142070	6480	148550	6144	50
Kusel	19000	100	19100	717	56
Altenglan	25920	—	25920	956	43
Theisbergstegen	100	—	100	3	80
Glan-Münchweiler	3920	—	3920	130	40
Niedermohr	2200	—	2200	90	25
Steinwenden	1000	—	1000	38	30
Ramstein	3300	—	3300	110	—
Kaiserslautern	792050	20765	812815	55036	17
Hochspeyer	5220	—	5220	436	12
Frankenstein	12320	—	12320	1156	9
Weidenthal	4620	—	4620	446	—
Lambrecht	128280	500	128780	15137	37
Neustadt	252750	—	252750	28669	3
Weissenburg	189924	1620	191544	11721	32
Schaidt	15140	—	15140	1349	43
Winden	38670	2600	41270	3640	52
Maximiliansau	355780	8740	364520	22444	58
Langenkandel	1800	400	2200	199	27
Rohrbach	73150	700	73850	6845	18
Landau	201420	4925	206345	20754	24
Edenkoben	132920	—	132920	14969	35
Dürkheim	204820	1850	206670	28248	5
Wachenheim	23260	—	23260	2632	25
Deidesheim	35600	—	35600	3900	—
Mussbach	17960	—	17960	2034	32
Haßloch	59440	200	59640	6812	12
Schifferstadt	15020	—	15020	1779	11
Germersheim	81950	200	82150	8122	38
Lingenfeld	63730	—	63730	6023	1
Berghausen	20660	—	20660	1913	21
Speyer	604930	37565	642495	56300	42
Mutterstadt	17660	—	17660	2036	16
Rheingönheim	200	—	200	24	58
Ludwigshafen	1480510	23495	1504005	133794	36
Oggersheim	169330	2000	171330	15052	8
Frankenthal	325720	1900	327620	33191	37
Bobenheim	17720	—	17720	1861	25
Hessische Ludwigsbahn-Stationen	553740	—	553740	58469	57
Badische Stationen	2588295	9350	2597645	172145	44
Württembergische Stationen	2598350	50772	2649122	167630	21
Main-Neckarbahn-Stationen	86455	—	86455	5886	37
Bayerische Staatsbahnen	278924	—	278924	27161	5
Französische u. Schweizer Stationen	3067058	—	3067058	176379	52
Summa	15646885	288377	15935262	1132508	36

№ 34.

Uebersicht der durch die Locomotiven zurückgelegten Wegmeilen bei Holz, Kohlen, Maschinen-Oel und Talg im

№ der Locomotive.	Namen der Locomotive.	Zurückgelegte Wegmeilen			Verbrauchtes	
		bei Personenzügen.	bei Güter- und Kohlenzügen.	im Ganzen.	an Holz.	an Kohlen mit Personenzug-Maschinen.
		Meilen.	Meilen.	Meilen.	Kubikmeter.	Pfund.
1	Haardt	4859,07	— —	4859,07	21,20	488500
2	Vogesus	4221,54	— —	4221,54	19,90	450000
3	Denis	3400,26	— —	3400,26	16,90	342300
4	Alwens	4268,07	— —	4268,07	19,50	416000
5	Hummel	5020,63	— —	5020,63	22,10	507500
6	Rhein	5661,65	—	5661,65	22,20	612000
7	Lauter	3270,95	— —	3270,95	19,30	396000
8	Queich	4215,18	— —	4215,18	20,60	471200
9	Ludwigshafen	— —	3251,14	3251,14	17,80	—
10	Kaiserslautern	—	1847,06	1847,06	17,90	—
11	Speyer	— —	3983,44	3983,44	19,30	—
12	Neustadt	— —	3745,91	3745,91	16,80	—
13	Homburg	— —	4448,26	4448,26	25,50	—
14	Zweibrücken	— —	3576,40	3576,40	27,00	—
15	Bexbach	— —	4750,62	4750,62	28,20	—
16	Dürkheim	— —	4085,18	4085,18	28,20	—
17	Donnersberg	— —	4304,02	4304,02	20,00	—
18	Pomona	— —	5461,81	5461,81	23,00	—
19	Bachus	— —	6601,33	6601,33	27,50	—
20	Ceres	— —	6537,81	6537,81	27,20	—
21	König Ludwig	— —	— —	— —	— —	—
22	Diemerstein	— —	4605,88	4605,88	22,30	—
23	Hardenburg	—	5005,56	5005,56	24,00	—
24	Grünstadt	— —	4200,24	4200,24	21,20	—
25	Frankenthal	— —	3579,63	3579,63	18,30	—
26	König Max	5843,69	— —	5843,69	28,40	627500
27	Hohe	5526,92	— —	5526,92	22,40	638800
28	Die Pfalz	4780,99	— —	4780,99	18,50	552500
29	Königin Marie	5973,53	— —	5973,53	20,70	697800
30	Landau	— —	5215,02	5215,02	26,70	—
31	Dahn	— —	3927,89	3927,89	18,10	—
32	Germersheim	— —	4725,64	4725,64	30,50	—
33	Bergzabern	— —	4275,12	4275,12	20,30	—
34	Gleisweiler	— —	3985,48	3985,48	22,30	—
35	Kandel	— —	4879,40	4879,40	24,80	—
36	Ludwigshöhe	5613,59	— —	5613,59	23,20	684000
37	Madenburg	6229,18	— —	6229,18	23,10	810700
38	Marburg	6279,98	— —	6279,98	22,70	675100
39	Trifels	6707,91	—	6707,91	25,50	722800
40	Kalmit	6667,49	— —	6667,49	26,70	829900
41	Drachenfels	6836,40	— —	6836,40	23,50	788700
42	Scharfeneck	— —	3940,38	3940,38	20,20	—
43	Falkenstein	— —	4292,50	4292,50	20,20	—
	Zu übertragen	95397,06	105225,72	200622,78	944,70	10396900

Personen-, Güter- und Kohlenzügen, sowie deren Verbrauch an Ganzen und per Meile im Jahre 1868.

Material im Ganzen			Verbrauch per Meile				
an Kohlen mit Güter- und Kohlenzug-Maschinen.	an Maschinen-Oel.	an Talg.	an Holz.	an Kohlen mit Personenzug-Maschinen.	an Kohlen mit Güter- und Kohlenzug-Maschinen.	an Maschinen-Oel.	an Talg.
Pfund.	Pfund.	Pfund.	Kubikmeter.	Pfund.	Pfund.	Pfund.	Pfund.
—	680	110	0,004	100,53	— —	0,140	0,013
—	549	103	0,005	106,60	— —	0,130	0,024
—	486	47	0,005	100,67	— —	0,147	0,011
—	535	177	0,005	97,22	— —	0,125	0,041
—	562	125	0,004	101,08	— —	0,113	0,025
—	912	65	0,004	108,10	— —	0,161	0,011
—	590	159½	0,006	121,07	— —	0,180	0,019
—	594	102	0,005	111,79	— —	0,141	0,024
431600	688	81	0,005	— —	133,81	0,174	0,025
263700	498	73	0,010	— —	142,77	0,270	0,040
464700	624	98	0,005	— —	118,66	0,157	0,025
507600	717	63	0,004	— —	135,31	0,191	0,017
525200	776	91	0,006	— —	118,07	0,174	0,020
607800	725	145	0,008	— —	169,95	0,243	0,041
581000	802	85½	0,006	— —	122,80	0,169	0,018
657500	701	73	0,007	— —	160,93	0,172	0,018
659500	760	109	0,005	— —	153,23	0,177	0,025
627700	941	121	0,011	— —	114,93	0,172	0,022
727700	714	179	0,001	— —	110,21	0,108	0,027
705400	761	133	0,004	— —	107,90	0,110	0,020
—	—	—	— —	— —	— —	— —	— —
797500	876	97	0,005	— —	173,15	0,190	0,021
969500	825	91	0,005	— —	193,68	0,165	0,018
784500	1014	119	0,005	— —	189,16	0,246	0,028
647000	785	84	0,005	— —	180,74	0,219	0,023
—	821	90	0,004	107,38	— —	0,140	0,015
—	913	107	0,004	114,68	— —	0,165	0,019
—	725	77	0,004	115,56	— —	0,152	0,016
—	928	121½	0,004	115,18	— —	0,155	0,020
803800	902	111	0,005	— —	171,39	0,173	0,021
563100	804	72	0,005	— —	118,45	0,205	0,018
968500	1193	97	0,006	— —	201,52	0,252	0,021
727600	1072	38	0,005	— —	170,19	0,251	0,009
731400	897	70	0,006	— —	183,52	0,225	0,018
699400	898	82	0,005	— —	141,34	0,184	0,017
—	606	87	0,004	104,03	— —	0,108	0,015
—	587	70	0,004	98,04	— —	0,094	0,011
—	443	118	0,004	107,50	—	0,071	0,019
—	552	60	0,004	107,75	— —	0,082	0,012
—	870	121	0,004	121,42	— —	0,130	0,018
—	1030	161	0,003	116,37	— —	0,151	0,024
671200	744	61	0,005	— —	170,34	0,199	0,016
704400	683	64	0,005	— —	161,10	0,159	0,015
15945500	31681	4163½	— —	— —	— —	— —	— —

Uebersicht der durch die Locomotiven zurückgelegten Wegmeilen bei Personen-, Maschinen-Oel und Talg, im Ganzen und

Namen der Locomotive.	Zurückgelegte Wegmeilen: bei Personenzügen.	Zurückgelegte Wegmeilen: bei Güter- und Kohlenzügen.	Zurückgelegte Wegmeilen: im Ganzen.	Verbrauchtes an Holz	Verbrauchtes an Kohlen mit Personenzug-Maschinen.
	Meilen.	Meilen.	Meilen.	Kubikmeter.	Pfund.
Uebertrag . .	95397,06	105225,72	200622,78	944,70	10599900
Landeck	— —	5348,92	5348,92	27,90	—
Hoheneck	— —	5218,00	5218,00	24,60	—
v. d. Pfordten	3953,89	— —	3953,89	10,20	425300
Mahla	4489,82	— —	4489,82	17,60	485000
Sickingen	6587,21	— —	6587,21	26,10	771400
C. v. Wrede	2747,21	— —	2747,21	10,70	286000
Landstuhl	— —	4191,72	4191,72	23,80	—
Alsenz	— —	4291,96	4291,96	22,40	—
Kusel	— —	4671,82	4671,82	21,10	—
Glan	— —	4533,96	4533,96	22,20	—
Blies	— —	4338,80	4338,80	20,70	—
St. Ingbert	— —	4574,45	4574,45	23,00	—
Deidesheim	— —	4188,97	4188,97	21,60	—
Wachenheim	— —	4486,54	4486,54	20,50	—
Maxau	— —	4769,66	4769,66	26,00	—
Weidenthal	— —	4708,88	4708,88	23,80	—
Pölnitz	6945,53	— —	6945,53	23,60	805200
F. Jaeger	7006,94	— —	7006,94	27,70	757700
Limburg	5600,58	— —	5600,58	20,30	577300
Ebernburg	5632,87	— —	5632,87	21,30	637400
Forst	— —	4690,88	4690,88	23,10	—
Haßloch	— —	4710,90	4710,90	20,90	—
Rehberg	— —	4760,78	4760,78	23,50	—
Remigiusberg	— —	4907,54	4907,54	22,60	—
Altenglan	— —	4704,00	4704,00	22,10	—
Quirnbach	— —	4386,94	4386,94	23,00	—
Orensberg	— —	2191,14	2191,14	20,00	—
Rehberg	— —	2138,38	2138,38	11,70	—
Leiningen	— —	2633,50	2633,50	14,00	—
Ruppertsberg	— —	1518,10	1518,10	6,50	—
Total . .	**138360,91**	**197191,56**	**335552,47**	**1573,60**	**15141100**
Die Gesammtsumme enthält:					
a) Leere Fahrten	159,77	887,34	1047,11		
b) Bahnhof- und Rangirdienst	2833,50	25461,00	28294,50		
c) Materialfahrten	— —	2992,63	2992,63		

Güter- und Kohlenzügen, sowie deren Verbrauch an Holz, Kohlen, per Meile im Jahre 1868. (Schluß.)

Material im Ganzen			Verbrauch per Meile				
an Kohlen mit Güter- und Kohlenzug-Maschinen.	an Maschinen-Oel.	an Talg.	an Holz.	an Kohlen mit Personenzug-Maschinen.	an Kohlen mit Güter- und Kohlenzug-Maschinen.	an Maschinen-Oel.	an Talg.
Pfund.	Pfund.	Pfund.	Kubikmeter.	Pfund.	Pfund.	Pfund.	Pfund.
15945500	31681	4163⅛					
924700	948	82	0,005	— —	172,88	0,177	0,015
822900	858	80	0,005	— —	157,70	0,164	0,015
—	358	91	0,004	107,56	— —	0,091	0,023
—	550	84	0,004	108,24	— —	0,122	0,019
—	950	71	0,004	117,11	— —	0,144	0,011
—	404	41	0,004	104,43	— —	0,147	0,015
791000	968	56	0,006	— —	188,71	0,231	0,014
802900	733	51	0,005	— —	187,07	0,171	0,012
897200	989	73	0,005	— —	189,90	0,214	0,016
791800	894	101	0,005	— —	174,64	0,197	0,022
784300	734	53	0,005	— —	180,76	0,169	0,012
764800	789	67	0,005	— —	167,06	0,172	0,015
776500	925	90	0,005	— —	185,37	0,221	0,021
786300	867	62	0,005	— —	176,28	0,198	0,014
835600	1232	69	0,005	— —	175,17	0,258	0,014
887500	1044	56	0,005	— —	168,47	0,222	0,012
—	894	109	0,003	115,93	— —	0,120	0,016
—	848	99	0,004	108,14	— —	0,121	0,014
—	806	100	0,004	103,08	— —	0,109	0,018
—	902	55	0,004	113,16	— —	0,160	0,010
932700	1228	66	0,005	— —	188,83	0,262	0,014
873100	1006	75	0,004	— —	185,34	0,214	0,016
863000	926	81	0,005	— —	181,27	0,195	0,017
804300	1085	99	0,005	— —	163,89	0,221	0,020
855800	1075	83	0,005	— —	181,93	0,229	0,018
745800	945	90	0,005	— —	169,89	0,215	0,021
409200	494	267	0,009	— —	186,75	0,225	0,022
422200	702	46	0,005	— —	197,44	0,356	0,122
525200	904	44	0,005	— —	199,43	0,348	0,017
307500	712	64	0,006	— —	202,56	0,469	0,036
32338700	57281	6560⅞	0,005	109,45	165,01	0,171	0,020

Pfälzische Maximiliansbahn.

I. Monat-

Januar	1868	[illegible]
Februar	"	[illegible]
März	"	[illegible]
April	"	[illegible]
Mai	"	[illegible]
Juni	"	[illegible]
Juli	"	[illegible]
August	"	[illegible]
September	"	[illegible]
October	"	[illegible]
November	"	[illegible]
December	"	[illegible]
Summe		[illegible]

II. Stations-

Stationen.	Daten
[illegible]	[illegible]
Bexbach	[illegible]
Homburg	[illegible]
St. Ingbert	[illegible]
Hassel	[illegible]
Würzbach	[illegible]
[illegible]	[illegible]
Bierbach	[illegible]
Schwarzenacker	[illegible]
Zweibrücken	[illegible]
Einöd	[illegible]
[illegible]	[illegible]
Hauptstuhl	[illegible]
Landstuhl	[illegible]
Kusel	[illegible]
Altenglan	[illegible]
[illegible]	[illegible]
[illegible]	[illegible]
[illegible]	[illegible]
Glan-Münchweiler	[illegible]
[illegible]	[illegible]
[illegible]	[illegible]
[illegible]	[illegible]
Kaiserslautern	[illegible]
Hochspeyer	[illegible]
Frankenstein	[illegible]
Weidenthal	[illegible]
Lambrecht	[illegible]
Neustadt	[illegible]
[illegible]	[illegible]
[illegible]	[illegible]
[illegible]	[illegible]
Zu übertragen	[illegible]

und Nebenerträgnissen im Jahre 1868.

Personen-Billete I.	II.	III.	Militär	Summa	Gepäck Gewicht	Gepäck Ertrag	[illegible]	[illegible] Taxen	[illegible] Taxen	[illegible] Taxe	[illegible] Taxen	Gewicht der Güter	Gewicht der Kohlen	Summa der Einnahmen
fl. kr.	fl. kr.	fl. kr.	fl. kr.	fl. kr.	Ctr.	fl. kr.	fl. kr.	fl. kr.	fl. kr.	fl. kr.	fl. kr.	Ctr.	Centner	fl. kr.

weise.

[illegible]	[illegible]	[illegible]	[illegible]	[illegible]	[illegible]	[illegible]	[illegible]	[illegible]	[illegible]	[illegible]	[illegible]	[illegible]	[illegible]	[illegible]
[illegible]	[illegible]	[illegible]	[illegible]	[illegible]	[illegible]	[illegible]	[illegible]	[illegible]	[illegible]	[illegible]	[illegible]	[illegible]	[illegible]	[illegible]
[illegible]	[illegible]	[illegible]	[illegible]	[illegible]	[illegible]	[illegible]	[illegible]	[illegible]	[illegible]	[illegible]	[illegible]	[illegible]	[illegible]	[illegible]
[illegible]	[illegible]	[illegible]	[illegible]	[illegible]	[illegible]	[illegible]	[illegible]	[illegible]	[illegible]	[illegible]	[illegible]	[illegible]	[illegible]	[illegible]
[illegible]	[illegible]	[illegible]	[illegible]	[illegible]	[illegible]	[illegible]	[illegible]	[illegible]	[illegible]	[illegible]	[illegible]	[illegible]	[illegible]	[illegible]
[illegible]	[illegible]	[illegible]	[illegible]	[illegible]	[illegible]	[illegible]	[illegible]	[illegible]	[illegible]	[illegible]	[illegible]	[illegible]	[illegible]	[illegible]
[illegible]	[illegible]	[illegible]	[illegible]	[illegible]	[illegible]	[illegible]	[illegible]	[illegible]	[illegible]	[illegible]	[illegible]	[illegible]	[illegible]	[illegible]
[illegible]	[illegible]	[illegible]	[illegible]	[illegible]	[illegible]	[illegible]	[illegible]	[illegible]	[illegible]	[illegible]	[illegible]	[illegible]	[illegible]	[illegible]
[illegible]	[illegible]	[illegible]	[illegible]	[illegible]	[illegible]	[illegible]	[illegible]	[illegible]	[illegible]	[illegible]	[illegible]	[illegible]	[illegible]	[illegible]
[illegible]	[illegible]	[illegible]	[illegible]	[illegible]	[illegible]	[illegible]	[illegible]	[illegible]	[illegible]	[illegible]	[illegible]	[illegible]	[illegible]	[illegible]
[illegible]	[illegible]	[illegible]	[illegible]	[illegible]	[illegible]	[illegible]	[illegible]	[illegible]	[illegible]	[illegible]	[illegible]	[illegible]	[illegible]	[illegible]
[illegible]	[illegible]	[illegible]	[illegible]	[illegible]	[illegible]	[illegible]	[illegible]	[illegible]	[illegible]	[illegible]	[illegible]	[illegible]	[illegible]	[illegible]
[illegible]	[illegible]	[illegible]	[illegible]	[illegible]	[illegible]	[illegible]	[illegible]	[illegible]	[illegible]	[illegible]	[illegible]	[illegible]	1416144	[illegible]	779677

weise.

[illegible]	[illegible]	[illegible]	[illegible]	[illegible]	[illegible]	[illegible]	[illegible]	[illegible]	[illegible]	[illegible]	[illegible]	[illegible]	[illegible]	[illegible]
[illegible]	[illegible]	[illegible]	[illegible]	[illegible]	[illegible]	[illegible]	[illegible]	[illegible]	[illegible]	[illegible]	[illegible]	[illegible]	[illegible]	[illegible]
[illegible]	[illegible]	[illegible]	[illegible]	[illegible]	[illegible]	[illegible]	[illegible]	[illegible]	[illegible]	[illegible]	[illegible]	[illegible]	[illegible]	[illegible]

Uebersicht der Frequenz und Einnahme nach Wagenclassen

Anzahl der verkauften Billete.									Geld									
Einfache Billete.				Retour-Billete.			Militär.	Summa.	Einfache Billete.									
...wöhnlicher Zug.		Schnellzug							Gewöhnlicher Zug.						Schnellzug.			
II.	III.	I.	II.	I.	II.	III.			I.		II.		III.		I.		II.	
									fl.	kr.	fl.	kr.	fl.	kr.	fl.	kr.	fl.	kr.
5714	55350	58	3540	148	10640	48152	4076	125940	153	3	8478	18	15378	6	85	15	2046	61
202	4041	1	28	—	442	4376	1177	10271	7	54	131	36	4129	58	2	33	84	27
191	4021	—	.	—	310	2240	172	6948	—	—	55	3	873	15	—	-	—	—
501	8464	8	180	—	2172	10584	487	22185	—	—	248	61	2925	—	7	31	132	12
567	8774	18	369	—	646	8578	290	19271	—	—	215	30	2104	37	17	48	164	54
2842	[illegible]	30	2548	58	12276	35106	6442	91679	71	8	1494	8	4282	15	28	30	1295	51
708	11044	—	—	—	801	9648	345	21975	—	—	155	51	1578	3	—	—	—	—
1291	14239	—	—	—	1064	4640	488	22132	—	—	332	21	2241	57	—	—	—	—
1027	14663	27	1065	94	6564	32932	663	57747	35	28	523	24	2431	12	12	21	386	12
945	13591	—	—	—	488	9430	315	25010	—	—	210	45	1717	48	—	—	—	—
375	1744	—	—	12	488	2538	278	5806	15	27	214	24	667	51	—	—	—	—
52	240	—	—	—	128	140	35	615	—	—	15	18	76	30	—	—	—	—
110	518	—	—	10	404	926	35	1953	—	—	51	33	148		—	—	—	—
58	247	—	—	—	104	554	28	1178		—	23	33	90	15	—	—	—	—
42	748	—	—	—	40	916	42	1442	—	—	34	31	215	—	—	—	—	—
25	246	—	—	—	20	270	47	505	—	—	17	13	71	54	—	—	—	—
21	340	—	1		50	310	43	776	—	—	18	61	117	—	—	—	4	57
27	214	.	40		78	302	473	1023	—	—	15	57	44	27	—	—	28	20
1	14	—	—		—	4	—	19	—	—	—	15	3	36	—	—	—	—
7	15	—	—	—	6	18	3	49	—	—	2	70	7	15	—	—	—	—
3	2	—	.	—	—	—	3	7	—	.	2	30	—	37	—	—	—	—
519	2976	8	123	12	948	3728	1224	9550	12	9	308	57	1109	9	6	15	84	30
32	251	—	—		54	302	38	747	—	—	24	—	75	—			—	—
6	61	—	—	—	8	116	29	228	—	—	5	—	18	51	—		—	—
608	3443	12	110	12	1390	3828	1010	10741	28	29	477	—	1690	18	21	18	162	12
4	155	—	2	—	16	206	16	437	—	—	2		38	3	—	—	1	12
116	191	—	18	8	334	1098	75	1735	1	42	11	36	177	21	—	—	13	42
1232	3247	86	810	31	1042	2521	1046	11963	131	18	900	15	1465	45	145	0	807	15
30	47	119	430	26	112	6	—	703	39	58	14	34	37	44	202	56	407	51
7036	[illegible]	181	1891	134	5201	10548	—	65461	514	42	[illegible]	57	14034	47	340	15	2211	5

und Nebenerträgnissen im Jahre 1868. (Schluß.)

Ertrag. Reisende-Billete. I.		II.		III.		Wagen.		Summa.		Gepäck. Gewicht		Gepäck. Ertrag.		Lagergebühren.		Eisenbahnstations-Taxen.		Viehtransport-Taxen.		Gütertransport-Taxen.		Kohlentransport-Taxen.		Gewicht der Güter.		Gewicht der Kohlen.	Summa der Einnahmen.	
fl.	kr.	fl.	kr.	fl.	kr.	fl.	kr.	fl.	kr.	Ctr.	Pf.	fl.	kr.	fl.	kr.	fl.	kr.	fl.	kr.	fl.	kr.	fl.	kr.	Ctr.	Pf.	Centner.	fl.	kr.
[illegible]	[illegible]	[illegible]	[illegible]	[illegible]	[illegible]	[illegible]	[illegible]	[illegible]	[illegible]	[illegible]	[illegible]	[illegible]	[illegible]	[illegible]	[illegible]	[illegible]	[illegible]	[illegible]	[illegible]	[illegible]	[illegible]	[illegible]	[illegible]	[illegible]	[illegible]	[illegible]	[illegible]	[illegible]

	Eilgut.		I. Classe.		II. Classe.		Wagenladungs-Classe.		
	Ctr.	L.	Ctr.	L.	Ctr.	L.	Ctr.	L.	Ctr.
Januar 1868	2680	7	9271	4	24773	—	256178	6	291908
Februar . . . . "	3200	6	10480	3	33512	—	328484	4	373677
März . . . . "	3496	6	12525	6	41584	7	354220	4	411777
April . . . . "	3474	6	12336	3	32948	8	369866	9	418626
Mai . . . . "	3935	6	11807	—	37645	5	394624	7	448012
Juni . . . . "	3194	1	10952	9	29541	5	299049	—	342737
Juli . . . . "	4139	3	11070	7	36568	—	298646	5	350490
August . . . . "	4422	4	14819	0	30941	9	318724	6	374713
September . . . . "	5338	8	14222	3	42494	5	260468	5	322522
October . . . . "	7960	2	17829	8	52331	1	276162	7	354303
November . . . . "	4965	3	15739	2	49357	1	275893	7	345955
December . . . . "	4624	3	13721	5	40950	6	322186	5	381484
Summa . .	51452	7	157582	9	460598	7	3746510	6	4416144

Güterverkehrs im Jahre 1868.

Fracht:								Provision für Nachnahme.		Versicherungs-Taxe.		Summa.	
Eilgut.		Gewöhnliches Gut											
		I. Classe.		II. Classe.		Wagenladungs-Classe.							
fl.	kr.	fl.	kr.	fl.	kr.	fl.	kr.	fl.	kr.	fl.	kr.	fl.	kr.
514	33	1110	28	2092	18	15614	10	139	41	33	7	19504	20
582	9	1255	9	2765	44	17062	8	129	3	32	55	21826	48
655	39	1420	4	3216	39	19191	16	188	23	62	55	24734	36
674	9	1296	16	2743	59	22161	26	161	37	43	25	27079	52
780	26	1351	48	3070	28	23458	5	135	9	41	2	28836	58
595	11	1289	52	2514	59	18030	35	114	29	37	38	22583	4
798	39	1671	42	3102	38	14779	45	115	0	48	37	20576	27
815	6	1738	41	2931	42	15733	54	139	25	51	8	21408	56
1013	58	1748	15	3313	—	13271	43	125	10	40	10	19518	28
1302	39	2205	24	4387	23	14888	49	155	18	39	34	23039	7
931	47	2039	43	4066	17	14773	3	160	58	43	10	22014	58
877	19	1744	1	3348	56	16711	38	143	36	39	53	22865	21
9601	35	18871	23	37613	3	205676	30	1707	4	509	40	274009	15

№ 37.

Gesammt-Ergebniß des

Monate.	Transportirtes Gewicht.								Gesammt-Gewicht.	
	Eilgut.		Gewöhnliches Gut.							
			I. Classe.		II. Classe.		Wagenladungs-Classe.			
	Ctr.	℔.	Ctr.	℔.	Ctr.	℔.	Ctr.	℔.	Ctr.	℔.
Januar 1868	2680	7	9271	4	24773	—	255178	5	291908	6
Februar . . . . „	3200	8	10480	3	33612	—	326484	4	373677	5
März . . . . „	3496	6	12528	6	41534	7	354220	4	411777	3
April . . . . „	3474	8	12836	3	32948	8	369866	9	418626	6
Mai . . . . „	3935	6	11807	—	37645	5	394694	7	448012	8
Juni . . . . „	3104	1	10952	9	29541	5	299049	—	342737	5
Juli . . . . „	4139	3	14076	7	38568	—	293646	5	350430	5
August . . . . „	4122	4	14619	9	36941	9	318728	8	374713	—
September . . . . „	5338	8	14222	3	42491	5	260166	5	322022	1
October . . . . „	7960	2	17529	8	52381	1	276162	7	354303	8
November . . . . . . „	4965	3	15789	2	49357	1	275893	7	345955	3
December . . . . „	4624	3	19721	5	40950	6	322188	3	381484	9
Summa . .	51452	7	157582	9	460598	7	3746510	6	4416144	9

Güterverkehrs im Jahre 1868.

Fracht								Provision für Nachnahme		Versicherungs-Taxe		Summa	
Eilgut		Gewöhnliches Gut											
		I. Classe		II. Classe		Wagenladungs-Classe							
fl.	kr.	fl.	kr.	fl.	kr.	fl.	kr.	fl.	kr.	fl.	kr.	fl.	kr.
514	33	1110	28	2092	18	15614	10	139	44	33	7	19504	20
582	9	1255	9	2765	44	17062	8	129	3	32	35	21826	48
655	39	1420	4	3216	39	19191	10	168	23	52	55	24754	56
874	9	1296	16	2712	50	22161	26	101	37	43	25	27079	52
760	26	1351	48	3070	28	23158	5	135	9	41	2	28836	58
895	11	1280	52	2514	59	18030	35	114	29	37	58	22583	4
798	39	1671	42	3162	38	14779	45	115	6	48	37	20576	27
815	6	1738	41	2981	42	15733	54	138	25	61	8	21408	50
1013	58	1748	15	3313	—	13271	43	125	16	46	16	19518	28
1362	39	2205	24	4387	23	14888	19	153	18	39	31	23039	7
931	47	2039	43	4066	17	14773	3	160	58	43	10	22014	58
877	19	1741	1	3348	56	16711	36	143	36	39	53	22865	21
9001	35	18871	23	37643	3	205676	30	1707	4	509	40	274009	15

I. Monat-

Januar	1868	955	7	2133	5	8235	9	2828	6	19857	—	18014	5	48822	2	100327	4
Februar	„	941	6	2770	2	11419	1	3000	5	29814	7	29493	2	77957	3	155376	6
März	„	1059	4	2455	2	11152	1	5093	5	21783	9	31558	1	74065	—	147168	2
April	„	1052	7	2483	8	9281	4	4412	—	26128	7	27609	6	67451	6	138366	8
Mai	„	1101	8	2860	2	10982	4	8568	—	36287	3	28959	7	61083	4	144652	8
Juni	„	965	4	2145	9	8661	3	2544	8	14818	7	26781	4	35464	5	93562	—
Juli	„	1542	3	3185	7	12501	9	5819	1	16622	7	23759	9	29311	9	92743	5
August	„	1693	6	4088	3	12981	1	8401	8	19809	3	30779	4	49125	9	121882	4
September	„	1868	8	4246	7	13076	9	3279	—	22522	8	21258	6	22309	9	88652	7
October	„	3379	4	4745	8	14141	3	6370	4	18654	1	23971	—	18663	1	69925	—
November	„	1771	8	5711	—	13024	9	6006	3	21178	5	24355	—	36359	9	108407	4
December	„	1595	3	4477	—	12427	5	6111	1	34516	—	34737	5	29551	5	123416	9
Summa . .		17927	8	41302	3	138045	7	52238	1	281771	7	323278	0	549936	2	1404800	7

II. Stations-

Stationen.																	
Bexbach	79	4	40	6	1093	4	—	—	—	—	2838	4	100	—	4151	8
Homburg	219	5	818	6	1855	2	—	—	287	4	1300	—	900	—	4860	7
St. Ingbert	293	8	154	5	2055	2	595	9	739	1	2010	—	—	—	5857	5
Hassel	1	1	5	1	15	6	—	—	—	—	—	—	—	—	21	8
Würzbach	14	—	45	7	329	9	—	—	—	—	—	—	—	—	389	6
Blieskastel-Lautzkirchen	81	3	218	2	1205	8	—		864	8	—	—	—	—	2390	1
Bierbach	5	8	—	5	12	3	—		—	—	—	—	—	—	18	6
Schwarzenacker	17	8	1	6	46	4	—	—	—	—		—	—	—	65	8
Zweibrücken	547	7	840	9	3635	8	1220	—	1818	8	441	8	1800	—	9444	8
Einöd	5	2	4	2	8	3	—	—	—	—	—	—	—	—	17	7
Bruchmühlbach	63	3	88	3	683	7	—	—	—	5	160	—	410	—	1408	2
Hauptstuhl	5	3	2	9	48	3	—	—	—	—	—	—	—	—	56	5
Landstuhl	214	7	859	5	2434	2	80	—	169	6	3177	5	310	8	6746	3
Kusel	54	9	127	—	423	4	—	—	90	5	110	—	—	—	805	8
Altenglan	5	2	4	8	58	1	—	—	2	1	—	—	—	—	65	2
Theisbergstegen	—	—	—	—	62	2	—	—	—	—	—	—	—	—	62	2
Eisenbach	—	—	—	—	2	2	—	—	—	—	—	—	—	—	2	2
Reiweiler	3	9	—		8	5	—	—	—	—	—	—	—	—	12	4
Glan-Münchweiler	17	1	9	9	161	6	—	—	—	—	—	—	—	—	178	6
Niedermohr	1	—	—	—	25	4	—	—	—	—	—	—	—	—	26	4
Steinwenden	6	7	5	8	85	7	—	—	—	—	—	—	—	—	98	2
Zu übertragen . .	1647	9	2388	3	14330	2	1895	9	3462	8	10046	5	3020	8	36798	4

Güterverkehrs im Jahre 1868.

Eilgut.		Fracht für Gewöhnliches Gut: I. Classe.		II. Classe.		Wagenladungs-Classe A.		B.		C.		Güter mit besonderen Taxen.		Lad- und Waag-Gebühren.		Provision für Nachnahme.		Versicherungs-Taxe.		Summa.	
fl.	kr.	fl.	kr.	fl.	kr.	fl.	kr.	fl.	kr.	fl.	kr.	fl.	kr.	fl.	kr.	fl.	kr.	fl.	kr.	fl.	kr.
weise.																					
168	23	240	53	590	5	226	1	1329	3	728	30	2185	10	27	28	22	10	4	9	5522	31
160	59	351	28	802	28	232	17	1713	27	1347	11	3189	15	28	10	12	36	5	45	7844	19
173	53	281	10	807	35	326	27	1494	37	1516	31	2904	16	14	37	18	14	9	3	7516	51
173	20	296	5	648	5	349	38	1900	16	1396	11	3194	30	11	41	11	7	10	12	7091	34
180	9	333	1	790	12	254	10	2721	13	1453	35	2968	31	13	35	8	59	10	9	8733	34
146	36	248	–	609	17	231	53	1005	5	1522	40	1725	56	12	18	10	13	7	27	5519	24
232	12	408	16	875	15	497	10	1098	33	1220	57	1036	9	14	32	8	10	12	18	5104	2
267	51	548	29	941	56	284	7	1154	48	1562	15	1387	26	27	16	10	32	10	51	6195	51
203	18	557	24	888	15	235	14	1559	16	967	9	729	21	11	27	11	7	12	21	5268	25
495	6	677	36	1047	18	559	12	1245	36	1240	25	728	22	26	18	12	35	10	39	6031	37
289	11	847	3	990	39	489	50	1216	55	1054	13	1380	7	28	27	14	15	12	18	6322	56
263	25	612	11	943	54	399	12	2472	28	1611	15	955	6	25	36	10	1	9	48	7303	55
2814	21	5462	6	9929	29	4083	41	18911	17	15621	54	22381	47	247	51	150	30	115	3	79690	59
weise.																					
9	26	1	50	63	27					170	31	5	–			–	27	—	15	253	49
28	50	51	45	95	2			13	50	45	25	40	30			8	38	4		298	39
70	47	11	8	100	37	28	48	34	25	109	16					3	10	3	12	304	2
–	12		50	–	36											—	5	—	3	1	24
1	28	4	39	12	7			–	–	–						–	21		2	19	[illegible]
10	36	25	21	58	45			41	10							1	37	1	12	139	41
–	48		2		41															1	34
3	19		51	3	5															6	[illegible]
70	55	100	21	217	15	52	11	60	45	18	10	64	40			5	17	9	6	599	[illegible]
	12		26	—	19												9			1	56
6	56	11	36	27	42				2	4	47	21	33				3	1		72	59
	54		15	3	2												6		3	4	
26	54	12	8	111	16	2	12	6	2	194	[illegible]	15	55			4	24	7	21	413	[illegible]
8	56	13	18	24	8			2	2	6	[illegible]	—					9	2	15	57	15
	37		21	2	41				5										15	4	7
				2	59			—								—				2	59
					4																4
	21				25												5				50
1	15	1	13	5	39							–					–		12	8	49
	6				49							—					3				58
–	37		31	1	56									–					9	4	10
292	52	250	[illegible]	716		84	51	151		550	13	153	18			20	3	90	51	2196	27

Ergebniß des internen

Gewicht der Sendungen.												Gesammt-Gewicht.	
Gewöhnliches Gut.													
I. Classe.		II. Classe.		Wagenladungs-Classe A.		Wagenladungs-Classe B.		Wagenladungs-Classe C.		Güter mit besonderen Taxen.			
Ctr.	L.	Ctr.	L.	Ctr.	L.	Ctr.	L.	Ctr.	L.	Ctr.	L.	Ctr.	L.
2388	3	14336	2	1895	0	3462	8	10046	5	3020	6	36798	4
8	—	90	7	—	—	—	—	—	—	—	—	112	8
1426	5	7854	9	3540	2	6037	4	13077	1	15840	—	48952	2
90	5	211	3	—	—	62	2	—	—	627	1	1090	4
19	9	301	1	—	—	1775	2	614	—	—	—	2740	7
15	3	143	2	—	—	1	—	160	—	—	—	342	8
362	7	2592	8	2258	—	7	7	1500	—	640	3	7618	7
3924	7	5210	—	3186	7	9491	1	39063	—	46470	1	107972	8
9000	8	9815	7	8228	2	146698	1	95869	4	257796	3	528869	7
638	2	5144	4	—	—	1933	6	3490	—	7179	5	18740	6
1381	3	7813	2	80	—	2093	9	8545	—	19157	0	34069	—
1262	9	6211	4	11008	—	14557	5	12168	6	83054	7	128421	2
224	—	1708	2		—	—	—	—	—	42	1	2282	4
977	9	5827	5	80	—	1234	5	35458	—	17259	4	61431	9
940	0	5027	2	583	4	4572	—	12530	3	8583	3	33205	2
6484	—	23786	9	5571	2	25511	7	18489	7	22290	7	103912	7
355	5	3396	—	—	—	—	—	—	—	65	1	4358	5
498	2	2112	1	—	—	—	—	—	—	—	—	2917	—
2630	1	9819	4	1719	8	17026	8	19838	4	42428	2	93083	1
751	2	4746	1	—	—	—	—	—	—	3	—	5985	3
457	2	2317	9	80	—	1911	—	1047	2	6164	—	15531	—
88	5	609	6	—	—	13	—	400	—	900	—	2117	3
283	6	960	5	215	—	171	6	18448	—	106	—	20440	1
102	—	693	3	—	—	1311	3	4320	—	100	—	6599	1
156	6	1207	3	—	—	9	1	1030	8	—	—	2498	9
30	—	269	4	—	—	—	—	—	—	—	—	390	2
35	6	774	9	—	—	181	—	180	—	—	—	1216	—
291	6	725	9	88	2	362	5	—	—	204	—	1878	6

Güterverkehrs im Jahre 1868. (Schluß.)

Fracht für																Lad- und Waag-Gebühren.		Provision für Nachnahme.		Versicherungs-Taxe.		Summa.	
Eilgut.		Gewöhnliches Gut																					
		I. Classe.		II. Classe.		Wagenladungs-Classe						Güter mit besonderen Taxen.											
						A.		B.		C.													
fl.	kr.	fl.	kr.	fl.	kr.	fl.	kr.	fl.	kr.	fl.	kr.	fl.	kr.	fl.	kr.	fl.	kr.	fl.	kr.	fl.	kr.		
202	52	250	33	746	3	83	31	159	—	650	13	153	18	—	—	20	3	30	54	2196	27		
1	49	—	42	4	11	—	—	—	—	—	—	—	—	—	—	—	—	—	9	6	51		
167	37	154	26	448	59	363	47	276	38	515	26	530	54	—	—	8	41	12	39	2480	6		
7	36	9	42	12	2	—	—	2	45	.	—	16	—	—	—	—	3	1	21	48	20		
6	15	2	1	16	56	—	—	116	58	28	11	—	—	—	—	1	23	—	12	170	56		
3	13	1	30	7	34	—	—	—	2	6	10	—	—	—	—	—	9	—	39	19	17		
25	58	86	16	177	9	193	31	—	25	41	2	29	35	—	—	2	15	4	54	514	5		
120	48	714	13	487	28	336	42	639	29	2672	42	1139	29	—	—	8	1	5	39	6117	31		
391	57	1462	35	1102	5	873	24	11660	5	5524	22	14345	49	62	52	11	11	1	57	35486	17		
78	3	83	32	508	57	—	—	128	6	153	16	189	40	—	—	1	7	2	36	1140	17		
121	20	160	28	695	23	6	8	125	31	362	23	418	4	—	10	1	26	7	51	1805	14		
64	46	207	39	606	5	1192	38	1167	1	738	3	2832	—	23	14	4	15	1	33	6857	12		
75	45	32	11	190	51	—	—	—	—	—	—	2	40	—	—	1	1	—	45	303	22		
134	37	129	35	582	36	7	12	72	12	1090	7	494	28	2	15	3	29	4	15	2521	36		
84	24	103	13	452	28	35	41	236	25	497	39	179	34	—	—	2	56	1	45	1594	5		
429	25	530	35	1549	28	305	41	1113	42	708	51	582	8	42	35	21	38	2	18	5292	21		
73	39	35	48	238	27	—	—	—	—	—	—	2	35	—	—	1	12	—	39	352	20		
38	25	48	20	148	23	—	—	—	—	—	—	—	—	3	2	—	29	1	15	297	54		
179	23	196	11	479	10	65	31	495	48	780	5	477	59	113	18	3	49	5	30	2790	39		
51	14	61	48	277	28	—	—	—	—	—	—	—	16	—	—	1	—	—	30	392	16		
87	40	43	14	128	50	2	32	261	41	38	2	113	8	—	—	7	—	3	3	685	10		
13	37	8	—	30	4	—	—	—	30	11	56	16	30	—	—	—	58	—	39	82	14		
36	6	27	17	51	18	18	46	9	26	581	13	5	30	—	—	1	28	2	30	734	11		
10	18	8	36	40	2	—	—	35	14	138	37	1	50	—	—	—	12	—	39	255	25		
12	14	14	36	85	24	—	—	—	30	60	25	—		—	—	—	40	—	45	174	34		
10	42	0	11	20	12	—	—	—	—	—	—	—	—	—	—	—	47	—	48	38	10		
7	37	4	29	38	6	—	—	10	6	6	55	—	—	—	—	—	12	—	—	67	25		
24	2	27	27	41	26	4	33	23	38	—	—	14	26	—	—	1	13	—	30	137	15		
2	14	4	3	13	2	—	—	—	—	—	—	1	50	—	—	—	30	—	27	22	36		
2	16	1	55	6	20	—	—	—	—	—	—	—	—	—	—	—	38	—	—	10	9		
1	30	—	35	3	29	—	—	—	10	—	—	5	30	—	—	—	12	—	—	11	35		
117	16	72	28	175	40	—	—	56	33	26	58	112	1	—	—	7	18	3	54	572	8		
8	2	0	5	83	4	—	—	—	30	15	—	—	—	—	—	—	11	—	9	63	31		
2	12	2	29	23	26	—	—		3	9	59	—	—	—	—	—	19	—	3	38	31		
190	2	888	8	406	59	567	58	2240	1	1023	27	727	24	—	—	28	36	9	54	6082	29		
5	56	3	36	13	20	—	—	17	45	—	—	—	—	—		—	9	—	21	41	27		
50	34	51	17	83	12	26	8	45	24	20	52	—	—	—	—	3	59	3	51	285	17		
—	10	—	3	4	4	—	—	—	—	—	—	—	—	—	—	—	—	—	—	4	17		
2844	21	5402	6	9029	29	4083	11	18911	17	15621	54	22384	47	247	51	150	30	115	3	79690	59		

I. Monat-

Januar . . . 1868	46	3	107	7	1207	4	800	—	912	6	606	—	1200	—	4230	2
Februar . . . . „	50	2	156	8	1112	2	310	—	1827	9	6313	8	4800	—	14570	[illegible]
März . . . . . „	51	4	221	2	1560	3	569	5	1460	3	1436	6	4400	—	[illegible]	3
April . . . . . „	48	2	217	7	1316	9	100	—	1193	8	9118	6	5800	—	[illegible]	[illegible]
Mai . . . . . „	70	8	205	8	1240	1	418	3	1874	5	1050	—	800	—	[illegible]	4
Juni . . . . . „	69	5	145	3	1411	3	110	—	210	3	750	—		—	[illegible]	8
Juli . . . . . „	92	9	204	4	2100	3	300	—	1959	7	1806	3	—	—	[illegible]	7
August . . . . „	90	3	240	2	1919	7	333	6	890	7	3326	—	—	—	[illegible]	3
September . . . „	131	9	241	2	1922	8	100	—	1743	6	6600	—	200	—	[illegible]	5
October . . . . „	316	2	210	8	2206	6	110	—	2116	—	8816	—	—	—	[illegible]	8
November . . . „	102	7	234	8	2286	8	1048	4	917	8	9471	5	--	—	14061	8
December . . . „	91	—	253	6	2027	—	3782	1	1446	4	[illegible]	—		—	[illegible]	3
Summa . . .	1161	5	2439	8	20311	4	7481	8	16053	9	53771	9	17200	—	138423	5

II. Stations-

Stationen.																
Weißenburg . . .	54	4	359	8	961	8	1442	5	9172	8	7450	8	17200	—	[illegible]	2
Schaidt	32	5	12	5	115	4	-	—	107	3	—	—	..	—	[illegible]	7
Maximiliansau . . .	49	5	309	7	731	8	628	2	2567	8	1029	0	—	—	[illegible]	3
Wörth	2	4		—	1	5	—	—	—	—	—	—	—	—	[illegible]	[illegible]
Langenkandel	25	—	15	3	113	3	—	—	203	9	—	—	—	—	[illegible]	4
Winden	38	7	68	6	452	5		—	69	4	—	—	—	—	[illegible]	4
Rohrbach	58	8	101	8	2778	4	341	5	2681	3	—	—	—	—	[illegible]	8
Landau	388	—	1131	—	9038	2	700	—	5162	2	42294	8	—	—	[illegible]	9
Knöringen	35	6	11	6	1891	—	—	—		—	—	—	—	—	[illegible]	4
Edesheim	51	3	34	6	400	—	—	—		—	—	—	—	—	[illegible]	1
Edenkoben	331	5	332	1	2996	6	4260	7	2090	1	3000	—		—	[illegible]	5
Maikammer	91	3	93	4	564	7	—	—	-	—	—	—	—	—	[illegible]	3
Summa . .	1161	5	2439	8	20311	4	7481	8	16053	9	53771	9	17200	—	[illegible]	5

Güterverkehrs im Jahre 1868.

Eilgut.		Fracht für									
		Gewöhnliches Gut.									
		Classe				Wagenladungs-Classe					
		I.		II		A.		B.		C.	
fl.	kr.	fl.	kr.	fl.	kr.	fl.	kr.	fl.	kr.	fl.	kr.

…weise.

fl.	kr.	fl.	kr.	fl.	kr.	fl.	kr.	fl.	kr.	fl.	kr.
7	18	10	11	82	5	26	30	37	56	12	20
7	16	14	45	70	22	27	34	88	40	325	23
9	29	21	50	97	30	55	15	70	25	50	2
7	22	16	43	86	52	5	10	62	2	138	54
9	18	19	29	75	55	41	38	71	46	28	[illegible]
8	16	16	11	90	3	3	30	8	25	20	–
10	48	22	36	138	7	26	40	108	3	139	13
11	26	26	19	119	39	26	3	30	50	108	19
20	11	24	12	116	25	10	50	100	23	176	–
35	32	24	18	135	9	11	55	133	11	247	58
14	27	24	21	141	32	49	25	57	3	250	36
15		29	11	122	8	133	25	75	31	180	20
157	33	250	36	1276	56	420	55	962	20	1675	11

…weise.

fl.	kr.	fl.	kr.	fl.	kr.	fl.	kr.	fl.	kr.	fl.	kr.
16	19	58	47	119	18	153	51	254	9	437	[illegible]
7	45	5	56	14	32	—		7	10	—	—
14	40	30	29	93	14	56	53	206	32	65	51
–	40	—	—	—	12	—	—	–	—	—	–
6	6	2	13	16	30	—	–	13	33	–	—
7	50	7	55	39	59	—	–	1	23	–	—
10	19	10	57	213	13	36	6	129	49	—	–
51	15	92	23	525	52	96	10	197	55	1127	51
3	55		48	89	20	–	—	—	..	—	—
4	50	2	1	12	32				..	—	-
27	37	17	33	104	41	137	53	18	49	45	—
5	47	1	34	17	24			—	-	—	—

I. Monat-

Januar 1868	370	2	1157	8	2230	5	2026	3	3788	1	600	—	574	8	10753	7
Februar . . . . „	434	6	1386	6	2659	4	2974	2	4652	7	255	—	200	—	12582	7
März . . . . . „	488	3	1447	2	2407	—	1950	8	3673	6	1675	8	—	—	11642	7
April . . . . . „	522	2	1109	1	2100	4	1487	5	3905	9	612	—	—	—	9737	1
Mai . . . . . „	438	9	1097	4	2148	5	2660	6	3042	1	490	—	302	—	10179	5
Juni . . . . . „	246	3	1145	5	1697	9	1394	2	1057	9	800	—	—	—	5841	6
Juli . . . . . „	326	9	1422	1	1811	9	2696	1	1415	3	1044	9	576	—	9293	2
August . . . . „	399	4	1371	7	2223	3	1259	7	1908	5	522	—	1174	1	8258	7
September . . „	702	2	1497	7	3021	3	1163	9	2395	4	810	—	766	8	10357	3
October . . . . „	911	7	2936	4	2605	4	2608	4	2819	7	620	—	1675	8	14462	4
November . . . „	627	8	1413	6	3011	4	2381	5	3115	4	525	—	1225	4	12280	1
December . . . „	466	6	1213	—	3110	7	3668	9	4572	1	910	—	1313	9	15255	2
Summa .	6061	8	17228	1	29027	7	26307	1	35746	7	8564	7	7808	8	130744	4

II. Stations-

Stationen.																
Weißenburg	1412	4	3527	8	6834	6	6670	4	22627	1	2744	7	7608	6	53425	8
Schaidt	45	8	78	7	79	8	—	—	248	7	—	—	—	—	452	5
Winden	152	6	701	8	1006	5	114	6	449	6	155	—	—	—	2580	1
Maximiliansau . . .	289	7	83	1	141	2	80	—	1356	9	400	—	—	—	2300	9
Wörth	5	1	12	3	2	8	—	—	—	—	—	—	—	—	19	7
Kandel	67	5	389	4	275	4	—	—	1019	4	512	—	—	—	2263	7
Rohrbach	161	3	565	7	680	6	718	0	1886	7	—	—	—	—	4016	2
Landau	2105	8	7373	—	9459	1	2524	2	4963	4	2761	—	100	—	28626	5
Knöringen	127	3	137	1	1269	3	—	—	—	—	—	—	—	—	1533	7
Edesheim	200	9	326	6	354	5	—	—	—	—	—	—	—	—	882	—
Edenkoben	1370	6	1887	5	8047	9	10189	—	3854	9	1992	—	100	—	33451	9
Maikammer	169	8	145	1	676	5	—	—	—	—	—	—	—	—	1191	1
Summa .	6061	8	17228	1	29027	7	26307	1	35746	7	8564	7	7808	6	130744	4

Güterverkehrs im Jahre 1868.

Fracht für:																Provision für Nachnahme		Versicherungs-Taxe		Summa	
Eilgut		Gewöhnliches Gut																			
		Classe				Wagenladungs-Classe						Güter mit besonderen Taxen									
		I.		II.		A.		B.		C.											
fl.	kr.	fl.	kr.	fl.	kr.	fl.	kr.	fl.	kr.	fl.	kr.	fl.	kr.	fl.	kr.	fl.	kr.	fl.	kr.
…weise.																			
54	22	147	13	226	34	116	40	274	1	29	30	30	11	5	—	14	57	895	28
80	5	143	16	200	47	166	39	284	48	9	53	4	5	9	48	5	53	904	57
76	5	164	48	158	8	105	12	287	40	69	19	—	—	15	—	16	54	893	6
96	46	124	1	144	26	99	28	262	33	15	9	—	—	9	15	13	57	765	35
75	59	122	43	126	28	120	14	224	48	26	53	15	52	9	40	16	36	739	13
60	53	129	7	122	29	81	22	78	5	11	—	—	—	9	1	15	15	507	11
55	21	170	20	127	34	142	23	91	52	42	35	50	15	9	8	10	18	680	20
58	30	152	38	141	20	104	11	83	26	16	35	61	39	11	1	7	54	637	14
134	38	173	16	213	35	68	39	169	6	40	7	40	16	11	42	7	52	869	11
144	21	300	33	172	22	142	55	204	55	33	34	87	59	9	49	4	21	1100	49
109	57	156	42	199	19	111	52	174	43	21	13	64	21	13	32	6	3	857	12
82	2	143	21	201	57	152	24	308	10	30	27	68	59	11	26	5	42	1004	28
1028	59	1927	[illegible]	2034	2	1430	59	2434	7	341	55	403	40	124	22	126	[illegible]	9855	14
…weise.																			
419	13	911	43	849	36	721	50	1848	4	160	16	399	32	10	35	11	30	5381	28
11	12	11	6	8	15	—	—	16	35	—	—	—	—	—	26	—	9	47	43
31	50	86	37	87	24	8	18	25	37	6	43	—	—	4	39	1	45	252	32
71	34	13	31	17	34	8	40	110	45	25	20	—	—	—	41	—	6	248	31
1	29	1	59	—	17	—	—	—	—	—	—	—	—	—	—	—	—	3	45
16	56	55	21	28	38	—	—	69	45	28	48	—	—	1	—	—	57	201	26
29	47	60	29	52	22	47	58	94	29	—	—	—	—	—	0	1	6	286	17
291	31	639	9	552	6	130	28	172	19	78	15	2	31	61	43	94	28	2042	40
14	26	10	14	61	31	—	—	—	—	—	—	—	—	1	5	1	41	89	[illegible]
17	15	20	53	14	54	—	—	—	—	—	—	—	—	1	11	—	3	54	16
112	7	110	10	295	16	513	6	96	33	36	32	1	37	22	36	14	24	1202	21
11	30	7	26	26	9	—	—	—	—	—	—	—	—	—	20	—	—	45	25
1028	59	1927	58	2034	2	1430	59	2434	7	344	55	403	40	124	22	126	12	9855	14

I.

Januar . . 1868	490	5	2238	7	9102	1	4698	1	8627	5	6574	8	2072	1	10807	2	700	—
Februar . . "	769	3	2365	2	8764	6	4635	9	13014	1	21434	—	998	7	14733	4	788	—
März . . . "	1075	7	3328	3	10284	2	3929	3	18354	2	23790	—	1834	1	11005	6	500	—
April . . . "	852	—	2862	1	9350	5	3068	9	15742	—	19091	3	1376	6	12190	3	986	4
Mai . . . "	1063	8	2713	2	9603	4	3742	1	15701	4	16065	1	1778	4	11820	2	1369	5
Juni . . . "	988	9	3190	0	8201	0	3742	7	18186	2	21029	3	1935	—	6507	1	754	6
Juli . . . "	1491	4	3773	5	10177	7	2074	4	19465	5	15483	4	1183	9	3619	6	991	—
August . . "	1412	5	3548	7	9909	7	3122	6	10038	—	25213	3	2961	2	3498	4	1342	8
September . "	1601	4	3762	—	10047	3	4947	9	12527	7	20994	2	2443	3	8214	1	1009	5
October "	1887	5	3697	8	13027	—	7140	8	11889	8	19664	1	2366	5	12496	9	738	3
November "	1104	3	3522	3	13146	3	4778	6	18163	5	17976	—	2732	—	10629	—	125	—
December "	1310	8	3693	8	11309	—	8290	7	13702	3	22976	6	4718	8	10971	9	711	6
Summa . .	14378	2	38697	5	121013	—	54295	3	182702	8	233093	7	26241	—	118372	1	9869	9

II.

Stationen.																			
Weißenburg . .	370	5	1128	7	1920	2	206	8	7769	8	16629	4	240	4	61830	3		—
Schaidt	224	3	344	7	205	2	169	2	131	8	—		1	8	778	6		—
Winden . .	686	2	1671	8	4573	4	147	—	614	6	4705		364	[illegible]	9810	[illegible]	[illegible]	—
Maximiliansau . .	1964	6	4444	3	5673	3	2904	3	[illegible]	5	75468	7	11039	[illegible]	24702	[illegible]	499	—
do. Transit	842	0	2116	3	6144	0	4001	4	33439	3	17299		4669	[illegible]	[illegible]	—	909	[illegible]
Wörth . .	104	2	32	3	33	6		—		—	—		—	—	—		—	[illegible]
Langenkandel	630	2	934	4	2428	1	1564	3	117	1	1190		250	[illegible]	[illegible]	6	166	—
Rohrbach . .	287	7	928	2	4142	6	1662	3	141	1	1343	5	969	[illegible]	1801	[illegible]	—	[illegible]
Landau	8344	5	11719	8	16667	3	3699	1	[illegible]	3	41265	7	3066	[illegible]	32533	[illegible]	1198	[illegible]
Knöringen	125	0	340	6	1122	1					—		—				—	[illegible]
Edesheim	251	8	606	0	467	8			—		—		—		—		—	—
Edenkoben	3206	4	4807	0	10174	—	3734	6	3033	8	5167	6	1961	[illegible]	5444	[illegible]	3281	[illegible]
Maikammer .	231	3	272	8	1744	—		—		—	—		—		—		—	—
Neustadt . .	3046	9	6664	6	40410	3	7369	2	2111	7	14624	7	674	2	3470	5	—	—
do. Tr. v. W. nach Pfälz. Stat.		4	7223	2	24440	4	5710	4	24369	6	30231	3	1236	0	2523	3	2693	—
do. Tr. v. W. nach Preußen	3151	3	4766	3	29024	2	16660	0	129434	3	32404	3	803	4	3291	3	1284	—
Summa . .	[illegible]	2	[illegible]	5	[illegible]	—	[illegible]	3	[illegible]	3	[illegible]	7	[illegible]	—	[illegible]	1	[illegible]	9

Güterverkehrs im Jahre 1868.

Eilgut.		Fracht für Gewöhnliches Gut: Classe I.		Classe II.		Wagenladungs-Classe A.		Wagenladungs-Classe B.		Wagenladungs-Classe C.		Special-Tarif 1.		Special-Tarif 2.		Special-Tarif 3.		Provision für Nachnahme.		Versicherungs-Taxe.		Summa.	
fl.	kr.	fl.	kr.	fl.	kr.	fl.	kr.	fl.	kr.	fl.	kr.	fl.	kr.	fl.	kr.	fl.	kr.	fl.	kr.	fl.	kr.	fl.	kr.
…weise.																							
92	15	236	11	585	22	421	21	654	53	343	8	98	40	603	30	35	59	11	5	1	24	3104	49
157	46	285	2	900	54	419	9	957	47	997	23	63	21	726	41	37	16	15	6	3	30	4591	56
206	34	388	43	1008	19	384	7	1447	45	1062	34	70	54	631	16	23	55	24	44	3	53	5173	14
159	35	338	53	944	47	318	8	1294	56	694	2	61	32	787	33	59	58	17	24	2	48	4679	30
218	47	330	45	982	9	359	58	1127	56	731	22	99	58	806	14	75	34	21	27	2	39	4756	44
203	57	412	29	813	46	296	32	1146	9	883	3	117	3	535	15	45	45	15	53	2	54	4412	46
338	17	475	31	1020	36	250	39	1499	8	715	30	112	15	237	56	36	19	19	24	2	33	4708	41
291	7	458	7	972	57	269	24	1427	5	1047	—	89		191	34	63	19	22	42	3	58	4816	8
317	6	453	56	1053	26	487	28	749	6	1100	27	129	7	173	21	50	36	22	27	3	9	4870	1
376	48	453	34	1235	40	641	7	968	25	933	57	89	51	783	36	44	2	28	1	4	37	5559	28
282	23	420	7	1231	53	440	41	1416	51	822	49	90	4	594	37	5	44	30	31	4	35	5349	15
261	41	114	53	1078	7	656	8	1216	17	991	24	262	38	658	57	35	2	20	33	1	45	5627	39
2934	18	4698	4	11827	56	4914	27	13906	19	10242	40	1294	53	7031	—	513	19	249	16	37	40	57640	52
…weise.																							
40	06	177	46	217	14	22	21	612	16	611	50	27	42	4102	10	—	—	9	9	—	—	5821	34
42	3	44	7	28	22	9	16	7	22	—	—	—	7	47	4	—		2	28	—	3	180	52
109	41	209	41	338	11	10	35	33	36	210	27	42	8	106	10	—		11	22	—	37	1073	48
31	43	27	11	90	56	39	23	147	6	770	41	188	23	256	7	6	40	3	49	13	6	1575	5
188	37	264	14	730	15	309	32	1902	15	1048	50	233	18	—	—	58	22	—	—	—	—	4706	43
8	14	3	54	1	36	—	—	—	—	—	—	—		—	—	—	—		9	—	—	13	33
82	37	96	17	169	19	30	11	7	27	66	25	18	37	182	58	2	25	1	45	1	18	660	52
70	34	99	13	375	55	121	22	32	19	69	12	17	34	283	11	—	—	10	21	1	2	1081	46
634	18	1239	1	1236	32	285	30	214	29	2319	20	198	11	924	1	50	10	155	6	13	25	7270	6
16	19	26	13	73	57	—	—	—	—	—	—	—	—	—	—	—		—	27	—	6	119	2
38	26	48	43	31	50	—	—	—	—	—	—	—	—	—	—	—	—		45	—	3	122	47
200	20	151	22	731	49	532	52	128	15	135	14	80	58	217	15	146	57	16	51	5	31	2350	27
31	51	23	28	112	51	—	—	—	—	—	—	—	—	—		—	—	2	26	—	3	170	12
400	54	544	4	1444	2	882	16	192	3	838	40	80	32	242	57	—		31	35	2	6	4665	9
718	8	1042	32	2636	48	878	15	3301	32	1952	50	338	7	218	58	160	11	—	—	—		11249	21
317	37	696	38	3601	16	4732	21	7527	39	2219	11	65	43	449	6	69	31	—	—	—	—	16198	5
2934	18	4698	4	11827	56	4914	27	13906	19	10242	40	1294	53	7031	—	513	19	249	16	37	40	57649	52

№ 43.

Ergebniß des Süddeutschen

Monate.	Eilgut.		Classe I.		Classe II.		Wagenladungs-Classe A.		Wagenladungs-Classe B.		Wagenladungs-Classe C.		Gesammt-Gewicht.	
	Gewicht der Sendungen.		Gewöhnliches Gut.											
	Ctr.	Pf.	Ctr.	Pf.	Ctr.	Pf.	Ctr.	Pf.	Ctr.	Pf.	Ctr.	Pf.	Ctr.	Pf.
I. Monat-														
Januar 1868	117	—	935	8	1100	4	1670	7	8477	9	6663	—	18984	8
Februar . . . . . . „	124	3	745	5	2200	6	1571	8	8147	2	5260	—	18069	4
März . . . . „	174	6	1530	3	2461	8	1330	7	13241	8	3980	—	22022	2
April . . . . „	253	5	2312	—	2093	2	3514	3	3277	—	2950	—	14500	—
Mai . . . . „	201	7	1327	2	2544	—	2254	6	3983	6	3950	—	14261	1
Juni . . . . „	220	2	1228	5	1193	2	2103	3	5320	—	4500	—	14865	2
Juli . . . . „	201	9	1727	2	1613	3	1043	5	500	—	3120	—	8235	9
August . . . . . . „	247	4	1858	3	1291	3	1734	7	500	—	2112	—	7863	7
September . . . . . „	404	6	1344	3	2285	3	2090	3	1184	5	200	—	7509	—
October . . . . . . „	785	9	2730	—	3639	9	2723	6	482	5	1511	8	11883	—
November . . . . . „	318	8	908	8	3039	7	3106	5	801	5	2400	—	10575	3
December . . . . . „	342	6	815	2	2436	1	2744	1	830	1	1021	9	8190	—
Summa .	3302	5	17593	1	26231	1	25938	1	46756	1	37018	7	150959	6
II. Stations-														
Stationen.														
Zweibrücken	21	9	26	—	18	4	—	—	200	0	—	—	266	9
Kaiserslautern	36	—	116	3	285	8	—	—	14330	7	2203	—	16971	8
Neustadt	11	3	10	4	309	5	—	—	20958	2	8605	7	29895	1
Weissenburg	58	9	380	—	921	1	644	7	1405	1	16040	—	19449	8
Schaidt	25	3	92	2	313	3	—	—	—	—	400	—	830	8
Maximiliansau . . .	315	—	6509	8	4087	7	1840	9	4000	8	4270	—	21120	3
Landau	2357	1	9058	—	7256	7	2599	6	4747	7	4080	—	30099	1
Edenkoben	537	—	1340	4	13038	6	20816	0	1113	—	1450	—	38325	9
Summa . .	3392	6	17593	1	26231	1	25939	1	46756	1	37016	7	156959	6

Verbands-Güterverkehrs im Jahre 1868.

Fracht für: Eilgut fl.	Eilgut kr.	Gewöhnliches Gut, Classe I. fl.	Classe I. kr.	Classe II. fl.	Classe II. kr.	Wagenladungs-Classe A fl.	A kr.	B fl.	B kr.	C fl.	C kr.	Provision für Nachnahme fl.	kr.	Versicherungs-Taxe fl.	kr.	Summa fl.	kr.
weise.																	
20	51	80	56	98	51	172	40	1216	31	412	1	4	52	1	21	2038	3
22	9	73	15	183	58	119	52	681	57	340	41	7	44	1	12	1430	48
29	17	112	26	195	36	119	31	1218	16	204	10	10	35	—	54	1891	15
48	19	124	54	185	22	314	16	254	3	174	34	10	15	—	18	1112	1
34	2	106	33	228	40	159	39	335	27	223	4	6	42	—	27	1094	54
40	8	114	6	158	38	189	50	502	48	159	30	5	49	—	30	1171	19
36	10	106	24	137	54	96	20	13	50	228	30	6	—	—	32	625	40
45	2	141	8	98	—	162	36	47	—	138	55	8	7	2	42	633	50
73	16	143	28	188	11	203	37	63	31	16	—	10	43	2	7	707	23
164	26	269	12	350	51	237	32	19	46	109	39	13	49	1	58	1183	12
59	22	89	11	274	18	269	9	66	39	147	20	10	34	2	6	918	39
60	41	64	1	210	20	177	52	50	9	60	20	9	32	1	48	631	41
632	12	1442	34	2311	9	2228	54	4459	57	2244	44	108	42	15	55	13440	7
weise.																	
6	27	4	1	2	18			17	11							30	30
10	16	15	31	35	22			1782	11	156	26	—			—	2060	19
3	35	1	50	42	58	—	—	2060	56	674	4					2783	22
18	26	53	22	101	52	61	28	167	46	1015	32	3	11			1364	50
4	42	9	53	26	55	—	—			20	4	2	10	—	—	63	44
8	32	109	39	68	18	30	48	66	41	71	10	1	7	—	—	356	37
463	13	1064	26	656	11	206	12	336	45	238	—	79	51	—	—	3044	58
116	11	183	52	1376	55	1927	16	87	52	69	28	18	20	15	55	3795	49
632	12	1442	34	2311	9	2228	54	4459	57	2244	44	101	42	15	55	13440	7

№ 44.

Ergebniß des internationalen Güterverkehrs via Weißenburg

Monate.	Gewicht der Sendungen														Gesammt-Gewicht.	
	Eilgut.		Gewöhnliches Gut.													
			Normal-Classe						Wagenladungs-Classe				Barèmes und Special-Tarife.			
			I.		II.		III.		A.		B.					
	Ctr.	Pf.	Ctr.	Pf.	Ctr.	Pf.	Ctr.	Pf.	Ctr.	Pf.	Ctr.	Pf.	Ctr.	Pf.	Ctr.	Pf.
I. Monat-																
Januar . . . 1868	461	7	1732	3	2110	5	389	1	16060	8	2157	6	40869	1	63801	1
Februar . . . . „	542	9	1920	6	2157	7	474	5	14071	—	3315	4	28330	3	50842	4
März . . . . . „	298	6	2065	6	2971	2	595	9	12265	4	2629	4	52348	—	73374	1
April . . . . . „	382	5	1888	3	3104	8	302	8	23123	0	9322	8	84877	6	123002	4
Mai . . . . . „	687	7	2225	0	2129	0	832	7	24141	2	9672	8	89046	5	129036	4
Juni . . . . . „	259	3	1722	—	2638	7	437	9	33795	5	6206	4	54245	9	99305	7
Juli . . . . . „	109	5	2056	3	3704	5	481	2	6785	6	6680	2	44303	2	64120	5
August . . . . „	185	6	1608	4	2765	1	455	6	5168	2	4555	8	58308	3	73325	3
September . . . „	135	6	1510	5	2205	1	344	8	4249	2	2941	8	38191	8	49571	8
October . . . . „	135	8	2201	8	7217	4	492	4	5692	6	4054	—	34704	3	54408	3
November . . . „	265	2	2081	4	4574	2	1172	3	3138	4	1854	4	28197	—	41202	9
December . . . . „	357	4	2145	5	3364	9	250	8	7559	2	6785	8	25352	3	45821	9
Summa . .	3801	8	23136	6	38944	—	6239	—	158643	7	60406	4	578794	3	867965	8
II. Stations-																
Stationen.																
Zweibrücken	18	6	63	6	93	—	30	4	100	8	400	—	—	—	706	4
Kaiserslautern . . .	310	8	1364	5	1898	6	45	1	1262	2	10974	4	—	—	15855	6
Neustadt	97	2	516	6	7723	8	318	0	34541	2	1306	4	45253	—	89786	8
Maximiliansau . . .	—	2	19	0	8	2	—	—	—	—	—	—	—	—	28	—
Landau	491	5	293	9	1074	8	403	7	2088	3	1039	—	542	2	5953	1
Dürkheim	11	2	20	3	111	8	—	6	100	—	106	—	—	—	318	9
Wachenheim	—	—	—	—	—	—	—	—	—	—	—	—	—	—	—	—
Deidesheim	—	—	—	—	9	—	46	—	—	—	—	—	—	—	55	—
Mußbach	—	—	—	—	—	—	—	—	—	—	—	—	—	—	—	—
Speyer	41	2	250	3	1010	1	21	2	406	—	773	—	1109	6	3811	4
Ludwigshafen . . .	1053	9	7828	1	11083	8	1955	—	60229	4	36357	—	455680	1	606187	3
do. Transit Hessen ꝛc.	1777	2	12779	7	12930	9	3388	4	28915	8	8431	6	76200	4	145433	—
Summa . .	3801	8	23136	6	38944	—	6239	—	158643	7	60406	4	578794	3	867965	8

257	41	243	45	40	15	1569	24	131
265	11	284	38	45	2	1270	27	191
281	55	318	48	49	43	1029	21	169
251	31	336	37	32	46	2040	31	564
292	21	235	18	80	21	1948	33	546
282	2	300	12	48	19	3004	17	337
292	35	437	34	51	8	199	59	365
220	51	306	12	46	58	396	--	260
210	1	239	30	35	21	296	52	151
313	42	811	11	53	42	406	51	238
291	29	516	5	116	36	325	32	131
305	18	388	43	23	25	571	2	861
3224	15	4369	11	632	39	13257	52	8135

8	23	9	43	3	17	9	10	26
193	50	201	—	4	51	109	13	727
87	38	988	35	44	12	3640	33	114
2	34	...	13	..	..	—	—	—
35	39	95	18	35	17	181	30	66
7	52	6	53	..	30	0	20	7
—	—	—		—	—	—	—	—
		-	59	4	57		-	
—			-	-	-	—	—	—
36	18	116		2	24	29	25	41
1188	51	1624	5	217	12	7244	30	1930
1062	40	1323	25	319	19	2004	12	332

Monate.	Eilgut.		Gewöhnliches Gut. Normal-Classe I.		II.		III.		Wagenladungs-Classe A.		B.		C.		D.		E.		F., G., H., J. u. Spec.-Tarif.		Gesammt-Gewicht.	
	Ctr.	℔	Ctr.	℔	Ctr.	℔	Ctr.	℔	Ctr.	℔	Ctr.	℔	Ctr.	℔	Ctr.	℔	Ctr.	℔	Ctr.	℔	Ctr.	℔

I. Monat-

Monate.	Eilgut Ctr.	℔	I. Ctr.	℔	II. Ctr.	℔	III. Ctr.	℔	A. Ctr.	℔	B. Ctr.	℔	C. Ctr.	℔	D. Ctr.	℔	E. Ctr.	℔	F., G., H., J. u. Spec.-Tarif Ctr.	℔	Gesammt-Gewicht Ctr.	℔
Januar . 1868	139	4	497	3	188	4	1423	—	16	7	—	—	341	7	1260	3	3164	7	22403	6	29435	1
Februar . „	145	6	636	1	195	2	1076	5	140	1	—	—	1019	6	1010	8	2973	8	24730	—	31900	2
März . . „	186	8	703	8	305	4	1966	—	16	3	—	—	1852	—	810	6	3626	4	35210	6	44897	9
April . . „	174	2	516	4	190	7	1448	9	111	5	—	—	2356	2	802	1	2034	8	20576	3	28211	1
Mai . . „	223	8	460	7	307	4	2005	3	22	9	540	2	2373	1	251	6	2157	9	35295	3	43637	2
Juni . . „	238	1	535	6	140	4	1901	—	7	5	60	—	935	1	165	8	2345	4	20420	2	26769	1
Juli . . „	197	2	753	7	160	7	1340	9	63	4	201	—	2137	8	284	8	2648	—	62573	1	70381	6
August . „	232	2	1010	2	160	9	2029	8	108	1	—	—	3795	1	220	5	4077	3	46047	5	57710	6
September „	314	8	672	4	303	5	2184	6	740	4	—	—	2171	3	265	1	2774	-	35570	5	44996	6
October . „	236	2	624	9	309	8	1959	1	1466	0	683	—	1006	2	385	2	2810	7	36771	—	46253	—
November „	220	2	612	7	235	8	1631	9	1081	7	127	6	937	9	927	2	3396	9	26378	6	35550	5
December „	163	2	513	8	168	—	1591	7	1273	3	—	—	720	5	502	8	6090	6	33764	—	44512	4
Summa . .	2471	7	7545	1	2724	2	20578	7	5068	8	1631	8	19626	5	6886	8	38331	—	399740	7	504605	3

II. Stations-

Station.	Eilgut Ctr.	℔	I. Ctr.	℔	II. Ctr.	℔	III. Ctr.	℔	A. Ctr.	℔	B. Ctr.	℔	C. Ctr.	℔	D. Ctr.	℔	E. Ctr.	℔	F., G., H., J. u. Spec.-Tarif Ctr.	℔	Gesammt-Gewicht Ctr.	℔
Ludwigshafen .	2471	7	7545	1	2724	2	20578	7	5068	8	1631	8	19626	5	6886	8	38331	—	399740	7	504605	3

und Basel, sowie den Stationen der Schweizer Centralbahn, Nordostbahn und bahnen im Jahre 1868.

Eilgut.		Fracht für Gewöhnliches Gut. Normal-Classe I.		II.		III.		Wagenladungs-Classe A.		B.		C.		D.		E.		F. G. H. J. u. Spez.-Tarif		Provision für Nachnahme.		Versicherungs-Taxe.		Summa.	
fl.	kr.	fl.	kr.	fl.	kr.	fl.	kr.	fl.	kr.	fl.	kr.	fl.	kr.	fl.	kr.	fl.	kr.	fl.	kr.	fl.	kr.	fl.	kr.	fl.	kr.
…weise.																									
30	15	55	55	14	10	106	26	1	7	—	—	20	44	77	47	206	3	734	46	—	—	5	27	1323	
32	1	76	33	15	15	81	35	9	30	—	—	64	12	62	19	162	36	885	18	—	—	10	45	1395	34
40	35	77	15	24	14	147	22	1	7		—	114	12	49	53	207	42	1381	27		—	16	7	2060	14
57	17	57	52	14	18	107	1	7	32	—	—	142	28	49	25	110	32	790	2	—		11	37	1337	59
72	13	69	14	23	17	146	50	1	32	36	33	141	11	15	30	120	4	1326	50	—		5	28	1912	12
15	27	59	8	10	50	131	37	—	30	5	25	57	50	10	16	128	14	1371	10	—	—	7	48	1828	15
12	48	84	3	12	12	96	12	5	39	13	36	125	24	17	31	111	22	2341	24	—		13	56	2876	37
50	20	111	35	14	46	141	40	7	20	—	—	222	12	11	37	222	—	1711	19	—	—	10	12	2506	10
68	59	71	21	23	36	155	15	50	6	—	—	135	7	16	16	150	45	1409	30	—	—	11	24	2095	31
51	25	69	25	24	19	133	9	93	15	45	8	62	11	24	16	151	5	1410	35	—	—	9	12	2083	9
48	27	68	20	18	27	112	49	73	12	8	50	58	24	57	19	184	30	1097	30	—	—	8	41	1735	59
35	34	57	18	14	13	112	58	86	10	—		45	4	31	13	330	56	1270	—	—	—	8	24	1992	20
516	20	845	32	210	17	1472	34	343	—	109	2	1193	2	425	47	2171	49	15740	—	—	—	119	31	23147	24
…weise.																									
516	20	845	32	210	17	1472	34	343	—	109	2	1193	2	425	47	2171	49	15740	—			119	31	23147	24

I. Monat-

Januar . 1868	84	6	200	7	380	6	109	4	—	—	3400	—	326	2	—	—	100	—	3900	—	8745	4
Februar . „	58	6	171	4	367	9	150	—	300	—	1200	—	235	8	—	—	203	5	2400	—	5097	—
März . . „	85	6	301	7	355	5	303	3	100	—	500	—	145	0	400	—	300	—	2400	—	4891	[illegible]
April . . „	59	8	287	6	272	2	—	—	—	—	301	2	128	—	—	—	300	—	1700	—	3241	7
Mai . . „	69	4	244	7	308	1	—	—	200	—	560	—	21	5		—	414	1	2800	—	6667	[illegible]
Juni . . „	88	1	283	2	195	9	196	4	100	—	1300	—	638	3	—	—	401	5	300	—	3603	1
Juli . . „	93	6	313	2	207	2		—	—	—	633	—	200	4	202	—	840	4	1500	—	4135	[illegible]
August . „	84	—	252	6	105	1	118	5	—	—	642	3	156	—	—	—	770	8	2500	—	4292	8
September „	72	1	368	1	387	—	216	—	-	—	996	1	190	4	100	—	509	8	1200	—	3963	3
October . „	81	5	244	3	236	4		—	109	5	692	4	160	3		—	1082	9	2400	—	5008	5
November „	86	0	401	4	426	2	100	—	201	9	267	8	112	6		—	602	2	1200	—	3502	[illegible]
December . „	120	8	171	9	265	6	130	—	211	5	—	—	116	1	301	—	200	4	1000	—	2324	2
Summa . .	966	8	3173	—	3567	5	1317	7	1223	—	10574	8	2667	6	802	—	5786	4	22900	—	62910	[illegible]

II. Stations-

Stationen.																						
Landau . . .	169	3	989	—	1244	7	922	9		—	409	—	1618	9	100	—	—	—	—	—	5463	8
Weißenburg .	699	4	2074	3	1784	3	100	—	1023	—	6612	5	1006	6	702	—	5786	4	2100	—	21889	5
do. Transit	67	6	111	2	361	5	294	8	200	—	3553	4	22	1	—	—	—	—	19600	—	24160	6
Maximiliansau .	—			—	—	—	—	—	—	—	—	—	—	—	—	—	—	—	1200	—	1200	—
Summa .	936	8	3175	—	3567	5	1317	7	1223	—	10574	8	2667	6	802	—	5786	4	22900	—	[illegible]	8

Güterverkehrs im Jahre 1868.

Fracht für:																											
		Gewöhnliches Gut																		Provision für Nachnahme		Versicherungs-Taxe		Summa	
Eilgut		Classe				Wagenladungs-Classe						Special-Tarif						Stein-kohlen und Coaks							
		I.		II.		A.		B.		C.		1.		2.		3.									
fl.	kr.	fl.	kr.	fl.	kr.	fl.	kr.	fl.	kr.	fl.	kr.	fl.	kr.	fl.	kr.	fl.	kr.	fl.	kr.	fl.	kr.	fl.	kr.	fl.	kr.
weise.																											
8	47	26	58	80	53	7	24	—	—	169	33	43	57	—	—	8	10	147	35	—	—	1	26	453	43
15	2	21	19	35	13	7	45	24	30	75	57	22	12	—	—	16	36	92	47	—	—	1	52	313	7
23	54	44	27	34	17	17	42	8	10	21	39	14	11	43	20	24	30	92	31	—	-	1	52	326	33
13	32	41	44	30	20	—	—	—	—	19	3	12	20	—	—	24	30	67	40	—	—	2	28	211	46
18	5	34	36	33	—	—	—	14	31	20	8	2	50	..	.	33	49	104	32	—	—	1	32	272	3
8	19	39	46	22	36	11	20	5	37	67	6	13	5	—	—	33	2	11	46	—	-	—	39	213	29
26	10	49	29	22	3	—		—	—	24	14	23	4	21	53	67	44	62	11	-	—	1	24	298	41
17	17	35	18	16	28	6	8	—	—	30	31	13	44	—	—	62	57	73	26	—	—	6	34	262	23
18	23	44	29	29	36	11	10	—	—	42	50	18	16	10	30	41	37	43	24	—	—	1	16	261	51
22	30	33	31	25	12	—	-	8	57	32	40	14	52	—	—	88	41	86	48	—	—	1	22	310	38
20	56	60	20	42	58	10	50	16	29	13	37	10	1	—	—	56	32	45	10	—	—	1	12	268	35
33	45	24	21	25	4	5	31	17	16	—	.	10	8	5	10	16	20	37	20	—	-	1	4	176	19
227	9	446	12	334	49	78	10	95	30	526	18	198	40	81	13	472	31	665	40	—	—	22	34	3369	6
weise.																											
23	25	65	43	72	36	46	50	—	—	12	16	144	39	5	10	—	—	—	—	—	—	—	-	390	39
189	47	342	19	217	13	10	50	83	33	372	52	53	54	76	3	472	31	86	22	—	—	3	18	1907	42
13	57	18	40	65	—	20	30	11	57	141	10	1	7	—	—	—	—	725	36	—	—	19	36	1017	3
—	—	—	—	—	—	—	—	—	—	—	—	—	-	—	—	—	—	53	12	—	-	—	.	53	42
227	9	416	12	354	19	78	10	95	30	526	18	198	40	81	13	472	31	865	40	..		22	34	3369	6

№ 47. Ergebniß des directen Güterverkehrs mit Amsterdam und Rotterdam, Stationen der Niederländischen Rhein-Eisenbahn im Jahre 1868.

Monate.	Gewicht der Sendungen.														Fracht für:												Provision für Nachnahme.		Versicherungs Taxe.		Summa.	
	Eilgut.		Gewöhnliches Gut. Classe I.		Classe II.		Wagenladungs-Classe A.		B.		C.		Summa		Eilgut.		Gewöhnliches Gut. Classe I.		Classe II.		Wagenladungs-Classe A.		B.		C.							
	Ctr.	Pf.	Ctr.	Pf.	Ctr.	Pf.	Ctr.	Pf.	Ctr.	Pf.	Ctr.	Pf.	Ctr.	Pf.	fl.	kr.	fl.	kr.	fl.	kr.	fl.	kr.	fl.	kr.	fl.	kr.	fl.	kr.	fl.	kr.	fl.	kr.
I. Monatweise.																																
Januar 1868	4	6	25	2	1007	1	327	7			866	1	2230	7	1	3	3	11	44	17	38	20			22	15	–			3	109	59
Februar „	27	4	145	5	2855	8	221	4	—		2126	1	5378	7	4	59	12	4	181	6	11	9			120	13				14	329	45
März „	4	1	161	–	7060	–	1358	4	576	1	670	3	9829	9		56	13	29	390	58	117	2	58	11	41	37			–	10	612	26
April „	18	2	349	6	3188	–	362	3		—	2262	4	6180	8	3	59	13	10	185	12	29	21			130	6				13	362	31
Mai „	5	1	364	5	5076	–	2090	–	176		2968	5	10680	1	1	10	22	19	314	10	123	15	15	1	168	20					664	15
Juni „	17	1	286	8	2157	2	767	1			1570	8	4799		3	19	8	12	184	59	55	10	—		19	35			–	1	296	16
Juli „	6	8	224	2	4054	3	1063	3	96	2	2272	7	7717	5	1	29	15	12	206	51	69	50	8	12	163	38	–		–	2	475	28
August „	1	9	114	8	2506	2	1405	9		—	5047	4	9106	2		54	12	19	101	16	87	35			275	16	—		–	1	[illegible]	2
September „	14	3	133	1	5208	1	930	6	1341	9	7947	9	11363	9	2	8	12	30	330	6	49	14	13	6	181	16					588	50
October „	11	5	81	4	6023	8	1300	1	106		3280	–	10803	1	1	40	5	20	375	1	90	12	10	14	188	59			–	3	678	31
November „	5	4	353	–	6229	9	3094	7	—	—	5674	5	15359	5	—	50	29	50	386	17	188	12			310	14					916	2
December „	14	2	46	2	3244	2	756	1			5146	6	9209	5	3	14	3	39	181	41	11	57			270	55			–	4	501	36
Summa	130	6	2337	3	48605	4	13680	9	1080	2	39835	3	105678	7	25	56	151	45	2880	19	911	31	104	47	2271	51				50	6309	8
II. Stationsweise.																																
Stationen.																																
Weißenburg transit	130	6	2337	3	48605	4	13680	9	1080	2	39835	3	105678	7	25	56	151	45	2880	19	911	31	104	47	2271	51				50	6309	8

№ 48. Ergebniß des directen Güterverkehrs mit den Königl. Sächsischen Staats-Eisenbahnen, der Niederschlesisch-Märkischen Eisenbahn, der Leipzig-Dresdener Eisenbahn-Compagnie und Berlin, Station der Berlin-Anhalt'schen Bahn via Mainz-Hof im Jahre 1868.

Monate.	Gewicht der Sendungen.												Gesammt-Gewicht.		Fracht für												Provision für Nachnahme.		Versicherungs-Taxe.		Summa.	
	Eilgut.		Gewöhnliches Gut. Classe I.		Classe II.		Wagenladungs-Classe A.		B.		C.				Eilgut.		Gewöhnliches Gut. Classe I.		Classe II.		Wagenladungs-Classe A.		B.		C.							
	Ctr.	Pfd.	Ctr.	Pfd.	Ctr.	Pfd.	Ctr.	Pfd.	Ctr.	Pfd.	Ctr.	Pfd.	Ctr.	Pfd.	fl.	kr.	fl.	kr.	fl.	kr.	fl.	kr.	fl.	kr.	fl.	kr.	fl.	kr.	fl.	kr.	fl.	kr.
I. Monatweise.																																
Januar 1868	14	2	6	8	6	4	—	—	—	—	—	—	27	4	3	11	—	50	—	25		—	—	—	—	—	—	11	—	3	5	10
Februar „	11	—	8	7	36	2		—	—	—	800	—	855	9	2	7	1	2	3	39		—	—	—	32	—	—	7	—	8	39	8
März „	15	5	48	2	1	7	—	—	—	—	—	—	65	2	3	19	7	17	—	13	—	—	—	—		—	—	4	—	4	10	57
April „	15	1	26	2	—	9	—	—	—	—	—	—	42	2	3	17	3	4	—	4	—	—	—	—	—	—	—	7	—	3	6	30
Mai „	20	4	17	1	10	9	—	—	—	—		—	48	4	4	38	1	12	1	21		—	—	—	—	—	—	11	—	2	7	54
Juni „	13	4	13	7	22	2	—	—	—	—		—	49	3	2	58	1	55	2	9	—	—	—	—		—	—	40	—	2	7	50
Juli „	17	5	91	4	28	1	—	—	—	—			136	8	4	13	14	37	3	20	—	—	—	—	—	—	—	—	—	6	22	16
August „	12	9	45	4	6	5		—					65	2	2	18	5	48	—	51	—	—	—	—	—	—	—	4	—	3	9	31
September „	7	9	72	9	11	6	—					—	92	4	1	42	9	18	1	22	—	—	—	—	—	—	—	1	—	—	12	57
October „	24	9	47	6	79	4			—		—	—	151	9	5	30	6	58	8	42	—	—	—	—	—	—	—	14	—	4	21	25
November „	12	6	60	9	41	7	—		—		—		115	2	2	13	8	51	2	55	—	—	—		—		—		—	—	14	29
December „	16	—	186	1	115	9					—	—	318		3	53	25	47	8	24	—	—	—	—	—		—	21	—	—	41	7
Summa	181	2	624	8	361	9		—			800	—	1967	9	40	32	90	45	33	21					32		2	9		35	199	22
II. Stationsweise.																																
Stationen.																																
Weißenburg	94	7	468		167	3						—	730	—	28	8	77	23	21	39	—	—	—	—	—	—	1	8	—	26	128	44
Landau	86	5	156	8	194	6					800	—	1237	9	12	24	13	22	11	42		—	—	—	32	—	1	1	—	9	70	38
Summa	181	2	624	8	361	9		—		—	800	—	1967	9	40	32	90	45	33	21	—	—	—	—	32	—	2	9	—	35	199	22

№ 49. Uebersicht des directen Güterverkehrs mit den Stationen des Westdeutschen Eisenbahnverbandes im Jahre 1868.

Monate.	Gewicht der Sendungen. Eilgut.		Gewöhnliches Gut. Classe I.		Classe II.		Wagenladungs-Classe A.		B.		C.		Güter mit besonderen Taxen.		Gesammt-Gewicht.		Gewicht der Sendungen. Eilgut.		Gewöhnliches Gut. Classe I.		Classe II.		Wagenladungs-Classe A.		B.		C.		Güter mit besonderen Taxen.		Provision für Nachnahme		Versicherungs-Taxe.		Gesammt-Gewicht.	
	Ctr.	Ä	Ctr.	Ä	Ctr.	Ä	Ctr.	Ä	Ct.	Ä	Ct.	Ä	Ctr.	Ä	Ctr.	Ä	fl.	kr.	fl.	kr.	fl.	kr.	fl.	kr.	fl.	kr.	fl.	kr.	fl.	kr.	fl.	kr.	fl.	kr.	fl.	kr.
I. Monatweise.																																				
Januar . 1868	6	2	37	1	1	4	—						9900	—	9944	7	1	1	4	52		7							322	54	1	14		6	350	1[illegible]
Februar . „	20	—	59	—	12	5	—						11400		11491	5	3	2[illegible]	5	51		43							410	11		12		9	451	2[illegible]
März . . „	11	1	68	8	33	1	—						13150	—	13263		1	17	7	1	1	50							519	4	3	20	—	10	563	18
April . . „	34	7	49	6	182	5							16300		16566	8	5	[illegible]	6	4	10	33							624	24	1	27		7	617	5[illegible]
Mai . . „	16	1	79	—	119	7	7	8					19906		20128	6	2	56	8	52		37	—	24					766	50	1	50		7	788	38
Juni . . „	10	9	27	8	131	1	2	—					27710	5	27865	3	2	27	3	17	9	11	—	6					1078	27	1	24		6	1094	56
Juli . . „	7	1	74	5	161	5	—						20312		20555	4	1	13	7	30	9	30	—						803	17	1	4		7	823	1[illegible]
August . „	14	1	84	9	144	9							17448		17691	9	2	22	9	14	8	20							689	5[illegible]	1	21		8	711	30
September „	13	4	116	5	199	8	—						24600	—	24931	7	2	35	14	55	11	19							973	[illegible]		16		3	1003	45
October . „	100	4	72	5	105	9	210	6					31500		31989	4	14	26	6	41	7	56	10	53					1241	[illegible]	1	28		12	1286	12
November „	20	9	46	2	111	1	164	8					30300	—	30613		4	46	4	30	6	28	8	31					1105	50					1250	
December „	15	9	55	9	345	7	311	5					31940		35669		2	29	6	4	20	57	16	8					1378	58	1	18		7	1426	2[illegible]
Summa . .	270	8	773	8	1552	2	696	7					257166	5	260760	—	44	31	85	3	95	12	36	—					10039	47	16	31	1	22	10318	2[illegible]
II. Stationsweise.																																				
Stationen.																																				
Weißenburg . .	96	6	226		41	2	210	6					257466	5	257980	9	10	52	37	18	5	6	10	53					10039	47	5	21		10	10110	—
Schaidt . . .	2	6	5	6	5	3	—								13	5	—	37		16		32													1	5
Landau . . .	231	6	542	2	1305	7	486	1						—	2765	6	33	2	46	59	60	34	25	7						—	11	7		—	206	31
Summa . .	270	8	773	8	1552	2	696	7					257466	5	260760	—	44	31	85	3	95	12	36						10039	47	16	31	1	22	10318	20

№ 50. Uebersicht des directen Güterverkehrs mit Stationen des mitteldeutschen Eisenbahn-Verbandes im Jahre 1868.

Gewicht der Sendungen.

Monate.	Eilgut Ctr.	Pf.	Gewöhnliches Gut, Classe I Ctr.	Pf.	Classe II Ctr.	Pf.	Wagenladungs-Classe A Ctr.	Pf.	B Ctr.	Pf.	C Ctr.	Pf.	Gesammt-Gewicht Ctr.	Pf.
I. Monatweise.														
Januar 1868	19	3	112	6	151	3	219	7			515	1	1051	3
Februar „	43	1	50	7	79	2					178	2	351	2
März „	21	5	95	9	184	9	—		—				302	9
April „	44	9	102	7	80	8	211						439	1
Mai „	26	1	90	9	129		337	7					577	7
Juni „	19	3	146	3	31	2	—				—		199	8
Juli „	30	4	131	1	27	8	102						291	3
August „	62	7	163	9	43	7	101						371	3
September „	41	9	210	2	238		111	8					601	9
October „	41	—	117		100	2			—		—		258	2
November „	108	7	301	6	223	9		—					637	2
December „	70	8	110	4	61	7	220	1	—				461	5
Summa . .	523	7	1669	3	1351	7	1303	6	—		693	6	5541	9
II. Stationsweise.														
Stationen.														
Weißenburg . .	266	6	725	5	252	5	317	7	—	—	—		1562	3
Landau . . .	257	1	943	8	1102	2	985	9	—		693	6	3982	6
Summa . .	523	7	1669	3	1351	7	1303	6			693	6	5541	9

Fracht für:

Monate.	Eilgut fl.	kr.	Gewöhnliches Gut, Classe I fl.	kr.	Classe II fl.	kr.	Wagenladungs-Classe A fl.	kr.	B fl.	kr.	C fl.	kr.	Provision für Nachnahme fl.	kr.	Versicherungs-Taxe fl.	kr.	Summa fl.	kr.
I. Monatweise.																		
Januar 1868	3	46	20	21	9	49	11	21	—	—	22	44	3	16	—	9	71	29
Februar „	11	14	5	14	5	3	—	—	—	—	7	18	2	10	—	9	32	—
März „	5	12	11	21	11	59	—	—	—	—		—	1	59		7	30	39
April „	8	27	13	22	7	37	10	51	—			—	1	59	—	6	41	24
Mai „	4	39	9	42	9	21	28	39	—	—	—	—	1	38		7	54	7
Juni „	4	59	18	28	2	16	—	—	—			—	1	56		4	27	43
Juli „	6	42	14	26	1	41	5	16	—	—	—	—	1	42	—	8	29	58
August „	17	10	18	19	3	13	5	13	—		—	—	8	30	—	10	47	35
September „	10	2	22	10	18	8	5	47	—		—	—	5	36	—	16	61	59
October „	7	48	12	18	7	22	—	—	—			—	2	44	—	10	30	23
November „	22	54	42	38	14	30	—		—		—	—	5	54	—	6	86	28
December „	12	33	14	57	5	52	5	11	—	—	—	—	7	15	—	14	46	2
Summa . .	115	56	202	46	97	18	72	21	—	—	29	52	39	39	1	49	559	41
II. Stationsweise.																		
Stationen.																		
Weißenburg . .	79	7	122	34	31	8	21	25	—		—		16	28	1	10	271	52
Landau . . .	36	49	80	12	66	10	50	56	—		29	52	23	11	—	39	287	49
Summa . .	115	56	202	46	97	18	72	21			29	52	39	39	1	49	559	41

№ 51. **Ergebniß des Main-Neckar-Pfalz-Güterverkehrs im Jahre 1868.**

Monate.	Gewicht der Sendungen. Eilgut Ctr.	Pf.	Gewöhnliches Gut, Classe I. Ctr.	Pf.	Classe II. Ctr.	Pf.	Wagenladungs-Classe A. Ctr.	Pf.	B. Ctr.	Pf.	C. Ctr.	Pf.	Gesammt-Gewicht Ctr.	Pf.	Fracht für: Eilgut fl.	kr.	Gewöhnliches Gut, Classe I. fl.	kr.	Classe II. fl.	kr.	Wagenladungs-Classe A. fl.	kr.	B. fl.	kr.	C. fl.	kr.	Provision für Nachnahme fl.	kr.	Versicherungs-Taxe fl.	kr.	Summa fl.	kr.
I. Monatweise.																																
Januar	15	1	55	9	186	1	—	—	16	8	—	—	276	5	2	4	5	8	10	54	—	—	[illegible]	34	—	—	—	49	—	12	19	41
Februar	11	8	64	—	98	1	127	8	38	2	280	—	619	9	1	46	5	42	5	1	15	40	1	5	17	27	—	20	—	—	45	25
März	24	3	95	3	176	6	—	—	13	1	[illegible]	—	613	3	3	37	7	36	10	30	—	—	—	32	15	27	1	2	—	5	[illegible]	5
April	23	6	102	3	175	6	—	—	512	1	106	—	919	8	3	52	9	[illegible]	7	47	—	—	20	26	1	50	—	24	—	3	43	49
Mai	16	—	111	4	136	4	—	—	21	5	—	—	[illegible]	[illegible]	3	37	9	33	5	51	—	—	—	42	—	—	—	[illegible]	—	—	26	[illegible]
Juni	12	3	80	7	124	1	—	—	147	3	—	—	364	[illegible]	1	30	7	11	11	34	—	—	3	48	—	—	—	15	—	3	34	[illegible]
Juli	36	8	119	5	130	8	290	1	110	—	—	—	697	[illegible]	2	32	11	40	3	5	1	11	4	17	—	—	—	56	—	12	39	[illegible]
August	26	—	164	5	270	3	—	—	22	1	—	—	585	[illegible]	4	8	9	34	14	56	—	—	—	51	—	—	—	11	—	16	37	[illegible]
September	22	9	98	7	163	—	158	—	122	4	108	—	674	—	4	—	7	42	5	[illegible]	1	22	3	19	2	50	—	33	—	6	29	[illegible]
October	28	2	136	7	187	2	160	—	166	2	—	—	691	4	7	48	11	47	13	2	5	4	4	22	—	—	—	36	—	16	42	[illegible]
November	26	1	76	1	201	2	452	9	280	2	—	—	1042	—	3	15	6	21	39	5	[illegible]	14	13	23	—	—	—	27	1	8	76	[illegible]
December	24	7	136	4	202	8	462	3	204	5	119	6	1144	4	3	[illegible]	12	[illegible]	10	45	14	39	6	46	2	12	—	54	1	[illegible]	51	[illegible]
Summa	284	8	1150	4	2042	—	1666	—	1661	7	898	5	7704	3	40	49	103	47	137	23	85	16	84	50	39	55	7	36	3	37	463	12
II. Stationsweise.																																
Stationen.																																
Weißenburg	13	—	54	8	120	6	449	1	110	2	[illegible]	—	1225	[illegible]	[illegible]	[illegible]	[illegible]	[illegible]	[illegible]	[illegible]	[illegible]	[illegible]	[illegible]	[illegible]	[illegible]	[illegible]	[illegible]	[illegible]	[illegible]	[illegible]	[illegible]	[illegible]
Schaidt	1	3	6	7	110	1	—	—	—	—	—	—	118	[illegible]	[illegible]	[illegible]	[illegible]	[illegible]	[illegible]	[illegible]	[illegible]	[illegible]	[illegible]	[illegible]	[illegible]	[illegible]	[illegible]	[illegible]	[illegible]	[illegible]	[illegible]	[illegible]
Langenkandel	7	1	43	4	18	3	—	—	2	1	—	—	66	[illegible]	[illegible]	[illegible]	[illegible]	[illegible]	[illegible]	[illegible]	[illegible]	[illegible]	[illegible]	[illegible]	[illegible]	[illegible]	[illegible]	[illegible]	[illegible]	[illegible]	[illegible]	[illegible]
Winden	11	3	42	8	47	7	—	—	111	—	—	—	212	[illegible]	[illegible]	[illegible]	[illegible]	[illegible]	[illegible]	[illegible]	[illegible]	[illegible]	[illegible]	[illegible]	[illegible]	[illegible]	[illegible]	[illegible]	[illegible]	[illegible]	[illegible]	[illegible]
Rohrbach	[illegible]	3	20	2	20	6	—	—	104	—	—	—	154	[illegible]	[illegible]	[illegible]	[illegible]	[illegible]	[illegible]	[illegible]	[illegible]	[illegible]	[illegible]	[illegible]	[illegible]	[illegible]	[illegible]	[illegible]	[illegible]	[illegible]	[illegible]	[illegible]
Landau	159	9	568	7	936	7	—	—	696	6	269	—	2797	[illegible]	[illegible]	[illegible]	[illegible]	[illegible]	[illegible]	[illegible]	[illegible]	[illegible]	[illegible]	[illegible]	[illegible]	[illegible]	[illegible]	[illegible]	[illegible]	[illegible]	[illegible]	[illegible]
Knöringen	—	[illegible]	3	[illegible]	46	[illegible]	—	—	—	—	—	—	52	[illegible]	[illegible]	[illegible]	[illegible]	[illegible]	[illegible]	[illegible]	[illegible]	[illegible]	[illegible]	[illegible]	[illegible]	[illegible]	[illegible]	[illegible]	[illegible]	[illegible]	[illegible]	[illegible]
Edesheim	11	[illegible]	44	2	49	9	—	—	—	—	—	—	105	[illegible]	[illegible]	[illegible]	[illegible]	[illegible]	[illegible]	[illegible]	[illegible]	[illegible]	[illegible]	[illegible]	[illegible]	[illegible]	[illegible]	[illegible]	[illegible]	[illegible]	[illegible]	[illegible]
Edenkoben	40	[illegible]	116	4	560	8	1216	9	647	8	219	5	2811	[illegible]	[illegible]	[illegible]	[illegible]	[illegible]	[illegible]	[illegible]	[illegible]	[illegible]	[illegible]	[illegible]	[illegible]	[illegible]	[illegible]	[illegible]	[illegible]	[illegible]	[illegible]	[illegible]
Maikammer	2	—	12	7	140	2	—	—	—	—	—	—	168	[illegible]	[illegible]	[illegible]	[illegible]	[illegible]	[illegible]	[illegible]	[illegible]	[illegible]	[illegible]	[illegible]	[illegible]	[illegible]	[illegible]	[illegible]	[illegible]	[illegible]	[illegible]	[illegible]
Summa	284	8	1150	4	2042	—	1666	—	1661	7	898	5	7704	4	40	49	103	47	137	23	85	16	84	50	[illegible]	55	7	36	3	37	463	12

№ 52.

Tabelle über den Vieh-Transport im Jahre 1808.

Stationen.	Jänner.							Februar.							März.						
	Pferde.	Ochsen.	Kühe.	Schweine.	Kälber 2c.	Geld-Betrag.		Pferde.	Ochsen.	Kühe.	Schweine.	Kälber 2c.	Geld-Betrag.		Pferde.	Ochsen.	Kühe.	Schweine.	Kälber 2c.	Geld-Betrag.	
	Stückzahl.					fl.	kr.	Stückzahl.					fl.	kr.	Stückzahl.					fl.	kr.
[illegible]	[illegible]	[illegible]	[illegible]	[illegible]	[illegible]	[illegible]	[illegible]	[illegible]	[illegible]	[illegible]	[illegible]	[illegible]	[illegible]	[illegible]	[illegible]	[illegible]	[illegible]	[illegible]	[illegible]	[illegible]	[illegible]

Kgl. Pr. Saarbrücken u. Saarbrücken-Trier-Luxemburger Eisenbahn . .
Bexbach . . . .
Homburg . . . .
St. Ingbert . . . .
Hassel . . . .
Würzbach . . . .
Blieskastel-Lautzkirchen . . . . .
Bierbach . . . .
Schwarzenacker . . . .
Zweibrücken . . . .
Einöd . . . .
Bruchmühlbach . . . .
Hauptstuhl . . . .
Landstuhl . . . .
Kusel . . . .
Altenglan . . . .
Theisbergstegen . . . .
Erfenbach . . . .
Rehweiler . . . .
Glan-Münchweiler . . . .
[illegible] . . . .
Steinwenden . . . .
[illegible] . . . .
Kaiserslautern . . . .
Hochspeyer . . . .
Frankenstein . . . .
Weidenthal . . . .
Lambrecht . . . .
Neustadt . . . .
Weißenburg . . . .
Schaidt . . . .
Winden . . . .
Maximiliansau . . . .
Wörth . . . .
Langenkandel . . . .
Rohrbach . . . .
Landau . . . .
[illegible] . . . .
[illegible] . . . .
Oberlustadt . . . .
[illegible] . . . .
Dürkheim . . . .
Wachenheim . . . .
Deidesheim . . . .
Mußbach . . . .
Haßloch . . . .
Böhl . . . .
Schifferstadt . . . .
Germersheim . . . .
Lingenfeld . . . .
Heiligenstein . . . .
Berghausen . . . .
Speyer . . . .
Mutterstadt . . . .
Rheingönheim . . . .
Ludwigshafen . . . .
Oggersheim . . . .
Frankenthal . . . .
Bobenheim . . . .
Hessische Ludwigsbahn . . . . .

Transport im Jahre 1868. (Fortsetzung.)

Stationen.	Juli. Pferde.	Ochsen.	Kühe.	Schweine.	Kälber x.	Geld-Betrag. fl.	kr.	August. Pferde.	Ochsen.	Kühe.	Schweine.	Kälber x.	Geld-Betrag. fl.	kr.	September. Pferde.	Ochsen.	Kühe.	Schweine.	Kälber x.	Geld-Betrag. fl.	kr.
	Stückzahl.					fl.	kr.	Stückzahl.					fl.	kr.	Stückzahl.					fl.	kr.
Kgl. Pr. Saarbrücker u. Saarbrücken-Trier-Luxemburger Eisenbahn	—	—	—	—	1310	43	[illegible]		—	—	—	627	24	36	—	—	—	—	609	29	6
Bexbach	—	—	—	—	—	—	—	—	—	—	—	—	—	—	—	—	—	—	—	—	—
Homburg	—	1	4	—	—	7	56	—	9	—	—		7	56	—	—	11	—	—	7	36
St. Ingbert			—	—	—	—	—	—	—	—	—	—	—		—	—	—	—	—	—	—
Hassel			—	—	—	—	—	—	—	—	—	—	—		—	—	—	—	—	—	—
Rohrbach	—		—	—	—	—	—	—	—	—	—	—	—	—	—	—	—	—	—	—	—
Bliescastel-Lautzkirchen	—	—		—	—	—	—	—	—	—		—	—		—	—	—	—	—	—	—
Bierbach		—	—	—	—	—	—	—	—	—		—	—	—	—	—	—			—	—
Schwarzenacker	—	—	—	—	—	—	—	—	—	—	—	—	—	—	—	—	—	—	—	—	—
Zweibrücken	—	—	—	—	—	—	—	—	—	—	—	—	—		—	—	—	—	—	—	—
Einöd	—	—	—	—	—	—	—	—	—	—	—	—			—	—	—	—	—	—	—
Bruchmühlbach	—	—	—	—	—		—	—	—	—	10	—	3	6	—	—	—	8	—	1	30
Hauptstuhl	—	—	—	—	—	—	—	—	—	—	—	—	—	—	—	—	—	—	—	—	—
Landstuhl	—	14	6	—	190	30	3	1	49	120	60	310	140	58	1	8	23	—	60	21	[illegible]
Kusel	—	—	—		—			—	—	—	—				—	—	20	—	—	6	16
Altenglan	—	—	—	—	—			—	—	—	—	—			—	—	—	—	—	—	—
Theisbergstegen	—	—	—	—	—	—	—	—	—	—	—	—	—		—	—	—	—	—	—	—
[illegible]	—	—	—	—	—		—	—	—	—	—				—	—	—	—	—	—	—
Rehweiler	—	—	—	—	—	—	—	—	—	—	—	—			—	—	—	—	—	—	—
Glan-Münchweiler	—		—	—	—	—	—	—	—	—	—	—	—		—	—	—	—	—	—	—
Niedermohr	—		—			—	—	—			—				—	—	—	—	—	—	—
Steinwenden	—	—	—		—	—	—	—			—		—	—	—	—	—	—	—	—	—
Ramstein	—		—	—		—		—	—	—	—	—	—	—	—	—	—	—	—	—	—
Kaiserslautern		8	—	—	—	2	20	—	14	—	—	54	21	6	—	—	—	—	—	—	—
Hochspeyer			—	—				—			—			—	—	—	—	—	—	—	—
Frankenstein	—		—	—		—		—	—		—				—	—	—	—	—	—	—
Weidenthal		—	—			—			—	—	—	—			—	—	—	—	—	—	—
Lambrecht		—	—	—	—	—			—						—	—	—	—	—	—	—
Neustadt		21	68	—	146	81	19	—	—	105	—	1282	110	7	11	—	123	—	242	49	27
Weißenburg	—	—	—	3	—	—	54	—	—	—	—				1	—	9	—	—	11	[illegible]
Schaidt	—	—	—	—	—	—	—	1	—	—	—	80	4	[illegible]	—	—	—	—	4	—	[illegible]
Winden	—	1	3	—	—	2	—			3		5	3	[illegible]	—	1	22	2	—	5	[illegible]
Maximiliansau	—	2	504	—	—	159	[illegible]	—	6	854	2	—	190	12		6	243	—	—	132	9
Wörth	—	—	—	—	1	—	30	—	—	—	1	—	—	11	—	—	—	—	2	—	11
Langenkandel		—	4	—	13	3	[illegible]	—	—	—	—	3	—	12	—	—	—	—	9	1	10
Rohrbach	—	5	117	3	563	67	[illegible]	—	17	116	2	705	[illegible]	44	—	5	59	64	471	57	[illegible]
Landau	11	—	4	—	34	22	41	—	—	70	—	59	25	[illegible]		—	84	—	1	25	[illegible]
[illegible]		—		2	—	—	19			—	—	—		—	—	—	—	—	—	—	—
[illegible]	—	—	—	—	—	—	—			—		—		—	—	—	—	—	—	—	—
Edenkoben	—	1	45	—	7	12	54		—	87		2	6	11	—	—	31	—	2	6	11
Maikammer	—	—		—	3	—	22	—		—	—	—		—	—	—			2	—	11
Dürkheim	—		—	—	—	—			—	—	—	1	—	9	—	—	—	—	—	—	—
Wachenheim	—	—	—	—	—	—				—			—				—	—	—	—	—
Deidesheim	—	—	—	—	—	—		—	—	—	—	—	—		—		—	—	—	—	—
Mußbach	—		—	—	—	—							—	—	—	4	—	—	—	3	48
Haßloch	—		—	—	—	—	—	—		7	1		1	30		—	—	—	—	—	—
Böhl			—	—	—	—	—	—		—		—				—	—		—	—	—
Schifferstadt			—	—	—	—	—	—		—	—		—	—			—	—	—	—	—
Germersheim	—		—	—	—	—		—		—	—		—	—	—	—	—	—	—	—	—
Lingenfeld	—	—	—	—					—		—	—	—	—	—	—	—		—	—	—
Heiligenstein			—			—		—				—	—	—			—		—	—	—
Berghausen	—		—	—	—		—	—				—	—		—	—	—	—	—	—	—
Speyer	1		—	—			45	—				—		—			2	—	—	—	45
Mutterstadt	—		2	—		2	6	—		—			—	—				—	—	—	—
Rheingönheim	—	—	—	—				—											—	—	—
Ludwigshafen	10	—	7	—		8	6	2	5	64	—		21	45	8	12	15	—		10	21
Oggersheim	—	—		—		—	—	—	—		—	—	—	—				—		—	—
Frankenthal	—	—	—	—		—	—		—		—	—		—				—		—	—
Bobenheim		—		—	—	—	—	—	—		—	—	—	—	—			—	—	—	—
Oestliche Ludwigsbahn		—	—	—	—	—	—	—	—		—	—	—	—	2			—	—	2	15
Summa	21	50	633	8	2041	412	21	4	97	810	66	3200	694	[illegible]	24	34	635	72	1895	407	2

Tabelle über den Vieh-

Stationen.	October.							November.							December.						
	Pferde	Ochsen	Kühe	Schweine	Kälber rc.	Geld-Betrag		Pferde	Ochsen	Kühe	Schweine	Kälber rc.	Geld-Betrag		Pferde	Ochsen	Kühe	Schweine	Kälber rc.	Geld-Betrag	
	Stückzahl					fl.	kr.	Stückzahl					fl.	kr.	Stückzahl					fl.	kr.
Summe	[illegible]	[illegible]	[illegible]	[illegible]	[illegible]	[illegible]	[illegible]	[illegible]	[illegible]	[illegible]	[illegible]	[illegible]	[illegible]	[illegible]	15	[illegible]	825	12	[illegible]	[illegible]	[illegible]

Transport im Jahre 1868. (Schluß.)

Stationen.	Summa. Pferde	Ochsen	Kühe	Schweine	Kälber x.	Geld-Betrag. fl.	kr.
	Stückzahl.					fl.	kr.
Königl. Preuß. Saarbrücker und Saarbrücken-Trier-Luxemburger Eisenbahn	5	—	87	—	10079	349	7
Bexbach	—	—	—	—	—	—	—
Homburg	—	13	15	1	—	22	36
St. Ingbert	—	—	—	—	—	—	—
Hassel	—	—	—	—	—	—	—
Rohrbach	—	—	—	—	—	—	—
Blieskastel-Lautzkirchen	—	—	—	—	—	—	—
Bierbach	—	—	—	—	—	—	—
Schwarzenacker	—	—	—	—	—	—	—
Zweibrücken	8	—	—	—	—	6	22
Einöd	—	—	—	—	—	—	—
Bruchmühlbach	—	8	—	18	—	6	6
Hauptstuhl	—	—	—	—	—	—	—
Landstuhl	2	34	156	80	770	171	53
Kusel	—	—	90	—	23	10	39
Altenglan	—	—	—	34	—	7	36
Theisbergstegen	—	—	—	—	—	—	—
Offenbach	—	—	—	—	—	—	—
Rehweiler	—	—	—	—	—	—	—
Glan-Münchweiler	—	—	111	30	8	12	36
Niedermohr	—	—	—	—	—	—	—
Steinwenden	—	—	—	—	—	—	—
Vogelweh	—	—	55	—	—	5	—
Kaiserslautern	12	66	9	16	236	83	6
Hochspeyer	—	—	—	—	—	—	—
Frankenstein	—	—	—	—	—	—	—
Weidenthal	—	—	—	—	54	1	30
Lambrecht	—	—	—	—	—	—	—
Neustadt	110	164	1998	4	5082	1018	50
Weißenburg	2	—	9	3	—	86	21
Schaidt	3	—	8	29	44	24	14
Winden	8	21	94	158	37	49	58
Maximiliansau	16	78	2210	4	75	1052	55
Wörth	—	—	—	3	39	2	47
Langenkandel	4	1	78	162	64	61	5
Rohrbach	44	171	2467	152	2627	1179	9
Landau	30	23	1244	15	114	446	18
Knöringen	—	—	—	5	3	1	10
Edesheim	—	—	—	—	—	—	—
Edenkoben	23	7	444	9	87	117	16
Maikammer	—	—	—	—	2	1	17
Deidesheim	1	—	—	—	—	2	8
Wachenheim	—	—	—	—	1	—	9
Dürkheim	—	—	—	—	—	—	—
Mußbach	—	6	—	—	—	5	—
Haßloch	—	4	7	1	35	7	48
Böhl	—	—	—	—	—	—	—
Schifferstadt	—	—	—	—	—	—	—
Germersheim	—	—	5	—	—	—	25
Lingenfeld	—	—	—	—	—	—	—
Heiligenstein	—	—	—	—	—	—	—
Berghausen	—	—	—	—	—	—	—
Speyer	1	—	10	—	252	38	59
Mutterstadt	—	—	2	—	—	2	15
Rheingönheim	—	—	—	—	—	—	—
Ludwigshafen	51	45	147	—	1	104	29
Oggersheim	—	—	—	—	—	—	—
Frankenthal	—	—	—	—	—	—	—
Bobenheim	—	—	—	—	—	—	—
Hessische Ludwigsbahn	23	3	6	5	—	43	37
Summa . .	530	677	6235	615	19260	5061	15

Recapitulation.

	Stückzahl	fl.	kr.
Uebertrag .		5061	15
Es wurden demnach befördert:			
Pferde . .	530		
Ochsen . .	677		
Kühe . . .	6235		
Schweine .	615		
Kleinvieh .	16965		
Hunde . .	1270	173	58
Total	29440	5235	13

7700	–	12700	—	102050
10900	—	23200	—	98300
16700	—	41600	—	136500
11500	—	28100	—	79100
25200	—	29200	—	103900
38664	1000	197740	—	1120235

nach Gruben-Stationen im Jahre 1868.

Heinitz (Dechen).		Kohlwald-Kollen (Neunkirchen)		Bexbach.		Homburg.		St. Ingbert.		Maximiliansau.		Ludwigshafen.		Summa.		Total.
Kohlen.	Coaks	Kohlen.	Coaks	Kohlen.	Coaks	Kohlen.	Coaks	Kohlen.	Coaks	Kohlen.	Coaks	Kohlen.	Coaks	Kohlen.	Coaks	
Centner.		Centner.		Centner.		Centner.		Centner.		Centner.		Centner.		Centner.		
253315	4200	42260	—	7000	100	800	—	17000	—	11800	800	400	—	719344	6300	725644
217505	5160	26180	142	11600	—	200	—	13900	—	22800	200	600	—	707785	11222	719007
232795	4940	15770	—	4000	—	400	—	13600	—	13400	100	1000	—	614335	10540	624875
243320	5010	17680	—	9300	—	800	100	4500	—	7400	200	400	—	616320	11910	628230
205975	5600	21620	—	5200	—	200	—	5800	—	8100	200	600	—	603355	12000	615355
189725	1725	15360	—	5000	—	200	—	3500	—	8200	—	2700	—	587695	3325	591020
244918	100	14200	—	6300	—	700	—	4400	—	13200	200	1100	—	675008	800	675808
254020	320	24370	—	6700	—	100	—	16600	—	13100	—	100	—	775460	820	776280
296120	1700	36990	—	5100	—	—	—	17000	—	17205	—	900	—	836065	3600	839665
256335	2000	38940	—	5900	100	100	—	8100	—	14900	—	1700	—	856805	2900	859705
171435	3065	34780	—	6500	—	100	—	18800	—	16500	—	1300	—	640645	3565	644210
225075	—	35925	—	9800	—	400	—	14800	—	10000	—	1500	—	780950	900	781850
2800538	33840	324075	142	76400	200	3700	100	138600	—	156605	1200	12500	—	8413767	67882	8481649

№ 54. Uebersicht der Kohlen- und Coaks-Transporte im Jahre 1868.
(I. Monatweise.)

Monate.	Kohlen.	Coaks.	Gesammtzahl der Centner.	Taxe.	
	Centner.			t.	n.
Januar 1868	719341	6300	725641	27439	43
Februar . . . . „	707785	11222	719007	27814	13
März . . . . „	614335	10540	624875	21631	6
April . . . . „	616320	11910	628230	26028	35
Mai . . . . „	603355	12000	615355	24493	9
Juni . . . . „	587695	3325	591020	23072	14
Juli . . . . „	675008	800	675808	26604	—
August . . . . „	775460	820	776280	30398	96
September . . . . „	836065	3600	839665	32824	19
October . . . . „	856805	2900	859705	33610	55
November . . . . „	640645	3565	644210	24369	4
December . . . . „	780950	900	781850	30782	22
Summa . .	8413767	67882	8481649	330968	10

№ 55. Uebersicht der Kohlen- und Coaks-Transporte im Jahre 1868.
(II. Stationsweise.)

Stationen.	Kohlen.	Coaks.	Gesammtzahl der Centner.	Taxe.	
	Centner.			fl.	kr.
Weißenburg	189924	1620	191544	7214	49
Schaidt	15140	—	15140	655	59
Winden	38670	2600	41270	1821	22
Maximiliansau	355780	8740	364520	13745	58
Langenkandel	1800	400	2200	100	64
Rohrbach	73150	700	73850	2378	49
Landau	201420	4925	206345	5003	37
Edenkoben	132920	—	132920	1754	21
Badische Stationen	2008625	4425	2013050	84870	50
Württembergische Stationen	2354180	44472	2398652	107462	41
Schweizer Stationen / Französische Stationen	3042158	—	3042158	106250	60
Total	8413767	67882	8481649	330968	10

Pfälzische

Neustadt-Dürkheimer Eisenbahn.

12	1046	6981	8	99	4	1384	4022	60	10418	6	45	256	42	678	46	4	54	83	45
2	921	3661	1	86	12	1149	4282	94	10830	1	24	219	46	721	18	—	11	90	5
6	1040	4501	—	85	10	1406	4912	617	12698	4	23	274	56	914	36	—	—	94	47
13	1263	6160	2	98	26	1519	3244	182	13241	7	21	293	42	948	—	1	42	33	6
25	1056	6098	12	109	38	1725	6636	125	15946	13	3	274	51	1187	12	7	45	42	56
28	1307	7673	13	115	32	1596	7910	306	16026	13	42	332	33	1466	42	8	17	40	10
39	1208	6966	4	61	3	1346	6966	118	16615	13	53	336	8	1941	61	2	43	40	2
35	1673	10143	2	106	22	1636	6696	387	22619	23	6	436	84	1780	30	1	—	20	27
90	2004	13047	41	426	91	2127	11776	926	27134	49	75	642	149	1783	30	30	37	215	17
46	1248	5460	25	359	86	2086	6632	683	19130	26	38	390	21	1164	3	19	6	123	62
15	1009	5118	14	188	40	2542	9654	590	19274	8	54	277	43	992	51	7	30	60	[illegible]
8	936	4643	4	99	9	2246	3535	909	18725	5	—	263	6	872	73	2	61	41	[illegible]
303	14776	71948	126	1767	340	22389	67466	3887	202926	170	15	3685	56	13690	52	[illegible]	46	742	1

II. Stations-

2	62	148	5	84	—	140	844	—	795	1	24	28	24	45	27	4	15	46	[illegible]
—	1	6	—		—	—	—	—	8	—		—	27	1	30	—			
	10	62	1	7	—	—	—	8	83	—	—	4	—	17	30	—	81	9	47
	1	19	—	1		8	16	—	65	—			27	5	15	—			
	—	1	—		—	—	—	—	1	—	—	—		—	18	—			
—	—		—	—	—	—	—		—	—	—	—	—	—	—	—			
—	6	14	—	1	—	13	6		41	—	—	2	18	6	57	—			
—	—	—	—	—	—	—	—	—	—	—	—	—		—		—			
—		3	—	—	—	—	9	—	5	—	—	—	—	—	84	—			
1	48	140	—	12	2	48	74	86	411	—	42	17	88	51	48	—		4	
—		—	—	—		—	—		—	—			—	—		—			
—			—	—	—	—	—	—			—	—		—	—	—			
—	—	—	—	—	—	—	—	—	—		—	—	—	—	—	—			
—	24	153	—	15		12	91		284	—	—	8	12	42	53	—		8	
—	3	12	—	1		2	10		28		—	1	21	3	12	—			
—	—	—	—	—	—	—	4	—	4	—	—	—	—	—	—	—			
—	—	2	—	—	—	—	—	—	2		—	—	—	—	38	—			
—	—	3	—	—	—	—	—		2	—	—	—	—	—	66	—			
	—	—	—	—	—	—	—	—	—	—	—	—	—		—	—			
	—	11	—	—	—	4	2	—	17	—	—	—	—	3	18	—			
		—	—	—	—	—	—		—		—	—	—	—	—	—			
	—	1	—	—		—	—		1	—		—	—	—	18	—			
	—	4	—	—	—	—	—	—	4			—	—	—	64	—			
4	220	973	5	45	—	404	774	5	2450	2	48	64	42	283	27	4	15	23	[illegible]
	5	146		—		14	198	—	361		—	1	57	38	33	—			
—	12	116	—			28	143	—	238	—	—	5	—	31	46	—			
	—		—	—	—	—	18		38		—	—	—	—	—	—			
—	30	434	2	23	—	150	566	—	1311			10	54	91	15	1		6	
23	2016	18519	1	—	72	6423	22224	707	45573	14	36	705	65	2700	30	—			
2	38	96	1	84	2	56	68		294	1	21	16	18	93	24	—		18	

9	70	32
–	20	–
10	60	8
4	10	1
–	–	–
–		–
1	10	–
		–
	40	–
31	60	9
–	–	–
–	–	–
–	–	–
14	10	4
1	50	–
–	–	–
–	–	–
–	–	–
–	–	–
–	40	–
	–	–
–		–
–	–	–
142	40	49
5	20	1
4	20	1
	–	–
[illegible]	[illegible]	14

Uebersicht der Frequenz und Einnahme nach Wagenclassen

Monate.	Anzahl der verkauften Billete. Einfache Billete. Gewöhnlicher Zug. I.	II.	III.	Schnellzug. I.	II.	Retour-Billete. I.	II.	III.	Militär.	Summa.	Erlös. Einfache Billete. Gewöhnlicher Zug. I. fl.	kr.	II. fl.	kr.	III. fl.	kr.	Schnellzug. I. fl.	kr.	II. fl.	kr.
Uebertrag . .	92	2995	10039	15	210	70	5290	23509	851	50171	20	04	690	8	3365	57	11	27	115	39
Maximiliansau	—	1	22	—	1	—	4	26	7	65	—	—	—	27	5	39	—	—	—	38
Wörth	—	—	—	—	—	—	—	—	—	—	—	—	—	—	—	—	—	—	—	—
Langenkandel	—	9	18	—	—	—	12	48	6	120	—	—	3	57	12	27	—	—	—	[illegible]
Rohrbach	—	10	137	—	—	—	16	40	—	203	—	—	4	—	30	21	—	—	—	—
Landau	5	202	749	—	14	4	654	1502	870	3375	3	13	76	26	109	40	—	—	6	[illegible]
Knöringen	—	24	404	—	—	—	24	330	—	784	—	—	9	42	53	—	—	—	—	—
Edesheim	—	19	174	—	—	—	27	44	—	332	—	—	5	23	40	9	—	—	—	—
Edenkoben	1	79	856	—	9	8	444	1652	—	2735	—	42	27	43	142	24	—	—	4	38
Maikammer	—	14	385	—	—	—	16	230	—	643	—	—	5	30	62	18	—	—	—	—
Neustadt	60	3061	17985	9	200	98	5058	23708	3302	59438	35	—	1118	21	3893	36	7	30	113	16
Wachenheim	—	1176	6220	—	3	—	1360	7496	827	16323	—	—	348	45	977	27	—	—	1	[illegible]
Dürkheim	50	3093	14196	2	130	64	5024	14704	926	37346	14	8	566	21	2101	51	1	—	308	[illegible]
Mußbach	1	1627	8540	1	66	—	1704	5476	104	19571	1	30	270	9	1174	8	—	15	8	31
Haßloch	—	17	815	—	—	—	22	288	—	1187	—	—	3	34	70	6	—	—	—	—
Böhl	—	8	150	—	—	—	22	132	—	312	—	—	2	12	35	54	—	—	—	—
Schifferstadt	—	7	162	—	1	—	27	166	—	363	—	—	2	36	41	34	—	—	—	36
Germersheim	—	23	79	1	14	—	30	140	147	418	—	—	9	27	16	54	—	31	7	36
Lingenfeld	—	—	—	—	—	—	—	—	—	—	—	—	—	—	—	—	—	—	—	—
Heiligenstein	—	—	—	—	—	—	—	—	—	—	—	—	—	—	—	—	—	—	—	—
Berghausen	—	—	—	—	—	—	—	—	—	—	—	—	—	—	—	—	—	—	—	—
Speyer	4	106	849	3	37	18	494	1160	860	3357	2	48	60	16	391	36	2	38	24	8
Mutterstadt	—	19	81	—	—	—	81	89	—	270	—	—	4	24	17	12	—	—	—	—
Rheingönheim	—	—	—	—	—	—	—	—	—	—	—	—	—	—	—	—	—	—	—	—
Ludwigshafen	26	479	3057	7	93	24	1120	2072	79	6882	14	30	154	45	418	83	4	12	26	21
Oggersheim	—	9	18	—	1	—	6	28	—	62	—	—	2	21	10	12	—	—	—	28
Frankenthal	—	42	107	—	14	—	152	290	7	398	—	—	12	36	28	30	—	—	6	30
Bobenheim	—	—	—	—	—	—	—	—	—	—	—	—	—	—	—	—	—	—	—	—
Hessisch-Pfälzischer Verkehr	43	393	[illegible]	23	234	6	[illegible]	924	—	3687	28	16	221	12	230	43	24	45	180	28
Rhein. Verbands- „	3	25	9	9	20	4	22	—	—	96	2	6	14	[illegible]	3	31	7	49	11	19
Bayer.-Pfälz. [illegible] „	77	1082	1657	27	378	24	750	[illegible]	—	4342	44	30	244	57	290	18	17	31	130	6
Allg. Verbands- „	—	—	—	—	—	—	—	—	—	—	—	—	—	—	—	—	—	—	—	—
Main-Neckar- „	—	—	—	—	—	—	—	—	—	—	—	—	—	—	—	—	—	—	—	—
Frz. Verk. via Forbach	—	—	—	—	—	—	—	—	—	—	—	—	—	—	—	—	—	—	—	—
„ „ Weissenburg	—	—	—	19	79	—	36	—	—	138	—	—	—	—	—	—	12	6	44	17
Badisch-Schweizer Verkehr	—	—	—	—	—	—	—	—	—	—	—	—	—	—	—	—	—	—	—	—
Holländischer „	—	—	—	—	—	—	—	—	—	—	—	—	—	—	—	—	—	—	—	—
Belgisch-Rhein. „	—	—	—	—	—	—	—	—	—	—	—	—	—	—	—	—	—	—	—	—
Belg. Verkehr via [illegible]	—	—	—	—	—	—	—	—	—	—	—	—	—	—	—	—	—	—	—	—
Westf. Verbands-Verkehr	—	—	—	—	—	—	—	—	—	—	—	—	—	—	—	—	—	—	—	—
Württembergischer „	—	—	—	—	—	—	—	—	—	—	—	—	—	—	—	—	—	—	—	—
Sächsischer „	—	—	—	—	—	—	—	—	—	—	—	—	—	—	—	—	—	—	—	—
Summe . .	303	14776	71849	136	1767	340	22382	82444	3097	202266	179	16	3096	[illegible]	13580	32	[illegible]	38	742	46

und Nebenerträgnissen im Jahre 1808. (Schluß.)

Ertrag										Gepäck				[illegible]		[illegible]		[illegible]		[illegible]		[illegible]		Gewicht			Summe der Einnahmen	
[illegible]						[illegible]		[illegible]		Gewicht		Ertrag												der Güter		der Kohlen		
I.		II.		III.																								
fl.	kr.	fl.	kr.	fl.	kr.	fl.	kr.	fl.	kr.	Ctr.	[illegible]	fl.	kr.	fl.	kr.	fl.	kr.	fl.	kr.	fl.	kr.	fl.	kr.	Ctr.	[illegible]	Centner	fl.	kr.
[illegible]	[illegible]	[illegible]	[illegible]	[illegible]	[illegible]	[illegible]	[illegible]	[illegible]	[illegible]	[illegible]	[illegible]	[illegible]	[illegible]	[illegible]	[illegible]	[illegible]	[illegible]	[illegible]	[illegible]	[illegible]	[illegible]	[illegible]	[illegible]	[illegible]	[illegible]	[illegible]	[illegible]	[illegible]

Januar	1868	688	1	914
Februar	„	701	5	1208
März	„	700	7	1338
April	„	704	5	1182
Mai	„	1117	4	1161
Juni	„	2085	4	885
Juli	„	1538	3	1106
August	„	1733	2	1237
September	„	1753	2	2819
October	„	2639	6	2071
November	„	1540	9	1991
December	„	1294	9	1508
Summa . .		16588	7	17460

Güterverkehrs im Jahre 1868.

Fracht								Provision für Nachnahme.		Versicherungs-Taxe.		Summa.	
Eilgut.		Gewöhnliches Gut.											
		I. Classe.		II. Classe.		Wagenladungs-Classe.							
fl.	kr.	fl.	kr.	fl.	kr.	fl.	kr.	fl.	kr.	fl.	kr.	fl.	kr.
74	17	67	33	290	39	559	32	9	44	2	22	1004	7
71	22	87	29	346	2	886	29	17	49	2	6	1410	17
71	23	94	39	445	28	1176	8	19	18	2	32	1806	26
84	12	83	54	428	29	1210	31	10	7	3	48	1621	1
122	9	92	32	420	27	1119	42	13	37	2	21	1760	48
249	31	65	47	280	6	820	45	7	2	2	33	1425	44
164	46	66	12	321	27	858	44	10	42	2	36	1444	27
188	32	90	24	348	7	924	58	7	56	4	2	1563	39
197	28	204	58	499	17	1173	46	16	2	3	37	2095	6
265	30	143	35	583	16	953	35	22	48	6	51	1975	35
152	2	159	57	476	7	935	40	28	44	3	21	1765	51
134	30	110	26	416	47	1069	54	11	43	3	25	1746	45
1775	40	1277	28	4853	10	11688	44	175	12	39	34	19609	46

Ergebniß des internen

Monate.	Gewicht der Sendungen.															
	Eilgut.		Gewöhnliches Gut.												Gesammt-Gewicht.	
			I. Classe.		II. Classe.		Wagenladungs-Classe						Güter mit besonderen Taxen.			
							A.		B.		C.					
	Ctr.	K.	Ctr.	K.	Ctr.	K.	Ctr.	K.	Ctr.	K.	Ctr.	K.	Ctr.	K.	Ctr.	K.
I. Monat-																
Januar 1868	419	9	429	6	3441	1	256	3	3305	4	12671	6	2663	2	23264	7
Februar . . . . „	464	3	616	4	3381	—	650	4	4925	4	15173	1	6362	3	30632	9
März . . . . „	497	5	777	2	4368	7	590	3	4925	6	28101	—	11344	—	49544	3
April . . . . „	450	9	419	2	3629	—	1085	4	4807	8	31447	9	4887	5	47016	5
Mai . . . . „	587	9	495	1	4941	—	940	9	2912	8	31429	8	7070	2	54377	5
Juni . . . . „	1543	3	448	2	3074	4	579	2	1681	3	22455	9	13793	5	43576	—
Juli . . . . „	762	—	522	3	3664	8	815	8	2348	8	20178	5	24098	3	51820	6
August . . . . „	1096	8	609	2	4181	1	719	7	4026	5	24818	2	6895	3	42346	6
September . . . . „	1140	9	1111	6	4490	3	1373	6	4435	3	27731	9	3562	8	43866	4
October . . . . „	1447	1	882	8	4794	8	1851	9	5906	8	15474	—	3474	3	33831	7
November . . . . „	894	6	1036	1	4575	6	1917	5	4846	5	25012	3	2427	9	40700	7
December . . . . „	790	4	752	7	4068	1	1253	2	5108	3	28041	1	14016	—	54032	—
Summa .	9973	—	8100	6	47669	9	12915	2	47660	7	288035	3	100445	3	514540	—
II. Stations-																
Stationen.																
Bexbach	27	4	23	9	68	4	—	—	—	5	—	—	—	—	140	2
Homburg	92	2	51	1	641	2	—	—	167	1	—	—	12	—	963	6
St. Ingbert	211	7	26	—	372	1	573	1	2	6	205	—	—	—	1390	5
Hassel	—	—	16	—	—	6	—	—	—	—	—	—	—	—	16	6
Würzbach	—	—	—	5	40	—	—	—	—	—	—	—	—	—	40	5
Blieskastel-Lautzkirchen	41	1	75	—	380	5	—	—	259	1	—	—	—	—	761	7
Bierbach	—	—	—	—	—	—	—	—	—	—	—	—	—	—	—	—
Schwarzenacker	15	4	—	—	31	9	—	—	—	—	210	—	—	—	257	3
Zweibrücken	346	3	218	5	1871	7	1237	2	595	1	2000	—	6	—	6274	8
Einöd	14	9	—	6	98	—	—	—	—	—	—	—	—	—	113	5
Bruchmühlbach	40	1	8	—	510	5	—	—	1	—	—	—	—	—	559	6
Hauptstuhl	34	2	1	—	71	7	—	—	—	—	—	—	—	—	106	9
Landstuhl	122	9	63	1	1375	2	—	—	10	6	500	—	2	—	2073	8
Kusel	17	6	1	7	169	4	—	—	—	—	—	—	—	—	188	6
Altenglan	—	—	—	—	84	—	—	—	—	—	—	—	—	—	84	—
Theisbergstegen	—	—	—	5	—	—	—	—	—	—	—	—	—	—	—	5
Eisenbach	1	2	—	—	—	9	—	—	—	—	—	—	—	—	2	1
Rehweiler	—	—	—	—	—	—	—	—	—	—	—	—	—	—	—	—
Glan-Münchweiler	2	—	—	5	11	2	—	—	1	7	—	—	—	—	15	4
Niedermohr	—	—	—	—	35	1	—	—	—	—	—	—	—	—	35	1
Steinwenden	1	6	—	5	30	4	—	—	1	7	—	—	—	—	37	2
Zu übertragen .	968	5	486	9	5818	8	1810	3	1042	4	2915	—	20	—	13061	9

Güterverkehrs im Jahre 1868.

Fracht für:														Lad- und Waag-Gebühren.		Provision für Nachnahme.		Versicherungs-Taxe.		Summa.	
Eilgut.		Gewöhnliches Gut										Güter mit besonderen Taxen.									
		I. Classe.		II. Classe.		Wagenladungs-Classe															
						A.		B.		C.											
fl.	kr.	fl.	kr.	fl.	kr.	fl.	kr.	fl.	kr.	fl.	kr.	fl.	kr.	fl.	kr.	fl.	kr.	fl.	kr.	fl.	kr.
weise.																					
47	13	34	34	168	46	10	25	107	41	279	9	49	44	1	28	3	36	1	9	703	45
14	14	48	3	163	24	39	4	136	28	321	6	101	27	6	30	6	24	—	57	858	46
42	49	57	16	205	30	24	42	126	27	579	53	142	29	5	36	4	29	1	9	1190	19
52	58	91	55	175	10	55	36	174	45	688	20	65	42	—	50	1	16	1	18	1248	50
70	2	98	23	187	36	38	11	92	8	718	4	108	18	—	34	3	34	—	54	1268	14
197	40	35	52	160	28	25	19	62	37	467	31	152	11	—	—	2	37	—	51	1105	6
87	15	43	11	184	47	33	39	83	30	419	58	161	53	2	33	3	41	1	27	1021	54
125	50	49	25	209	59	31	16	141	3	491	4	99	18	—	33	3	1	—	57	1145	25
131	54	88	41	211	54	50	1	153	13	607	18	51	13	—	32	1	5	1	27	1300	18
155	1	65	17	233	59	71	57	194	26	360	52	54	32	3	29	5	2	1	3	1149	8
90	16	97	20	221	59	86	22	163	18	462	30	30	58	7	26	4	46	1	57	1167	2
85	38	60	23	209	1	52	13	180	16	539	57	76	21	—	16	3	54	1	30	1209	59
1131	20	650	50	2333	3	513	14	1615	52	5938	42	1084	16	29	55	46	55	14	39	13358	46
weise.																					
2	51	1	42	4	6	—	—	—	2	—		—	—	—	—	—	12	—	3	8	56
10	27	3	36	30	47	—		3	27	—	—	—	35	—		4	18		27	54	7
23	59	2	1	14	40	23	47	—	6	5	28	—		—	—	—	19	—	9	70	29
—	—	1	16		2	—	—	—		—	—	—	—	—	—			—	—	1	18
	—	—	3	2	6	—	—	—	—	—	—	—	—	—		—	4	—		2	13
1	4	4	17	16	46	—	—	9	5	—		—	—	—	—		15	—	—	34	27
—	—	—	—	—	—	—	—	—	—		—	—	—	—	—			—		—	—
1	57	—		1	42	—	—	—		5	36	—	—	—		—	—	—	—	9	15
38	40	15	36	87	33	54	50	16	49	53	20	—	8	—		1	7	—	48	268	51
1	29	—	3	5	6	—				—				—		—	18			6	56
3	49	—	37	23	42	—			2	—		—	—	—	—	—	16	—	6	27	32
2	36	—	6	3	19	—		—	—	—		—	—	—	—	—	—	—	—	8	1
11	18	4	39	66	28	—		—	21	11	10	—	6	—	—	—	21	—	15	98	8
1	57	—	9	—	10			—	—	—		—	—			—	—	—	—	10	19
—	—		—	4	22			—		—				—	—					1	22
—	—	—	3	—				—		—				—	—	—	—	—	—		3
—	8	—	—	—	3		—	—		—	—	—	—	—	—	—		—			11
—	—	—	—		—		—	—				—	—	—	—	—	—	—	—	—	—
—	15	—	3	—	56			—	3	—			—	—		—	—	—		—	55
—	—	—		1	45	—	—		—	—	—	—	—	—	—	—	—	—	—	1	17
—	12	—	3	1	38	—			10	2		—	—	—	—	—	—	—	—	1	58
104	10	34	14	271	43	78	37	30	5	78	34	—	19	—	—	7	43	1	51	607	46

Ergebniß des

Gewicht der Sendungen.															
Eilgut.		Gewöhnliches Gut.													
		I. Classe.		II. Classe.		Wagenladungs-Classe						Güter mit besonderen Taxen.	
						A.		B.		C.			
Ctr.	Pf.	Ctr.	Pf.	Ctr.	Pf.	Ctr.	Pf.	Ctr.	Pf.	Ctr.	Pf.	Ctr.	Pf.
968	5	486	9	5818	8	1810	3	1042	4	2915	—	20	—
3	3	1	4	—	—	—	—	—	—	—	—	—	—
908	2	178	3	2435	0	280	9	4074	3	12028	9	20	—
76	—	13	6	164	5	—	—	5	5	1500	—	10	—
18	—	2	4	40	7	—	—	572	—	2900	—	—	—
63	—	2	4	217	1	—	—	—	8	—	—	—	—
256	—	71	2	762	8	—	—	17	5	608	—	6	—
1200	3	938	1	4393	5	1372	3	4861	3	183055	6	8	—
183	7	92	8	117	2	196	7	296	—	80	—	11525	—
1	4	8	9	1	7	—	—	—	—	—	—	—	—
70	2	45	2	573	9	—	—	3	9	—	—	—	—
11	8	—	—	30	6	160	—	120	—	—		3820	—
11	—	—	—	11	3	—	—	—	—	—	—	—	—
30	2	20	1	323	9	—	—	3	5	—	—	—	—
45	6	3	9	269	5	—	—	6	9	—	—	4	—
308	4	183	7	1231	4	—	—	892	—	620		—	—
90	6	21	—	305	1	—	—	—	—	—	—	50	—
7	7	4	2	38	1	—	—	—	—	—	—	—	—
204	4	130	6	632	6	—	—	181	1	282	—	4	—
36	0	13	1	191	1	—	—	—	—	—	—	—	—
1734	5	2534	8	11315	2	1138	5	20758	4	22979	9	13832	4
604	8	481	8	2821	5	—	—	1636	9	5223	3	6805	5
1332	1	1629	7	7731	2	1495	5	3243	9	36870	9	41066	4
514	3	496	0	4900	8	2458	3	7049	8	18858	7	8571	—

Güterverkehrs im Jahre 1868. (Schluß.)

Fracht für														Lad- und Waag-Gebühren		Provision für Nachnahme		Versicherungs-Taxe		Summa	
Eilgut		Gewöhnliches Gut																			
		I. Classe		II. Classe		Wagenladungs-Classe						Güter mit besonderen Taxen									
						A.		B.		C.											
fl.	kr.	fl.	kr.	fl.	kr.	fl.	kr.	fl.	kr.	fl.	kr.	fl.	kr.	fl.	kr.	fl.	kr.	fl.	kr.	fl.	kr.
104	10	34	14	271	43	78	37	90	5	78	34	—	49	—	—	7	43	1	51	607	46
—	21	—	7	—	—	—	—	—	—	—	—	—	—	—	—	—	—	—	—	—	31
95	47	12	43	108	46	9	42	97	59	229	27	—	58	—	—	1	23	—	30	557	14
8	22	—	57	6	42	—	—	—	13	28	30	—	35	—	—	—	4	—	3	45	26
1	33	—	11	2	42	—	—	18	44	83	10	—	—	—	—	—	—	—	—	76	16
6	14	—	11	8	39	—	—	—	2	—	—	—	—	—	—	—	8	—	—	15	8
24	55	5	—	30	20	—	—	—	43	13	43	—	18	—	—	—	12	—	48	81	59
181	58	102	31	267	55	66	11	212	28	3716	10	—	41	—	—	17	8	3	12	4509	9
21	2	8	18	5	51	6	14	10	22	2	8	230	26	—	—	1	0	—	3	283	28
—	7	—	28	—	8	—	—	—	—	—	—	—	—	—	—	—	—	—	—	—	41
6	25	3	27	27	4	—	—	—	9	—	—	—	—	—	—	—	18	—	9	38	2
1	13	—	—	1	24	7	28	4	12	—	—	76	24	—	—	2	19	—	—	93	—
1	2	—	—	—	23	—	—	—	—	—	—	—	—	—	—	—	—	—	3	1	26
3	3	1	32	15	32	—	—	—	8	—	—	—	—	—	—	—	23	—	—	20	38
5	41	—	17	12	39	—	—	—	18	—	—	—	12	—	—	—	6	—	—	18	43
40	6	12	15	60	58	—		31	36	16	32	—	—	—	—	—	53	1	—	161	10
0	44	1	20	14	30	—	—	—	—	—	—	2	27	—	—	—	34	—	9	28	44
—	40	—	47	1	59	—	—	—	—	—	—	—	—	—	—	—	3	—	3	3	2
20	42	9	9	30	10	—	—	4	49	7	32	—	12	—	—	—	20	—	18	73	12
3	47	—	56	8	7	—	—	—	—	—	—	—	—	—	—	—	8	—	—	12	58
222	35	231	49	643	42	65	45	804	58	705	58	264	39	23	3	3	17	1	39	2968	45
70	16	37	55	149	28	—	—	62	21	120	45	38	27	—	—	—	9	—	42	485	43
142	46	105	53	346	10	61	45	97	29	658	32	236	58	1	40	—	28	—	15	1651	56
40	7	35	40	173	7	90	59	190	3	277	23	37	3	5	12	—	12	—	45	850	37
1	50	1	18	10	27	—	—	2	50	—	—	—	—	—	—	—	6	—	3	16	34
2	32	—	20	2	54	—	—	—	—	—	—	—	12	—	—	—	6	—	—	6	24
2	13	—	29	3	58	—	—	—	20	—	—	—	—	—	—	—	—	—	3	7	37
15	19	2	14	15	56	—	—	14	27	2	40	—	6	—	—	—	25	—	3	51	40
—	37	—	3	2	53	—	—	—	—	—	—	—	—	—	—	—	3	—	—	3	56
—	—	—	—	—	2	—	—	—	—	—	—	—	—	—	—	—	—	—	—	—	2
—	12	—	53	—	10	—	—	—	—	—	—	—	—	—	—	—	—	—	—	1	15
39	40	6	8	26	42	—	—	10	49	8	—	2	51	—	—	—	27	—	18	91	55
5	25	—	30	3	30	—	—	—	—	—	—	—	29	—	—	—	—	—	—	9	54
3	13	—	5	2	56	—	—	—	5	—	—	—	—	—	—	—	—	—	—	6	19
35	42	32	6	66	—	126	33	17	48	19	57	189	29	—	—	7	55	2	39	492	3
1	17	—	31	—	16	—	—	—	3	—	—	—	—	—	—	—	3	—	—	2	40
9	19	2	37	4	6	—	—	2	42	2	35	1	6	—	—	—	13	—	3	21	41
—	37	—	6	—	14	—	—	—	—	—	—	—	—	—	—	—	13	—	—	1	10
1131	20	650	50	2333	3	513	14	1615	52	6938	42	1084	16	20	55	46	55	14	39	13358	46

I. Monat-

Januar 1868	91	1	188	5	760	6	112	7	872	—	100	—	—	—	2124	0
Februar . . . . . „	120	—	270	1	718	1	1314	8	788	3	200	—	—	—	3420	3
März . . . . . „	107	8	200	7	1305	0	1718	2	803	3	—	—	—	—	4137	6
April . . . . . „	133	7	306	6	1380	8	1032	2	296	6	—	—	—	—	3247	0
Mai . . . . . . „	229	2	197	6	1391	2	1270	6	521	3	—		—	—	3612	0
Juni . . . . . . „	248	—	181	2	779	4	892	4	280	8	108	—	—	—	2489	8
Juli . . . . . . „	376	9	323	9	827	8	2116	3	460	7	—	—	—	—	4105	6
August . . . . . „	296	7	257	—	815	7	424	7	261	5	300	—	—	—	2355	6
September . . . . „	205	1	532	1	1970	8	843	1	735	4	607	4	—	—	4905	9
October . . . . . „	412	5	329	4	1645	9	2171	3	994	1	522	6	—	—	6075	4
November . . . . „	226	4	288	7	1202	3	1696	2	278	2	586	—	—	—	4177	8
December . . . . „	161	—	312	3	1268	—	2205	9	293	8	—	—	—	—	4331	—
Summa . .	2608	4	3486	1	14078	2	15790	4	6588	—	2424	—	—	—	44975	1

II. Stations-

Stationen.																
Türkheim	1093	—	1746	4	4135	6	6123	7	3061	1	2124	—	—	—	18283	8
Wachenheim	280	4	284	1	2043	2	2611	9	417	4	200	—	—	—	6887	—
Deidesheim	873	1	1059	3	5257	4	4978	9	2388	7	100	—	—	—	14651	4
Mußbach	361	9	402	3	2642	—	2075	9	720	8	—	—	—	—	6302	9
Summa .	2608	4	3466	1	14078	2	15790	4	6588	—	2424	—	—	—	41975	1

Classe			Wagenladungs-Classe				
	II.		A.		B.		C.
kr.	fl.	kr.	fl.	kr.	fl.	kr.	fl.
10	32	26	3	35	24	23	3
41	39	22	58	25	24	17	5
13	53	5	57	7	18	6	—

I. Monat-

Januar . 1868	95	6	153	3	839	1	967	5	227	3	—	—	22	4	121	1	300	—	—	—	2726	3
Februar . „	65	5	89	9	1194	5	1727	9	138	2	374	5	70	5	1035	4	312	—	—	—	5028	4
März . . „	73	9	103	3	1231	3	1624	3	174	5	—	—	48	9	1334	2	100	—	—	—	4910	4
April . . „	84	4	170	7	620	3	1114	5	117	5	—	—	66	1	1125	—	100	—	—	—	3598	5
Mai . . „	133	9	139	5	1284	4	1101	3	145	3	100	—	119	2	532	—	—	—	—	—	3555	6
Juni . . „	137	6	103	9	588	5	582	4	109	5	—	—	127	9	378	5	—	—	—	—	2025	3
Juli . . „	233	8	79	3	1043	—	551	7	151	6	—	—	298	4	—	—	100	—	—	—	2457	8
August . . „	183	7	150	8	782	7	676	—	146	3	205	—	156	3	402	—	100	—	—	—	2802	8
September „	166	6	830	—	1042	1	945	7	151	5	1346	8	72	8	800	—	100	—	—	—	4455	5
October . „	260	5	207	5	1929	9	483	3	283	7	—	—	26	1	193	4	100	6	—	—	3485	—
November „	183	5	202	2	1342	5	730	9	209	1	210	—	107	5	512	-	—	—	—	—	3496	5
December . „	174	7	223	—	1374	2	1068	7	320	1	—	—	27	2	706	—	—	—	—	—	3493	9
Summa . .	1792	5	1963	4	13472	5	11774	2	2194	6	2236	3	1143	3	8656	6	1212	6	—	-	42436	--

II. Stations-

Stationen.																						
Dürkheim . . .	714	1	933	[illegible]	4861	2	[illegible]	[illegible]	892	—	1761	[illegible]	83	[illegible]	[illegible]	[illegible]	1212	6	—	—	[illegible]	[illegible]
Wachenheim . .	186	4	112	5	1247	1	385	3	287	7	—	—	35	8	1024	[illegible]		—	—	—	[illegible]	[illegible]
Deidesheim . .	517	6	[illegible]	[illegible]	4162	1	[illegible]	1	635	[illegible]	474	[illegible]	[illegible]	4	921	1	—	—	—	—	[illegible]	[illegible]
Mußbach . . .	374	1	261	[illegible]	3262	1	[illegible]	[illegible]	[illegible]	—			120	[illegible]	[illegible]	1	—	—	—	—	[illegible]	[illegible]
Summa .	[illegible]	[illegible]	1953	4	[illegible]	5	11774	[illegible]	2194	6	[illegible]	[illegible]	1143	[illegible]	6656	6	1212	[illegible]	—	—	[illegible]	[illegible]

Güterverkehrs im Jahre 1868.

weise.

Eilgut fl.	kr.	Fracht für gewöhnliches Gut: Classe I. fl.	kr.	Classe II. fl.	kr.	Wagenladungs-Classe A. fl.	kr.	B. fl.	kr.	C. fl.	kr.	Special-Tarif 1. fl.	kr.	2. fl.	kr.	3. fl.	kr.	Güter mit besonderen Taxen fl.	kr.	Provision für Nachnahme fl.	kr.	Versicherungs-Taxen fl.	kr.	Summa fl.	kr.
9	15	9	21	31	39	37	12	5	48	—	—	—	44	2	50	8	—	—	—	2	21	—	18	107	28
5	45	6	1	50	8	70	65	4	31	7	3	2	8	33	42	8	19	—	—	1	12	—	12	189	56
6	57	6	18	51	15	72	22	4	35	—	—	1	48	37	46	2	40	—	—	1	36	—	16	185	25
7	50	11	21	33	1	39	8	2	58	—	—	2	5	25	15	2	40	—	—	1	30	—	50	126	41
11	18	8	50	47	11	36	38	3	36	2	40	3	53	10	29	—	—	—	—	1	59	—	9	126	43
12	4	8	10	22	6	20	18	2	55	—	—	4	7	8	36	—	—	—	—	—	46	—	15	79	17
25	11	5	8	42	35	22	7	4	2	—	—	9	31	—		2	40	—	—	1	27	—	3	112	44
18	26	9	26	32	47	29	11	4	22	5	31	4	54	8	2	2	40	—	—	—	48	—	27	117	7
16	39	23	50	42	57	37		4	12	35	59	2	18	11	—	2	40	—	—	1	38	—	30	178	33
22	3	14	14	77	49	17	17	8	7		—	—	49	6	46	2	41	—	—	2	58	—	39	163	23
16	39	13	9	57	29	30	56	5	43	4	49	3	30	14	15	—	—	—	—	2	37	—	9	149	16
15	58	16	3	53	54	39	27	9	6	—	—	—	57	22	53	—	—	—	—	1	17	—	—	158	35
168	5	130	51	342	34	153	4	59	55	56	2	36	44	181	31	32	20	—	—	20	9	3	50	1685	8

weise.

Eilgut fl.	kr.	Classe I. fl.	kr.	Classe II. fl.	kr.	A. fl.	kr.	B. fl.	kr.	C. fl.	kr.	Special-Tarif 1. fl.	kr.	2. fl.	kr.	3. fl.	kr.	Güter mit besonderen Taxen fl.	kr.	Provision für Nachnahme fl.	kr.	Versicherungs-Taxen fl.	kr.	Summa fl.	kr.
86	38	70	47	251	43	295	—	29	7	47	9	3	53	93	30	32	30	—	—	6	54	3	29	920	28
18	52	7	15	57	27	15	7	8	32	—	—	1	25	34	45	—	—	—	—	2	10	—	3	143	6
42	7	37	26	152	27	91	32	14	54	6	53	28	37	22	20	—	—	—	—	6	18	—	12	404	36
20	30	14	53	80	57	34	35	7	22	—	—	2	49	33	59		—	—	—	4	47	—	6	216	58
168	5	130	51	342	34	153	4	59	55	56	2	36	44	181	31	32	20	—	—	20	9	3	50	1685	8

№ 63.

Ergebniß des Süddeutschen

Monate.	Gewicht der Sendungen.												Gesammt-Gewicht.	
	Eilgut.		Gewöhnliches Gut.											
			Classe				Wagenladungs-Classe							
			I.		II.		A.		B.		C.			
	Ctr.	K.	Ctr.	K.	Ctr.	K.	Ctr.	K.	Ctr.	K.	Ctr.	K.	Ctr.	K.
I. Monat-														
Januar 1868	41	8	90	1	791	3	492	2	—	—	—	—	1415	5
Februar . . . . . . „	60	5	155	3	1016	4	1935	5	—	—	—	—	3187	7
März . . . . „	60	2	171	1	2237	2	1615	2	—	—	200	—	4403	7
April . . . . „	50	1	141	4	2651	4	1209	3	—	—	—	—	4312	2
Mai . . . . „	72	9	129	9	1987	3	1330	1	—	—	—	—	3520	2
Juni . . . . „	79	5	72	4	1311	9	312	—	—	—	200	—	1975	8
Juli . . . . „	105	—	109	6	970	7	426	—	—	—	—	—	1611	3
August . . . . . . „	78	2	99	3	990	3	574	1	—	—	—	—	1741	9
September . . . . . „	142	—	307	1	2478	2	1995	6	—	—	200	—	5122	9
October . . . . . . „	304	7	234	5	3522	5	1491	5	—	—	—	—	5553	2
November . . . . . „	105	5	161	6	2543	7	488	3	—	—	200	—	3501	1
December . . . . „	79	6	107	—	1591	2	779	5	105	—	100	—	2762	3
Summa . .	1200	1	1779	3	22894	1	12309	3	105	—	900	—	39187	8
II. Stations-														
Stationen.														
Dürkheim	550	9	1051	2	7137	5	3254	1	—	—	700	—	12693	7
Wachenheim	109	—	65	2	2603	6	985	3	—	—	—	—	3763	1
Deidesheim	430	6	550	2	10841	4	5185	2	105	—	—	—	17112	1
Mußbach	109	6	92	7	2311	8	2884	7	—	—	200	—	5598	6
Summa . .	1200	1	1779	3	22894	1	12309	3	105	—	900	—	39187	8

36	26
69	29
90	18
113	47
89	24
49	11
40	16
41	21
100	11
149	8

№ 64. Ergebniß des internationalen Güterverkehrs via Weißenburg mit der französischen Ost- und Westbahn im Jahre 1868.

Monate.	Gewicht der Sendungen. Eilgut.		Gewöhnliches Gut. Normal Classe I.		II.		III.		Wagenladungs-Classe A.		B.		Gesammt-Gewicht.		Fracht für Eilgut.		Gewöhnliches Gut. Normal Classe I.		II.		III.		Wagenladungs-Classe A.		B.		Provision für Nachnahme.		Versicherungs-Taxe.		Summa.	
	Ctr.	Pf.	Ctr.	Pf.	Ctr.	Pf.	Ctr.	Pf.	Ctr.	Pf.	Ctr.	Pf.	Ctr.	Pf.	fl.	kr.	fl.	kr.	fl.	kr.	fl.	kr.	fl.	kr.	fl.	kr.	fl.	kr.	fl.	kr.	fl.	kr.
I. Monatweise.																																
Januar 1868	1	—	—		7	2	—				—	—	8	5		7	—			22							—					[illegible]
Februar „	—	2	1	—	3	4				—	—	—	4	8		1		4		10							—		—			7
März „	—	2	—	—	1	6	9	2	—				11			—				8	—	21										2
April „	—	2			49	6			—				42	4		1	—		2	10			—								2	
Mai „	1	6	4	6	—		19	6					25	8		13		2				1.									1	14
Juni „	1	4	—		5	4	17	8					24	6		16				14		5	—				—		—		1	
Juli „	—	4	—		3	8							4	3		—	—			12												12
August „	1	2	—					—	100		105	—	206	3		11							4	40	3	15		11	—		8	
September „	1		1	1	2	8					—		4	3			—	3		9			—					7		—		
October „	2	8	5	6	14	2				—		—	22	6		24	—	24		10	—		—	—						11	1	18
November „	1	—	7		32	8	—	—		—		—	40	8		24	1	28	5	14									—		7	
December „	—	2	1		—	—			—	—			1	2		—		4									—					5
Summa	11	2	20	3	120	8	46	6	100	—	105		403	9	1	40	2	25	8	41	1	4	4	40	3	55		21	—	14	21	1
II. Stationsweise.																																
Stationen.																																
Dürkheim	11	2	20	3	111	8		6	100		105	—	318	9	1	40	2	25	9	29		1	1	40	3	55		21	—	14	22	42
Wachenheim	—	—	—	—	—	—	—		—		—	—	—		—	—	—	—														
Deidesheim	—	—	—	—	9	—	46					—	55			—				21	1	12							—		2	
Mußbach	—	—						—			—				—	—					—		—									
Summa	11	2	20	3	120	8	46	6	100		105		403	9	1	40	2	25	9	41	1	12	4	40	3	55		21		14	21	45

Uebersicht des Rheinischen Verband-Güterverkehrs im Jahre 1868.

Monate.	Gewicht der Sendungen. Eilgut. Ctr.	Grobgut. Classe I. Ctr.	Grobgut. Classe II. Ctr.	Wagenladungs-Classe A. Ctr.	Wagenladungs-Classe B. Ctr.	Wagenladungs-Classe C. Ctr.	Special-Tarif. Ctr.	Gesammt-Gewicht. Ctr.	Frachten. Eilgut. Thlr.	Frachtgut. Classe I. Thlr.	Frachtgut. Classe II. Thlr.	Wagenladungs-Classe A. Thlr.	Wagenladungs-Classe B. Thlr.	Wagenladungs-Classe C. Thlr.	Special-Tarif. Thlr.	Provision für Nachnahme.	Nachnahme-Porto.	Summa. Thlr. Sgr.
I. Monatweise.																		
Januar 1868	11	17	79	111	—	—	6	225	4 14	1 [illegible]	3 10	2 16	—	—	[illegible]	—	4	8 54
Februar	15	20	264	325	—	—	5	656	4 41	1 52	10 32	10 [illegible]	—	—	[illegible]	—	10	25 7
März	14	20	200	—	[illegible]	—	10	721	2 [illegible]	2 20	10 43	—	14	—	16	—	33	30 [illegible]
April	5	18	347	727	—	—	4	1080	— [illegible]	1 [illegible]	10 41	22 45	—	—	31	—	27	85 46
Mai	27	131	152	—	—	—	2	316	2 57	2 44	6 6	—	—	—	18	—	4	16 33
Juni	36	29	162	112	—	—	7	347	3 14	1 57	4 24	3 [illegible]	—	—	32	—	4	14 4
Juli	12	29	212	—	—	—	14	262	2 4	2 2	9 [illegible]	—	—	—	1 7	—	6	13 17
August	18	37	316	776	[illegible]	—	4	1150	1 56	4 50	13 50	22 [illegible]	—	—	24	—	53	43 54
September	43	143	250	540	2[illegible]	—	1	1074	2 25	10 20	9 12	25 18	16 20	—	16	—	15	68 [illegible]
October	18	66	1306	520	1[illegible]	1[illegible]	4	1097	0 31	4 25	7 29	14 21	3 20	24	17	—	11	80 22
November	20	70	272	11	—	—	5	327	1 6	4 22	11	4 27	—	—	47	—	17	22 [illegible]
December	21	10[illegible]	277	344	7	—	4	870	2 32	1 44	10 23	13 3	—	—	13	—	23	[illegible] 13
Summa	281	1609	27[illegible]	3896	[illegible]	1000	74	9540	27 43	43 1	106 44	182 16	28	2 4	5 37	—	3 19	349 44
II. Stationsweise.																		
Stationen.																		
Dürkheim	167	1326	397	566	3[illegible]	1000	59	5108	15 31	25 36	20 12	26[illegible]	—	2 4	3 37	—	—	325 [illegible]
Weinheim	14	15	220	125	7	—	7	408	3 29	1 19	9 54	3 33	—	—	— 31	—	—	18 [illegible]
Wiesbaden?	60	252	1522	3191	1	—	—	4876	5 21	14 15	67	[illegible] 43	—	—	— 27	—	—	190 33
Wiesbach	9	11	322	44	—	—	—	338	— 42	1 23	9 30	—	—	—	— 42	—	3 19	15 34
Summa	281	1609	27[illegible]	3896	[illegible]	1000	74	9540	27 43	43 1	106 44	182 16	28	2 4	37	—	3 19	349 44

№ 66. Ergebniß des directen Güterverkehrs mit den Königl. Sächsischen Staats-Eisenbahnen, der Niederschlesisch-Märkischen Eisenbahn, der Leipzig-Dresdener Eisenbahn-Compagnie und Berlin, Station der Berlin-Anhalt'schen Bahn, via Mainz-Hof im Jahre 1868.

Gewicht der Sendungen.

Monate.	Eilgut Ctr.	Pf.	Gewöhnliches Gut Claße I. Ctr.	Pf.	Claße II. Ctr.	Pf.	Wagenladungs-Claße A. Ctr.	Pf.	B. Ctr.	Pf.	C. Ctr.	Pf.	Gesammt-Gewicht Ctr.	Pf.
I. Monatweise.														
Januar 1868	2	–	3	8	20	1		—	–	–		–	25	9
Februar „	—	5	3	9	70	9	112	–	–	–	—		187	5
März „	—	7	9	3	229	1	–	—	—		—		279	1
April „	—	—	6	2	182	6	100	—		–	—		288	8
Mai „	1	5	3	9	45	6	—	—	–	–	—		53	–
Juni „	—	5	5	3	8	5	—	—	—		—	–	14	
Juli „	3	1	6	2	19	7	—	—	—		—	–	29	—
August „	2	1	6	—	51	4	—		—	–	—		59	3
September „	2	2	69	7	393	6	—	–	—	—	—	–	465	3
October „	—	7	46	4	124	5	—	–	—		—	—	171	6
November „	—	5	42	5	80	3	–	–	—	–	—	–	123	3
December „	6	5	14	7	59	1	—	–	–	—	—	–	80	[illegible]
Summa	20	3	219	9	1285	4	212	—	—	–	—		1737	[illegible]
II. Stationsweise.														
Stationen.														
Dürkheim	2	2	48	4	159	5	—	–	–	–	—	–	210	1
Wachenheim	—	—	–	–	32	–	—	—	–	—	—	–	32	–
Deidesheim	16	1	171	5	1075	8	212	–		—	—	–	1475	4
Mußbach	—			—	18	1	—	–				–	18	1
Summa	20	3	219	9	1285	4	212	—	—			–	1737	[illegible]

Fracht für:

Monate.	Eilgut fl.	kr.	Gewöhnliches Gut Claße I. fl.	kr.	Claße II. fl.	kr.	Wagenladungs-Claße A. fl.	kr.	B. fl.	kr.	C. fl.	kr.	Provision für Nachnahme fl.	kr.	Versicherungs-Taxe fl.	kr.	Summa. fl.	kr.
I. Monatweise.																		
Januar 1868	–	10	—	40	1	1	–	–	–	—		–	–		–		2	30
Februar „	—	2	–	17	2	37	3	35				–	–		—	4	6	31
März „		2	.	39	8	4	–	—				–			–		9	2
April „	—	—		25	8	10	3	15	—				–	4	—	[illegible]	11	52
Mai „		7	—	25	2	7			—					18		1	2	5
Juni „	—	2	–	22		18	–		—	–								15
Juli „		17		23		44	–	—	–	—		–	—			4	1	3
August „	—	10	—	20	1	53	–		—	—	–				–	2	2	31
September „	–	14	1	10	14	39				–			1	21		2	26	17
October „		3	2	49	1	31						–		2		1	7	30
November „		4	2	55	2	51	–			–			1	21			6	57
December „	–	12		37	1	37	–		—	–						1	4	12
Summa	1	44	14	10	51	10	6	42	–				3	40	–	21	77	51
II. Stationsweise.																		
Stationen.																		
Dürkheim	–	17	3	16	8	13			—		–			4			12	22
Wachenheim					2	10											2	10
Deidesheim	1	27	10	21	40	10	6	15					2	12		21	62	5
Mußbach	—		—		—	2						—						2
Summa	1	41	14	10	51	10	6	4			—		3	16	–	21	77	51

№ 67. Uebersicht des directen Güterverkehrs mit Stationen des Westdeutschen Eisenbahn-Verbandes im Jahre 1868.

Monate.	Gewicht der Sendungen.														Fracht fürs												Provision für Nachnahme.		Versicherungs-Taxe		Summa	
	Eilgut		Gewöhnliches Gut.										Gesammt-Gewicht.		Eilgut		Gewöhnliches Gut.															
			Classe				Wagenladungs-Classe										Classe				Wagenladungs-Classe											
			I.		II.		A.		B.		C.						I.		II.		A.		B.		C.							
	Ctr.	Pf.	Ctr.	Pf.	Ctr.	Pf.	Ctr.	Pf.	Ctr.	Pf.	Ctr.	Pf.	Ctr.	Pf.	fl.	kr.	fl.	kr.	fl.	kr.	fl.	kr.	fl.	kr.	fl.	kr.	fl.	kr.	fl.	kr.	fl.	kr.
I. Monatweise.																																
Januar 1868	6	3	11	7	23	4	—						41	2	—	35	—	12	1	16	—				—		—	11	—	3	2	49
Februar „	5	8	4	7	166	6	—						177	1		32	—	17	6	25					—		—	19	—	6	8	9
März „	10	2	16		167	9	—						194	2	1	6	—	58	7	13	—		—				—	14	—	7	9	38
April „	6	4	8	5	229	3	106	1	—				359	9	—	15	—	39	9	3	3	22					—	46	—	10	14	35
Mai „	15	2	12		253	8	—						281	—	1	45	—	46	9	19	—	—	—		—		1	15	—	5	14	10
Juni „	28	1	26	8	117	—	148				—		319	9	3	20	1	57	4	45	6	54			—		—	58	—	6	17	33
Juli „	16	3	6	2	46	2	170	2					278	1	1	53		27	2	5	7	57	—		—		—	46	—	4	12	44
August „	29	8	49	6	214	8	174	7					465	9	2	52	2	59	8	23	8	9	—		—		—	30	—	5	23	1
September „	36	3	125	6	360	7	—				—		522	8	4	17	7	27	14	27			—		—		1	10	—	3	27	20
October „	85	6	70		240	6	—				—		396	2	10	10	4	10	9	46		—	—		—		3	3	—	10	27	49
November „	64	1	64	2	208	5	—						383	8	6	46	3	46	8	33		—	—		—		2	38	—		21	47
December „	17	5	17	6	154		—						168	1	1	49	1	13	6	11		—	—				—	4	—	12	10	1
Summa	322	1	109	7	2181	4	599	—	—		—		3512	2	35	34	25	2	87	55	26	22	—		—		12	19	1	43	159	15
II. Stationsweise.																																
Stationen.																																
Dürkheim	238	5	49	7	518	6	492	9	—		—		1299	7	29	2	4	2	26	57	23	—	—		—	—	10	7	1	8	91	16
Deidesheim	83	6	60	—	1662	8	106	1	—		—		2212	5	6	32	21	—	60	58	3	22	—	—	—	—	2	12	—	35	94	59
Summa	322	1	109	7	2181	4	599	—	—	—	—	—	3512	2	35	34	25	2	87	55	26	22	—	—	—	—	12	19	1	43	159	15

№ 68. **Uebersicht des directen Güterverkehrs mit den Stationen des mitteldeutschen Eisenbahnverbandes im Jahre 1868.**

Monate.	Gewicht der Sendungen. Gewöhnliches Gut. Eilgut. Ctr.	Pf.	Classe I. Ctr.	Pf.	Classe II. Ctr.	Pf.	Wagenladungs-Classe A. Ctr.	Pf.	Wagenladungs-Classe B. Ctr.	Pf.	Güter mit besonderen Taxen. Ctr.	Pf.	Summa. Ctr.	Pf.	Fracht für Gewöhnliches Gut. Eilgut. fl.	kr.	Classe I. fl.	kr.	Classe II. fl.	kr.	Wagenladungs-Classe A. fl.	kr.	Wagenladungs-Classe B. fl.	kr.	Güter mit besonderen Taxen. fl.	kr.	Provision der Nachnahme. fl.	kr.	Versicherungs-Taxe. fl.	kr.	Summa. fl.	kr.
I. Monatweise.																																
Januar 1868	14	5	11	2	82	3	—	[illegible]	—	—	—		111	—	1	33		53	5	22							[illegible]	[illegible]	[illegible]	[illegible]	8	—
Februar „	5	6	19	7	167	6		—	—	—	—		192	[illegible]	—	56	1	16	7	1					—		[illegible]	[illegible]	[illegible]	[illegible]	9	2[illegible]
März „	7	6	17	9	139	7	108	2		—			473	4		46	1	10	12	[illegible]	2						1	1		1	17	11
April „	17		11	3	342	1	726			—	—		1096	7	1	56	—	14	15	59	32	11			—		2	1[illegible]		12	51	1[illegible]
Mai „	32	9	37	3	298	1		—		—			368	6	3	40	2	19	12	[illegible]	—						2	17			29	19
Juni „	6	5	14	1	138	0		—					159	—		40		57	[illegible]	[illegible]	—				—			[illegible]	—	—	7	[illegible]
Juli „	13	7	80	7	120	8		—		—	—		215	2	1	28	4	52	4	[illegible]					—			1		4	1[illegible]	5[illegible]
August „	18	2	26	4	116	7	221	—					415	3	1	5[illegible]	1	51	5	[illegible]	7	[illegible]			—			[illegible]		[illegible]	17	5[illegible]
September „	24	—	153	—	635	—	581	2	—	—	—	—	1393	2	2	41	9	21	27	[illegible]	21	57					1	[illegible]		[illegible]	63	1[illegible]
October „	27	9	303	3	622	[illegible]	455	3	—	—	100		1415	1	3	[illegible]	12	12	21	[illegible]	15	15			2	[illegible]	3[illegible]			1[illegible]	61	2[illegible]
November „	27	9	106	1	315	—	118	8				—	667	[illegible]	3	10	6	27	[illegible]	[illegible]	3	10					[illegible]			[illegible]	31	[illegible]
December „	27	4	29	7	274	2	223	—	—				553	[illegible]	3	10	1	55	[illegible]	10	7	4					1	[illegible]		[illegible]	23	1
Summa	223	2	719	2	3483	1	2436	5			100	—	6962	—	24	17	44	30	112	17	84	19			2	1[illegible]	[illegible]	[illegible]	1	2[illegible]	[illegible]24	2[illegible]
II. Stationsweise.																																
Stationen.																																
Dürkheim	140	3	193	1	621	5	718	4	—		100	[illegible]	1773	[illegible]	17	[illegible]	1[illegible]	26	30	19	[illegible]	2			2	[illegible]	[illegible]	[illegible]		5	105	[illegible]
Wachenheim	23	1	11	3	700	9	576						1311	[illegible]	2	21		46	31	[illegible]	2[illegible]	[illegible]			[illegible]					1	[illegible]	
Deidesheim	64	3	562	[illegible]	2037	6	1142	1		—			3796	7	1	22	32	[illegible]	76	[illegible]	32	1[illegible]					[illegible]	[illegible]		[illegible]	151	2[illegible]
Mußbach	5	5	12	1	123	1					—		140	7		[illegible]		[illegible]	[illegible]	[illegible]								[illegible]			[illegible]	[illegible]
Summa	225	2	710	2	3463	1	2436	5		—	100		6962	[illegible]	24	17	14	30	112	17	89	19			2	1[illegible]	[illegible]	[illegible]	1	2[illegible]	[illegible]21	2[illegible]

Ergebniß des Main-Neckar-Pfalz-Güterverkehrs im Jahre 1868.

Monate.	Gewicht der Sendungen: Eilgut Ctr.	Pf.	Gewöhnliches Gut, Classe I. Ctr.	Pf.	Classe II. Ctr.	Pf.	Wagenladungs-Classe A. Ctr.	Pf.	B. Ctr.	Pf.	C. Ctr.	Pf.	Gesammt-Gewicht Ctr.	Pf.	Fracht für: Eilgut fl.	kr.	Gewöhnliches Gut, Classe I. fl.	kr.	II. fl.	kr.	Wagenladungs-Classe A. fl.	kr.	B. fl.	kr.	C. fl.	kr.	Provision für Nachnahme fl.	kr.	Vertragsmäßige Taxe fl.	kr.	Summa fl.	kr.
I. Monatweise.																																
Januar 1868	5	6	8	0	191	7	—		7	8	224	8	435	8	—	10	—	26	9	24	—		—	16	6	—	—	—	—	—	16	48
Februar „	3	0	10	3	140	—	571	0	414	5	—	—	1149	0	—	22	—	41	5	34	22	54	58	59	—	—	—	12	—	3	40	35
März „	14	—	14	—	42	1	450	5	131	2	—	—	751	8	1	9	1	—	1	40	22	2	6	51	—	—	—	34	—	—	32	12
April „	7	3	35	9	114	9	—	—	122	2	—	—	288	8	—	43	—	36	4	29	—	—	2	54	—	—	—	12	—	—	9	16
Mai „	15	3	8	6	227	8	—		9	5	100	—	361	3	1	48	—	39	11	—	—	—	—	21	4	36	—	15	—	5	15	50
Juni „	3	3	4	2	45	7	—		9	3	120	—	185	5	—	34	—	19	1	12	—	—	—	14	5	12	—	8	—	—	5	55
Juli „	2	9	10	2	32	5	—		32	—	300	—	385	9	—	37	—	21	1	18				17	6	20	—	8	—	—	8	49
August „	8	3	31	5	93	7	131	7	179	8	—	—	443	6	—	58	—	49	3	10	4	10	3	30	—	—	—	8	—	—	14	40
September „	32	1	42	5	115	3	177	9	35	4	—	—	396	5	1	23	3	14	4	16	4	8	1	0	—	—	—	6	—	—	14	14
October „	40	1	19	4	158	—	143	3	415	7	—	—	787	—	4	55	3	30	6	30	3	28	19	1	—	—	—	24	1	15	30	2
November „	17	7	16	2	101	9	—		415	3	300	—	961	8	1	50	1	—	4	4	—	—	14	17	10	40	—	6	—	3	22	3
December „	12	4	40	9	386	3	—		30	6	—	—	275	4	1	31	2	17	8	45	—	—	—	36	—	—	—	8	—	3	13	16
Summa . .	156	8	188	2	1480	6	1485	8	1556	7	1044	9	5285	—	16	21	18	31	61	45	55	18	55	44	27	2	2	9	1	17	238	47
II. Stationsweise.																																
Stationen.																																
[illegible]	100	2	126	6	646	5	867	4	640	3	944	9	3,303	4	12	13	10	—	31	29	40	1	23	33	25	12	—	6	—	12	142	35
[illegible]	—	3	66	3	82	6	—	—	435	4	—	—	624	5	—	4	—	43	3	46	—	—	15	3	—	—	—	12	—	4	17	51
[illegible]	33	8	31	4	633	3	134	1	766	—	100	—	1,613	3	2	48	1	55	19	35	4	15	16	24	1	50	1	20	1	12	53	23
[illegible]	22	4	19	8	237	1	494	—	31	9	—	—	805	4	1	16	—	36	6	45	11	33	—	55	—	—	—	35	—	—	25	48
Summa . .	156	6	188	2	1480	6	1485	8	1556	7	1044	9	5285	—	16	21	18	31	61	45	55	18	55	44	27	2	2	9	1	27	238	47

Kgl. Pr. Saarbrücken u. Saarbrücken-Trier-Luxemburger Eisenbahn		—	—
Bexbach	—	—	—
Homburg	—	—	—
St. Ingbert	—		—
Hassel	—	—	—
Würzbach	—	—	—
Blieskastel-Lautzkirchen	—	—	—
Bierbach	—	—	—
Schwarzenacker	—	—	—
Zweibrücken	—	—	—
Einöd		—	—
Bruchmühlbach		—	—
Hauptstuhl	—	—	—
Landstuhl	1	8	42
Kusel	—	—	—
Altenglan	—	—	—
Theisbergstegen	—	—	
Erdesbach	—	—	
Rehweiler		—	—
Glan-Münchweiler	—	—	
Niedermohr	—	—	
Steinwenden	—		
Ramstein	—	—	
Kaiserslautern	—		—
Hochspeyer	—		
Frankenstein	—		—
Weidenthal	—		
Lambrecht	—	—	
Neustadt	7	—	190
Weissenburg	—		—
Schaidt		—	—
Winden	—	—	—
Maximiliansau	—	—	—
Wörth		—	—
Langenkandel		—	—
Rohrbach	—	—	15
Landau	—	—	—
Knöringen		—	—
Edesheim		—	—
Edenkoben	—	—	1
Maikammer		—	
Dürkheim		1	11
Wachenheim		2	2
Deidesheim			5
Mußbach			
Haßloch			
Böhl		—	
Schifferstadt		—	—
Germersheim		—	
Lingenfeld			
Heiligenstein			
Berghausen			
Speyer			
Mutterstadt			
Rheingönheim			
Ludwigshafen			
Oggersheim			
Frankenthal			
Bobenheim			
Pfälzische Ludwigsbahn			

Transport im Jahre 1868. (Schluß.)

November							December							Summa						
Pferde	Ochsen	Kühe	Schweine	Kälber rc.	Geld-Betrag		Pferde	Ochsen	Kühe	Schweine	Kälber rc.	Geld-Betrag		Pferde	Ochsen	Kühe	Schweine	Kälber rc.	Geld-Betrag	
Stückzahl					fl.	kr.	Stückzahl					fl.	kr.	Stückzahl					fl.	kr.
—	—	—	—		—	—		—		—	48	1	17	8	—	—	—	56	6	7
—	—	—	—	—	—	—	—	—	—	—	—	—	—	2	—	—	—	—	1	17
—	—	—	—	—	—	—	—	—	—	—	—	—	—	—	—	—	—	—	—	—
—	—	—	—	—	—	—	—	—	—	—	—	—	—	—	—	—	—	—	—	—
—	—	—	—	—	—	—	—	—	—	—	—	—	—	—	—	—	—	—	—	—
—	—	—	—	—	—	—	—	—	—	—	—	—	—	—	—	—	—	—	—	—
—	—	—	—	—	—	—	—	—	—	—	—	—	—	5	—	—	—	—	3	60
—	—	2	26	—	4	6	—	—	—	10	—	2	50	—	2	8	60	2	15	—
—	—	—		82	1	17		—	—	—	58	1	17	1	10	92		2759	96	47
—	—	—	—	—	—	—		—	—	—	—	—	—	—	—	31	—	—	7	6
—	—	—	—	—	—	—	—	—	—	—	—	—	—	—	—	—	—	—	—	—
—	—	—	—	—	—	—	—	—	—	—	—	—	—	—	—	—	—	—	—	—
—	6	25	41	—	7	56	—	1	3	—	—	1	16	—	7	31	41	—	10	15
—	—	—	—	—	—	—	—	—	—	—	—	—	—	—	—	—	—	—	—	—
—	—	5	—	—	1	—			—	—	—	—	—	—	—	10	—	—	2	17
		1	—	—	1	8	—	—	—	43	—	1	32	—	—	1	43	225	10	43
—	—	—	—	—	—	—	—	—	—	—	—	—	—	—	—	2	6	—	2	17
	—	—				—	—		—		—	—	—	—	—			22		20
—		—	—	—	—	—	—		—	—	—	—	—	—	—		1	4		30
3		140	1	29	44	7	11	—	206	—	52	63	56	87	2	1226	1	4147	498	2
—	—	—	—	—	—	—	—	—	—	—	—	—	—	3	—	—	—		1	16
	1	—	—	—	—	42			—	—	—	—	—	—	1	—	—		—	42
—	—	—	—	—	—	—	3	—	4	—	—	—	42	3	—	45	—	—	10	15
—	—	—	—	—	—	—	—	—	—	—	—	—	—	—	—	—	—	—	—	—
—		7	—	—	1	17	—	—	8	—	—	2	34	21	—	137	—	8	47	4
1	—	—	—	—	1	17	—	—	—		—	—	—	8	—	5	—	2	6	50
—	—	—	—	—	—	—	—	—	—	—	—	—	—	—	—	—	1	—	—	3
—	—	—	—	—	—	—	—	—	—	—	—	—	—	—	—	20	—	—	5	30
	—	6	—	2	4	13	—	—	14		—	5	8	6	23	278	8	67	103	48
	—	5	—	—	2	—	—	2	9	—	1	4	11	—	6	112	1	11	39	43
	—	—	—	2	—	12	—	—	6	—	1	1	50	—	5	65	3	47	23	8
	4	—	—	—	3	36	—	—	—		—	—	—	—	6	91	—	22	11	54
	—	—	—	—	—	—	—	—	—	—	—	—	—	—	—	1	—	1	—	17
	—	—	—	—	—	—	—	—	—	—	—	—	—	—	—	1	—	—	—	30
—	—	—	—	—	—	—	—	—	—	—	—	—	—	—	—	—	—	—	—	—
—	—	—	—	—	—	—	—	—	—	—	—	—	—	—	—	—	—	—	—	—
—	—	—	—	—	—	—	—	—	—	—	—	—	—	—	—	7	—	—	1	37
—		32			9	60	—	—	17	—	—	5	7	—	18	157	—	33	64	48
—	—	—	—	—	—	—	—	—	—	—	—	—	—	—	—	—	—	—	—	—
—	—	—	—	—	—	—	—	—	—	—	—	—	—	—	—	7	—	1	—	11
4	11	233	68	65	82	58	11	3	253	52	188	80	56	134	78	2230	106	7542	955	53

Recapitulation.

		fl.	kr.
Uebertrag .		955	59
Es wurden demnach befördert:	Stückzahl		
Pferde . .	154		
Ochsen . .	78		
Kühe . . .	2230		
Schweine .	108		
Kleinvieh .	7542		
Häute . .	563	62	14
Total	10708	1018	7

M 71. **Ergebniß des Kohlen- und Coaks-Transportes**

Monate.	Griesborn (Kronprinz).		Gerhard (Louisenthal).		von der Heydt.		Dudweiler.		Sulzbach.		Altenwald.		Friedrichsthal.		Reden.		Rußhütte.	
	Kohlen.	Coaks	Kohlen.	Coaks	Kohlen.	Coaks	Kohlen.	Coaks	Kohlen.	Coaks	Kohlen.	Coaks	Kohlen.	Coaks	Kohlen.	Coaks	Kohlen.	Coaks
	Centner.		Centner.		Centner.		Centner.		Centner.		Centner.		Centner.		Centner.		Centner.	
Januar 1868	—	—		—	—	—	—	—	—	—	200	—	—	—	2220	—	26760	—
Februar „	—	—	—	—	—	—	—	—	—	—	200	—	—	—	400	—	22880	—
März . „	—	—	—		—	—	—		—	—	100	—	—	—	500	—	11360	—
April . „	—	—	—	—	—	—	—	—	—	—	100	—		—	600	—	7920	—
Mai „	—	—	—	—	—	—	—	—		—	100	—	—	—	1100	—	7520	—
Juni . „	—	—	—		—	—	—		—	—	100	—	—	—	1220	—	7340	
Juli . „	—	—	100		—	—	—	—	—	—	500	—	—	—	2200	—	9140	
August „	—	—	—	—		—	—		—	—	300	—	700	—	1220	—	11820	
September „	—	—	—	—	—	—		—	—	—	300	—	200	—	1000	—	20480	—
October „	—	—	—	—	100	—	—		—	—	300	—	800	—	2200	—	21580	
November „	—	—	—	—	—	—	—	—	—	—	600	—	3200		2420	—	21160	
December „	—	—	—	—	—	—	—	—	—	—	300	—	3000	—	1800	—	23960	—
Summa .		—	100	—	100	—	—	—	—	—	3100	—	7900	—	17080	—	191940	—

nach Gruben-Stationen im Jahre 1868.

Heinitz (Dechen).		Zichwald-Stollen (Neunkirchen).		Bexbach.		Homburg.		St. Ingbert.		Maximiliansau.		Ludwigshafen.		Summa.		Total.
Kohlen.	Coaks	Kohlen.	Coaks	Kohlen.	Coaks	Kohlen.	Coaks	Kohlen.	Coaks	Kohlen.	Coaks	Kohlen.	Coaks	Kohlen.	Coaks	
Centner.		Centner.		Centner.		Centner.		Centner.		Centner.		Centner.		Centner.		
500	—	8700	100	2700	—	—	—	—	—	—	—	—	—	41100	100	41200
700	—	4900	200	200	—	—	—	100	—	—	—	—	—	29380	200	29580
700	—	1120	—	—	—	—	—	100	—	—	—	—	—	13880	—	13880
600	200	1020	—	300	—	—	—	—	—	—	—	—	—	10740	200	10940
500	—	800	—	—	—	—	—	—	—	—	—	—	—	10020	—	10020
500	—	500	300	500	—	—	—	—	—	—	—			10160	300	10160
500	—	500	400	2400	—	—	—	—	—	—	—	—	—	15340	400	15740
500	—	1200	—	1100	—	—	—	—	—	—	—	—	—	16840	—	16640
700	—	2100	—	300	—	—	—	200	—	—	—	—	—	25280	—	25280
1600	—	6920	—	2100	—	—	—	200	—	—	—	—	—	35800	—	35800
1740	—	4800	—	1500	—	—	—	1700	—	—	—	—	—	37120	—	37120
1500	—	5000	650	600	—	100	—	—	—	—	—	—	—	36260	650	36910
10040	200	37560	1650	11700		100	—	2300	—	—	—	—		281920	1850	283770

№ 72. Uebersicht der Kohlen- und Coaks-Transporte im Jahre 1868.

Monate.	Kohlen.	Coaks.	Gesammtzahl der Centner.	Taxe.	
	Centner.			fl.	kr.
I. Monatweise.					
Januar 1868	41100	100	41200	971	20
Februar . . . . „	29380	200	29580	722	30
März . . . . „	13880	—	13880	333	48
April . . . . „	10740	200	10940	245	50
Mai . . . . „	10020	—	10020	223	40
Juni . . . . „	10160	300	10460	229	10
Juli . . . . „	15340	400	15740	351	54
August . . . . „	16840	—	16840	385	10
September . . . . „	25280	—	25280	596	50
October . . . . „	35800	—	35800	855	36
November . . . . „	37120	—	37120	836	14
December . . . . „	36260	650	36910	837	21
Summa . .	281920	1850	283770	6592	23
II. Stationsweise.					
Dürkheim	204820	1850	206670	5287	47
Wachenheim	23280	—	23280	460	36
Deidesheim	35860	—	35860	641	—
Mußbach	17960	—	17960	183	—
Summa . .	281920	1850	283770	6592	23

Pfälzische Nordbahnen.

Landstuhl-Kusel.

I. Monat-

		1	2	3	4	5	6	7	8	9	10	11	12	13	14	15	16	17	18	19	20
Januar	1868	—	—	—	[illegible]		[illegible]	—	—	—	—	—	[illegible]	—	[illegible]	—	[illegible]	—	[illegible]	[illegible]	[illegible]
Februar	"	—	—	[illegible]	—			—	—	[illegible]	[illegible]	—	[illegible]		[illegible]	—	—	—	[illegible]	[illegible]	[illegible]
März	"	—	—	—		—	—		[illegible]	[illegible]	—	[illegible]	[illegible]		[illegible]	—	[illegible]	—	[illegible]	[illegible]	[illegible]
April	"	[illegible]	—	[illegible]				—	—		—	—	[illegible]	—	[illegible]	—	[illegible]	—	[illegible]	[illegible]	[illegible]
Mai	"	[illegible]	—			—	—	—	—	—	—	—	[illegible]		[illegible]	[illegible]	[illegible]	—	[illegible]	[illegible]	[illegible]
Juni	"	—	—	—		—	—	[illegible]	—	—	—	—	—	—	[illegible]	—	[illegible]	—	[illegible]	[illegible]	[illegible]
Juli	"	[illegible]	—	[illegible]		—	—		[illegible]	—	—	—	[illegible]		[illegible]	—	[illegible]	—	[illegible]	[illegible]	[illegible]
August	"	[illegible]	[illegible]	[illegible]	—		—	—	[illegible]	—	—	—	[illegible]	[illegible]	[illegible]	—	[illegible]	—	[illegible]	[illegible]	[illegible]
September	"	1	[illegible]	2531	—	[illegible]	1	376	2848	[illegible]	6350	1	12	[illegible]	[illegible]	493	[illegible]	—	[illegible]	4	[illegible]
October	"	2	[illegible]	7636	1	[illegible]	4	786	[illegible]	62	15436	2	36	[illegible]	[illegible]	1217	[illegible]	1	[illegible]	11	[illegible]
November	"	—	[illegible]	6359	2	[illegible]	—	896	5108	[illegible]	12738		[illegible]	1303	[illegible]	1074	[illegible]	2	[illegible]	[illegible]	[illegible]
December	"	[illegible]	[illegible]	5488	2	[illegible]	1	592	4616	130	11001	6	102	[illegible]	[illegible]	914	[illegible]	2	[illegible]	[illegible]	[illegible]
Summa		[illegible]	1300	21670	4	[illegible]	10	[illegible]	[illegible]	925	[illegible]	10	24	480	[illegible]	3710	42	4	[illegible]	[illegible]	[illegible]

II. Stations-

Stationen.	1	2	3	4	5	6	7	8	9	10	11	12	13	14	15	16	17	18	19	20
Saarbr.-Heil.-Bl. Verkehr		—		[illegible]		—		[illegible]	[illegible]	[illegible]		[illegible]		[illegible]	—	[illegible]	[illegible]	[illegible]	[illegible]	[illegible]
Bexbach								[illegible]	[illegible]	[illegible]		[illegible]		[illegible]	—	[illegible]	[illegible]	[illegible]	[illegible]	[illegible]
Homburg	—	[illegible]	[illegible]	[illegible]	[illegible]	[illegible]	[illegible]	110	[illegible]	[illegible]	—	[illegible]	[illegible]	[illegible]	[illegible]	[illegible]	[illegible]	[illegible]	[illegible]	[illegible]
St. Ingbert		[illegible]	[illegible]	[illegible]	1	[illegible]	[illegible]	[illegible]	[illegible]	[illegible]		[illegible]	[illegible]	[illegible]	[illegible]	[illegible]	[illegible]	[illegible]	[illegible]	[illegible]
Hassel		[illegible]	[illegible]	[illegible]	[illegible]	[illegible]	[illegible]	9	[illegible]	[illegible]		[illegible]	[illegible]	[illegible]	[illegible]	[illegible]	[illegible]	[illegible]	[illegible]	[illegible]
Würzbach		[illegible]	10	—	[illegible]	—	[illegible]	[illegible]	[illegible]	[illegible]	—	[illegible]	[illegible]	[illegible]	1	[illegible]	[illegible]	[illegible]	[illegible]	[illegible]
Blieskastel-Lautzkirchen		[illegible]	[illegible]	[illegible]	[illegible]	—	[illegible]	[illegible]	[illegible]	[illegible]		[illegible]	[illegible]	[illegible]	11	[illegible]	[illegible]	[illegible]	[illegible]	[illegible]
Bierbach	[illegible]	[illegible]	[illegible]	[illegible]	[illegible]	—	[illegible]	[illegible]	[illegible]	[illegible]		[illegible]	[illegible]	[illegible]	—	[illegible]	[illegible]	[illegible]	[illegible]	[illegible]
Schwarzenacker	[illegible]	[illegible]	[illegible]	[illegible]	[illegible]	[illegible]	[illegible]	—	[illegible]	[illegible]	—	[illegible]	[illegible]	[illegible]	—	[illegible]	[illegible]	[illegible]	[illegible]	[illegible]
Zweibrücken	[illegible]	[illegible]	[illegible]	—	[illegible]	—	[illegible]	[illegible]	10	329		[illegible]	[illegible]	[illegible]	[illegible]	[illegible]	[illegible]	[illegible]	[illegible]	[illegible]
Einöd	[illegible]	[illegible]	[illegible]		[illegible]		[illegible]	[illegible]	[illegible]	[illegible]		[illegible]	[illegible]	[illegible]	1	[illegible]	[illegible]	[illegible]	[illegible]	[illegible]
Bruchmühlbach	[illegible]	1	[illegible]	—	[illegible]	—	[illegible]	[illegible]	—	[illegible]		[illegible]	[illegible]	[illegible]	11	[illegible]	[illegible]	[illegible]	[illegible]	[illegible]
Hauptstuhl	[illegible]	[illegible]	[illegible]	[illegible]	[illegible]	—	[illegible]	[illegible]	[illegible]	—		[illegible]	[illegible]	[illegible]	—	[illegible]	[illegible]	[illegible]	[illegible]	[illegible]
Landstuhl	[illegible]	[illegible]	3210		[illegible]	—	[illegible]	[illegible]	[illegible]	6310	—	[illegible]	[illegible]	[illegible]	758	[illegible]	[illegible]	[illegible]	[illegible]	[illegible]
Kusel	[illegible]	[illegible]	1292		[illegible]	[illegible]	[illegible]	[illegible]	[illegible]	9158	[illegible]	[illegible]	[illegible]	[illegible]	902	[illegible]	[illegible]	[illegible]	[illegible]	[illegible]
Altenglan	[illegible]	[illegible]	2498		[illegible]	[illegible]	[illegible]	[illegible]	[illegible]	[illegible]	[illegible]	[illegible]	[illegible]	[illegible]	401	[illegible]	[illegible]	[illegible]	[illegible]	[illegible]
Theisbergstegen	[illegible]	[illegible]	[illegible]			[illegible]	[illegible]	[illegible]	[illegible]	2177	[illegible]	[illegible]	[illegible]	[illegible]	[illegible]	[illegible]	[illegible]	[illegible]	[illegible]	[illegible]
Eisenbach	[illegible]	[illegible]	[illegible]				[illegible]	[illegible]	[illegible]	[illegible]		[illegible]	[illegible]	[illegible]	[illegible]	[illegible]	[illegible]	[illegible]	[illegible]	[illegible]
Rehweiler	[illegible]	[illegible]	[illegible]				[illegible]	[illegible]	[illegible]	[illegible]		[illegible]	[illegible]	[illegible]	[illegible]	[illegible]	[illegible]	[illegible]	[illegible]	[illegible]
Glan-Münchweiler	[illegible]	[illegible]	3196		20		[illegible]	[illegible]	[illegible]	[illegible]		[illegible]	[illegible]	[illegible]	407	[illegible]	[illegible]	[illegible]	[illegible]	[illegible]
[illegible]	[illegible]	[illegible]	911				[illegible]	[illegible]	[illegible]	1979		[illegible]	[illegible]	[illegible]	110	[illegible]	[illegible]	[illegible]	[illegible]	[illegible]
Steinwenden	[illegible]	[illegible]	1800				[illegible]	[illegible]	[illegible]	[illegible]		[illegible]	[illegible]	[illegible]	[illegible]	[illegible]	[illegible]	[illegible]	[illegible]	[illegible]
Ramstein	[illegible]	[illegible]	[illegible]	—			[illegible]	[illegible]	[illegible]	[illegible]		[illegible]	[illegible]	[illegible]	[illegible]	[illegible]	[illegible]	[illegible]	[illegible]	[illegible]
Kaiserslautern	[illegible]	[illegible]	421	[illegible]		[illegible]	[illegible]	[illegible]	[illegible]	1728		[illegible]	[illegible]	[illegible]	[illegible]	[illegible]	[illegible]	[illegible]	[illegible]	[illegible]
Hochspeyer	[illegible]		[illegible]			[illegible]		[illegible]		[illegible]		[illegible]		[illegible]	[illegible]	[illegible]	[illegible]	[illegible]	[illegible]	[illegible]
Frankenstein	[illegible]		[illegible]			[illegible]		[illegible]		[illegible]		[illegible]		[illegible]	[illegible]	[illegible]	[illegible]	[illegible]	[illegible]	[illegible]
Weidenthal	[illegible]		[illegible]	[illegible]		[illegible]	[illegible]	[illegible]		[illegible]		[illegible]	[illegible]	[illegible]	—	[illegible]	[illegible]	[illegible]	[illegible]	[illegible]
Lambrecht	[illegible]		[illegible]	[illegible]		[illegible]	[illegible]	[illegible]		[illegible]		[illegible]	[illegible]	[illegible]	[illegible]	[illegible]	[illegible]	[illegible]	[illegible]	[illegible]
Neustadt	[illegible]	[illegible]	[illegible]			[illegible]	[illegible]	[illegible]		[illegible]		[illegible]	[illegible]	[illegible]	[illegible]	[illegible]	[illegible]	[illegible]	[illegible]	[illegible]
Weißenburg	[illegible]	[illegible]	[illegible]		—	[illegible]		[illegible]		19		[illegible]		[illegible]	[illegible]	[illegible]	[illegible]	[illegible]	[illegible]	[illegible]
Schaidt	[illegible]	[illegible]			—	[illegible]	—	—				[illegible]		[illegible]	[illegible]	[illegible]	[illegible]	[illegible]	[illegible]	[illegible]
Winden	[illegible]	[illegible]				[illegible]						[illegible]		[illegible]	—	[illegible]	[illegible]	[illegible]	[illegible]	[illegible]
Zu übertragen	7	[illegible]	21990		19	[illegible]	2326	[illegible]	901	44865	[illegible]	[illegible]	471	[illegible]	[illegible]	54	[illegible]	[illegible]	[illegible]	[illegible]

und Nebenerträgnissen im Jahre 1868.

Ertrag.																												
Retour-Billete.						Militär.		Summa.		Gepäck.				Lagergebühren.		Equipagentransport-Taxen.		Viehtransport-Taxen.		Gütertransport-Taxen.		Kohlentransport-Taxen.		Gewicht			Summe der Einnahmen.	
I.		II.		III.						Gewicht.		Ertrag.												der Güter.		der Kohlen.		
fl.	kr.	fl.	kr.	fl.	kr.	fl.	kr.	fl.	kr.	Ctr.	Pf.	fl.	kr.	fl.	kr.	fl.	kr.	fl.	kr.	fl.	kr.	fl.	kr.	Ctr.	Pf.	Centner.	fl.	kr.
…weise.																												
[illegible]																												
9	15	720	12	3560	[illegible]	131	53	[illegible]	36	670	70	[illegible]	16	—	—	—	—	[illegible]	57	[illegible]	1	[illegible]	[illegible]	27250	9	[illegible]	[illegible]	[illegible]
…weise.																												
[illegible]																												
9	15	[illegible]	[illegible]	[illegible]	[illegible]	[illegible]	2	4101	22	[illegible]	—	[illegible]	23				—	[illegible]	37	[illegible]	3	[illegible]	19	217010	3	[illegible]	21102	4

Uebersicht der Frequenz und Einnahme nach Wagenclassen

…r verkauften Billete.						Geld…									
…nell-zug	Retour-Billete.			Militär.	Summa.	Einfache Billete.									
						Gewöhnlicher Zug.						Schnellzug.			
II.	I.	II.	III.			I.		II.		III.		I.		II.	
						fl.	kr.	fl.	kr.	fl.	kr.	fl.	kr.	fl.	kr.
19	10	2326	1870	901	4965	9	6	171	30	3548	31	—	—	80	6
—	—	—	—	1	3	—	—	—	—	—	25	—	—	—	—
—	—	—	—	—	—	—	—	—	—	—	—	—	—	—	—
—	—	—	—	—	3	—	—	—	—	1	30	—	—	—	—
—	—	—	—	—	1	—	—	—	—	—	15	—	—	—	—
1		6	8	24	38	—	—	3	36	12	21	—	—	—	48
—	—	—	—	—	—	—	—	—	—	—	—	—	—	—	—
—	—	—	—	—	—	—	—	—	—	—	—	—	—	—	—
3	—	8	60	—	65	—	—	—	45	5	27	—	—	2	24
—	—	—	—	—	—	—	—	—	—	—	—	—	—	—	—
1	—	6	11	—	17	—	—	—	—	5	27	—	—	—	24
—	—	4	3	—	7	—	—	—	18	—	—	—	—	—	—
—		2	2	—	7	—	—	—	—	—	15	—	—	—	—
—	—	—	—	—	—	—	—	—	—	—	—	—	—	—	—
—	—	2	2	—	8	—	—	—	—	2	—	—	—	—	—
—	—	—	—	—	—	—	—	—	—	—	—	—	—	—	—
—	—	—	—	—	1	—	—	—	—	—	18	—	—	—	—
—	—	—	—	4	7	—	—	—	—	—	15	—	—	—	—
—	—	—	—	—	—	—	—	—	—	—	—	—	—	—	—
—	—	—	—	—	—	—	—	—	—	—	—	—	—	—	—
—	—	—	—	—	—	—	—	—	—	—	—	—	—	—	—
4	—	8	28	15	53	—	—	6	12	11	30	6	54	3	6
—	—	—	—	—	—	—	—	—	—	—	—	—	—	—	—
—	—	—	—	—	—	—	—	—	—	—	—	—	—	—	—
—	—	13	16	18	95	1	18	4	15	17	36	—	—	—	—
—	—	—	—	—	—	—	—	—	—	—	—	—	—	—	—
—	—	6	4	—	10	—	—	—	48	3	38	—	—	—	—
—	—	—	—	—	—	—	—	—	—	—	—	—	—	—	—

und Nebenerträgnissen im Jahre 1868. (Schluß.)

Ertrag. Retour-Billete I.		II.		III.		Abfälle		Summa		Gepäck. Gewicht		Ertrag		Lagergebühren.		Equipagentransport-Taxen.		Viehtransport-Taxen.		Güterstransport-Taxen.		Kohlentransport-Taxen.		Gewicht der Güter.		der Kohlen.	Summa der Einnahmen.	
fl.	kr.	fl.	kr.	fl.	kr.	fl.	kr.	fl.	kr.	Ctr.	Pf.	fl.	kr.	fl.	kr.	fl.	kr.	fl.	kr.	fl.	kr.	fl.	kr.	Ctr.	Pf.	Centner.	fl.	kr.
9	45	1224	42	2521	12	349	2	5494	23	638	—	162	52		—	—	—	500	57	10106	2	2637	19	217019	8	55540	21482	4
0	11	720	12	3500	6	121	55	4405	31	670	70	171	16			—		500	57	10811	1	2967	10	222270	9	55540	22364	99

I. Monat-

1868	—	—	—	—	—	—	—	—	—	—	—	—	—	—	—	—
„	—	—	—	—	—	—	—	—	—	—	—	—	—	—	—	—
„	—	—	—	—	—	—	—	—	—	—	—	—	—	—	—	—
„	—	—	—	—	—	—	—	—	—	—	—	—	—	—	—	—
„	—	—	—	—	—	—	—	—	—	—	—	—	—	—	—	—
„	—	—	—	—	—	—	—	—	—	—	—	—	—	—	—	—
„	—	—	—	—	—	—	—	—	—	—	—	—	—	—	—	—
„	—	—	—	—	—	—	—	—	—	—	—	—	—	—	—	—
„	141	6	248	5	1767	6	160	—	1651	9	1900	—	17545	4	23416	—
„	444	1	944	—	5728	3	437	7	4707	2	21631	—	38071	5	72163	6
„	388	7	921	5	5464	6	380	—	3289	1	28877	—	23558	—	62878	9
„	397	1	817	5	4880	7	161	8	4685	5	1917	5	60885	1	73751	2
. .	1371	5	2932	5	17847	2	1139	5	14333	7	54525	5	140060	—	232209	9

II. Stations-

	2	4	—	5	7	1	—		81	—	—	—	11230	6	11321	6
.	16	4	11	4	67	8	—	—	100	—	—	—	16974	8	17190	4
.	63	8	12	7	237	8	—	—	—	—	110	—	2730	—	2154	3
	—	—	—	5	8	9	—	—	—	—	—	—	210	—	219	1
.	1	6	3	2	13	1	—	—	—	—	—	—	420	—	438	4
.	5	2	3	6	24	2	—	—	3	—	—	—	3770	—	3800	2
.	—	—	—	—	—	—	—	—	—	—	—	—	—	—	—	—
.	—	—	3	—	13	9	—	—	—	5	—	—	6471	—	6493	4
	40	3	22	1	46	—	—	—	9	8	—	—	18424	—	18542	3
	—	—	—	—	—	—	—	—	—	—	—	—	—	—	—	—
	3	3	—	6	21	3	—	—	2	1	—	—	5655	—	5683	—
	1	1	—	—	—	5	—	—	—	—	—	—	—	—	1	6
	124	2	109	6	2167	—	—	—	1136	3	499	5	60828	—	64974	6
	463	5	1293	5	4080	3	431	5	665	2	19895	—	1808	1	29738	—
	54	5	243	1	1428	—	247	7	4093	6	19110	—	118	—	25334	9
	13	1	11	2	271	7	—	—	213	1	700	—	—	—	1209	4
	22	5	3	3	836	4	—	—	—	—	—	—	—	—	862	3
	14	9	18	8	232	2	—	—	—	—	—	—	12	—	264	3
	114	2	363	—	1792	3	—	—	620	2	5000	—	1	4	7989	3
	27	6	58	1	366	—	—	—	3	5	200	—	21	1	626	1
.	45	3	193	5	661	3	—	—	472	—	3100	—	100	—	4572	—
. .	1100	—	2427	9	12045	6	679	5	7580	3	48674	5	125780	—	202187	8

Güterverkehrs im Jahre 1868.

Fracht für														Lade- und Wage-Gebühren		Provision für Nachnahme		Versicherungs-Taxe		Summa	
Eilgut		Gewöhnliches Gut																			
		I. Classe		II. Classe		Wagenladungs-Classe						Güter mit besonderen Taxen									
						A.		B.		C.											
fl.	kr.	fl.	kr.	fl.	kr.	fl.	kr.	fl.	kr.	fl.	kr.	fl.	kr.	fl.	kr.	fl.	kr.	fl.	kr.	fl.	kr.
weise.																					
—	—	—	—	—	—	—	—	—	—	—	—	—	—	—	—	—	—	—	—	—	—
—	—	—	—	—	—	—	—	—	—	—	—	—	—	—	—	—	—	—	—	—	—
—	—	—	—	—	—	—	—	—	—	—	—	—	—	—	—	—	—	—	—	—	—
—	—	—	—	—	—	—	—	—	—	—	—	—	—	—	—	—	—	—	—	—	—
—	—	—	—	—	—	—	—	—	—	—	—	—	—	—	—	—	—	—	—	—	—
—	—	—	—	—	—	—	—	—	—	—	—	—	—	—	—	—	—	—	—	—	—
—	—	—	—	—	—	—	—	—	—	—	—	—	—	—	—	—	—	—	—	—	—
—	—	—	—	—	—	—	—	—	—	—	—	—	—	—	—	—	—	—	—	—	—
25	8	28	3	122	14	11	[illegible]	33	30	62	3	378	32	—	—	—	15	1	13	726	30
70	15	117	40	390	23	82	[illegible]	131	38	928	13	1040	13	8	—	3	17	4	30	2904	31
61	30	102	29	474	47	36	[illegible]	159	8	1170	53	582	59	41	10	2	19	21	21	2612	35
61	52	100	25	347	10	11	47	241	17	62	52	3848	15	10	11	2	31	5	15	4608	29
227	5	353	40	1299	34	83	10	667	31	2231	10	5850	2	64	54	8	32	35	27	10841	1
weise.																					
—	32	—	6	—	34	—	—	1	36	—	—	336	34	—	—	—	—	—	—	376	6
3	2	1	21	5	20	—	—	5	22	—	—	355	34	—	—	—	—	—	6	370	32
7	32	1	8	11	50	—	—	—	—	4	2	56	1	—	—	—	34	—	—	80	53
—	—	—	4	—	43	—	—	—	—	—	—	4	14	—	—	—	—	—	—	5	6
—	14	—	26	—	23	—	—	—	—	—	—	2	37	—	—	—	—	—	—	3	47
4	41	—	23	1	30	—	—	—	30	—	—	61	36	—	—	—	—	—	—	84	45
—	—	—	—	—	—	—	—	—	—	—	—	—	—	—	—	—	—	—	—	—	—
—	—	—	12	2	24	—	—	—	2	—	—	130	15	—	—	—	8	—	—	132	3
3	14	3	32	4	10	—	—	—	21	—	—	270	30	—	—	—	6	—	11	280	10
—	—	—	—	—	—	—	—	—	—	—	—	—	—	—	—	—	—	—	—	—	—
—	41	—	2	1	30	—	—	—	6	—	—	108	53	—	—	—	—	—	—	109	45
—	13	—	—	—	1	—	—	—	—	—	—	—	—	—	—	—	—	—	—	—	10
87	32	23	12	102	1	—	—	65	—	30	34	4178	2	—	—	1	26	1	9	4490	2
82	17	130	41	135	13	32	9	26	16	353	18	41	30	41	45	—	12	2	27	1934	22
8	10	31	37	248	31	18	3	488	36	327	37	4	30	6	30	—	3	—	31	1215	13
2	23	1	42	18	12	—	—	2	37	24	47	—	—	—	—	—	—	—	—	25	24
3	30	—	23	32	47	—	—	—	—	—	—	—	—	—	—	—	—	—	—	36	33
2	30	1	41	12	32	—	—	—	—	—	—	—	31	—	—	—	12	—	—	23	5
16	16	32	13	142	41	—	—	25	5	159	31	—	25	11	35	—	2	1	48	360	11
3	47	4	11	13	8	—	—	1	33	4	20	—	33	—	—	—	—	—	—	33	30
4	9	12	18	25	1	—	—	11	1	21	17	1	41	4	10	—	2	—	11	113	56
188	52	301	35	974	11	30	17	578	26	2097	14	5610	34	64	8	5	41	11	13	9673	2

Ergebniß des internen

Stationen.	Gewicht der Sendungen.														Gesammt-Gewicht.	
	Eilgut.		Gewöhnliches Gut.													
			I. Classe.		II. Classe.		Wagenladungs-Classe A.		B.		C.		Güter mit besonderen Taxen.			
	Ctr.	k.	Ctr.	k.	Ctr.	k.	Ctr.	k.	Ctr.	k.	Ctr.	k.	Ctr.	k.	Ctr.	k.
Uebertrag . .	1100	—	2427	2	12945	6	670	5	7580	3	48674	5	128780	—	202187	8
Ramstein	74	5	128	1	660	—	—	—	165	5	4140	—	2	—	5170	1
Kaiserslautern	55	7	53	—	1456	2	180	—	1514	—	961	—	3243	—	7463	6
Hochspeyer	1	8	—	—	7	3	—	—	—	—	25	—	—	—	104	1
Frankenstein	1	—	6	1	30	2	—	—	116	—	—	—	—	—	154	—
Weidenthal	—	—	—	—	—	—	—	—	—	—	—	—	—	—	—	—
Lambrecht	1	—	7	9	149	7	—	—	—	—	—	—	—	—	158	6
Neustadt	7	2	20	1	105	9	—	—	800	2	—	—	840	—	1774	1
Weißenburg	—	—	—	—	—	—	—	—	—	—	—	—	—	—	—	—
Schaidt	—	—	—	—	—	—	—	—	—	—	—	—	—	—	—	—
Winden	1	6	—	5	4	6	—	—	—	5	—	—	—	—	7	2
Maximiliansau	1	6	7	8	663	—	—	—	96	3	—	—	—	—	768	4
Wörth	—	—	—	—	—	—	—	—	—	—	—	—	—	—	—	—
Langenkandel	1	—	2	5	22	9	—	—	—	—	—	—	—	—	26	4
Rohrbach	—	—	1	1	12	6	120	—	4	3	—	—	—	—	138	4
Landau	13	4	17	5	55	2	80	—	5	7	—	—	—	—	171	8
Knöringen	—	—	—	5	14	6	—	—	—	—	—	—	—	—	15	3
Edesheim	—	—	—	—	7	2	—	—	—	—	—	—	—	—	7	2
Edenkoben	13	2	1	8	29	5	—	—	42	2	—	—	—	—	86	7
Maikammer	1	5	1	—	63	8	—	—	—	—	—	—	—	—	66	3
Dürkheim	14	2	7	8	66	6	—	—	203	—	—	—	420	—	712	1
Wachenheim	4	—	—	—	1	2	—	—	166	1	215	—	210	—	598	3
Deidesheim	2	—	—	5	3	—	—	—	41	—	—	—	210	—	256	5
Mußbach	—	—	—	6	1	1	—	—	102	7	300	—	210	—	614	4
Haßloch	—	5	2	7	8	5	—	—	11	3	—	—	—	—	22	—
Böhl	—	—	—	—	—	—	—	—	—	—	—	—	—	—	—	—
Schifferstadt	—	—	2	—	—	5	—	—	—	—	—	—	—	—	2	5
Germersheim	1	5	1	5	28	3	—	—	—	—	—	—	—	—	31	3
Lingenfeld	—	5	—	—	—	—	—	—	—	—	—	—	—	—	—	5
Heiligenstein	—	—	—	—	—	—	—	—	—	—	—	—	—	—	—	—
Berghausen	—	—	—	—	—	—	—	—	—	—	—	—	—	—	—	—
Speyer	13	6	14	5	86	1	—	—	111	6	—	—	2016	—	2240	8
Mutterstadt	—	6	—	—	2	5	—	—	1	2	—	—	—	—	4	3
Rheingönheim	—	—	—	—	—	—	—	—	—	—	—	—	—	—	—	—
Ludwigshafen	118	6	228	7	1319	8	80	—	3360	5	150	—	4129	—	9311	6
Oggersheim	—	—	—	—	3	2	—	—	—	—	—	—	—	—	3	2
Frankenthal	6	3	3	2	96	3	—	—	8	4	—	—	—	—	113	2
Bobenheim	1	5	—	5	—	—	—	—	—	—	—	—	—	—	2	—
Summa . .	1371	5	2932	5	17847	2	1139	5	14333	7	54525	5	140060	—	232209	9

Güterverkehrs im Jahre 1868. (Schluß.)

Fracht für: Eilgut		Gewöhnliches Gut: I. Classe		II. Classe		Wagenladungs-Classe A.		Wagenladungs-Classe B.		Wagenladungs-Classe C.		Güter mit besonderen Taxen.		Lad- und Waag-Gebühren.		Provision für Nachnahme.		Versicherungs-Taxe.		Summa.	
fl.	kr.	fl.	kr.	fl.	kr.	fl.	kr.	fl.	kr.	fl.	kr.	fl.	kr.	fl.	kr.	fl.	kr.	fl.	kr.	fl.	kr.
188	53	801	35	974	2	50	12	378	56	2087	14	5810	34	64	4	8	41	11	42	9073	2
5	41	8	39	25	—	—	—	3	5	86	56	—	8	—	50	—	12	—	12	140	41
8	29	5	25	58	13	12	34	63	53	29	42	62	26	—	—	—	42	—	6	272	20
—	16	—	—	—	37	—	—	—	—	3	19	—	—	—	—	—	—	—	—	4	22
—	7	—	20	1	11	—	—	3	17	—	—	—	—	—	—	—	3	—	—	5	47
—	—	—	—	—	—	—	—	—	—	—	—	—	—	—	—	—	—	—	—	—	—
—	7	—	45	8	43	—	—	—	—	—	—	—	—	—	—	—	—	—	6	9	41
1	18	2	30	7	42	—	—	32	22	—	—	17	14	—	—	—	9	—	6	61	21
—	—	—	—	—	—	—	—	—	—	—	—	—	—	—	—	—	—	—	—	—	—
—	—	—	—	—	—	—	—	—	—	—	—	—	—	—	—	—	—	—	—	—	—
—	19	—	4	—	23	—	—	—	2	—	—	—	—	—	—	—	—	—	—	—	48
—	12	—	51	55	15	—	—	5	7	—	—	—	—	—	—	—	9	—	9	62	16
—	—	—	—	—	—	—	—	—	—	—	—	—	—	—	—	—	—	—	—	—	—
—	13	—	14	1	34	—	—	—	—	—	—	—	—	—	—	—	—	—	—	2	21
—	—	—	7	1	24	6	30	—	15	—	—	—	—	—	—	—	—	—	—	10	22
2	21	2	—	4	31	5	44	—	26	—	—	—	—	—	—	—	3	—	9	15	19
—	—	—	3	1	10	—	—	—	—	—	—	—	—	—	—	—	—	—	—	1	13
—	—	—	—	—	38	—	—	—	—	—	—	—	—	—	—	—	—	—	—	—	38
2	4	—	14	1	41	—	—	1	56	—	—	—	—	—	—	—	—	—	—	5	57
—	14	—	7	3	20	—	—	—	—	—	—	—	—	—	—	—	—	—	—	3	41
2	26	—	55	4	21	—	—	4	20	—	—	8	37	—	—	—	—	—	—	21	48
—	16	—	—	—	6	—	—	3	20	4	18	4	12	—	—	—	—	—	—	14	42
—	14	—	1	—	15	—	—	2	12	—	—	4	12	—	—	—	—	—	—	7	4
—	—	—	4	—	4	—	—	5	30	4	—	4	12	—	—	—	—	—	—	13	57
—	4	—	13	—	30	—	—	—	46	—	—	—	—	—	—	—	—	—	—	1	33
—	—	—	—	—	—	—	—	—	—	—	—	—	—	—	—	—	—	—	—	—	—
—	—	—	14	—	3	—	—	—	—	—	—	—	—	—	—	—	—	—	—	—	17
—	15	—	0	2	18	—	—	—	—	—	—	—	—	—	—	—	3	—	—	2	45
—	6	—	—	—	—	—	—	—	—	—	—	—	—	—	—	—	—	—	—	—	6
—	—	—	—	—	—	—	—	—	—	—	—	—	—	—	—	—	—	—	—	—	—
—	—	—	—	—	—	—	—	—	—	—	—	—	—	—	—	—	—	—	—	—	—
3	13	1	33	6	56	—	—	3	17	—	—	41	20	—	—	—	—	—	3	56	52
—	4	—	—	—	13	—	—	—	4	—	—	—	—	—	—	—	—	—	—	—	21
—	—	—	—	—	—	—	—	—	—	—	—	—	—	—	—	—	—	—	—	—	—
6	37	20	52	89	29	5	14	174	13	5	31	26	48	—	—	1	30	22	54	441	36
—	—	—	—	—	15	—	—	—	—	—	—	—	—	—	—	—	—	—	—	—	15
—	57	—	23	7	51	—	—	—	27	—	—	—	—	—	—	—	—	—	—	2	38
—	0	—	3	—	—	—	—	—	—	—	—	—	—	—	—	—	—	—	—	—	8
227	5	353	36	1299	34	83	10	687	31	2231	10	5850	2	64	54	8	32	35	22	10841	1

№ 77.

Tabelle über den Vieh-

Stationen.	September.							October.							November.						
	Pferde.	Ochsen.	Kühe.	Schweine.	Kälber 2c.	Geld-Betrag.		Pferde.	Ochsen.	Kühe.	Schweine.	Kälber 2c.	Geld-Betrag.		Pferde.	Ochsen.	Kühe.	Schweine.	Kälber 2c.	Geld-Betrag.	
	Stückzahl.					fl.	kr.	Stückzahl.					fl.	kr.	Stückzahl.					fl.	kr.
[illegible]	[illegible]	[illegible]	[illegible]	[illegible]	[illegible]	[illegible]	[illegible]	[illegible]	[illegible]	[illegible]	[illegible]	[illegible]	[illegible]	[illegible]	[illegible]	[illegible]	[illegible]	[illegible]	[illegible]	[illegible]	[illegible]

Transport im Jahre 1868.

Stationen.	December.							Summa.				
	[illegible]	[illegible]	[illegible]	[illegible]	[illegible]	[illegible]	[illegible]	[illegible]	[illegible]	[illegible]	[illegible]	[illegible]
[illegible]	[illegible]	[illegible]	[illegible]	[illegible]	[illegible]	[illegible]	[illegible]	[illegible]	[illegible]	[illegible]	[illegible]	[illegible]
Summe	1	[illegible]	[illegible]	[illegible]	[illegible]	[illegible]	[illegible]	[illegible]	[illegible]	[illegible]	[illegible]	[illegible]

Brutto-Ergebniß des Steinbruch-Betriebs im Jahre 1868.

I. Monatweise.

Monate.	Rammelsbach. Anzahl der verkauften Kubikmeter. Pflastersteine		Straßendeckmaterial		Total.		Ertrag.	
							fl.	kr.
Januar . 1868	—	—	—	—	—	—	—	—
Februar . . . . „	—	—	—	—	—	—	—	—
März . . . . . „	—	—	—	—	—	—	—	—
April . . „	—	—	—	—	—	—	—	—
Mai . . . . „	—	—	—	—	—	—		
Juni . „	—	—	—	—	—	—	—	—
Juli . . „	—	—	—	—	—	—	—	—
August . . . „	—	—	164	90	164	90	458	25
September . . „	31	50	374	50	406	—	1582	25
October . . . „	66	50	696	50	763	—	2555	11
November „	123	08	378	50	501	58	1836	12
December . . „	66	—	650	50	716	50	2281	33
Summa . .	287	08	2264	90	2551	98	8713	46

II. Stationsweise.

Stationen.	Rammelsbach. Anzahl der verkauften Kubikmeter. Pflastersteine.		Straßendeckmaterial		Total.		Ertrag.	
							fl.	kr.
Berbach	15	50	245	70	261	20	832	53
Homburg	85	—	432	10	517	10	1931	28
St. Ingbert . . .	—	—	91	—	91	—	229	2
Hassel	—	—	7	—	7	—	17	9
Würzbach . . .	—	—	14	—	14	—	33	22
Blieskastel	—	—	98	—	98	—	223	48
Schwarzenacker . .	3	—	222	50	225	50	866	25
Zweibrücken . . .	18	—	615	40	633	40	1952	33
Bruchmühlbach . .	—	—	178	50	178	50	330	18
Landstuhl . . .	16	—	7	—	23	—	195	3
Kusel	83	08	—	—	83	08	499	22
Altenglan	9	—	—	—	9	—	36	—
Niedermohr . . .	21	—	—	—	21	—	84	—
Steinwenden . .	16	50	24	50	41	—	90	30
Kaiserslautern .	6	—	101	50	107	50	328	47
Neustadt	—	—	30	—	30	—	120	30
Dürkheim	—	—	14	—	14	—	41	4
Wachenheim . .		—	7	—	7	—	19	57
Deidesheim . .	—		7	—	7	—	19	29
Mußbach	—	—	7	—	7	—	18	54
Germersheim . . .	·	—	23	50	23	50	46	36
Speyer	—	—	72	—	72	—	324	—
Ludwigshalen . .	14	-	44	20	58	20	428	18
Frankenthal . . .	—	—	23	—	23	—	50	18
Summa .	287	08	2264	90	2551	98	8713	46

№ 79. Uebersicht der Kohlen- und Coaks-Transporte im Jahre 1868.

Monate.	Kohlen.	Coaks.	Gesammtzahl der Centner.	Taxe.	
	Centner.			fl.	kr.
I. Monatweise.					
Januar 1868	—	—	—	—	—
Februar . . . . „	—	—	—	—	—
März . . . . „	—	—	—	—	—
April . . . . „	—	—	—	—	—
Mai . . . . „	—	—	—	—	—
Juni . . . . „	—	—	—	—	—
Juli . . . . „	—	—	—	—	—
August . . . . „	—	—	—	—	—
September . . . . „	400	—	400	16	30
October . . . . „	7800	—	7800	305	40
November . . . . „	13900	100	14000	512	15
December . . . . „	33340	—	33340	1232	54
Summa . .	55440	100	55540	2067	19
Stationen. — **II. Stationsweise.**					
Kusel	19000	100	19100	831	40
Altenglan .	25920	—	25920	959	34
Theisbergstegen	100	—	100	3	10
Glan-Münchweiler . . .	3920	—	3920	104	40
Niedermohr . . .	2200	—	2200	50	55
Steinwenden	1000	—	1000	16	40
Ramstein	3300	—	3300	100	40
Summa . .	55440	100	55540	2067	19

nach Gruben-Stationen im Jahre 1868.

Heinitz (Dechen).		Fichtwald-Kollen (Neunkirchen).		Bexbach.		Homburg.		St. Ingbert.		Maximiliansau.		Ludwigshafen.		Summa.		Total.
Kohlen.	Coaks	Kohlen.	Coaks	Kohlen.	Coaks	Kohlen.	Coaks	Kohlen.	Coaks	Kohlen.	Coaks	Kohlen.	Coaks	Kohlen.	Coaks	
Centner.		Centner.		Centner.		Centner.		Centner.		Centner.		Centner.		Centner.		
—	—	—	—	—	—	—	—	—	—	—	—	—	—	—	—	—
—	—	—	—	—	—	—	—	—	—	—	—	—	—	—	—	—
—	—	—	—	—	—	—	—	—	—	—	—	—	—	—	—	—
—	—	—	—	—	—	—	—	—	—	—	—	—	—	—	—	—
—	—	—	—	—	—	—	—	—	—	—	—	—	—	—	—	—
—	—	—	—	—	—	—	—	—	—	—	—	—	—	—	—	—
—	—	—	—	—	—	—	—	—	—	—	—	—	—	—	—	—
—	—	—	—	—	—	—	—	—	—	—	—	—	—	—	—	—
—	—	—	—	300	—	—	—	100	—	—	—	—	—	400	—	400
—	—	—	—	5600	—	—	—	2200	—	—	—	—	—	7800	—	7800
500	—	3200	100	6500	—	200	—	1000	—	—	—	—	—	13900	100	14000
300	—	6400	—	900	—	400	—	900	—	—	—	—	—	33340	—	33340
800	—	9600	100	13300	—	600	—	4200	—	—	—	—	—	55440	100	55540

Chronologische Zusammenstellung

der

Länge, Anlagekosten, Transportmittel und Betriebsergebnisse

der

Pfälz. Ludwigs- und Maximiliansbahn

seit deren Betriebs-Eröffnung.

№ 81. Chronologische Zusammenstellung der Länge, Anlagekosten, Transportmittel u Eröffnung im J

	$18^{50}/_{51}$	$18^{51}/_{52}$	$18^{52}/_{53}$	$18^{53}/_{54}$	$18^{54}/_{55}$	$18^{55}/_{56}$	$18^{56}/_{57}$	$18^{57}/_{58}$
1) Länge der Bahn in Meilen:								
a. Im Ganzen	15,07	15,07	15,07	18,34	18,34	18,42	20,08	20,08
b. Doppelgeleise	—	—	—	4,50	11,44	14,37	14,37	14,37
2) Anlage-Capital								
a. Actien-Capital fl.	8500000	8500000	8500000	10200000	11209000	11650000	11659000	11656000
b. Prioritäts-Capital „	2000000	2500000	2500000	2500000	2472100	3200000	3144800	3134000
c. Im Ganzen „	10500000	11000000	11000000	12700000	13681100	14850000	14803800	14790000
3) Betriebsmittel: Zahl der								
a. Locomotiven Stück	21	21	29	29	35	35	35	35
b. Personenwagen „	80	80	80	90	90	91	91	95
c. Lastwagen „	547	547	732	860	920	1133	1139	1197
4) Zahl der Nutzmeilen	56358,46	67604,20	91692,00	105005,44	117485,29	121203,07	127767,43	129134,00
5) Frequenz an:								
a. Personen	494845	409008	436201	690091	734450	807989	807902	927108
b. Güter Ctr.	1000437	1008727	2026867	2177000	2884865	3214146	3286023	4882777
c. Kohlen „	2153600	2722000	3633280	4638720	5974560	4963540	3983220	4700715
6) Einnahmen für:	fl. kr.	fl. kr.	fl. kr.	fl. kr.	fl. kr.	fl. kr.	fl. kr.	fl. kr.
a. Personen	277180 57	228361 54	266941 21	388142 2	436175 19	475635 11	536885 28	547943 8
b. Güter	105727 24	149503 40	265380 19	317293 4	403922 19	514277 15	660373 36	628476 59
c. Kohlen	291848 18	363411 21	500394 54	663374 9	890640 39	735055 53	881240 10	1095172 2
d. Andere Quellen	7650 36	10215 35	39917 12	52166 47	83727 9	161673 30	127468 24	147886 30
e. Im Ganzen	682557 —	745494 30	1098963 46	1420966 3	1810445 14	1886741 [illegible]	2205476 9	2419478 39
7) Ausgaben für:								
a. Allgemeine Verwaltung	22083 38	22527 37	26243 14	45667 41	29312 8	35537 34	33363 40	40616 17
b. Bahn-Verwaltung	64283 18	62450 1	80470 24	106863 20	117852 40	140509 50	154810 18	194709 43
c. Transport-Verwaltung	166638 4	171815 51	229864 8	345857 18	436728 19	453875 37	511474 15	589807 34
d. Im Ganzen	253005 2	256793 32	336585 46	494858 19	584083 7	635923 1	699548 21	825123 34
8) Reinertrag im Ganzen	368751 58	488700 58	752478 —	926107 44	1232362 7	1270818 48	1507504 12	1584855 25
9) Auf eine Bahnmeile kommt:								
a. Einnahme	36780 36	43621 40	69946 18	76726 2	98660 12	102935 49	115849 12	120478 57
b. Ausgabe	14979 37	15025 5	22024 42	26720 12	31537 58	34327 6	36587 15	41256 11
c. Reinertrag	21780 58	28595 43	48828 42	50005 48	66542 14	69454 34	78844 21	79217 47
10) Auf eine Nutzmeile kommt:								
a. Einnahme	11 2	11 2	12 —	13 32	13 27	15 43	17 16	17 26
b. Ausgabe	4 30	3 47	3 43	4 42	4 58	5 9	5 28	5 56
c. Rein-Ertrag	6 32	7 14	8 16	8 48	10 29	10 36	11 48	11 30
11) Ausgabe nach Procenten von der Brutto-Einnahme	40,71	34,44	30,00	34,82	32,18	33,67	31,77	34,21
12) Rein-Ertrag in Procenten vom Actien-Capital	3,81	4,45	6,83	9,07	11,00	11,00	12,92	13,69
13) Zinsen und Dividenden wurden auf die Actien bezahlt nach Procenten	4	4	5½	7	9	9	10	11
14) Reservefond für eventuelle Zinszuschüsse	—	—	fl. 9994. 26	fl. 112084. 26	fl. 224174. 26	fl. 340764. 26	fl. 457354. 26	fl. 573944. 26
15) Erneuerungs-Reservefond	—	—	—	—	—	—	„ 12169. 12	„ 26429. 37

und Betriebs-Ergebnisse der Pfälzischen Ludwigsbahn seit der Betriebs-Jahre 1850.

1858/59.	1859/60.	1860/61.	1861/62.	1862/63.	1863/64.	1864/65.	1865/66.	1867.	1868.
							*)		
20,[illegible]	20,08	20,60	20,64	20,60	21,46	21,61	21,45	23,99	24,46
14,87	14,91	15,78	15,79	15,79	16,79	16,80	16,30	16,79	16,78
11659000	11659000	11659000	11659000	11659000	11659000	11659000	11659000	11659000	11659000
3108600	3886200	4463800	4741400	4719000	8108200	8777400	8746600	8715600	8685000
14767600	15545200	16122800	16400400	16378000	19767200	20436400	20405600	20374600	20344000
41	41	41	41	41	45	47	47	47	48
95	95	95	119	119	122	125	125	125	125
1201	1201	1451	1458	1459	1455	1465	1705	1705	1705
143213,58	153022,68	158779,87	164145,84	166303,40	179590,48	194054,39	253338,89	224500,78	247887,50
969691	922741	954690	1003950	1054905	1174869	1363268	1839905	1670554	1851274
4961504	5133231	6615185	7359131	7869173	9174187	11072207	16196668	13990341	15709560
6629265	6903030	7707900	8751150	8398651	19683296	14274094	16096310	14646970	15935262
fl. kr.	fl. kr.	fl. kr.	fl. kr.	fl. kr.	fl. kr.	fl. kr.	fl. kr.	fl. kr.	fl. kr.
514001 23	494587 2	502685 44	499694 25	525456 35	558063 16	591069 19	789270 8	668068 51	737172 5
651120 46	657825 —	602037 34	672835 51	673828 18	702446 38	785714 24	1122554 11	1002701 59	1155172 8
889009 22	853796 40	872133 38	916516 45	913712 26	1007875 7	1036802 4	1140374 56	1026133 39	1132058 35
226318 28	269562 51	270399 10	194019 1	193750 35	159684 49	293719 46	300694 36	180421 44	214288 7
2262510 19	2275721 33	2247202 6	2283066 2	2306556 54	2428061 52	2707605 33	3352893 54	2877331 13	3238730 50
42126 49	41198 6	53404 15	62050 37	69406 38	63994 32	56252 31	70179 51	63792 54	80942 44
235767 34	201071 48	256455 3	250509 27	246686 13	292765 29	318143 54	401495 17	436850 39	516244 12
555084 35	634178 48	654456 58	586008 32	557206 17	615648 30	667486 44	958281 40	768251 50	622713 30
832978 58	876446 42	964116 15	849768 36	863560 8	971206 31	1041884 9	1427956 57	1256906 31	1405902 26
1449481 21	1399272 51	1288065 31	1433297 26	1443196 46	1456855 21	1665721 24	1924936 57	1618425 42	1832828 24
114125 30	113786 3	112360 3	114153 18	115327 50	118442 3	126523 38	155586 43	119938 46	132734 52
41648 54	43822 21	48205 48	42488 26	43168 —	47375 55	48686 10	66262 30	52476 16	57618 57
72476 34	69963 26	64154 15	71664 52	72159 50	71066 6	77837 28	89324 13	67462 30	75115 55
15 56	14 52	14 9	13 54	13 52	13 31	13 57	13 14	12 49	13 4
5 48	5 44	6 4	5 10	5 11	5 24	5 22	5 38	5 36	5 40
10 8	9 8	8 5	8 44	8 41	8 7	8 35	7 36	7 13	7 24
36,90	38,61	38,00	37,88	37,02	39,40	38,47	42,48	43,79	43,40
12,53	12,90	11,916	12,803	12,270	12,605	14,187	16,846	13,68	15,76
9 ⅓	9	8	9	9	9,5	10,00	10,4	9,6	—
fl. 690534. 26	fl. 807124. 26	fl. 807124. 26	fl. 807124. 26	fl. 923714. 26	fl. 923714. 26	fl. 923714. 26	fl. 923714. 26	fl. 923714. 26	—
„ 44269. 58	„ 66787. 19	„ 145395. 23	„ 39530. 1	„ 2178. 15	„ 132899. 51	„ 38639. 6	„ 33434. 17	„ 37908. 48	—

*) Den Ergebnissen des Jahres 1865/66 liegt die 18monatliche Rechnungsperiode zu Grunde, weshalb sie ohne Reduction auf 12 Monate mit den übrigen Jahres-Ergebnissen nicht verglichen werden können.

1) Länge der Bahn in Meilen:											
a. Im Ganzen		6.[illegible]		6.[illegible]		6.[illegible]		6.[illegible]		6.[illegible]	
b. Doppelgeleise		—		—		—		—		—	
2) Anlage-Capital	fl.	4400000		4400000		4400000		4400000		4400000	
3) Betriebsmittel:											
a. Zahl der Locomotiven	Stück	12		12		12		12		12	
b. „ „ Personenwagen	„	34		36		36		36		36	
c. „ „ Lastwagen	„	365		391		391		391		391	
4) Zahl der Nutzmeilen		24244.[illegible]		30005.[illegible]		28258.[illegible]		31885.[illegible]		33054.[illegible]	
5) Frequenz an:											
a. Personen		274186		282074		282442		272780		276012	
b. Güter	Ctr.	691496		1258414		903481		1298730		1197752	
c. Kohlen	„	801780		1274360		1901125		1376305		1813455	
6) Einnahmen für:		fl.	kr.	fl.	kr.	fl.	kr.	fl.	kr.	fl.	kr.
a. Personen		76652	45	99565	25	100472	26	99693	36	108146	53
b. Güter		44889	37	102266	17	71091	50	91243	48	85298	20
c. Kohlen		38193	12	66058	21	99950	22	70944	58	92123	41
d. Andere Quellen		16654	55	32231	41	89935	17	106827	38	89305	7
e. Im Ganzen		176389	29	300122	25	361954	55	368709	56	374874	1
7) Ausgaben für:											
a. Allgemeine Verwaltung		4250	4	9581	32	16360	54	12947	16	12825	43
b. Bahn-Verwaltung		25596	7	36444	22	38783	48	35292	30	37902	6
c. Transport-Verwaltung		87696	7	117905	5	168602	59	153472	6	151098	17
d. Im Ganzen		117543	18	163930	59	223747	41	201711	52	202826	6
8) Reinertrag im Ganzen		58847	11	136191	26	138207	14	166998	3	172547	55
9) Auf eine Bahnmeile kommt:											
a. Eine Einnahme von		27909	43	47487	43	57271	12	58340	12	59315	30
b. Eine Ausgabe von		18598	27	25938	21	35403	9	31916	26	32013	36
c. Ein Reinertrag von		9311	16	21580	55	21868	14	26423	46	27301	54
10) Auf eine Nutzmeile kommt:											
a. Eine Einnahme von		7	16	9	59	12	48	11	34	11	21
b. Eine Ausgabe von		4	50	5	27	7	54	6	19	6	7
c. Ein Reinertrag von		2	26	4	32	4	54	5	15	5	14
11) Die Brutto-Ausgabe beträgt nach Procenten		66.[illegible]		54.[illegible]		57.[illegible]		54.70		53.[illegible]	
12) Der Reinertrag beträgt vom Actien-Capital nach Procenten		1.[illegible]		3.[illegible]		3.11		3.[illegible]		3.[illegible]	

und Betriebs-Ergebnisse der Pfälzischen Maximiliansbahn seit dem Betriebs-Jahre 1855.

18⁶⁰/₆₁.		18⁶¹/₆₂.		18⁶²/₆₃.		18⁶³/₆₄.		18⁶⁴/₆₅.		18⁶⁵/₆₆.		1867.		1868.	
										*)					
6,[illegible]		6,[illegible]		6,[illegible]		8,[illegible]		8,[illegible]		8,[illegible]		6,[illegible]		8,[illegible]	
—		—		—		—		—		—		4,[illegible]		4,17	
4400000		4400000		4400000		5701500		5812500		5900000		6500000		6500000	
12		12		12		15		15		15		15		18	
36		36		36		36		36		36		36		46	
391		391		391		452		452		452		452		556	
38008,[illegible]		39784,74		42257,[illegible]		51860,[illegible]		60478,79		80917,[illegible]		70066,[illegible]		73266,[illegible]	
278959		286471		310175		391000		464504		624441		487866		515018	
1407975		2406653		2177864		2334149		2511687		4083228		4239413		4416144	
2591590		3179985		2875370		3898685		5154790		6139596		6149027		8481649	
fl.	kr.	fl.	kr.	fl.	kr.	fl.	kr.	fl.	kr.	fl.	kr.	fl.	kr.	fl.	kr.
105538	58	109055	49	118279	12	149167	—	174270	20	246561	36	180110	58	176368	1
100768	52	161787	20	138099	45	146317	27	155290	29	268911	48	255477	32	274009	15
126426	53	145524	53	124414	52	136029	51	176677	46	302861	2	320573	59	330968	10
87475	34	79978	20	56649	7	66572	56	48052	11	40336	27	32435	4	33280	22
420210	17	496296	22	437342	56	498137	14	554290	46	858660	53	788597	31	816651	48
15274	26	15792	11	17510	24	17791	51	22096	17	32220	40	27141	15	25586	25
41217	38	55715	18	60995	22	76640	1	67648	14	124324	52	93029	3	94009	16
174113	2	177357	21	157260	51	189186	43	216339	20	321303	6	287966	23	371701	17
230605	6	248864	50	235766	37	283618	35	327973	51	481816	38	408136	41	391297	—
189605	11	247431	32	201576	19	214518	39	226816	55	376812	15	380460	50	425354	48
66488	58	78527	54	69199	50	66238	31	65210	40	101016	56	92776	10	96076	41
36468	9	39377	20	37304	50	37712	6	38581	—	56688	4	48016	5	46034	56
30000	49	39150	34	31895	—	28526	25	26625	31	44330	51	44760	5	50041	45
11	3	12	28	10	21	9	36	9	10	10	37	11	15	11	8
6	3	6	15	5	35	5	28	5	25	5	57	5	49	5	20
5	—	6	13	4	46	4	8	3	45	4	40	5	26	5	48
53,47		50,11		53,[illegible]		56,[illegible]		59,17		56,11		51,76		47,91	
4,[illegible]		5,[illegible]		4,[illegible]		3,[illegible]		3,[illegible]		6,[illegible]		6,[illegible]		6,[illegible]	

*) Den Ergebnissen des Jahres 1865/66 liegt die 18monatliche Rechnungsperiode zu Grunde, weßhalb sie ohne Reduction auf 12 Monate mit den übrigen Jahres-Ergebnissen nicht verglichen werden können.

www.ingramcontent.com/pod-product-compliance
Lightning Source LLC
Chambersburg PA
CBHW021355210326
41599CB00011B/882
9783741166686